Powder Engineering and Equipment

粉体工程与设备

陶珍东　郑少华　姜奉华　等 编著

Fourth Edition 4

第四版

化学工业出版社

·北京·

内容简介

粉体工程学作为一门跨行业、跨学科的综合性科学，对开发和生产各种新型粉体材料以及推动新材料产业的发展具有非常重要的意义。掌握粉体工程及其相关设备技术是实现这一目标的关键。本书从颗粒学和粉体学的基本知识出发，分别介绍了粉体的几何性质、堆积和填充性质以及粉体分级、分离、混合、造粒、输送、储存、计量等相关的单元操作与特性，并详细介绍了相应设备的构造、工作原理、性能和应用特点。本书第四版基于第三版进行了大量修订，包括章节和结构的优化、内容的补充、更新和精简，旨在反映近年来粉体工程与设备领域的新进展和新成就。

全书内容丰富，整合了近年来粉体工程学科的新理论和技术成果。本书不仅注重理论体系的系统性和完整性，而且在工程应用方面强调通俗易懂和实用性，突出粉体工程的实际操作性和实践意义。本书既适合粉体材料、粉体工程、无机非金属材料以及化工、建材等相关行业的工程技术人员、科研人员阅读参考，也可作为大专院校相关专业的教材或教学参考书。

图书在版编目（CIP）数据

粉体工程与设备 / 陶珍东等编著. — 4版. — 北京：化学工业出版社，2025. 10. — ISBN 978-7-122-48647-9

Ⅰ. TB44

中国国家版本馆CIP数据核字第2025L3W543号

责任编辑：朱　彤　　　文字编辑：刘　璐
责任校对：刘曦阳　　　装帧设计：刘丽华

出版发行：化学工业出版社
（北京市东城区青年湖南街13号　邮政编码100011）
印　　装：北京天宇星印刷厂
787mm×1092mm　1/16　印张23½　字数660千字
2026年1月北京第4版第1次印刷

购书咨询：010-64518888　　售后服务：010-64518899
网　　址：http://www.cip.com.cn
凡购买本书，如有缺损质量问题，本社销售中心负责调换。

定　　价：118.00元

第四版前言

《粉体工程与设备》第一版于2003年8月由化学工业出版社正式出版。该书分别于2010年2月和2014年11月修订并出版了第二版和第三版。《粉体工程与设备》(第三版)于2017年荣获“中国石油和化学工业优秀出版物奖”二等奖。该书被粉体工程及相关领域的工程技术人员广泛用作重要参考资料，同时也被多所高校选为教材。2008年被评为山东省高等学校优秀教材；2010年，以该书为主要教材的济南大学“粉体工程与设备”课程被评为省级精品课程，获得了广大读者的认可与好评。

近年来，粉体加工制备工艺技术不断发展。与此同时，国家在环境保护、节能减排等方面出台了更为严格的法规，并对工业企业粉尘、有害气体排放浓度及噪声控制制定了更高的技术标准。为了更好地反映近年来粉体工程领域在新技术、新设备方面的发展成果，并适应新形势的要求，我们在第三版的基础上对全书结构进行了较大调整，补充了相关内容，并对部分内容进行了精简。通过上述改进，力求提升本书的实用性和参考价值。

本书由陶珍东、郑少华、姜奉华等编著。其中，第1章由陶珍东教授和张学旭教授编写；第2章、第3章、第5章由郑少华教授和姜奉华教授编写；第4章由王介强教授和姜奉华教授编写；第6章至第9章及第11章由陶珍东教授编写；第10章由安徽科技学院丁志杰副教授编写；第12章至第15章由姜奉华教授和张学旭教授编写；第16章由盛晋生先生编写。陶珍东教授负责全书的最终审核。在此，还要感谢广大读者为本书的再次修订提出的宝贵建议。借此再版之际，谨向各位读者致以诚挚的谢意。

鉴于编著者的精力与学识有限，书中可能存在疏漏之处，希望得到广大读者的宝贵意见与指正。

编著者

2025年4月

目 录

第1章 概述

1.1 粉体工程的基本概念

1.1.1 粉体的定义

工业生产及日常生活中，到处可见各种粉末状或颗粒状物质，如食品中的面粉、豆浆粉、奶粉、咖啡粉、米粉、豆粉、食盐，自然界的河砂、土壤、尘埃；工业产品中的火药、水泥、颜料、药品、化肥等。这些物质的共同特点是：由许多大小不同的颗粒状物质所组成，换言之，它们是无数颗粒状物质的集合体；比表面积较大。

这种由无数的颗粒状物质构成的集合体称为粉体。它们有时具有固体的性质，在某些情况下又具有液体或气体的性质，有时还表现出一些奇异的特性。如果构成粉体的所有颗粒的大小和形状均相同，则称这种粉体为单分散粉体。在自然界中，单分散粉体尤其是超微单分散粉体极为罕见，目前只有用化学合成方法可以制备出近似的单分散粉体，尚无利用机械方法制备单分散粉体的报道。大多数粉体都是由大小不同、形状各异的颗粒所组成，这种粉体称为多分散粉体。

1.1.2 粉体的尺度

关于粉体的尺度，有人认为小于 1000μm 的颗粒物为粉体，也有人以 100μm 为界，但由于研究领域和行业特点的不同，迄今为止并未形成共识。按照 Allen 和 Heywood 等学者的观点：粉体没有确切的上限尺寸，但其尺寸相对于周围的空间而言应该足够小。对于任何颗粒集合体，只要具备粉体的性质，其尺寸界限并不重要。

1.1.3 粉体的形态

粉体的形态既可以是固态，也可能是液态或气态。进一步讲，粉体既具有固体的性质，也具有液体的性质，有时也具有气体的性质。首先，因为无论颗粒多么微小，它们始终具有一定的体积和形状，这是固体的属性。其次，如果粉体与某种流体形成一个两相体系时，该两相体系（流）在一定条件下可具有液体的性质。换言之，这种两相流虽然具有一定的体积，但其形状却会随着容器或管道的形状而改变，如泥浆、悬浮液以及自然界中的泥石流；如果两相流中的流体是气体，且其中的粉体体积分数相对较小、颗粒尺寸也比较小，即粉体弥散于气体介质中，则此时粉体就具有气体的性质：既无确定的体积，也无确定的形状。然而，粉体的性质毕竟有别于纯固态、液态和气态物质，因此，有人认为，粉体是有别于气、液、固物质形态的第四种物质形态。

1.1.4 粉体的某些奇异特性

粉体形态的特殊性使之表现出一些与常规认识不同的奇异特性，如粮仓效应、巴西豆效应、加压膨胀特性、崩塌现象、振动产生规则斑图现象、小尺寸效应等。

1.1.5 粉体工程与颗粒学

将粉体加工和处理技术与相关科学理论相结合应用于科学研究或工业生产的实践行为和过程称为粉体工程。其目的和作用是基于颗粒与粉体的自身性质，以粉体加工和处理技术为核心，并与其他技术相结合，形成解决工程化生产问题的专业系统手段。

粉体工程涉及许多学科和工业领域，虽然不同产业中处理的粉体对象不同，但其粉体单元操作原理具有共性。将粉体加工和处理技术从众多学科中分离出来，并进行系统、全面的理论研究，形成新兴的综合交叉学科——粉体工程学。相应地，研究颗粒的性质和行为的学科称为颗粒学。前者是从集合体或整体的角度去研究对象，而后者则是从个体的角度去研究对象，而这个对象是同一个物质。两者的区别在于：粉体工程学所研究的颗粒物质一般是固体颗粒，而颗粒学所研究的颗粒既有固体颗粒，也有液体颗粒和气体颗粒，如汽车发动机气缸内的液滴大小和分布、混凝土中气孔的大小和分布等。

1.2 粉体工程的发展

1948 年美国 J. M. Dallavlle 的专著 *Micromeritics* 的出版，标志着粉体工程的问世。1957 年，日本成立了日本粉体工学会，并于 1971 年成立了日本粉体工业技术协会。1962 年，英国 Bradford 大学设立了粉体技术学院，至 20 世纪 70 年代，美国先后成立了粉体研究会（PSRI）和国际细颗粒研究所（IFPRI）。1986 年在德国纽伦堡召开了第一届粉体技术世界会议。我国于 1986 年成立了中国颗粒学会。

“粉体”一词最早出现于 20 世纪 50 年代初期。事实上，早在史前，人类就已经懂得将植物的种子制成粉末以供食用；古代仕女用的化妆品也不乏脂粉一类的粉制品；陶器作为第一种人造材料早在新石器时代就问世了，而它的生产，除与火有着必然的联系外，与粉末也是分不开的。随着生产的发展，人们对细粉末状态的物质有了逐步的认识。明代宋应星所著的《天工开物》一书就对一些原始的粉体工艺加工过程进行了详细的总结和描述，只是由于各种限制，没能明确提出粉体的概念。

通过长期的生产实践和认识积累，各行业不断总结粉体加工和处理的经验，形成了各自的技术体系。但就加工处理操作性质而言，各行业所处理的粉料都可归于粉体范畴，具有共同之处。

随着现代科学技术的不断发展，粉体工程在生产过程中的重要性及其对工业产品质量的影响越来越受到人们的高度重视，深入研究粉体技术和理论也成为人们的普遍共识。因此，粉体工程学应运而生。现代粉体工程学由粉体物性工程学、粉体加工工程学和粉体机械工程学三大部分构成。

（1）粉体物性工程学　以现代科学理论和概念为先导，借助于现代测试技术，系统、全面地研究粉体的各种物性，尤其是在亚微观和微观状态下的物性。

（2）粉体加工工程学　粉体加工工程学包括粉体的粉碎（特别是超微粉碎）、分级、输送、供料、计量、储存、集尘、包装、沉降、过滤、干燥、混合、造粒、流动床技术、固相化学反应、颗粒表面处理技术、吸附，以及粉碎助剂、流动性促进剂、混合促进剂、防结块剂、防静电剂和防絮凝剂的应用等。

（3）粉体机械工程学　粉体机械工程学主要涉及开发满足和适应科学研究和工业生产需求的现代粉体机械设备、仪器、仪表等。

1.3 粉体工程的研究内容

粉体工程的研究内容主要包括粉体科学（powder science）和粉体技术（powder technology）两大部分。其主要研究内容见表 1-1。

表 1-1　粉体工程研究内容

项目	主要内容	
粉体科学	粉体几何形态	粒径、粒度、粒度分布、颗粒形状、颗粒的堆积特性
	粉体力学	内部应力、破坏强度、压力分布、内摩擦特性、流动特性、流化特性
	粉体化学	吸附、凝聚、溶解、析晶、沉淀、升华、表面化学性质
	气溶胶	形成、物化性质、动力学、测定
	粉体的润湿	粉体层中液体的种类、润湿的判断，液体架桥、抽吸势
	粉体测定	取样法、分散、测量
	其他特性	电特性、磁特性、振动特性、热特性
粉体技术	粉体分离	收尘、分级、过滤
	粉体均化	混合、捏合、搅拌
	粉体制造	粉碎、造粒、粉末冶金
	粉体储存	料仓设计、喂料
	粉体输送	机械输送、流体输送

1.4 与粉体工程有关的产业和领域

目前，粉体工程学已经发展成为一门跨学科、跨行业的综合性极强的技术科学，其应用涉及材料、冶金、化学、矿业、机械、建筑、食品、医药、能源、电子及环境工程等诸多领域。

1.4.1 与粉体技术有关的研究领域

（1）无机非金属材料工业　水泥、陶瓷、玻璃及窑业原料的粉碎、烧成、烧结过程，以及其水硬性和研磨性等性能的研究；同时，涉及玻璃和陶瓷的物理化学特性，以及用于电极和反应容器等碳素制品的性能研究。

（2）冶金和金属工艺学　涉及粉末冶金、硬质合金、金属陶瓷的制备工艺，以及金属材料的淬火与调质工艺；还包括选矿（含浮选）、团矿、流动焙烧、自熔冶炼等过程中的相关技术问题。此外，还涵盖高炉焦炭的强度与反应性、铸造用型砂、塑性加工、组织结构、表面处理和腐蚀行为等。

（3）颜料和感光剂工业　包括颜料的色调及其涂覆层的特性，照相乳剂、电子照相感光层、感压纸材料、感热材料、粉末系荧光体及其涂层的性能等。

（4）电化学和部分无机化学工业　包括电池中使用的活性物质、碳素电极材料的性能研究。此外，还包括拜耳法生产氧化铝的过程、煅烧工艺的控制以及固体肥料防结块技术等方面的研究等。

1.4.2 与粉体主要生产工艺有关的产业和领域

（1）原子能和能源工业　涉及用于原子炉的陶瓷材料、石墨及氧化铍等耐高温烧结材料，常用作中子反射层材料。这些材料在泥浆燃料产生的热量作用下会发生周期性的热变形。此外，还研究固体燃料的着火性、粉尘爆炸风险等相关问题。烧结技术也广泛应用于核反应堆结构件及涡轮叶片等领域。

（2）石油化学、高分子化学、有机化学工业　包括各种固体催化剂的活性研究及流化床催化体系，乳剂与悬浮剂的分散聚合过程，橡胶及塑料中的填充材料与配合剂应用，纤维增强塑料技术，以及医药、农药的粉末状形式与造粒技术。

（3）电子工业　包括集成电路的制造与分子加工技术、缺陷控制技术，以及磁芯、铁素体、烧结电阻体、钛酸钡、碳基电极等材料与元件的制备与应用技术。

（4）宇宙科学　聚焦于超轻质耐热材料和高强度材料的研发，特别是火箭用固体燃料的成型性与燃烧性能的研究。

第2章 粉体的粒度分析及测量

2.1 粉体的分类

粉体是由无数颗粒状物质构成的集合体，一般按粉体的成因、制备方法、颗粒的分散状态以及颗粒的大小等进行分类。

（1）按成因分类　按粉体成因可分为天然粉体和人工粉体两大类。

① 天然粉体　天然粉体是在自然力的作用下形成的粉体，如石英砂、泥沙、火山灰、黏土、花粉等，是宝贵的自然资源和重要的工业原料。

② 人工粉体　人工粉体是通过人工的方法制备出的粉体，如矿粉、水泥、机制砂、煤粉、化学原料、化肥、医药制品等，是诸多工业部门的原料或产品。

（2）按制备方法分类　人工粉体的制备方法可分为机械粉碎法和合成法两大类。

① 机械粉碎法　固体物料在外力的作用下由大料块变成小料块，再由小料块变成粉末的制备过程，常用设备有破碎机、粉磨机、超细粉碎设备。该方法的优点是生产能力强，成本低，颗粒团聚现象少；缺点是纯度低，均匀性差，几何尺寸较大。

② 合成法　物料通过物理或化学反应，在液相、气相或固相的介质中分解成原子或分子的集合体，这些原子或分子的集合体通过物理或化学反应再重新组合，控制原子、分子或离子组合的条件，制备出粉体颗粒。常见的方法有沉淀法、水解法、水热法、溶胶-凝胶法、微乳液法、蒸发溶剂法（冷冻干燥法）、喷雾干燥法和氧化-还原法等。优点是所制备出的超细粉体的粒度均匀、适合工业生产、设备简单；缺点是会混有杂质，导致产品纯度降低，需要后续提纯处理。另外，与机械粉碎法相比，产量相对较低。

（3）按颗粒分散状态分类　世界上存在着成千上万种粉体物料，不管是人工合成的，还是天然形成的，按照颗粒的分散状态可以分成四大类型：原级颗粒、聚集体颗粒、凝聚体颗粒和絮凝体颗粒。

① 原级颗粒　最先形成粉体物料的颗粒，称为原级颗粒或原始颗粒。因为它是第一次以固态存在的颗粒，故又称一次颗粒或基本颗粒。从宏观角度看，它是构成粉体的最小单元。根据粉体材料种类的不同，这些原级颗粒的形状，有立方体的，有针形的，有球形的，还有不规则晶体状的，如图 2-1 所示。图中各晶体内的虚线表示微晶连接的晶格层。

粉体物料的许多性能都是与它的分散状态，即与它的单独存在的颗粒大小和形状有关。真正能反映出粉体物料的固有性能的，就是它的原级颗粒。

② 聚集体颗粒　聚集体颗粒是由许多原级颗粒靠某种化学力以其表面相连的方式而堆积起来的。因为它相对于原级颗粒来说，是第二次形成的颗粒，所以又称二次颗粒。由于构成聚集体颗粒的各原级颗粒之间均以表面相互重叠，因此聚集体颗粒的表面积小于构成它的各原级

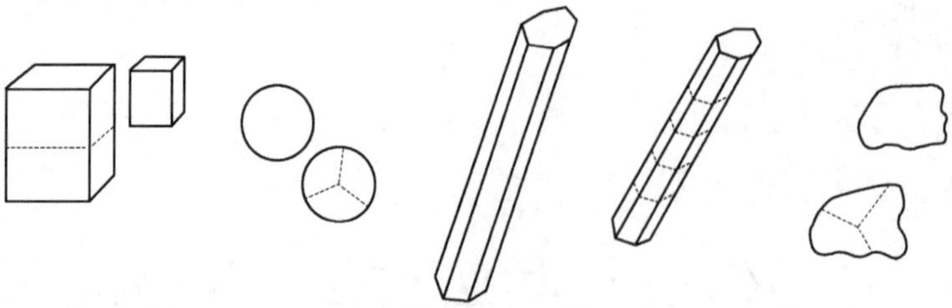

图 2-1　原级颗粒示意图

颗粒表面积的总和，如图 2-2 所示。聚集体颗粒主要是在粉体物料的加工和制造过程中形成的。例如，化学沉淀物料在高温脱水或晶型转化过程中，便会发生原级颗粒的彼此粘接，形成聚集体颗粒。此外，晶体生长、熔融等过程，也会促进聚集体颗粒的形成。

由于聚集体颗粒中各原级颗粒之间存在强烈的结合力，彼此结合得十分牢固，并且聚集体颗粒本身就很小，很难将它们分散成为原级颗粒，必须再用粉碎的方法才能使其解体。

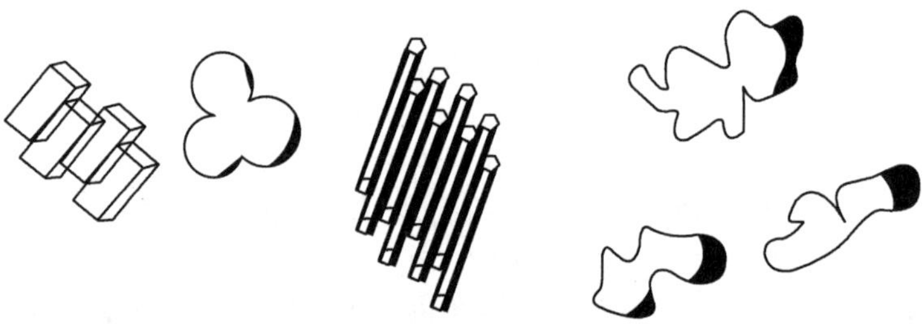

图 2-2　聚集体颗粒示意图

③ 凝聚体颗粒　凝聚体颗粒是在聚集体颗粒之后形成的，因此又称为二次颗粒。它由原级颗粒、聚集体颗粒或其混合物构成，通过较弱的附着力结合成一种疏松的颗粒群，其中各组成颗粒之间以棱或角相互结合，如图 2-3 所示。由于这种棱角接触方式，凝聚体颗粒的总表面积大致等于其各组成部分表面积之和，且其尺寸显著大于聚集体颗粒。

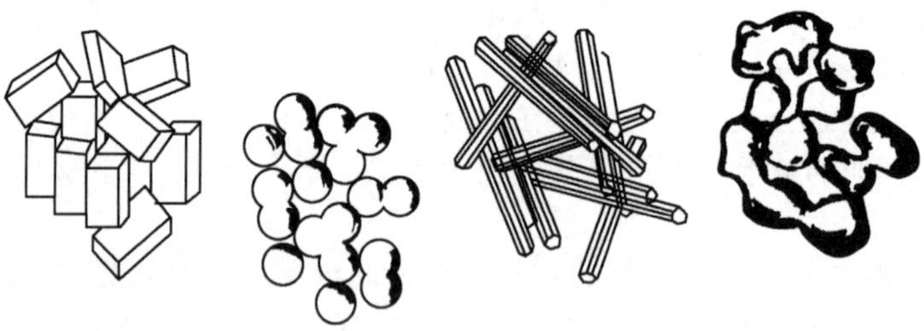

图 2-3　凝聚体颗粒示意图

凝聚体颗粒也是在物料的制造与加工处理过程中产生的。例如，湿法沉淀所得的粉体在干燥过程中会形成大量凝聚体颗粒。

原级颗粒或聚集体颗粒的粒径越小，其单位面积上的表面力（如范德瓦耳斯力、静电力等）越大，越容易发生凝聚，且形成的凝聚体颗粒也越紧密。由于凝聚体颗粒结构相对松散，它们可以被某些机械力，如研磨分散力或高速搅拌产生的剪切力破坏。如何使粉体中的凝聚体颗粒在具体应用场合中实现快速而均匀的分散，是现代粉体工程学中的一个重要研究方向。

④ 絮凝体颗粒　在粉体的许多实际应用中，粉体都要与液相介质构成一定的分散体系。在这种液固分散体系中，颗粒之间的各种物理力作用，使颗粒松散地结合在一起，所形成的粒子群称为絮凝体颗粒。它很容易被微弱的剪切力所解絮，也容易在表面活性剂（分散剂）的作用下自行分散开来。长期储存的粉体，可以看成是与大气水分相互作用的体系，故也有絮凝体产生，形成结构松散的絮团——料块，如图 2-4 所示。

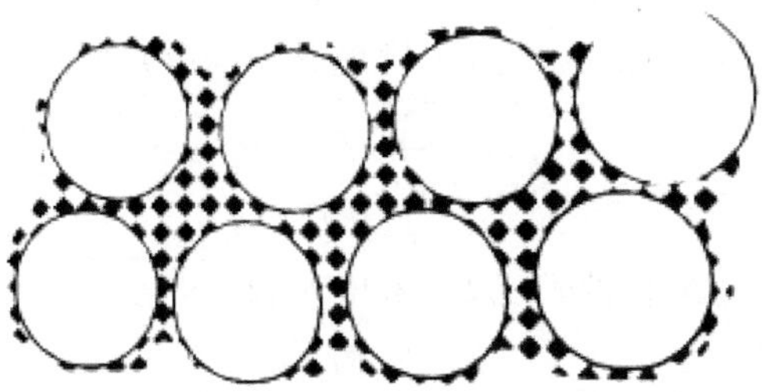

图 2-4　絮凝体颗粒示意图

2.2 粉体的粒度

粉体的粒度是指粉体颗粒所占空间的线性尺寸，球形颗粒仅有直径这一个空间的线性尺寸，它的粒度可用直径表示。正立方体颗粒的粒度可用其棱长来表示，对于形状规则的颗粒可用适当的参数来表示。如圆锥体形状的颗粒可用直径和高度，长方体形状的颗粒可用长、宽、高来表示。

实际的粉体颗粒形状为球形的并不多。对于不规则形状的颗粒，常采用一个虚拟的粒径来表示，该虚拟粒径与颗粒的某个性质有关，在一定的条件下通过公式可推导出具有线性量纲的虚拟粒径。常见的虚拟粒径有三轴径、当量径、统计平均径和颗粒群的各种平均粒径等。

2.2.1 单颗粒的二轴径与三轴径

设一个颗粒以最大稳定度（重心最低）置于一个水平面上，此时颗粒的投影如图 2-5 所示。可用颗粒的长度 l、宽度 b、高度 h 来定义颗粒的平均粒径。

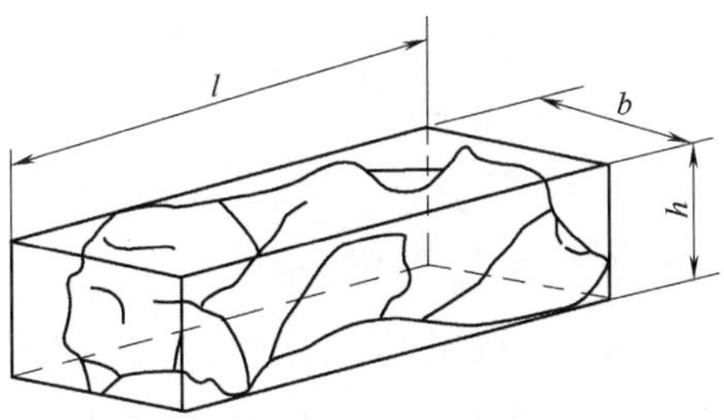

图 2-5　颗粒的外接长方体

二轴算术平均径 d_{2a1}：用颗粒的长度 l 和宽度 b 的算术平均值来表示，是颗粒在显微镜下出现的基本大小的投影。

公式为

$$d_{2a1}=\frac{l+b}{2} \tag{2-1}$$

二轴几何平均径 d_{2a2}：用颗粒的长度 l 和宽度 b 的几何平均值来表示，接近于颗粒投影面积的量值。

公式为

$$d_{2a2}=\sqrt{lb} \tag{2-2}$$

三轴算术平均径 d_{3a1}：用颗粒的长度 l、宽度 b 和高度 h 的算术平均值来表示，公式为

$$d_{3a1}=\frac{l+b+h}{3} \tag{2-3}$$

三轴调和平均径 d_{3a2}：用颗粒的长度 l、宽度 b 和高度 h 的调和平均值来表示，公式为

$$d_{3a2}=\frac{3}{\frac{1}{l}+\frac{1}{b}+\frac{1}{h}} \tag{2-4}$$

三轴几何平均径 d_{3a3}：用颗粒的长度 l、宽度 b 和高度 h 的几何平均值来表示，公式为

$$d_{3a3}=\sqrt[3]{lbh} \tag{2-5}$$

三轴表面几何平均径 d_{3a4}：用颗粒的长度 l、宽度 b 和高度 h 的表面几何平均值来表示，公式为

$$d_{3a4}=\sqrt{\frac{2lb+2bh+2lh}{6}} \tag{2-6}$$

2.2.2 单颗粒的统计平均径

在显微镜下用测量标尺（如游动测微标尺）测得的二维颗粒的尺寸称为颗粒的定向径。在不同的方向上测量的定向径是不同的，这些测量数值具有统计学的规律。

显微镜的测量标尺将颗粒的投影面积二等分时，此分界线在颗粒投影轮廓上截取的长度称为“马丁（Martin）径” d_m。沿一定方向测量颗粒投影轮廓的两端相切的切线间的垂直距离，在一个固定方向上的投影长度，称为“费雷特（Feret）径” d_f。如图 2-6 所示。

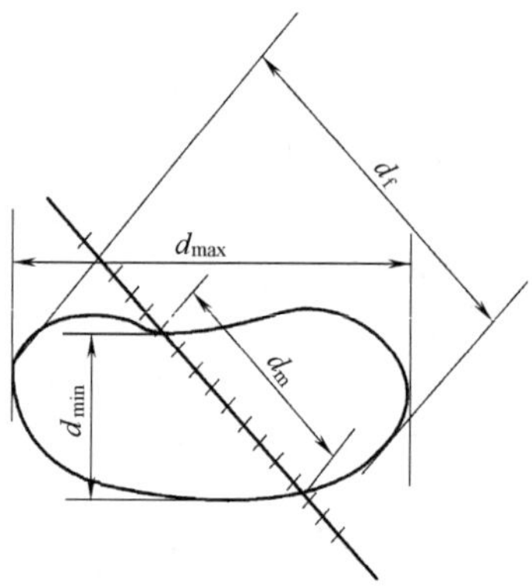

图 2-6 马丁径和费雷特径

显然，在显微镜下，一个不规则的颗粒的粒径 d_m 和 d_f 的大小均与颗粒取向有关。然而，当测量的数目增大时，该颗粒粒径符合数学中的数理统计规律，由此得到该颗粒粒径的统计平均值，称为统计平均（粒）径，它能够比较准确地反映出颗粒粒径的真实大小。公式为

$$d_{tj}=\frac{\sum_{i=1}^{n} d_f}{n} \text{ 或 } d_{tj}=\frac{\sum_{i=1}^{n} d_m}{n} \tag{2-7}$$

例如，一边长为 a 的正方形颗粒，按照 Feret 径（d_f）的统计方法，求得的统计平均径为 1.27a。按照 Martin 径（d_m）的统计方法，求得的统计平均径为 1.12a。

2.2.3 单颗粒的当量径

“当量径”是通过测定某些与颗粒大小有关的性质推导而得的，并使之与线性量纲有关。

（1）球当量径　与球的某一几何性质相同的颗粒粒径。

① 等体积球当量径 d_V　与颗粒体积相等的球的直径称为颗粒的等体积球当量径。

设颗粒的体积为 V，则有

$$d_V=\sqrt[3]{\frac{6V}{\pi}} \tag{2-8}$$

例如，棱长为1的立方体，其体积等于直径为1.24的圆球体积。因此，1.24就是该颗粒的等体积球当量径。

② 等表面积球当量径 d_S　与颗粒表面积相等的球的直径称为颗粒的等表面积球当量径。

设颗粒的表面积为 S，则有

$$d_S=\sqrt{\frac{S}{\pi}} \tag{2-9}$$

(2) 圆当量径　与圆的某一几何性质相同的颗粒粒径。对于薄片状的二维颗粒，常用与圆形颗粒相类比获得的圆当量径来表示颗粒的大小。

① 投影圆当量径 d_A　与颗粒投影面积相等的圆的直径称为投影圆当量径。

令颗粒的投影面积为 A，则有

$$d_A=\sqrt{\frac{4A}{\pi}} \tag{2-10}$$

② 等周长圆当量径 d_L　与颗粒投影轮廓周长相等的圆的直径称为等周长圆当量径。

令颗粒的投影周长为 L，则有

$$d_L=\frac{L}{\pi} \tag{2-11}$$

(3) 筛分粒径　用筛分方法确定颗粒粒度时，筛孔尺寸定义为颗粒的筛分粒径。

对于不规则颗粒，被测定的颗粒大小通常取决于测定的方法，因此选用的方法应尽可能反映出所希望控制的工艺过程。例如，对于颜料，测定颗粒的投影面积很重要；对于化学药剂，则应测定其总表面积或比表面积。

2.2.4　粉体颗粒群的平均粒径

粉体颗粒群是由很多粒度不同的粒级组成，每个粒级中又有若干个颗粒，分别表述如下。

颗粒群粒径分别为：d_1，d_2，d_3，d_4，…，d_i，…d_n。

相对应的颗粒个数为：n_1，n_2，n_3，n_4，…，n_i，…n_n。总个数 $N=\sum n_i$。

相对应的颗粒质量为：w_1，w_2，w_3，w_4，…，w_i，…w_n。总质量 $W=\sum w_i$。

如图2-7所示，(a) 表示实际粉体颗粒群中粒径的总和，(b) 表示与实际颗粒相对应的直径为 D 的等直径球形颗粒所组成的假想的粉体颗粒群，二者的长度相等，由此得出：

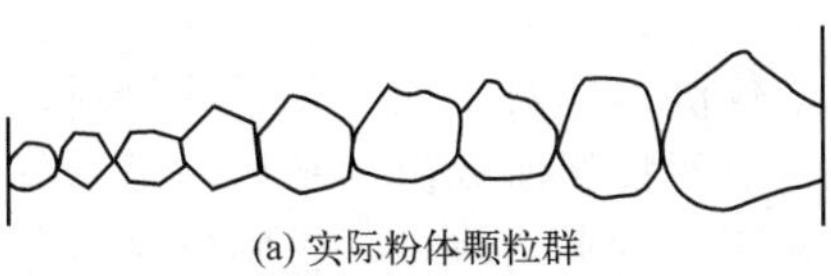

(a) 实际粉体颗粒群

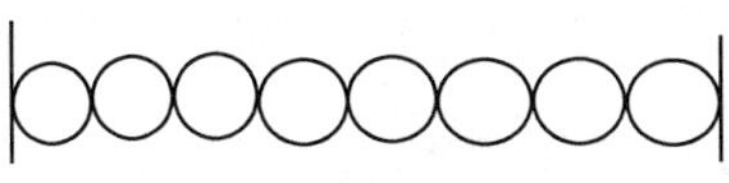

(b) 假想的粉体颗粒群

图2-7　粉体颗粒群的粒径总长对照图

$$L=n_1d_1+n_2d_2+n_3d_3+\cdots+n_id_i+\cdots=(n_1+n_2+n_3+\cdots+n_i+\cdots)D \tag{2-12}$$

$$D=\frac{n_1d_1+n_2d_2+n_3d_3+\cdots+n_id_i+\cdots}{n_1+n_2+n_3+\cdots+n_i+\cdots}=\frac{\sum_{i=1}^{n}n_id_i}{\sum_{i=1}^{n}n_i} \tag{2-13}$$

将由式(2-13) 求得的粉体颗粒群的粒径定义为个数长度平均径，其他平均粒径如表 2-1 所示。

表 2-1　平均粒径计算公式

序号	平均粒径名称	记　号	个数基准平均径	质量基准平均径
1	个数长度平均径	D_{nL}	$D_{nL}=\frac{\Sigma(nd)}{\Sigma n}$	$D_{nL}=\frac{\Sigma(w/d^2)}{\Sigma(w/d^3)}$
2	长度表面积平均径	D_{Ls}	$D_{Ls}=\frac{\Sigma(nd^2)}{\Sigma(nd)}$	$D_{Ls}=\frac{\Sigma(w/d)}{\Sigma(w/d^2)}$
3	表面积体积平均径	D_{sv}	$D_{sv}=\frac{\Sigma(nd^3)}{\Sigma(nd^2)}$	$D_{sv}=\frac{\Sigma w}{\Sigma(w/d)}$
4	体积四次矩平均径	D_{vm}	$D_{vm}=\frac{\Sigma(nd^4)}{\Sigma(nd^3)}$	$D_{vm}=\frac{\Sigma(w/d)}{\Sigma w}$
5	个数表面积平均径	D_{ns}	$D_{ns}=\sqrt{\frac{\Sigma(nd^2)}{\Sigma n}}$	$D_{ns}=\sqrt{\frac{\Sigma(w/d)}{\Sigma(w/d^3)}}$
6	个数体积平均径	D_{nv}	$D_{nv}=\sqrt[3]{\frac{\Sigma(nd^3)}{\Sigma n}}$	$D_{nv}=\sqrt[3]{\frac{\Sigma w}{\Sigma(w/d^3)}}$
7	长度体积平均径	D_{Lv}	$D_{Lv}=\sqrt{\frac{\Sigma(nd^3)}{\Sigma(nd)}}$	$D_{Ls}=\sqrt{\frac{\Sigma w}{\Sigma(w/d^2)}}$
8	调和平均径	D_h	$D_h=\frac{\Sigma n}{\Sigma(n/d)}$	$D_h=\frac{\Sigma(w/d^3)}{\Sigma(w/d^4)}$
9	几何平均径	D_g	$D_g=(\prod_{i=1}^{n}d_i^{n_i})^{\frac{1}{N}}=\prod_{i=1}^{n}d_i^{f_i}$	

注：式中 $\prod_{i=1}^{n}$ 代表 n 个 $d_i^{f_i}$（或 $d_i^{n_i}$）的连乘。

平均粒径表达式的通式归纳如下：

以个数为基准
$$D=\left(\frac{\sum nd^{\alpha}}{\sum nd^{\beta}}\right)^{\frac{1}{\alpha-\beta}} \tag{2-14}$$

以质量为基准
$$D=\left(\frac{\sum wd^{\alpha-3}}{\sum wd^{\beta-3}}\right)^{\frac{1}{\alpha-\beta}} \tag{2-15}$$

在工程技术上，最常用的平均粒径是 D_{nL} 和 D_{sv}，前者主要用光学显微镜和电子显微镜测得，后者则主要用比表面积测定仪测得。对于同一种粉体物料，各种平均粒径的大小有时相差很大。所以，在工程技术上，一般要指明所标出的平均粒径是哪一种平均粒径。当几个粉体样品的粒径进行比较时，一定要采用同一平均粒径，否则容易得出错误的结论。

2.3 颗粒形状因数

绝大多数粉体颗粒都不是球形对称的，颗粒的形状影响粉体的流动性、包装性能、颗粒与流体相互作用以及涂料的覆盖能力等性能。所以严格地说，所测得的粒径，只是一种定性的表示。如果除了粒径大小外，还能给出颗粒形状的某一指标，那么就能较全面地反映出颗粒的真实形象。常用各种形状因数来表示颗粒的形状特征。

2.3.1　颗粒的扁平度和伸长度

一个不规则的颗粒放在一平面上（例如放在显微镜的载玻片上），一般的情形是颗粒的最大投影面（也就是最稳定的平面）与支承平面相粘接。此时，颗粒具有最大的稳定度，参见图2-5。

扁平度定义为短径（b）与厚度（h）之比，伸长度定义为长径（l）与短径（b）之比，公式为

$$m=b/h \tag{2-16}$$

$$n=l/b \tag{2-17}$$

2.3.2　表面积形状因数和体积形状因数

不管颗粒形状如何，只要它是没有孔隙的，它的表面积就一定正比于颗粒的某一特征尺寸的二次方，而它的体积就正比于这一尺寸的三次方。若用 d 代表这一特征尺寸，则有

$$S=\pi d_s^2=\varphi_s d^2 \tag{2-18}$$

$$V=\frac{\pi}{6}d_v^3=\varphi_v d^3 \tag{2-19}$$

故

$$\varphi_s=S/d^2=\pi d_s^2/d^2 \tag{2-20}$$

$$\varphi_v=V/d^3=\pi d_v^3/(6d^3) \tag{2-21}$$

φ_s 和 φ_v 分别称为颗粒的表面积形状因数和体积形状因数。显然，对于球形对称颗粒 $\varphi_s=\pi$，$\varphi_v=\frac{\pi}{6}$。各种形状的颗粒的 φ_s 和 φ_v 值如表2-2所示。

表2-2　各种形状的颗粒的 φ_s 和 φ_v 值

各种形状的颗粒	φ_s	φ_v
球形颗粒	π	$\pi/6$
圆形颗粒（水冲蚀的砂子、熔凝的烟道灰和雾化的金属粉末颗粒）	2.7～3.4	0.32～0.41
带棱的颗粒（粉碎的煤粉、石灰石和砂子等粉体物料）	2.5～3.2	0.20～0.28
薄片状颗粒（滑石、石墨等）	2.0～2.8	0.10～0.12
极薄的片状颗粒（如云母、石墨等）	1.6～1.7	0.01～0.03

2.3.3　球形度 ϕ_c（Carmann 形状因数）

球形度 ϕ_c 是一个应用较广泛的形状因数。其定义是：一个与待测的颗粒体积相等的球形颗粒的表面积与该颗粒的表面积之比。若已知颗粒的当量表面积直径为 d_s，当量体积直径为 d_v 时，则其表达式为

$$\phi_c=\frac{\pi d_v^2}{\pi d_s^2}=\left(\frac{d_v}{d_s}\right)^2 \tag{2-22}$$

若用 φ_s 和 φ_v 表示，则有

$$\phi_c=\frac{\pi(6\varphi_v/\pi)^{2/3}d^2}{\varphi_s d^2}=4.836\,\frac{\varphi_v^{2/3}}{\varphi_s} \tag{2-23}$$

表2-3为理论计算的一部分形状规则的颗粒的球形度值和少数几种物料的实测球形度值。

表 2-3 各种颗粒的球形度

颗粒形状或物料名称	球形度 ϕ_c	颗粒形状或物料名称	球形度 ϕ_c
球形颗粒	1.000	圆盘体	
八面体	0.847	$h=r$	0.827
正方体	0.806	$h=r/3$	0.594
		$h=r/10$	0.323
长方体 $L\times L\times 2L$（L 为单边长）	0.767	天然煤粉	0.650
$L\times 2L\times 2L$	0.761	粉碎煤粉	0.730
$L\times 2L\times 3L$	0.725	粉碎玻璃	0.650
圆柱体（h 为高度，r 为半径）		参差不齐的燧石砂	0.650
$h=3r$	0.860	参差不齐的片状燧石砂	0.430
$h=10r$	0.691	接近于球体的渥太华砂	0.95
$h=20r$	0.580		

【例题 2-1】 求棱长为 a 的立方体颗粒的球形度。

解： 颗粒的体积，$V=a^3$

颗粒的表面积，$S=6a^2$

等体积球的直径，$d_v=\sqrt[3]{\frac{6}{\pi}}a$

等体积球的表面积，$S_{球}=\pi\left(\sqrt[3]{\frac{6}{\pi}}a\right)^2=6^{\frac{2}{3}}\pi^{\frac{1}{3}}a^2$

球形度，$\phi_c=\frac{S_{球}}{S}=\frac{6^{\frac{2}{3}}\pi^{\frac{1}{3}}a^2}{6a^2}=0.805$

2.4 粉体的粒度分布

本节介绍如何用粒度分布的概念，来表征一堆多分散体的粉体物料的粒度。实践证明，千奇百态的多分散体，其颗粒大小服从统计学规律，具有明显的统计效果。如果将这种物料的粒径看成是连续的随机变量，那么，从一堆粉体中按一定方式取出一个分析样品，只要这个样品的量足够大，就完全能够用数理统计的方法，通过研究样本的各种粒径大小的分布情况，来推断出总体的粒度分布。有了粒度分布数据，便不难求出这种粉体的某些特征值，例如平均粒径、粒径的分布宽窄程度和粒度分布的标准偏差等，从而可以对成品粒度进行评价。

2.4.1 频率分布

在粉体样品中，某一粒度大小（用 D_p 表示）或某一粒度大小范围内（用 ΔD_p 表示）的颗粒（与之相对应的颗粒个数为 n_p）在样品中出现的百分含量（%），即为频率，用 $f(D_p)$ 或 $f(\Delta D_p)$ 表示。样品中的颗粒总数用 N 表示，则有如下关系

$$f(D_p)=\frac{n_p}{N}\times 100\% \tag{2-24}$$

或

$$f(\Delta D_p)=\frac{n_p}{N}\times 100\% \tag{2-25}$$

这种频率与颗粒大小的关系，称为频率分布。

现用一实例说明这种分布的构成。设用显微镜观察 300 个颗粒的粉体样品。经测定，最小颗粒的直径为 1.5μm，最大颗粒为 12.2μm。将被测定出来的颗粒按由小到大的顺序以适当的区间加以分组，组数用 h 来表示，一般取 10～25 组。小于 10 组时，数据的准确性大大降低；

大于 25 组时，数据处理的过程又过于冗长。取 $h=12$。区间的范围称为组距，用 ΔD_p 表示。设 $\Delta D_p=1\mu m$。每一个区间的中点，称为组中值，用 d_i 表示。落在每一区间的颗粒数除以 N，便是 $f(\Delta D_p)$。将测量的数据加以整理，结果见表 2-4。

表 2-4 颗粒大小的分布数据

h	$\Delta D_p/\mu m$	n_p	$d_i/\mu m$	$f(\Delta D_p)/\%$
1	1.0～2.0	5	1.5	1.67
2	2.0～3.0	9	2.5	3.00
3	3.0～4.0	11	3.5	3.67
4	4.0～5.0	28	4.5	9.33
5	5.0～6.0	58	5.5	19.33
6	6.0～7.0	60	6.5	20.00
7	7.0～8.0	54	7.5	18.00
8	8.0～9.0	36	8.5	12.00
9	9.0～10.0	17	9.5	5.67
10	10.0～11.0	12	10.5	4.00
11	11.0～12.0	6	11.5	2.00
12	12.0～13.0	4	12.5	1.33
总和		300		100

这种频率分布数据，可用一种图形形象地表示出来。这种图形称为直方图。根据表 2-4 的数据绘制的直方图如图 2-8 所示。每一个直方图的底边长，就是组距 ΔD_p；高度即为频率；底边的中点即为组中值 d_i。

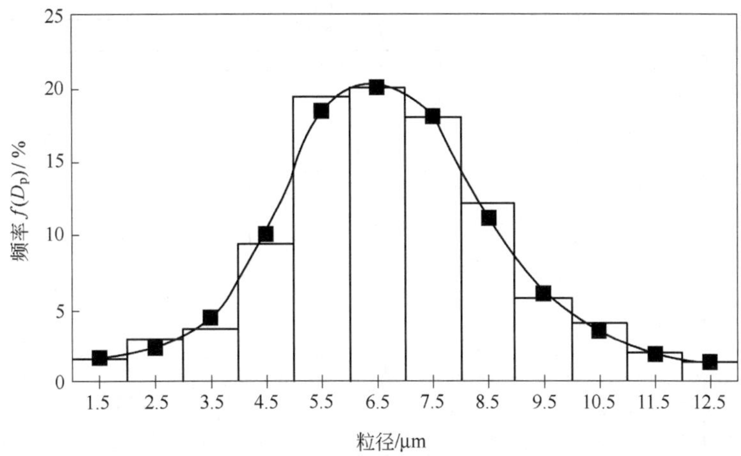

图 2-8 颗粒频率分布的等组距直方图及分布曲线图

如果将各直方图回归成一条光滑的曲线，便形成频率分布曲线（图 2-8）。工程上往往采用分布曲线的形式来表示粒度分布。

如果进而能够用某种数学解析式来表示这种频率分布曲线，则可以得到相应的分布函数式，记为 $f(D_p)$。频率分布曲线与横坐标轴围成的面积为

$$\int_{d_{min}}^{d_{max}} f(D_p)\mathrm{d}D_p = 100\% \tag{2-26}$$

应当指出，粒度频率分布的纵坐标，不只可用颗粒个数表示（当然，对于显微镜观测，因为可以数出颗粒个数，故用颗粒的个数表示很方便），也可以使用颗粒质量表示。这时所得到的分布称为质量粒径分布。

此外，粒径分组的组距，不一定非为等组距不可，完全可以采用不等组距。这样，粒度的直方图分布，又可以分为等组距和不等组距两种。

2.4.2 累积分布

将颗粒大小的频率分布按一定方式累积，便得到相应的累积分布。它可以用累积直方图的形式表示，但更多是用累积曲线表示。一般有两种累积方式：一种是按粒径从小到大进行累积，称为筛下累积（用“—”号表示）；另一种是从大到小进行累积，称为筛上累积（用“+”号表示）。前者所得到的累积分布表示小于某一粒径的颗粒数（或颗粒质量）的百分数，而后者则表示大于某一粒径的颗粒数（或颗粒质量）的百分数。筛下累积分布常用 $D(D_p)$ 表示；筛上累积分布常用 $R(D_p)$ 表示。

将表 2-4 的数据进行累积处理后，便得到表 2-5。图 2-9 便是根据表 2-5 绘制的累积直方图和两种累积曲线。

由表 2-5 中筛上和筛下分布中的数据和图 2-9 中的筛上和筛下两条分布曲线可以看出有这样一些关系

$$D(D_p)+R(D_p)=100\% \tag{2-27}$$

$$\left.\begin{aligned} D(D_{min})&=0\\ D(D_{max})&=100\%\\ R(D_{min})&=100\%\\ R(D_{max})&=0 \end{aligned}\right\} \tag{2-28}$$

表 2-5 颗粒的累积频率

组距/μm	组中值 d_i/μm	频率分布 $f(D_p)$/%	累积分布/%	
			筛下累积	筛上累积
0～1.0	0.5	0.00	0.00	100.00
1.0～2.0	1.5	1.67	1.67	98.33
2.0～3.0	2.5	3.00	4.67	95.33
3.0～4.0	3.5	3.67	8.34	91.66
4.0～5.0	4.5	9.33	17.67	82.33
5.0～6.0	5.5	19.33	37.00	63.00
6.0～7.0	6.5	20.00	57.00	43.00
7.0～8.0	7.5	18.00	75.00	25.00
8.0～9.0	8.5	12.00	87.00	13.00
9.0～10.0	9.5	5.67	92.67	7.33
10.0～11.0	10.5	4.00	96.67	3.33
11.0～12.0	11.5	2.00	98.67	1.33
12.0～13.0	12.5	1.33	100.00	0.00

较之频率分布，累积分布更有用。许多粒度测定技术，如筛析法、重力沉降法、离心沉降法等所得的分析数据，都是以累积分布显示出来的。其优点是消除了直径的分组，特别适用于确定中位数粒径等。

2.4.3 频率分布和累积分布的关系

频率分布 $f(D_p)$ 和累积分布 $D(D_p)$ 或 $R(D_p)$ 之间的关系，是微分和积分的关系

$$\left.\begin{aligned}D(D_p)&=\int_{D_{min}}^{D_p} f(D_p)\mathrm{d}D_p\\R(D_p)&=\int_{D_{max}}^{D_p} f(D_p)\mathrm{d}D_p\\f(D_p)&=\frac{\mathrm{d}D(D_p)}{\mathrm{d}D_p}\\f(D_p)&=-\frac{\mathrm{d}R(D_p)}{\mathrm{d}D_p}\end{aligned}\right\}\tag{2-29}$$

因此，$f(D_p)$ 又称颗粒粒度分布微分函数，而 $D(D_p)$ 或 $R(D_p)$ 又称为颗粒粒度分布积分函数。

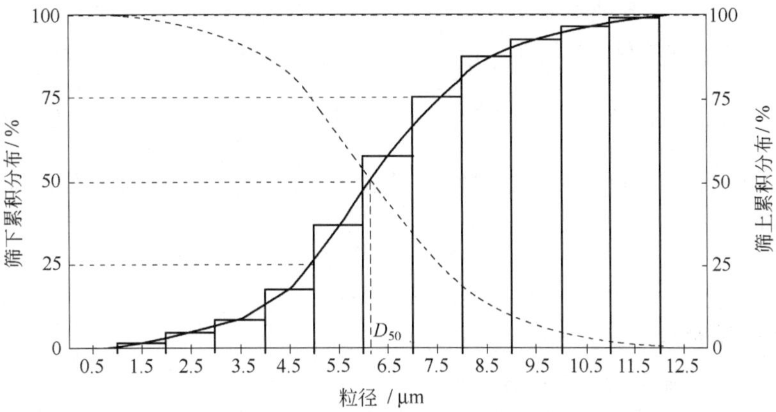

图 2-9　筛上和筛下累积分布直方图与曲线图

2.4.4　表征粒度分布的特征参数

（1）中位粒径 D_{50}　所谓中位粒径 D_{50}，是在粉体物料的样品中，将样品的个数（或质量）分成相等两部分的颗粒粒径。如图 2-9 所示，根据式(2-24）有：$D(D_{50})=R(D_{50})=50\%$。这样，若已知粒度的累积频率分布，很容易求出该分布的中位粒径。

（2）最频粒径　最频粒径以 D_{mo} 表示。在频率分布坐标图上，纵坐标最大值所对应的粒径，便是最频粒径，即在颗粒群中个数或质量出现概率最大的颗粒粒径。如果某颗粒群的频率分布式 $f(D_p)$ 已知，则令 $f(D_p)$ 的一阶导数为零，便可求出 D_{mo}；同样，若 $D(D_p)$ 或 $R(D_p)$ 已知，则令其二阶导数等于零，也可求出 D_{mo}。

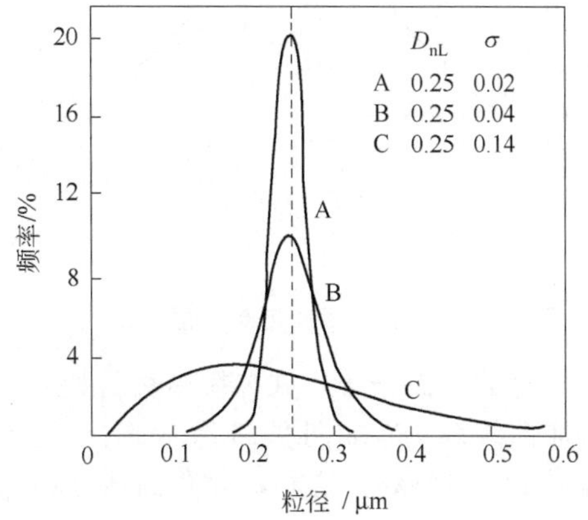

图 2-10　平均粒径完全相同的三条不同粒度分布曲线

（3）标准偏差　标准偏差以 σ 表示，几何标准偏差以 σ_g 表示。它是最常采用的表示粒度频率分布的离散程度的参数，其值越小，说明分布越集中。对于频率分布，σ 与 σ_g 的计算公式如下

$$\sigma=\sqrt{\frac{\sum n_i(d_i-D_{nL})^2}{N}}\tag{2-30}$$

$$\sigma_g=\sqrt{\frac{\sum n_i(\lg d_i-\lg D_g)^2}{N}} \tag{2-31}$$

如图 2-10 所示，虽然个数平均粒径 $D_{nL(A)}=D_{nL(B)}=D_{nL(C)}$，但因 $\sigma_A<\sigma_B<\sigma_C$，故曲线 A 的分布最窄，C 分布最宽。

2.4.5 粒度分布函数

（1）正态分布　正态分布是数理统计学中最重要的分布定律之一，但是在粉体粒度的研究中，却很少应用，因为真正服从正态分布的粉体并不多。正态分布的分布函数 $f(D_p)$ 可用下述数学式表示

$$f(D_p)=\frac{1}{\sqrt{2\pi}\sigma}\exp\left[-\frac{(D_p-\overline{D}_p)^2}{2\sigma^2}\right]=\frac{1}{\sqrt{2\pi}\sigma}\exp\left[-\frac{(D_p-D_{50})^2}{2\sigma^2}\right] \tag{2-32}$$

式中　$\overline{D}_p$——平均粒径，$\overline{D}_p=D_{50}$；

σ——分布的标准偏差，$\sigma=\sqrt{\sum_{i=1}^{n}f_i(D_p-\overline{D}_p)^2}=\sqrt{\sum_{i=1}^{n}f_i(D_p-D_{50})^2}$。

它反映分布对于 $\overline{D}_p=D_{50}$ 的分散程度。正态分布的频率分布曲线如图 2-11 所示。由正态分布的性质可得

$$\begin{cases}\sigma=D_{84.13}-D_{50}\\ \sigma=D_{50}-D_{15.87}\end{cases} \tag{2-33}$$

式中　$D_{84.13}$——累积筛下为 84.13%的粒径；

$D_{15.87}$——累积筛下为 15.87%的粒径。

符合累积正态分布的粉体在如图 2-12 的正态概率纸上呈一直线。正态概率纸上累积百分数坐标的刻度方法是：先按与粒度 D_p 成正比的值对横坐标均匀刻度，再用式（2-33）积分所得的正态概率累积百分数表示。

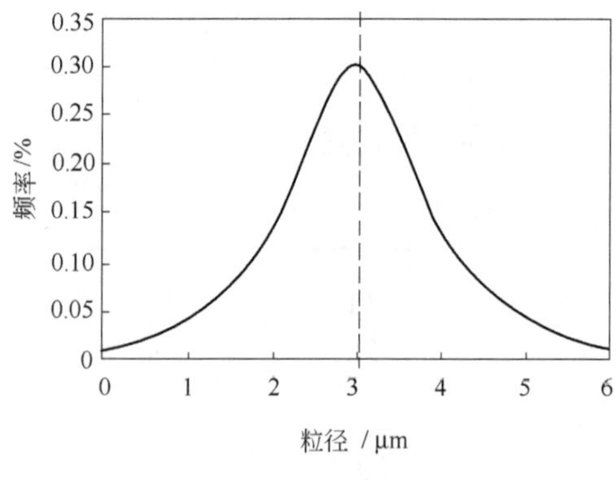

图 2-11　正态分布的频率分布曲线

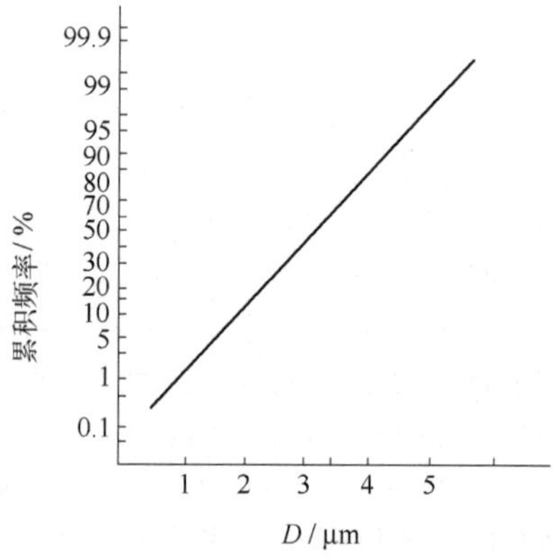

图 2-12　正态概率纸上的累积分布曲线

（2）对数正态分布　许多粉体物料如结晶产品、沉淀物料和微粉碎或超微粉碎产品，粒度频率分布曲线都具有如图 2-13 所示的右歪斜形状。如果在横坐标轴上不是采用粒径 D_p，而是采用粒径 D_p 的对数，这时，分布曲线 $f(D_p)$ 便具有对称性。这种分布称为对数正态分布，如图 2-14 所示。

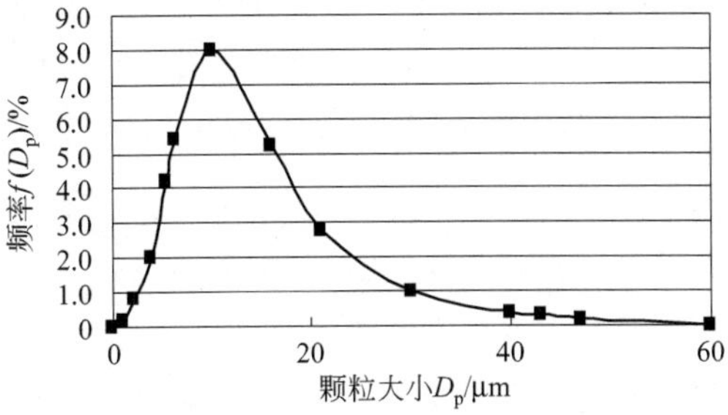

图 2-13　粉体颗粒的右歪斜频率分布曲线

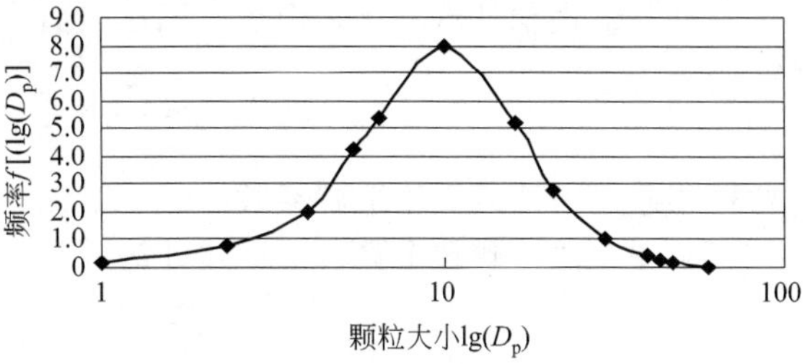

图 2-14　横坐标取对数后变为对数正态分布曲线

其数学形式如下

$$f(D_p)=\frac{1}{\sqrt{2\pi}\lg\sigma_g}\exp\left[-\frac{(\lg D_p-\lg D_g)^2}{2\lg^2\sigma_g}\right]=\frac{1}{\sqrt{2\pi}\lg\sigma_g}\exp\left[-\frac{(\lg D_p-\lg D_{50})^2}{2\lg^2\sigma_g}\right] \quad (2\text{-}34)$$

式中　D_g——几何平均粒径；

σ_g——几何标准偏差。

根据对数正态分布的性质，可得

$$\lg\sigma_g=\lg D_{84.13}-\lg D_{50}\Longrightarrow\sigma_g=\frac{D_{84.13}}{D_{50}}=\frac{D_{50}}{D_{15.87}} \quad (2\text{-}35)$$

累积分布符合对数正态分布的粉体，在对数正态概率纸（图 2-15）上为一直线。

① 平均粒径的计算　用对数正态分布，可求各平均粒径的计算式。以个数长度平均径为例计算如下

$$D_{nL}=\frac{\sum(nd)}{\sum n}=\frac{1}{\sqrt{2\pi}\ln\sigma_g}\int_{-\infty}^{+\infty}D_p\exp\left\{-\left[\frac{(\ln D_p-\ln D_{50})^2}{2\ln^2\sigma_g}\right]\right\}d(\ln D_p)$$

$$=D_{50}\exp(0.5\ln^2\sigma_g) \quad (2\text{-}36)$$

同理可求得其他平均粒径计算式，汇总于表 2-6。

表 2-6　平均粒径计算公式

序号	名　称	记　号	个数基准平均径	计算式	备　注
1	个数长度平均径	D_{nL}	$D_{nL}=\frac{\sum(nd)}{\sum n}$	$D_{50}\exp(0.5\ln^2\sigma_g)$	
2	长度表面积平均径	D_{Ls}	$D_{Ls}=\frac{\sum(nd^2)}{\sum(nd)}$	$D_{50}\exp(1.5\ln^2\sigma_g)$	
3	表面积体积平均径	D_{sv}	$D_{sv}=\frac{\sum(nd^3)}{\sum(nd^2)}$	$D_{50}\exp(2.5\ln^2\sigma_g)$	$S_w=\frac{\phi}{\rho_p D_{sv}}$
4	体积四次矩平均径	D_{vm}	$D_{vm}=\frac{\sum(nd^4)}{\sum(nd^3)}$	$D_{50}\exp(3.5\ln^2\sigma_g)$	
5	个数表面积平均径	D_{ns}	$D_{ns}=\sqrt{\frac{\sum(nd^2)}{\sum n}}$	$D_{50}\exp(\ln^2\sigma_g)$	平均颗粒表面积 $\phi_s D_{ns}^2$
6	个数体积平均径	D_{nv}	$D_{nv}=\sqrt[3]{\frac{\sum(nd^3)}{\sum n}}$	$D_{50}\exp(1.5\ln^2\sigma_g)$	平均颗粒体积 $\phi_v D_{nv}^3$ 单位质量个数$\frac{1}{\rho_p\phi_v D_{nv}^3}$
7	长度体积平均径	D_{Lv}	$D_{Lv}=\sqrt{\frac{\sum(nd^3)}{\sum(nd)}}$	$D_{50}\exp(2.0\ln^2\sigma_g)$	
8	质量矩平均径	D_w	$D_w=\sqrt[4]{\frac{\sum(nd^4)}{\sum(nd)}}$	$D_{50}\exp(2.0\ln^2\sigma_g)$	
9	调和平均径	D_h	$D_h=\frac{\sum n}{\sum(n/d)}$	$D_{50}\exp(-0.5\ln^2\sigma_g)$	

② 比表面积计算　比表面积可用比表面积体积平均径 D_{sv} 计算

$$S_w=\frac{S}{M}=\frac{\sum n\varphi_s d_i^2}{\sum \rho_p n\varphi_v d_i^3}=\frac{\phi_{sv}}{\rho_p D_{sv}} \tag{2-37}$$

式中　ϕ_{sv}——比表面积形状系数。

③ 单位质量颗粒个数可由下式计算

$$n=\frac{\sum n}{m}=\frac{\dfrac{\sum nd_i^3}{D_{nv}^3}}{\rho_p V}=\frac{\sum nd_i^3}{\rho_p D_{nv}^3\phi_v \sum nd_i^3}=\frac{1}{\rho_p\phi_v D_{nv}^3} \tag{2-38}$$

④ 个数与质量两种基准分布的相互变换　当粒径分布为对数正态分布时，下式成立

$$D'_{50}=D_{50}\exp(3\ln^2\sigma_g)$$
$$\sigma'_g=\sigma_g \tag{2-39}$$

式中　D_{50} 和 D'_{50}——分别表示个数和质量基准的中位径；

σ_g 和 σ'_g——分别为这两种基准的几何标准偏差。

【例题 2-2】 表 2-7 是根据马铃薯淀粉的光学显微镜照片测定的 Feret 径的汇总表。试用这些数据在对数概率纸上作图，并求 D_{50} 和 σ_g 的值（已知马铃薯淀粉的密度为 1400kg/m^3）。

表 2-7　根据光学显微镜照片测量的 Feret 径汇总表

粒径范围 D_p/μm	$\lg D_p$ 下限粒径	测量的颗粒个数 n	累计 $\sum n$	累积筛余/%（个数基准）	累积筛下/%（个数基准）
>60	1.778	44	44	1.6	98.6
60～50	1.700	59	103	3.8	96.2
50～40	1.602	156	259	9.4	90.6
40～30	1.477	335	594	21.6	78.4
30～20	1.301	888	1482	54.0	46.0
20～15	1.176	558	2024	74.2	25.8
15～10	1.000	425	2465	89.7	10.3
<10		282	2747	100.0	—

解： 如图 2-15 所示作图，从图中可查出 D_{50}、$D_{15.87}$，即可计算出 σ_g 和 $\ln^2\sigma_g$。由 D_{50} 计算出 D'_{50}，将以个数为基准的直线平移到 D'_{50} 处即得以质量为基准的累积分布直线；同时，还可计算出上述 9 个平均粒径和每千克样品中含有的颗粒个数 n 和比表面积 S_w（设颗粒为球形）。

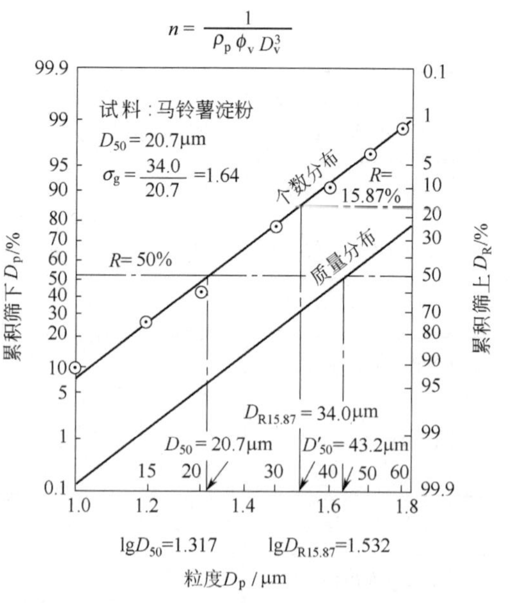

图 2-15　对数正态概率纸的应用

图 2-16 为对数正态概率纸，在此概率纸上作出某粉体的累积分布直线后，平移此直线过 P 极，在图上可查出 $\lg\sigma_g$ 和 $S_v D_p$ 的值。

(3) 罗辛-拉姆勒（Rosin-Rammler）分布

通过对煤粉、水泥等物料粉碎试验的概率和统计理论的研究，归纳出用指数函数表示粒度分布的关系（R-R 分布式），即

$$R(D_p)=100\exp[-(D_p/D_e)^n] \tag{2-40}$$

式中　$R(D_p)$——累积筛余百分数；

D_e——特征粒径，表示累积筛余为 36.8%时的粒径；

n——均匀性系数，表示粒度分布范围的宽窄程度；n 值越小，粒度分布范围越宽，反之亦然。

它的频率分布式为

$$f(D_p)=-\frac{dR(D_p)}{dD_p}=nD_e^{-n}D_p^{n-1}\exp[-(D_p/D_e)^n] \tag{2-41}$$

将式（2-40）的倒数取两次对数得

$$\lg\left\{\lg\left[\frac{1}{R(D_p)}\right]\right\}=n\lg\left(\frac{D_p}{D_e}\right)+\lg(\lg e)$$
$$=n\lg D_p+\lg(\lg e)-n\lg D_e=n\lg D_p+C \tag{2-42}$$

在 $\lg D_p$ 与 $\lg\{\lg[1/R(D_p)]\}$ 坐标系中，式(2-42) 作图呈一直线。图 2-17 为 Rosin-Rammler 线图（R-R 图）。在此图上作某一粉体的累积分布时，如果数据点呈一直线，则说明这一粉体符合 R-R 分布，将这一直线平移过 P 极，可在图上查出 n 与 S_vD_e 的值。

【例题 2-3】 用冲击磨粉碎啤酒瓶，试料全部通过 3.36mm 的标准筛，用标准筛测定粒度的结果如表 2-8 所示。用这些数值在 R-R 图上作图，并求 D_e、n 值，写出 R-R 分布式。如取啤酒瓶的密度 $\rho=2600\text{kg/m}^3$，计算其比表面积 S_w。

表 2-8　粒度测定结果

筛孔尺寸/μm	3360	2830	2000	1410	1000	710	500	350
累积筛余/%	0.6	11.14	31.2	47.9	61.4	72.5	79.2	85
筛孔尺寸/μm	250	177	149	125	88	62	<62	累计
累积筛余/%	89.8	92.8	93.7	95	96.5	98	100	100

解： 取 mm 作为粒径单位，根据表 2-8 中的数据在 R-R 图上作图，如图 2-18 所示，由图中查得 $D_e=1.9\text{mm}$，$n=1.1$，$S_vD_e=28.17$。

由此得分布式为

$$R(D_p)=\exp\left[-\left(\frac{D_p}{1.9}\right)^{1.1}\right]$$

质量比表面积为

$$S_w=\frac{S_vD_e}{\rho_pD_e}=\frac{28.17}{2600\times1.9\times10^{-3}}$$
$$=5.7(\text{m}^2/\text{kg})$$

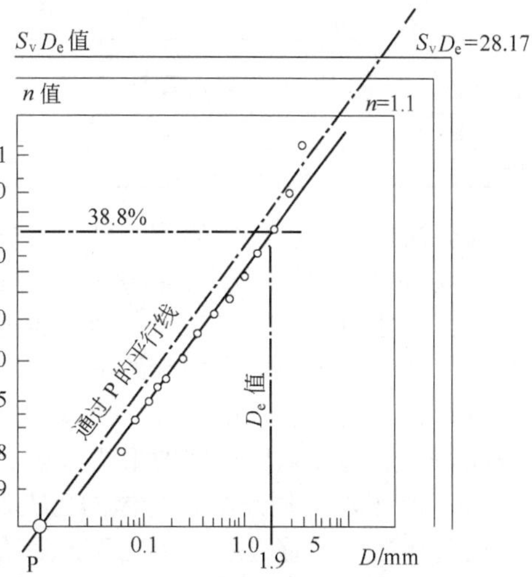

图 2-18　R-R 线图的图解

【例题 2-4】 某粉体粒度符合 R-R 分布，粒径小于 20μm 的颗粒含量为 30%，粒径大于 80μm 的颗粒含量为 15%，试求：（1）粒径为 40～50μm 的颗粒含量；（2）该粉体的特征粒径；（3）该粉体与另一均匀性系数为 1.2 的粉体相比较，何者粒度更集中？

解： $R(20\mu\text{m})=100\%-30\%=70\%$，$R(80\mu\text{m})=15\%$。分别代入式(2-42)，有

$$\lg\left[\lg\left(\frac{100}{70}\right)\right]=n\lg20+C$$

$$\lg\left[\lg\left(\frac{100}{15}\right)\right]=n\lg80+C$$

解此方程组，$n=1.189$；$C=-2.357$。

（1）将 $D_p=40\mu\text{m}$ 和 $D_p=50\mu\text{m}$ 分别代入 R-R 分布式，得

$R(40\mu m)=44.36\%$；$R(50\mu m)=34.64\%$；

$R(40\mu m)-R(50\mu m)=9.72\%$。

（2）将 $R(D_e)=36.8\%$代入 R-R 分布式并解之，得

$D_e=47.60\mu m$。

（3）因为 $n=1.189<1.2$，所以该粉体粒度分布更集中。

2.5 粉体粒度测量技术

粉体的粒度、形状与比表面积等几何参数对其产品的性质与用途影响很大，因此，粉体粒度、形状与比表面积的测量非常重要。例如，水泥的强度与其细度有关，磨料的粒度和粒度分布决定其质量等级，粉碎和分级也需要对其粒度进行测量。随着纳米级材料的发展，人们对粒度等特性参数的测量提出了更高要求。

表 2-9 列出了粉体粒度测量的主要方法。

表 2-9　粉体粒度测量的主要方法

<table>
<tr><th colspan="2">测量方法</th><th>测量装置</th><th>测量结果</th></tr>
<tr><td colspan="2">直接观察法</td><td>放大投影器，图像分析仪（与光学显微镜或电子显微镜相连），能谱仪（与电子显微镜相连）</td><td>粒度分布、形状参数</td></tr>
<tr><td colspan="2">筛分法</td><td>电磁振动筛，声波振动筛</td><td>粒度分布直方图</td></tr>
<tr><td rowspan="2">沉降法</td><td>重力</td><td>比重计，比重天平，沉降天平，光透过式沉降仪，X 射线透过式沉降仪</td><td>粒度分布</td></tr>
<tr><td>离心力</td><td>光透过式离心沉降仪、X 射线透过式离心沉降仪</td><td>粒度分布</td></tr>
<tr><td rowspan="2">激光法</td><td>光衍射</td><td>激光粒度仪</td><td>粒度分布</td></tr>
<tr><td>光子相干</td><td>光子相干粒度仪</td><td>粒度分布</td></tr>
<tr><td colspan="2">小孔透过法</td><td>库尔特粒度仪</td><td>粒度分布，个数计量</td></tr>
<tr><td colspan="2">流体透过法</td><td>气体透过粒度仪</td><td>比表面积，平均粒度</td></tr>
<tr><td colspan="2">吸附法</td><td>BET 吸附仪</td><td>比表面积，平均粒度</td></tr>
</table>

筛分法用于粒度分布的测量已有很长的历史了，制造筛网的技术也不断提高，已经可以制造小到 5μm 的筛网。筛分分析适用于粒径约 20μm～100mm 之间的粒度分布测量。

筛孔尺寸用“目”来表示，即 1 英寸（1in=0.0254m，以下全书同）长度的筛网上的筛孔数。标准筛的规格见本书后的附录。

流体透过法一般采用空气，使其透过粉体料层，由空气的流速、压力差等参数计算粉体的比表面积，然后计算出粉体的平均粒径。

BET 吸附法也用来测量粉体的比表面积。

比重计法、比重天平法和沉降天平法曾一度被广泛地使用过。但这些仪器测量时间太长，且不适合细颗粒的测量，将逐渐被淘汰。

库尔特粒度仪也称库尔特计数器，可测量悬浮液中颗粒的大小和个数。当悬浮于电解质中的颗粒通过小孔时，可引起电导率的变化，其变化峰值与颗粒的大小有关。此法主要用于需要对颗粒计数的场合，例如生物细胞计数、血液中的红细胞计数、水质中的颗粒计数以及磨料的质量检测等。库尔特计数器测量到的是颗粒的体积，然后再换算成粒径。

下面重点介绍沉降法与激光法。

2.5.1 沉降法

光透过原理与沉降法相结合，产生一大类粒度仪，称为光透过沉降粒度仪。根据光源不同，可细分为可见光、激光和 X 射线几种类型；按力场不同又细分为重力场和离心力场两类。

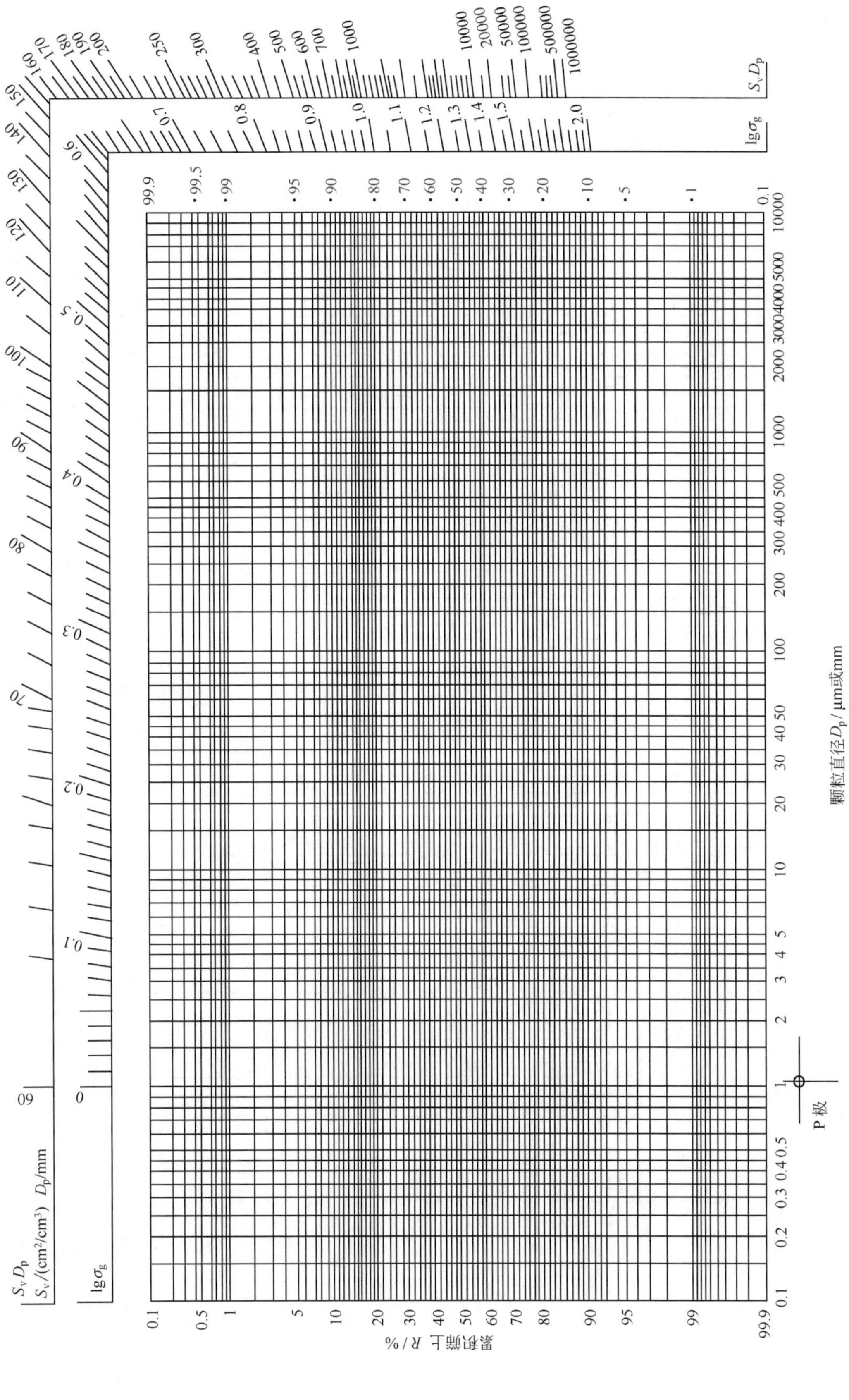

图 2-16　对数正态概率纸

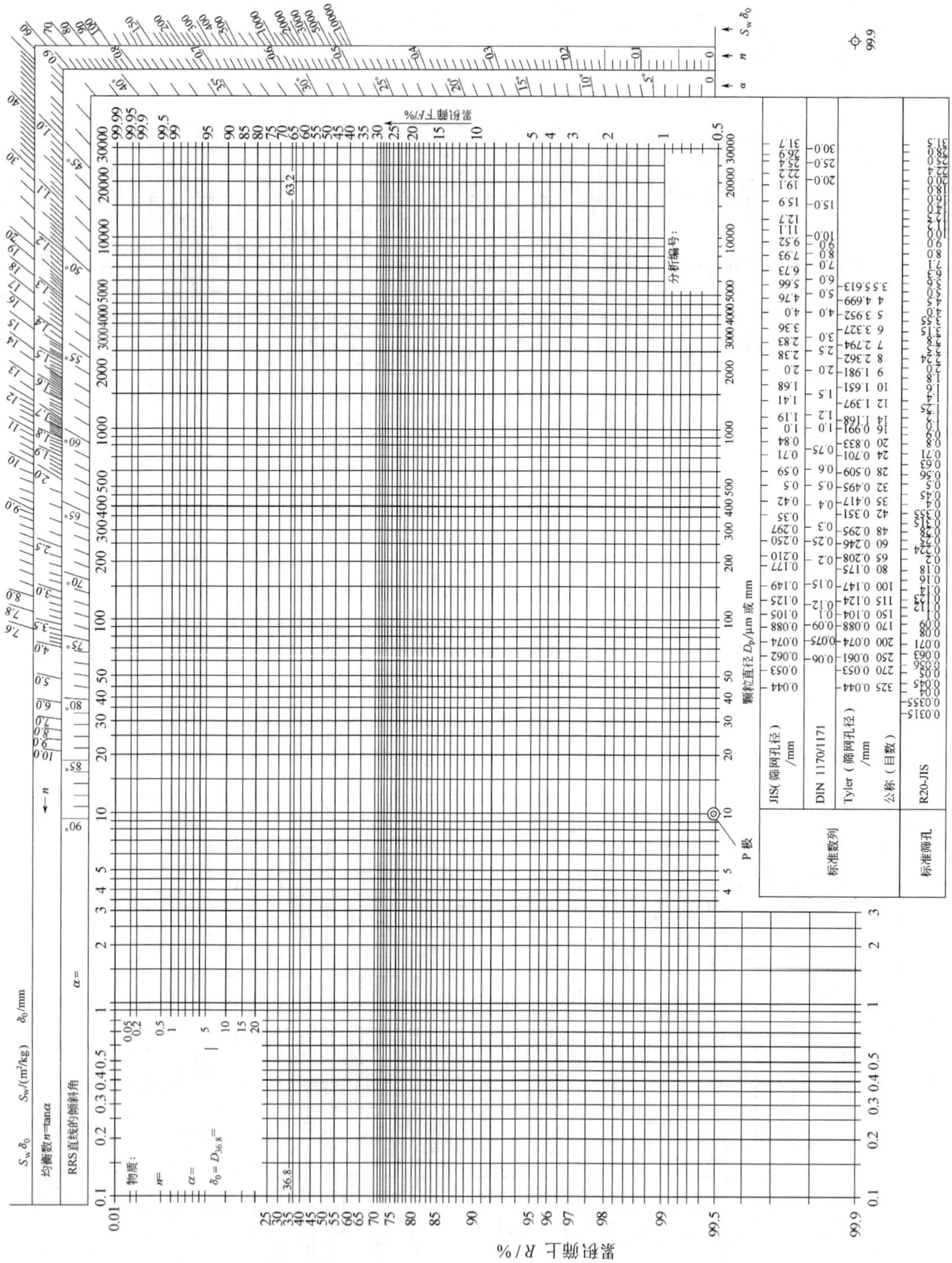

图 2-17 Rosin-Rammler 线图

当光束通过装有悬浮液的测量容器时，一部分光被反射或吸收，另一部分光到达光电传感器，将光强转变成电信号。透过光强与悬浮液浓度和颗粒投影面积有关。另一方面，颗粒在力场中沉降，可用斯托克斯定律计算其粒径大小，从而得到累积粒度分布。

(1) 重力场光透过沉降法　其测量范围在 0.1～1000μm。光源为：可见光、激光和 X 射线。颗粒的沉降速度与颗粒和悬浮液的密度有关，当密度差大时沉降速度快，反之沉降速度慢。

为了提高测量速度，节省测量时间，中国科学院马兴华等发明了图像沉降法，相关装置简图如图 2-19 所示。该装置采用一线性图像传感器，将沉降过程可视化，可明显节省测量时间。例如，对平均粒度为 5μm 的 SiC 样品测量的结果表明，本仪器仅需 5min 即可测量完毕，而国外同类仪器则需 28min。

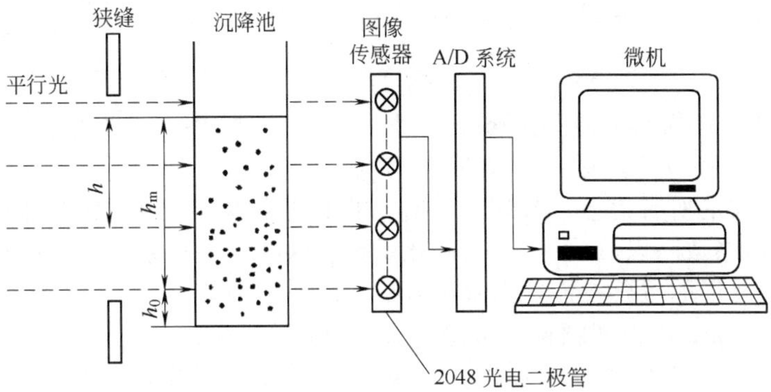

图 2-19　图像沉降粒度仪 1000 的原理

(2) 离心力场光透过沉降法　在离心力场中，颗粒的沉降速度明显提高，本法适合测量纳米级颗粒。可测量 0.007～30μm 的颗粒，若与重力场沉降相结合，则可将测量上限提高到 1000μm。

2.5.2 激光法

激光法是近 20 年发展的颗粒测量方法，常见的有激光衍射法和光子相干法。激光粒度仪的优点是重复性好，测量速度快。其缺点是对几微米的试样，该仪器的误差较大。激光粒度仪的测量范围一般为 0.5～1000μm。

20 世纪 80 年代中期，王乃宁等提出综合应用米氏散射和夫琅禾费衍射的理论模型，即在小粒径范围内采用米氏理论，在大粒径范围内仍采用夫琅禾费衍射理论，从而改善小粒径范围内测量的精度。一般而言，激光法的分辨率不如沉降法。

2.5.3 颗粒形状的测定

测量颗粒形状有两种方法。一为图像分析仪，它由光学显微镜、图像板、摄像机和微机组成。其测量范围为 1～100μm，若采用体视显微镜，则可以对大颗粒进行测量。电子显微镜配图像分析仪，其测量范围为 0.001～10μm。二为能谱仪系统，它由电子显微镜与能谱仪、微机组成。其测量范围为 0.0001～100μm。

上述两种方法，可测量颗粒的面积、周长及各形状参数，由面积、周长可得到相应的粒径，进而可得到粒度分布。其优点是具有可视性，可信程度高。但由于测量的颗粒数目有限，特别是在粒度分布很宽的场合，其应用受到一定的限制。

进入 21 世纪，计算机技术的飞速发展和图像分析技术的问世，过去只能根据几何外形对颗粒形状进行大致分类的情况，发展到了现在可以在数值化的基础上严格定义颗粒形状及描述颗粒表面的粗糙度，使颗粒形状的表征方法实现了飞跃。这种表征方法是通过数值化处理对颗粒表面形貌来进行分形表征的。这里主要介绍 Fourier（傅里叶）级数表征法和分数维表征法。

（1）Fourier 级数表征法　如图 2-20 所示，用扫描装置对颗粒投影像边缘上的若干个点进行位置测量。通过信号的模数转换获得每个点的（x，y）坐标，求出重心作为原点，转换为（R，θ）极坐标。通过这些点的 R、θ 值，即可基本反映图像形状和尺寸的全部信息。

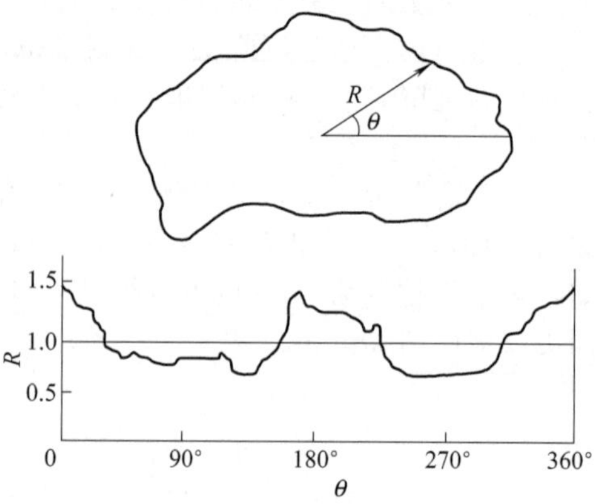

图 2-20　颗粒投影图的极坐标图

显然，R 随 θ 的变化以 2π 为周期，因此，可表达为 Fourier 级数

$$R(\theta)=A_0+\sum_{n=1}^{\infty}(a_n\cos n\theta+b_n\sin n\theta) \tag{2-43}$$

由这些点的 R、θ 值即可确定 Fourier 系数 A_0 及一组系数 $\{a_n\}$ 和 $\{b_n\}$。这些数值便含有与颗粒形状和尺寸相关的所有信息。若各 a_n 和 b_n 的值均为零，则该颗粒为球形，其半径为零阶系数 A_0。若将各阶系数除以 A_0，则得归一化系数。这些归一化系数可以反映颗粒的形状。其中，低阶系数反映图形的主要特征，高阶系数反映图形的细节。

用这些 Fourier 系数可再现颗粒投影像的形状，并可计算出任何规定的形状因子。

（2）分数维表征法　分数维表征法是一种用于描述颗粒表面结构及粗糙度的新的数学方法。

图 2-21 表示了四条曲线的分数维情况。四条曲线的整数维均为 1，但分数维的差别较大。可以看出，曲线形状越复杂，分数维数值越大。

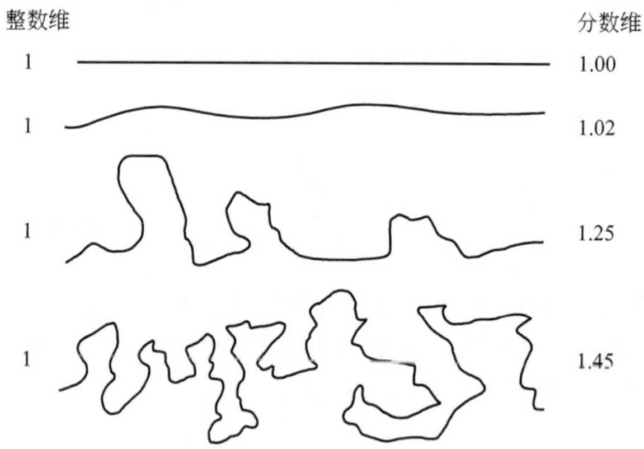

图 2-21　整数维和分数维

图 2-22 所示为典型的 Koch 曲线及图形（又称分数维曲线）。其画法是将长度为 1 的线段分为三份，从中间 1/3 长度的线段画一正三角形的两边，去掉底边，得四条长度为 1/3 的线段。再以长度为 1/3 的线段重复上述过程；继续以长度为 $(1/3)^n$ 的线段重复上述过程，即可得 Koch 曲线。

其线段总长度 L 为

$$L=nr=r^{1-d_F} \tag{2-44}$$

式中　n——线段条数；

r——每条线段的长度；

d_F——分数维数值。

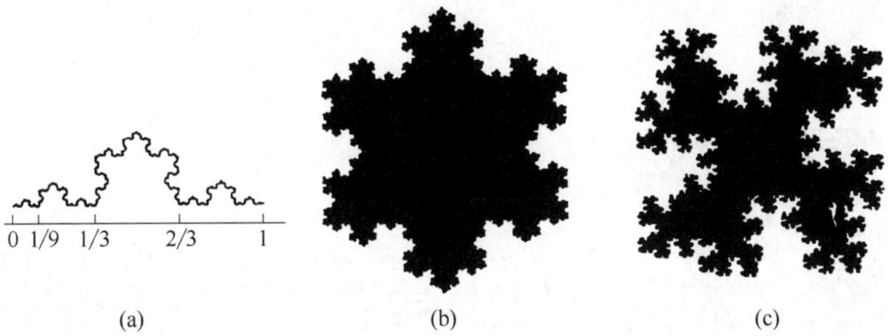

图 2-22　典型的分数维曲线及图形

对于 Koch 曲线，分数维 $d_F=\lg4/\lg3\approx1.2618$。图 2-22(b)、(c)分别表示出了 Koch 三次岛和四次岛，它们是分别以正三角形和正方形为基础画出的。

分数维曲线的重要特点是自相似性。图 2-22(a) 中，区间 (0，1/3) 的曲线与区间 (0，1) 的曲线相似；即使继续缩小区间范围，仍然存在这种相似性。

利用分数维的自相似原理，可以表征许多不规则非球形颗粒的形状。

图像分析法的优点是具有可视性，可信程度高。但由于测量的颗粒数目有限，特别是在粒度分布很宽的场合，其应用受到一定的限制。

第3章 粉体的填充与堆积特性

粉体层中颗粒的填充与堆积特性与粉体层的力学、电学、传热以及流体透过等性质密切相关，为了定量地表征粉体层的这些性质，必须研究构成粉体层的颗粒排列状态。填充与堆积结构随颗粒粒度大小与分布、颗粒形状、颗粒间相互作用力大小以及填充条件的变化而变化。一般而言，粉体层的排列状态是不均匀的，存在局部的填充结构变化，这对粉体操作具有很大的影响。工程上已注意到填充状态的两个极端，即最疏与最密填充状态。例如，为避免料仓结拱造成料流阻塞，要求粉体层处于最疏填充状态，而陶瓷造粒往往要求最密填充状态。

3.1 粉体的填充指标

在描述粉体填充与堆积特性时，经常要用到容积密度、填充率和空隙率等参数，下面给出这些参数的定义。

（1）容积密度 ρ_B　在一定填充状态下，单位填充体积的粉体质量，称为粉体的容积密度，也称表观密度，单位为 kg/m^3。

$$\rho_B=\frac{M}{V_B} \tag{3-1}$$

式中　M——粉体颗粒的质量，kg；

V_B——粉体填充体积，m^3。

（2）填充率 ψ　在一定填充状态下，颗粒体积 V_B 占粉体填充体积的比率，称为粉体的填充率。

$$\psi=\frac{V_p}{V_B}=\frac{M/\rho_p}{M/\rho_B}=\frac{\rho_B}{\rho_p} \tag{3-2}$$

式中　M——填充粉体的质量，kg；

ρ_p——填充粉体的真实密度，kg/m^3；

ρ_B——填充粉体的容积密度，kg/m^3。

（3）空隙率 ε

在一定填充状态下，空隙体积 V_0 占粉体填充体积的比率，称为粉体的空隙率。

$$\varepsilon=\frac{V_0}{V_B}=1-\psi=1-\frac{\rho_B}{\rho_p} \tag{3-3}$$

将式(3-3) 代入式(3-1) 得

$$\rho_B=\frac{M}{V_B}=\frac{V_B(1-\varepsilon)\rho_p}{V_B}=(1-\varepsilon)\rho_p \tag{3-4}$$

3.2 粉体颗粒的填充与堆积

3.2.1 等径球体颗粒的规则填充

（1）规则填充　若把互相接触的球体作为基本单元，按它的排列进行研究是很方便的。它们可以组合成彼此平行和相互接触的排列，并构成变化无限的、不同的、规则的二维球层。约束的形式有两种：正方形，如图 3-1(a) 所示，90°角是其特征；等边三角形（菱形、六边形），如图 3-1(d) 所示，60°角是其特征。球层总是按水平面来排列。仅仅考虑重力作用时有三种稳定的构成方式。一层叠在另一层的上面，形成两层正方形的和两层三角形的球层。如图 3-1 所示，(a)、(b)、(c) 为正方形排列，(d)、(e)、(f) 为三角形排列。(a) 和 (d) 是在下层球的正上面排列着上层球，(b) 和 (e) 是在下层球和球的切点上排列着上层球，(c) 和 (f) 是在下层球间隙的中心上排列着上层球。

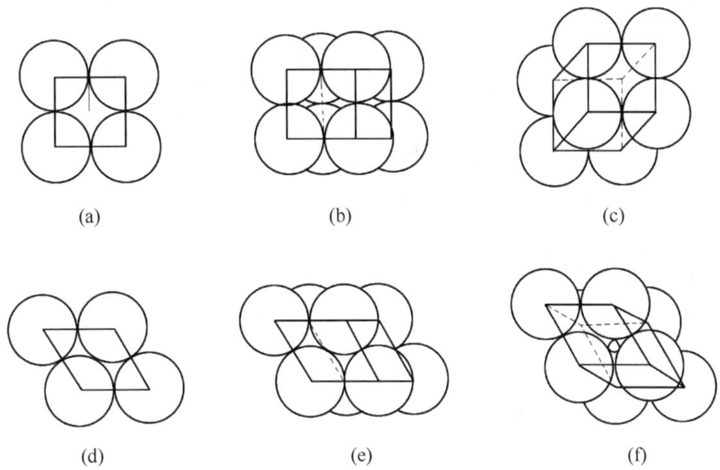

图 3-1　等径球形颗粒的规则排列

图 3-2 即为图 3-1 各图对应的球形颗粒图。取相邻的八个球并连接其球心得一个平行六面体，称之为单元体。表 3-1 列出了这种模型的参数，并给出了其相应的空隙率。

表 3-1　等径球规则填充的结构特性

排列	名　称	顺序	单元体		空隙率	接触点的数量	填充组
			体积	空隙体积			
(a)	立方体填充，立方最密填充	1	1	0.4764	0.4764	6	正方系
(b)	正斜方体填充	2	0.866	0.3430	0.3954	8	
(c)	菱面体填充或面心立方体填充	3	0.707	0.1834	0.2594	12	
(d)	正斜方体填充	4	0.866	0.3424	0.3954	8	六方系
(e)	楔形四面体填充	5	0.750	0.2264	0.3019	10	
(f)	菱面体填充或六方最密填充	6	0.707	0.1834	0.2595	12	

【例题 3-1】 在立方体填充中，设单元体（图 3-3）的棱长为 a，球半径为 R，求该单元体填充的空隙率。

解：

图 3-3 单元体的体积为

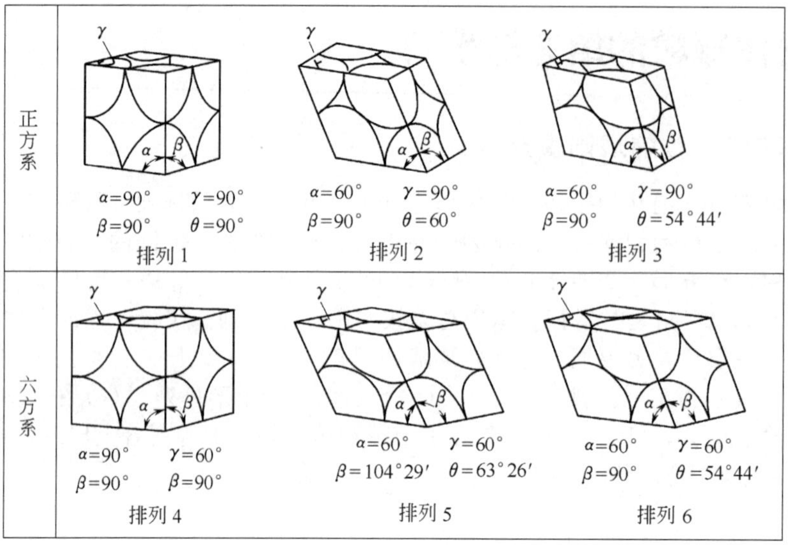

图 3-2　单元体

$$V_B = a^3 = 8R^3 \tag{3-5}$$

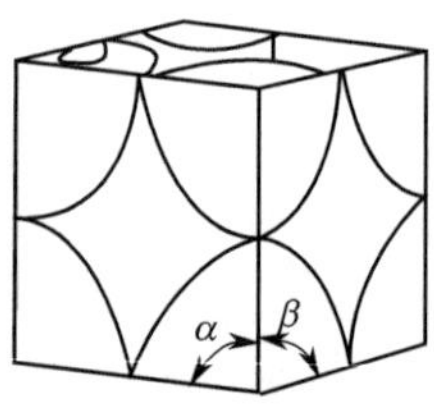

图 3-3　立方体填充的单元体

此单元体球的体积为

$$V_p = \frac{4}{3}\pi R^3 \times \frac{1}{8} \times 8 = \frac{4}{3}\pi R^3 \tag{3-6}$$

故填充率为

$$\psi = \frac{V_p}{V_B} = \frac{\frac{4}{3}\pi R^3}{8R^3} = \frac{\pi}{6} = 0.52 \tag{3-7}$$

空隙率为

$$\varepsilon = 1 - \psi = 0.48 \tag{3-8}$$

（2）随机或不规则填充　随机填充可分成下列四种类型。

① 随机密填充　把球倒入一个容器中，当容器振动或强烈摇晃时得到的这类填充类型。此时平均空隙率为 0.359～0.375，该值大大超过了对应的六方密填充时的平均值 0.26。

② 随机倾倒填充　把球倒入一个容器内，相当于工业上常见的卸出粉料和散袋物料的操作，可得到 0.375～0.391 的平均空隙率。

③ 随机疏填充　把一堆松散的球放入一个容器内，或用手一个个地随机把球填充进去，或让这些球一个个地滚入如此填充的球的上方，这样可得到 0.4～0.41 的平均空隙率。

④ 随机极疏填充　最低流态化时流化床的平均空隙率为 0.46～0.47。把流化床内流体的速度缓慢地降到零，或通过球的沉降就可得到 0.44 的平均空隙率。

（3）壁效应　随机填充时存在着一种所谓的壁效应，因为在接近固体表面的地方会导致其中出现局部有序现象。这样，紧挨着固体表面的颗粒常常会形成一层与表面形状相同的料层。这种所谓的基本层是正方形和三角形单元聚合的混合体。随机性随着与基本层距离的增加而增加，并随着特殊层的最终消失而增加。

壁效应的另一重要方面是紧挨着壁的位置存在着相对高的空隙率区域，这是由壁和颗粒的曲率半径之间的差异而引起的。若加入一些 3～4 种直径的颗粒到填充物中，会测得局部的空隙率将随容器圆柱壁距离的改变而作周期性变化，见图 3-4。壁效应已经被作为颗粒直径与容

器直径之比 D_p/D_T 的函数来研究。有许多经验公式用来修正这种效应。

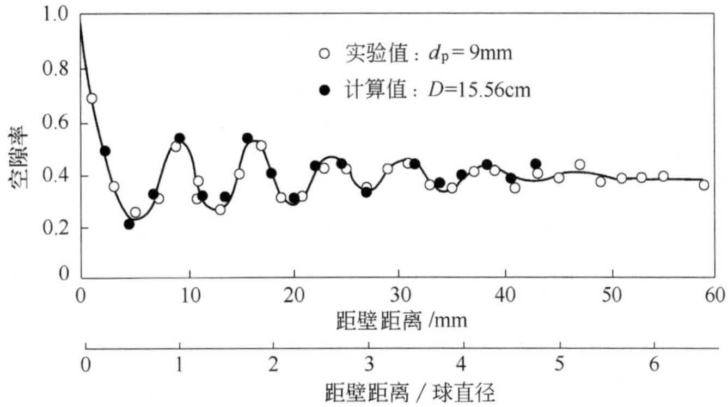

图 3-4 局部空隙率随容器圆柱壁的距离改变而作周期性变化

3.2.2 不同尺寸球形颗粒的填充

在规则填充的基础上，等尺寸球之间的空隙在理论上能够由更小的球填充，得到更高密度的集合体。

当每一个空隙只有一个小球填充时，这个填充球的直径是填充空隙空间的最大球径，其堆积特性如表 3-2 所示。

表 3-2 每个空隙内具有一个最大球的混合物的堆积性质

排列	空隙率	小球直径	混合物空隙率	小球的体积比	排列	空隙率	小球直径	混合物空隙率	小球的体积比
立方体填充	0.4764	$0.723D_p$	0.271	0.391	菱面体填充或六方最密填充	0.2595	$0.225D_p$	0.190	0.019
正斜方体填充	0.3954	$0.528D_p$	0.307	0.147			$0.414D_p$		0.070

在六方最密排列中，在六个等尺寸球之间围成的四方孔洞由次大的球填充后，最初由四个等尺寸球之间围成的三角孔洞则由第三大的球所占据，进而第四大和第五大的球分别填进最初的大球与次大的球间的空隙，以及第三大的球与最初的大球之间的空隙。在六方最密堆积中，所有剩余孔隙最终被相当小的等尺寸的球所填满，如表 3-3 所示。这种以最小空隙率为 0.039 作为排列特征的排列又称为 Horsfield 最紧密堆积。

表 3-3 Horsfield 堆积性质

球	尺寸比	球数目	混合物空隙率	球	尺寸比	球数目	混合物空隙率
最初	1.0	—	0.260	第四大	0.175	8	0.158
第二大	0.414	1	0.207	第五大	0.117	8	0.149
第三大	0.225	2	0.190	填充物	细粒	很多	0.039

当一种以上的等尺寸球被填充到最紧密的六方排列的空隙中时，空隙率是随着较小球与最初大球的尺寸比值而变化的。如表 3-4 所示，空隙率随着四方孔隙中较小球的数目的增加而减小。实际上并不总是这样，因为在三角形孔隙中，球的数目是不连续的。当三角形孔隙中球的尺寸比为 0.1716 时，最小空隙率为 0.1130，这样的排列称为 Hudson 堆积。

表 3-4 Hudson 堆积性质

填充状态	装入四方孔隙的球数	二次球径/最初球径	装入三角孔隙的球数	总密度增量
由四方孔隙直径支配的对称堆积	1	0.4142	0	0.07106
	2	0.2753	0	0.04170
	4	0.2583	0	0.06896
	6	0.1716	4	0.07066
	8	0.2288	0	0.09590
	9	0.2166	1	0.11184
	14	0.1716	4	0.11116
	16	0.1693	4	0.11647
	17	0.1652	4	0.11265
	21	0.1782	1	0.13025
	26	0.1547	4	0.12588
	27	0.13807	5	0.09740
由三角形孔隙直径支配的对称堆积	8	0.22475	1	0.11354
	21	0.1716	4	0.14653
	26	0.14208	5	0.10325

3.2.3 实际颗粒的堆积

颗粒并不总是球形的，也不都是规则堆积或完全随机堆积的。因此，了解下面所描述的堆积特征在实际中是很有用的。

当仅有重力作用时，容器里实际颗粒的容积密度随容器直径的减小和颗粒层的高度的增加而减小。对于粗颗粒，较高的填充速度导致容积密度较小。但是，对于如同面粉那样的有黏聚力的细粉末，减慢供料速度可得到松散的堆积。

一般地说，空隙率随球形度的降低而增加，如图 3-5 所示。在松散堆积时，有棱角的颗粒空隙率较大，与紧密堆积的情况正好相反。表面粗糙度越高的颗粒，空隙率越大，如图 3-6 所示。

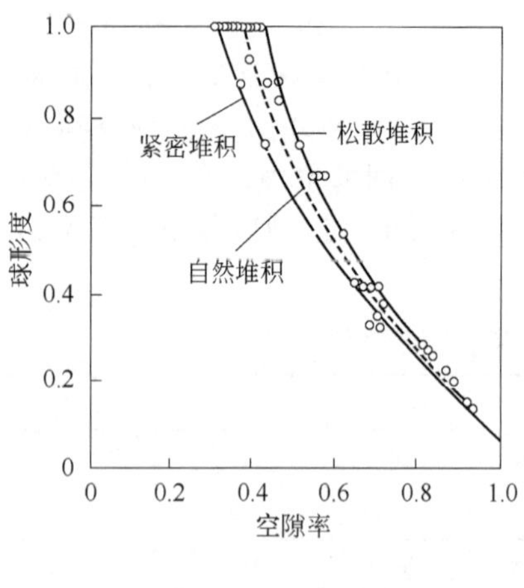

图 3-5 空隙率与球形度之间的关系

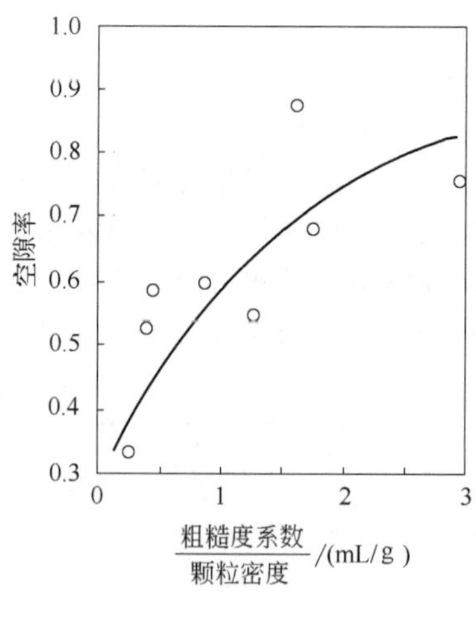

图 3-6 颗粒表面粗糙度对空隙率的影响

颗粒越小，会由于颗粒间的黏聚作用，使空隙率越高，这与理想状态下颗粒尺寸与空隙率无关的说法相矛盾。因此，潮湿粉末的表观体积随水含量的增加而变得更大。

3.2.4　不同尺寸颗粒的最紧密堆积

在二组元的颗粒体系中，大颗粒间的间隙由小颗粒填充，以得到最紧密的堆积，混合物的单位体积内大小颗粒质量分别写成以下两式

$$W_1=1\times(1-\varepsilon_1)\rho_{p1} \tag{3-9}$$

$$W_2=1\times\varepsilon_1(1-\varepsilon_2)\rho_{p2} \tag{3-10}$$

式中，ε_1、ε_2、ρ_{p1}、ρ_{p2} 分别为大颗粒和小颗粒的空隙率和密度。

设大颗粒所占质量分数用 f_1 来表示，则

$$f_1=\frac{W_1}{W_1+W_2}=\frac{(1-\varepsilon_1)\rho_{p1}}{(1-\varepsilon_1)\rho_{p1}+\varepsilon_1(1-\varepsilon_2)\rho_{p2}} \tag{3-11}$$

对于同一种固体物料，由于单一组分的空隙率相同，即 $\rho_{p1}=\rho_{p2}=\rho$ 和 $\varepsilon_1=\varepsilon_2=\varepsilon$，因此大颗粒的质量分数为

$$f_1=\frac{1}{1+\varepsilon} \tag{3-12}$$

式中，小颗粒完全被包含在大颗粒的母体中，此时尺寸比小于 0.2。图 3-7 所示为被破碎的同种物质粉末的固体二组元体系中，当单一组分空隙率为 0.5 时，空隙率与尺寸组成之间的关系。空隙率最小时粗颗粒的质量分数为 0.67。由图可知，空隙率随大小颗粒混合比变化而变化，小颗粒粒度越小，空隙率越小。

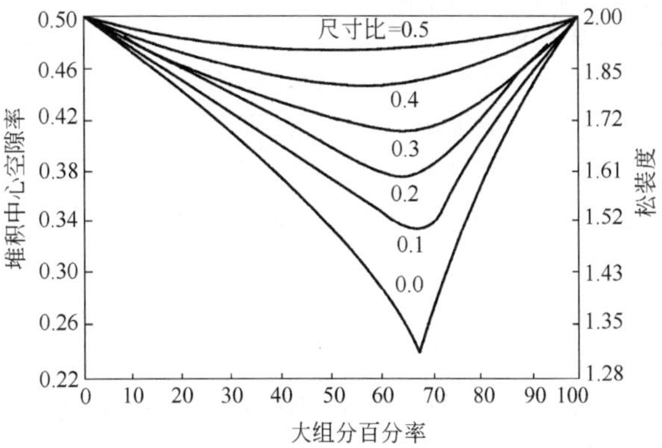

图 3-7　单一组分空隙率为 0.5 时，二组元颗粒的堆积特性

在同一固体物料所组成的多组元 n 级颗粒填充体系中，设最初一级大颗粒之间的空隙由二级次大的小颗粒填充，二级小颗粒之间的空隙又被三级小颗粒填充，依此类推。由此可知填充后单位体积粉体的总松装体积 $V_m=\frac{\text{填充颗粒的体积(1)}}{\text{填充率}(\psi)}=\frac{1}{1-\varepsilon^n}$

在单位颗粒体积混合物的松装体积里，为计算方便，设一级和二级颗粒体积之和为 1，则每一组元的体积 V 给出如下

$$\begin{aligned}
&V_1=V_m(1-\varepsilon)=f_1\\
&V_2=\varepsilon V_m(1-\varepsilon)=1-f_1\\
&V_3=\varepsilon\varepsilon V_m(1-\varepsilon)=\varepsilon(1-f_1)\\
&V_4=\varepsilon^2\varepsilon V_m(1-\varepsilon)=\varepsilon^2(1-f_1)\\
&\vdots\\
&V_n=\varepsilon^{n-2}(1-f_1)
\end{aligned} \tag{3-13}$$

将式（3-12）代入式（3-13），并将式（3-13）中所有组分的体积加和，有

$$V_{ts}=\frac{1}{1+\varepsilon}+\left(1-\frac{1}{1+\varepsilon}\right)+\varepsilon\left(1-\frac{1}{1+\varepsilon}\right)+\varepsilon^2\left(1-\frac{1}{1+\varepsilon}\right)+\cdots+\varepsilon^{n-2}\left(1-\frac{1}{1+\varepsilon}\right)$$
$$=\frac{1-\varepsilon^n}{1-\varepsilon^2} \tag{3-14}$$

因此，在理想状态下，每一组元的体积分数用式(3-14) 的 V_{ts} 去除 V_1、V_2、V_3……V_n 即得。

在实际情况下，几种不同组元均匀混合后的总体积 V_{tm} 比这些组元各自单独堆积时的体积加和稍小，即

$$V_{tm}=[V_{ts}-f_y(V_{ts}-f_1)]\frac{\rho_p}{\rho_B} \tag{3-15}$$

式中 $f_y(V_{ts}-f_1)\frac{\rho_p}{\rho_B}$——填充混合引起的体积的减小量；

f_y——实际填充时二级以下颗粒体积之和与理想填充时二级以下颗粒体积之和的比值，其数值为 0～1.0，理想填充时 $f_y=1$。

其实验关系式为

$$f_y=1.0-2.62K_s^{1/(n-1)}+1.62K_s^{2/(n-1)} \tag{3-16}$$

式中 n——填充颗粒的级别数；

K_s——最小粒径与最大粒径之比；

ρ_B——理想填充时混合物的体积密度。

因此，混合体系的松装体积密度为

$$\rho_{bm}=\frac{\rho_B}{1-\dfrac{f_y(V_{ts}-f_1)}{V_{ts}}} \tag{3-17}$$

因为，$\rho_B=\rho_p(1-\varepsilon)$、$\rho_{bm}=\rho_p(1-\varepsilon_m)$，$\rho_p$ 为颗粒的真密度，ε_m 为各级物料填充后的空隙率。则

$$\varepsilon_m=1-\frac{V_{ts}(1-\varepsilon)}{V_{ts}-f_y(V_{ts}-f_1)} \tag{3-18}$$

由式(3-18) 及上述公式，可以计算得到最小空隙率，以单组分时空隙率为 0.4、0.6 的 2～5 组分为例，计算结果如图 3-8 所示。

以单一组分时空隙率为 0.30、0.40、0.50、0.60 的 2～4 组分为例，堆积时达到最小空隙率时的各组分体积百分数如表 3-5 所示。

对于不同的空隙率和颗粒密度，也可以进行类似处理。其理想状态下混合物的总体积 V_{ts} 用下式计算：

$$V_{ts}=f_1+(1-f_1)+(1-f_1)\left(\frac{1-f_2}{f_2}\right)+(1-f_1)\left(\frac{1-f_2}{f_2}\right)\left(\frac{1-f_3}{f_3}\right)+\cdots \tag{3-19}$$

表 3-5 堆积组分达到最小空隙率时每一组分的体积百分数

单一组分的原始空隙率	组分数	每一组分的体积百分数				单一组分的原始空隙率	组分数	每一组分的体积百分数			
		D_{p1}	D_{p2}	D_{p3}	D_{p4}			D_{p1}	D_{p2}	D_{p3}	D_{p4}
0.30	2	77.0	23.0	—	—	0.50	2	66.7	33.3	—	—
	3	72.0	21.5	6.5	—		3	57.2	28.5	14.3	—
	4	70.7	21.1	6.3	1.9		4	53.3	26.7	13.3	6.7
0.40	2	71.5	28.5	—	—	0.60	2	62.5	37.5	—	—
	3	64.2	25.6	10.2	—		3	51.0	30.6	18.4	—
	4	61.7	24.6	9.8	3.9		4	46	27.6	16.5	9.9

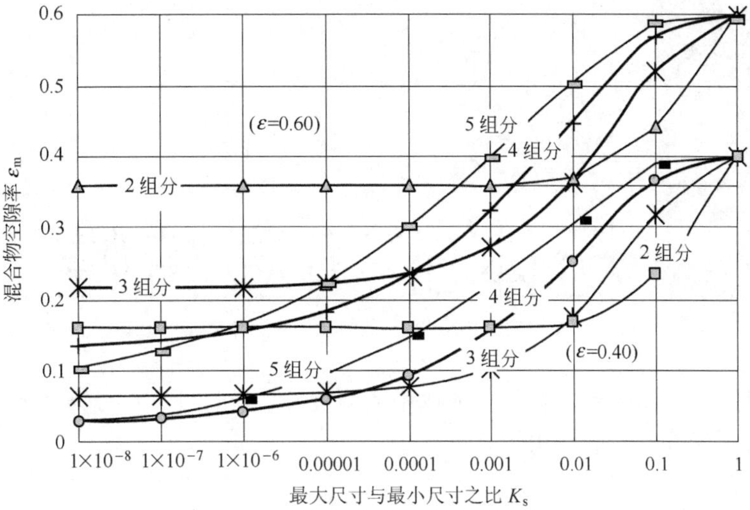

图 3-8 原始空隙率为 0.40 和 0.60 的 2～5 组分颗粒堆积时的空隙率

第4章 粉体的润湿特性

粉体的润湿及其表面改性对粉体在液体中的分散性、混合性，以及液体对多孔物质的渗透性等物理化学问题起着重要的作用。

4.1 粉体表面的润湿

润湿是指在固体表面一种流体被另一种流体取代的过程。润湿的尺度是由液体在固体表面上形成的表面张力决定的，表面张力有三种，即固-气 γ_{SG}、固-液 γ_{SL} 和液-气 γ_{LG}。

粉体表面的静态液相的存在，使粉体表面具有润湿特性。粉体的润湿特性与接触面之间的表面张力有关。如图 4-1 所示，当固液表面相接触时，在界面处形成一个夹角，即接触角。用它来衡量液体（如水）对固体（如无机材料）表面润湿的程度，各种表面张力的作用关系可用杨氏方程表示为

$$\gamma_{SG}=\gamma_{SL}+\gamma_{LG}\cos\theta \tag{4-1}$$

式中 γ_{SG}——固体、气体之间的表面张力；

γ_{SL}——固体、液体之间的表面张力；

γ_{LG}——液体、气体之间的表面张力；

θ——液体、固体之间的润湿接触角。

接触角小则液体容易润湿固体表面，而接触角大则不易润湿，即接触角可作为润湿性的直观判断依据。$\theta=0$ 时为扩展润湿；$\theta\leqslant 90°$时为浸渍润湿；$\theta=180°$时为完全不润湿；$90°<\theta<180°$时为黏附润湿，如图 4-2 所示。

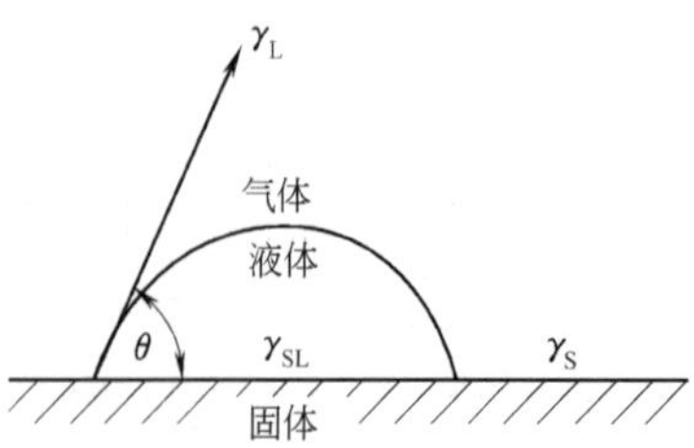

图 4-1 粉体层的湿润

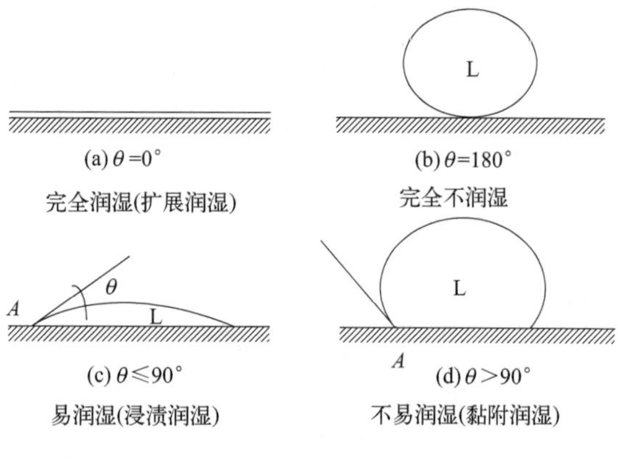

图 4-2 粉体表面的液体存在状态（L 为液体）

4.2 粉体层中的静态液相

根据粉体层中的液相量存在的多少分为四种类型，如图 4-3 所示。

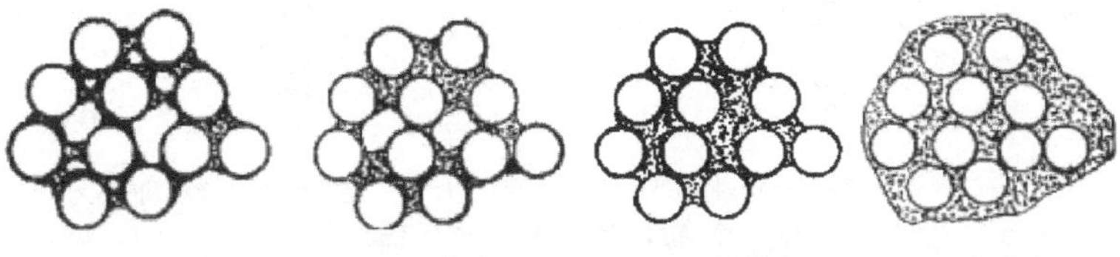

(a) 摆动状态　(b) 链索状态　(c) 毛细管状态　(d) 浸渍状态

图 4-3　粉体层中的液体存在状态

（1）摆动状态（黏附液）　当液相量较小时，粉体颗粒接触点上存在透镜状或环状的液膜，液相互不连接，被气相分割。

（2）链索状态（楔形液）　随着液体量的增多，上述环长大，粉体颗粒空隙中的液相相互连接而成网状组织，气相则分布其间。

（3）毛细管状态（毛细管上升液）　当液体量进一步增多时，粉体颗粒间的所有空隙全被液体充满，仅在粉体层的表面存在气-液-固界面。

（4）浸渍状态（浸没液）　液体量很大时，粉体颗粒浸在液体中，液体漫过粉体层，并存在自由液面。

4.2.1　粉体颗粒间液桥力

粉体颗粒之间接触处或间隙部分存在液体的状态称为液桥。粉体在过滤、离心分离、造粒等单元操作过程中由于液相的存在，有液桥形成。在大气中存放粉体时，由于水蒸气的毛细管凝结作用也会形成液桥。通常液桥力的大小与颗粒间液体量、颗粒表面的润湿性、颗粒的形状、液固接触状况有关。

两个大小相同的球形颗粒液桥存在四种情形（图 4-4）：①两球相切，接触角 θ 为 0；②两球相切，接触角 θ 不为 0；③两球有一定的距离，接触角 θ 为 0；④两球有一定的距离，接触角 θ 不为 0。

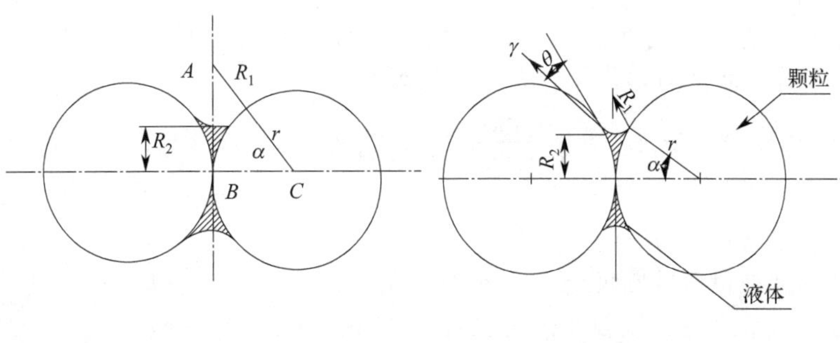

(a) 两球相切，接触角θ为0　　(b) 两球相切，接触角θ不为0

图 4-4

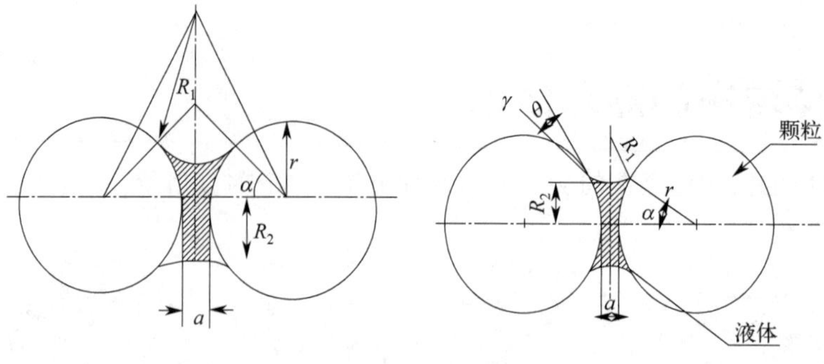

(c) 两球有一定的距离，接触角θ为0　　(d) 两球有一定的距离，接触角θ不为0

图 4-4　粉体层中的液桥存在状态

在图 4-4（a）中，两球相切，接触角 θ 为 0，在三角形 ABC 中，由三角函数关系得

$$\begin{cases} \cos\alpha = \dfrac{r}{R_1 + r} \\ \tan\alpha = \dfrac{R_1 + R_2}{r} \end{cases} \tag{4-2}$$

由式(4-2) 可解得两个液面的曲率半径为

$$\begin{cases} R_1 = \dfrac{r(1-\cos\alpha)}{\cos\alpha} \\ R_2 = \dfrac{r(\sin\alpha + \cos\alpha - 1)}{\cos\alpha} \end{cases} \tag{4-3}$$

由拉普拉斯（Laplace）公式得液体的压力为

$$P = \gamma\left(\frac{1}{R_1} + \frac{1}{R_2}\right) \tag{4-4}$$

式中　γ——表面张力系数；

R_1——凹液面的曲率半径，取正值；

R_2——凸液面的曲率半径，取负值。

P 为负压时取正值，颗粒之间相互吸引，因此，$R_1 < R_2$ 时，为负压；$R_1 > R_2$ 时，为正压。将式(4-3) 中的 R_1 和 R_2 代入式(4-4) 得

$$P = \frac{\gamma\cos\alpha}{r}\left(\frac{1}{1-\cos\alpha} + \frac{1}{\sin\alpha + \cos\alpha - 1}\right) \tag{4-5}$$

在负压时，两个颗粒相互吸引，这是由液桥产生的，因此，该负压液桥对所接触颗粒的吸引力，又称为毛细管力，作用在液面和球的接触部分的断面 πR_2^2 上，如图 4-5 所示；同时，在圆周 $2\pi R_2$ 上还有表面张力，作用在颗粒上的附着力为

$$F_{k1} = \pi R_2^2 P + 2\pi R_2 \gamma = \frac{2\pi r\gamma}{1+\tan(\alpha/2)} = 2r\gamma F_H \tag{4-6}$$

其中，$F_H = \dfrac{\pi}{1+\tan(\alpha/2)}$，是一个无量纲的公式。

液桥的破坏出现在最窄的断面部分，有时也可出现在液桥与粉体颗粒接触的部分。一般来说，以较小的力就能在液桥最窄的断面处产生破坏，颗粒越小，这个附着力表现得越突出。

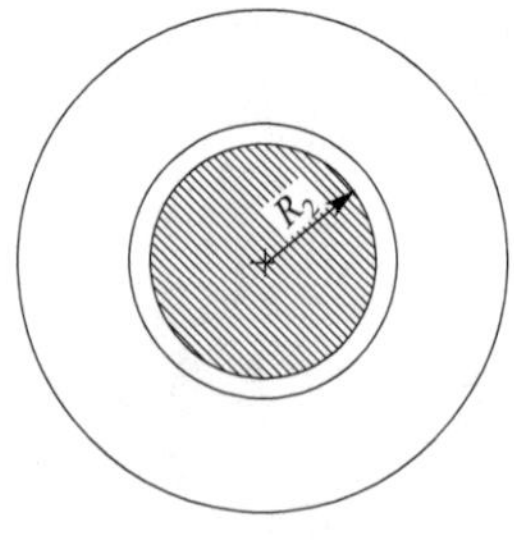

图 4-5　粉体层中的液桥的侧视图

图 4-4(b) 中，两球相切，接触角 θ 不为 0；同理，根据几何关系得

$$\begin{cases} R_1=\dfrac{r(1-\cos\alpha)}{\cos(\alpha+\theta)} \\ R_2=r\sin\alpha+R_1[\sin(\alpha+\theta)-1] \end{cases} \tag{4-7}$$

设毛细管压力作用在液面和球的接触部分的断面 $\pi(r\sin\alpha)^2$ 上，而表面张力平行于两颗粒连线的分量 $\gamma\sin(\alpha+\theta)$作用在圆周 $2\pi r\sin\alpha$ 上，则液桥附着力表示为

$$F_{k2}=2\pi r\gamma\sin\alpha\left[\sin(\alpha+\theta)+\frac{r}{2}\sin\alpha\left(\frac{1}{R_1}-\frac{1}{R_2}\right)\right] \tag{4-8}$$

图 4-4(c) 中，两球相距为 a，且接触角 θ 为 0；同理，根据几何关系得

$$\begin{cases} R_1=\dfrac{r(1-\cos\alpha)+a/2}{\cos\alpha} \\ R_2=r\sin\alpha+R_1[\sin(\alpha)-1] \end{cases} \tag{4-9}$$

液桥附着力表示为

$$F_{k3}=2\pi r\gamma\sin\alpha\left[\sin\alpha+\frac{r}{2}\sin\alpha\left(\frac{1}{R_1}-\frac{1}{R_2}\right)\right] \tag{4-10}$$

图 4-4(d) 中，两球相距为 a，且接触角 θ 不为 0；同理，根据几何关系得

$$\begin{cases} R_1=\dfrac{r(1-\cos\alpha)+(a/2)}{\cos(\alpha+\theta)} \\ R_2=r\sin\alpha+R_1[\sin(\alpha+\theta)-1] \end{cases} \tag{4-11}$$

设毛细管压力作用在液面和球的接触部分的断面 $\pi(r\sin\alpha)^2$ 上，而表面张力平行于两颗粒连线的分量 $\gamma\sin(\alpha+\theta)$作用在圆周 $2\pi r\sin\alpha$ 上，则液桥附着力由下式表示

$$F_{k4}=2\pi r\gamma\sin\alpha\left[\sin(\alpha+\theta)+\frac{r}{2}\sin\alpha\left(\frac{1}{R_1}-\frac{1}{R_2}\right)\right] \tag{4-12}$$

4.2.2 液体在粉体层毛细管中的上升高度

如图 4-6 所示，A 点和 B 点在同一水平面上，设 A 点的压力为 p_A，B 点的压力为大气压 p_a，液面为半径为 R 的球面，根据 Laplace 公式，毛细管压力为 $2\gamma/R$，因而在 A 点处毛细管内液体的压力平衡式为

$$p_A=p_a-\frac{2\gamma}{R}+\rho gh \tag{4-13}$$

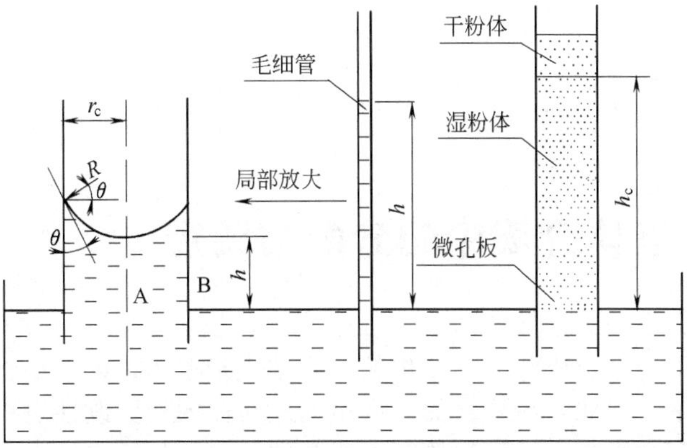

图 4-6 毛细管上升高度示意图

因 $p_A=p_a$，所以 $\rho gh=2\gamma/R$，液体与毛细管壁面间的接触角为 θ，毛细管半径为 $r_c=R\cos\theta$，因此

$$h=\frac{2\gamma}{\rho gR}=\frac{4\gamma\cos\theta}{2r_c\rho g} \tag{4-14}$$

上式称为 Jurin 式。式(4-14) 变化后可得毛细管常数为

$$K_c=\frac{\rho g(2r_c)h}{\gamma\cos\theta}=4 \tag{4-15}$$

对于粉体层来说，毛细管管径 $2r_c$ 相当于颗粒粒径 D_p，h 相当于 h_c，则粉体层毛细管常数为

$$K_c=\frac{\rho g D_p h_c}{\gamma\cos\theta} \tag{4-16}$$

求得毛细管常数值，即可计算毛细管上升高度。对于一定的填充方式而言，单位质量粉体的孔隙数 n_p 和颗粒数成正比，即 $n_p\propto S_w/D_p^2$。设孔隙的平均体积为 V_p，单位质量粉体孔隙的总体积为 V_z，则

$$V_p=\frac{V_z}{n_p}\propto\frac{V_z D_p^2}{S_w} \tag{4-17}$$

同时，由于单位容积的孔隙体积为 ε，质量为$(1-\varepsilon)\rho_p$，因此

$$V_z=\frac{\varepsilon}{(1-\varepsilon)\rho_p} \tag{4-18}$$

即

$$V_p\propto\frac{\varepsilon}{(1-\varepsilon)\rho_p}\times\frac{D_p^2}{S_w}$$

以上式的立方根作为孔隙径的代表值，替代式（4-15）中的 $2r_c$，可得

$$K_c=\frac{\rho g h_c}{\gamma\cos\theta}\left[\frac{\varepsilon D_p^2}{(1-\varepsilon)\rho_p S_w}\right]^{\frac{1}{3}} \tag{4-19}$$

图 4-7 为用于验证上式的 Batel 实验数据，图中数据是几个测定值的平均值，由图可得到一条斜率为 1/3 的直线。

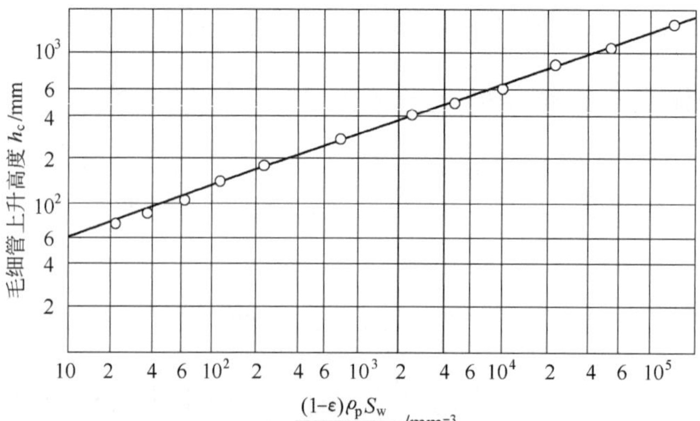

图 4-7 Batel 实验数据

4.3 粉体在液体介质中的分散与调控

无机粉体在液体介质中的分散包括以下三个步骤：第一，粉体聚集体被液体润湿；第二，聚集体在机械力作用下被打开成独立的原生粒子或较小聚集体；第三，将原生粒子或较小聚集体稳定，阻止其再聚集。因此，粉体表面的润湿性及粉体的表面改性对粉体在液体介质中的分散性和稳定性有着决定性影响，提高粉体在液相中的分散性与稳定性大致有介质调控、分散剂调控、机械搅拌分散和超声分散四种途径。

4.3.1 介质调控

根据颗粒表面的性质选择适当的分散介质，可以获得充分分散的悬浮液。分散介质的选择应

遵循极性相同原则，即非极性颗粒易于在非极性液体中分散，极性颗粒易于在极性液体中分散。

颗粒的分散行为除了受颗粒间相互作用的影响之外，还受分散介质对颗粒表面润湿性的影响。介质不同，颗粒的分散行为有着明显差异。颗粒表面亲液性越强，则分散性越好；反之，分散性越差。亲水性颗粒在水、有机极性介质及有机非极性介质中的分散行为截然不同，在水和有机极性介质中均具有较好的分散性，但在有机非极性介质中它们几乎不能分散。表 4-1 为几种粉体在液相介质中的分散性能比较。

表 4-1 粉体在液相介质中的分散性能比较

粉体	水	苯	苯/水	乙醇/水	水/四氯化碳
硅胶	⊕	⊕	⊗/⊕	⊗/⊕	⊕/⊗
Fe_3O_4	⊕	⊕	∇/⊕	∇/⊕	∅/⊕
ZnO	⊕	⊕	⊕/⊗	⊗/∅	⊗/∇
氧化铝	⊕	⊕	∅/∅	∅/∅	⊗/⊕
$BaO \cdot 6Fe_2O_3$	⊕	⊕	⊗/⊕	⊗/⊕	⊕/⊗
γ-氧化铁	⊕	⊕	⊗/⊕	⊗/⊕	⊕/⊗

注：⊕—分散性好；⊗—分散性差；∇—分散性较好；∅—分散性一般。

4.3.2 分散剂调控

在液相中颗粒的表面分散调控原则主要通过添加适当的分散剂来实现，通过添加分散剂显著增强了颗粒间的相互排斥作用，为颗粒的良好分散营造出所需要的物理化学条件。增强排斥作用主要通过以下三种方式来实现：一是增大颗粒表面电位的绝对值，以提高颗粒间的静电排斥作用；二是通过高分子分散剂在颗粒表面形成的吸附层之间的位阻效应，使颗粒间产生很强的位阻排斥力；三是调控颗粒表面极性，增强分散介质对它的润湿性，在满足润湿原则的同时，增强表面溶剂化膜，提高颗粒的表面结构化程度，使结构化排斥力大为增强。

常用的分散剂分为无机电解质、高分子分散剂和表面活性剂三大类。表 4-2 为部分粉体在水介质中分散时的适宜分散剂选择。

表 4-2 粉体在水介质中分散时的适宜分散剂选择

粉体名称	分散介质	分散剂
Al_2O_3	水	非离子表面活性剂 Span(司盘)20
刚玉磨料		乙醇
锌粉		六偏磷酸钠 0.1%
$BaSO_4$		六偏磷酸钠 0.1%
磷酸钙		乙醇
$BaTiO_3$		非离子表面活性剂 Tween(吐温)20
金刚石		六偏磷酸钠
水泥		异辛烷、非离子表面活性剂 Span 20
粉煤灰		甘油、乙醇
铜粉		Teepol(梯普尔)
$Cu(OH)_2$		六偏磷酸钠
石墨粉		非离子表面活性剂 Tween 20
氧化铁		六偏磷酸钠
氧化镁		六偏磷酸钠
碳酸锰		六偏磷酸钠、非离子表面活性剂 Span 20
石英		Teepol
碳酸钙		六偏磷酸钠
碳化钨		Teepol
二氧化钛		六偏磷酸钠
石膏		乙二醇、柠檬酸

4.3.3 机械搅拌分散

机械搅拌分散是指通过强烈的机械搅拌方式引起液流的强湍流运动而使颗粒团聚、碎解、悬浮。这种分散方法几乎在所有工业生产过程均有广泛应用。机械分散的必要条件是机械力大于颗粒间的黏结力。当仅依靠机械分散而缺乏持续搅拌作用时，外部环境复原，颗粒又可能重新团聚。因此，采用机械搅拌与分散介质或分散剂调控相结合的复合分散手段通常可获得更好的分散效果。

4.3.4 超声分散

频率超过 20kHz 的声波，因超出了人耳听觉的上限而被称为超声波。超声波由于波长短而具有强束射性和易于实现聚焦集中能力的特点，因而可形成很大的强度，产生剧烈的振动，并导致许多特殊作用，如液相中的空化作用等。超声（波）分散是利用超声的能量作用于粉体，从而改变粉体的团聚状态。

超声波空化作用是指存在于液体中的微气核空化泡在声波的作用下振动，当声压达到一定值时发生的生长和崩溃的动力学过程。空化作用一般包括三个阶段：空化泡的形成、长大和剧烈的崩溃。当盛满液体的容器通入超声波后，由于液体振动而产生数以万计的微小气泡，即空化泡。这些气泡在超声波纵向传播形成的负压区生长，而在正压区迅速闭合，从而在交替正负压力下受到压缩和拉伸。在气泡被压缩直至崩溃的一瞬间，会产生高达几十兆帕至上百兆帕的巨大瞬时压力。该瞬时压力可使悬浮在液体中的固体表面受到急剧破坏。通常将超声波空化分为稳态空化和瞬间空化两种类型。稳态空化是指在声强较低（$<10W/cm^2$）时产生的空化泡，其大小在其平衡尺寸附近振荡，生成周期达数个循环。当声强扩大至使其自身共振频率与声波频率相等时，发生声场与气泡的最大能量耦合，产生明显的空化作用。瞬态空化则是指在较大的声强（$>10W/cm^2$）作用下产生的生存周期较短的空化泡（大多发生在 1 个声波周期内）。

超声波分散是分散方法中较为有效的方法之一。实验证明，对悬浮体的分散存在着最适宜的超声频率，超声频率决定于悬浮体颗粒的粒度。例如，平均粒度为 100nm 的硫酸钡悬浮液在超声分散时，适宜的超声频率为 960～1600kHz；随着粒度增加，其频率相应降低。超声波对降低纳米颗粒团聚更为有效，利用超声空化时产生的局部高温、高压或强冲击波和微射流等，可较大幅度地弱化纳米颗粒间的作用能，有效地防止纳米颗粒团聚而使之充分分散。但应避免使用过热超声搅拌。因为随着热能和机械能的增加，颗粒碰撞的概率也增加，反而导致进一步团聚。

4.4 粉体润湿的应用

固体表面的润湿性由其化学组成和微观结构决定。固体表面自由能越大，越容易被液体润湿，反之亦然。因而，寻求和制备高表面自由能或低表面自由能的固体表面成为制备超亲水和超疏水表面的前提条件。金属或金属氧化物等高能表面常用于制备超亲水表面，而制备超疏水表面常通过在表面覆盖氟碳链或碳烷链降低表面能。

粉体的润湿性对复合材料界面结合强度具有重要的影响。通常采取以下措施来改善粉体的润湿性。

（1）表面涂覆或包覆　用硬脂酸钠改性 MgO 粉体，在吸附层中硬脂酸根离子的亲水基朝向水相，接触角减小，使粉体对水的润湿性增大。

采用机械力化学法用钛酸酯偶联剂对 α-Al_2O_3 进行表面改性。结果表明，α-Al_2O_3 表面粉体由亲水性表面变为亲油性表面，提高了在有机基体中的分散性和相容性。

金属包覆陶瓷粒子表面改性，在陶瓷粒子表面包覆金属有两方面的作用：一是能增加固体粒子的整体表面能；二是通过改变接触界面（使界面变成金属-陶瓷粒子）来改善润湿性。

表面改性处理可改善陶瓷表面状态和结构以增大固相表面能，如通过新的涂覆物质取代金属与陶瓷的直接接触，可提高体系的润湿性。通过在 SiC 表面化学镀 Ni 能大幅提高复合材料性能。通过用 Ni 改性 Al 基复合材料，Ni 与 Al 发生反应生成金属间化合物 $NiAl_3$、Ni_2Al_3 等，从而获得较好的润湿效果。

Ag 在 Al 基复合材料上形成的涂层与 Al 有优良的润湿性，且无脆性相生成。

（2）热处理　对陶瓷颗粒进行热处理以提高金属对陶瓷的润湿性已广泛用于金属/陶瓷复合材料的制备技术中。通过热处理可排除吸附在陶瓷表面的氧，以免金属氧化而在界面处形成氧化物阻止金属与陶瓷元素的相互扩散，阻碍界面反应的进行，从而降低金属对陶瓷的润湿性。对陶瓷颗粒进行预热处理，可减少或消除颗粒表面吸附的杂质和气体，提高其与液态金属的润湿性。

金属/陶瓷润湿性是材料科学中普遍存在的现象，人们很早就开始了这方面的研究，在热力学、动力学、量子化学等领域建立了许多润湿性模型，但至今尚无一种模型能定量预测金属/陶瓷润湿性。进一步研究金属/陶瓷润湿机理，从而为改善体系润湿性提供指导是研究金属/陶瓷润湿性的目标。科学技术的不断发展，对金属/陶瓷复合材料性能提出了更高要求，研究金属对陶瓷的润湿性对于开发新型金属/陶瓷体系，探寻和发展材料的制备技术具有十分重要的意义。

第5章 粉体的流变学

5.1 粉体的流变学性能

粉体有一系列性质，例如力学性质、热性质、电性质、磁性质、光学性质、声学性质及表面物理化学性质等。在应用领域里，粉体的流变性是这些性质中被广泛研究的性质。它不但与单一颗粒的材料性质有关，而且与单元操作过程（粉体储存、给料、输送、混合等）有密切关系。

粉体流动中，颗粒群从运动状态变为静止状态时，所形成的角是表征粉体流动状况的重要参数。这种由于颗粒间的摩擦力和内聚力而形成的角统称为摩擦角。因此，颗粒处于运动状态时，其行为与摩擦状态有关。

5.1.1 粉体的内摩擦角

在粉体层中，压应力和剪应力之间有一个引起破坏的极限。即在粉体层的任意面上加一定的垂直应力σ，若沿这一面的剪应力τ逐渐增加，当剪应力达到某一值时，粉体沿此面产生滑移，而小于这一值的剪应力却不产生这种现象。求极限剪应力和垂直应力的关系时，通常采用所谓的破坏包络线法。

5.1.1.1 莫尔圆

用二元应力系分析粉体层中某一点的应力状态，如图5-1所示。在粉体层中取坐标轴x、y，并设有一小直角三角形包围着这一点，该三角形的厚度为单位长度，两直角边与斜边上的应力平衡。

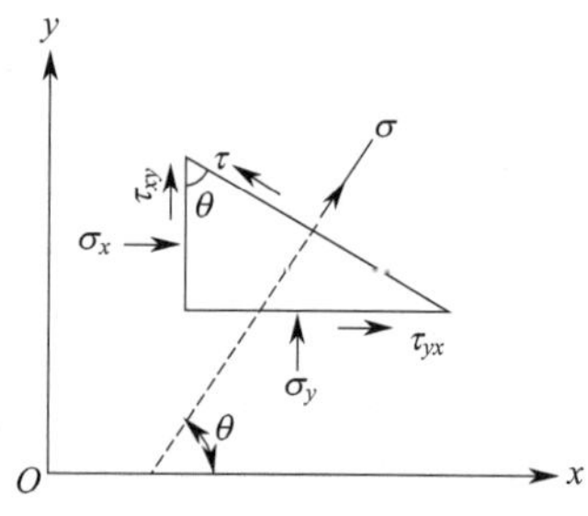

图5-1 粉体层中任选直角三角形上一点的应力平衡

图5-1表示该直角三角形的受力状态。其中，σ_x、σ_y为垂直应力，方向分别为x轴、y轴的方向。τ_{xy}、τ_{yx}为剪切应力，方向为y轴、x轴的方向。σ为压应力，方向垂直于斜面。

设斜边长度为l，压应力σ和x轴的夹角为θ，力的平衡如下。

x轴方向

$$\sigma_x\cos\theta+\tau_{yx}\sin\theta-\sigma\cos\theta-\tau\sin\theta=0 \tag{5-1}$$

y轴方向

$$\sigma_y\sin\theta+\tau_{xy}\cos\theta-\sigma\sin\theta+\tau\cos\theta=0 \tag{5-2}$$

由以上两式解得σ和τ为

$$\sigma=\sigma_x\cos^2\theta+\sigma_y\sin^2\theta+(\tau_{yx}+\tau_{xy})\sin\theta\cos\theta$$

$$=\frac{1}{2}(\sigma_x+\sigma_y)+\frac{1}{2}(\sigma_x-\sigma_y)\cos 2\theta+\frac{1}{2}(\tau_{yx}+\tau_{xy})\sin 2\theta \tag{5-3}$$

$$\tau=\frac{1}{2}(\sigma_x-\sigma_y)\sin 2\theta+\frac{1}{2}(\tau_{yx}-\tau_{xy})-\frac{1}{2}(\tau_{yx}+\tau_{xy})\cos 2\theta \tag{5-4}$$

由力矩平衡得

$$\begin{aligned}\sigma&=\sigma_x\cos^2\theta+\sigma_y\sin^2\theta+2\tau_{xy}\sin\theta\cos\theta\\&=\frac{1}{2}(\sigma_x+\sigma_y)+\frac{1}{2}(\sigma_x-\sigma_y)\cos 2\theta+\tau_{xy}\sin 2\theta\end{aligned} \tag{5-5}$$

根据式(5-3) 与式(5-5) 相等，则

$$\tau_{xy}=\tau_{yx} \tag{5-6}$$

因此，式(5-3) 和式(5-4) 可改写为

$$\sigma=\frac{1}{2}(\sigma_x+\sigma_y)+\frac{1}{2}(\sigma_x-\sigma_y)\cos 2\theta+\tau_{xy}\sin 2\theta \tag{5-7}$$

$$\tau=\frac{1}{2}(\sigma_x-\sigma_y)\sin 2\theta-\tau_{xy}\cos 2\theta \tag{5-8}$$

式(5-7)、式(5-8) 分别平方并相加，整理得

$$\left(\sigma-\frac{\sigma_x+\sigma_y}{2}\right)^2+\tau^2=\left(\frac{\sigma_x-\sigma_y}{2}\right)^2+\tau_{xy}{}^2 \tag{5-9}$$

将 σ 和 τ 分别作为横坐标和纵坐标，则式 (5-9) 表示为圆，可以给出对应于任意 θ 的 σ 和 τ 值。此圆称为莫尔圆。

圆心坐标为

$$\left(\frac{\sigma_x+\sigma_y}{2},0\right) \tag{5-10}$$

半径为

$$r=\left[\left(\frac{\sigma_x-\sigma_y}{2}\right)^2+\tau_{xy}^2\right]^{\frac{1}{2}} \tag{5-11}$$

最大主应力 σ_1 和最小主应力 σ_3，由于 σ 值随着 σ 与 x 轴的夹角 θ 变化，故 σ 的最大值和最小值可由式 (5-7) 的微分，即 $\frac{d\sigma}{d\theta}=0$ 求得

$$\frac{d\sigma}{d\theta}=-(\sigma_x-\sigma_y)\sin 2\theta+2\tau_{xy}\cos 2\theta=0 \tag{5-12}$$

令此时的 θ 为 ψ，则

$$\tan 2\psi=\frac{\tau_{xy}}{(\sigma_x-\sigma_y)/2} \tag{5-13}$$

将式(5-13) 代入式(5-8)，令 $\tau=0$，即表示无剪力（或剪切力）时的垂直应力为主应力。将其代入式 (5-7)，可求得最大主应力 σ_1 和最小主应力 σ_3。

$$\begin{aligned}\sigma_1(\sigma_3)&=\frac{1}{2}(\sigma_x+\sigma_y)\pm\frac{1}{2}(\sigma_x-\sigma_y)\cos 2\psi\pm\left(\frac{\sigma_x-\sigma_y}{2}\right)\tan 2\psi\sin 2\psi\\&=\frac{1}{2}(\sigma_x+\sigma_y)\pm\frac{1}{2}(\sigma_x-\sigma_y)\frac{\cos^2 2\psi+\sin^2 2\psi}{\cos 2\psi}\end{aligned} \tag{5-14}$$

将 $\frac{1}{\cos 2\psi}=\sqrt{1+\tan^2 2\psi}=\sqrt{1+\frac{4\tau_{xy}{}^2}{(\sigma_x-\sigma_y)^2}}$ 代入式 (5-14) 得

$$\sigma_1(\text{或 }\sigma_3)=\frac{1}{2}(\sigma_x+\sigma_y)\pm\sqrt{\frac{1}{4}(\sigma_x-\sigma_y)^2+\tau_{xy}^2} \tag{5-15}$$

图 5-2(a) 反映了莫尔圆与粉体层的对应关系。为了研究莫尔圆与粉体层的对应关系，试同图 5-2(b) 作比较，在 x、y 轴上，σ_x 和 τ_{xy} 相当于作用在 $\theta=0$ 的面上，σ_y 和 τ_{yx} 相当于作用在 $\theta=\pi/2$ 的面上；而在相应的莫尔圆中，它们是处在圆心的对称位置上即仅相差 π。一般而言，x、y 坐标中的 θ，相当于莫尔圆中的 2θ。ψ 角为粉体层的 x 轴与最大主应力作用方向的夹角。

因此，可以写出如下关系式

$$\sigma_x=\frac{\sigma_1+\sigma_3}{2}+\frac{\sigma_1-\sigma_3}{2}\cos2\psi \tag{5-16}$$

$$\sigma_y=\frac{\sigma_1+\sigma_3}{2}-\frac{\sigma_1-\sigma_3}{2}\cos2\psi \tag{5-17}$$

$$\tau_{xy}=\frac{\sigma_1-\sigma_3}{2}\sin2\psi \tag{5-18}$$

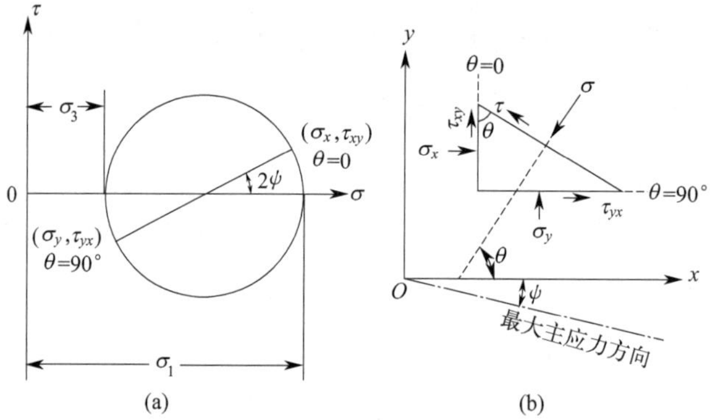

图 5-2 莫尔圆与粉体层的对应关系

用二元应力系分析粉体层中某一点的应力状态，根据莫尔理论，在粉体层内任意一点上的压应力 σ、剪应力 τ，可用最大主应力 σ_1、最小主应力 σ_3，以及 σ、τ 的作用面和 σ_1 的作用面之间的夹角 θ 来表示，如图 5-3 所示。它们之间的数学关系式如下

$$\sigma=\frac{\sigma_1+\sigma_3}{2}+\frac{\sigma_1-\sigma_3}{2}\cos2\theta \tag{5-19}$$

$$\tau=\frac{\sigma_1-\sigma_3}{2}\sin2\theta \tag{5-20}$$

根据式(5-19) 可知，当取 $\cos2\theta=1$ 时，$\theta=0$ 时的 σ 为最大值 σ_1，而 $\theta=90°$（$\cos2\theta=-1$）时的 σ 为最小值 σ_3。另外，当 $\theta=45°$（$\sin2\theta=1$）时，$\tau=\dfrac{\sigma_1-\sigma_3}{2}$ 为最大值；当 $\theta=0$ 或 $90°$ 时（$\sin2\theta=0$），$\tau=0$。因此，以 σ_1、σ_3 的方向为坐标，可画出如图 5-4 所示的粉体层对应的任意点处的受力的莫尔圆，其画法是：取 $On=\sigma_1$，$Ok=\sigma_3$；以 $Om=\dfrac{\sigma_1+\sigma_3}{2}$ 为圆心、$km=\dfrac{\sigma_1-\sigma_3}{2}$ 为半径作圆即成。与 σ_1 的作用面成 θ 角的面上的应力 σ 的大小为 Oq，其方向为 pn。τ 的大小为 pq，方向为 pk，合力 η 的大小为 Op，其方向和 σ 的作用方向成 α 角（$\angle pOk$）。粉体层的破坏在 α 角为最大时发生。如图 5-5 所示的 p 点，在 Op 为圆的切线时在 σ、τ 的作用下，粉体层发生破坏。

5.1.1.2 内摩擦角的确定

（1）三轴压缩试验 如图 5-6 所示将粉体试料填充在圆筒状橡胶薄膜内，然后用流体侧向压制。用一个活塞单向压缩该圆柱体直到破坏，在垂直方向获得最大主应力 σ_1；同时，在水平方向获得最小主应力 σ_3。以砂为例的测定值，见表 5-1。

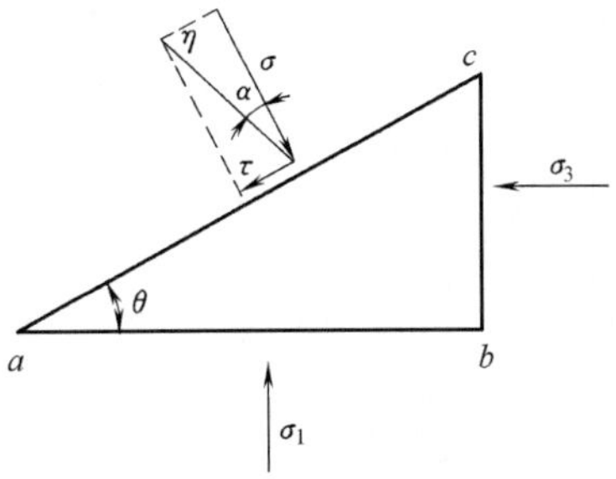

图 5-3　粉体层上任意一点的应力关系

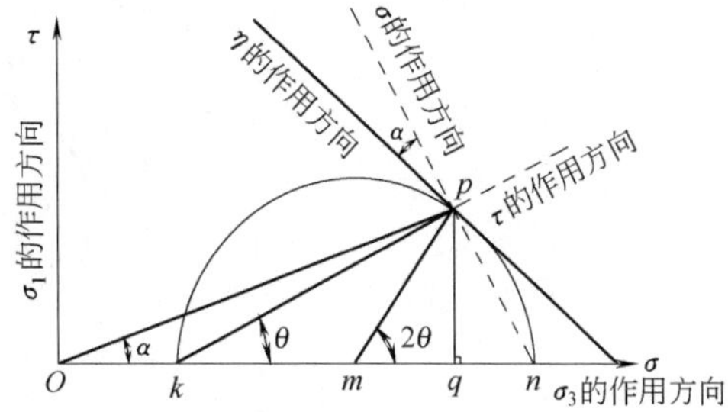

图 5-4　粉体层相对应力的莫尔圆

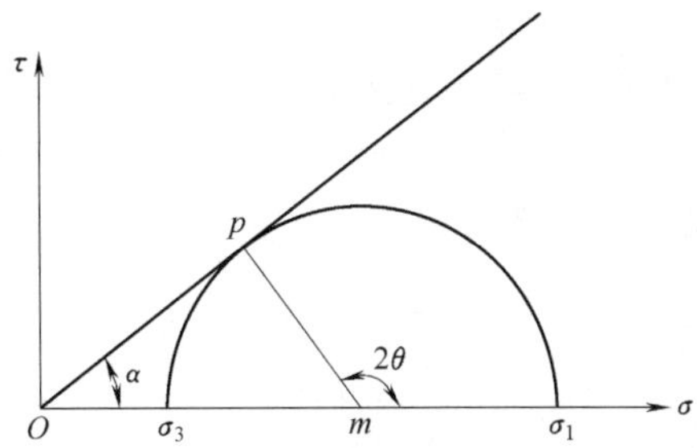

图 5-5　莫尔圆上倾角 α 为最大的状态

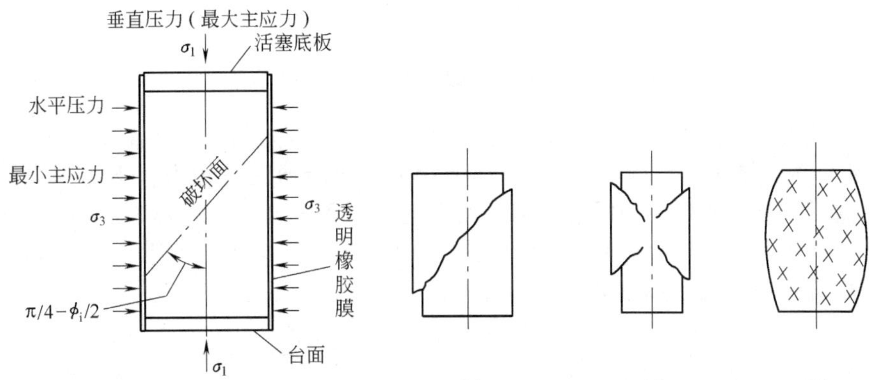

图 5-6　三轴压缩试验原理和试料的破坏形式

表 5-1　三轴压缩试验测定的例子

水平压力 σ_3/Pa	13.7	27.5	41.2
垂直压力 σ_1/Pa	63.7	129	192

根据表 5-1 中数据作出的三个莫尔圆如图 5-7 所示。这三个圆称为极限破坏圆。这些圆的共切线称为该粉体的破坏包络线。该破坏包络线与 σ 轴的夹角 ϕ_i 即为该粉体的内摩擦角。

试料的破坏面有各种形式，如图 5-6(b)～(d)所示。如最大主应力方向取作 x 轴，最小主应力方向取作 y 轴，画出与图 5-6(a) 对应的莫尔圆如图 5-8 所示。破坏面与最小主应力作用

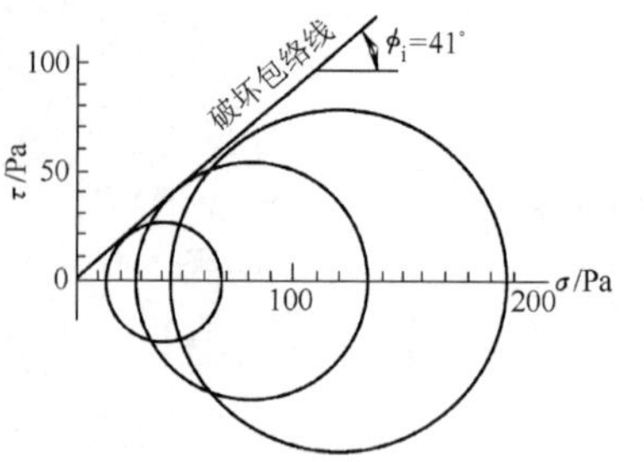

图 5-7　由三轴压缩试验结果绘出的莫尔圆

方向的夹角为 θ，它与破坏角互为余角。由莫尔圆中的几何关系可知，即极点 p 到 σ_1 连线与 σ 轴的夹角为（$\pi/4-\phi_i/2$）。该角是破坏面与铅垂方向的夹角。

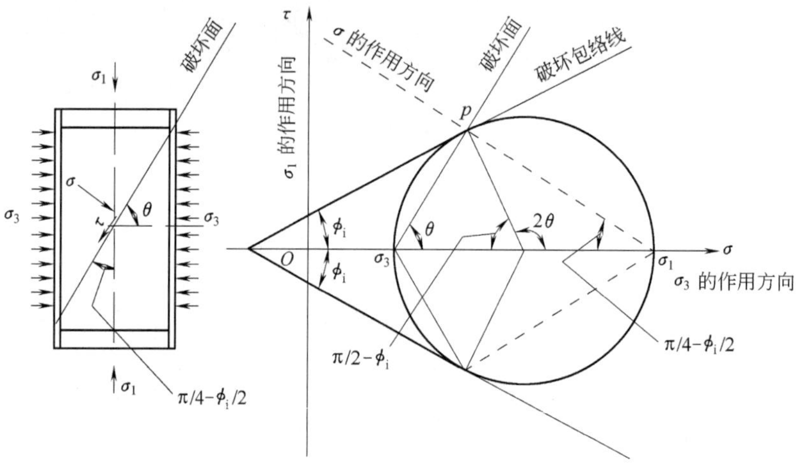

图 5-8　三轴压缩试验粉体层破坏面的角度

(2) 直剪试验　把圆形盒或方形盒重叠起来，将粉体填充其中，在铅垂压力 σ 的作用下，再由上盒[图 5-9(a)]或中盒[图 5-9(b)]施加剪切力，逐渐加大剪切力。当达到极限应力状态时，重叠的盒子错动。测定错动瞬时的剪切力，记录 σ 和 τ 的数据。表 5-2 为一组直剪试验测量值。根据表中的数据，在 σ-τ 坐标系中作出一条轨迹线，这条轨迹线即为破坏包络线，它与 σ 轴的夹角 ϕ_i 即内摩擦角，如图 5-10 所示。

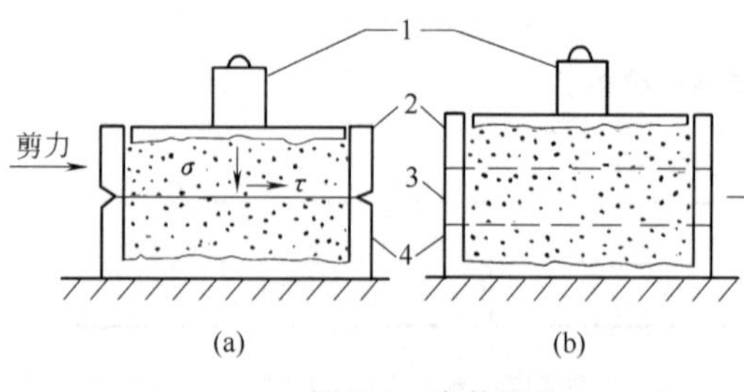

图 5-9　直剪试验

1—砝码；2—上盒；3—中盒；4—下盒

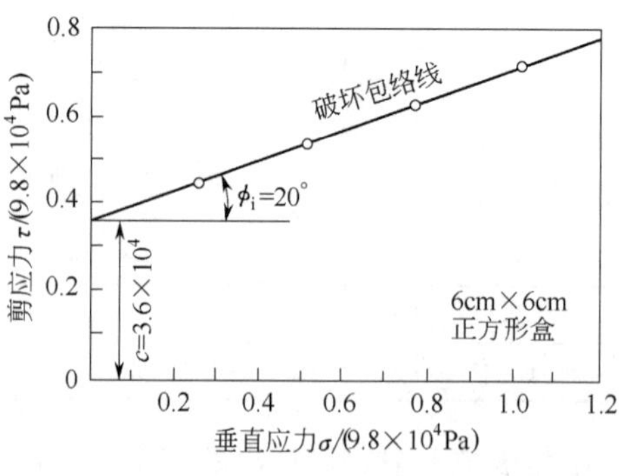

图 5-10　剪切试验结果

表 5-2　直剪试验的例子

垂直应力 $\sigma/(9.8\times10^4\text{Pa})$	0.253	0.505	0.755	1.01
剪切应力 $\tau/(9.8\times10^4\text{Pa})$	0.450	0.537	0.629	0.718

（3）破坏包络线方程式　用直线表示破坏包络线时，可写成如下的形式

$$\tau=\sigma\tan\phi_i+c=\mu_i\sigma+c \tag{5-21}$$

此式称为 Coulomb（库仑）公式，式中内摩擦系数为 $\mu_i=\tan\phi_i$，呈直线性的粉体称为库仑粉体。对于无附着性粉体，$c=0$；对于附着性粉体，由于内聚力的作用，需要引入附着力项 c。如图 5-11 所示，将 σ_a 看成为表观扩张强度，则可写成

$$\tau=(\sigma+\sigma_a)\tan\phi_i \tag{5-22}$$

有的粉体在试验时得到的破坏包络线，在 σ 值小的区域不再保持直线，而呈下弯曲线。如图 5-12 所示。因此破坏包络线方程的一般形式写成

$$\frac{\sigma-\sigma_a}{\sigma_a}=\left(\frac{\tau}{c}\right)^n \tag{5-23}$$

式中　n——常数，与粉体的流动性有关。

由于 μ_i 为 σ 的函数，所以将其切线对 σ 轴的斜率作为内摩擦系数

$$\mu_i=\frac{d\tau}{d\sigma} \tag{5-24}$$

对于库仑粉体（图 5-11），当 $\sigma_a=0$ 时，有如下关系式

$$\frac{\sigma_1+\sigma_3}{2}\sin\phi_i=\frac{\sigma_1-\sigma_3}{2} \tag{5-25}$$

变形后得下式

$$\frac{\sigma_3}{\sigma_1}=\frac{1-\sin\phi_i}{1+\sin\phi_i} \tag{5-26}$$

当 $\sigma_a\neq0$ 时

$$\frac{\sigma_3-\sigma_a}{\sigma_1-\sigma_a}=\frac{1-\sin\phi_i}{1+\sin\phi_i} \tag{5-27}$$

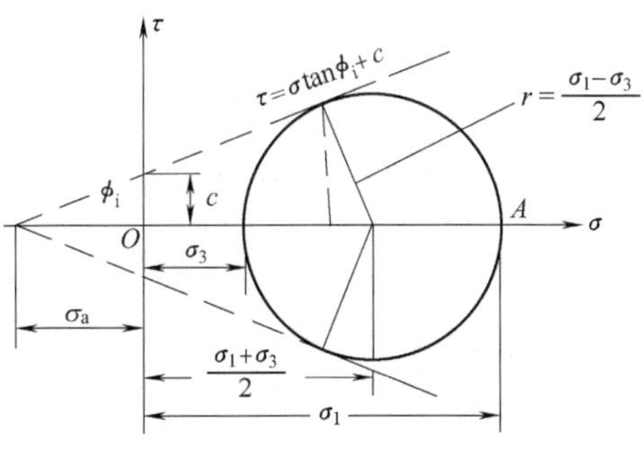

图 5-11　库仑粉体

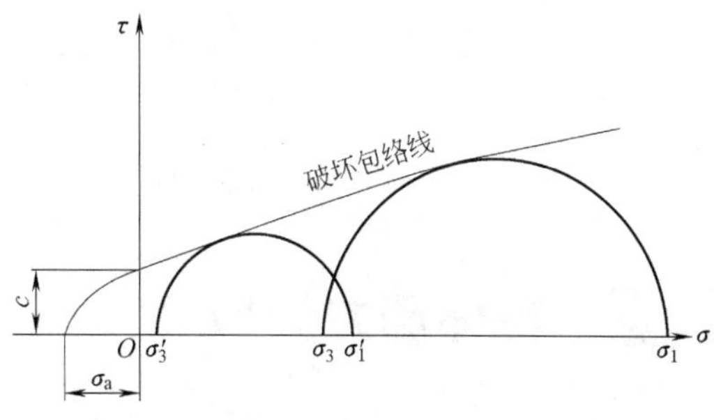

图 5-12　破坏包络线

5.1.2　安息角

安息角是粉体粒度较粗状态下通过自重运动所形成的角。安息角的测量方法有排出角法、注入角法、滑动角法以及剪切法等多种。排出角法具体操作：移除装有堆积粉体的方箱的某一侧壁，此时残留在箱内的粉体斜面与底面形成的倾角即为安息角。对于无附着性的粉体而言，安息角与内摩擦角虽然在数值上几乎相等，但实质上却是不同的。内摩擦角是粉体在外力作用下

达到规定的密实状态时，受强制剪切所形成的角。

应该指出，用不同方法测得的安息角数值有明显差异，即使是同一方法也可能得到不同的值。这是粉体颗粒的不均匀性以及试验条件限制所致。

5.1.3 壁摩擦角和滑动摩擦角

壁摩擦角是粉体与壁面之间的摩擦角，具有重要的实用特性。它的测量方法和剪切试验完全一样。剪切箱体的下箱用壁面材料代替，再拉其上面装满了粉体的上箱，测量拉力即可求得。滑动摩擦角是在某材料的斜面上放上粉体，再慢慢地使其倾斜，当粉体滑动时，板面和水平面所形成的夹角。

5.1.4 运动角

粉体在流动时空隙率增大，这种空隙率在颗粒静止时可形成疏填充状态、颗粒间相斥等，并对粉体的弹性产生影响。目前尚难以分析这种状态下的摩擦机理，通常是通过测定运动内摩擦角来描述粉体流动时的这一摩擦特性。

在测量内摩擦角的直剪法中，随着剪切盒的移动，剪切力逐渐增加，当剪切力不再增加且趋于稳定时的状态称为动摩擦状态，这时所测得的摩擦角定义为运动角，也称为动内摩擦角。

动内摩擦角测量装置如图 5-13 所示。由压力表测定对应于每一垂直压力下的剪切力，由千分表测定颗粒体移动时由空隙率变化而导致的高度变化，并测量其体积的增减。

由上述剪切试验记录的系列数据，可作出如图 5-14 所示的剪切轨迹曲线。该轨迹线与水平轴的夹角 ϕ_a 即动内摩擦角，其与纵轴的截距 C_S 称为动摩擦状态下的内聚力。实际轨迹存在着非线性状态。

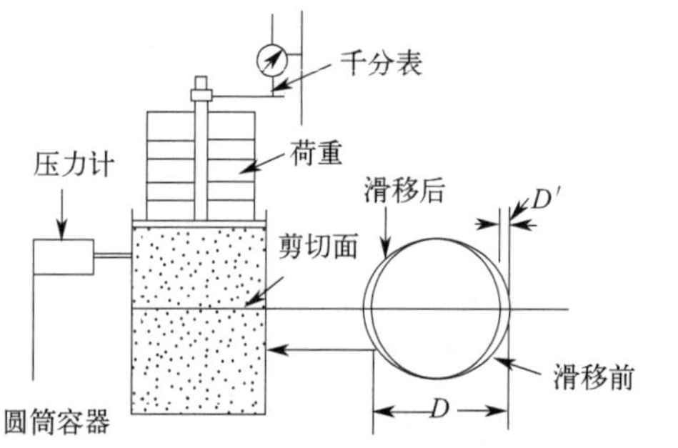

图 5-13 动内摩擦角测量装置

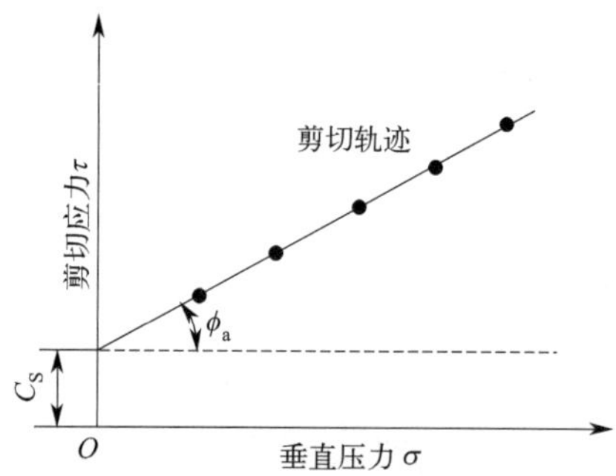

图 5-14 动摩擦剪切轨迹

5.2 粉体压力计算

5.2.1 粉体的侧压力系数

粉体受到的极限应力状态分为被动状态和主动状态两种。

（1）被动状态 粉体层受水平方向压缩时，粉体将沿斜上方被推开，此时的极限应力状态为被动状态。水平方向上的应力为最大主应力，$\sigma_1=\sigma_{h,p}$；垂直方向上的应力为最小主应力，$\sigma_3=\sigma_{v,p}$。式(5-27) 可改写为

$$\frac{\sigma_{h,p}-\sigma_a}{\sigma_{v,p}-\sigma_a}=\frac{1+\sin\phi_i}{1-\sin\phi_i} \tag{5-28}$$

（2）主动状态 当粉体层受重力作用时，粉体将出现崩坏，此时的极限应力状态为主动状

态。垂直方向上的应力为最大主应力，$\sigma_1=\sigma_{v,a}$；水平方向上的应力为最小主应力，$\sigma_3=\sigma_{h,a}$。式(5-28) 可改写为

$$\frac{\sigma_{h,a}-\sigma_a}{\sigma_{v,a}-\sigma_a}=\frac{1-\sin\phi_i}{1+\sin\phi_i} \tag{5-29}$$

(3) 朗肯 (Rankine)公式　粉体的侧压力系数：水平应力与垂直应力的比值。

$$k=\frac{\sigma_h}{\sigma_v} \tag{5-30}$$

被动粉体的侧压力系数

$$k_p=\frac{\sigma_{h,p}}{\sigma_{v,p}}=\frac{1+\sin\phi_i}{1-\sin\phi_i}=\tan^2\left(\frac{\pi}{4}+\frac{\phi_i}{2}\right) \tag{5-31}$$

主动粉体的侧压力系数

$$k_a=\frac{\sigma_{h,a}}{\sigma_{v,a}}=\frac{1-\sin\phi_i}{1+\sin\phi_i}=\tan^2\left(\frac{\pi}{4}-\frac{\phi_i}{2}\right) \tag{5-32}$$

5.2.2　筒仓内部的粉体压力分布

液体容器中，压力与液体的深度成正比，同一水平面上的压力相等；而且，帕斯卡原理和连通管原理成立。但是，其对于粉体容器却完全不同。为此作如下假定：①容器内的粉体层处于极限应力状态；②同一水平面的垂直压力相等；③粉体的物性和填充状态均一。因此，内摩擦系数为常数。

对于图 5-15 所示的圆筒形容器里的粉体，取任意微元体 (ABCD) 来进行研究，当作用于此微元体上的力处于平衡时，有

$$\frac{\pi}{4}D^2p+\frac{\pi}{4}D^2\rho_Bg\,dh=\frac{\pi}{4}D^2(p+dp)+\pi D\mu_wkp\,dh \tag{5-33}$$

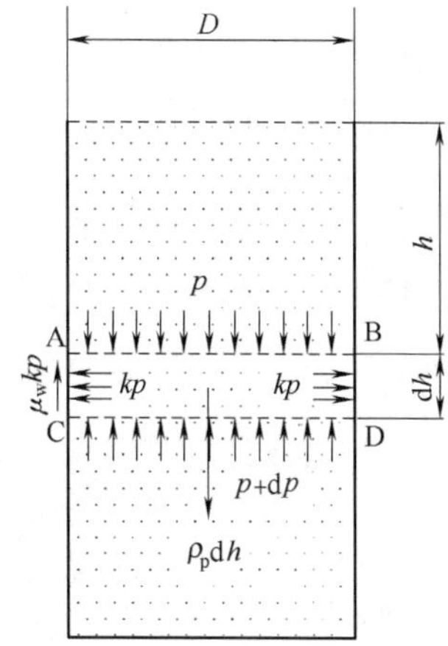

图 5-15　圆筒形容器里粉体压力

式中　D——圆筒形容器的直径；
μ_w——粉体和圆筒内壁的摩擦系数；
ρ_B——粉体的填充密度；
k——侧压力系数；
g——重力加速度；
h——粉体的顶端到微元体表面的距离；
p——粉体微元体表面所受到的压力。

利用前述的莫尔圆的包络线为直线时两应力垂直的性质，可以求出作为内摩擦角的函数的两应力的关系式。这个关系式如下

$$k=\frac{\sigma_h}{\sigma_v}=\frac{1-\sin\phi_i}{1+\sin\phi_i} \tag{5-34}$$

将式(5-33) 整理得

$$(D\rho_Bg-4\mu_wkp)dh=D\,dp$$

进行积分

$$\int_0^h dh=\int_0^p\frac{dp}{\rho_Bg-\dfrac{4\mu_wk}{D}p}$$

得

$$h=-\frac{D}{4\mu_wk}\ln\left(\rho_Bg-\frac{4\mu_wk}{D}p\right)+C$$

根据边界条件可知，当 $h=0$ 时，$p=0$，故得积分常数 $C=(D/4\mu_wk)\ln\rho_Bg$。因此，得出

在深度为 h 时，粉体的垂直压力 p 与 h 的关系为

$$h=\frac{D}{4\mu_{\mathrm{w}}k}\ln\left(\frac{\rho_{\mathrm{B}}g}{\rho_{\mathrm{B}}g-\dfrac{4\mu_{\mathrm{w}}k}{D}p}\right) \tag{5-35}$$

由式(5-35) 可得垂直正压力 $\sigma=p$ 的表达式为

$$\sigma=p=\frac{\rho_{\mathrm{B}}gD}{4\mu_{\mathrm{w}}k}\left[1-\exp\left(-\frac{4\mu_{\mathrm{w}}k}{D}h\right)\right] \tag{5-36}$$

侧压力 p'为

$$p'=kp=\frac{\rho_{\mathrm{B}}gD}{4\mu_{\mathrm{w}}}\left[1-\exp\left(-\frac{4\mu_{\mathrm{w}}k}{D}h\right)\right] \tag{5-37}$$

剪切力表达式

$$\tau=\mu_{\mathrm{w}}p'=\mu_{\mathrm{w}}kp=\frac{\rho_{\mathrm{B}}gD}{4}\left[1-\exp\left(-\frac{4\mu_{\mathrm{w}}k}{D}h\right)\right] \tag{5-38}$$

式(5-36) 称为 Janssen 公式。对于棱柱形容器，设横截面积为 F，周长为 U，可以用 F/U 置换上式中的 $D/4$。

由式(5-36) 可知，p 按指数曲线变化，如图 5-16 所示。当 $h\to\infty$时，$p\to p_{\infty}=\rho_{\mathrm{B}}gD/4\mu_{\mathrm{w}}k$，即当粉体填充高度达到一定值后，$p$ 趋于常数值，这一现象称为粉体压力饱和现象。例如，一般 $4\mu_{\mathrm{w}}k=0.35\sim0.90$。若 $4\mu_{\mathrm{w}}=0.5$，$h/D=6$，则$\dfrac{p}{p_{\infty}}=1-\mathrm{e}^{-3}=0.9502$。也就是说，当 $h=6D$ 时，粉体层的压力已达到最大压力 p_{∞}的 95%。

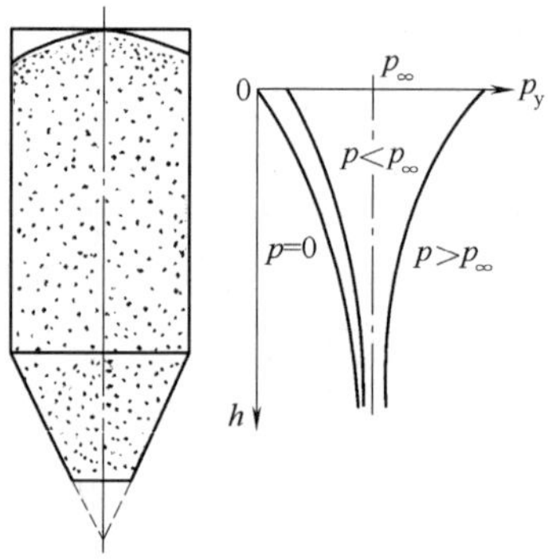

图 5-16 筒仓内粉体压力分布

测定表明，大型筒仓的静压与 Janssen 理论大致相同，但卸料时的压力有显著脉动，离筒仓下部约 1/3 高度处，壁面受到冲击、反复荷载的作用，其最大压力可达静压的 3～4 倍。这一动态超压现象，将使大型筒仓产生变形或破坏，设计时必须加以考虑。

如粉体层的上表面作用有外荷载 p_0，即当 $h=0$，$p=p_0$ 时，式(5-36) 变成

$$\sigma=\frac{\rho_{\mathrm{B}}gD}{4\mu_{\mathrm{w}}k}\left[1-\exp\left(-\frac{4\mu_{\mathrm{w}}k}{D}h\right)\right]+p_0\exp\left(-\frac{4\mu_{\mathrm{w}}k}{D}h\right) \tag{5-39}$$

侧压力表达式

$$p'=\frac{\rho_{\mathrm{B}}gD}{4\mu_{\mathrm{w}}}\left[1-\exp\left(-\frac{4\mu_{\mathrm{w}}k}{D}h\right)\right]+kp_0\exp\left(-\frac{4\mu_{\mathrm{w}}k}{D}h\right) \tag{5-40}$$

剪切力表达式

$$\tau=\mu_{\mathrm{w}}p'=\frac{\rho_{\mathrm{B}}gD}{4}\left[1-\exp\left(-\frac{4\mu_{\mathrm{w}}k}{D}h\right)\right]+\mu_{\mathrm{w}}kp_0\exp\left(-\frac{4\mu_{\mathrm{w}}k}{D}h\right) \tag{5-41}$$

5.2.3 料斗内部的粉体压力分布

倒锥形料斗的粉体压力可参照 Janssen 法进行推导。如图 5-17(a) 所示，以圆锥顶点为起点，取单元体部分粉体沿垂直方向力平衡。图 5-17 (b) 为水平压力 kp 和垂直压力 p 沿圆锥壁垂直方向的分解图。

与壁面垂直方向单位面积上的压力为

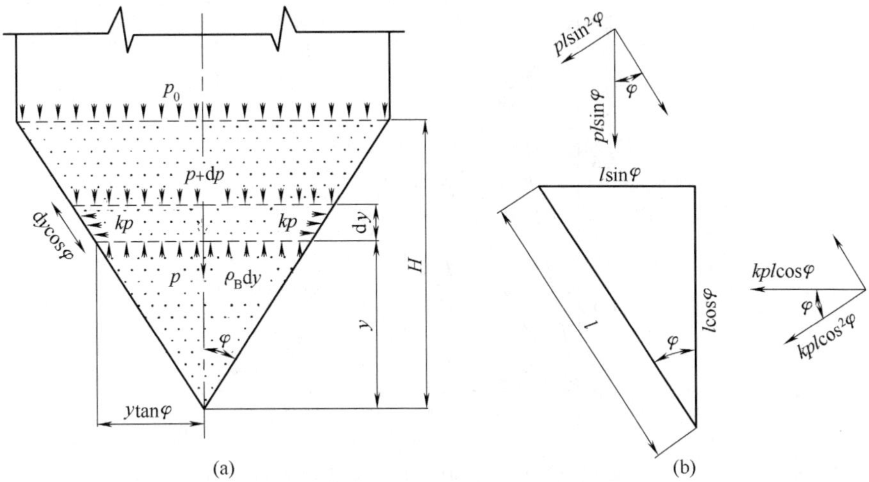

图 5-17　料斗内粉体压力分析

$$kp\cos^2\varphi + p\sin^2\varphi = p(k\cos^2\varphi + \sin^2\varphi)$$

沿壁面单位长度上的摩擦力为

$$p(k\cos^2\varphi + \sin^2\varphi)\mu_w(\mathrm{d}y/\cos\varphi)$$

因此，单元体部分粉体沿垂直方向的力平衡为

$$\pi(y\tan\varphi)^2\left[(p+\mathrm{d}p)+\rho_B g\,\mathrm{d}y\right]$$
$$=\pi(y\tan\varphi)^2 p + 2\pi y\tan\varphi\left(\frac{\mathrm{d}y}{\cos\varphi}\right)\mu_w(k\cos^2\varphi+\sin^2\varphi)p\cos\varphi$$

变形后为

$$y\tan\varphi\times\mathrm{d}p + y\tan\varphi\times\rho_B g\,\mathrm{d}y = 2\mu_w(k\cos^2\varphi+\sin^2\varphi)\mathrm{d}y\times p\ \frac{\mathrm{d}p}{\mathrm{d}y}$$

上式同除以 $y\tan\varphi\mathrm{d}y$ 得

$$\frac{\mathrm{d}p}{\mathrm{d}y}+\rho_B g = \frac{p}{y}\times\frac{2\mu_w}{\tan\varphi}(k\cos^2\varphi+\sin^2\varphi)$$

令

$$\alpha = \frac{2\mu_w}{\tan\varphi}(k\ \cos^2\varphi + \sin^2\varphi)$$

则

$$\frac{\mathrm{d}p}{\mathrm{d}y} = -\rho_B g + \alpha\left(\frac{p}{y}\right) \tag{5-42}$$

① 当 $y=H$ 时，$p=0$，$\alpha\neq1$，解此微分方程式得

$$p=\frac{\rho_B g y}{\alpha-1}\left[1-\left(\frac{y}{H}\right)^{\alpha-1}\right] \tag{5-43}$$

② 当 $y=H$ 时，$p=0$，$\alpha=1$，则

$$p=\rho_B g y\ln\left(\frac{H}{y}\right) \tag{5-44}$$

图 5-18 为 $H=1$，$\alpha=0.5$、1、2、5 时按式(5-44) 计算所得到的料斗粉体压力分布。

③ 当 $y=H$，$p=p_0$（上方有料层时，按 Janssen 公式求得），$\alpha\neq1$ 时，则

$$p=\frac{\rho_B g y}{\alpha-1}\left[1-\left(\frac{y}{H}\right)^{\alpha-1}\right]+p_0\left(\frac{y}{H}\right)^{\alpha-1} \tag{5-45}$$

④ 当 $y=H$ 时，$p=p_0$，若 $\alpha=1$，则

$$p=\rho_B g y\ln\left(\frac{H}{y}\right)+p_0\ \frac{y}{H} \tag{5-46}$$

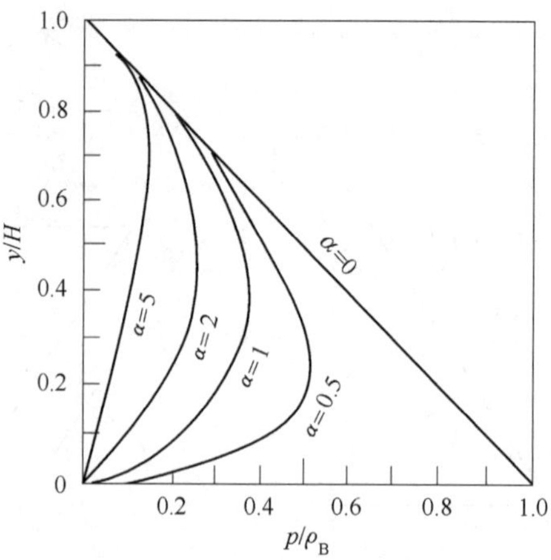

图 5-18 料斗垂直方向的粉体压力分布

料仓内的正压力

$$\sigma = p = \frac{\rho_B g y}{\alpha - 1}\left[1 - \left(\frac{y}{H}\right)^{\alpha-1}\right] + p_0\left(\frac{y}{H}\right)^{\alpha-1} \tag{5-47}$$

料仓内的侧压力

$$p' = kp = \frac{\rho_B g k y}{\alpha - 1}\left[1 - \left(\frac{y}{H}\right)^{\alpha-1}\right] + kp_0\left(\frac{y}{H}\right)^{\alpha-1} \tag{5-48}$$

料仓内的剪切应力

$$\tau = \mu_w p' = p'\tan\varphi = \frac{\rho_B g k \tan\varphi y}{\alpha - 1}\left[1 - \left(\frac{y}{H}\right)^{\alpha-1}\right] + \tan\varphi k p_0\left(\frac{y}{H}\right)^{\alpha-1} \tag{5-49}$$

5.3 粉体的重力流动

5.3.1 孔口流出

对直筒形料仓，让粉体在重力作用下流出时，颗粒一边作复杂的运动，一边落下来。图 5-19 表示颗粒运动的轨迹，Ⅰ区作均匀运动，颗粒几乎是垂直移动。Ⅱ区是颗粒向圆筒形孔口移动的区域，移动的方向已偏离垂直方向。Ⅲ区由于剪切力的作用而激烈运动，颗粒移动速度也大。Ⅳ区完全不移动，底面和斜面所成的角与粉体的安息角相等。颗粒速度分布如图 5-20 所示，在Ⅲ区速度较大。即使像这样简单地排出颗粒，内部的颗粒仍然会进行复杂的运动。由于容器的形状及颗粒本身的各种性质的影响，流动的情况更加复杂。所以妨碍找出一般的运动方程式。对于从孔口排出粉体的流量，现已在实验的基础上提出了许多公式。

即使附着性小的粉体颗粒一般也产生堵塞现象。流出孔孔径 D_b 和颗粒直径 D_p 的比 D_b/D_p 约在 5 以下时粉体不流出，而且即使 $D_b/D_p > 10$，流量也是不均匀的，为不连续流。

了解料仓中物料呈现的流动模式是理解作用于物料或料仓上各种力的基础。仓壁压力不仅取决于颗粒料沿仓壁滑动引起的摩擦力，而且还取决于加料和卸料过程中形成的流动模式。

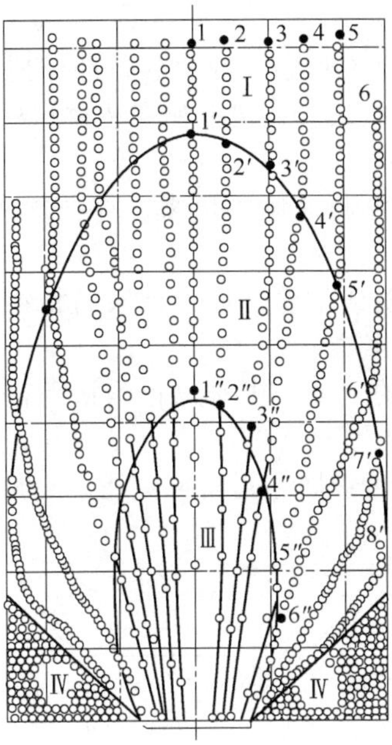

图 5-19 颗粒的运动状态

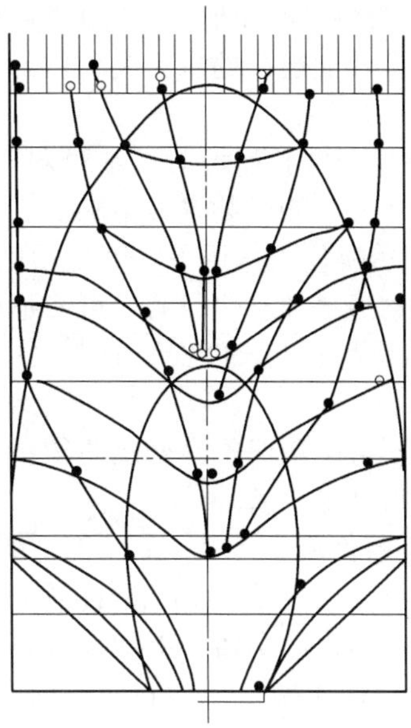

图 5-20 颗粒速度分布

5.3.2 粉体在料仓中的流动模式

5.3.2.1 漏斗流

这种流动有时还称为“核心流动”。它发生在平底的料仓或带料斗的料仓中，但由于这种料斗的斜度太小或斗壁太粗糙以致颗粒料难以沿着斗壁滑动，颗粒料是通过不流动料堆中的通道到达出口的。这种通道常常是圆锥形的，下部的直径近似等于出口有效面积的最大直径。当通道从出口处向上伸展时，它的直径逐渐增加，如图 5-21 所示。如果颗粒料在料位差压力下固结时，物料密实且表现出很差的流动特性，则有效的流动通道卸空物料后，就会形成穿孔或管道，如图 5-22 所示。情况严重时，物料可以在卸料口上方形成料拱或料桥，如图 5-23 所示。

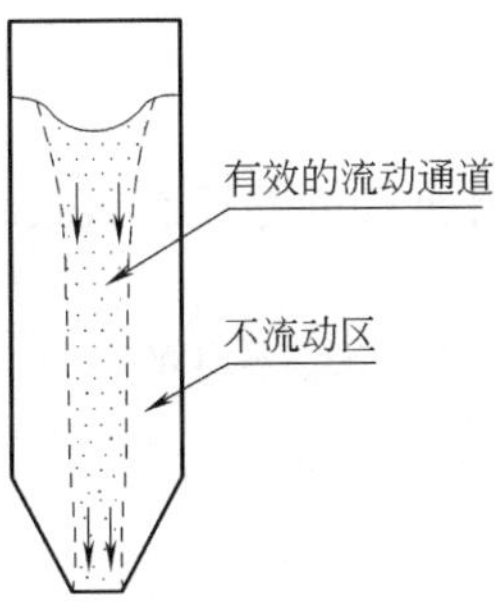

图 5-21 贯穿整个料仓的漏斗流

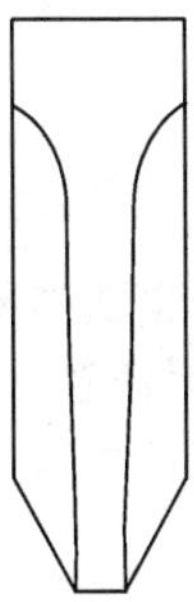

图 5-22 有效的流动通道卸空物料后形成的穿孔和管道

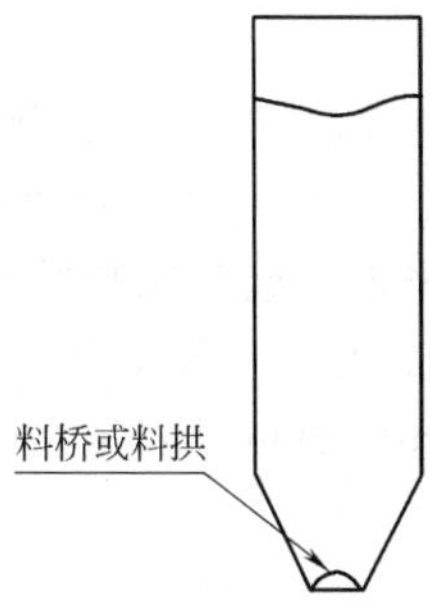

图 5-23 横跨流动通道形成的料拱或料桥

这种流动通道周围的物料可能是不稳定的。在这种情况下，物料将产生一停一开式的流动、脉冲式流动或不平稳的流动。然而在卸料频率高时，这些脉冲可能导致结构的损坏。如果颗粒料连续地从顶表面滑坍下来进入通道，那么料仓就出空了（假定物料没有密实到形成一个稳定的穿孔）。如果颗粒料从顶部加入，同时又从底部卸出，那么进入的颗粒料将立即经过通道出口。漏斗流料仓存在以下缺点。

① 因为料拱时而形成，时而碎裂，以致流动通道变得不稳定，故出料口的流速可能不稳定。由于流动通道内的应力变化，卸料时粉料的密度变化很大，还可能使安装在卸料口的容积式给料器失效。

② 料拱或穿孔崩坍时，细粉料可能被充气，并无法控制地倾泻出来。存在这些情况时，须使用正压密封卸料装置或给料器。

③ 在密实应力作用下，不流动区滞留的颗粒料会变质或结块。如果该区的物料强度足够大，则流动通道卸空物料后，可能形成一个稳定的穿孔或通道。

④ 若沿料仓壁长度安装的料位指示器置于不流动区的下面，则难以正确指示料仓下部的料位。

对于不会结块或不会变质的物料，且卸料口足够大，可以防止搭桥或穿孔，此时漏斗流料仓完全可以满足要求。

5.3.2.2 整体流

这种流动发生在带有相当陡峭而光滑的料斗筒仓内，物料从出口的全面积上卸出。整体流中，流动通道与料仓壁或料斗壁是一致的，全部物料都处于运动状态，并贴着垂直部分的仓壁和收缩的料斗壁滑移，如图5-24所示。如果料面高于料斗与圆筒转折处上面某个临界距离，那么料仓垂直部分的物料就可以栓流形式均匀向下运动。如果料位降到该处以下，那么通道中心处的物料将流得比仓壁处的物料快。这个临界料位的高度还不能准确确定。但是，它显然是物料内摩擦角、料壁摩擦力和料斗斜度的函数。图5-24所示的高度对于许多物料都是近似的。在整体流中，流动所产生的应力作用在整个料斗和垂直部分的仓壁表面上。

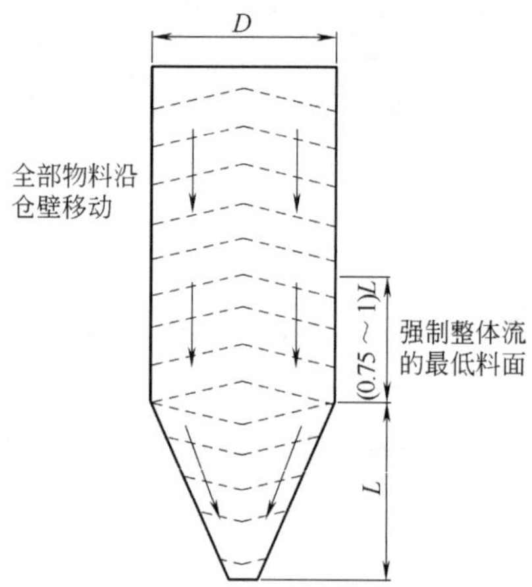

图5-24 整体流料仓

与漏斗流料仓相比，整体流料仓具有以下优点。

① 避免了粉料的不稳定流动、沟流和溢流。

② 消除了筒仓内的不流动区。

③ 形成了先进先出的流动，最大限度地减少了存储期间的结块问题、变质问题或偏析问题。

④ 减少或杜绝了颗粒的偏析。

⑤ 颗粒料的密度在卸料时是常数，料位差对它根本没有影响。因而有可能用容量式供料装置来很好地控制颗粒料，而且还改善了计量式喂料装置的性能。

⑥ 由于流量得到很好的控制，可以预测任意水平横截面上的压力分布，物料的密实程度和透气性能相对均匀，因此，可以很有把握地用准静态流动条件进行分析。

5.4 料仓内粉体的流动分析

5.4.1 流动特性参数

5.4.1.1 粉体的屈服轨迹 YL

由前述的内容已知，库仑粉体的破坏包络线为一直线。经过许多实验测定后，Jenike 发现低压下真正松散颗粒的破坏包络线与直线偏离相当大，如图 5-25 所示。该轨迹也不随 σ 值的增加而无限增加，而是终止在某个点 E；该轨迹的位置是物料密实程度的函数。在流动阶段，颗粒塑性范围内的应力可以由点 E 连续确定。

对于一种自由流动的物料，如干砂子，破坏包络线如图 5-26 所示。

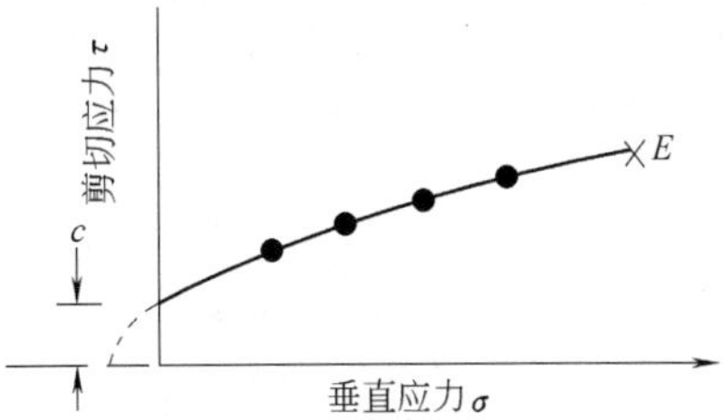

图 5-25 黏性粉体的破坏包络线

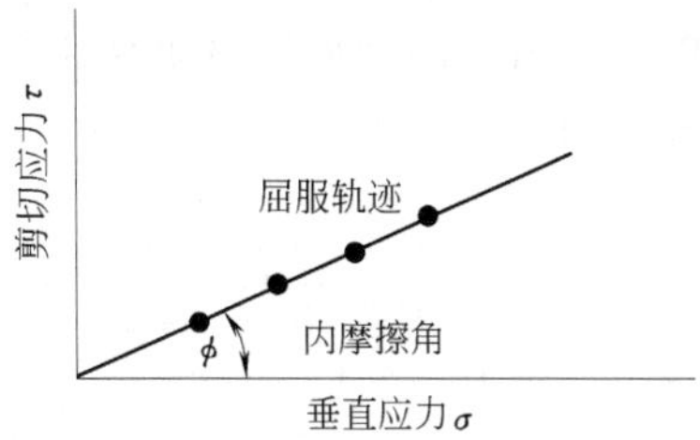

图 5-26 自由流动的干砂子的破坏包络线

从流动通道中取一个料流单元体，它上面的密实最大主应力 σ_1 和密实最小主应力 σ_3 是变化的，如图 5-27 所示。当单元体在另一个单元体上滑动或在料仓壁上滑动时就出现连续的剪切变形，产生滑移面。流动时，强度（抗剪切破坏的能力）和密度是最后一组应力的函数，而流动停止时，假定这些应力保持不变，由于物料在这些应力下保持静止，它的强度可以增加；而当料仓的出口再次打开时，它使流动受阻。

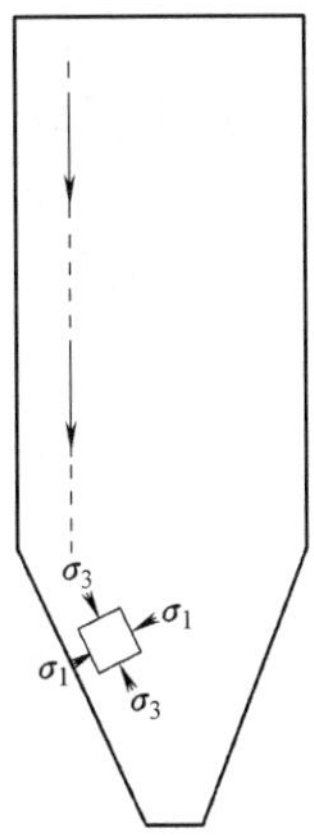

图 5-27 料仓内沿流动通道流动的单元体应力

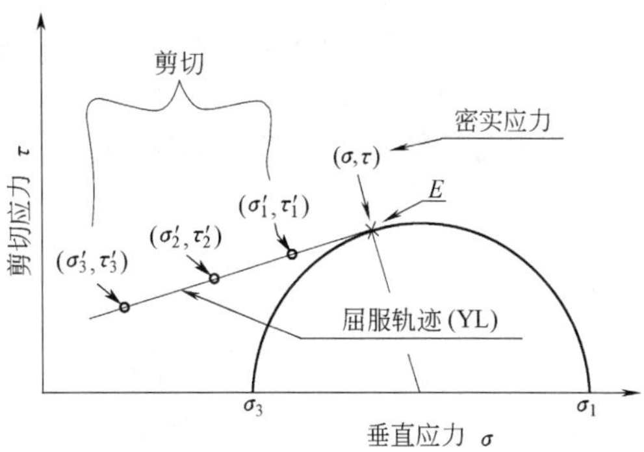

图 5-28 屈服轨迹的建立

屈服轨迹是由如下的粉体剪切试验确定的。一组粉体样品在同样的垂直应力条件下密实，然后在不同的垂直应力下，对每一个粉体样品进行剪切破坏试验。在这种特殊的密实状态中，得到的粉体的破坏包络线，称为该粉体的屈服轨迹，如图 5-28 所示。E 代表初始状态下密实状态的垂直应力和剪切应力（σ，τ），E 点称为该屈服轨迹的终点。在小于终点的应力下，所对应的三组破坏点上的应力数值分别为：（σ_1'，τ_1'）、（σ_2'，τ_2'）和（σ_3'，τ_3'）。

松散粉体内任意平面上的应力状态都可以用莫尔圆来表示。对于任何与屈服轨迹相切的莫尔圆所代表的应力状态来讲，松散粉体都处于屈服状态，并且这种状态下的密实最大主应力和密实最小主应力都由半圆与 σ 轴的交点来确定。点 E 描述了密实阶段的状态，屈服轨迹终止在与通过 E 点的莫尔圆相切的切点上。若这个圆与 σ 轴相交在最大主应力 σ_1 点和最小主应力 σ_3 点，那么粉体样品就在这种应力条件下进行密实。

为了模拟稳定流动时出现的应力状态，对粉体样品先进行密实处理，然后才是对粉体样品的剪切处理。

密实情况如图 5-29(a) 所示。它再现了稳态条件下（点 E），具有给定应力的流动现象。首先在底座与剪切环中填充满粉体试样，把顶盖放到粉料上方，通过加载杆施加密实荷载 V 和剪切力 S。剪切一直延续到剪切力达到稳定值为止，该稳定值表明塑性流动已经在整个粉体样品层内发生了。此时可以认为密实是充分的，不再施加剪切力，加载杆缩回。这时颗粒上的应力，若画成 τ 对 σ 的图线，就在莫尔圆上的 E 点，如图 5-28 所示。为了方便起见，数据可以画成图线表示，即把加到剪切盒的应力按力坐标画出。如 $V=\sigma A$，$S=\tau A$，这里的 A 为剪切盒的横截面积。

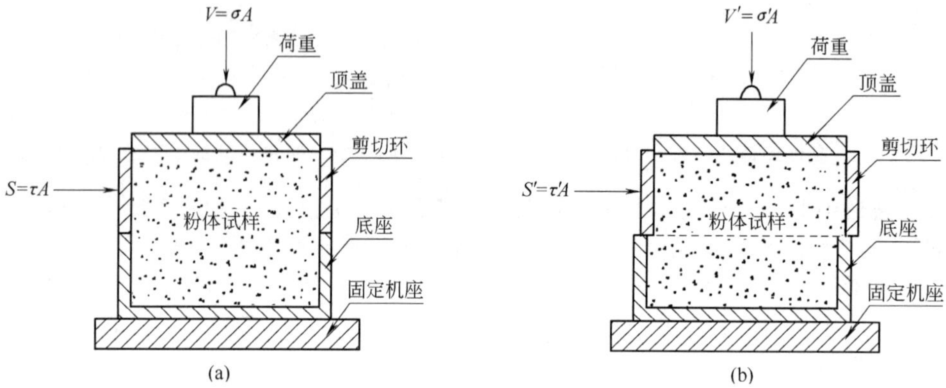

图 5-29　在密实应力条件下的剪切试验顺序

剪切如图 5-29(b) 所示。剪切环、粉体试样和顶盖留在原处。垂直荷载用一个较小的荷载来代替，记作 V'。剪切力再次施加，直到应力和应变曲线出现峰值后下降，这表明开裂面的形式，并确定了屈服轨迹上的一个点（V'，S'），如图 5-30 所示。开裂后，检查粉体试样，要求开裂面与剪切盒的剪切面差不多吻合，如不吻合，试验应重做。

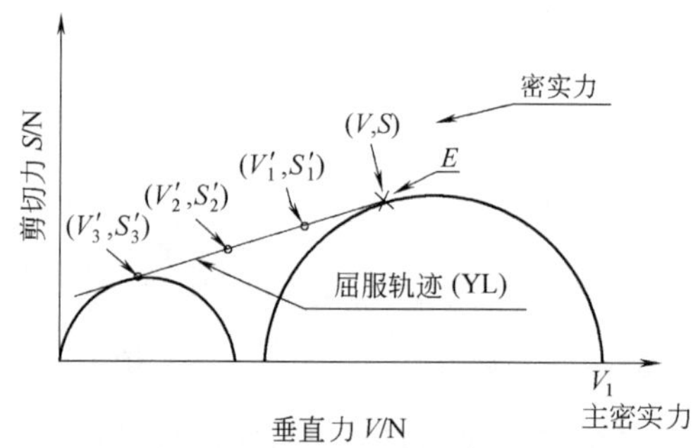

图 5-30　用力的单位画出的屈服轨迹

还需要其他几个点以构成屈服轨迹线。中间值 V' 通过数据检查或判断来选择，以便保证沿着屈服轨迹至少有三个间隔距离很好的点。选定的最低的 V' 值应该不小于最大密实荷载 V 的 1/3。屈服轨迹上的每一个点都是首先把粉体样品密实到点（V，S）而得到的，点（V，S）代表稳态流动状态，然后在较低的 V' 值（V_2'，V_3' 等）下剪切开裂。图 5-30 表示了可取值的范围。通过（V_1'，S_1'）、（V_2'，S_2'）……点的屈服轨迹常常形成稍有凸起的半圆形。

但是，为了分析工业用料仓的面积，这条轨迹常常用一条直线来逼近。与屈服轨迹相切并通过密实点（V，S）的莫尔圆与 V 轴的交点为最大密实主应力，其值为 $V_t=\sigma_t A$。

剪切前把粉体样品密实到不同的垂直应力等级，就可确定一组屈服轨迹。图 5-31 和图 5-32 分别展示了两个屈服轨迹试验的例子。（YL）$_a$ 和（YL）$_b$ 如图 5-31、图 5-32 所示，分别代

表在荷载 V_a 和 V_b 下密实所得到的屈服轨迹，画成图线表示在（σ，τ）坐标系中。

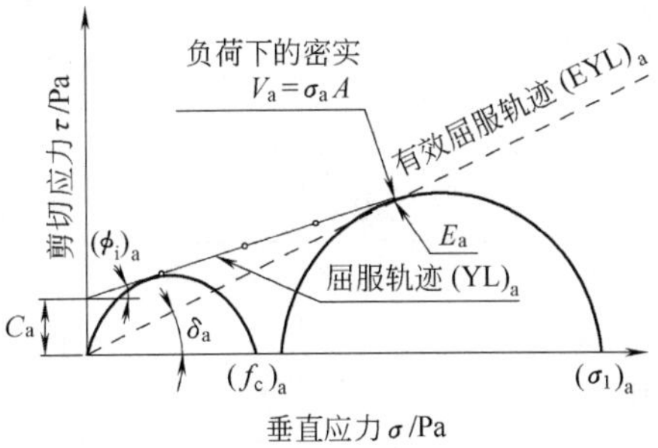

图 5-31 在密实应力 σ_a 下的屈服轨迹

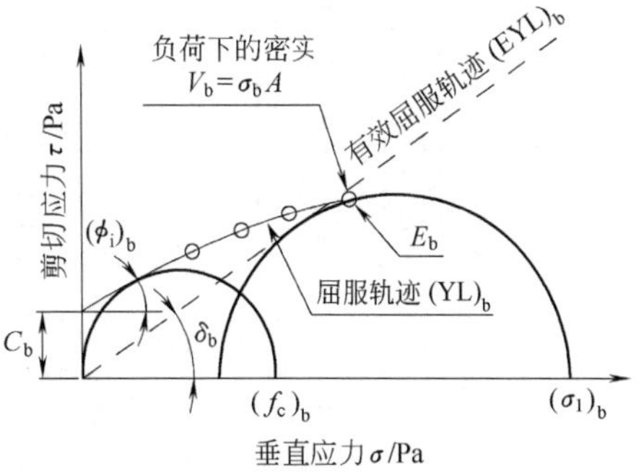

图 5-32 在密实应力 σ_b 下的屈服轨迹

在作粉体的屈服轨迹时，因剪切盒有一个水平移动极限，所以粉体样品在密实阶段必须进行相应的准备，这样密实和剪切就可以在这个极限内完成。如果在一组粉体样品内，发现长稳态密实时所得出的一组 S 值，其值的波动超过了它的中间值的 10%，那么应该将粉体样品重新进行试验。

5.4.1.2 有效屈服轨迹 EYL

如图 5-31、图 5-32 所示，通过坐标原点作一条直线与密实应力圆相切，称这条直线为该粉体的有效屈服轨迹 EYL。

5.4.1.3 有效内摩擦角 δ

如图 5-31 和图 5-32 所示，横坐标与有效屈服轨迹之间的夹角称为有效内摩擦角 δ。它与粉体物料的内摩擦角有关，是粉体物料处于流动状态时衡量流动阻力的一个参数。δ 增加时，颗粒的流动性降低。对于给定的粉体物料，δ 值往往随密实应力的降低而增大。当密实应力很低时，甚至可达到 90°。对于大多数试验物料，δ 值范围为 25°～70°。

在粉体物料流动中，这些都是衡量工况的参数。流动时，最大主应力和最小主应力之比可以用有效屈服轨迹函数来表示

$$\frac{\sigma_1}{\sigma_3}=\frac{1+\sin\delta}{1-\sin\delta} \tag{5-50}$$

EYL 可以用下式来定义

$$\sin\delta=\frac{\sigma_1-\sigma_3}{\sigma_1+\sigma_3} \tag{5-51}$$

5.4.1.4 开放屈服强度 f_c

如图 5-33(a) 所示，在一个筒壁无摩擦的、理想的圆柱形圆筒内，使粉体在一定的密实最大主应力 σ_1 作用下压实。然后，取去圆筒，在不加任何侧向支承的情况下，如果被密实的粉体试样不倒塌，如图 5-33(b) 所示，则说明其具有一定的密实强度，这一密实强度就是开放屈服强度 f_c。倘若粉体试样倒塌了，如图 5-33(c) 所示，则说明这种粉体的开放屈服强度 $f_c=0$。显然，开放屈服强度 f_c 值小的粉体流动性好，不易结拱。

通过原点与屈服轨迹相切所画出来的莫尔圆确定了粉体物料自由表面（当 $\sigma_3=0$ 时）上经受得住的最大应力 σ_c。这一点上的 σ_c 值即为开放屈服强度 f_c，如图 5-31 和图 5-32 所示，并且当密实应力增加时开放屈服强度 f_c 也增加。

5.4.1.5 流动函数 *FF*

流动函数，有时称为开裂函数，通常用于表示松散颗粒粉体的流动性能。松散颗粒粉体的流动取决于由密实而形成的强度。开放屈服强度 f_c 就是这种强度的量值，并且是密实最大主应力 σ_1 的函数，即

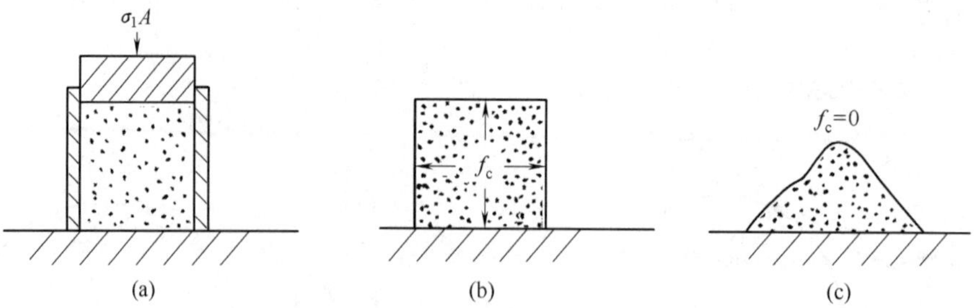

图 5-33　开放屈服强度

$$FF=\frac{\sigma_1}{f_c} \tag{5-52}$$

FF 表征着仓内粉体的流动性，当 $f_c=0$ 时，$FF=\infty$，即粉体完全自由流动。也就是说，在一定的密实应力 σ_1 的作用下，得到的开放屈服强度 f_c 小的粉体，即 FF 值大者，粉体流动性好。流动函数 FF 与粉体流动性的关系见表 5-3。

表 5-3　流动函数 *FF* 与粉体流动性的关系

FF 值	流动性
$FF<1$	凝结（如过期水泥）
$1\leqslant FF<2$	强附着性、流不动（如湿粉末）
$2\leqslant FF<4$	有附着性（如干的、未过期水泥）
$4\leqslant FF<10$	易流动（如湿砂）
$FF\geqslant 10$	自由流动（如干砂）

影响粉体流动特性的因素还有很多，如粉体加料时的冲击，这种冲击导致冲击处的物料应力可以高于流动时产生的应力；温度和化学变化，高温时颗粒可能结块或软化，而冷却时可能产生相变，这些都会影响它的流动性；湿度，湿料可以影响屈服轨迹和壁摩擦系数，而且还能引起料壁黏附；粒度，当颗粒变细时，流动性常常降低，而壁摩擦系数却趋于增加；振动，细颗粒的物料在振动时趋于密实，在振动时特别容易因为物料的密集而引起流动的中断，所以，用振动器加速物料流动时，应该仅限于物料在料斗中流动的时刻。

5.4.2　流动与不流动的判据

Jenike 的流动与不流动判据提供了一种极为有用的方法来预测颗粒在料仓中的重力流动或不流动，已经形成了工程设计的重要基础。

这个判据指出，如果颗粒在流动通道内形成的屈服强度不足以支撑住流动的堵塞料（这种堵塞料以料拱或穿孔的形式出现），那么在流动通道内将产生重力流动。

假定物料在整体流料仓内流动，那里的物料连续地从顶部流入，随着一个物料单元体向下流动，它将在料仓内密实最大主应力 σ_1 的作用下密实并形成开放屈服强度 f_c。

密实应力先是增加，然后在筒仓的垂直部分达到稳定，在过渡段有一个突变，然后一直减小，到顶点时为零。与此同时，开放屈服强度 f_c 也作如图 5-34 所示的类似变化。

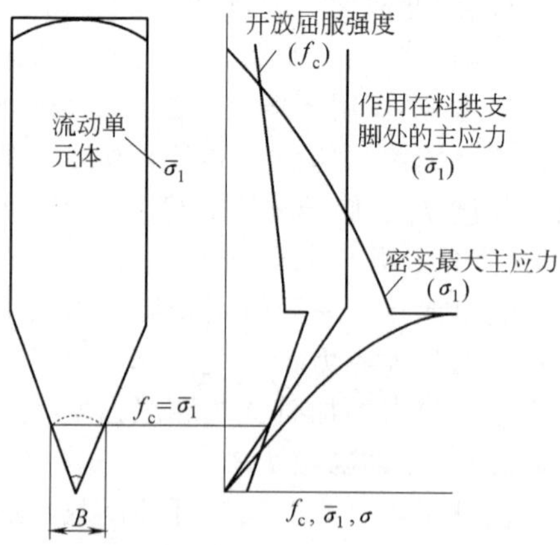

图 5-34　整体流料仓中流动单元的应力

已经表明，稳定料拱的拱脚上作用着最大主应力 σ_1，它与料拱的跨距 B 成正比。Jenike 指出，作用在料拱脚处的主应力 $\bar{\sigma}_1$(kPa) 可以表示为

$$\bar{\sigma}_1=\frac{\rho_B B}{H(\theta)} \tag{5-53}$$

式中　ρ_B——物料容积密度；

B——卸料口宽度；

$H(\theta)$——料斗半顶角 θ 的函数。

$H(\theta)$ 可由图 5-35 查得，也可按下式近似计算

$$H(\theta)=(1+m)+0.01(0.5+m)\theta \tag{5-54}$$

式中　m——料斗形状系数，轴线对称的圆锥形料斗 $m=1$，平面对称的楔形料斗 $m=0$。

由图 5-34 可以看出，表示 f_c 值和 $\bar{\sigma}_1$ 值的两条直线相交于一个临界值，由此可以确定料拱的尺寸 B。根据流动与不流动判据，在交点以下，粉体物料形成足够的强度以支撑料拱，使流动停止。在该点以上，粉体物料的强度不够，不能形成料拱，则发生重力流动。

在相应的密实应力下，对粉体物料进行剪切试验，可以确定开放屈服强度 f_c。如前所述，由此可以建立该粉体物料的流动函数 FF。

比值$\frac{\sigma_1}{\bar{\sigma}_1}$，定义为流动因数 ff，用来描述流动通道或料斗的流动性。作用在流动通道上的密实应力越高，以及作用在料拱上的应力 $\bar{\sigma}_1$ 越低，那么流动通道的流动性或料斗的流动性就越低。对于一定形状的料斗，σ_1 和 $\bar{\sigma}_1$ 均同料斗直径呈线性关系，根据试验研究及理论分析可得流动因数 ff 的方程为

$$ff=\frac{S(\theta)(1+\sin\delta)}{2\sin\theta}H(\theta) \tag{5-55}$$

式中　$S(\theta)$——应力函数；

$H(\theta)$——料斗半顶角 θ 的函数，见图 5-35；

其他符号意义同前。

对于各种数值不同的有效内摩擦角 δ、壁面摩擦角 ϕ' 和料斗半顶角 θ，Jenike 已经计算出它们的流动因数。图 5-36 和图 5-37 所示为内摩擦角 $\delta=40°$时的颗粒于轴对称圆锥形流动和对称平面流动时的流动因数图线。

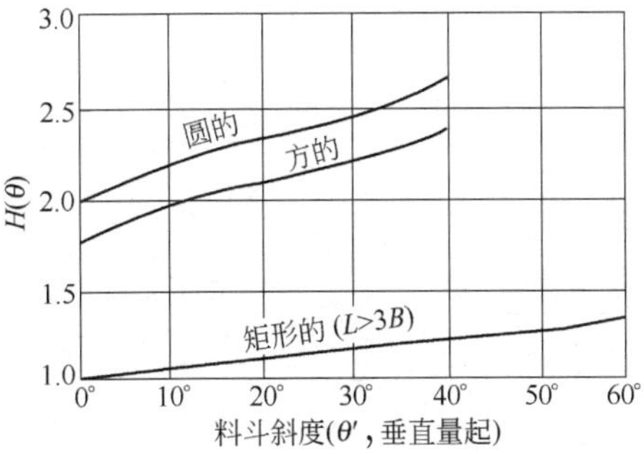

图 5-35　料斗半顶角函数 $H(\theta)$

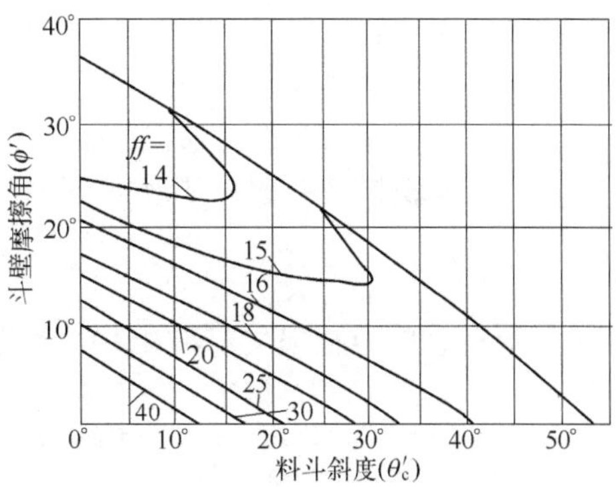

图 5-36　$\delta=40°$时轴对称圆锥形整体流料斗的流动因数

流动函数 FF 和流动因数ff 可以画在一起，如图 5-38 所示。当密实主应力 σ_1 大于临界密实主应力，位于 FF 线之上的ff 线那部分（$ff<FF$）时，满足流动判据；处于料拱上的应力超过料拱强度，则发生流动。σ_1 小于临界密实主应力时，应力不足以引起破坏，将发生起拱。两条线的交点代表了临界值，如同 5.5.2 将要叙述的那样，该点可用来计算最小的料斗开

口尺寸。

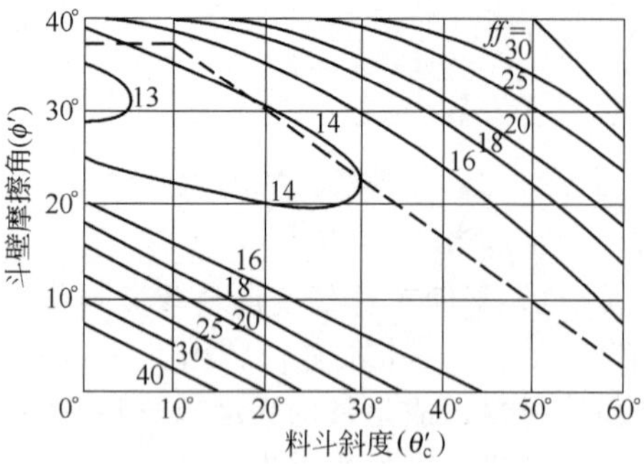

图 5-37 $\delta=40°$时对称平面流动料斗的流动因数

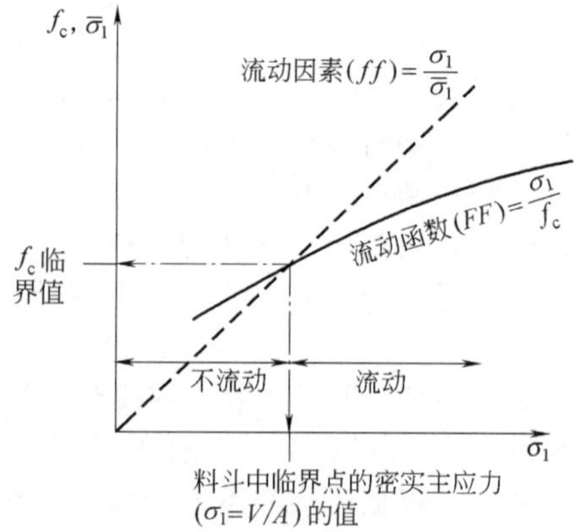

图 5-38 流动因数与流动函数的关系

5.5 整体流料仓的设计

5.5.1 料仓的容积及储存量

按形状分类，料仓分为圆筒形和棱柱形两大类。实际储存物料时，因为物料进入料仓的进料点是固定的，料堆上必然要形成一个圆锥形。因此，物料不能占满整个容积，产生容积损失。如图 5-39 所示，料仓的实际容积为料仓的几何容积扣除损失容积后的容积，即

$$V=V_R-V_L \tag{5-56}$$

（1）料仓的容积损失

圆筒形料仓的容积损失 V_L 的计算公式为

$$\begin{aligned}V_L&=\frac{4}{3}R^3\{^3F\int_0^{\frac{\pi}{2}}\cos^2\phi\sqrt{(1-F)+F\cos^2\phi}\,d\phi+\int_0^{\frac{\pi}{2}}[(1-F)+F\cos^3\phi]^{\frac{3}{2}}d\phi\tan\phi_r\}\\&=f_LR^3\tan\phi_r\end{aligned} \tag{5-57}$$

式中 R——圆筒形料仓的内径；

ϕ——粉体在该料仓内形成的安息角；

f_L——容积损失系数，其值按图 5-40 查出；

F——$F=(1-\frac{a}{R})^2$。

棱柱形料仓的容积损失 V_L 的计算公式为

$$\begin{aligned}V_L&=\frac{1}{6}L^3\{2\beta\sqrt{(1+\beta^2)}+\beta^2\ln[(1+\frac{\sqrt{(1+\beta^2)}}{\beta}]+\ln(\beta+\sqrt{(1+\beta^2)})\tan\phi_r\}\\&=f_LL^3\tan\phi_r\end{aligned} \tag{5-58}$$

式中 L——棱柱形料仓的长边长；

b——棱柱形料仓的短边长；

β——$\beta=b/L$；

其他符号意义同前。

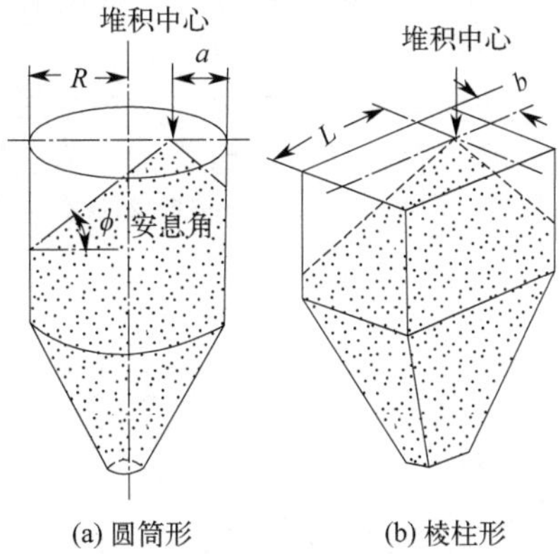

图 5-39　料仓的容积

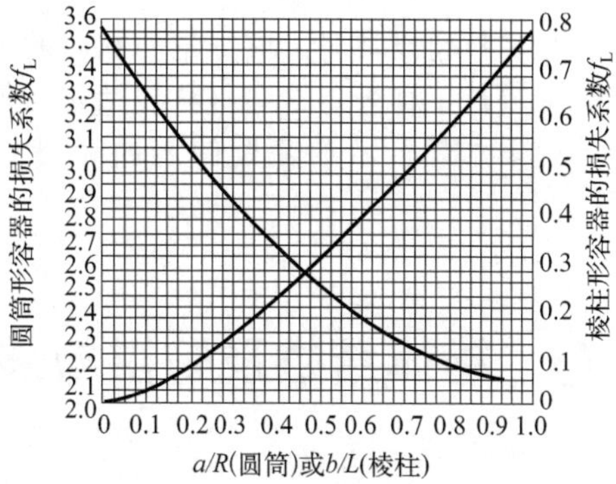

图 5-40　确定料仓的容积损失系数图

（2）料仓的几何容积

圆筒形料仓的几何容积 V 为圆柱体的容积与平截圆锥体的容积之和，可按下式计算

$$V=\frac{\pi}{4}D^2h_1+\frac{\pi}{12}h(D^2+hD+d^2) \tag{5-59}$$

棱柱形料仓的几何容积为正平行六面体的容积与平截四棱锥体的容积之和，计算公式为

$$V=abh_1+\frac{h}{6}(2a_1b_1+ab_1+2ab) \tag{5-60}$$

（3）料仓的储存量

料仓的有效容积和几何容积的比值称为有效系数。

$$\varphi=\frac{V}{V_R} \tag{5-61}$$

式中　φ——料仓的有效系数，其值为 0.75～0.85。

料仓的有效系数 φ 随粉体物料的安息角的大小和装料情况不同而有所差别。对于同一物料，两点装料时的装料量比一点装料时多，通常有一点、两点和四点装料。

料仓的储存量可按下式计算

$$Q=V\varphi\gamma \tag{5-62}$$

式中　Q——料仓的储存量；

γ——粉体物料容积密度。

5.5.2　料仓的卸料口径

整体流料仓中的料斗必须足够陡峭，使粉体物料能沿斗壁流动，而且开口也要足够大以防止形成料拱。另外，任何卸料装置都必须在全开的卸料口上均匀卸料，如果供料机或连续溜槽使颗粒的流动偏向于出料口的一侧，那么就会破坏整体流的模式，而形成漏斗流。

由图 5-41 可知，结拱的临界条件为 $FF=ff$，即 $\bar{\sigma}_1=f_c$。而形成整体流动的条件为 $FF>ff$，即 $f_c<\bar{\sigma}_1$。如以 $f_{c\,crit}$ 表示结拱时的临界开放屈服强度，则可写成

$$\bar{\sigma}_1=f_{c\,crit} \tag{5-63}$$

将式(5-63) 代入式(5-53)，即得料斗开口孔径为

$$B>\frac{f_{c\,crit}H(\theta)}{\rho_B} \tag{5-64}$$

由前述的内容可知，流动函数 FF 越大，粉体的流动性越好，它与粉体的有效内摩擦角 δ 有关；而流动因数 ff 越小，粉体在流动通道的流动性或料斗的流动性越好。流动因数又是壁

面摩擦角 ϕ' 和料斗半顶角 θ 的函数。壁面摩擦角 ϕ' 越小，料斗半顶角 θ 越小，料斗的流动性越好。

因此在料仓设计时，应尽量使料斗的半顶角小些，但这会增加料仓的高度。料斗用材料的壁摩擦系数越小越好。这些材料包括聚四氟乙烯塑料、玻璃、各种环氧树脂涂料、不锈钢和超高分子量聚乙烯。若料斗壁的表面光滑，可以适当增大料斗半顶角，从而降低整个料斗的高度。

5.6 粉体结拱及防拱与破拱措施

粉体物料在料仓内储存一定时间后，由于受粉体附着力、摩擦力的作用，在某一料层可能产生向上的支持力。该支持力与料层上方物料的压力达到平衡时，在此料层的下方便处于静平衡状态，发生结拱现象，如图 5-41 所示。另外，仓内空气温度、湿度的变化会造成粉体固结甚至黏附在筒壁上，也容易形成结拱。粉体在料仓内结拱会影响料仓卸料的连续性，结拱严重时会导致卸料困难，甚至卸料中断。结拱现象有时也称为棚料、架仓或架桥。

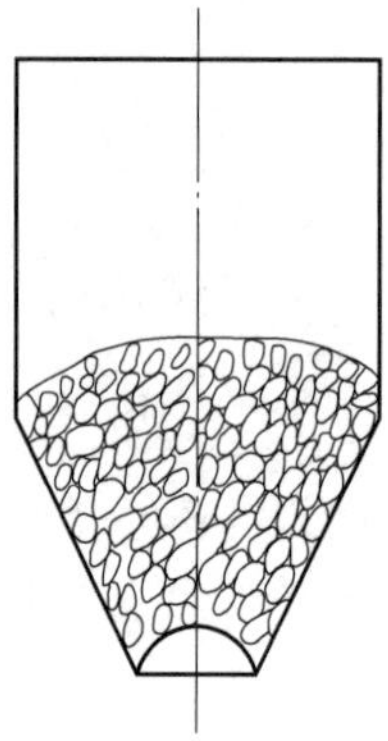

图 5-41 粉体在料仓内结拱

在生产实践中，粉体在料仓内的结拱现象时有发生，给操作带来不应有的麻烦。因此，了解和熟悉粉体结拱的产生原因、结拱类型和防拱、破拱措施是非常有必要的。

5.6.1 结拱产生的原因

结拱产生的原因一般有以下四种。

① 粉体的内摩擦力和内聚力使之产生剪切应力并形成一定的整体强度，阻碍颗粒位移，致使流动性变差。

② 外摩擦力粉体与筒仓内壁间的摩擦力。该摩擦力与筒仓壁粗糙程度、锥体部分倾角的大小有关，粗糙度越大、倾角越小，则外摩擦力就越大，越易结拱。

③ 外界空气的湿度、温度的作用使粉体的内聚力增大、流动性变差、固结性增强，导致出现拱塞的可能性增大。

④ 筒仓卸料口的水力半径减小使筒仓内粉体的芯流截面变小，则易产生拱塞。

5.6.2 结拱类型

粉体料仓结拱的类型一般有如下四种。

① 压缩拱　粉体因受到仓壁压力的作用，使固结强度增加而导致起拱。

② 楔形拱　颗粒状物料因相互啮合达到力平衡状态所形成的料拱。

③ 黏结黏附拱　黏结性强的物料在含水、吸潮或静电作用下增强了物料与仓壁的黏附力所形成的料拱。

④ 气压平衡拱　料仓回转卸料器因气密性差，导致空气进入料仓，当上下气压达到平衡时所形成的料拱。

5.6.3 防拱及破拱措施

（1）正确设计料仓的几何结构　加大筒仓锥体部分的倾角，使之大于粉体与筒仓的壁摩擦角，可减小粉体的壁摩擦力，有助于粉体流动。但增大倾角会使筒仓高度增加或容量减小，故一般取 55°～65°。

对于锥形料仓，底锥母线为直线，底锥横截面收缩率 K 可按下式计算

$$K=\frac{A_{i+1}-A_i}{A_i} \tag{5-65}$$

式中 A_i——直径为 D_i 处的横截面面积。

这种锥形料仓的截面收缩率自上而下逐渐增大，使向下流动的粉体越接近出口处受横向挤压越密实，形成一定强度后越易起拱。为了使 K 值沿母线保持一致，母线应符合曲线 $y=\log_a x$ 的关系。近年来，曲线料仓技术得到了发展和应用。图 5-42 所示的近似曲线料仓，母线上的点(a,1,…,b)均在理想曲线 $y=\log_a x$ 上，整个底锥的收缩率 K 基本一致，从而可消除由于局部 K 值过大而造成的“卡脖子”现象。图 5-43 为双曲线形锥斗料仓示意。

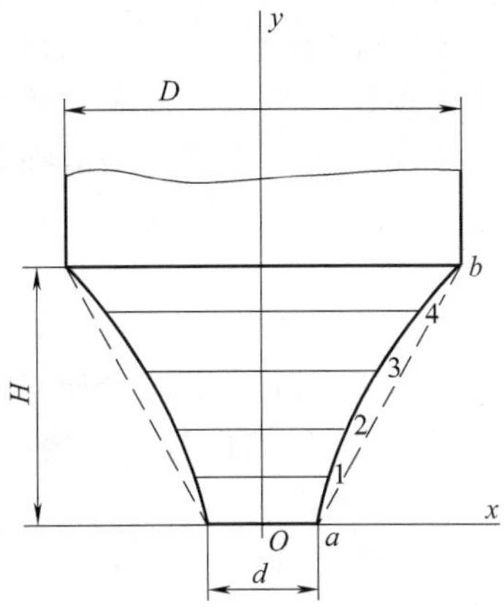

图 5-42 曲线料仓

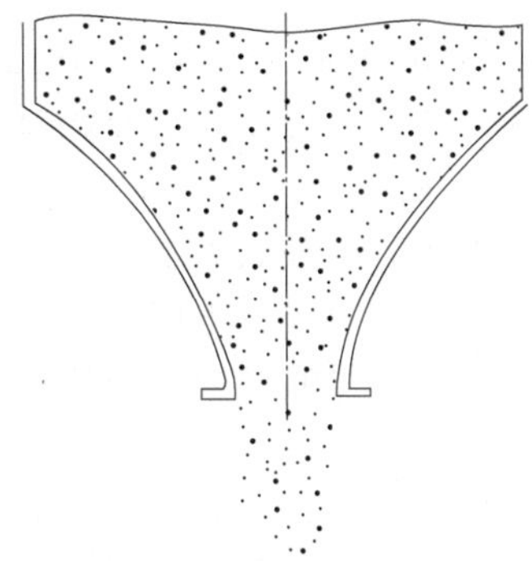

图 5-43 双曲线形锥斗料仓示意

双曲线形锥斗料仓的特点是在锥斗内斗壁对物料的摩擦阻力不随物料深度的变化而明显增加，因而出料速度快、连续、均匀。实验证明，同等条件下，曲线料仓的出料流速明显快于直线料仓。

(2) 提高料仓内壁的平滑度 正确选择料仓内壁材料是提高料仓内壁的平滑度、减小壁摩擦系数的有效途径。选择合适的料仓内壁材料可以有效预防结拱。料仓内壁表面材料越光滑，物料与料仓的摩擦力就越小，阻力也就越小，因而物料越容易流动，从而一定程度上抑制结拱。因此，在满足强度的前提下，应尽可能在仓体内层铺设不锈钢、高分子材料、陶瓷板、铸石板等，以降低料仓壁面的摩擦系数。超高分子量聚乙烯板作为料仓衬里，其耐磨性好、自润滑性能好、抗冲击强度大，这些特点可以降低材料与料仓内壁表面之间的滑动阻力，从而起到防拱作用。但应注意，这种材料耐高温性能较差，且不宜用于高温场合。用钢板建造的料仓，壁摩擦系数低，有利于物料滑动和排出，还可避免一些磨蚀性物料对仓壁的磨蚀作用。根据储存物的不同，可选择金属衬板、铸石衬板、碳化硅混凝土衬板、聚四氟乙烯树脂板、铬合金铸铁衬板、硬质面砖和特殊的橡胶衬板等。

(3) 气动破拱 气动破拱即通过压缩空气的冲击来破坏拱形平衡以达到破拱的目的。常见方法有：①在仓体锥部距出料口约 1/3 处锥体周围安装几个喷嘴，通过气源加压向里吹气；②在锥体靠近出料口附近敷设若干块多孔板，从这些细小孔喷进压缩气体；③在锥体内部易起拱处设置气囊——空气炮，通过气囊的膨胀和收缩来破坏拱塞处的剪切力平衡。

气动破拱的特点是简单方便、比较经济实惠，效果较明显，是常用的一种措施。但在空气潮湿的季节或地区吹进的气体会使物料冷却而结块，导致给料不均，影响计量。其次，在吹管附近还易形成黏结层；破拱效果不太明显，故在气路中应添加油水分离器；以阻止水分进入筒仓。

（4）振动破拱　振动破拱是指通过振动使粉体内摩擦系数减小、抗剪强度降低，从而破坏拱状结构。常见方法有：①在锥体易起拱处设置一个振动器，通过其振动达到破拱的目的；②在锥体上设置一个行程很小的气缸，利用气缸端部安置的平板来击打筒壁，使拱形得以破坏。

振动破拱的特点是简单方便、易于控制振动频率，破拱有一定效果。但振动后的粉体在静放长时间后可能失效、振密，甚至结块堵塞料门；同时，振动产生噪声较大，对仓壁有所破坏，而且振动能量容易被锥体的钢板所吸收，有效利用率不高。

（5）机械破拱　机械破拱的种类很多，基本原理均为通过机械在粉体拱塞处的强制运动来克服其内聚力，破坏拱形平衡，是效果明显的一种破拱措施。

机械破拱的特点：① 将机构设置在起拱要害部位，便于能量集中，达到最佳效果，由于料仓锥部粉体受压最大，密实度也最大，粉体在空气潮湿、高温等条件的影响下易起拱，故将机构置于此处为宜；② 强制性直接作用于拱塞处，破坏粉体摩擦剪力（或剪切力）的平衡；③ 连续性往复剪切运动保证破坏拱形平衡的效果，有利于实现均匀给料、提高粉体的计量精度；④ 由于所需运动部件较多，成本造价较高，更兼在粉体内动作的零部件易磨损，维修和排除故障比较困难，故在耐磨性和可靠性方面尚有待提高。

此外，对于不同类型的结拱，其防拱措施也不尽相同。

对于压缩拱，可采取以下措施：①通过增加卸料口尺寸，减小斗顶角来改善料斗几何形状；②减少料仓间隔或者采用改流体来降低粉体压力；③改善仓壁材料以减小仓壁摩擦阻力。

对于楔形拱，可通过增大卸料口尺寸，减小斗顶角或者采用非对称性料斗（偏心卸料口）来改善料斗几何形状。

对于黏性黏附拱，采取防潮或消除静电方法可有效减小仓壁摩擦阻力；易吸水的物料存放要注意防潮；在料仓以及防爆和排气装置上设置静电接地板可消除静电。

对于气压平衡拱，常采用的方法为：①通过采用非对称性料斗来改善料斗几何形状；②通过采取排气措施来减小仓壁摩擦阻力。

5.7 粉体储存和流动时的偏析

粉体颗粒在运动、成堆或从料仓中排料时，由于粒径、颗粒密度、颗粒形状、表面性状等差异，粉体层的组成呈不均质的现象称为偏析。偏析现象在粒度分布范围宽的自由流动颗粒粉体物料中经常发生。黏性粉料在处理中一般不会偏析，但包含黏性和非黏性两种成分的粉料可能发生偏析。粉体的颗粒粒度、颗粒密度、颗粒形状、颗粒弹性变形、颗粒的安息角和颗粒的黏度等都会影响粉体的偏析。

5.7.1 粉体偏析的机理

导致非黏性颗粒偏析的机理包括如下几方面。

（1）细颗粒的渗漏作用　细颗粒在流动期间自身重新排列时，可能通过较大颗粒的空隙渗漏。

料仓加料阶段发生的表面渗漏是一个众所周知的例子，如图 5-44(a) 所示。撞到料堆上的颗粒形成一薄层快速移动的物料，在移动层内，较细的颗粒渗透到下面的静止料层并固定在某个适当的位置，无法渗入的大颗粒继续滚动或滑移到料堆外围。这时流动颗粒层具有筛选中的过筛作用。

料仓卸料时，再次发生颗粒的重新排列。在整体流料仓中，重新混合发生在偏析物料离开垂直部分，并进入整体流料斗过程中，如图 5-44(b) 所示，在料斗中会发生细颗粒部分与粗颗粒部分的混合。

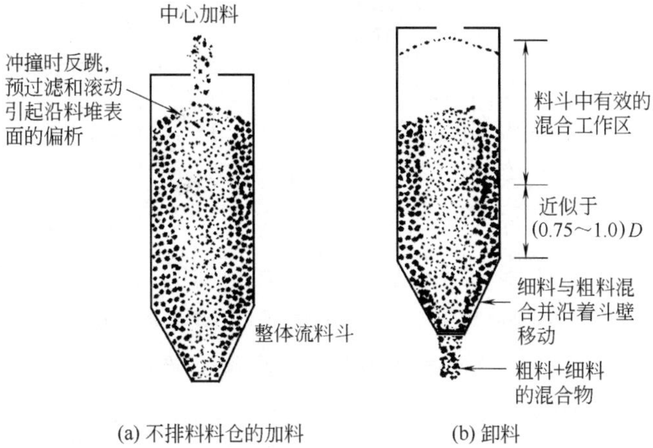

图 5-44 整体流动中典型的偏析与混合

对于漏斗流料仓，其在加料期间会形成一个由较细颗粒组成的中央料芯。然而，出料斗的物料混合比可能发生了变化。料斗卸空时，最后排出料斗的物料是最粗的。

输送过程中，颗粒混合物受到振动或搅拌时，也会发生渗漏。这种影响可以在振动输送和斜槽中以及在采用振动助流的小型料斗中发生。

(2) 振动 在振动槽里的大颗粒由于振动力的作用，会上升到粉体层的表面上来。振动槽的每一次垂直运动都会使细颗粒运动到大颗粒的下面。当细料累积并密集时，它就能支托住大颗粒，使之上升到表面。存储料仓通常不会受到很强的振动，因此不会引起偏析，但是小型的喂料料斗和斜槽却容易产生偏析。

(3) 颗粒的下落轨迹 从输送机或斜槽上抛落到料堆的物料在冲撞前，由于颗粒的粒度和密度不同可能会产生偏析，有时也因为空气的拖带作用而引起偏析。如果物料有偏析的倾向，根据前面已经讲述过的机理，偏析已经发生在进料输送机或斜槽上，而卸料的轨迹只起到维持这种偏析状态的作用，如图 5-45 所示。

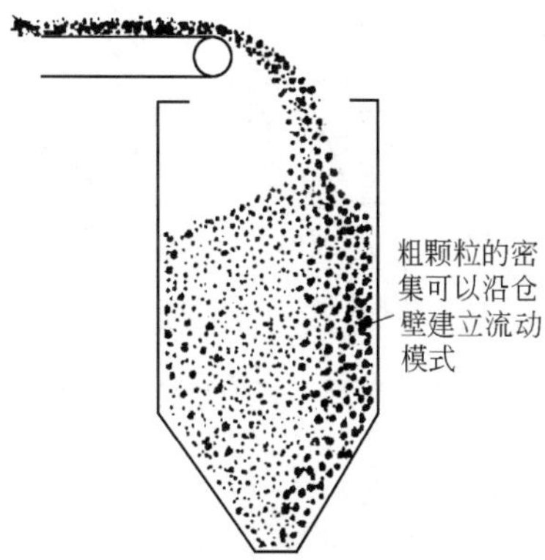

图 5-45 抛射分离

(4) 料堆上的冲撞 大的粗颗粒冲撞到料堆上，势必在较小的颗粒上滚动或滑动，使之集中于外面。弹性好的、较大的颗粒势必反弹，集中于料堆外围；弹性差、较小的颗粒势必向中心集中。

(5) 安息角的影响 粒度均匀，安息角不同的颗粒状混合物料倾倒在料堆上时，安息角较大的颗粒往往会集中在料堆的中心。

5.7.2 防止偏析的方法

在加料时，应采取某些能使输入物料重新分布和能改变内部流动模式的方法。已经采取将输入物料撒布到料堆上的方法，包括活动加料管[如图 5-46 (a)所示]和多头加料管[如图 5-46 (b)所示]。活动加料管由一个固定的偏转装置和一个料流喷管组成。

在卸料时，通过改变流动模式以减少偏析的装置，从本质上讲，其设计是尽可能地模仿整体流。在料斗卸料口上方装一个改流体可以拓宽流动通道，有助于重新混合，如图 5-47(a) 所示。也有使用多通道卸料管的，如图 5-47(b) 所示。其原理是从不同的偏析区收取物料，并在卸料处把它们重新混合。具有计量辊筒减少偏析的装置如图 5-48 所示。

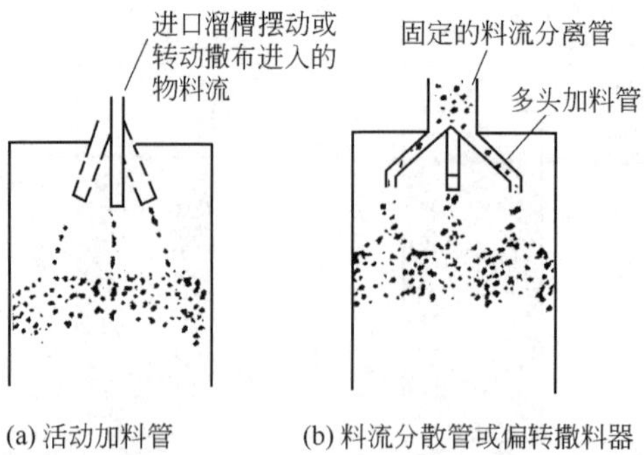

(a) 活动加料管　(b) 料流分散管或偏转撒料器

图 5-46　料仓加料时减少偏析装置

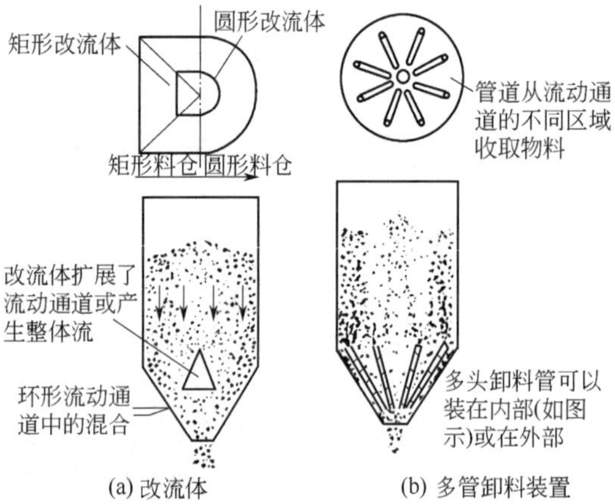

(a) 改流体　(b) 多管卸料装置

图 5-47　卸料助混装置

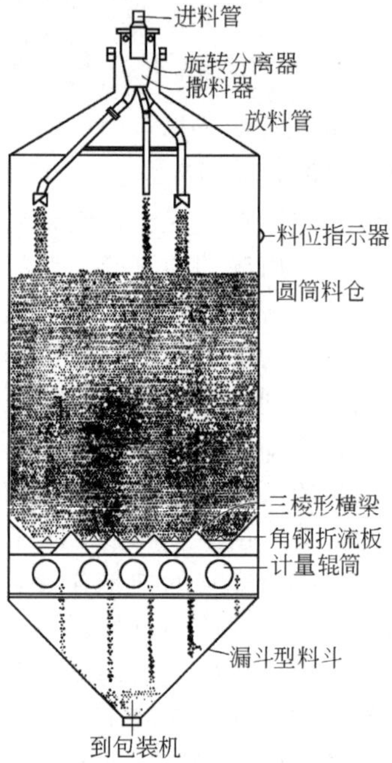

图 5-48　计量辊筒装置

第6章 粉碎过程及设备

6.1 粉碎的基本概念

6.1.1 粉碎

固体物料在外力作用下克服其内聚力使之破碎的过程称为粉碎。

因处理物料的尺寸大小不同，可大致上将粉碎分为破碎过程和粉磨过程：使大块物料碎裂成小块物料的加工过程称为破碎；使小块物料碎裂成细粉末状物料的加工过程称为粉磨。相应的机械设备分别称为破碎机械和粉磨机械。破碎和粉磨大致可按如下界定。

- 粉碎
  - 破碎
    - 粗碎——将物料破碎至100mm左右
    - 中碎——将物料破碎至30mm左右
    - 细碎——将物料破碎至3mm左右
  - 粉磨
    - 粗磨——将物料粉磨至0.1mm左右
    - 细磨——将物料粉磨至60μm左右
    - 超细磨——将物料粉磨至5μm或更小

6.1.2 粉碎比

为了评价粉碎机械的粉碎效果，常用粉碎比的概念。

物料粉碎前的平均粒径 D 与粉碎后的平均粒径 d 之比称为平均粉碎比，用符号 i 表示。数学表达式为

$$i=D/d \tag{6-1}$$

平均粉碎比是衡量物料粉碎前后粒度变化程度的一个指标，也是粉碎设备性能的评价指标之一。对破碎机而言，为了简单地表示和比较这一特性，可用其允许的最大进料口尺寸与最大出料口尺寸之比（称为公称粉碎比）作为粉碎比。因实际破碎时加入的物料尺寸总小于最大进料口尺寸，故破碎机的平均粉碎比一般都小于公称粉碎比，前者约为后者的70%～90%。

粉碎比与比电耗（单位质量粉碎产品的能量消耗）是粉碎机械的重要技术和经济指标，后者用以衡量粉碎作业动力消耗的经济性；前者用以说明粉碎过程的特征及粉碎质量。当两台粉碎机粉碎同一物料且比电耗相同时，粉碎比大者工作效果好。因此，鉴别粉碎机的性能要同时考虑其比电耗和粉碎比的大小。

各种粉碎机械的粉碎比大都有一定限度，且大小各异。一般地，破碎机械的粉碎比为3～100；粉磨机械的粉碎比为500～1000或更大。

6.1.3 粉碎级数

由于粉碎机的粉碎比有限，生产上要求的物料粉碎比往往远大于单一设备的粉碎比，因而有时需用两台或多台粉碎机串联起来进行粉碎。几台粉碎机串联起来的粉碎过程称为多级粉碎；串联的粉碎机台数称为粉碎级数。在此情形下，原料粒度与最终粉碎产品的粒度之比称为总粉碎比。若串联的各级粉碎机的粉碎比分别为 i_1，i_2，…，i_n，总粉碎比为 i_0，则有

$$i_0 = i_1 i_2 \cdots i_n \tag{6-2}$$

即多级粉碎的总粉碎比为各级粉碎机的粉碎比之乘积。

若已知粉碎机的粉碎比，则可根据总粉碎比要求确定合适的粉碎级数。由于粉碎级数增多将会使粉碎流程复杂化，设备检修工作量增大，因而在能够满足生产要求的前提下理所当然地应该选择粉碎级数较少的简单流程。

6.1.4 粉碎产品的粒度特性

物料经粉碎或粉磨后成为多种粒度的集合体，通常采用筛析方法或其他方法将其按粒度区间分为若干粒级来考察其粒度分布情况。根据测得的粒度分布数据，分别以横、纵坐标表示粒度、累积筛余（或筛下）百分数，可绘出粒度分布特性曲线，如图 6-1 所示。借助于该特性曲线可清楚地反映粒度分布情况。图中曲线 1 呈凹形，表明粉碎产品中含较多细粒级物料；凸形曲线 3 则说明产品中粗级物料较多；直线 2 表明物料粒度是均匀分布的。

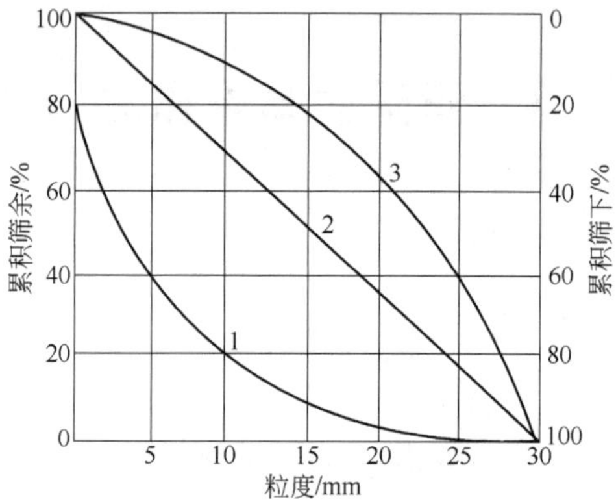

图 6-1　粒度分布特性曲线

粒度分布曲线不仅可以用于计算不同粒级物料的含量，还可将不同粉碎机械粉碎同一物料所得的曲线进行比较，以判断它们的工作情况。

6.2 与粉碎相关的物料物性

6.2.1 强度

材料的强度是指其对外力的抵抗能力，通常以材料破坏时单位面积上所受的力（单位为 N/m^2 或 Pa）来表示。按受力破坏的方式不同，可分为压缩强度、拉伸强度、扭曲强度、弯曲强度和剪切强度等；按材料内部的均匀性和有无缺陷分为理论强度和实际强度。

6.2.1.1 理论强度

不含任何缺陷的完全均质材料的强度称为理论强度。它相当于原子、离子或分子间的结合力。由离子间库仑引力形成的离子键和由原子间相互作用力形成的共价键的结合力最大，为最强的键，键强一般为 1000～4000kJ/mol；金属键次之，约为 100～800kJ/mol；氢键结合能约为 20～30kJ/mol；范德瓦耳斯键强度最低，其结合能仅为 0.4～4.2kJ/mol。一般来说，原子或分子间的作用力随其间距而变化，并在一定距离处保持平衡，而理论强度即是破坏这一平衡所需要的能量，可通过能量计算求得。理论强度的计算式如下

$$\sigma_{th} = \left(\frac{\gamma E}{a}\right)^{1/2} \tag{6-3}$$

式中　γ——表面能；

　　　E——弹性模量；

a——晶格常数。

6.2.1.2 实际强度

完全均质的材料所受应力达到其理论强度时，所有原子或分子间的结合键将同时发生破坏，整个材料将分散为原子或分子单元。然而，实际上，几乎所有材料破坏时都分裂成大小不一的块状，这说明质点间结合的牢固程度并不相同，即存在着某些结合相对薄弱的局部，在受力尚未达到理论强度之前，已达到其极限强度，材料已发生破坏。因此，材料的实际强度或实测强度往往远低于其理论强度。一般而言，实测强度约为理论强度的 1/100～1/1000。由表 6-1 中的数据可以看出二者的差异。

表 6-1 材料的理论强度和实测强度

材料名称	理论强度/GPa	实测强度/MPa
金刚石	200	约 1800
石墨	1.4	约 15
钨	96	3000(拉伸的硬丝)
铁	40	2000(高张力用钢丝)
氧化镁	37	100
氧化钠	4.3	约 10
石英玻璃	16	50

当然，材料的实测强度大小与测定条件有关，如试样的尺寸、加载速度及测定时材料所处的介质环境等。对于同一材料，小尺寸时的实测强度要比大尺寸时来得大；加载速度大时测得的强度也较高；同一材料在空气中和在水中的测定强度也不相同，如硅石在水中的抗张强度比在空气中减小 12%，长石在相同的情形下减小 28%。

6.2.2 硬度

硬度表示材料抵抗其他物体刻划或压入其表面的能力，也可理解为在固体表面产生局部变形所需的能量。这一能量与材料内部化学键强度以及配位数等有关。

硬度的测定方法有刻划法、压入法、弹子回跳法及磨蚀法等，相应地，有莫氏（Mohs）硬度（刻划法）、布氏硬度、韦氏硬度和史氏硬度（压入法）及肖氏硬度（弹子回跳法）等。硬度的表示随测定方法而不同，一般无机非金属材料的硬度常用莫氏硬度来表示。材料的莫氏硬度分为 10 个级别，硬度值越大意味着其硬度越高。表 6-2 列出了典型矿物的莫氏硬度值。

表 6-2 典型矿物的莫氏硬度值

矿物名称	莫氏硬度	晶格能/(kJ/mol)	表面能/(erg/cm^2)
滑石	1	—	—
石膏	2	620×4.186	40
方解石	3	648×4.186	80
萤石	4	638×4.186	150
磷灰石	5	1050×4.186	190
长石	6	2700×4.186	360
石英	7	2990×4.186	780
黄晶	8	3434×4.186	1080
刚玉	9	3740×4.186	1550
金刚石	10	4000×4.186	—

注：$1erg/cm^2=10^{-3}J/m^2$。

虽然各种硬度测定方法有所不同，但它们都是物料变形及破坏的反映，因而用不同方法测得的各种硬度有互相换算的可能。例如，莫氏硬度每增加一级，压入硬度约增加 60%。

硬度还与晶体的结构有关。离子或原子越小，离子电荷或电价越大，晶体的构造质点堆积密度越大，其平均刻划硬度和研磨硬度也越大。因为如此构造的晶体有较大的晶格能，刻入或磨蚀都较困难。同一晶体的不同晶面甚至同一晶面的不同方向的硬度也有差异，因为硬度决定于内部质点的键合情况。金刚石之所以极硬，是由于其碳原子的价数高而体积小。因此，虽然其构造质点在晶格内的堆积密度较小，但其硬度却异常大。

硬度可作为材料耐磨性的间接评价指标，即硬度值越大者，通常其耐磨性能也越好。

由上述可知，强度和硬度二者的意义虽然不同，但本质上却是相同的，皆与内部质点的键合情况有关。有人认为，材料抗研磨应力的阻力和拉力强度之间有一定的关系，并主张用研磨强度代替磨蚀硬度。事实上，破碎愈硬的物料也像破碎强度愈大的物料一样，需要愈多的能量，如图 6-2 所示。

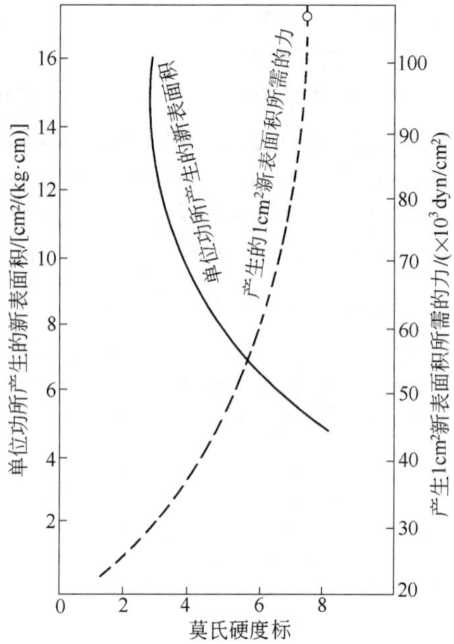

图 6-2　硬度与破碎功和破碎力的关系

注：1dyn=10^{-5}N

6.2.3　易碎（磨）性

仅用强度或硬度尚不足以全面精确地表示材料粉碎的难易程度，因为粉碎过程除决定于材料物性外，还受物料粒度、粉碎方式（粉碎设备和粉碎工艺）等诸多因素的影响。因此，引入易碎（磨）性概念。所谓易碎（磨）性即在一定粉碎条件下，将物料从一定粒度粉碎至某一指定粒度所需的比功耗——单位质量物料从一定粒度粉碎至某一指定粒度所需的能量，或施加一定能量能使一定物料达到的粉碎细度。材料的易碎性有许多测定方法，这里介绍 Bond 粉碎功指数测定方法——《水泥原料易磨性试验方法（邦德法）》（GB/T 26567—2011），试验过程如下。

（1）试验用磨机　ϕ305mm×305mm 球磨机，可控制转数。

（2）试验用研磨介质　采用 JIS B1501（滚珠轴承用钢珠）规定的普通级滚珠轴承用钢珠，其级配见表 6-3。

表 6-3　Bond 磨钢球级配

球径/mm	个数	球径/mm	个数
36.5	43	19.1	71
30.2	67	15.9	94
25.4	10	总计	285

（3）试验方法

① 将试验原料处理至全部通过 3360μm 方孔筛。

② 向磨内装入按上述方法制备的物料 700cm^3，以 70r/min 的转速粉碎一定时间后将粉碎产物按规定筛目 D_{p1}(μm) 进行筛分，记录筛余量 W(g) 和筛下量（Wp$-W$），求出磨机每一转的筛下量 G_{bp}。

③ 取与筛下量质量相等的新试料与筛余量 W 混合作为新物料入磨，磨机转数按保持循环负荷率为 250%计算。反复该操作直至循环负荷率为 250%时达到稳定的 G_{bp} 值为止。

④ 求出最后三次 G_{bp} 的平均值$\bar{G}_{bp}$，并要求 G_{bp} 最大值与最小值的差小于$\bar{G}_{bp}$ 的 3%。该 $\bar{G}_{bp}$ 即为易碎性值。

⑤ 以 D_{F80}（μm）表示试料 80%通过量的筛孔径，D_{p80}（μm）表示产品通过量为 80%的筛孔孔径，按下式计算 Bond 粉碎功指数 W_i

$$W_i=\frac{44.5}{D_{p1}^{0.23}\times\overline{G}_{bp}^{0.82}\left(\frac{10}{\sqrt{D_{p80}}}-\frac{10}{\sqrt{D_{F80}}}\right)}\times1.10\quad(kW\cdot h)\tag{6-4}$$

显然，所得的 W_i 值越小，则物料的易碎性越好；反之亦然。

6.3 材料的粉碎机理

6.3.1 Griffith 强度理论

Griffith 指出，固体材料内部的质点实际上分布不均匀，存在着许多微裂纹。当材料受拉时，这些微裂纹会逐渐扩展，于其尖端附近产生高度的应力集中，结果使裂纹进一步扩展，直至使材料破坏。设裂纹扩展时，其表面积增加 ΔS，令比表面能为 γ，则表面能增加 $\gamma\Delta S$，此时其附近约一个原子距离 a 之内的形变能为 $(\sigma^2/2E)a\Delta S$，裂纹扩展所需的能量即由此所储存的变形能所提供。根据热力学第二定律，裂纹扩展的条件是

$$\frac{\sigma^2}{2E}\times a\Delta S\geqslant\gamma\Delta S$$

其临界条件是

$$\sigma=\sqrt{\frac{2E\gamma}{a}}\tag{6-5}$$

式中，E 为弹性模量，对于玻璃、大理石和石英等材料，E 为 $10^{10}\sim10^{11}$Pa；γ 为 $0.1\sim1J/m^2$；a 约为 3×10^{-6}m 数量级；于是 σ 约为 10^{10}Pa，但实际强度仅为 $10^7\sim10^8$Pa，即实际强度为理论强度的 1/1000～1/100。

用平板玻璃进行的拉伸试验发现，试体表面有一极窄的长轴长度为 2cm 的椭圆形微裂纹，按垂直于平板中椭圆孔长轴作纯拉伸推算，在裂纹被拉开的瞬间，试件单位厚度所储存的弹性变形能为 $\pi c^2\sigma^2/E$。根据裂纹扩展的临界条件，实际断裂强度为

$$R=\left(\frac{2\gamma E}{\pi c}\right)^{\frac{1}{2}}\tag{6-6}$$

式中，c 为裂纹长度。由此可知，若裂纹长度为 $1\mu m$，则强度降低至理论强度的 1/100。

根据 Griffith 裂纹学说，还可以进一步认为，在材料粉碎过程中，虽然未发生宏观破坏，但实际上内部已存在的微裂纹会不断“长大”，同时也会生成许多新的微裂纹。这些裂纹的不断生成和长大，使得材料的粉碎在一定范围内不断进行。

应该指出，Griffith 强度理论的基础是无限小变形的弹性理论，故它只适用于脆性材料，而不能用于变形大的弹性体（如橡胶等）。

6.3.2 断裂

材料的断裂和破坏实质上是在应力作用下达到其极限应变的结果。从测定材料的应力-应变关系可得图 6-3 所示的两种典型曲线，它们分别表示两种材料。

图 6-3（a）表明，在应力达到其弹性极限时，材料即发生破坏，无塑性变形出现。这类材料称为脆性材料，其破坏所需要的功等于应力应变曲线下所包围的面积或近似地等于弹性范围内的变形能。脆性材料的重要力学特征是弹性模量 E——应力增量与应变增量的比值。在弹性范围内，该比值基本上为一常数，可用应力-应变曲线的斜率表示

$$E=\sigma/\varepsilon\tag{6-7}$$

实际上，矿物材料的应力-应变关系并不严格符合胡克定律，其应力、应变和弹性模量三者之间的关系为

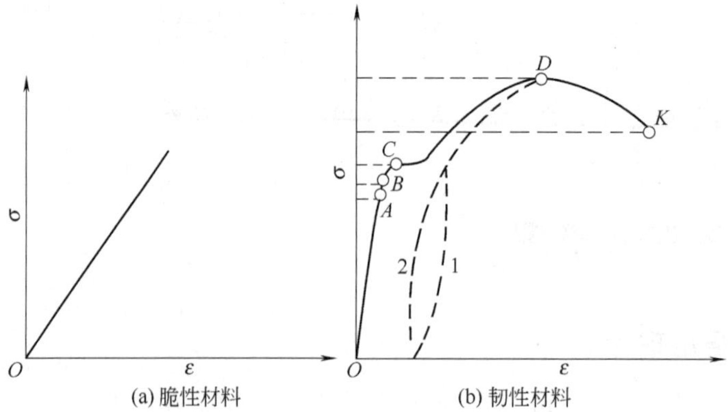

图 6-3　应力-应变曲线

$$E=\sigma^{m}/\varepsilon \tag{6-8}$$

式中，指数 m 值与材料有关，如花岗岩的 m 值为 1.13。此外，加载速度增大时，m 值趋于 1。一般矿物的弹性模量多为 10^{10} Pa 数量级。

韧性材料的应力-应变曲线如图 6-3（b）所示。当应力略高于弹性极限 A，并达到屈服极限 C 时，尽管应力不增大，应变依然会增大，但此时材料并未破坏。屈服点以后的变形是塑性变形，即不可恢复变形。当应力达到断裂强度 D 时，材料即破坏。

6.3.3　粉碎方式及粉碎模型

固体材料在机械力作用下由块状物料变为粒状或由粒状变为粉状的过程均属于粉碎范畴。由于物料的性质以及要求的粉碎细度不同，粉碎的方式也不同。按施加外力作用方式的不同，物料粉碎一般通过挤压、冲击、磨削和劈裂几种方式进行，各种粉碎设备的工作原理也多以这几种原理为主。按粉碎过程所处的环境可分为干式粉碎和湿式粉碎；按粉碎工艺可分为开路粉碎和闭路粉碎；按粉碎产品细度又可分为一般细度粉碎和超细粉碎。

6.3.3.1 粉碎方式

如图 6-4 所示，基本的粉碎方式有挤压粉碎、挤压-剪切粉碎、冲击粉碎、研磨和磨削粉碎等。

（1）挤压粉碎　挤压粉碎是粉碎设备的工作部件对物料施加挤压作用，物料在压力作用下发生的粉碎。挤压磨、颚式破碎机等均属此类粉碎设备。

物料在两个工作面之间受到相对缓慢的压力而被破碎。因为压力作用较缓慢和均匀，故物料粉碎过程较均匀。此方法通常多用于物料的粗碎。当然，近年来发展的细颚式破碎机也可将物料破碎至几毫米以下。另外，挤压磨出磨物料有时会呈片状，故常作为细粉磨前的预粉碎设备。

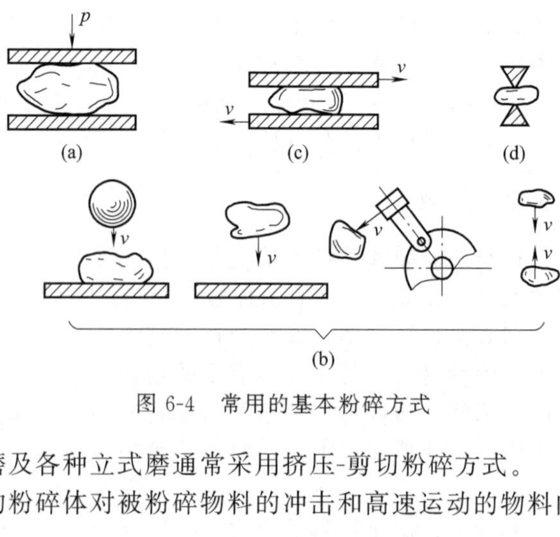

图 6-4　常用的基本粉碎方式

（2）挤压-剪切粉碎　这是挤压和剪切两种基本粉碎方法相结合的粉碎方式，雷蒙磨及各种立式磨通常采用挤压-剪切粉碎方式。

（3）冲击粉碎　冲击粉碎包括高速运动的粉碎体对被粉碎物料的冲击和高速运动的物料向固定壁或靶的冲击。

这种粉碎过程可在较短时间内发生多次冲击碰撞，每次冲击碰撞是在瞬间完成的，所以粉碎体与被粉碎物料的动量交换非常迅速。

实际上，随着颗粒尺寸的减小，其内部缺陷也减少，因而冲击粉碎速度应增大。但是从能量利用的角度来看，并非冲击速度越大越好。不同的物料在不同粒度时均存在一个最佳冲击速度，即在此冲击速度下能量利用率最高。图 6-5 表示了比能耗与冲击速度的关系，图 6-6 表示了石灰石冲击粉碎时能量利用率与冲击速度间的关系。

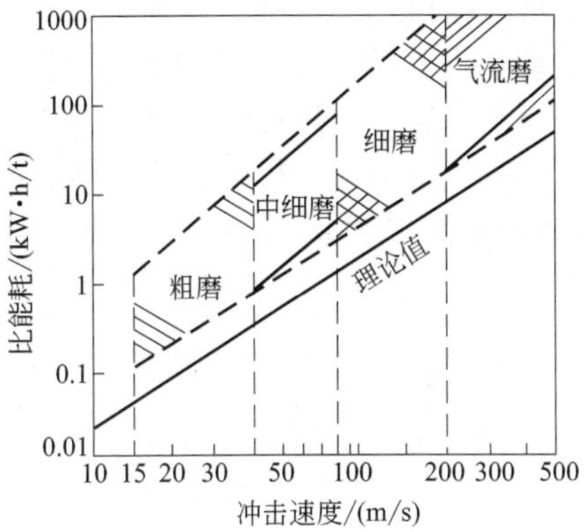

图 6-5 比能耗与冲击速度的关系

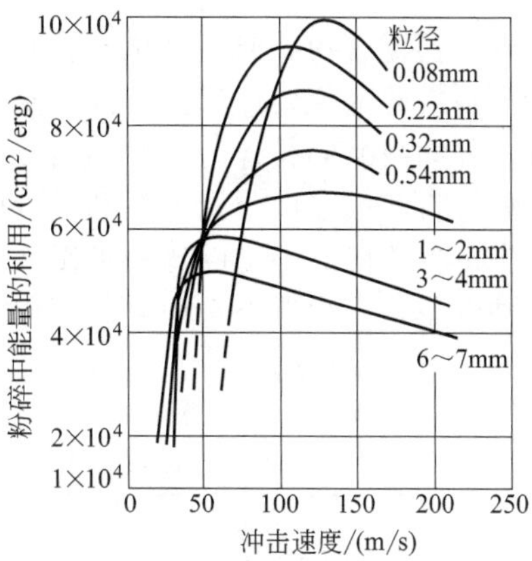

图 6-6 能量利用率与冲击速度的关系

1erg$=10^{-7}$J

（4）研磨和磨削粉碎　研磨和磨削本质上均属剪切摩擦粉碎，包括研磨介质对物料的粉碎和物料相互间的摩擦作用。振动磨、搅拌磨以及球磨机的细磨仓等都是以此为主要原理的。

6.3.3.2 粉碎模型

Rosin-Rammler 等认为，粉碎产物的粒度分布具有双成分性（严格地讲是多成分性），即合格的细粉和不合格的粗粉。根据这种双成分性，可以推论，颗粒的破坏与粉碎并非由一种破坏形式所致，而是由两种或两种以上破坏作用所共同构成的。Hüting 等提出了以下三种粉碎模型，如图 6-7 所示。

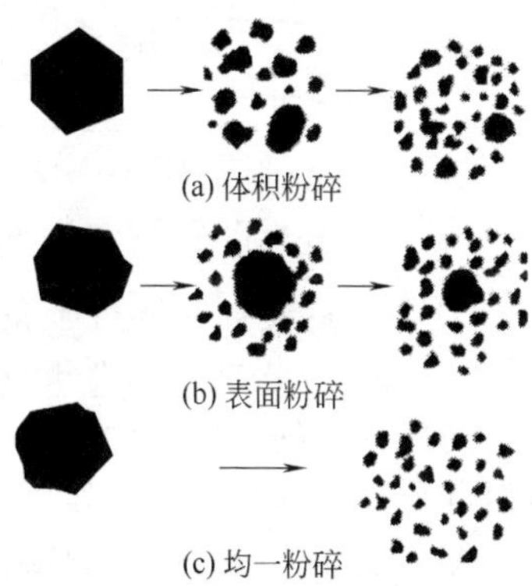

图 6-7 粉碎模型

（1）体积粉碎模型　整个颗粒均受到破坏，粉碎后生成物多为粒度大的中间颗粒。随着粉碎过程的进行，这些中间颗粒逐渐被粉碎成细粉成分。冲击粉碎和挤压粉碎与此模型较为接近。

（2）表面粉碎模型　在粉碎的某一时刻，只有颗粒的表面受到破坏，并被磨削形成微粉，这一破坏作用基本不涉及颗粒内部。这种情形是典型的研磨和磨削粉碎方式。

（3）均一粉碎模型　施加于颗粒的作用力使颗粒产生均匀的分散性破坏，直接粉碎成微粉成分。

上述三种模型中，均一粉碎模型仅符合结合极其不紧密的颗粒集合体如药片等的特殊粉碎情形，一般情况下可不考虑这一模型。实际粉碎过程往往是前两种粉碎模型的综合，前者构成过渡成分，后者形成稳定成分。

体积粉碎与表面粉碎所得的粉碎产物的粒度分布有所不同，如图 6-8 所示，体积粉碎后的粒度较窄、较集中，但细颗粒比例较小；表面粉碎后细粉较多，但粒度分布范围较宽，即粗颗粒也较多。

应该说明，冲击粉碎未必能造成体积粉碎，因为当冲击力较小时，仅能导致颗粒表面的局部粉碎；而表面粉碎伴随的压缩作用力如果足够大也可产生体积粉碎，如辊压磨、雷蒙磨等。

6.3.4 混合粉碎和选择性粉碎

当几种不同的物料在同一粉碎设备中进行同一粉碎过程时，由于各种物料的相互影响，较单一物料的粉碎情形更复杂一些。在粉碎或粉磨过程中，粉碎（磨）介质之间的物料往往是多颗粒层，介质对物料的作用力可通过颗粒之间的传递而未必直接与颗粒接触即可使之发生粉碎。易碎物料混合粉碎时比其单独粉碎时更细，难碎物料则较粗，是一种普遍现象。在以挤压粉碎和磨削粉碎为主要原理的粉碎情形（如辊压磨、振动磨和球磨）中，这种现象更为明显。人们将多种物料共同粉碎时某种物料比其他物料优先粉碎的现象称为选择性粉碎。

例如，将莫氏硬度分别为 7 和 2.5 的石英和石灰石在球磨机中共同粉碎一定时间后的细度与其各自单独粉碎时细度的比较见图 6-9。图中曲线所示的实验结果证实了上述结论。之所以出现这种现象，至少有以下两方面原因。

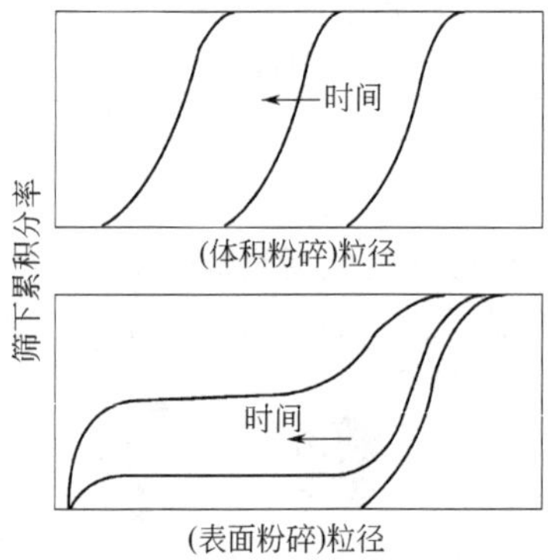

图 6-8 体积粉碎和表面粉碎的粒度分布

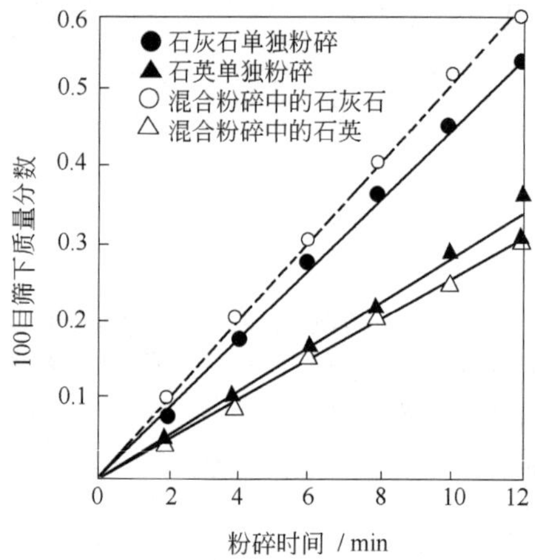

图 6-9 混合粉碎与单独粉碎的比较

① 颗粒层受到粉碎介质的作用力即使尚不足以使强度高的物料颗粒碎裂，但其大部分（其中一部分作用能量消耗于直接受力颗粒的裂纹扩展）会通过该颗粒传递至位于力的作用方向上与之相邻的强度低的颗粒。该作用足以使之发生粉碎作用，从这个意义上讲，倒是硬质颗粒对软质颗粒起到了催化作用。

② 当两种硬度不同的颗粒相互接触并作相对运动时，硬度大者会对硬度小者产生表面剪切或磨削作用，软质颗粒在接触面上会被硬质颗粒磨削而形成若干细颗粒。此时，硬质颗粒对软质颗粒起着研磨介质的作用。上述两种作用的结果导致了软质物料在混合粉碎时的细颗粒产率比其单独粉碎时高，而硬质物料则相反。

6.3.5 粉碎功耗

粉碎过程是以减小物料粒径为目的的。粒径的不断减小是不断施加粉碎能量的结果，所以，通常以粒径的函数来表示粉碎功耗。本节介绍有关粉碎功耗的经典理论和一些新的观点。

6.3.5.1 经典理论

（1）Lewis 公式　粒径减小所耗能量与粒径的 n 次方成反比。数学表达式为

$$dE=-C_L\frac{dx}{x^n} \quad 或 \quad \frac{dE}{dx}=-C_L\frac{1}{x^n} \tag{6-9}$$

式中　E——粉碎功耗；

x——粒径；

C_L，n——常数。

式(6-9) 是粉碎过程中粒径与功耗关系的通式。实际上，随着粉碎过程的不断进行，物料的粒度不断减小，其宏观缺陷也减少，强度增大，因而减小同样的粒度所耗费的能量也要增加。换言之，粗粉碎和细粉碎阶段的比功耗是不同的。显然，用 Lewis 式来表示整个粉碎过程的功耗是不确切的。

(2) 雷廷格 (Rittinger) 定律——表面积学说　粉碎所需功耗与材料新生表面积成正比，即

$$E=C_R'\left(\frac{1}{x_2}-\frac{1}{x_1}\right)=C_R(S_2-S_1)=C_R\Delta S \tag{6-10}$$

此式为 Lewis 式中的常数 $n=2$ 时积分所得。式中，x_1、x_2 分别为粉碎前后的粒径，可用平均粒径或特征粒径表示；S_1、S_2 分别为粉碎前后的比表面积。

(3) 基克 (Kick) 定律——体积学说　粉碎所需功耗与颗粒的体积或质量成正比，即

$$E=C_k'\lg\frac{x_1}{x_2}=C_k\lg\frac{S_2}{S_1} \tag{6-11}$$

此式可看成是 Lewis 式中的常数 $n=1$ 时积分所得。

(4) 邦德 (Bond) 定律——裂纹学说　粉碎功耗与颗粒粒径的平方根成反比，即

$$E=C_B'\left(\frac{1}{\sqrt{x_2}}-\frac{1}{\sqrt{x_1}}\right)=C_B(\sqrt{S_2}-\sqrt{S_1}) \tag{6-12}$$

此式可看成是 Lewis 式中 $n=1.5$ 时积分而得。

将上面几个学说综合起来看，式(6-10)～式(6-12) 可认为是对式(6-9) 的具体修正，它们各代表粉碎过程的一个阶段——弹性变形 (Kick)、开裂及裂纹扩展 (Bond) 和形成新表面 (Rittinger)。即粗粉碎时，基克定律较适宜；细粉碎 (磨) 时雷廷格定律较合适；而邦德学说则适合于介于二者之间的情形。它们互不矛盾，又互相补充。这种观点已为实践所证实。安德列耶夫用数学方法计算了各学说的功耗，为上述观点提供了证明 (图 6-10)。

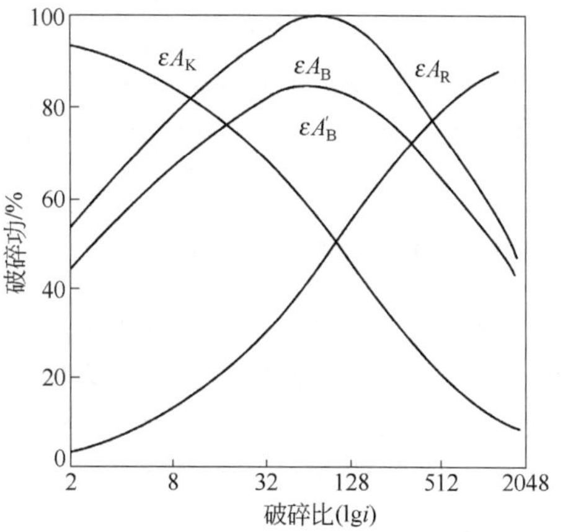

图 6-10　粉碎比与各学说功耗的比较

6.3.5.2　粉碎功耗新观点

(1) 田中达夫粉碎定律　由于颗粒形状、表面粗糙度等因素的影响，上述各式中的平均粒径或代表性粒径很难精确测定。比表面积测定技术的进展使其在表示粒度平均情况时更加精确。因此，用比表面积来表示粉碎过程已得到广泛应用。田中达夫提出了用比表面积表示粉碎功的定律 (简称田中定律)：比表面积增量与功耗增量的比，与极限比表面积和瞬时比表面积的差成正比。

即

$$\frac{dS}{dE}=K(S_\infty-S) \tag{6-13}$$

式中　S_∞——极限比表面积，它与粉碎设备、工艺及被粉碎物料的性质有关；

S——瞬时比表面积；

K——常数，水泥熟料、玻璃、硅砂和硅灰的 K 值分别为 0.70、1.0、1.45、4.2。

此式意味着物料越细时，单位能量所能产生的新表面积越小，即越难粉碎。

将上式积分，当 $S\ll S_\infty$ 时，可得下式

$$S=S_\infty(1-e^{-kE}) \tag{6-14}$$

式(6-14) 相当于式(6-9) 中 $n>2$ 的情形，适用于微细或超细粉碎。

(2) Hiorns 公式　Hiorns 在假定粉碎过程符合 Rittinger 定律及粉碎产品粒度符合 Rosin-Rammler 分布的基础上，设固体颗粒间的摩擦力为 k_r，导出了如下功耗公式

$$E=\frac{C_R}{1-k_r}\left(\frac{1}{x_2}-\frac{1}{x_1}\right) \tag{6-15}$$

可见，k_r 值越大，粉碎能耗越大。

由于粉碎的结果是增加固体的表面积，则将固体比表面能 σ 与新生表面积相乘，可得粉碎功耗计算式如下

$$E=\frac{\sigma}{1-k_r}(S_2-S_1) \tag{6-16}$$

(3) Rebinder 公式　Rebinder 和 Chodakow 提出，在粉碎过程中，固体粒度变化的同时还伴随有其晶体结构及表面物理化学性质等的变化。他们在将基克定律和田中定律相结合的基础上考虑增加比表面能 σ、转化为热能的弹性能的储存及固体表面某些机械化学性质的变化，提出了如下功耗公式

$$\eta_m E=\alpha\ln\frac{S}{S_0}+[\alpha+(\beta+\sigma)S_\infty]\ln\frac{S_\infty-S_0}{S_\infty-S} \tag{6-17}$$

式中　η_m——粉碎机械效率；

α——与弹性有关的系数；

β——与固体表面物理化学性质有关的常数；

S_0——粉碎前的初始比表面积；

其他符号意义同上。

上述新的观点或从极限比表面积角度或从能量平衡角度反映了粉碎过程中能量消耗与粉碎细度的关系，这在几个经典理论中是未涉及的。从这个意义上讲，这些新观点弥补了经典粉碎功耗定律的不足，是对它们的修正。

6.3.6　粉碎速度论简介

功耗-粒度函数不可能全面地描述整个粉碎过程，单纯功耗理论也不能代表全部的粉碎理论，因而有必要研究粉碎设备的给料和产品之间粒度分布的关系。实际上，许多粉碎设备在粉磨过程中反复进行着单一的粉碎操作，所以可将粉碎过程看成是速度操作进行处理，于是提出了粉碎速度论的概念。所谓粉碎速度论，即将粉碎过程转化为数学模型，用数学方法求解并解释其现象。

(1) 碎裂函数　将粉碎过程视为连续或间断发生的碎裂事件，每个碎裂事件的产品表达式称为碎裂函数。Epstein 指出，在一个可用概率函数和分布函数描述的重复粉碎过程中，某一阶段粉碎之后的物料粒度分布近似于对数正态分布。由于碎裂事件既与材料性质有关，同时又受流程、设备等因素的影响，故用试验来确定这种函数是很困难的。但各种材料在一定粉碎条件下所得到的粉碎产品的粒度分布却是基本确定的，这种粒度分布可用适当的数学式来表示。Broadbent 和 Callcott 于 1956 年提出用 Rosin-Rammler 方程的修正式来表示

$$B(x,y)=\frac{1-e^{-\frac{x}{y}}}{1-e^{-1}} \tag{6-18}$$

式中　$B(x,y)$——原粒度为 y，经粉碎后粒度小于 x 的那部分颗粒的质量分数。

Broadbent 和 Callcott 又进一步定义一个系数 b_{ij} 以取代连续累积碎裂分布函数 $B(x,y)$，即 b_{ij} 表示由第 j 粒级的物料粉碎后产生的进入第 i 粒级的质量比率。譬如，由第 1 粒级粉碎后进入第 2 粒级者为 b_{21}，进入第 3 粒级者为 b_{31}……进入第 n 粒级者为 b_{n1}；第 n 级为最小粒

级，所有 b_{i1} 值之和为 1。同理，由第 2 级粉碎后的产品粒度分布为 b_{32}、b_{42} 等。因此，碎裂函数可用下面的矩阵表述

$$\boldsymbol{B}=\begin{bmatrix} b_{11} & 0 & \cdots & 0 \\ b_{21} & b_{22} & \cdots & 0 \\ \vdots & \vdots & \ddots & \vdots \\ b_{i1} & b_{i2} & \cdots & b_{ij} \end{bmatrix} \tag{6-19}$$

如果把给料和产品的粒度分布写成 $n\times1$ 矩阵，则 $\boldsymbol{B}$ 实际上是 $n\times n$ 矩阵。于是，粉碎过程的矩阵式如下

$$\begin{bmatrix} b_{11} & 0 & 0 & 0 & \cdots & 0 \\ b_{21} & b_{22} & 0 & 0 & \cdots & 0 \\ b_{31} & b_{32} & b_{33} & 0 & \cdots & 0 \\ b_{41} & b_{42} & b_{43} & b_{44} & \cdots & 0 \\ b_{51} & b_{52} & b_{53} & b_{54} & \cdots & 0 \\ \vdots & \vdots & \vdots & \vdots & & \vdots \\ b_{n1} & b_{n2} & b_{n3} & b_{n4} & \cdots & b_{nn} \end{bmatrix} \times \begin{bmatrix} f_1 \\ f_2 \\ f_3 \\ f_4 \\ f_5 \\ \vdots \\ f_n \end{bmatrix} = \begin{bmatrix} p_1 \\ p_2 \\ p_3 \\ p_4 \\ p_5 \\ \vdots \\ p_n \end{bmatrix} \tag{6-20}$$

式中，p、f 分别表示产品和给料的粒级元素。上式可写成简单的矩阵方程式

$$\boldsymbol{P}=\boldsymbol{BF} \tag{6-21}$$

若相邻的粒度间隔之间存在着相同的比值，则 $\boldsymbol{F}$ 和 $\boldsymbol{P}$ 中的对应元素属同一粒级，计算将十分方便。

式(6-21) 是粉碎过程中物料粒度分布的描述，但只有当 $\boldsymbol{B}$ 为已知时该式才有实际意义。因此，如何确定 $\boldsymbol{B}$ 的组成是问题的关键。

（2）选择函数　进入粉碎过程的各个粒级受到的粉碎具有随机性。也就是说，有的粒级被粉碎的多，有的则少，还有的可直接进入产品而不受粉碎。此即所谓的“选择性”或“概率性”。

设 $\boldsymbol{S}_i$ 为被选择粉碎的第 i 粒级中的一部分，那么选择函数 $\boldsymbol{S}$ 可用如下的对角矩阵表示

$$\boldsymbol{S}=\begin{bmatrix} s_1 & 0 & 0 & \cdots & 0 \\ 0 & s_2 & 0 & \cdots & 0 \\ 0 & 0 & s_3 & \cdots & 0 \\ \vdots & \vdots & \vdots & \ddots & \vdots \\ 0 & 0 & 0 & \cdots & s_n \end{bmatrix} \tag{6-22}$$

第 i 粒级中被粉碎颗粒的质量为 $s_i f_i$；同理，在第 n 粒级中被粉碎颗粒的质量为 $s_n f_n$，于是，可写出粉碎过程的选择函数矩阵式

$$\begin{bmatrix} s_1 & 0 & 0 & \cdots & 0 \\ 0 & s_2 & 0 & \cdots & 0 \\ 0 & 0 & s_3 & \cdots & 0 \\ \vdots & \vdots & \vdots & \ddots & \vdots \\ 0 & 0 & 0 & \cdots & s_n \end{bmatrix} \times \begin{bmatrix} f_1 \\ f_2 \\ f_3 \\ \vdots \\ f_n \end{bmatrix} = \begin{bmatrix} s_1 f_1 \\ s_2 f_2 \\ s_3 f_3 \\ \vdots \\ s_n f_n \end{bmatrix} \tag{6-23}$$

若以 $\boldsymbol{SF}$ 表示被粉碎的颗粒，则未被粉碎的颗粒质量可用 $(\boldsymbol{I}-\boldsymbol{S})\boldsymbol{F}$ 表示。其中 $\boldsymbol{I}$ 为单位矩阵

$$\boldsymbol{I}=\begin{bmatrix} 1 & 0 & 0 & 0 & 0 \\ \vdots & \ddots & \vdots & \vdots & \vdots \\ 0 & 0 & 1 & 0 & 0 \\ \vdots & \vdots & \vdots & \ddots & \vdots \\ 0 & 0 & 0 & 0 & 1 \end{bmatrix} \tag{6-24}$$

B、**S** 值可由已知的入磨物料粒度分布和产品粒度分布反求而得。

（3）粉碎过程的矩阵表达式　由上述分析可知，给料中有部分颗粒受到粉碎，另一部分未受到粉碎即直接进入产品。因此，一次粉碎作用后的产品质量可用下式表示

$$\boldsymbol{P}=\boldsymbol{BSF}+(\boldsymbol{I}-\boldsymbol{S})\boldsymbol{F}$$

或

$$\boldsymbol{P}=(\boldsymbol{BS}+\boldsymbol{I}-\boldsymbol{S})\boldsymbol{F} \tag{6-25}$$

在大多数粉碎设备中发生反复的碎裂事件，假如有 n 次重复粉碎，则前一次的 **P** 即为后一次的 **F**。因此，第 n 次粉碎后的产品粒度分布为

$$\boldsymbol{P}_n=(\boldsymbol{BS}+\boldsymbol{I}-\boldsymbol{S})^n\boldsymbol{F} \tag{6-26}$$

在计算机中可利用上式方便地进行粉碎过程的模拟仿真计算，进而达到控制粉碎过程的目的。

6.4 脆性材料的破碎机械

根据不同的生产情形，可采用不同的粉碎工艺流程。如图 6-11 所示，图 6-11(a) 为简单的粉碎流程；图 6-11(b) 为带预筛分的粉碎流程；图 6-11(c) 为带检查筛分的粉碎流程；图 6-11(d) 为带预筛分和检查筛分的粉碎流程。

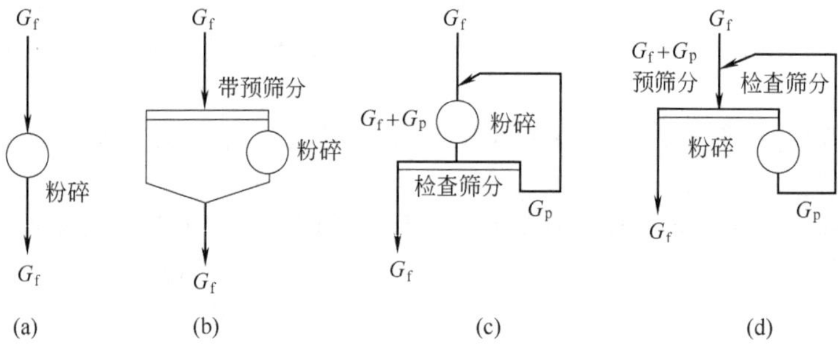

图 6-11　粉碎系统的基本流程

6.4.1 颚式破碎机

6.4.1.1 工作原理及类型

颚式破碎机是无机非金属材料工业中广泛应用的粗、中碎机械。根据其动颚的运动特征，颚式破碎机可分为简单摆动、复杂摆动和综合摆动型三种形式，如图 6-12 所示。

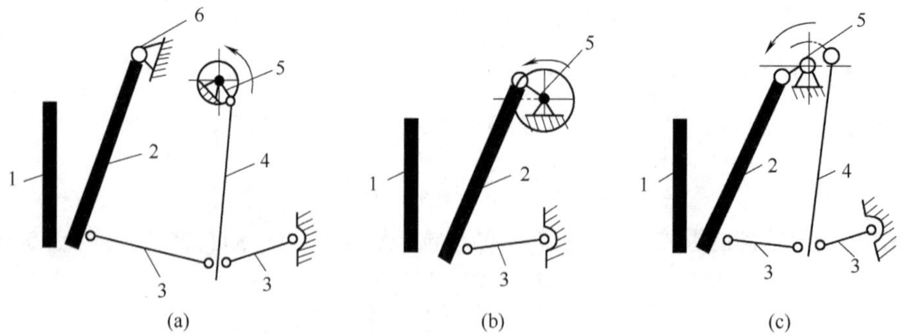

图 6-12　颚式破碎机的主要类型

1—定颚；2—动颚；3—推力板；4—连杆；5—偏心轴；6—悬挂轴

图 6-12(a) 为简单摆动型颚式破碎机的工作示意图。颚式破碎机破碎腔中有定颚 1 和动颚 2 两块颚板，定颚固定在机架的前壁上，动颚则悬挂在悬挂轴 6 上可左右摆动。当偏心轴 5 旋转时，带动连杆 4 作上下往复运动，从而使两块推力板 3 随之作往复运动。通过推力板的作用，推动悬挂在悬挂轴 6 上的动颚作左右往复摆动。当动颚摆向定颚时，落在颚腔中的物料主要受到颚板的挤压作用而粉碎。当动颚摆离定颚时，已破碎的物料在重力作用下经颚腔下部的出料口卸出。因而颚式破碎机的工作是间歇性的，破碎和卸料过程在颚腔内交替进行。这种破碎机工作时，动颚上各点均以悬挂轴 6 为中心，作单纯圆弧摆动。由于运动轨迹比较简单，故称为简单摆动型颚式破碎机（简称简摆颚式破碎机）。

由于动颚作弧线摆动，摆动的距离上面小，下面大，以动颚底部（即出料口处）为最大。分析动颚的运动轨迹可知，颚板上部（进料口处）的水平位移和垂直位移都只有下部的 1/2 左右。进料口处动颚的摆动距离小，不利于对喂入颚腔的大块物料的夹持和破碎，因而不能向摆幅较大、破碎作用较强的颚腔底部供应充分的物料，这就限制了破碎机生产能力的提高。另外，颚板的最大行程在下部，而且卸料口宽度在破碎机运转过程中是随时变动的，因此卸出的物料粒度不均匀。但简摆颚式破碎机的偏心轴承受的作用力较小；由于动颚垂直位移小，破碎时过粉碎现象少，物料对颚板的磨损小，故简摆颚式破碎机可做成大、中型的，主要用于坚硬物料的粗、中碎。

复杂摆动型颚式破碎机如图 6-12(b) 所示，动颚 2 直接悬挂在偏心轴 5 上，受到偏心轴的直接驱动。动颚的底部用一块推力板 3 支撑在机架的后壁上。当偏心轴转动时，动颚一方面对定颚作往复摆动，同时还顺着定颚有很大程度的上下运动。动颚上的每一点的运动轨迹都不一样，如图 6-13 所示，顶部的运动受到偏心轴的约束，运动轨迹接近于圆形；底部的运动轨迹受到推力板的约束，运动轨迹接近于圆弧；在动颚的中间部分，运动轨迹为介于上述二者之间的椭圆曲线，且越靠近下部椭圆越扁长。由于这类破碎机工作时动颚各点的运动轨迹较复杂，故称为复杂摆动型颚式破碎机（简称复摆颚式破碎机）。

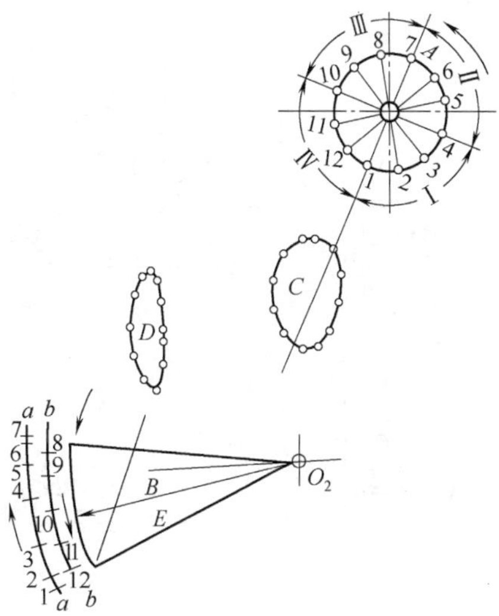

图 6-13　复摆颚式破碎机动颚上各点的运动轨迹

与简摆型相反，复摆型在整个行程中，动颚顶部的水平摆幅约为下部的 1.5 倍，而垂直摆幅稍小于下部；就整个动颚而言，垂直摆幅为水平摆幅的 2～3 倍。由于动颚上部的水平摆幅大于下部，保证了颚腔上部的强烈粉碎作用，大块物料在上部容易得到粉碎，整个颚板破碎作用均匀，有利于生产能力的提高。同时，动颚向定颚靠拢。在挤压物料的过程中，顶部各点还顺着定颚向下运动，又使物料能更好地夹持在颚腔内，并促使破碎的物料尽快地卸出。因此，在相同条件下，这类破碎机的生产能力比简摆型高 20%～30%。

由于动颚往复摆动的同时还有较大的上下运动，能将破碎的物料翻动，卸出的物料多为立方体块粒，大大减少了像简摆颚式破碎机中产生片状产品的现象。这种破碎机卸料带有强制性，故可用于粉碎一些稍微黏湿的物料。但是，由于动颚垂直行程大，物料不仅受到挤压作用，还受到部分的剥磨作用，加剧了物料的过粉碎现象，使能量消耗增加；产生的粉尘较大，动颚较易磨损。另外，破碎物料时，动颚受到巨大的挤压力，直接作用于偏心轴上，所以这类破碎机一般都制成中、小型的。

与简摆颚式破碎机相比，复摆型结构较简单、轻便紧凑。

颚式破碎机的规格用进料口的宽度（mm）和长度（mm）来表示，例如 PEJ1500mm×

2100mm 颚式破碎机，表示进料口宽度为 1500mm、长度为 2100mm 的简摆颚式破碎机。

6.4.1.2　构造、性能及应用

（1）简摆颚式破碎机　图 6-14 所示为 1200mm×1500mm 简摆颚式破碎机。机架 1 的上部装有两对互相平行的轴承，其中一对轴承中安装悬挂轴 4，动颚 5 固定在悬挂轴上，通过悬挂轴 4 及其轴承悬挂在机架上。动颚、定颚和颚腔两侧的表面上分别装有耐磨衬板 6、2 和 19。为了防止衬板上下移动，定颚衬板 2 除了用螺栓紧固在机架上外，其下端还支承在焊于机架上的固定钢板 20 上，上端用固定钢板 21 压紧；动颚衬板 6 的下端支承在动颚下端凸台上，上端用楔块 22 压紧。在另一对轴承中装有偏心轴 7，轴的偏心部分悬挂着连杆 9，连杆经推力板与动颚和机架分别支承在连杆下端两侧凹槽的支座 11 上；另一端则分别支承在支座 11′和 11″上。支座 11″固定在动颚的后壁下端，而支座 11′则支承在顶座 14 上。当连杆升起时，两块推力板间夹角增大，后方顶在顶座 14 上，迫使动颚向定颚靠拢将物料粉碎。为使连杆下降时铰接的推力板不致松脱，装有拉杆 15。拉杆的一端有环钩，扣在动颚下端的扣环内。另一端穿过机架后壁，用支承在机架后壁凸耳 23 上的弹簧 16 张紧，使推力板与动颚、连杆、顶座之间经常保持紧密接触，防止松脱。偏心轴的两端分别固定着胶带轮 17，偏心轴通过胶带轮带动。

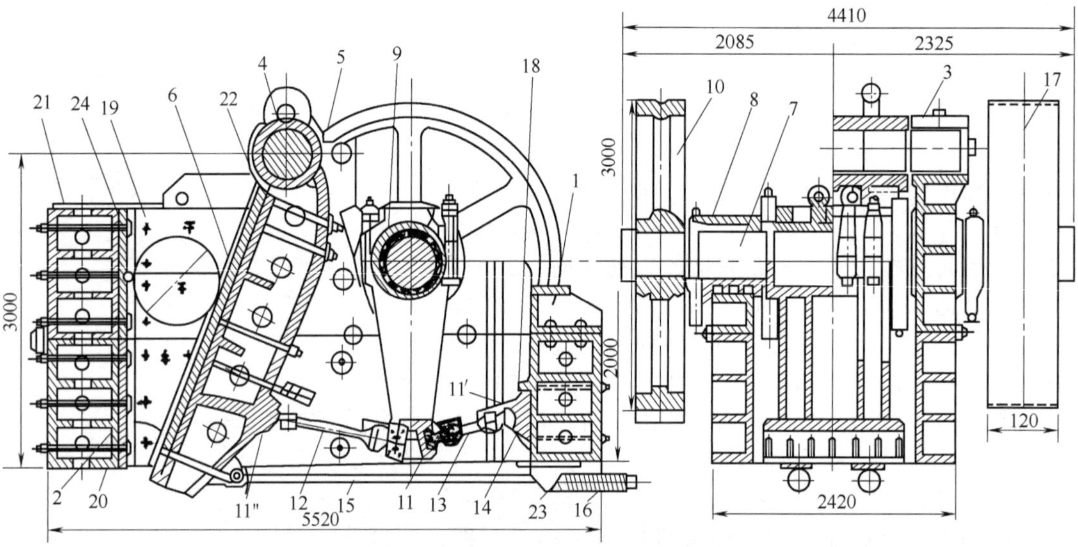

图 6-14　1200mm×1500mm 简摆颚式破碎机

1—机架；2—定颚衬板；3—悬挂轴轴承；4—悬挂轴；5—动颚；6—动颚衬板；7—偏心轴；8—偏心轴轴承；9—连杆；10—飞轮；11，11′，11″—推力板支座；12，13—前后推力板；14—顶座；15—拉杆；16—弹簧；17—胶带轮；18—垫板；19—侧壁衬板；20，21—固定钢板；22—楔块；23—凸耳；24—衬垫

（2）复摆颚式破碎机　图 6-15 为复摆颚式破碎机。带有衬板的动颚 14 通过滚动轴承直接悬挂在偏心轴 13 上，而偏心轴又支承在机架 15 的滚动轴承上。动颚的底部用推力板 5 支承在位于机架后壁的推力板座 6 上。图中 7 是出料口的调节装置（调节座），利用调节螺栓来改变楔铁的相对位置，从而使出料口的宽度得以调节。和简摆型一样，破碎机还具有拉杆、弹簧及调节螺栓组成的拉紧装置。电机 10 带动胶带轮 16 使偏心轴转动，动颚就被带动作复杂摆动，实现粉碎物料的动作。

（3）液压颚式破碎机　液压颚式破碎机是在上述两种破碎机基础上加装液压部件构成的。图 6-16 所示为液压颚式破碎机的示意图。连杆 3 上装一液压油缸和活塞 6，油缸与连杆上部连接，活塞杆与推力板 5 连接。当破碎机主电动机启动时液压油缸尚未充满油，油缸和活塞可作

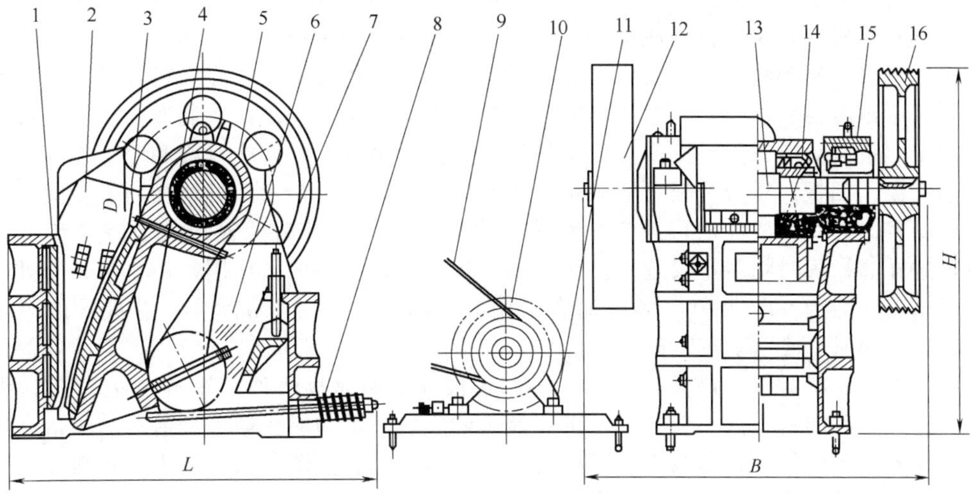

图 6-15　复摆颚式破碎机

1—定颚衬板；2—侧壁衬板；3—动颚衬板；4—推力板座；5—推力板；6—推力板座；7—调节座；8—拉紧装置；9—三角胶带；10—电机；11—导轨；12—飞轮；13—偏心轴；14—动颚；15—机架；16—胶带轮

相对滑动，因此主电动机不必克服动颚等运动部件的巨大惯性力，而能较容易启动。待主电动机运转正常时，液压油缸内已充满了油，使连杆液压油缸和活塞杆紧紧地连接在一起，此时油缸与连杆已不再作相对运动，相当于一个整体连杆，动力通过连杆、推力板等使动颚摆动。

当颚腔内掉入难碎物体时，连杆受力增大，油缸内油压急剧增加，从而推开溢流阀，油缸内的油被挤出，活塞与油缸松开，连杆和油缸虽然随偏心轴的转动而上下运动，但活塞与连杆不动，于是推力板和动颚也不动，从而保护了破碎机的其他部件免受损坏，起到保险装置的作用。出料口间隙的调整采用液压装置 7，调整简单、方便。由于液压颚式破碎机具有启动、调整容易和保护机器部件不受损坏等优点，已逐渐受到人们的青睐。

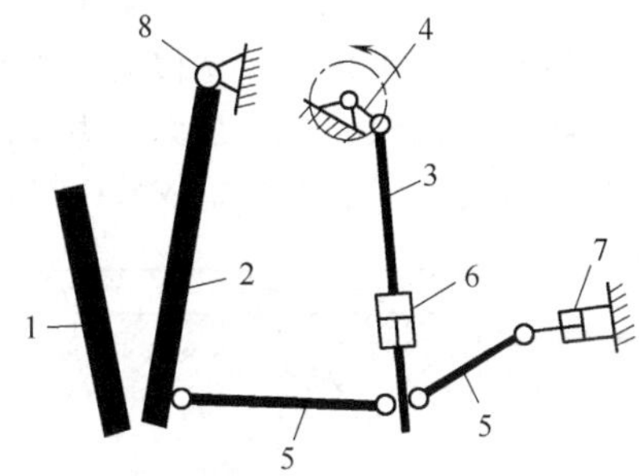

图 6-16　液压颚式破碎机示意图

1—定颚；2—动颚；3—连杆；4—偏心轴；5—推力板；6—连杆液压油缸和活塞；7—出料口调整器液压缸；8—悬挂轴

6.4.1.3　主要工作部件

从上述内容可知，颚式破碎机主要由机架和支承装置、破碎部件、传动机构、拉紧装置、调整装置、保险装置和润滑冷却系统等部分组成。

（1）机架和支承装置　由两个纵向侧壁和两个横向侧壁组成刚性框架，机架在工作中承受很大的冲击载荷，要求具有足够的强度和刚度，中小型一般用铸钢整体铸造，小型的也可用优质铸铁代替。大于 1200mm×1500mm 的颚式破碎机都采用组合型机架形式，将机架做成上下两部分或几个部分。上机架和下机架用螺栓牢固地连接起来，结合面之间用键和销钉承受破碎物料时传给机架的强大剪切力，同时在上、下机架装配时还起着定位作用。随着焊接工艺的发展，机架也逐步采用钢板焊接结构，并用箱形结构代替筋板加强结构。其优点是质量轻，承受力大，制造周期短，对于大型单件的生产尤其优越。

破碎机的支承装置主要用于支承偏心轴和悬挂轴，使它们固定在机架上。支承装置采用滑动轴承和滚动轴承两种，目前已逐步采用后者取代前者，这不仅可减小摩擦损失，还具有维修简单、润滑条件好和不易漏油等优点。

（2）破碎部件　破碎机的破碎部件是动颚和定颚，动颚直接承受物料的破碎力，要有足够的强度；同时，要求制造得轻便，以减少往复摆动时所引起的惯性力。因此，动颚应用优质钢铸成。大型破碎机一般用铸铁做成空心的箱形体，小型的则做成肋条结构。

颚板用于直接破碎物料时，为了避免磨损、提高颚板使用寿命，在颚板和颚腔两侧都镶有衬板。衬板用耐磨材料做成，一般小型的用白口铸铁，大型的用高锰钢制造。所有衬板均用埋头螺栓固定，报废后可以随时拆换。为了使衬板各点受力均匀，常在衬板和颚板之间垫以塑性衬垫，如铅板、铝板、锌合金板、低碳钢板或灌注水泥砂浆等，以保证衬板与颚板紧密结合。

衬板的表面通常铸成波浪形或三角齿形，见图 6-17，安装时两衬板的齿谷和齿峰恰好凹凸相对，这样的衬板对物料不仅施加挤压作用，还兼施弯曲和劈裂作用，使物料易于破碎。衬板的齿峰角 α 一般为 90°～120°。粗碎时宜采用波浪形表面，夹角 α 大些。齿距 t 的大小取决于破碎粒度，通常 t 接近于破碎粒度。齿高 h 与齿距 t 之比一般取 1/3～1/2。颚腔两侧因不起破碎作用，采用光滑衬板。衬板的形状有平面衬板和曲面衬板两种，如图 6-18 所示。设两者的转数、进料口和卸料口大小都相同。带有箭头的虚线表示物料在颚板后退时的下落高度，实线表示颚板闭合时的位置，虚线表示颚板后退最远时的位置。图中水平线表示物料陆续向下运动时所占据的区域。这些水平线表示在两颚板闭合时物料的位置和两颚板张开到最大时物料下落的位置。由图可看出，平面衬板的破碎机各连续的水平线间形成的梯形断面面积向下依次递减，因而造成一种随着物料降落而向下递增的堵塞倾向。这种倾向在物料到达出料口时达到最大，这是造成破碎机过载和衬板下端磨损严重的主要原因。带平面衬板的破碎机的生产能力随卸料区的加深而大大减小。采用曲面衬板时，已破碎的物料在容积大的破碎区向下降落。这不仅使所有的大块物料容易移动，而且也可使细小的物料有可能从破碎区内自由卸出，因而不易发生堵塞，衬板的磨损减少，生产能力增大；同时，动颚和定颚末端有一段平行带，在较长期工作之后仍可保持平行，故破碎产品粒度较均匀。

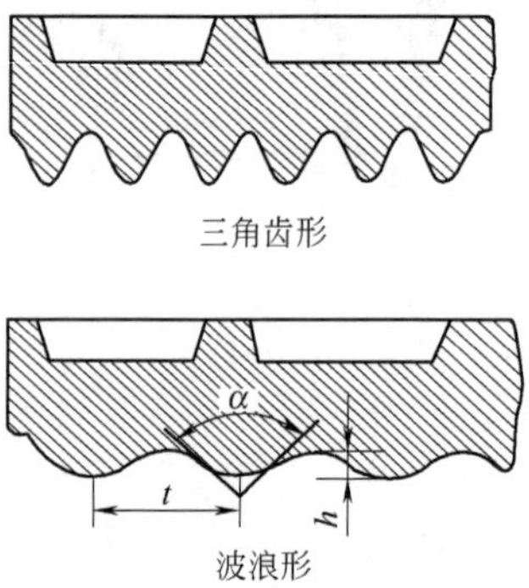

图 6-17 衬板工作表面的齿形

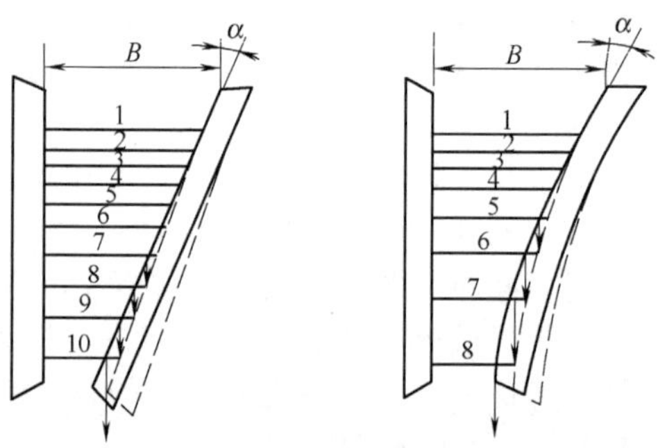

图 6-18 两种衬板的工作比较

衬板各部位的磨损是不均匀的，通常下部磨损较快。为了延长使用寿命，常做成上下对称的，待下部磨损后调换使用。大型颚式破碎机的衬板是用几块拼成的，各块间均可互换，这有利于节省材料，且安装和运输方便。

（3）传动机构　偏心轴是带动连杆（或动颚）作上下运动的主要零件。大、中型破碎机的偏心轴通常采用合金钢制造，小型破碎机可采用优质碳素钢制造。悬挂轴采用合金钢或优质碳素钢制造。

偏心轴的偏心部分悬挂连杆（或动颚），其两端分别装有飞轮和胶带轮。胶带轮除起传动作用外，还兼起飞轮的作用。它们都具有较大的直径和质量，其作用在于促使破碎机稳定运转，使动力负荷均匀。

连杆采用铸钢制造。连杆作上下运动，为了减小其惯性力，应尽可能减轻连杆的质量，故连杆下部的断面常制成工字形、十字形或箱形结构。1200mm×1500mm 简摆颚式破碎机的连杆即采用两个工字形的断面。连杆体有整体的和组合的，前者适用于中、小型，后者适用于大型破碎机。对于液压颚式破碎机，连杆体内装有一个液压油缸。大型破碎机为了散出连杆轴承发出的热量，连杆头往往铸有冷却水套。

推力板是连接连杆、动颚和机架的中间连接构件，它起着传递连杆作用力的作用。推力板工作时承受压力作用，通常用铸铁铸成整体的，也有制成组合式的。推力板有一定角度的摆动，它与其他部件采用活铰连接。为避免磨损，顶座、连杆和动颚的底部有沟槽，内部都镶有易于更换的衬套，称为推力板支座或支承滑块。推力板支座用高锰钢制造。为了增加推力板的耐磨性，常在两端头部分作冷处理。大型破碎机可在推力板两端装上可拆换的耐磨钢铁制造的肘头或采用滚柱式推力板。为了减少推力板与推力板支座之间的磨损，除经常在其结合处注入润滑剂外，还要防止灰尘和细粒物料进入结合处，所以在结合处的上部应加装挡灰板。

(4) 拉紧装置　拉紧装置由拉杆、弹簧及调节螺母等零件组成。拉杆的一端铰接在动颚底部的耳环上，另一端穿过机架壁的凸耳，用弹簧及螺母张紧。当连杆驱动动颚向前摆动时，动颚和推力板将产生惯性力矩；而连杆回程时，上述惯性力矩的作用使动颚不能及时进行回程摆动，存在推力板跌落的危险，因而要用拉紧装置使推力板与动颚、顶座之间经常保持紧密的接触。在动颚工作行程中，弹簧受到压缩，在卸料行程中，弹簧伸张，拉杆借助于弹簧张力来平衡动颚和推力板向前摆动时的惯性力，使动颚及时向反方向摆动。

(5) 调整装置　为了得到所需要的产品粒度，颚式破碎机都有出料口调整装置。大、中型破碎机出料口宽度由不同长度的推力板来调整；通过在机架后壁与顶座之间垫上不同厚度的垫片来补偿颚板的磨损。小型颚式破碎机通常采用图 6-15 所示的楔铁调整方法：在推力板和机架后壁之间装设楔形前后顶座，借助于拧动调节螺栓使后顶座上下移动，于是前顶座在导槽内作水平移动，这样可以调节出料口的宽度。

液压调整装置越来越多地用于颚式破碎机出料口调整。1200mm×1500mm 简摆颚式破碎机的液压调整装置如图 6-19 所示。机架后壁上装置有一油缸 4，高压油从油管 6 进入油缸推动柱塞 3，柱塞又推动推力板顶座 2 使出料口缩小。此时，根据需要增减顶座和机架后壁之间的垫片 8 的数量，然后停止供油，推力板顶座与机架 7 等立即贴紧，上紧顶座固定螺栓 5，调整工作即告完成。较小型的破碎机用手动液压千斤顶来调整出料口宽度，如图 6-20 所示。

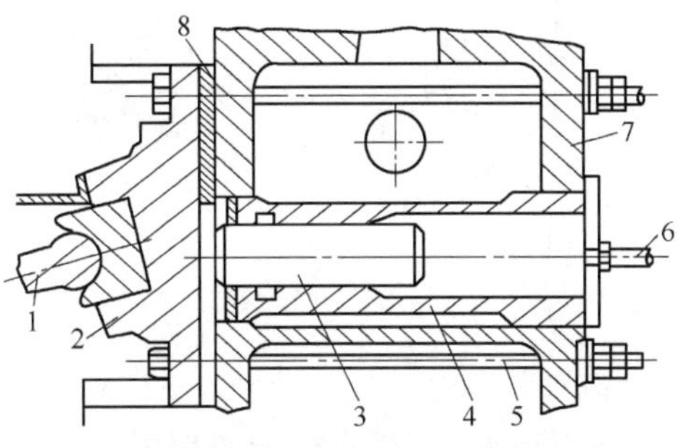

图 6-19　简摆颚式破碎机的液压调整装置

1—推力板；2—推力板顶座；3—柱塞；4—油缸；5—顶座固定螺栓；6—油管；7—机架；8—垫片

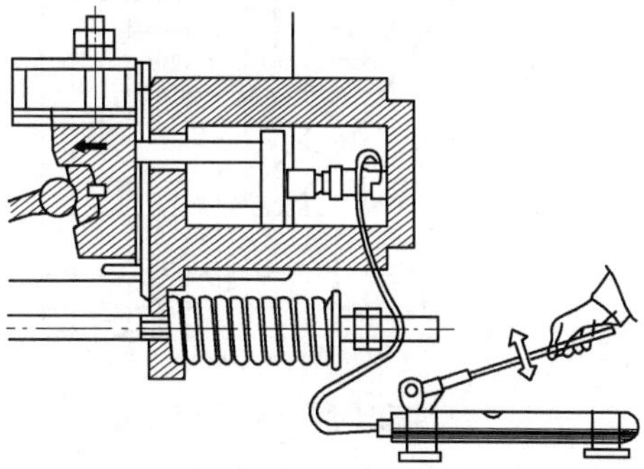

图 6-20　出料口的液压调整装置

(6) 保险装置　颚式破碎机的保险装置的作用是当颚腔内进入不能破碎的坚硬物体时使破碎机停止工作，从而保护动颚、机架、偏心轴等大型贵重部件免受损坏。一般颚式破碎机的安全装置是将推力板分成两段，中间用螺栓连接，设计时应适当地降低螺栓的强度；也有在推力板上开孔或采用铸铁制造的，推力板的最小断面尺寸是根据破碎机在超负荷时能自行断裂而设计的。当破碎机过载时，螺栓即被切断或推力板折断，动颚即停止摆动。液压颚式破碎机连杆处的液压装置也具有这种保险作用。

（7）润滑装置　颚式破碎机的偏心轴轴承通常采用润滑油集中循环润滑。悬挂轴和推力板的支承面通常采用润滑脂，用手动润滑油枪供油。

动颚的摆动角度很小，这使悬挂轴和轴瓦之间的润滑非常困难，因此它和一般的轴瓦不同，在轴瓦的底部开了许多轴向油沟，中间再开一条环向油槽使许多轴向油沟能串通起来；同时，采用干油泵强制注入黄干油来改善润滑条件。

6.4.1.4　性能及应用

颚式破碎机的优点是：构造简单，管理和维修方便，工作安全可靠，适用范围广。缺点是：由于工作是间歇的，所以存在空行程，因而增加了非生产性功率消耗。由于动颚和连杆作往复运动，工作时产生很大的惯性力，使零件承受很大的载荷，因而对基础的质量要求也很高。在破碎黏湿物料时，生产能力会下降，甚至会产生堵塞现象。在破碎干片状物料时，片状物料易顺颚板宽度方向通过而难以达到破碎目的，造成出料溜子或下级破碎机进料口堵塞。

选用颚式破碎机时，应使其进料口尺寸适合物料的尺寸，通常喂入物料的尺寸不能超过破碎机进料口尺寸的85%。

图6-21为颚式破碎机的产品粒度特性曲线。破碎后的产品粒度主要取决于出料口尺寸的大小，也与物料的性质和给料粒度有关。由图可看出，产品中有15%～35%的物料尺寸超过出料口尺寸，其中最大物料尺寸为出料口尺寸的1.6～1.8倍，这在颚式破碎机选型及考虑下一作业工序时应特别注意。

6.4.1.5　工作参数的确定

（1）钳角　颚式破碎机动颚与定颚之间的夹角 α 称为钳角，如图6-22所示。减小钳角可提高破碎机的生产能力，但会导致破碎比减小；反之，增大钳角虽可增大破碎比，但会降低生产能力；同时，落在颚腔中的物料不易夹牢，有被推出机外的危险。因此，破碎机的钳角应有一定的范围。钳角的大小可通过物料的受力分析来确定。

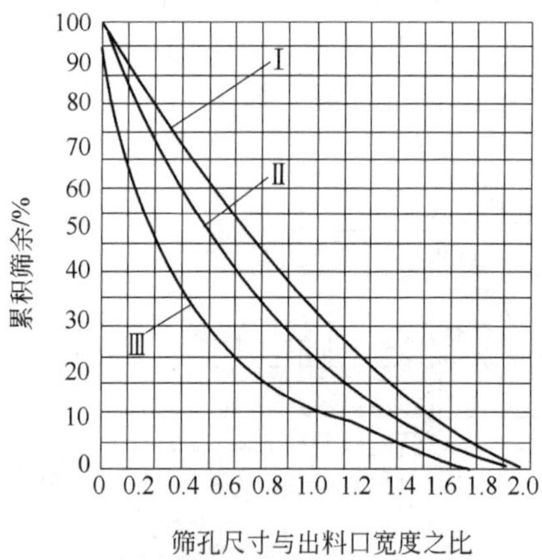

图6-21　颚式破碎机的产品粒度特性曲线

Ⅰ—硬质物料；Ⅱ—中硬物料；Ⅲ—软质物料

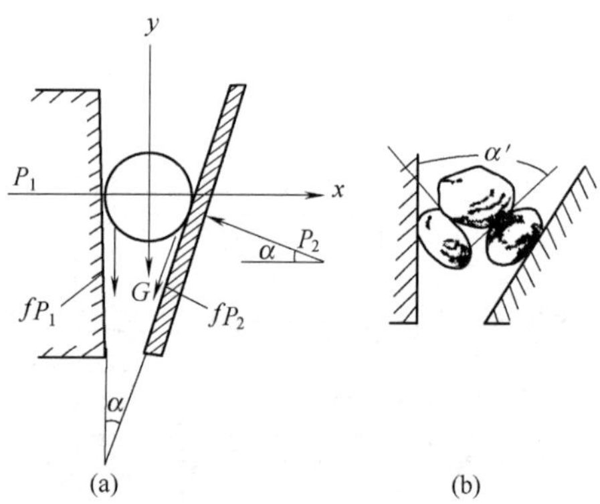

图6-22　颚式破碎机的钳角

设夹在颚腔内的球形物料的质量为 G，见图6-22(a)，由 G 产生的重力比物料所受的破碎力小得多，可忽略不计。在颚板与物料接触处，颚板对物料的作用力为 P_1 和 P_2，二者均与颚板垂直。由此二力所导致的摩擦力为 fP_1 和 fP_2，其方向向下，其中 f 为物料与颚板之间的摩擦系数。

当物料能被夹牢在颚腔内不被推出机外时，上面几个力互相平衡，在 x、y 方向上的分力之和分别为零。即

$$P_1 - P_2\cos\alpha - fP_2\sin\alpha = 0$$
$$-fP_1 - fP_2\cos\alpha + P_2\sin\alpha = 0$$

整理得
$$-2f\cos\alpha+(1-f^2)\sin\alpha=0$$
或
$$\tan\alpha=2f/(1-f^2) \tag{6-27}$$
因摩擦系数 f 与摩擦角 φ 的关系为 $f=\tan\varphi$，则
$$\tan\alpha=\frac{2\tan\varphi}{1-\tan^2\varphi}=\tan2\varphi$$
为了使破碎机工作可靠，须使
$$\alpha\leqslant2\varphi \tag{6-28}$$
即钳角应小于物料与颚板之间的摩擦角的 2 倍。

一般摩擦系数为 0.2～0.3，则钳角最大值为 22°～33°。实际上，当破碎机喂料粒度相差较大时，纵然 α 符合上述关系，仍有可能发生物料被挤出的情况。这是因为当大块物料楔塞在两个小块物料之间［图 6-22(b)］时，物料的钳角必大于摩擦角的两倍，故颚式破碎机的钳角一般取 18°～22°。

(2) 偏心轴的转速　偏心轴转一圈，动颚往复摆动一次，前半圈为破碎物料，后半圈为卸出物料。为了获得最大的生产能力，破碎机的转速 n 应根据如下的条件确定：当动颚后退时，破碎后的物料应在重力的作用下全部卸出，而后动颚立即返回破碎物料。转速过高或过低都不能使生产能力达到最大值。

由于颚板较长，摆幅不大，因此可设动颚摆动时钳角值不变，即动颚作平行摆动。令出料口宽度为 e，动颚行程为 s，破碎后的物料在颚腔内堆积成一梯形体，如图 6-23 所示。

BC 以下的物料尺寸均小于出料口宽度，因而每次卸出的物料高度为
$$h=\frac{s}{\tan\alpha}$$

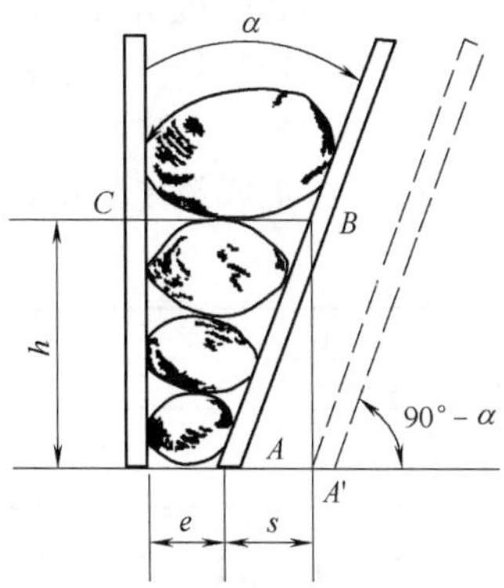

图 6-23　偏心轴转速计算

物料在重力的作用下自由下落。破碎后物料的卸料高度应为 $h=gt^2/2$，使高度 h 的梯形体全部物料自由卸出所需时间为
$$t=\sqrt{\frac{2h}{g}}\ (\mathrm{s})$$
式中，g 为重力加速度。为了保证已达到粒度要求的物料能及时地全部卸出，卸料时间 t 应等于动颚空转行程经历的时间 t'
$$t'=\frac{60}{2n}=\frac{30}{n}(\mathrm{s})$$
则
$$\sqrt{\frac{2h}{g}}=\frac{30}{n}$$
$$n=665\sqrt{\frac{\tan\alpha}{s}}\ (\mathrm{r/min}) \tag{6-29}$$
式中　n——偏心轴转速，r/min；

s——动颚行程，cm；

α——钳角，(°)。

实际上，动颚在空转行程的初期，物料因弹性形变仍处于压紧状态，不能立即落下，故偏心轴的转速应比式(6-29) 算出的值低 30%左右。所以
$$n=470\sqrt{\frac{\tan\alpha}{s}}\ (\mathrm{r/min}) \tag{6-30}$$
上式未考虑物料性质和破碎机类型等因素的影响，因而只能用来粗略地确定颚式破碎机的

转速。一般而言，破碎坚硬物料时，转速应取小些；破碎脆性物料时，转速则可适当取大些。对于较大型破碎机，转速应适当降低，以减小惯性振动，节省动力消耗。

偏心轴转速还可用下述经验公式确定

进料口宽度　$B<1200$mm 时，$n=310-145B$(r/min)　(6-31)

进料口宽度　$B>1200$mm 时，$n=160-42B$(r/min)　(6-32)

式中，B 为破碎机进料口宽度，m。

(3) 生产能力　破碎机的生产能力与被破碎物料的性质（强度、解理、喂料粒度等）、破碎机的性能及操作条件（供料情况和出料口大小）等因素有关。目前尚无将这些因素全部加以考虑的精确理论计算公式，多采用下面的经验公式计算颚式破碎机的生产能力

$$Q=K_1K_2K_3qe\text{(t/h)} \tag{6-33}$$

式中　q——标准条件下（指开路破碎容积密度为 1.6t/m^3 的中等硬度物料）的单位出料口宽度时的生产能力，t/(mm·h)，见表 6-4；

e——破碎机出口宽度，mm；

K_1——物料易碎性系数，见表 6-5；

K_2——物料容积密度修正系数，$K_2=\rho_s/1.6$，ρ_s 为容积密度（t/m^3）；

K_3——进料粒度修正系数，见表 6-6。

表 6-4　颚式破碎机单位出料口宽度生产能力 q

规格/mm	250×400	400×600	600×900	900×1200	1200×1500	1500×2100
q/[t/(mm·h)]	0.4	0.65	0.95～1.0	1.25～1.3	1.9	2.7

表 6-5　物料易碎性系数 K_1

物料强度	抗压强度/MPa	K_1
硬质物料	157～196	0.9～0.95
中硬物料	79～157	1.0
软质物料	<79	1.1～1.2

表 6-6　进料粒度修正系数 K_3

最大进料粒度 D_{max} 与进料口宽度 B 之比	0.85	0.60	0.40
K_3	1.0	1.1	1.2

上述公式并未考虑破碎机的工作特性对生产能力的影响。事实上，复摆型和综合摆动型颚式破碎机的生产能力比简摆型的分别提高 20%～30%和 90%～95%。

(4) 功率　颚式破碎机需要的功率 N 多用破碎物料时需要的破碎力来推算。设破碎机工作时整个颚腔内充满物料，且沿颚腔长度 L 方向成平行圆柱体排列，推导分析（略）结果如下。

对于简摆型颚式破碎机

$$N=(6\sim8)LHSn\quad\text{(kW)} \tag{6-34}$$

对于复摆型颚式破碎机

$$N=12LHrn\quad\text{(kW)} \tag{6-35}$$

式中　L——颚口长度，m；

H——颚膛高度，m；

S——颚板行程，m；

r——偏心轴的偏心距，m；

n——偏心轴转速，r/min。

考虑到破碎物料时可能过载及启动的需要，电动机需要的功率 N_M 一般在上述基础上增大 50%，对于简摆颚式破碎机

$$N_M=10.2LHSn\quad\text{(kW)} \tag{6-36}$$

对于复摆颚式破碎机

$$N_M = 18LHrn \quad (kW) \tag{6-37}$$

确定颚式破碎机电动机功率的经验公式为

$$N_M = CBL \quad (kW) \tag{6-38}$$

式中，L，B 分别为进料口长度和宽度，cm；C 为系数，$B<250$mm 时，$C=1/60$；$B=250\sim900$mm 时，$C=1/100$；$B>900$mm 时，$C=1/120$。

6.4.2 圆锥式破碎机

6.4.2.1 工作原理及类型

在圆锥式破碎机中，破碎物料的部件是两个截锥体，如图 6-24 所示。动锥（又称内锥）1 固定在主轴上，定锥（又称外锥）2 是机架的一部分，是静止的。主轴的中心线 O_1O 与定锥的中心线 $O'O$ 于点 O 相交成 β 角。主轴悬挂在交点 O 上，轴的下方活动地插在偏心衬套中。衬套以偏心距 r 绕 $O'O$ 旋转，使动锥沿定锥的内表面作偏旋运动。在靠近定锥处，物料受到动锥挤压和弯曲作用而被破碎；在偏离定锥处，已破碎的物料由于重力的作用从锥底落下。因为偏心衬套连续转动，动锥也就连续旋转，故破碎过程和卸料过程沿着定锥的内表面连续依次进行。

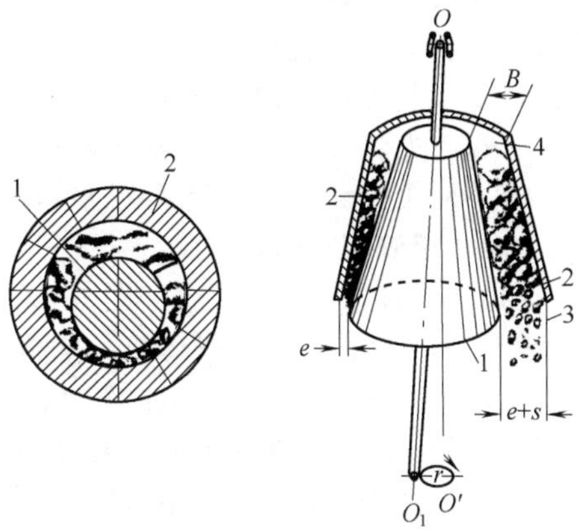

图 6-24 圆锥破碎机工作示意图

1—动锥；2—定锥；3—破碎后的物料；4—破碎腔

在破碎物料时，由于破碎力的作用，在动锥表面产生了摩擦力，其方向与动锥运动方向相反。因为主轴上下方均为活动连接，这一摩擦力对于 O_1O 所形成的力矩使动锥在绕 O_1O 作偏旋运动的同时还作方向相反的自转运动，此自转运动可使产品粒度更均匀，并使动表面的磨损也较均匀。

由上述可知，圆锥破碎机的工作原理与颚式破碎机有相似之处，即都对物料施以挤压力，破碎后自由卸出。不同之处在于圆锥破碎机的工作过程是连续进行的，物料夹在两个锥面之间同时受到弯曲力和剪切力的作用而破碎，故破碎较易进行。因此，其生产能力较颚式破碎机大，动力消耗低。

用于粗碎的破碎机又称旋回破碎机，如图 6-25 所示。因为要处理的物料较大，要求进料口尺寸大，故动锥是正置的，而定锥是倒置的。

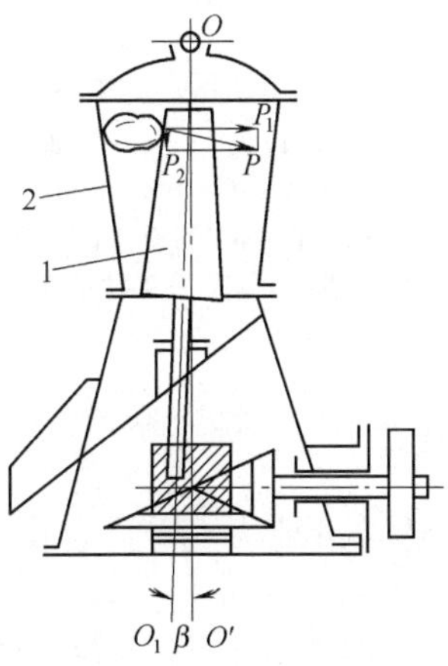

图 6-25 旋回破碎机示意图

1—动锥；2—定锥

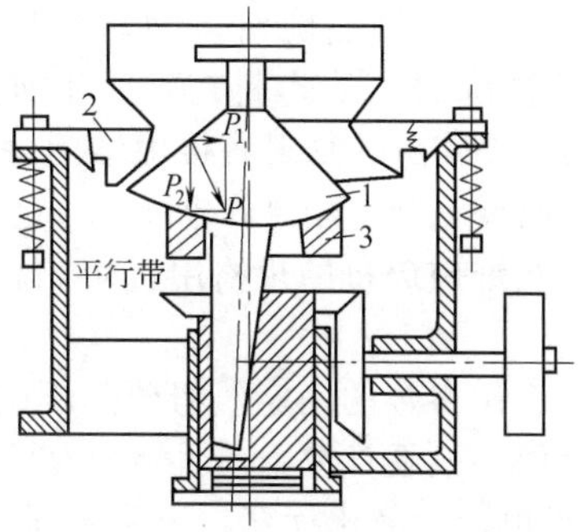

图 6-26 菌形圆锥破碎机示意图

1—动锥；2—定锥；3—球面座

用于中细碎的破碎机，又称菌形破碎机，如图 6-26 所示。它所处理的一般是经初次破碎后的物料，故进料口不必太大，但要求卸料范围宽，以提高生产能力，并要求破碎产品的粒度较均匀。所以动锥 1 和定锥 2 都是正置的。动锥制成菌形，在卸料口附近，动、定锥之间有一段距离相等的平行带，以保证卸出物料的粒度均匀。这类破碎机因为动锥体表面斜度较小，卸料时物料沿着动锥斜面滚下。因此，卸料会受到斜面的摩擦阻力作用，同时也会受到锥体偏转、自转时的离心惯性力的作用。故这类破碎机并非自由卸料，因而工作原理及有关计算与粗碎圆锥破碎机有所不同。

圆锥破碎机按用途可分为粗碎和细碎两种，按结构又可分为悬挂式和托轴式两种。

由于破碎力在动锥上产生的反力方向不同，这两种破碎机动锥的支承方式也不相同。旋回式破碎机反力的垂直分力 P_2 不大，故动锥可以用悬吊方式支承，支承装置在破碎机的顶部。因此，支承装置的结构较简单，维修也较方便。菌形破碎机反力的垂直分力 P_2 较大，故用球面座 3 在下方将动锥支托起来，支承面积较大，可使压力降低。但这种支承装置正处于破碎室的下方，粉尘较大，需有完善的防尘装置。因而其结构较复杂，维修也较困难。

6.4.2.2 粗碎圆锥破碎机

（1）旋回破碎机的构造　图 6-27 所示为 1200mm/180mm 旋回破碎机，定锥 2 用螺栓紧固在机架上，动锥的工作表面镶有高锰钢衬板 3，上面连接着弧形横梁 4。主轴 5 通过锥形螺母 6、锥形压套 7、衬套 8 和支承环 9 悬挂在横梁上，并用楔形键 10 防止锥形螺母退扣。横梁的中心装有主轴的悬吊轴承，轴承内有衬套 11，螺母位于衬套上。通过螺母将轴悬吊在横梁上。为了防止喂入物料落在轴承内，用高锰钢制成的顶罩 12 将其遮盖。顶罩可随时拆换。主轴上装有动锥 13，其工作表面也镶有高锰钢衬板。为使衬板与锥体紧密接触，在二者中浇注锌合金并用螺栓压紧。轴的下端插在偏心衬套 14 的侧斜孔内。衬套的内外面都嵌有耐磨的轴承合金衬层。它们装在中心套筒 15 中。大圆锥齿轮 16 固定在衬套上与小圆锥齿轮 17 啮合。后者通过传动轴 18 和减速装置用电动机带动，因此插套内的主轴即作偏心旋回运动，使从上面圆环形进料口喂入的物料在定、动锥之间受到破碎。破碎后的物料直接由锥间底部卸出。通过调节螺母 6 可调节卸料口的宽度。

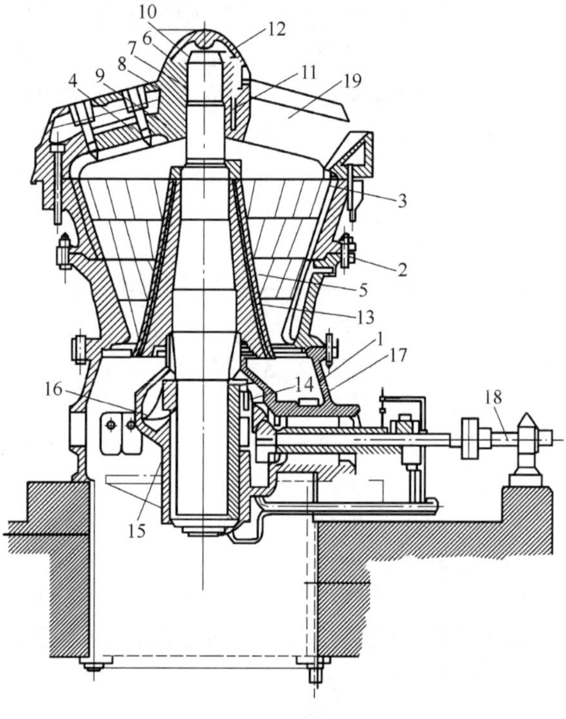

图 6-27　1200mm/180mm 旋回破碎机

1—机架；2—定锥；3—衬板；4—横梁；5—主轴；6—锥形螺母；7—锥形压套；8，11—衬套；9—支承环；10—楔形键；12—顶罩；13—动锥；14—偏心衬套；15—中心套筒；16—大圆锥齿轮；17—小圆锥齿轮；18—传动轴；19—进料口

粗碎圆锥破碎机的规格用进料口的最大宽度 B 和卸料口的最大宽度（$e+s$）（mm）来表示。

（2）工作参数的确定　粗碎圆锥破碎机与颚式破碎机相比，虽结构不同，但破碎与卸料过程基本相同，故在计算上有许多相似之处。

① 钳角　为简化计算，设两锥体的几何中心线相互平行（图 6-28），对于旋回式破碎机来说，由于动、定锥中心线夹角 β 很小（一般为 $2°\sim3°$），可认为两中心线近似平行。若动、定锥母线的倾斜角分别为 α_1、α_2，则两锥面的夹角 $\alpha=\alpha_1+\alpha_2$，称为粗碎圆锥破碎机的钳角。破

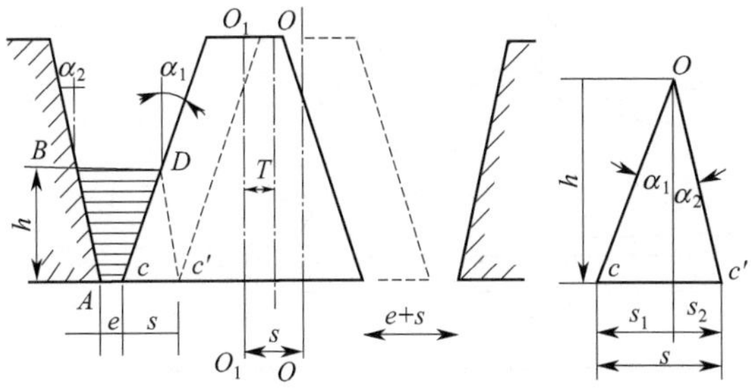

图 6-28 粗碎圆锥破碎机的钳角

碎机工作时，动锥靠近定锥，将夹紧的物料压碎，这与颚式破碎机动颚摆向定颚的情况相同。根据同样的力学分析，可得料块能被牢固地夹在破碎腔中的条件是

$$\alpha=\alpha_1+\alpha_2\leqslant 2\varphi \tag{6-39}$$

即两锥间的钳角应小于物料与锥面间的摩擦角的两倍。一般取 $\alpha=21°\sim23°$。

② 动锥转速　在粗碎圆锥破碎机的纵截面，破碎物料的过程与颚式破碎机类似，因此可按确定颚式破碎机偏心轴转速的方法计算其动锥转速。计算公式为

$$n=235\sqrt{\frac{\tan\alpha_1+\tan\alpha_2}{r}}\ (\text{r/min}) \tag{6-40}$$

式中，n 为出料口平面上动锥的偏心距，cm。

③ 生产能力　旋回式破碎机的生产能力可按式(6-33) 计算。

④ 功率　功率计算方法与颚式破碎机相似。粉碎功与受压物料的体积成正比，即同动锥表面积 F 与动锥平均偏心距的乘积成正比。功率消耗为

$$N=9.7Fr_{\mathrm{m}}n\quad(\text{kW}) \tag{6-41}$$

式中　F——动锥表面积，m^2；

r_{m}——动锥中部的摆动偏心距，m；

n——动锥转速，r/min。

(3) 性能和应用　粗碎圆锥破碎机和颚式破碎机都可作为粗碎机械，二者相比较，粗碎圆锥破碎机的特点是：破碎过程是沿着圆环形破碎腔连续进行的，因此生产能力较大，比电耗较低，工作较平稳，适于破碎片状物料，破碎产品的粒度也较均匀。从产品粒度特性曲线(图 6-29) 可看出，产品粒度组成中超过进料口宽度的物料粒度较颚式破碎机小，数量也少；同时，料块可直接从运输工具倒入进料口，不必设置喂料机。

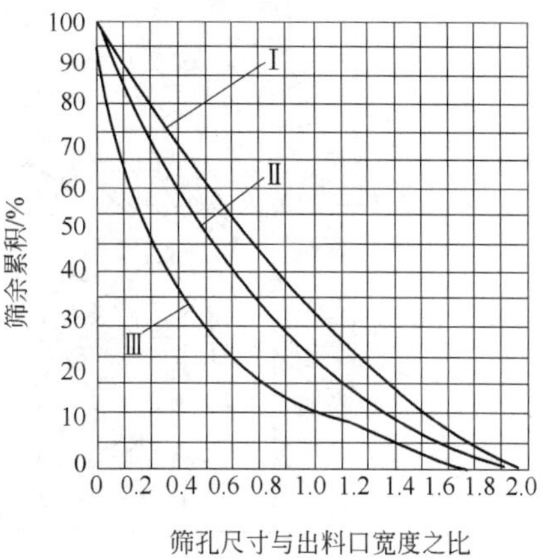

图 6-29　旋回破碎机产品粒度特性曲线
Ⅰ—硬质物料；Ⅱ—中硬物料；Ⅲ—软质物料

粗碎圆锥破碎机的缺点是：结构复杂，造价较高，检修较困难，机身较高因而使厂房及基础构筑物的建筑费用增加。

因此，粗碎圆锥破碎机适合在生产能力较大的工厂中使用。

6.4.2.3　中细碎圆锥破碎机

(1) 构造和工作原理　中细碎圆锥破碎机由正置的动、定锥构成破碎腔。根据破碎腔形式的不同，这类破碎机可分为标准型、短头型及介于二者之间的中间型三种，见图 6-30。标准型宜作中碎用，短头型宜作细碎用，中间型则中、细碎均可使用。这三种破碎机的主要区别在于破碎腔的剖面形状和平行带的长度不同，标准型的平行带最短，短头型的最长，中间型的介于二者之间。其余部件的构造完全相同。此外，圆锥破碎机按其采用的保险装置不同又可分为弹簧圆锥破碎机和液压圆锥破碎机。

标准型圆锥破碎机的构造如图 6-31 所示，其主要破碎部件是定锥和动锥。定锥主要由调整套和定锥衬板组成。衬板连同吊钩一起用高锰钢铸成，用 V 形螺栓悬挂在调整套的筋上，它们之间浇注锌合金使之紧密结合。接料漏斗用螺钉固接在调整套上。调整套和支承套用梯形螺纹连接，支承套又用弹簧螺杆压紧在机架上。

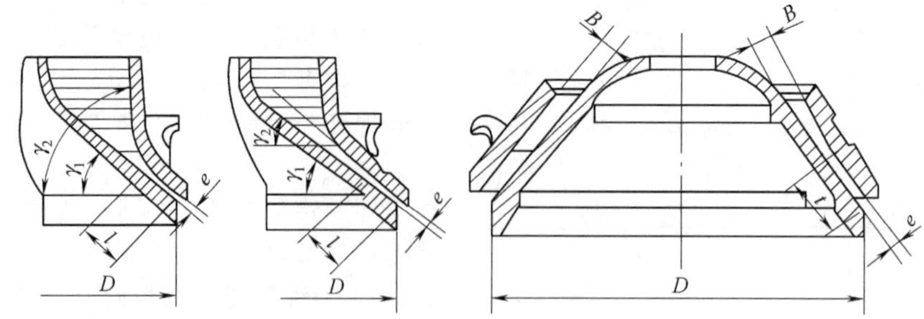

图 6-30　圆锥破碎机破碎腔的类型

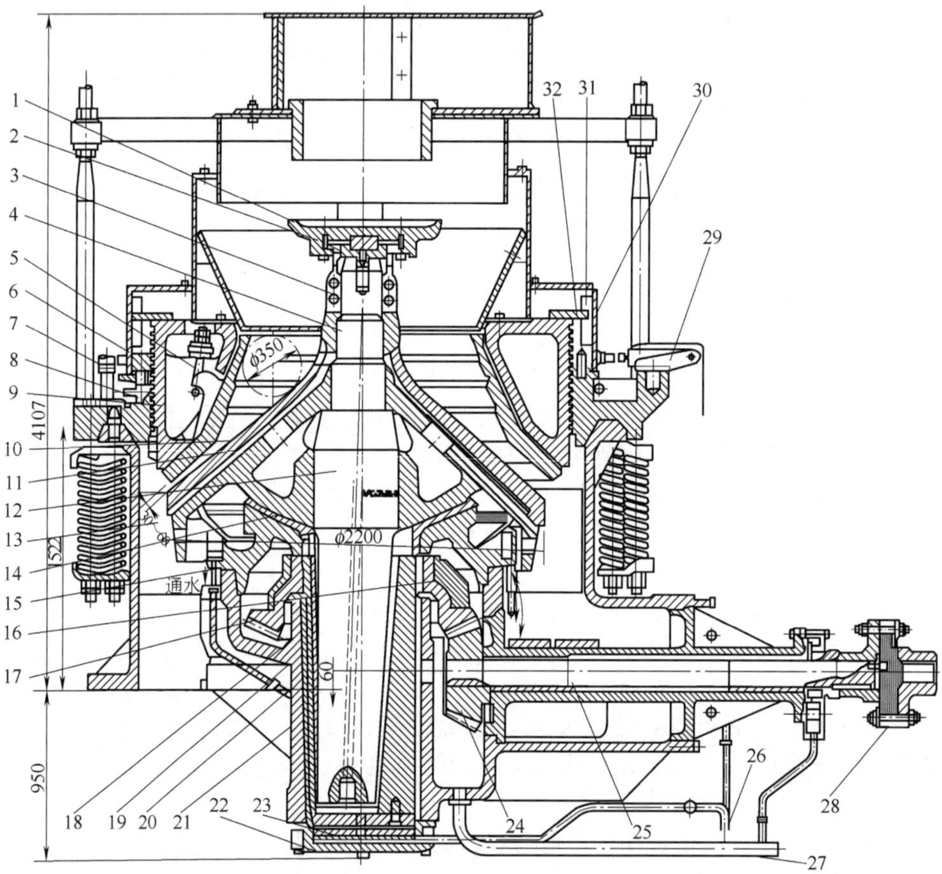

图 6-31　标准型圆锥破碎机的构造

1—分配盘；2—止动齿轮；3—圆锥头；4—压头；5—U 形螺栓；6—锁紧套；7—锁紧缸；8—支承套；9—调整套；10—定锥衬套；11—动锥衬套；12—主轴；13—动锥驱体；14—碗形轴瓦；15—碗形轴承套；16—平衡重；17，24—小圆锥齿轮；18—锥形套；19—偏心套；20—大衬套；21—机架；22—底盘；23—止动盘；25—水平轴；26—进油；27—回油；28—联轴器；29—推动缸；30—防尘罩；31—条铁；32—挡铁

动锥主要由动锥驱体、主轴、动锥衬板和分配盘组成。动锥驱体压在主轴上，动锥衬板为高锰钢铸件，压套和锥头压在动锥驱体上。动锥驱体与衬板之间也浇注锌合金使之紧贴。

主轴头上安装分配盘，主轴下部呈锥形，插在偏心衬套的锥形孔中。当偏心套转动时带动动锥作偏旋运动。为了保证动锥的偏旋运动，动锥驱体下部加工成球面，并支承在碗形轴承上。碗形轴承由碗形轴瓦和轴承架组成，轴承架用方销固定在机架套筒上，动锥所受的全部力都由机架承受。

偏心套支承在由几个垫件组成的端轴承（或称止推盘）上，端轴承位于机架的底盘上。为减轻摩擦，最上面的钢垫随偏心套旋转，最下面的青铜垫与机架连接，中间的青铜垫和钢垫自由转动。垫件的接触面上有油槽以便送入润滑油，减轻磨损。偏心套在大衬套内旋转，后者装在机架中心的套筒内。在偏心套锥形膛孔内还有锥形衬套，内锥的立轴在锥形套内旋转。

破碎机用电动机通过弹性联轴器、传动轴、小圆锥齿轮带动大圆锥齿轮而使偏心套旋转，迫使动锥以其球面中心为悬点绕破碎机的中心线旋转。喂入的物料经漏斗落到分配盘上，然后分布到破碎腔中。破碎后的物料沿锥面卸出。

为了平衡动锥偏转时所产生的离心惯性力，大圆锥齿轮上装有铅制的平衡块。采用水封装置以防止粉尘等进入碗形轴瓦、大小圆锥齿轮等摩擦表面。在碗形轴承架上设有环形沟槽，沟槽中通以循环水；在动锥体的下部焊接锥形挡板，工作中防尘挡板插入循环水中将粉尘挡在外面，落入水中的粉尘由循环水冲走。

由于衬板磨损或其他原因，应对出料口进行调整。出料口的调整由液压系统控制。用液压缸的推动头推动，使调整套转动，借助梯形螺纹传动来改变定锥的上下位置以实现出料口的调整。

弹簧是破碎机的保险装置。当难碎物落入破碎腔时，弹簧被压缩，支承套和定锥被抬起，让难碎物排出，从而避免机件的损坏。难碎物排出后，支承套和定锥借助于弹簧的张力回复至原位。

液压圆锥破碎机的工作原理和构造如图 6-32 所示。其工作过程与弹簧圆锥破碎机相同，但动锥的立轴下部有一个单缸液压活塞，承受动锥总质量和破碎负荷，并兼有调节和保险装置的作用。

出料口的大小用液压装置调节。当油从油箱压入油缸下方时，促使动锥上升，出料口缩小；将油缸活塞下方的油放回油箱时，动锥下降，出料口增大。

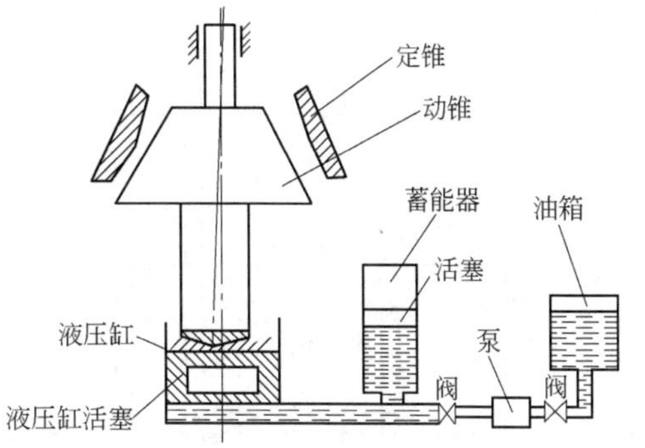

图 6-32 液压圆锥破碎机工作原理和构造

在正常情况下，蓄能器活塞上方氮气的压力要等于破碎所需的压力。当喂料过多或遇有难碎物落入破碎腔时，高压油路中的油压大于蓄能器中氮气的压力。蓄能器的活塞将压缩氮气而上升，液压油进入蓄能器，则液压缸内的活塞下降，动锥随之下降，出料口增大，可让难碎物卸出，起到保险的作用。难碎物卸出后，氮气压力高于油压，进入蓄能器的油被压回油路，促使液压缸活塞上升，动锥回复至正常工作位置。

中细碎圆锥破碎机的规格用镶嵌衬板的动锥底部直径 D（mm）来表示。例如 ϕ2200mm 圆锥破碎机表示其动锥底部直径为 2200mm。

（2）工作参数的确定

① 钳角 为了提高破碎效率，对于标准型和中间型圆锥破碎机，两锥各段的钳角 α 都必须小于物料与衬板的摩擦角 φ 的两倍，即

$$\alpha=\gamma_2-\gamma_1\leqslant 2\varphi \tag{6-42}$$

式中，γ_2、γ_1 为定锥和动锥与水平线的夹角，一般而言，$\gamma_1=38°\sim41°$。对于短头型破碎机则不必考虑钳角，一般都能满足上述条件。

② 动锥转速 为了使卸出的物料尺寸都小于破碎机出料口宽度，应使料块通过平行带的时间不低于动锥每转所需时间。动锥转速可按下式计算

$$n \geqslant 133\sqrt{\frac{\sin\gamma - f\cos\gamma}{l}} \quad (\text{r/min}) \tag{6-43}$$

式中　l——平行带的长度，m；

　　γ——动锥母线与水平面的夹角，(°)。

③ 生产能力　中细碎圆锥破碎机的生产能力也可按式(6-33）计算，但三种类型的单位出料口宽度的生产能力 q 不相同。

④ 功率　中细碎圆锥破碎机的功率消耗可按下式计算

$$N = 6Fr_{\mathrm{m}}n \quad (\text{kW}) \tag{6-44}$$

式中　F——动锥表面积，m^2；

　　r_{m}——动锥中部的偏心距，m；

　　n——动锥转速，r/min。

(3）性能及应用　同粗碎圆锥破碎机一样，中细碎圆锥破碎机的优点是：生产能力大，破碎比大，比电耗低。缺点是：构造复杂，投资费用大，检修维护较困难。

标准型和短头型圆锥破碎机的产品粒度特性曲线分别如图 6-33 和图 6-34 所示。可以看出，在产品粒度组成中，大于出料口宽度的物料含量较高，且产品的粒度过大系数 K_{e}（最大出料粒度 $d_{\max}$ 与出料口宽度 e 之比）值也较大。对于硬质物料，标准型和短头型的 K_{e} 值分别为 2.8～3.0 和 3.8。

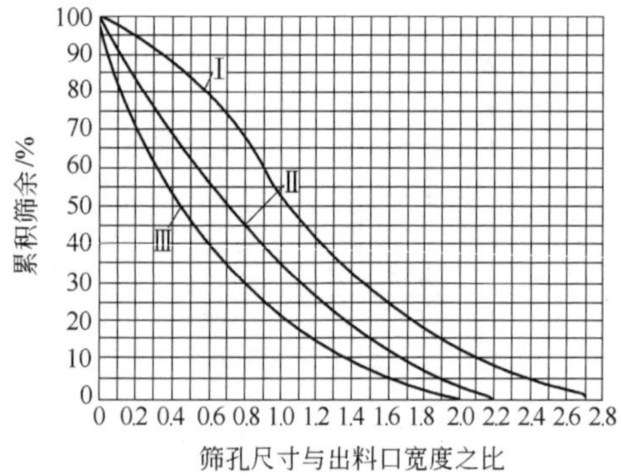

图 6-33　标准型圆锥破碎机的产品粒度特性曲线

Ⅰ—硬质物料；Ⅱ—中硬物料；Ⅲ—软质物料

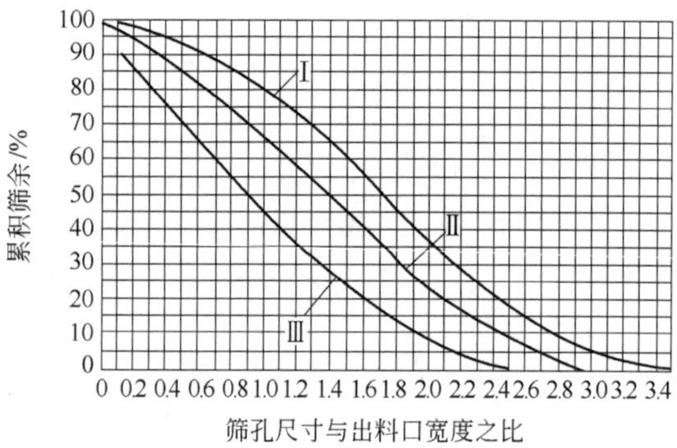

图 6-34　短头型圆锥破碎机的产品粒度特性曲线

Ⅰ—硬质物料；Ⅱ—中硬物料；Ⅲ—软质物料

6.4.3　辊式破碎机

6.4.3.1　双辊式破碎机

常用的辊式破碎机是双辊式破碎机，其破碎机构是一对圆柱形辊子（图 6-35），它们相互平行水平安装在机架上，前辊 1 和后辊 2 作相向旋转。物料加入喂料箱 16 内，落在转辊的上面，在辊子表面的摩擦力作用下被拉进两辊之间，受到辊子的挤压而粉碎。粉碎后的物料被转辊推出向下卸落。因此，辊式破碎机是连续工作的，且有强制卸料的作用，粉碎黏湿的物料也不致堵塞。

辊子安装在焊接的机架 3 上，由安装在辊轴 11 上的辊芯 4 及套在辊芯上的辊套 7 组成。两者之间通过锥形环 6 用螺栓 5 拉紧以使辊套紧套在辊芯上。当辊套的工作表面磨损时，其容易拆换。前辊的轴安装在滚柱轴承内，轴承座 18 固定安装在机架上。后辊的轴承 19 则安装在机架的导轨中，可在导轨上前后移动。这对轴承用强力弹簧 14 压紧在顶座 12 上。当两辊间落入难碎物时，弹簧被压缩，后辊后移一定距离使难碎物落下，然后在弹簧张力作用下又回复至原位。弹簧的压力可用螺母 15 调节。在轴承 19 与顶座 12 之间放有可更换的钢垫片 13，通过更换不同厚度的垫片即可调节两转辊的间距。

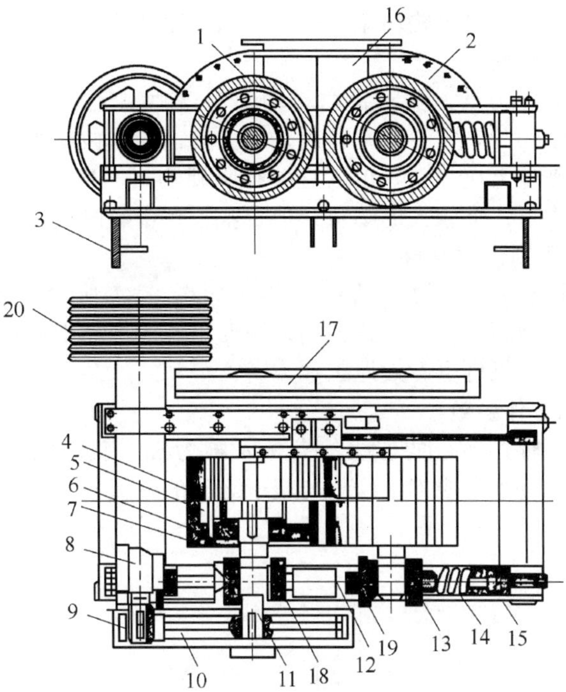

图 6-35　双辊破碎机

1—前辊；2—后辊；3—机架；4—辊芯；5—拉紧螺栓；6—锥形环；7—辊套；8—传动轴；9，10—减速齿轮；11—辊轴；12—顶座；13—钢垫片；14—强力弹簧；15—螺母；16—喂料箱；17—传动齿轮；18—轴承座；19—轴承；20—胶带轮

前辊通过减速齿轮 9 和 10、传动轴 8 及胶带轮 20 用电动机带动，后辊则通过装在辊子轴上的一对传动齿轮 17 由前辊带动作相向转动。为使后辊后移时两齿轮仍能啮合，齿轮采用非标准长齿齿轮。

根据使用要求，辊子的工作表面可选用光面、槽面和齿面的，如图 6-36 所示。齿面辊子由一块块带有盘齿 5 的钢盘 1 合并而成，钢盘用键 3 装在轴 2 上，螺栓 4 将各块钢盘串联起来拉紧成为一整体。

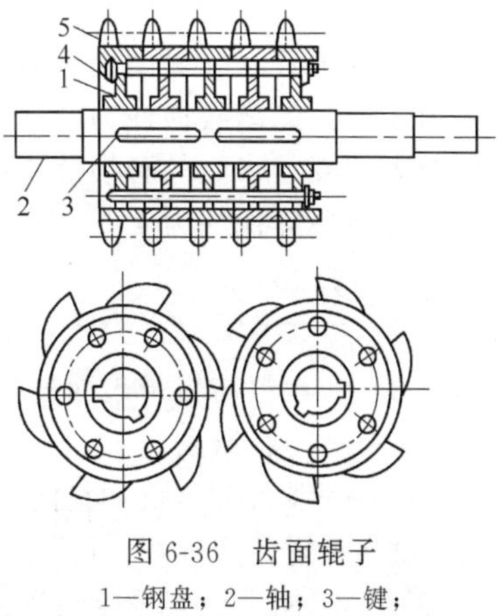

图 6-36　齿面辊子

1—钢盘；2—轴；3—键；4—螺栓；5—盘齿

光面辊子主要以挤压方式粉碎物料，它适合于破碎中硬或坚硬物料。为了加强对物料的粉碎，两辊子的转速也可不一致，此时对物料还兼有剥磨作用，宜用于黏土及塑性物料的细碎，产品粒度小且均匀。

带有沟纹的槽面辊子破碎物料时除施加挤压作用外，还兼施剪切作用，故适用于强度不大的脆性或黏性物料的破碎，产品粒度也较均匀。槽面辊子可有助于物料的拉入，当需要较大的破碎比时，宜采用槽面辊子。

齿面辊子破碎物料时，除施加挤压作用外，还兼施劈裂作用，故适用于破碎具有片状解理的软质物料和低硬度的脆性物料，如煤、干黏土、页岩等，产品粒度也较均匀。齿面辊子和槽面辊子都不适合于破碎坚硬物料。

辊式破碎机的规格用辊子直径和长度 D（mm）×L（mm）来表示。因辊子表面磨损不均匀，因此辊子长度 L 应不小于辊子直径 D，一般取 $L=(0.3\sim0.7)D$。

辊式破碎机的主要优点是：结构简单，机体不高，紧凑轻便，造价低廉，工作可靠，调整破碎比方便，能粉碎黏湿物料。

其主要缺点是：生产能力低，要求将物料均匀连续地喂到辊子全长上，否则辊子磨损不均，且所得产品粒度也不均匀，需要经常修理。对于光面辊式破碎机，喂入物料的尺寸要比辊子直径小得多，故不能破碎大块物料，也不宜破碎坚硬物料，通常用于中硬或松软物料的中、细碎。齿面辊式破碎机虽可钳进较大的物料，但也限于在中碎时使用，且物料的强度不能过大（一般不超过 60MPa），否则齿棱易折断。

辊式破碎机在不同辊间距时的产品粒度曲线如图 6-37 所示。由图可见，产品中约有 15%～20%的物料超过辊间距尺寸。实践证明，当要求破碎产品中保持一定数量的粗粒，并不希望有过多的细粒时，破碎机可更有效地工作。

6.4.3.2 双辊破碎机的工作参数

(1) 钳角　物料与两辊接触点的切线的夹角 α 称为辊式破碎机的钳角，如图 6-38 所示。与颚式破碎机一样，钳角应小于或等于物料与辊子之间的摩擦角 φ 的两倍，即

$$\alpha\leqslant2\varphi \tag{6-45}$$

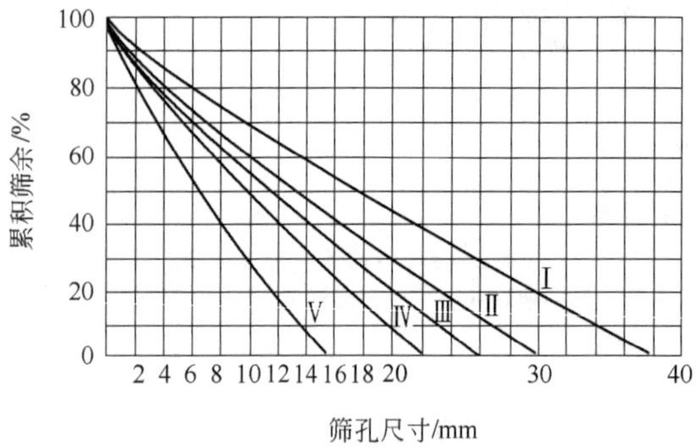

图 6-37　辊式破碎机的产品粒度曲线

Ⅰ—辊间距 32mm；Ⅱ—辊间距 25mm；Ⅲ—辊间距 22mm；Ⅳ—辊间距 19mm；Ⅴ—辊间距 13mm

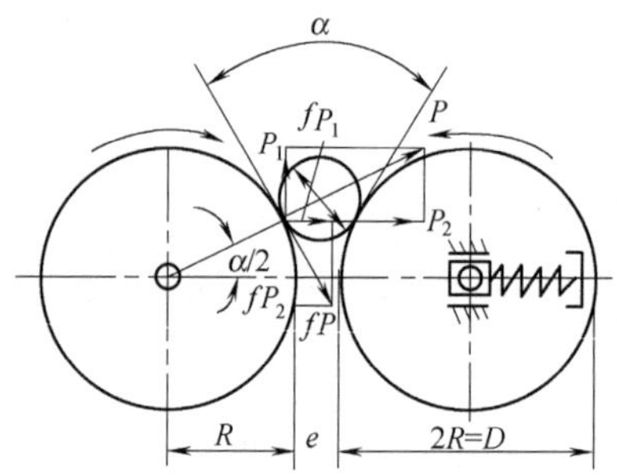

图 6-38　辊式破碎机的钳角

(2) 辊子转速　提高辊子转速可提高生产能力。但若转速超过一定限度时，落在转辊上的物料由于较大的离心惯性力的作用而不易被钳进转辊之间，不仅不能提高生产能力，反而导致电耗增大，辊子表面的磨损及机械振动增大。根据物料在辊子上的离心惯性力与各作用力的平衡条件，当破碎比约为 4 时，光面辊式破碎机的辊极限转速为

$$n_{\max}=616\sqrt{\frac{f}{\rho dD}}\quad(\mathrm{r/min}) \tag{6-46}$$

式中　f——物料与辊子表面的摩擦系数；

ρ——物料密度，kg/cm^3；

d——喂入破碎机物料的粒径，cm；

D——辊子直径，cm。

(3) 生产能力　假设物料连续均匀地填满整个辊子长度，则破碎后物料将形成一连续扁带从破碎机卸出。若料带的宽度等于辊子长度 L，厚度为辊间距 e，卸出速度等于辊子圆周速度 v，则破碎机的生产能力为

$$Q=3600Lev\rho\quad(\mathrm{t/h}) \tag{6-47}$$

式中，ρ 为物料容积密度，t/m^3。

（4）功率　破碎机功率可用经验公式计算。粉碎中硬物料时，破碎机所需功率为

$$N=0.794KLv \quad (\text{kW}) \tag{6-48}$$

式中，系数 $K=0.6d/d_e+0.15$，d 和 d_e 分别为喂料粒度和卸料粒度。

6.4.4 锤式破碎机

6.4.4.1 工作原理及类型

锤式破碎机的主要工作部件为带有锤子的转子。通过高速转动的锤子对物料的冲击作用进行粉碎。由于脆性物料的抗冲击性差，因此这种破碎机的作用原理较合理。锤式破碎机的种类很多，按不同结构特征分类如下。

① 按转子的数目，分为单转子和双转子两类。

② 按转子的回转方向，分为不可逆式和可逆式两类。

③ 按转子上锤子的排列方式，分为单排式和多排式两类；前者锤子安装在同一回转平面上，后者锤子分布在几个平面上。

④ 按锤子在转子上的连接方式，分为固定锤式和活动锤式两类。

锤式破碎机的规格用转子的直径（mm）×长度（mm）来表示，如 ϕ2000mm×1200mm 锤式破碎机表示破碎机的转子直径为 2000mm，转子长度为 1200mm。

6.4.4.2 构造、性能及应用

（1）单转子锤式破碎机　图 6-39 为单转子多排不可逆锤式破碎机，它主要由机壳 1、转子 2、箅条 3 和打击板 4 等部件组成。机壳由上下两部分组成，分别用钢板焊成，各部分用螺栓连接成一体。顶部设有喂料口，机壳内部镶有高锰钢衬板，衬板磨损后可更换。

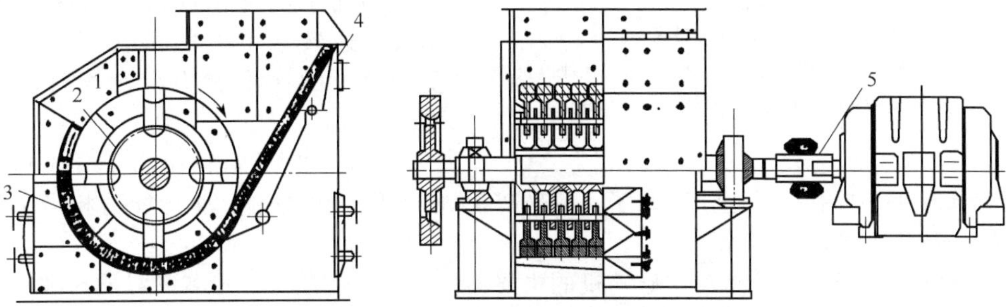

图 6-39　单转子多排不可逆锤式破碎机

1—机壳；2—转子；3—箅条；4—打击板；5—弹性联轴器

破碎机的主轴上安装数排挂锤体，在其圆周的销孔上贯穿着销轴，用销轴将锤子铰接在各排挂锤体之间。锤子磨损后可调换工作面。挂锤体上开有两圈销孔，销孔中心至转轴中心的半径不同，用以调整锤子与箅条间的间隙。为了防止挂锤体和锤子的轴向窜动，在挂锤体两端用压紧锤盘和锁紧螺母固定。转子两端支承在滚动轴承上，轴承用螺栓固定在机壳上。主轴与电动机用弹性联轴器 5 直接连接。为使转子运转平稳，在主轴的一端还装有一个大飞轮。

圆弧状卸料箅条筛安装在转子下方，箅条两端装在横梁上，最外面的箅条用压板压紧，箅条排列方向与转子转动方向垂直。箅条间隙由箅条中间凸出部分形成。为便于物料排出，箅条之间构成向下扩大的筛缝，同时还向转子回转方向倾斜。

在首先承受物料冲击和磨损的进料口下方装有打击板，它由托板和衬板等部件组成。

转子静止时，由于重力作用锤子下垂。当转子转动时，锤子在离心力作用下向外展开。进入机内的物料受到锤子打击而破碎；同时，由于物料获得动能，以较高的速度向打击板冲击或互相冲击而破碎。小于箅缝的物料通过箅缝向下卸出，未达要求的物料仍留在筛面上继续受到

锤子的冲击和剥磨作用，直至达到要求尺寸后卸出。

由于锤子是自由悬挂的，当遇有难碎物时，其能沿销轴回转，起到保护作用，因而避免机械损坏。另外，在传动装置上还装有专门的保险装置，利用保险销钉在过载时被剪断，使电动机与破碎机转子脱开从而起到保护作用。

此破碎机主要以冲击兼剥磨作用粉碎物料，由于设有篦条筛，故不能破碎黏湿物料。若物料水分过大，会发生堵塞现象。

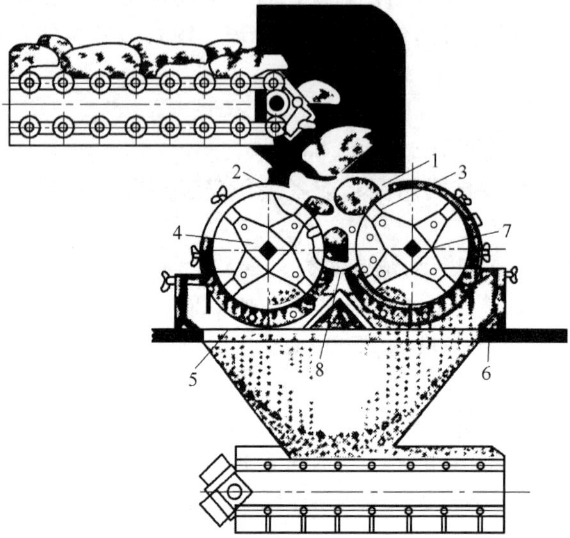

图 6-40 双转子锤式破碎机

1—弓形篦篮；2—弓形篦条；3—锤子；4—挂锤体；5—篦条筛；6—机壳；7—方轴；8—砧座

（2）双转子锤式破碎机 双转子锤式破碎机如图 6-40 所示。在机壳 6 内，平行安装有两个转子，转子由臂形的挂锤体 4 及铰接在其上的锤子 3 组成。挂锤体安装在方轴 7 上。锤子呈多排式排列，相邻的挂锤体互相交叉成十字形。两转子由单独的电动机带动作相向旋转。

破碎机的进料口设在机壳上方正中，进料口下面两转子中间设有弓形篦篮 1，篦篮由一组相互平行的篦条组成。各排锤子可自由通过篦条之间的间隙。篦篮底部有一个呈马鞍状的凸起砧座 8。

物料由进料口喂入弓形篦篮后，落在弓形篦条上的大块物料受到篦条间隙扫过的锤子的冲击粉碎，预碎后落在砧座及两边转子下方的篦条筛 5 上，连续受到锤子的冲击成为小块物料，最后经篦缝卸出。

双转子锤式破碎机由于分成几个破碎区，同时具有两个带有多排锤子的转子，故破碎比大，可达 40 左右；生产能力相当于两台同规格单转子锤式破碎机。

（3）锤子和转子 锤子是锤式破碎机的主要零件，锤头的质量、形状和材质对破碎机的生产能力影响很大，而其形式、尺寸和质量的选择主要取决于所破碎物料的性质和大小。在锤式破碎机中物料受到高速旋转的锤子的冲击粉碎，当转子的圆周速度一定时，锤子质量越大其动能也越大，越能将大块和坚硬物料粉碎。实践证明，锤子的有效质量不仅要能对物料产生冲击，而且还要在冲击时不发生向后偏倒，否则将大大降低破碎机的生产能力，增加能量消耗。因此，在粉碎大块而坚硬的物料时，宜选用重型的锤子，但个数并不要求很多。在粉碎小块而松软的物料时，宜选用轻型的锤子，此时锤子的数目应多些，以增加对物料的冲击次数，从而更有利于物料的粉碎。

常用的锤子形式如图 6-41 所示。图 6-41 中（a）、（b）、（c）三种是轻型锤子，质量通常为 3.5～15kg，多用来粉碎粒度为 100～200mm 的软质物料。其中图 6-41（a）、（b）两种是两端带孔的，磨损后可调换 4 次使用；而图 6-41（c）只能调换 2 次。图 6-41（d）为中型锤子，质量为 30～60kg。其重心距中心较远，多用于粉碎中等硬度的物料，磨损后可调换使用 2 次。图 6-41（e）、（f）是重型锤子，质量达 50～120kg，主要用于粉碎大块而坚硬的物料，磨损后也可调换 2 次使用。更换新锤子时，应在径向对称地成对更换以使破碎机平稳运转，减少振动。锤子用高碳钢锻造或铸造，也可用高锰钢铸造。

锤式破碎机的转子是一个回转速度较高的零件，同时质量大，其平衡问题非常重要。为使破碎机能正常工作，须保证其转子平衡。转子的重心偏离转轴的几何中心时，就会产生静力不平衡现象；若转子的回转中心线与其主惯性轴中心线不重合而呈交叉状态，则产生动力不平衡现象。转子不平衡时，则破碎机的轴承除承受转子的质量外，还要承受其离心惯性力和离心惯性力矩作用以致轴承磨损加剧，功率消耗增加，机械产生振动。因此，转子制造及修理后要进行精确的平衡。锤式破碎机转子的 L/D 比值不大，转子转速多在 1500r/min 以下。

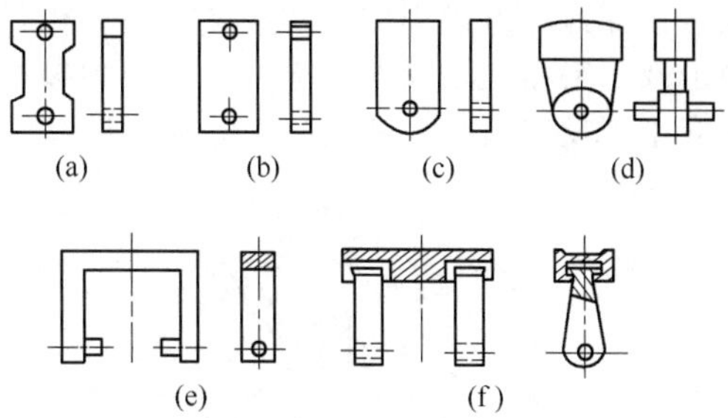

图 6-41 锤式破碎机的锤子形式

6.4.4.3 性能及应用

锤式破碎机的优点是：生产能力高，破碎比大，电耗低，机械结构简单，紧凑轻便，投资费用少，管理方便。缺点是：粉碎坚硬物料时锤子和篦条磨损较大，金属消耗较大，检修时间较长，需均匀喂料，粉碎黏湿物料时生产能力降低明显，甚至因堵塞而停机。为避免堵塞，被粉碎物料的含水量应不超过 10%～15%。

锤式破碎机的产品粒度组成与转子圆周速度及篦缝宽度等有关。转子转速较高时，产品中细粒较多。快速锤式破碎机已兼有中、细碎作用。慢速锤式破碎机产品中粗粒较多，粒度特性曲线近于直线。减小卸料篦缝宽度可使产品粒度变细，但生产能力随之降低。

6.4.4.4 工作参数的确定

（1）转子转速　转子的圆周速度大小与破碎机规格、产品粒度和物料的性质有关。增大圆周速度可使破碎比增大，并且产品中细粒级物料含量增加。但若圆周速度过大，将显著增加电耗，同时导致锤子、篦条和衬板的磨损速度加快。产品粒度要求越细，转子转速也越高，锤子的数目相应也多些。一般而言，快速锤式破碎机的转子圆周速度为 30～50m/s。

（2）功率　选配电动机时，可根据以下经验公式估算其功率

$$N_M = KD^2Ln \quad (\text{kW}) \tag{6-49}$$

式中　L——转子长度，m；

D——转子直径，m；

n——转子转速，r/min；

K——系数，$K=0.1\sim0.15$。

（3）生产能力　锤式破碎机的生产能力可按下式计算

$$Q = 60ZLed_e K\mu n\rho \quad (\text{t/h}) \tag{6-50}$$

式中　Z——卸料篦条间隙数目；

L——卸料篦条间隙长度，m；

e——卸料篦条间隙宽度，m；

d_e——产品粒度，m；

K——转子圆周方向上的锤子排数，一般取 $K=3\sim6$；

μ——物料松散及不均匀系数，一般取 $\mu=0.015\sim0.07$；

ρ——破碎产品的容积密度，t/m^3。

n 的意义同前。

6.4.5 反击式破碎机

6.4.5.1 工作原理及类型

反击式破碎机是在锤式破碎机的基础上发展起来的。如图 6-42 所示，反击式破碎机的主要工作部件为带有板锤 2 的高速转子 1。喂入机内的物料在转子回转范围（即锤击区）内受到板锤冲击，并被高速抛向反击板 3 再次受到冲击，然后又从反击板弹回到板锤，重复上述过

程。在如此往返过程中，物料之间还有相互撞击作用。由于物料受到板锤的打击、与反击板的冲击及物料相互之间的碰撞，物料内的裂纹不断扩大并产生新的裂缝，最终导致粉碎。当物料粒度小于反击板与板锤之间的缝隙时即被卸出。

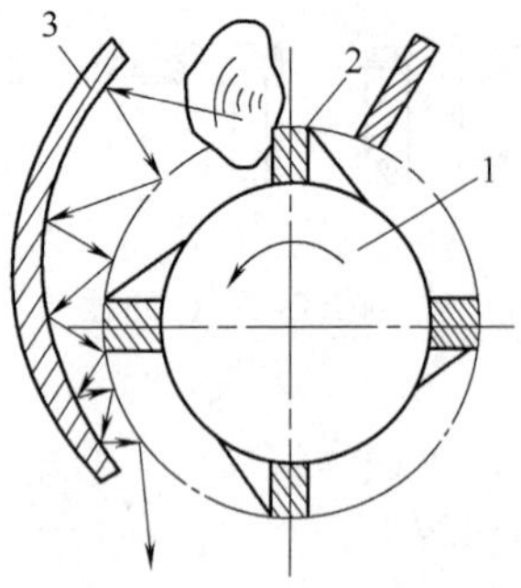

图 6-42 物料在破碎腔内的运动示意图

1—高速转子；2—板锤；3—反击板

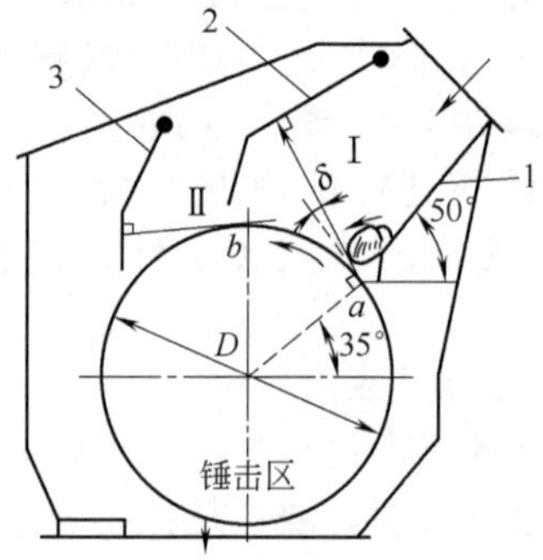

图 6-43 反击式破碎机结构原理

1—导板；2，3—反击板

图 6-43 所示为一种典型的反击式破碎机结构原理示意。物料的主要破碎过程是在转子的第一象限上部进行的，在此区域，对反弹回来的物料的重复冲击条件最佳。物料经导板 1 喂入锤击区点 a 上，小块物料受到板锤冲击后按板锤运动的切线方向沿图示虚线抛出。此时接触角 $\varphi \geqslant 90°$，见图 6-44，物料所受的冲击力可近似认为通过料块重心；大块物料接触角 $\varphi < 90°$。由于偏心冲击而产生力矩，导致物料与切线抛掷方向呈 δ 角偏斜而被抛出；同时，由于与摩擦有关的切向冲击，物料还绕其重心自转。在冲击时，已经被粉碎的物料形成锥形碎块群飞溅出去，如图 6-44（b）和图 6-45（b）所示。为消除偏心冲击产生的力矩，使物料更好地导入冲击区，将喂料导板 1 下端折成一定角度，同时调整第一块反击装置的反击面（反击板）使其与抛射上去的物料群的中心飞行方向近于垂直。

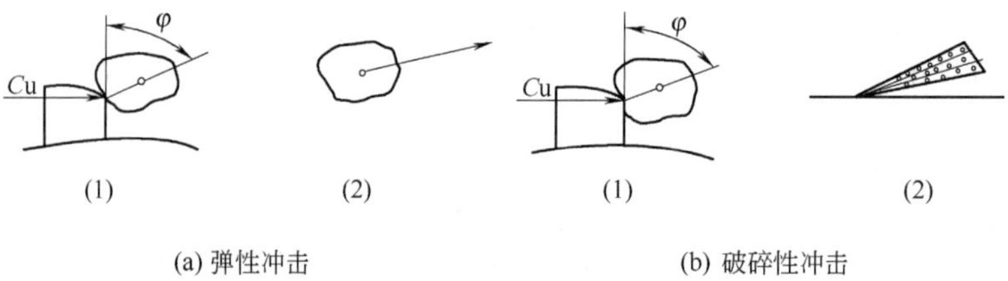

图 6-44 锤头通过中心的冲击

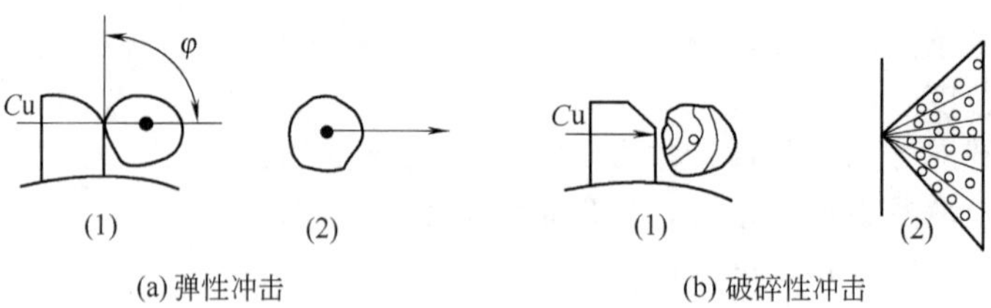

图 6-45 锤头偏离中心的冲击

物料受到第一次冲击后，在机内反复地来回抛掷，此时，物料由于局部破坏和扭转，不再按预定轨迹作有规则的运动，而是在第一象限的不同位置反复冲击，而后进入第二冲击区进一步冲击粉碎，最后粉碎的物料从机体下部卸出。反击板 2 及 3 与转子间形成的缝隙的大小对粉碎物料的粒度组成具有一定影响。破碎腔的增多还起着均整产品粒度及减少过大颗粒的作用，但会导致电耗增加及生产能力下降。通常粗碎反击式破碎机具有 1～2 个破碎腔；用于细碎的则有 2～3 个或更多的破碎腔。

由上述可见，反击式破碎机的破碎作用主要分为三个方面。

(1) 自由破碎 进入破碎腔内的物料立即受到高速板锤的冲击、物料之间的相互撞击、板锤与物料及物料之间的摩擦作用，如图 6-46 所示。在这些作用力的共同作用下，破碎腔内的物料被粉碎。

(2) 反弹破碎 实际上，被破碎的物料并非四射分散，而是集中在一个锥形区间内。由于高速旋转的转子上的板锤的冲击作用，物料获得很高的运动速度而撞击到反击板上，从而受到进一步粉碎，如图 6-47 所示。这种粉碎作用称为反弹粉碎。

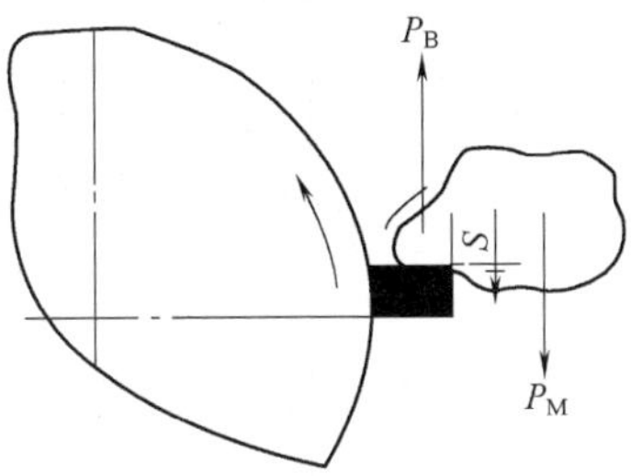

图 6-46 反击式破碎机物料受力图

(a) 单转子的破碎作用 (b) 双转子的破碎作用

图 6-47 物料在反击式破碎机内的破碎过程

(3) 铣削破碎 经上述两种作用未能被破碎的大于出料口尺寸的物料在出口处被高速旋转的锤头铣削而粉碎。

实践证明，上述三种破碎作用中，物料受板锤冲击的作用最大，反击板与板锤间的缝隙、板锤露出转子体的高度以及板锤数目等因素对物料的破碎比也有一定影响。

锤式破碎机和反击式破碎机主要是利用高速冲击能量的作用使物料在自由状态下沿其脆弱面破坏，因而粉碎效率高，产品粒度多呈立方块状，尤其适合于粉碎石灰石等脆性物料。

反击式破碎机与锤式破碎机工作原理相似，均以冲击方式粉碎物料，但结构和工作过程有所差异。其主要区别在于：前者的板锤是自下而上迎击喂入的物料，并将其抛掷到上方的反击板上；而后者的锤头则顺着物料下落方向打击物料。由于反击式破碎机的板锤固定安装在转子上，并有反击装置和较大的破碎空间，可更有效地利用冲击作用，充分利用转子能量，因而其单位产量的动力消耗和金属消耗均比锤式及其他破碎机少。另外，由于此破碎机主要是利用物料所获得的动能进行撞击粉碎，因而工作适应性强。因物料的破碎程度与其本身质量成正比，故大块物料受到较大程度的粉碎，而小块物料则不致被粉碎得过小，因而产品粒度均匀，破碎比较大，可作为物料的粗、中和细碎机械。同时，调整转子的转速可较灵敏地调整产品的粒度。反击式破碎机没有上下篦条筛，产品粒度一般均为 5～10mm 以上，而锤式破碎机则大都有底部篦条，因而产品粒度较小，较均匀。

反击式破碎机按其结构特征可分为单转子和双转子两大类，见图 6-48。

单转子反击式破碎机如图 6-48 中 A～E 所示，结构简单，适合于中、小型厂使用。在转子下方设置有均整篦板的反击式破碎机，可控制粒度，因而过大颗粒少，产品粒度分布范围较窄，即产品粒度较均匀。这主要是细颗粒容易通过均整篦板的缝隙排出，过大颗粒则在均整篦板上受剪切和磨剥作用得以进一步粉碎。均整篦板起着分级和破碎过大物料的作用。均整篦板的悬挂点可水平移动以适应各种破碎情况，其下端可供调整均整篦板与转子间的夹角，从而补偿因篦板和板锤磨损引起的卸料间隙的变化。双转子反击式破碎机按转子回转方向可分为以下三类。

两转子同向旋转的，如图 6-48 中 F 和 H 所示。它相当于两个单转子破碎机串联使用，破

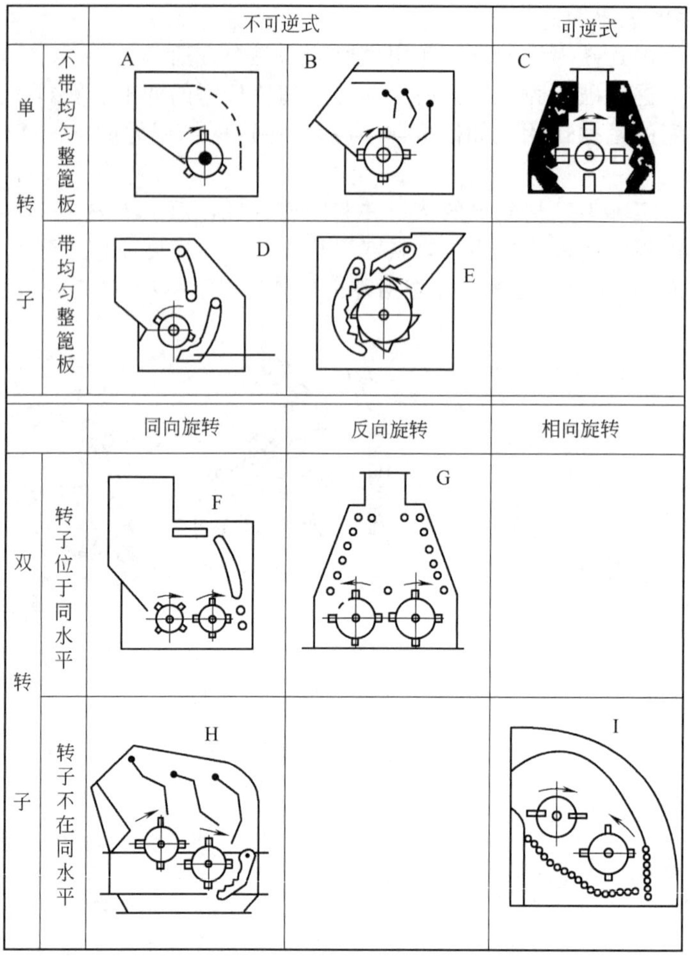

图 6-48　反击式破碎机分类图例

碎比大，粒度均匀，生产能力大，但电耗较高。可同时作为粗、中和细碎机械使用。

两转子反向旋转的，如图 6-48 中 G 所示。它相当于两个单转子破碎机并联使用，生产能力大，可破碎较大块物料，作为粗、中碎破碎机使用。

两转子相向旋转的，如图 6-48 中 I 所示。它主要利用两转子相对抛出物料时的自相撞击进行粉碎，故破碎比大，金属磨损较少。

反击式破碎机的规格用转子直径（mm）×长度（mm）表示。

6.4.5.2　构造、性能及应用

（1）单转子反击式破碎机　单转子反击式破碎机的构造如图 6-49 所示。物料从进料口 7 喂入，为了防止物料在破碎时飞出，装有链幕 8。喂入的物料落到装在机壳 6 内的篦条筛 9 上面，将细小的物料筛出，大块的物料沿着筛面落到转子 1 上。在转子的转轴上固定安装着凸起一定高度的板锤 2，转子由电动机经 V 带带动转动。落在转子上

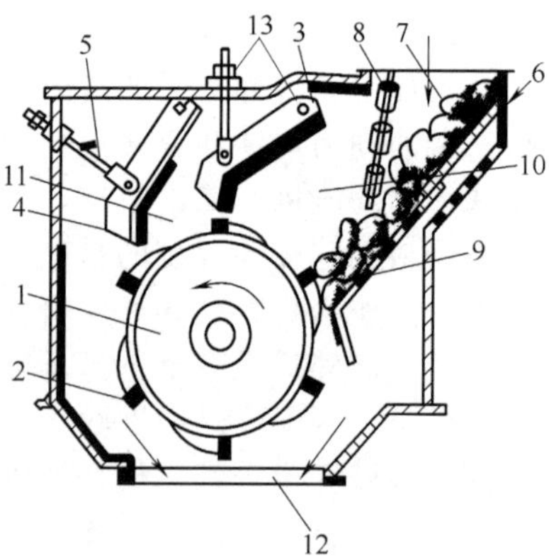

图 6-49　单转子反击式破碎机

1—高速转子；2—板锤；3—第一反击板；4—第二反击板；5—悬挂螺栓；6—机壳；7—进料口；8—链幕；9—篦条筛；10—第一冲击区；11—第二冲击区；12—出料口；13—活铰

面的料块受到高速旋转的板锤的冲击获得动能，以高速向反击板撞击，继而又从反击板上反弹回来，与从转子抛掷出来的物料相互撞击。因此，在篦条筛 9、转子 1、第一反击板 3 及进料口链幕 8 所组成的空间内形成强烈的冲击区 10，物料频频受到这种相互冲击作用而粉碎，继而在两块反击板 3、4 与转子之间组成的第二冲击区 11 内进一步受到冲击粉碎。粉碎后的物料经转子下方的出料口 12 卸出。

反击板的一端用活铰 13 悬挂在机壳上，另一端用悬挂螺栓 5 将其位置固定。当有大块或难碎物料夹在转子与反击板间隙时，反击板受到较大压力而向后移开，间隙增大，使难碎物通过，不致损坏转子，而后反击板在自重作用下回复至原位，以此作为破碎机的保险装置。

增加破碎腔数目可强化选择性破碎，增大物料的破碎比。因此，通过增设破碎腔，采取较低的转子速度，不仅可达到通常需要较高的转子速度才能达到的破碎效果，而且还可减少产品中的过大颗粒及降低板锤磨损。这对破碎硬质物料具有重要意义。图 6-50 所示的 Hardopact 型反击式破碎机的转子速度仅为 22～26m/s，比普通反击式破碎机转子的速度低 15%～20%。由于板锤的磨耗与其线速度的平方成正比，因而通过降低板锤的线速度减少磨损的效果是显而易见的。为了在低速运转的情况下仍能保证产品粒度，采用三个反击板构成的三个破碎腔结构，以低能耗获得较高的生产能力。该破碎机适合于硬质物料的破碎。

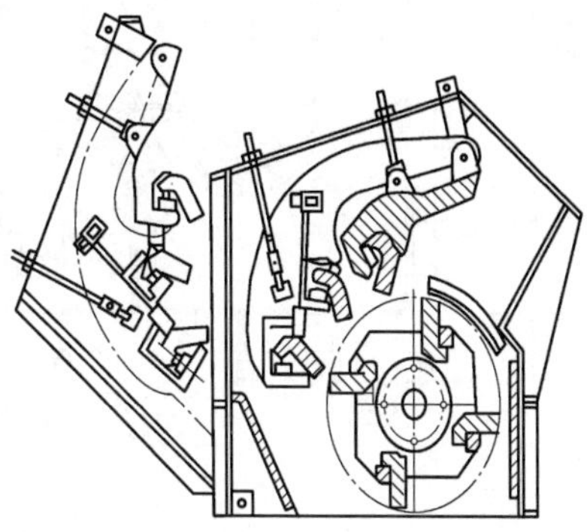

图 6-50 Hardopact 型反击式破碎机

(2) 双转子反击式破碎机 图 6-51 所示为 ϕ1250mm×1250mm 双转子反击式破碎机。机体 1 内装有两个平行排列的转子，并有一定的高度差，第一级转子 2 稍高，与第二级转子 5 的中心连线与水平线的夹角约为 12°。第一级为重型转子，用于粗碎；第二级转子的转速较快，能满足最终产品的粒度要求。

第一级转子用螺栓固定着 8 块板锤，排列成 4 排；第二级转子同样用螺栓固定着 12 块板锤，排列成 6 排。板锤均用高锰钢铸造。转子固定在主轴上，两端用滚动轴承支承在下机体上。两转子分别由两台电动机连接液力联轴器、挠性联轴器，经 V 带传动作同向高速旋转。采用液力联轴器，既可降低超支负荷，减小电机容量，又可起到保险作用。

第一和第二反击板 3、6 的一端通过悬挂轴铰接于上机体两侧板上，另一端分别由悬挂螺栓或调节弹簧部件 7 支挂在机体上部或后侧板上。分腔反击板 4 通过支挂轴与装在机体两侧面的连杆及压缩弹簧 8 相连，悬挂在两转子之间，将机体分成两个破碎腔。分腔反击板与第一反击板连接成圆弧状反击破碎腔。分腔反击板和第二反击板的下半部安装有不同排料尺寸的篦条衬板以使达到粒度要求的物料及时排出。篦条衬板用高锰钢铸造。

为了充分利用物料排出时的动能，避免个别大块物料排出，确保产品粒度的质量，在第二级转子的卸料端设置均整篦板 9 及固定反击板 12，在物料接触的表面装有高锰钢铸造的篦条和防护衬板。如果对产品粒度的均匀性要求较高，还可在第一级转子下部装置均整篦板。

产品粒度要求改变或板锤等零件磨损后都需要进行适当调整。主要是调整分腔反击板、第二反击板和均整篦板与转子上板锤端点的间隙。第一反击板用来配合分腔反击板的调节，以保持近似圆弧形的反击破碎腔。调整分腔反击板时，拧动定位螺母即可改变与转子板锤端点的间隙。调整间隙时，须相应调整弹簧预应力。第二反击板、均整篦板与第二转子板锤端点间的间隙可通过相应的弹簧来调整。

上下机体在物料破碎区域的内壁装有衬板，机体上设有便于安装检修用的后门和侧门。机

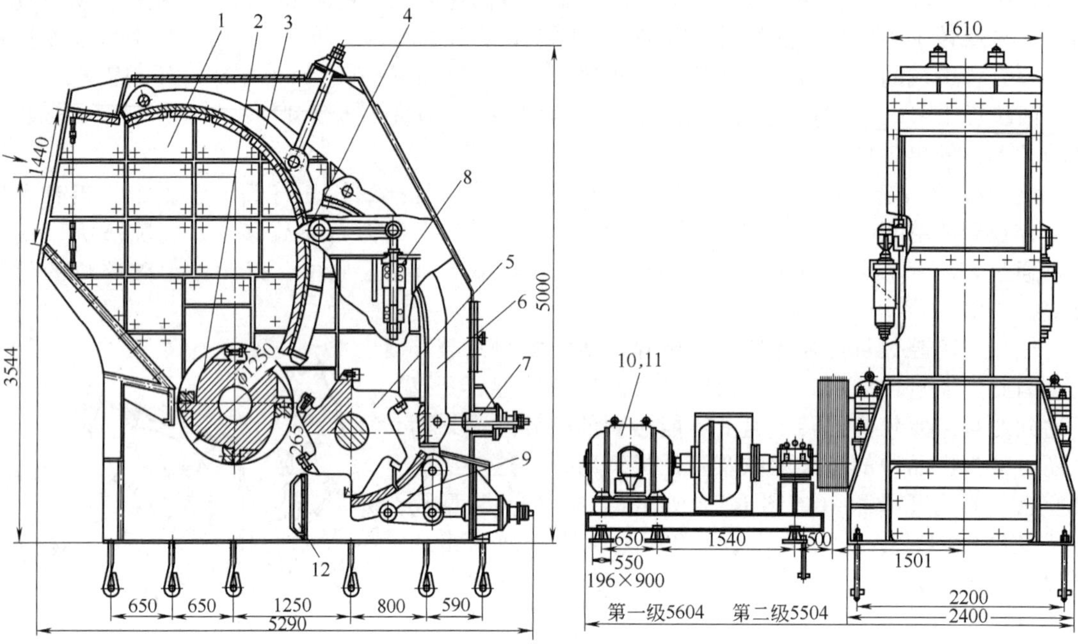

图 6-51　ϕ1250mm×1250mm 双转子反击式破碎机

1—机体；2—第一级转子；3—第一反击板；4—分腔反击板；5—第二级转子；6—第二反击板；7—调节弹簧部件；8—压缩弹簧部件；9—均整篦板；10—一级传动装置；11—二级传动装置；12—固定反击板

体进料口处设置有链幕以防止物料在破碎时飞出。

该破碎机的喂料导板位置较低，因而板锤对喂入物料的冲击点较低，增大了冲击空间，有利于冲击粉碎；同时，采用分腔集中冲击粉碎，且两转子具有一定高度差，使第一转子具有强制给料性能，因而扩大了两转子的工作角度，使两转子得到充分利用，并可使第二转子的线速度提高。由于两转子的线速度、板锤数及板锤高度都不同，因而可根据粉碎要求使物料得到充分粉碎。

（3）反击-锤式破碎机　反击-锤式破碎机是一种反击式和锤式相结合的破碎机，按其结构特征也可分为单转子和双转子两种。

单转子反击-锤式破碎机又称 EV 型破碎机，如图 6-52 所示。其结构特点是机内装设有喂料辊筒 3、一块可调节的颚板 5 和一个可调节的卸料篦条筛 6。反击腔较大，仅使用一个中速锤式转子 4 即可进行连续破碎。物料经一次破碎后，粒度小于 25mm 的颗粒可达 95%。

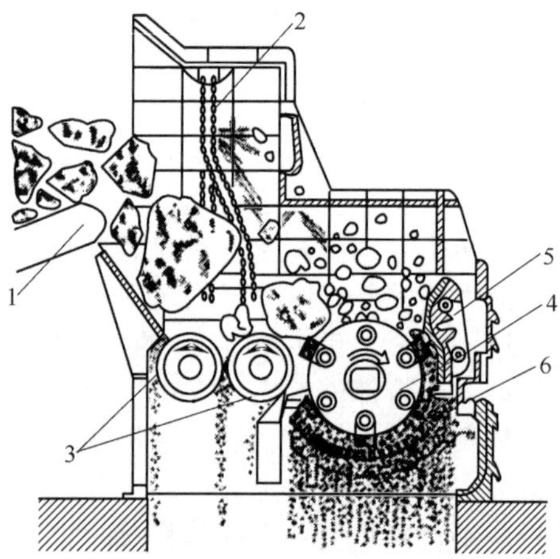

图 6-52　单转子反击-锤式破碎机

1—喂料机；2—链幕；3—喂料辊筒；4—锤式转子；5—颚板；6—卸料篦条筛

为了破碎大块物料，在锤式转子前装设两个慢速回转的喂料辊筒以缓冲喂入的大块物料的冲击，减轻对锤式转子的冲击，并实现由辊筒向锤式转子的均匀喂料。两辊筒不但保护了锤式转子，由于喂入机内的细小物料可从其间隙直接漏下，因而它们还起到了预筛分作用。

锤子是活动悬挂的，圆周速度为 38～40m/s，锤子质量为 90～230kg。

通过调节颚板、卸料篦条与转子的距离及篦条之间的缝隙，可以调整粉碎产品的粒度。当然，这将引起生产能力的变化。有关产品粒度与生产能力的关系见图 6-53。

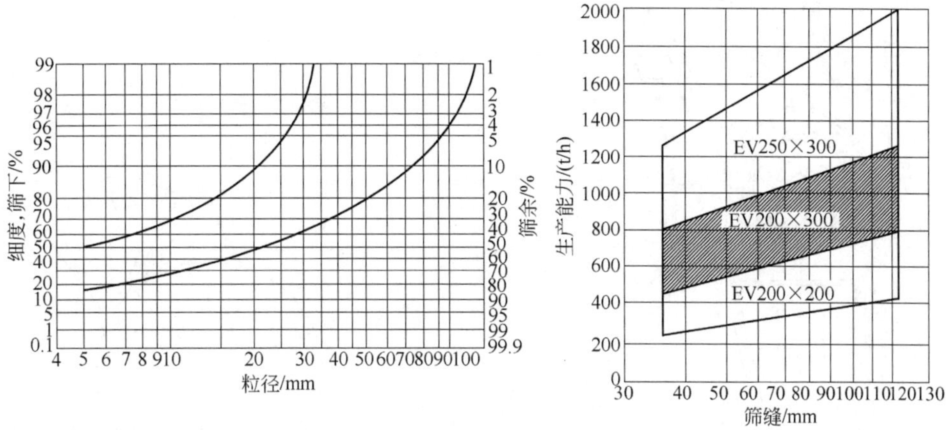

图 6-53 EV 型破碎机的产品粒度与生产能力的关系

据称，当粉碎到 95%的物料小于 25mm 时，其电耗为 0.3～0.4kW·h/t。

双转子反击-锤式破碎机（图 6-54）装有两个锤式转子，其粉碎比可达 50 左右，可用于单级破碎。

(4) 烘干反击式破碎机　反击式破碎机破碎黏湿物料时，生产能力将明显降低，甚至发生堵塞现象。为适应这种情况，研制了破碎与烘干同时作业的烘干反击式破碎机，其构造如图 6-55 所示。这种破碎机无出料篦条，转子及其上部反击板等结构与一般反击式破碎机相同，物料的破碎过程也与前述的单转子反击式破碎机相同，所不同的是在出料口下部的侧向和喂料口侧向加设进风口 3，高温气体从此进入，在破碎的同时烘干物料，废气由出风口 4 排出。由于破碎机内部表面积小，保温性能好及散热损失小，故热效率高。破碎机构造简单，体积小，占地面积小，设备投资费用低。

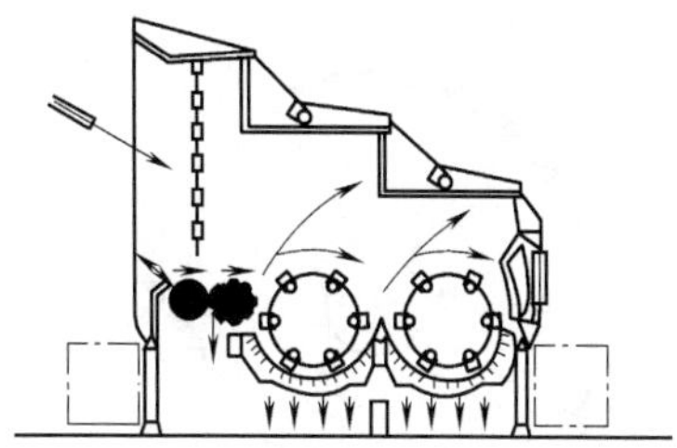

图 6-54 双转子反击-锤式破碎机

烘干反击式破碎机视其生产能力的大小也有单转子和双转子之分。入料水分可达 25%～30%，出料水分可降低至 1%以下。在水泥厂可用它来进行石灰石、黏土、页岩和煤等原料的烘干破碎。

(5) 反击装置和转子　反击装置的作用是承受被板锤击出的物料在其上的冲击粉碎，并将冲击破碎后的物料重新弹回锤击区再行粉碎，以确保最终获得满足要求的产品粒度。

反击板的形式很多，主要有折线形和弧线形两种。渐开线形的反击面（图 6-56）的主要特点是：在反击板各点上物料均以垂直方向进行冲击，因此可获得最佳的破碎效果。但渐开线形反击面制作困难，并且实际破碎时由于料块在腔内存在相互干扰致使运行轨迹不规则，故实用意义不大，通常采用近似渐开线的折线形反击面取代之。

图 6-57 为圆弧形反击面，它能使物料由反击板反弹后在圆心区形成强烈冲击粉碎区，以增加物料的自由冲击破碎效果。

图 6-58 为前进形反击面，反弹轨迹呈锯齿形，一般物料的反弹过程应朝向卸料端前进，以减小因物料在腔内的干扰而引起的能量消耗。这主要用于粗碎各种易碎物料。

后退形反击面如图 6-59 所示。这种形状使物料在反击过程中以后退的方式回到冲击点，如此可增加物料受冲击的次数，获得较细的粉碎产品。

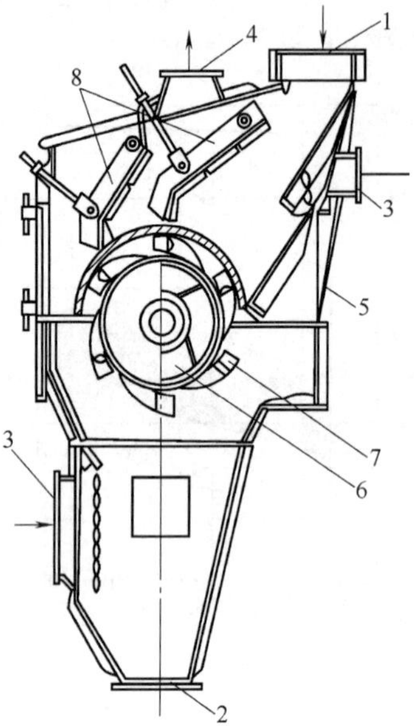

图 6-55 烘干反击式破碎机

1—喂料口；2—出料口；3—进风口；4—出风口；5—机壳；6—板锤；7—转子；8—反击板

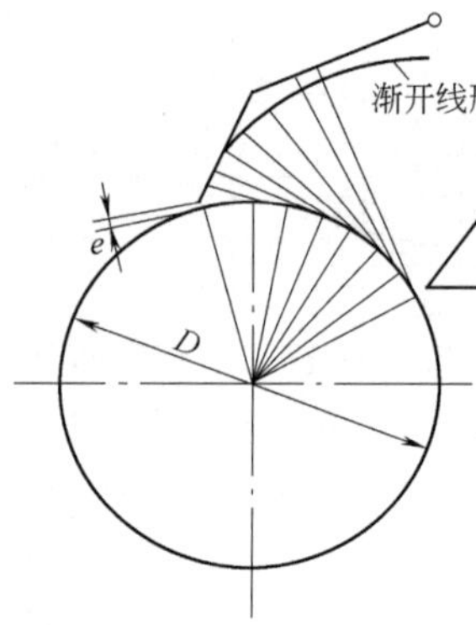

图 6-56 折线形反击面的形成

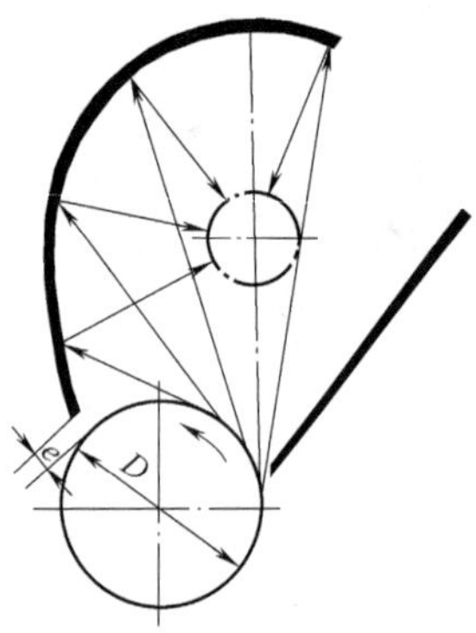

图 6-57 圆弧形反击面示意

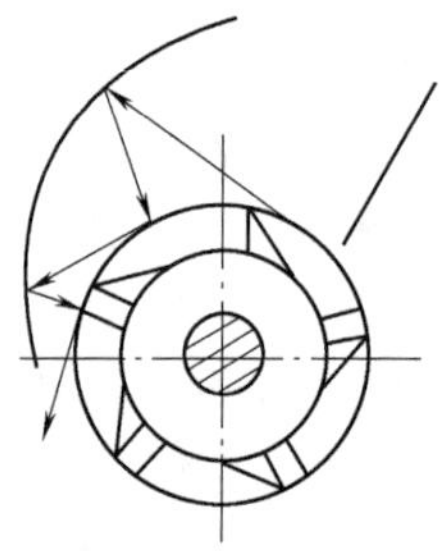

图 6-58 前进形反击面示意

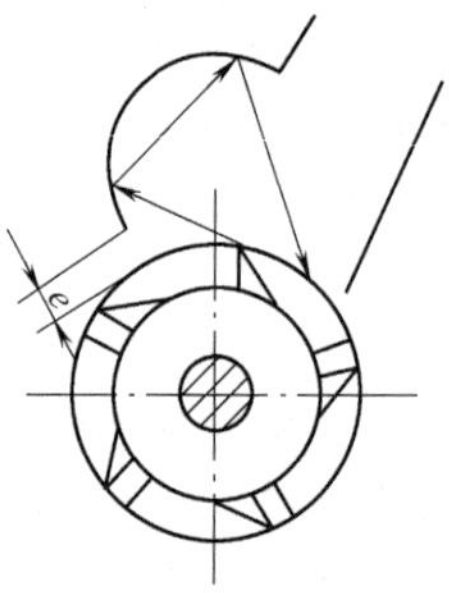

图 6-59 后退形反击面示意

反击装置一般采用钢板焊成，其反击面上装有耐磨衬板，也可用反击辊或篦条板组成。反击辊或篦条板的间距视产品最大粒度而定。篦条板的缝隙呈倒锥形以防止被物料堵塞。带有缝隙的反击面，其产品中细粒级含量较低，设备生产能力大，电耗较低。但其也存在结构复杂、反击面磨损后更换困难、耐磨材料利用率较低等缺点。

反击装置通常带有卸料间隙调整机构，通过调整卸料间隙可改变冲击次数，从而在一定程度上改变产品的粒度组成。破碎腔内进入难碎物时，反击板可绕悬挂点适当摆动，增大它与板锤之间的间隙。当难碎物通过后，它又迅速回至原位。因此，这种机构还起着保险作用。实际上，反击装置只有在受到远大于其自重的力的作用时才会发生位移。在正常工作情况下，反击板对于物料而言，犹如一块固定的平板。反击装置的结构形式大致有以下几种。

① 自重式 破碎机工作时，反击板借助其自重保持正常位置。当遇有难碎物时，反击板迅速抬起，难碎物排出后又重新回至原位。其间隙大小可通过悬挂螺栓进行调整。

② 重锤式 利用重锤保持反击板的工作位置。其平衡力的大小可通过重锤在杠杆上的位移进行调整，并用螺钉固定。

③ 弹簧式 反击板在工作时的位置是通过弹簧的压力保持的。遇难碎物时，难碎物克服弹簧的压力从腔内排出，而后反击板在弹簧的作用下回至原位。弹簧的压缩变形量应与可能进入腔内的难碎物大小相适应。

弹簧调整机构可用螺旋弹簧，也可用板簧与杠杆组合形式。合理的弹簧调整机构应能保证在卸料间隙调整时不需要重新调整弹簧预压力，简化卸料间隙调整过程，以便于应用。

④ 液压式 利用液压装置调节反击板的位置，同时作为保险装置。这种形式一般用于大型反击式破碎机，与液压启动机壳共同使用一个油压系统。

上述四种结构形式中，自重式和弹簧式应用较广泛。前者结构简单可靠，调节简便，但产品粒度均匀性差，结构也较笨重；后者产品粒度均匀性较好，但结构较复杂。

反击式破碎机大都采用整体铸钢转子，结构坚固耐用，易于安装板锤。它的质量大，能满足破碎要求。此外，也有用数块厚钢板或铸钢板与间隔套并叠而成的。小型和轻型反击式破碎机也可用钢板焊接成空心转子。为防止细粒物料通过转子两端与机壳间缝隙时引起转子端部磨损，通常在其端部镶嵌有护板。

板锤采用高锰钢等耐磨材料制成。板锤的形状有长条形、T 形、式形、S 形、斧形及带槽形等。

6.4.5.3 性能及应用

反击式破碎机结构简单，制造维修方便，工作时无显著不平衡振动，不需要笨重的基础。相比锤式破碎机它更多地利用了冲击和反击作用，物料自击粉碎强烈。因此，其粉碎效率高，生产能力大，电耗低，磨损少，产品粒度均匀且多呈立方块状。反击式破碎机的破碎比大，一般为 40 左右，最大可达 150。粗碎用反击式破碎机喂料尺寸可达 $2m^3$；细碎用反击式破碎机的产品粒度小于 3mm。

不设下篦条的反击式破碎机难以控制产品粒度，产品中有少量大块。另外，防堵性能差，不适宜破碎塑性和黏性物料，在破碎硬质物料时，板锤和反击板磨损较大，运转时噪声大，产生的粉尘也多。

6.4.5.4 工作参数的确定

(1) 转子的直径和长度 反击式破碎机主要是用带数个板锤的转子高速冲击物料进行破碎的，冲击破碎物料的能量与转子的质量有关。为了使破碎机具有足够大的冲击能量，转子体应具有足够大的质量，尤其是要有足够大的转子直径；同时，还必须满足转子结构强度和合理的破碎腔设计的需要。喂料粒度与转子直径间的比值大小对反击式破碎机的性能也有影响：比值越小，破碎比越小，生产能力越高，电动机负荷趋于均匀，相应机械效率就越高；反之，破碎比增大，生产能力降低，机械效率随之下降。喂料粒度与转子直径的关系可用下列经验公式来确定

$$d=0.54D-60 \tag{6-51}$$

式中 d——喂料粒度，mm；

D——转子直径，mm。

式(6-51) 用于单转子计算时，计算结果还应乘以 2/3。

转子的长度应视破碎机的生产能力而定，长度与直径的比 L/D 值一般取 0.5～1.2。

(2) 转子转速 反击式破碎机转子的转速是一个重要的工艺参数，它对产品的粒度和破碎比大小具有决定性作用，对生产能力也有很大影响。在确定转速时，往往先确定其圆周速度 v，一般粗碎时 $v=15$～20m/s；细碎时 $v=40$～80m/s。双转子反击式破碎机第一转子 $v=30$～35m/s，第二转子 $v=35$～45m/s。然后，用下式确定转子的转速

$$n=\frac{60v}{\pi D} \quad (\mathrm{r/min}) \tag{6-52}$$

(3) 生产能力 反击式破碎机的生产能力可用下式计算

$$Q=60(h+e)Ld_{e}ZnK\rho_{s}\quad(t/h)\tag{6-53}$$

式中 h——板锤高度，m；

e——转子与反击板之间的间隙，m；

L——转子长度，m；

d_e——物料破碎后的粒度，m；

Z——板锤个数；

n——转子转速，r/min；

K——修正系数，一般取 0.1；

ρ_s——物料的容积密度，t/m^3。

（4）功率　反击式破碎机的功率与很多因素有关，但主要取决于物料的性质、转子的速度、破碎比和生产能力。计算公式为

$$N=KQ\quad(kW)\tag{6-54}$$

式中 K——比功耗，视物料性质与粉碎细度而不同；对于中等硬度的石灰石，粗碎时 $K=0.5\sim1.2$kW·h/t，细碎时$K=1.2\sim2$kW·h/t；

Q——生产能力，t/h。

反击式破碎机所需功率也可按下式计算

$$N=0.0102\frac{Q}{g}\times C_{u}^{2}\quad(kW)\tag{6-55}$$

式中 Q——开路破碎的生产能力，t/h；

g——重力加速度，m/s^2；

C_u——转子的圆周速度，m/s。

6.4.6 笼式粉碎机

笼式粉碎机又称笼型碾，其构造如图 6-60 所示，主要由两个相向转动的笼子所构成，故一般称双转子笼型碾。每个笼子分别都有一个固定在轮毂 3、4 上的钢制圆盘 5、6，每个盘上固装（固定安装）有两圈或三圈钢棒 7，钢棒按同心圆布置并和圆盘垂直。每圈钢棒的另一端由圆环 8 固接，以增加其强度。两个钢盘上各圈钢棒是相间分布的。

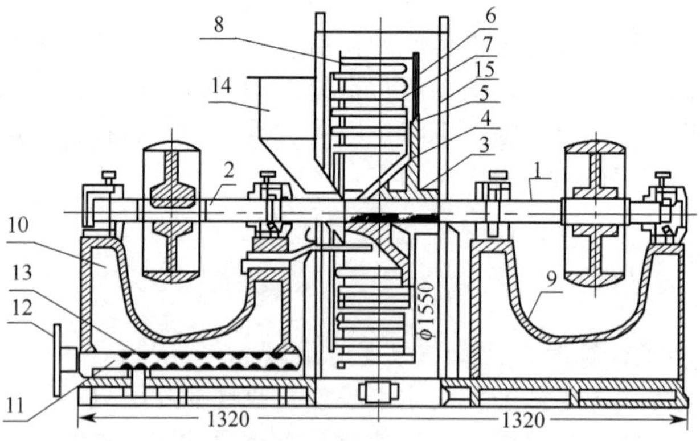

图 6-60　双转子笼式粉碎机

1，2—主动轴；3，4—轮毂；5，6—圆盘；7—钢棒；8—圆环；9，10—支座；11—螺杆；12—手轮；13—螺母；14—加料口；15—机壳

每个笼子通过轮毂安装在各自的心轴（主动轴）1、2 上，而轴 1、2 分别通过轴承座（支座）9、10 支撑，两轴各不相关，但位于同一轴线上。各轴均装有带轮，由两台电动机通过带传动使两个笼子相向转动，两个笼子均被金属机壳 15 封闭，外壳的上部有加料口 14。

当物料从加料口进入两个相向转动的笼子中心部分时，料块首先落入最里面的一圈钢棒上。由于轮子的高速转动，物料受到钢棒的猛烈打击而被粉碎，然后在离心力作用下被抛到下一圈钢棒上（即另一笼子的最里圈钢棒），物料在此圈钢棒上受到同样方式的打击，但打击的方向相反。如此进行下去，直至物料通过所有各圈钢棒为止（图6-61），磨好的物料落至机壳的下部后卸出。

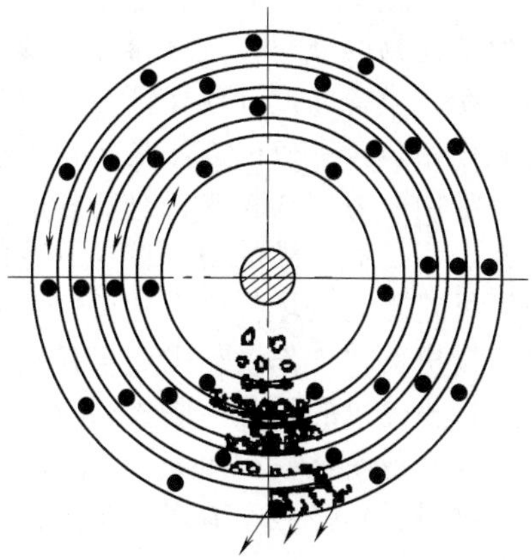

图 6-61　笼式粉碎机的工作原理

由于笼子钢棒最易磨损，为检修更换方便，设有便于装卸笼体的装置，螺杆 11 的两端固定在轴承支座 10 的两侧壁上，中间套有固定于机座上的螺母 13，转动丝杆手轮 12，轴承支座带动轴承、轴和笼子一起在底座上水平移动。这对于笼子上钢棒的修理和更换都很方便。

笼式粉碎机的规格以转笼的最外圈直径（mm）×长度（mm）表示。

6.5 韧性材料的粉碎机械

脆性物料通常为岩石材料，化学结合键多为离子键，结合力较大，其突出特点是弹性模量大，因而其粉碎方式多为压缩和冲击粉碎。而如橡胶、塑料、秸秆和纤维材料等多为高分子材料，一般都具有较好的韧性，其纤维组织结构有单向、网状及不规则状等。因此，对于纤维物料的粉碎，重要的是破坏纤维的韧性，分散其组织结构。

纤维材料是各向异性的高分子材料，又易受环境因素的影响，其强度因所施加应力的方式和方向的不同而改变。根据所施加应力的方式和方向的不同，纤维材料具有顺纹抗拉强度、横纹抗拉强度、顺纹抗压强度、横纹抗压强度、抗弯强度、抗剪强度等多项力学强度指标。

（1）顺纹抗拉强度　顺纹抗拉强度是纤维材料的最大强度，约是顺纹抗压强度的 2 倍，是横纹抗压强度的 1240 倍。顺纹剪切强度仅为顺纹抗拉强度的 6%～10%。

（2）横纹抗拉强度　抵抗垂直于纹理拉伸的最大应力称为横纹抗拉强度。纤维材料横纹抗拉强度很低，且在干燥过程中往往会发生开裂，导致纤维材料横纹抗拉强度完全丧失。

（3）顺纹抗压强度　在短时间内沿顺纹方向缓慢施加压缩载荷，纤维材料所能承受的最大应力称为顺纹抗压强度。

（4）横纹抗压强度　在纤维材料垂直纹理方向抵抗比例极限时压缩载荷的能力称为横纹抗压强度。纤维材料的横纹抗压强度仅为顺纹抗压强度的 15%～20%，这是该材料的典型力学特征。

（5）抗弯强度　抗弯强度是纤维材料承受横向载荷的能力。静力载荷下纤维材料的抗弯特性，主要取决于顺纹抗拉强度和顺纹抗压强度之间的差异，这是因为纤维材料承受静力弯曲载荷后常常因压缩而破坏，并因拉伸而产生明显的损伤。

（6）抗剪强度　纤维材料受大小相等、方向相反的平行力时，在垂直于力接触面的方向上，使物体一部分与另一部分产生滑移所引起的应力，称为剪应力。纤维材料抵抗剪应力的能力称为抗剪强度。

由于纤维素的链状分子顺着细胞壁的长轴平行排列，而横向以氢键结合构成微纤丝，微纤丝侧面之间通过氢键结合，局部以果胶质黏结，细胞壁之间靠细胞间质黏结，因而纤维材料横向强度远低于纵向自身的联结强度。据此，纤维材料在粉碎切片时应沿横向切削，可减小切削功耗。

从细胞壁结构和细胞壁结构物质的性质来看，纤维材料发生破坏的原因是微纤丝和纤维素骨架填充物的撕裂，或纤维素骨架填充物的剪切，或纤维被压溃。根据纤维生物质的粉碎模型，粉碎设备的设计应保证在工作过程中能产生强烈的冲击力、剪切力和摩擦力。要产生这些力的作用，较有效的方法是将粉碎机的粉碎件制成刀刃形。

常用的剪切式粉碎机对物料的剪切作用主要有：平板剪切、拉伸剪切、湍流区涡流剪切。研究表明，对纤维的粉碎较为有效的方式应是拉应力和剪切力以及研磨力。在研磨力作用下，纤维材料受到破坏拉应力和剪切力使材料断裂细化。因此不难得出，用于纤维粉碎的设备必须保证该机器在工作过程中产生强烈的拉应力、剪应力和研磨力。产生这些力的作用较有效的方法是将粉碎机的粉碎件制成刀刃形，如图 6-62 所示。

纤维剪断过程如图 6-63 所示。当两刀具由 1 处运动到 2 处时，位于两粉碎件的窄小间隙中的物料受到强烈的剪切、摩擦、撞击以及物料之间的相互碰撞和摩擦作用。这些力的作用使纤维承受极大的拉伸剪切力作用和平板剪切力作用，继而发生拉伸。当延伸率达到纤维的断裂延伸率时，即发生断裂。物料在转子和动刀片的回转和剪切摩擦的作用下，按图示方向运动进入下一次循环，不断地被剪切拉伸，最终被细化；同时，形成的空穴效应使团聚的细小颗粒被分散，使物料之间更充分地剪切摩擦。

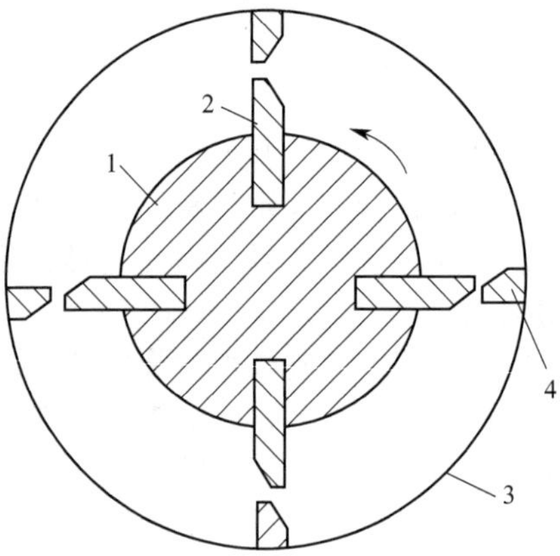

图 6-62　刀刃形粉碎部件

1—转子；2—动刀片；3—定子；4—定刀片

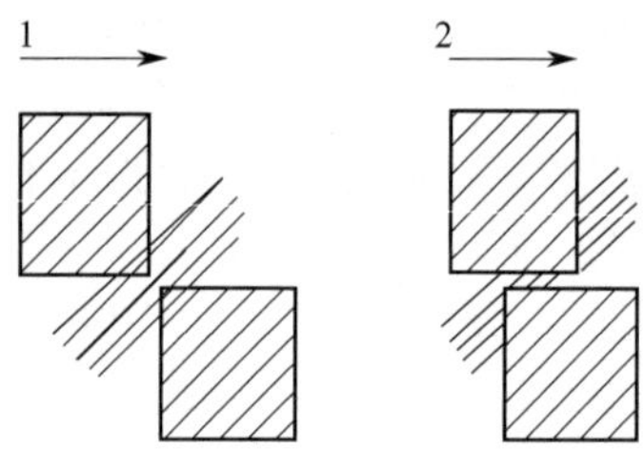

图 6-63　纤维剪断过程示意图

第7章 粉磨过程及设备

7.1 粉磨工艺流程

下面结合球磨机粉磨物料的不同情形介绍几种常见的粉磨工艺流程。

7.1.1 开路粉磨工艺

从粉磨机中卸出的物料即为产品，不带检查筛分或选粉设备的粉磨流程称为开路（或开流）粉磨流程，如图7-1所示。开路粉磨系统的特征是：系统不设选粉机，物料自粉磨设备卸出后即为成品。粉磨产品的特点：颗粒粒度分布范围较宽，粗颗粒较多，细颗粒也较多。开路流程的优点是工艺简单，设备少，扬尘点少，厂房投资小。缺点是当要求粉磨产品粒度较小时，粉磨效率较低，且易发生过粉磨现象；产品细度调整较困难。

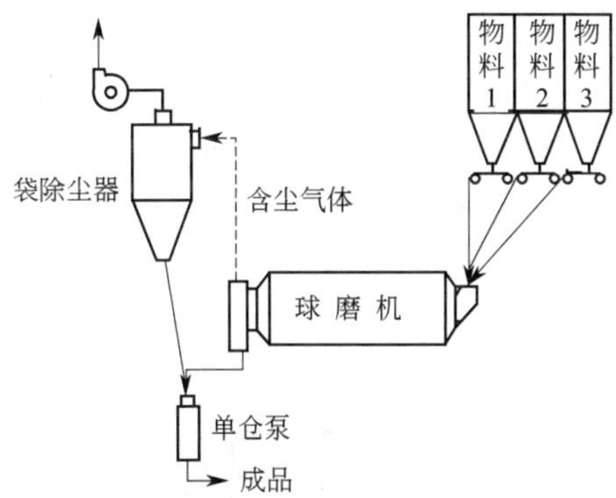

图7-1　开路粉磨工艺流程

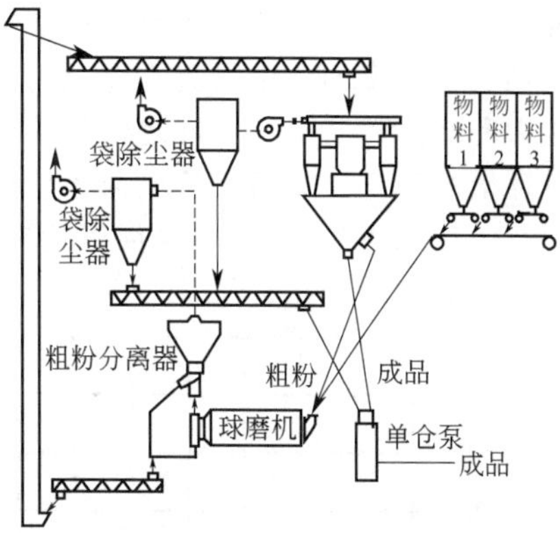

图7-2　闭路粉磨工艺流程

7.1.2 闭路粉磨工艺

凡带检查筛分或选粉设备的粉磨流程称为闭路（或圈流）粉磨流程，如图7-2所示。闭路粉磨系统的特征是设有选粉机，自粉磨设备卸出的物料须经选粉设备分级，粒度合格的颗粒作为产品，不合格的粗颗粒作为循环物料重新回至粉磨机中再行粉磨。粉磨产品的特点：颗粒粒度分布较集中，粗颗粒较少，细颗粒也较少。闭路粉磨流程的优点是粉磨效率较高，不易发生过粉磨现象；易于灵活调整产品细度。其缺点是：设备多，扬尘点多，工艺相对复杂，厂房投资大。

闭路粉磨系统的粉磨效率和生产能力与系统的物料循环量——循环负荷率和选粉设备的选粉效率有密切关系。

(1) 循环负荷率　粗颗粒回料质量与粉磨产品的质量之比称为循环负荷率。通常用百分数表示。

设出粉磨机的物料质量为 F，回料质量为 L，产品质量为 Q，则循环负荷率 K 可表示为

$$K=L/Q\times 100\% \tag{7-1}$$

如果进选粉机物料、粗粉回料、出选粉机成品物料的某一粒径的累积筛余分别为 x_F、x_A、x_B，并且物料循环过程中无损失，则有

$$F=L+Q$$

$$Fx_F=Lx_A+Qx_B$$

以上两式联立并整理后可得循环负荷率的实用计算式为

$$K=\frac{L}{Q}=\frac{x_F-x_B}{x_A-x_F}\times 100\% \tag{7-2}$$

(2) 选粉效率　选粉设备分选出的合格物料质量与进该设备的合格物料总质量之比称为选粉效率，通常用百分数表示。

设选粉设备分选出的合格物料质量和进该设备的合格物料总质量分别为 m 和 M，则选粉效率 E 的表达式为

$$E=\frac{m}{M}\times 100\% \tag{7-3}$$

如上同理，有

$$F(100-x_F)=L(100-x_A)+Q(100-x_B)$$

整理得

$$E=\frac{m}{M}=\frac{Q(100-x_B)}{F(100-x_F)}=\frac{(x_A-x_F)(100-x_B)}{(x_A-x_B)(100-x_F)}\times 100\% \tag{7-4}$$

在闭路粉磨系统中，循环负荷率、选粉效率与磨机生产能力三者的协调对于功耗的影响至关重要。选粉设备的选粉效率对生产能力的影响是不言而喻的。如果循环负荷率太小，则磨内已经达到要求细度的合格物料不能及时从磨内排出，会造成“过粉磨”现象，显然不利于提高生产能力和降低粉磨电耗；反之，如果循环负荷率太大，虽然可以避免过粉磨现象，但一是磨内物料存量大，二是选粉设备负荷大，选粉效率降低，同样会使部分细颗粒随粗粉回料进入磨内进行“无功二次旅行”，以致难以达到理想的效果。图 7-3 和 7-4 表示了循环负荷率、选粉效率与生产能力的相互关系。

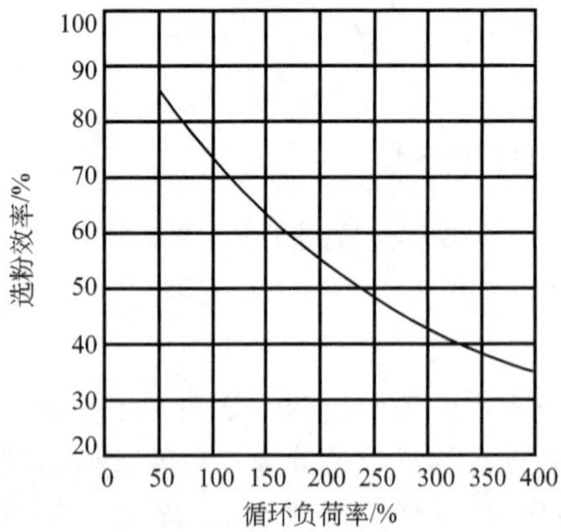

图 7-3　选粉效率与循环负荷率的关系

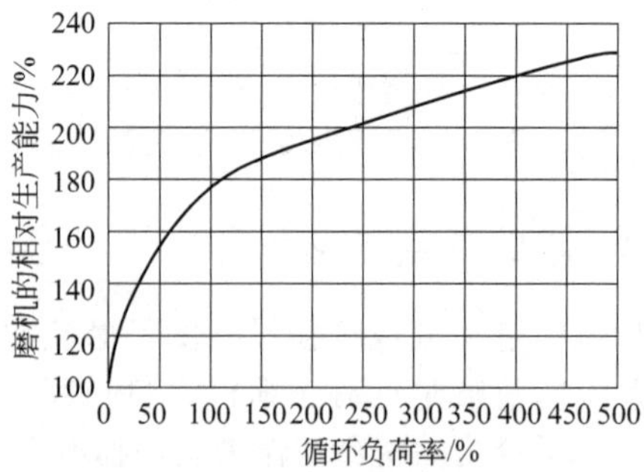

图 7-4　生产能力与循环负荷率的关系

7.1.3　分别粉磨工艺

图 7-5 展示了以粒化高炉矿渣为混合材料的分别粉磨工艺流程。各种物料分别单独粉磨或

易磨性相近的几种物料共同粉磨至相应细度，然后按设计的比例计量配合并混合均匀即可形成产品。这种粉磨工艺流程具有以下优点。

① 能够适应易磨性差别较大或粒度差别较大的物料粉磨。

② 由于各粉磨设备中的物料粒度、易磨性等基本相同，所以，易于调整研磨体级配。

③ 磨内物料的粉磨速度基本一致，因而过粉磨现象较少，可有效提高粉磨效率，降低粉磨电耗。

④ 因为各磨机内物料的粉磨细度调整互不影响，因而既可获得粒度分布范围宽的配合料，也可获得粒度分布范围窄的配合料。

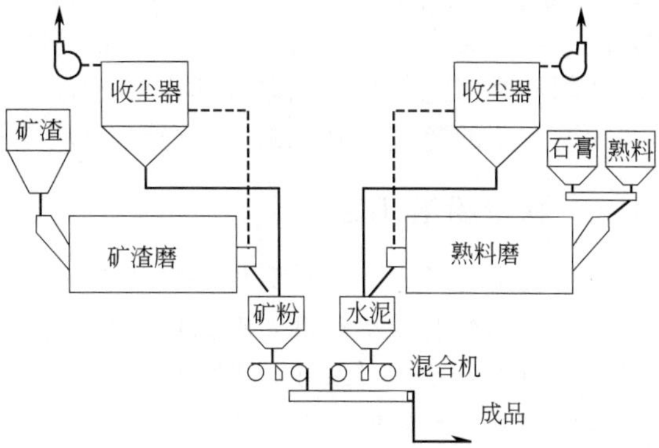

图 7-5 分别粉磨工艺流程

其缺点是：流程复杂，设备多，投资大，扬尘点多。

7.1.4 串联粉磨工艺

图 7-6、图 7-7 分别表示二级开路串联粉磨工艺流程和二级闭路串联粉磨系统工艺流程。

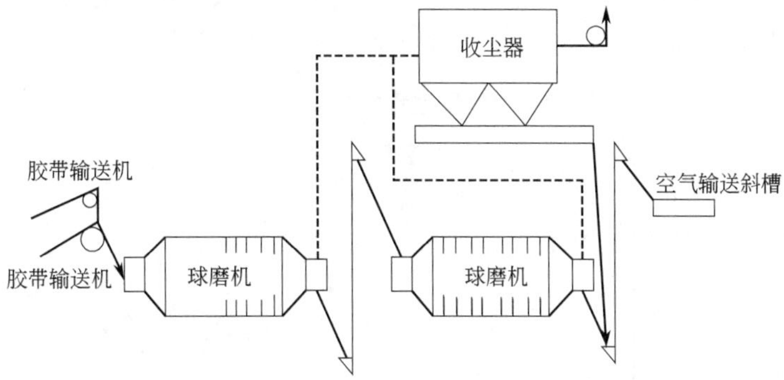

图 7-6 二级开路串联粉磨工艺流程

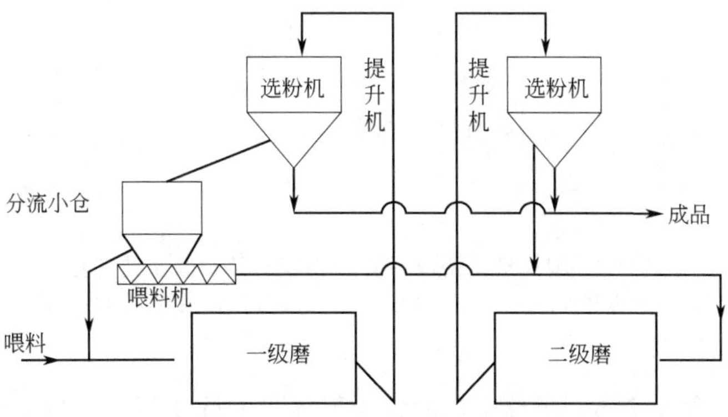

图 7-7 二级闭路串联粉磨工艺流程

串联粉磨工艺流程中，前级的任务是粗粉磨，后级则负责细粉磨。这种粉磨工艺流程的特点是：

① 允许的入磨物料粒度大，系统的粉碎比大；

② 可根据产品细度要求灵活平衡二级磨的生产能力；

③ 对于闭路串联系统而言，一级粉磨系统中产生的细度合格的物料经选粉机分选后直接作为产品而不必进入二级磨，故可大大减轻过粉磨现象。

串联粉磨工艺流程毕竟难以从本质上克服易磨性不同的多种物料共存于同一粉磨系统因而影响粉磨效率的弊端。其他缺点与分别粉磨工艺相同。

7.1.5 联合粉磨工艺

球磨机是比较理想的粉磨设备，但其粉碎效率较低，因而单独用球磨机完成物料粉碎和粉磨时，系统的粉磨效率较低，粉磨电耗较高。辊压机作为物料的粉碎设备，可以较低的电耗将块状物料粉碎至毫米级尺寸，即将球磨机中的物料粗粉磨过程移至粉碎效率更高的辊压机中进行，从而大大减轻球磨机的物料粗粉磨压力，提高系统的生产能力。因此，近年来，辊压机-球磨机联合粉磨工艺流程被普遍采用。辊压机-球磨机联合粉磨工艺流程分为：辊压机开路预粉磨-球磨机开路粉磨、辊压机开路预粉磨-球磨机闭路粉磨、辊压机闭路预粉磨-球磨机开路粉磨、辊压机-球磨机双闭路联合粉磨工艺流程。前两种流程已很少采用，下面主要介绍后两种联合粉磨工艺流程。

（1）辊压机闭路预粉磨-球磨机开路粉磨工艺流程　辊压机闭路预粉磨-球磨机开路粉磨工艺流程如图 7-8 所示。物料由料仓 6 进入辊压机 7 进行预粉磨。预粉磨后的物料经输送机 8 与来自喂料机 1 的物料一并送入提升机 2。出提升机的物料经输送机 3、分料阀 4 喂入 V 形选粉机 5。经分选后的粗颗粒物料卸至料仓 6，然后入辊压机再次粉磨。随气流流出选粉机的细颗粒物料经旋风分离器 9 分离后入球磨机 10 进行细粉磨。出磨物料即为该粉磨系统的产品。

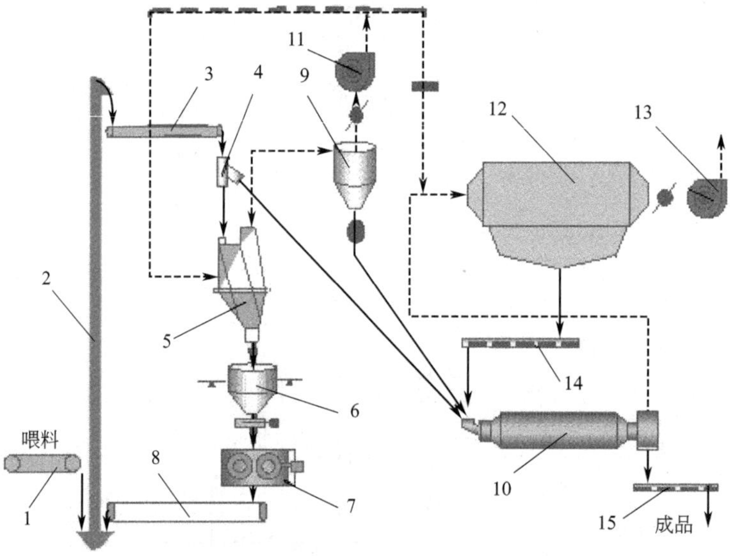

图 7-8　辊压机闭路预粉磨-球磨机开路粉磨工艺流程

1—喂料机；2—提升机；3，8，14—输送机；4—分料阀；5—V 形选粉机；6—料仓；7—辊压机；9—旋风分离器；10—球磨机；11，13—风机；12—除尘器；15—成品输送机

出旋风分离器的含尘气体和出球磨机的含尘气体进入除尘器 12 进行气固分离。分离后的净化气体经风机 13 排入大气；固体颗粒则由输送机 14 送入球磨机再次粉磨。

（2）辊压机-球磨机双闭路联合粉磨工艺流程　图 7-9 展示了辊压机-球磨机双闭路联合粉磨工艺流程。

该流程中辊压机部分的工作过程与上述相同。出球磨机 8 的物料由提升机 9、空气输送斜槽 10 送入选粉机 11 进行粒度分级。出磨气体也进入选粉机。分级后的粗粉经输送机 12 返回

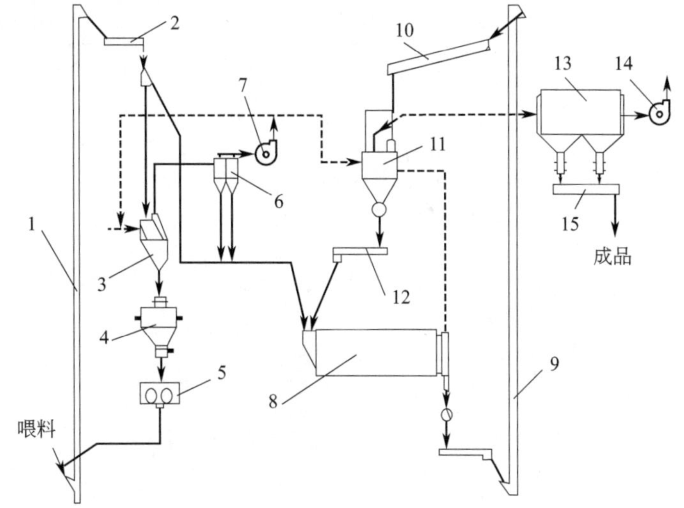

图 7-9 辊压机-球磨机双闭路联合粉磨工艺流程

1，9—提升机；2，12，15—输送机；3—V形选粉机；4—料仓；5—辊压机；6—旋风分离器；7，14—风机；8—球磨机；10—空气输送斜槽；11—选粉机；13—除尘器

球磨机再次粉磨；细粉随气流进入除尘器 13 进行气固分离。分离后的净化气体由风机 14 排入大气；细粉作为成品由成品输送机 15 送入储存库。

辊压机-球磨机（双闭路）联合粉磨工艺具有以下特点：生产能力显著提高；粉磨电耗明显降低；简化球磨机内的研磨体级配；入磨物料粒度较均匀及易磨性相对改善，也减轻了磨内物料的过粉磨现象。

综上所述，辊压机-球磨机（双闭路）联合粉磨工艺是较理想的增产和节能的粉磨工艺。除上述辊压机-球磨机（双闭路）联合粉磨工艺外，近年来还发展了立式磨-球磨机联合粉磨工艺。

7.1.6 中卸循环粉磨工艺

中卸循环粉磨工艺流程如图 7-10 所示。粉磨设备为球磨机 1，磨机筒体分为烘干仓、粗磨仓和细磨仓三部分。烘干仓内设有扬料板，但无研磨介质。物料由喂料设备首先喂入烘干仓，仓内扬料板将物料扬起，在整个断面上形成料幕，与通入的热风（由热风炉提供，也可用出窑炉的废气）进行充分热交换，使物料中的水分成为水蒸气进入气流，从而将物料烘干。

烘干后的物料从烘干仓进入粗磨仓，在粗磨仓内研磨介质的作用下不断粉碎和磨细，然后从磨机中部卸出，由提升机 2 喂入选粉机 3 进行分级。分级后的细粉作为成品由空气输送斜槽 4 送入成品库；粗粉则由输送设备送入细磨仓（必要时也可将其中部分送入粗磨仓）进一步粉磨。经细磨仓粉磨后的物料也从中部卸出，与出粗磨仓的物料一并由提升机送入选粉机。

含尘气体从磨机中部上升风管进入粗粉分离器 5，其中的粗颗粒被分离出来并卸至提升机；细颗粒随气流进入除尘器。经除尘器分离后的细粉卸至空气输送斜槽与选粉机分级后的细粉一并作为成品；净化后的气体由排风机 7 排入大气。

中卸循环粉磨系统的特点如下。

① 粉磨的同时兼具烘干作用。通入的温度为 200～300℃的热风与分散的物料之间充分热交换，具有良好的烘干效果，允许入磨物料水分可达 6%～8%。

② 磨机的粗、细粉磨过程分开，便于研磨体级配调整。

③ 对原料的硬度及粒度的适应性较好，粉磨效率较高，且不易产生过粉磨现象。

其缺点是密封困难，系统漏风较多，生产流程比较复杂。

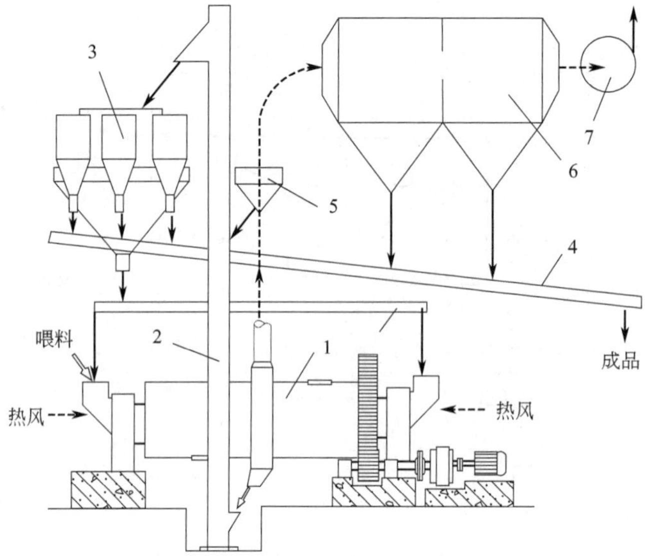

图 7-10　中卸循环粉磨工艺流程

1—球磨机；2—提升机；3—选粉机；4—空气输送斜槽；5—粗粉分离器；6—除尘器；7—排风机

7.2　球磨机

7.2.1　概述

球磨机的主要工作部分为一回转圆筒，靠筒内装入的钢球、钢段或瓷球、刚玉球等研磨介质（或称研磨体）的冲击和研磨作用将物料粉碎和磨细。

球磨机的规格用筒体直径(m)×长度(m) 表示，如 ϕ2.4m×13m、ϕ3m×11m、ϕ4m×13m 等。

球磨机在建材、冶金、选矿和电力等工业中应用极为广泛，这是因为它有如下优点。

① 对物料的适应性强，能连续生产，且生产能力大，可满足现代大规模工业生产的需要。

② 粉碎比大，可达 300 以上，并易于调整产品的细度。

③ 结构简单，坚固，操作可靠，维护管理简单，能长期连续运转。

④ 密封性好，可负压操作，防止粉尘飞扬。

其缺点如下。

① 工作效率低，其有效电能利用率仅为 2%左右，其余大部分电能都转变为热量而损失。

② 机体笨重，大型磨机重达几百吨，投资大。

③ 筒体转速较低，一般为 15～20r/min；若用普通电机驱动，则应配置昂贵的减速装置。

④ 研磨体和衬板的消耗量大；如普通研磨体粉磨 1t 水泥的磨耗达 500～1000g。

⑤ 工作时噪声大。

7.2.2　球磨机的类型

① 按筒体的长度与直径之比（长径比）分为以下几种。

a. 短磨机　长径比小于 2 的球磨机称为短磨机，一般称球磨机。短磨机多为单仓。

b. 中长磨机　长径比为 3 左右。

c. 长磨机　长径比大于 4 时称为长磨机或管磨机。中长磨和长磨机内部一般分成 2～4 个仓。

② 按是否连续操作可分为：连续磨机和间歇磨机。

③ 按传动方式分为如下两种。

a. 中心传动磨机　电动机通过减速机带动磨机卸料端空心轴转动而驱动磨体回转。减速机输出轴与磨机的中心线在同一直线上，如图 7-11 所示。

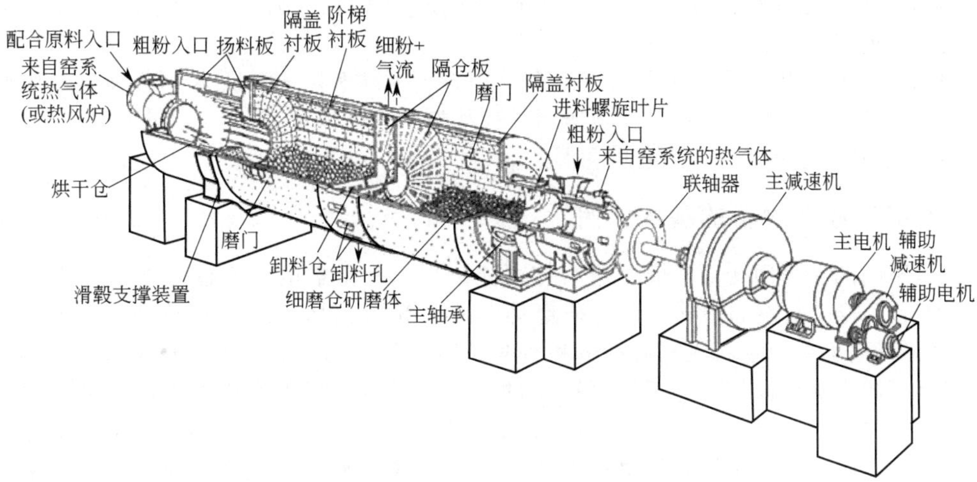

图 7-11　ϕ4.8m×10m+4m 中心传动中卸烘干磨机

b. 边缘传动磨机　电动机通过减速机带动固定在卸料端筒体上的大齿轮转动而驱动磨体回转，如图 7-12 所示。

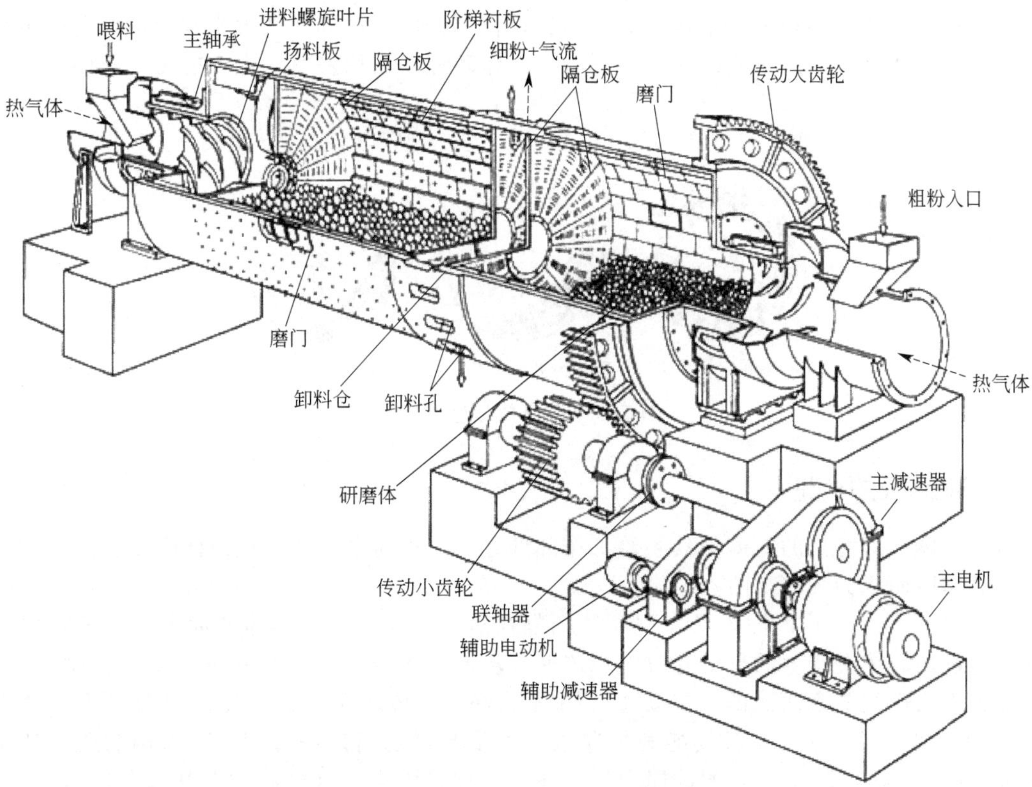

图 7-12　ϕ2.4m×13m 边缘传动中卸烘干磨机

④ 按卸料方式分为以下两种。

a. 尾卸式磨机　被粉磨物料从磨机的一端喂入，从另一端卸出。

b. 中卸式磨机　被粉磨物料从磨机的两端喂入，从磨机中部卸出。

⑤ 按磨内研磨介质的形状可分为以下三种。

a. 球磨机　磨内研磨介质主要为钢球或钢段，这种磨机最为普遍。

b. 棒球磨机　这种磨机通常有 2～4 个仓，在第一仓内装入圆柱形钢棒作为研磨介质，后面几个仓装入钢球或钢段。

c. 砾石磨　磨内装入的研磨介质为砾石、卵石、瓷球和刚玉球等，用花岗岩或瓷质材料作为衬板。这种磨机主要用于物料对金属污染较严格的粉磨作业。

⑥ 按操作工艺可分为：干法磨机和湿法磨机。

7.2.3 研磨体粉碎物料的基本作用

磨机以不同的转速回转时，磨内研磨体可能出现三种基本运动状态，如图 7-13 所示。图 7-13(a) 所示为转速太快的情形，此时研磨体与物料贴附筒体与之一起转动，称为“周转状态”，此情形时研磨体对物料无任何冲击和研磨作用。图 7-13(b) 所示为转速太慢情形，研磨体和物料因摩擦力被筒体带至等于动摩擦角的高度，然后在重力作用下下滑，称为“泻落状态”。此情形时对物料有较强的研磨作用，但无冲击作用，对大块物料的粉碎效果不好。图 7-13(c) 所示为转速适中的情形，研磨体被提升至一定高度后以近抛物线轨迹抛落下来，称为“抛落状态”。此时研磨体对物料有较大的冲击作用，粉碎效果较好。

实际上，磨内研磨体的运动状态并非如此简单，既有贴附在磨机筒壁向上的运动，也有沿筒壁和研磨体层的向下滑动、类似抛射体的抛落运动以及绕自身轴线的自转运动和滚动等。研磨体对物料的基本作用是上述各种运动对物料综合作用的结果，其中以冲击和研磨作用为主。

分析研磨体粉碎物料的基本作用的目的就是根据磨内物料的粒度大小和装填情况确定合理的研磨体运动状态。这是正确选择和计算磨机工作转速、需用功率、生产能力以及磨机机械设计计算的依据。

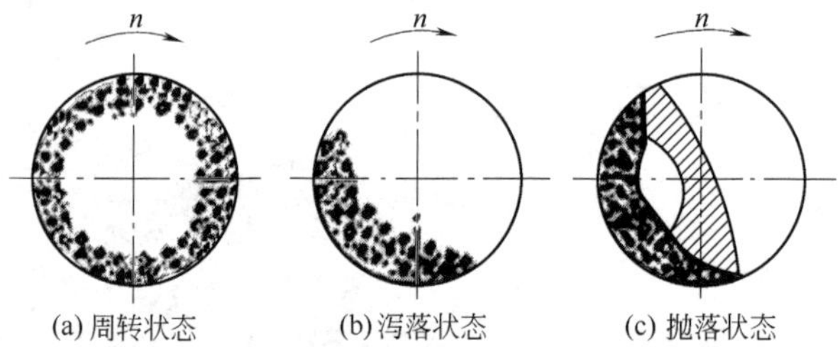

图 7-13　研磨体的运动状态

7.2.4 球磨机的构造

（1）筒体　球磨机的筒体是其主要工作部件之一，被粉磨物料是在筒体内受到研磨体的冲击和粉磨作用而成为细粉末的。

① 材料　筒体工作时除承受大型磨体的静荷载外，还受到研磨体的冲击，由于筒体是回转的，所以在筒体上产生的是交变应力。这就要求制造筒体的金属材料强度要高，塑性要好。筒体是由钢板焊接拼合而成的，又要求其可焊性好。一般用于制造筒体的材料是普通结构钢 Q235，其强度、塑性和可焊性均能满足要求。大型磨机的筒体一般用 16Mn 钢制造，其弹性强度极限比 Q235 高约 50%，耐蚀能力强，冲击韧性也强得多（低温时尤其如此），且具有良好的切削加工性、可焊性、耐磨性和耐疲劳性。

② 轴向热变形　磨机运转与长期静止时筒体的长度是不同的，这是筒体温度不同引起热胀冷缩所致。因此，在设计、安装与维护时均应考虑筒体的这一特点。

一般筒体的卸料端靠近传动装置，为保证齿轮的正常啮合，在卸料端不允许有任何轴向窜动，故在进料端有适应轴向热变形的结构。常见的有两种：一种是在中空轴颈的轴肩与轴承间预留间隙；另一种是在轴承座与底板之间水平安装数根钢辊，当筒体胀缩时，进料端主轴承底座可沿辊子移动。

③ 磨门　筒体上的每一个仓都开设一个磨门（又称人孔）。设置磨门是为了便于镶换衬板、装填或倒出研磨体、停磨检查磨机的情况等。

（2）衬板

① 作用　衬板的作用是保护筒体，使筒体免受研磨体和物料的直接冲击和摩擦；另外，利用不同形式的衬板可调整磨内各仓研磨体的运动状态。

物料进入磨内之初粒度较大，要求研磨体以冲击粉碎为主，故研磨体应呈抛落状态运动；后续各仓内物料的粒度逐渐减小。为了使粉磨达到较细的产品细度，研磨体应逐渐增强研磨作用，加强泻落状态。由前述可知，研磨体的运动状态决定于磨机的转速，这样粉磨过程要求各仓内研磨体呈不同运动状态与整个磨机筒体具有同一转速相矛盾。解决此矛盾的有效方法就是利用不同表面形状的衬板，使之与研磨体之间产生不同的摩擦系数来改变研磨体的运动状态，以适应各仓内物料粉磨过程的要求，从而有效提高粉磨效率，增加产量，降低金属消耗。

② 材料　球磨机的衬板大多是用金属制造的，也有少量用非金属材料制造（如前述砾石磨情形）。由于各仓内研磨体工作状态不同，与之相应的各仓衬板的材料也不同。在粉碎仓，衬板应具有良好的抗冲击性能。高锰钢抗冲击韧性好，且在受到冲击时其表面可冷作硬化，变得愈加坚硬耐磨。因此，大多数磨机粉碎仓的衬板都采用高锰钢制造。在细磨仓，磨衬材料多为耐磨的冷硬铸铁、合金钢等。

③ 类型　磨机衬板的基本类型如图 7-14 所示。

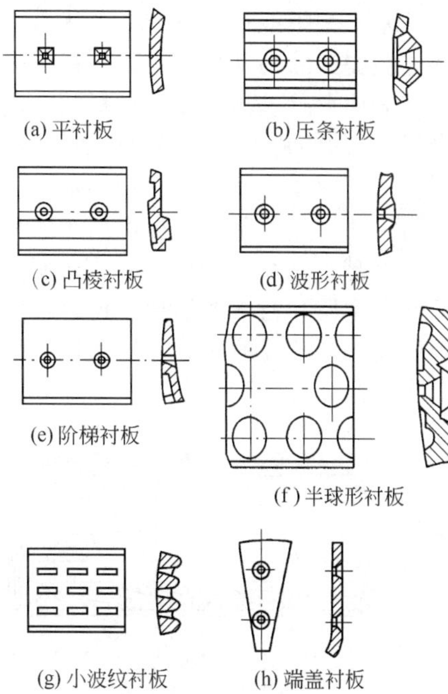

图 7-14　衬板类型

a. 平衬板　图 7-14(a) 为平衬板。平衬板不论是完全光滑的表面还是花纹表面，对研磨体的作用基本上都是依赖衬板与研磨体之间的静摩擦力。湿法粉磨时它们之间的摩擦系数为 0.35，干法粉磨时为 0.40。这比研磨体实际所需提升的摩擦系数要小得多，譬如直径 3m 的磨机，欲使研磨体不在衬板上滑动，按理论计算，摩擦系数应为 0.68。这样，不可避免地要出现滑动现象，因而降低了研磨体的上升速度和提升高度。但也正因为如此，增加了研磨体的研磨作用。因此，平衬板宜用于细磨仓。

b. 压条衬板　图 7-14(b) 为压条衬板。它由压条和平衬板组成，压条上有螺栓，通过压条将衬板固定。这种衬板由平衬板部分与研磨体间的摩擦力和压条侧面对研磨体的直接推力的联合作用带动研磨体，因而研磨体升得较高，具有较大的冲击动能。压条衬板宜用于粗磨仓，尤其对物料粒度大、硬度高的情形更为合适。因压条衬板是组合件，可根据其磨损情况和使用寿命进行分别更换，降低钢材的消耗。压条衬板的缺点是提升能力不均匀，压条前侧附近的研磨体被带得高，但远离压条处的研磨体会类似于平衬板情形出现局部滑动。当磨机转速较高时，被压条前侧带得过高的研磨体甚至会抛落到对面的衬板上面，不但打不着物料，浪费了能量，而且加速了衬板和研磨体的磨损。所以，转速较高的磨机不宜安装压条衬板。

压条衬板结构的主要参数是高度、角度和安装密度。其高度一般不超过本仓最大球半径；

角度为 40°～45°；两压条之间的距离应为该仓最大球径的三倍左右。

c. 凸棱衬板　如图 7-14(c) 所示。它是在平衬板上铸成断面为半圆或梯形的凸棱。凸棱的作用与压条相同，其结构参数与压条衬板类似。由于它是一体的，所以当凸棱磨损后需更换时，平衬板部分也随之报废。但它比压条衬板的刚性好，因而可用延展性较大的材料制作。而用这种材料制作压条衬板时，压条就会“弯腰弓背”，拉断螺栓。

d. 波形衬板　如图 7-14(d) 所示。使凸棱衬板的凸棱平缓化即成为波形衬板。一个波节的上升部分对研磨体的提升是相当有效的，而下降部分却有不利作用。这种衬板的带球能力较凸棱衬板低得多，实际上可能使研磨体产生一些滑动，但能避免将某些研磨体抛起过高的不良现象。这一特点较适合棒球磨，因为在棒仓必须注意防止过大的冲击力而损伤衬板。

e. 阶梯衬板　如图 7-14(e) 所示。平衬板的最大缺点是摩擦力不足，即构成摩擦力因素之一的摩擦系数（为摩擦角）太小，致使研磨体沿其表面滑动。若使衬板表面形成一个倾角 α_φ（图 7-15），使之与原有的摩擦角合成，则牵制系数 K 为

$$K=\tan(\varphi+\alpha_\varphi) \tag{7-5}$$

如此可增强衬板对研磨体的提升能力。此即阶梯衬板的理论基础。

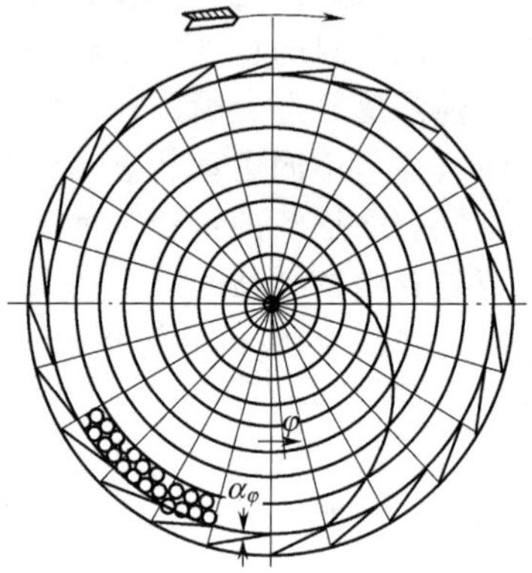

图 7-15　阶梯衬板的表面曲线

理论分析证明，阶梯衬板工作表面呈阿基米德螺线形式时，可使提升研磨体的能力更加均匀。因为衬板表面的倾角均相同，所以沿整个衬板表面的牵制系数也必然相等。

阿基米德螺线衬板具有如下优点：使同一研磨体层的研磨体被提升的高度均匀一致；衬板表面磨损均匀，即磨损后其表面形状基本不变。衬板的牵制能力可作用到其他研磨体层，原因是它们的排列也形成相当于 α_φ 的倾角。如此不仅减少了衬板与最外层研磨体之间的滑动和磨损，而且还防止了不同层次的研磨体之间的滑动和磨损。

由上述可知，阶梯衬板适用于磨机的粉碎仓。

f. 半球形衬板　如图 7-14(f) 所示。半球形衬板可避免在衬板上产生环向磨损沟槽，能显著降低研磨体和衬板的消耗，比表面光滑的衬板可提高产量 10%左右。半球形衬板的半球体应为该仓最大球径的 2/3，半球中心距不大于该仓平均球径的两倍，半球应呈三角形排列以阻止钢球沿筒体滑动。

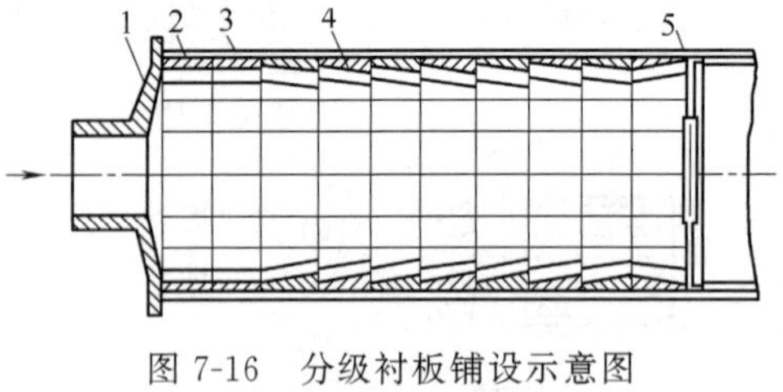

图 7-16　分级衬板铺设示意图

1—磨端盖；2—平衬板；3—筒体；4—分级衬板；5—隔仓板

g. 小波纹衬板　如图 7-14(g) 所示。这是一种适合于细磨仓装设的无螺栓衬板，其波峰和节距都较小。

h. 端盖衬板　如图 7-14(h) 所示。其表面是平的，用螺栓固定在磨机的端盖上以保护端盖不受研磨体和物料的磨损。

i. 分级衬板　衬板的断面形状及其在仓内的铺设如图 7-16 所示。分级衬板形状的主要特点是沿轴向方向具有斜度，在磨内的安装方向是大端朝向磨尾，即靠近进料端直径大，出料端直径小。

上述一些衬板往往使研磨体反向分级，即使大钢球靠近出料端，这与物料粉磨过程的要求恰恰相反。而分级衬板本身沿轴向方向具有斜度，能够自动地将钢球沿磨机轴向由大到小地排列，即自动分级，符合物料粉磨过程的要求，因而可减少磨机仓数，增大磨机有效容积，减小通风阻力，提高粉磨效率。

为避免进料端大球物料堆积过多可在过料端装两排平衬板。为防止出料端小球或物料堵塞出料篦板，可在靠近出料端处装一圈方向相反的衬板。

分级衬板一般安装在磨机的一、二仓内，钢球被分级后，对物料的粉碎作用较强。

j. 沟槽衬板　沟槽衬板最初于 1968 年在奥地利试验成功，1982 年在世界各地广泛使用。

沟槽衬板的结构特点如图 7-17 所示。它使钢球在衬板上以最密六方结构堆积，该结构钢球配位数大，球之间的有效碰撞概率大。由于沟槽的作用，由原来钢球与衬板的点接触变为 120°弧线接触，增大了研磨面积，且球与衬板之间有一层不易脱离的物料层，充分利用了球与衬板之间的滑动摩擦功，有助于提高粉磨效率。此外，磨机有效容积增大，衬板排列可以优选组合成各种分级作用的方式，使钢球在轴向和径向的运动状态发生变化，球层错动有利于增强研磨作用。试验表明，钢球的脱离角由原来的 55°增大为 60°，因此，磨内钢球上升高度降低，使扭矩减小，可降低驱动功率约 18%。由于钢球与衬板之间的料层作用，减小了球击和磨削衬板的概率，从而降低了钢球和衬板的磨耗。

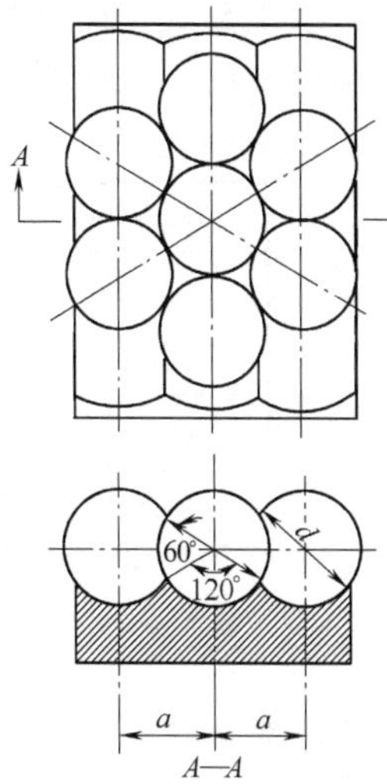

图 7-17　沟槽间距与球径的关系

在细磨仓使用螺旋沟槽衬板，可使磨机旋转过程中对大球产生向前的推力，小球向磨尾移动，因而产生钢球的分级。

据统计，与其他衬板相比，使用沟槽衬板可增产 5%～15%，节电 10%～20%；在产量不变的情况下，仅因驱动功率的降低即可节电 6%～8%，可降低钢球消耗 30%～40%。

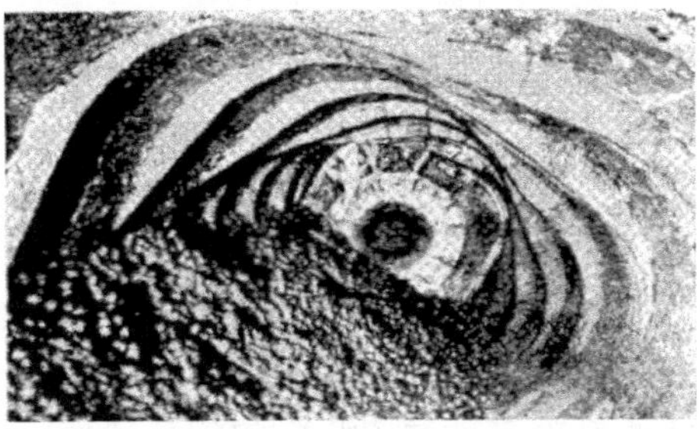

图 7-18　圆角方形衬板

k. 圆角方形衬板（又称角螺旋衬板）　20 世纪 60 年代初，奥地利的艾格纳·华格纳比鲁公司首先试用磨内形成圆角方形断面的衬板，70 年代初，又把该衬板的每一圈相互错开 36°角安装，从而形成了圆角方形角螺旋衬板。图 7-18 为磨内安装了角螺旋衬板后的情况。与普通衬板相比，它有三个特点：磨机的工作断面为带圆角的方形断面；相邻两圈衬板相错 36°角；衬板的工作表面形成一个截头圆角方形空间。

圆角方形衬板使研磨体的运动状态发生了很大变化。由于衬板沿磨筒体周向的曲率不同，故研磨体可以不同的脱离角被抛出，这种多变的脱离角增强了研磨体与物料的穿透和混合；同时，交替的研磨体降落点使研磨体交叉降落，充分与物料接触研磨。另外，角螺旋形和分级衬板增强了钢球的自动分级，并使研磨体循环次数增加。

生产实践表明，圆角方形衬板可使磨机产量提高 10%～14%，电耗降低 20%～25%。

④ 规格、排列及固定　确定衬板的规格应考虑搬运、装卸和进出磨门时是否方便。目前，磨机衬板尺寸已基本统一，其宽度为 314mm，整块衬板长度 500mm，半块衬板长度 250mm，平均厚度为 50mm。

衬板排列时环向缝不能贯通，应相互错开（图 7-19），以防止研磨体残骸及物料对筒体内壁的冲刷作用。为此，衬板分为整块和半块两种。

衬板的固定方式有螺栓连接和镶砌两种。一、二仓的衬板都是用螺栓固定的，所用螺栓有圆头、方头和椭圆头等。安装衬板时，要使衬板紧贴在筒体内壁上，不得有空隙存在。为了防止料浆或料粉进入冲刷筒体，应在衬板与筒体间加设衬垫。为了防止料浆顺螺栓孔流出，可在固定衬板上配有带锥形面的垫圈（图 7-20）。在锥形面内填塞麻圈，拧紧螺帽时麻圈被紧紧压在锥形垫圈内，这样螺栓与筒体螺栓孔之间的间隙即被消除。

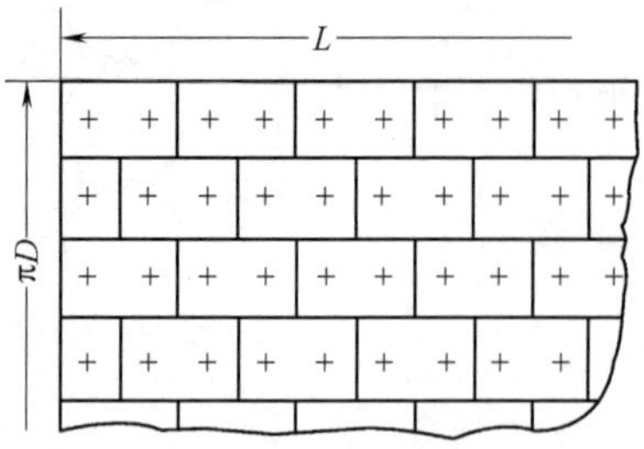

图 7-19 衬板排列示意图

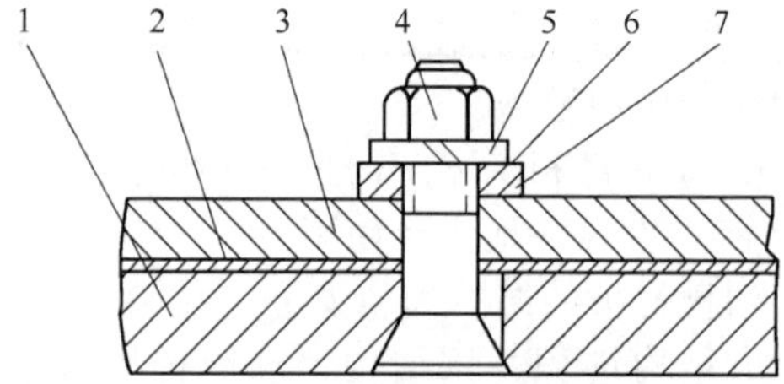

图 7-20 衬板的螺栓连接

1—衬板；2—衬垫；3—筒体；4—螺栓及螺母；5—弹簧垫圈；6—密封垫圈；7—锥面垫圈

为了防止螺栓松动，螺栓要求带双螺母或防松垫圈。

螺栓连接固定的优点是：抗冲击、耐振动，比较可靠。其缺点是：因在筒体上钻孔，因而使筒体强度削弱，还增加了漏料的可能。

磨尾仓内的小波纹衬板等一般都交错地镶砌在筒体内，彼此挤紧时形成“拱”的结构，再加上衬板与筒体之间的水泥砂浆的胶结，一般较牢固。为了能够挤紧，在衬板的环向用铁板楔紧。

为了克服螺栓连接的缺点，也有的采用无螺栓衬板。衬板的两侧均带有半圆形销孔，当衬板彼此挤紧时，在销孔内打入楔形销钉。在每圈首尾衬板相接处的销钉孔内打入一特殊楔形销钉。在衬板和筒体间加衬垫。

铸石衬板的安装应交错环砌，不宜用螺栓固定。一般镶砌在 10mm 左右厚的黏合料上。

(3) 隔仓板

① 作用

a. 分隔研磨体　在粉磨过程中，物料的粒度向磨尾方向逐渐减小，要求研磨体初期以冲击作用为主，向磨尾方向逐渐过渡到以研磨作用为主，因而从磨头至磨尾各仓内研磨体的尺寸依次减小。加设隔仓板可将这些执行特定任务的研磨体加以分隔，以防止它们窜仓。

b. 防止大颗粒物料窜向出料端　隔仓板对物料有筛析作用，可防止过大的颗粒进入冲击力较弱的细磨仓。否则，未粉碎细的颗粒堆积起来会严重影响粉磨效果，或者未经磨细出磨造成产品细度不合格。

c. 控制磨内物料流速　隔仓板的篦板孔的大小及开孔率决定了磨内物料的流动速度，从而影响物料在磨内经受粉磨的时间。

② 类型　隔仓板分单层和双层两种，双层隔仓板又分为过渡仓式、提升式和分级式几种。

a. 单层隔仓板　如图 7-21 所示。它是由扇形篦板组成的，用中心圆板 5 将这些扇形板连接成一个整体。隔仓板外圈篦板 2 用螺栓固定在磨机筒体 1 的内壁上。内圈篦板 3 装在外圈篦板的止口中。中心圆板 5 和环形固定圈 4 用螺栓与内圈篦板固定在一起。

b. 过渡仓式双层隔仓板　图 7-22 所示为 $\phi 2.4\text{m} \times 13\text{m}$ 球磨过渡仓式双层隔仓板。它由一组盲板 2 和一组篦板 7 组成，隔仓板朝进料方向的一面是盲板。当一仓内料浆面高于环形固定圈 1 时，料浆就流进双层隔仓板中间，然后再经篦板进入二仓。大块物料和研磨体被阻留在双层板之间，定时停磨清除。仓板座 3 用螺栓 4 固定在磨机筒体 5 上。盲板装在仓板座上，环形固定圈 1 装在盲板上，篦板装在仓板座上，盲板与篦板中间有定距管 6，用螺栓拧紧，在篦板上装有中心圆板 9。

c. 提升式双层隔仓板　如图 7-23 所示。物料通过篦板 3 进入双层隔仓板中间，由扬料板 4 将物料提升至圆锥体 2 内，随着磨机回转进入下一仓。盲板 8 和扬料板用螺栓固定在隔仓板架 10 上，隔仓板座 6 及木块 7 用螺栓固定在磨机筒体 9 的内壁上，篦板及盲板装在隔仓板座上，圆锥体装在双层板中间，在圆锥体上装有中心圆板 1。

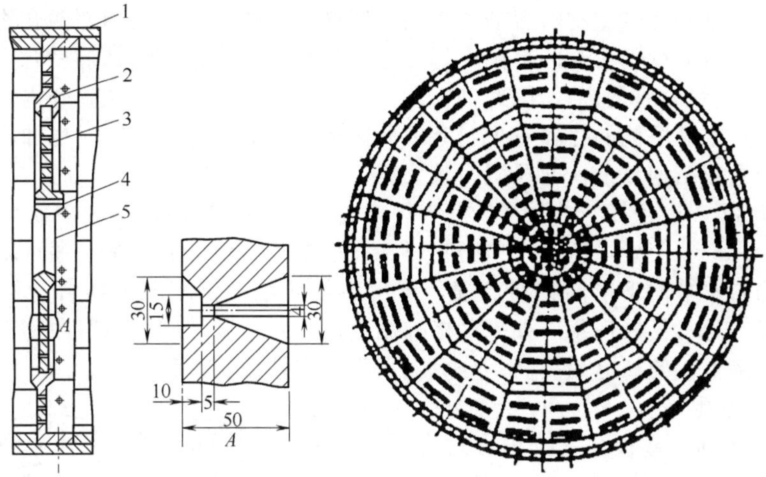

图 7-21　单层隔仓板（单位：mm）

1—筒体；2—外圈篦板；3—内圈篦板；4—环形固定圈；5—中心圆板

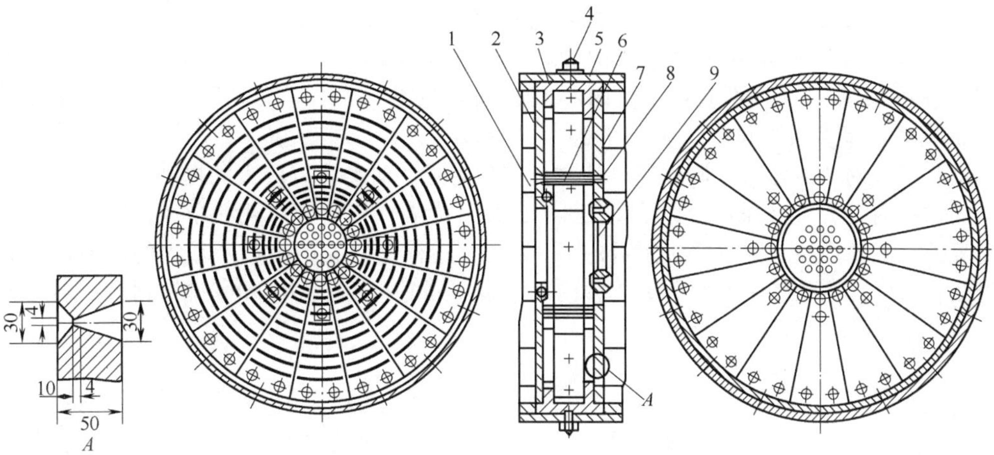

图 7-22　过渡仓式双层隔仓板（单位：mm）

1—环形固定圈；2—盲板；3—仓板座；4—固定螺栓；5—磨机筒体；6—定距管；7—篦板；8—螺栓；9—中心圆板

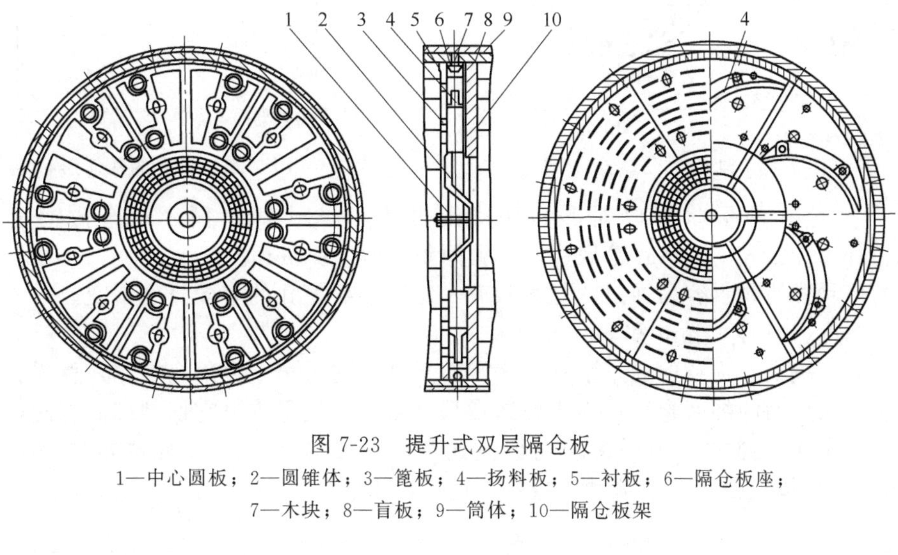

图 7-23　提升式双层隔仓板

1—中心圆板；2—圆锥体；3—篦板；4—扬料板；5—衬板；6—隔仓板座；7—木块；8—盲板；9—筒体；10—隔仓板架

提升式双层隔仓板有强制物料流通的作用，即通过的物料量不受相邻两仓物料水平面的限制，甚至前仓的物料面低于后仓的情况下仍可通过物料，且可以控制其前后两仓的适宜球料比(该仓内研磨体与物料的质量比)。因此，它适合于安装在干法磨机的粉碎仓内。但它会使磨机的有效容积减小；在其两侧的存料较少，导致此区域粉碎效率降低，同时也加剧了隔仓板的磨损；其较单层隔仓板结构复杂，通风阻力较大。

d. 分级隔仓板　近年来，分级隔仓板应用日益广泛，尤其在开路磨中使用效果更好。由于开路磨系统中无选粉装置，所以，出磨物料细度控制不方便，通常都是通过增大磨尾仓研磨体填充率抬高物料水平面来限制物料流速，但出磨物料细度仍随入磨物料量的变化而大幅波动。物料“跑粗”是常见的现象。如果严格控制出磨物料细度，则由于磨内物料的过粉磨现象而导致磨机产量降低，粉磨电耗提高。分级隔仓板可有效改善这种状况。

③ 隔仓板的篦孔

a. 篦板孔的排列　篦板孔的排列方式有多种，主要是同心圆和辐射状排列两大类应用较多。同心圆排列见图 7-24（b）。其篦孔平行于研磨体和物料的运动路线，因此对物料的通过阻力小，且不易堵塞，但通过的物料容易返回。辐射状篦孔［图 7-24(a)］的特点与之相反。

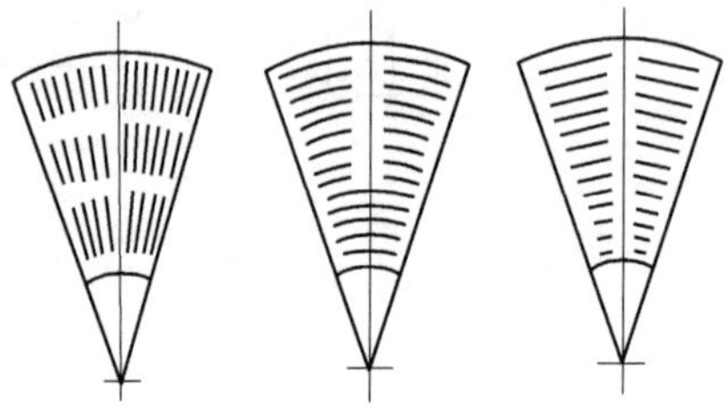

图 7-24　篦孔排列形式

双层隔仓板由于不存在物料返回问题，其篦孔通常都是同心圆排列的。为了便于制造，同心圆排列常以其近似形状代替，呈多边形排列，如图 7-24（c）所示。

辐射状篦板对研磨体有牵制作用，使靠近篦板附近的研磨体有较大的提升高度，于是便出现了不同的球载内径 R_1，如图 7-25 所示。图 7-25(a) 为隔仓板附近球载的半径，图 7-25(b) 为远离隔仓板处球载的内径。因隔仓板附近的 R_1 较大，这样在空腔中出现了较大的高差，因而使聚集于球载轮廓中部为数较多的大研磨体移向隔仓板，同时将小研磨体陆续排挤到另一端。

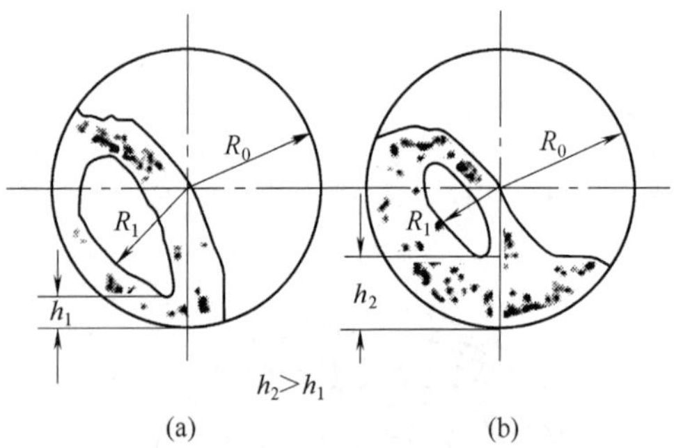

图 7-25　球载内径

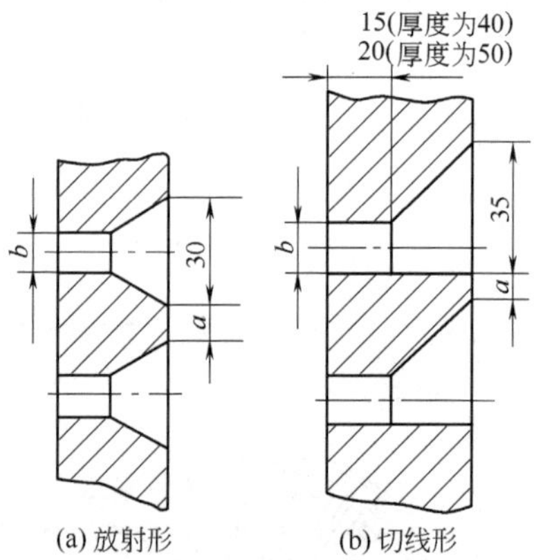

图 7-26　篦孔的几何形状

b. 篦孔　篦孔的形状有放射形和切线形两种，如图 7-26 所示。篦孔宽度有 8mm、10mm、12mm、14mm、16mm 等规格，篦孔间距一般为 40mm。

篦孔的形状要使物料容易通过，且篦板有一定磨损后篦孔的有效宽度不变。

篦板的厚度一般有 40mm 和 50mm 两种。

篦孔的宽度决定着物料的通过量和最大颗粒尺寸，这对第一道隔仓板尤其重要。大颗粒物料从粉碎仓进入后面的细磨仓后，由于研磨体尺寸较小，故很难将它们磨细。因此，篦孔不能过大。如干法水泥开路磨机第一道隔仓板篦孔宽度一般为 8mm，闭路磨机的稍大些，可达 10～12mm。湿法磨机由于料浆流动性较好，篦孔可小些。

隔仓板上所有篦孔面积之和与其整个面积之比的百分数称为隔仓板的通孔率。在保证篦板有足够机械强度的条件下，应尽可能增大通孔率，以利于物料通过和通风。干法磨机的通孔率一般不小于7%～9%。

安装隔仓板时须使大端朝向出料端，不得装反。

(4) 主轴承 各类磨机主轴承的主要构造基本相同，都是由轴瓦、轴承座、轴承盖、润滑及冷却系统组成。

图7-27为ϕ2.4m×13m磨机的主轴承。球面瓦7的底面呈球面形，装在轴承座6的凹面上；在球面瓦的内表面浇注一层瓦衬，一般多用铅基轴承合金制成。轴承座用螺栓固装在磨机两端的基础上。轴承座上装有用钢板焊成的轴承盖，其上设的视孔供观察供油及中空轴、轴瓦的运转情况。为了测量轴瓦温度，装有温度计。中空轴与轴承盖、轴承座间的缝隙用压板3将毡垫压紧加以密封，以防止漏料。

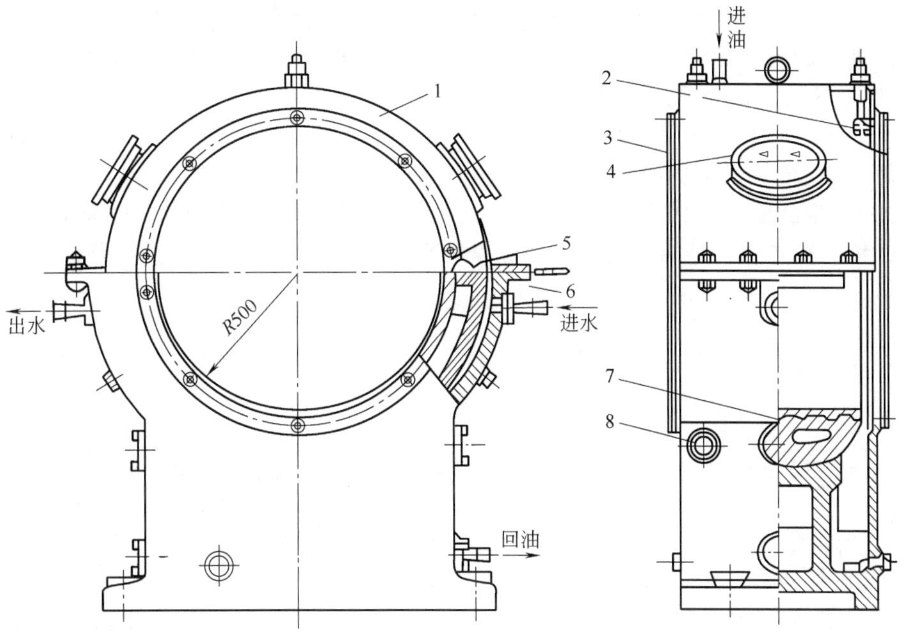

图7-27 ϕ2.4m×13m球磨机主轴承

1—轴承盖；2—刮油板；3—压板；4—视孔；5—温度计；6—轴承座；7—球面瓦；8—油位孔

轴承的润滑油采用动压润滑和静压润滑两种方式。动压润滑靠专设的油泵供油，润滑油从进油管进入轴承内，经刮油板2将油分布到轴颈和轴瓦衬的表面上。轴承座内的润滑油从回油管流回，构成闭路循环润滑。油位孔8供检查油箱中的油量。由于磨机转速低，所以由动压润滑形成的油膜很薄，达不到液体摩擦润滑，而是半液体润滑，这不但易于擦伤轴衬，缩短轴衬使用寿命，还会增加磨机传动功率消耗，启动也较困难。因此，除上述动压润滑系统外，有些磨机上还采用了静压润滑系统。所谓静压润滑系统，即在轴瓦的内表面上对称布置开设数对油囊，见图7-28，由专设的高压油泵往油囊供高压油，靠油的压力形成一层较厚的油膜将油浮起，这样轴承在工作时处于纯液体摩擦润滑状态，克服了动压润滑的缺点。但静压润滑要求的压力高达数十兆帕，油泵及管道常会出现故

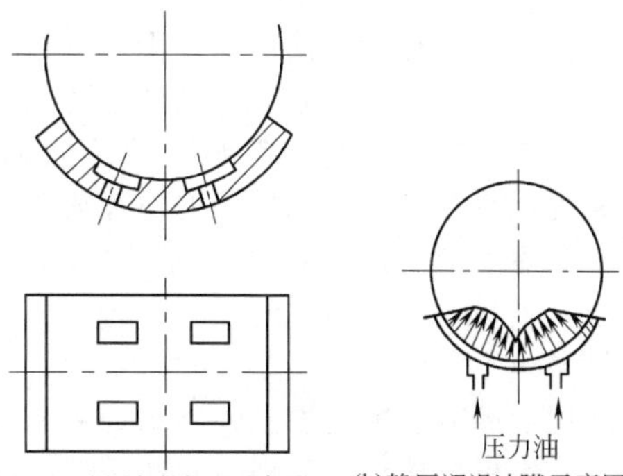

(a) 油囊布置示意图 (b)静压润滑油膜示意图

图7-28 主轴承的静压润滑

障。上述动压润滑系统就是当静压润滑系统发生故障时而自动投入工作的一种备用润滑系统。

有的磨机主轴承采用油圈带油润滑。作用在磨机筒体上的全部荷载通过两端轴颈传递给球面瓦，再传递给轴承座。磨机在制造和安装过程中可能会出现误差，因而轴颈和轴承衬可能发生局部接触，造成局部压力过大，引起局部加速磨损及过热。将轴瓦制成球面，它可以在轴承座的球窝里自由转动，这样可使轴衬表面均匀地承受荷载，消除上述不良现象。

磨机主轴承在工作时，磨内的热物料及热气体会不断向轴承传热，轴颈与轴承衬接触表面的摩擦也会产生热量。虽然轴承表面也同时向周围空间散热，但其散热速度不及前者的传热速度，因而热量的不断积累必然导致轴承的温升。轴承衬的允许工作温度一般低于 70℃，如果超过此温度即会发生烧瓦，影响磨机的正常运转。因此，必须及时排走热量，降低温度。常用的方法是水冷却，直接引水入轴瓦的内部，或间接水冷却润滑油，或二者同时使用。

（5）进料、卸料装置　磨机进料、卸料装置是磨机整体中的一个组成部分，物料和水（湿法磨）或气流（干法磨）通过进料装置进入磨内，通过出料装置排出磨外。根据生产工艺要求，磨机的进、卸料装置有不同的类型，下面介绍通过磨机中空轴进出的装置形式。

① 进料装置　进料装置大致有以下几种。

a. 溜管进料　如图 7-29 所示。物料经溜管（或称进料漏斗）进入位于磨机中空轴颈 3 内的锥形套筒 2，沿着旋转的筒壁自行滑入磨内。溜管断面呈椭圆形。

由于物料先靠自溜作用向前移动，所以溜管的倾角必须大于物料的安息角，以确保物料的畅通。

此种进料装置的优点是结构简单，缺点是喂料量较小。它适用于中空轴颈的直径较大长度又较短的情况。

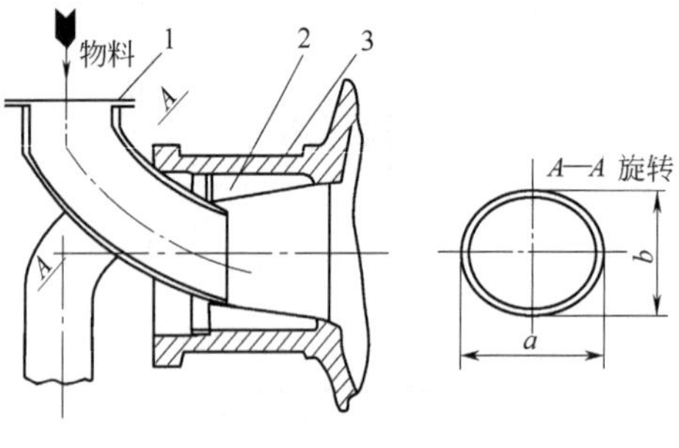

图 7-29　溜管进料装置

1—溜管；2—锥形套筒；3—中空轴颈

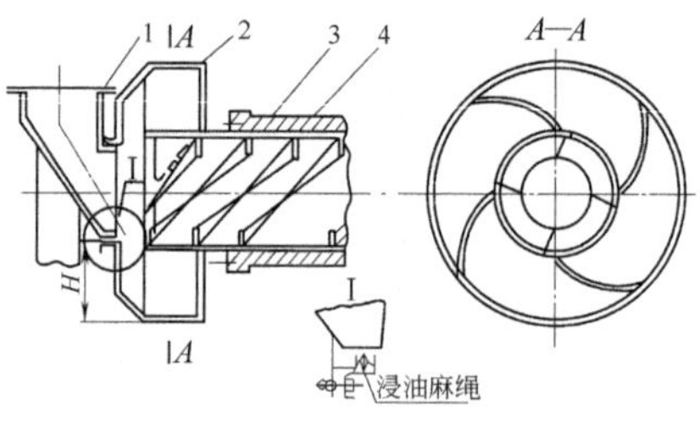

图 7-30　螺旋进料装置

1—进料漏斗；2—勺轮；3—中空轴；4—螺旋套筒

b. 螺旋进料　如图 7-30 所示。物料由进料漏斗 1 滑落到勺轮 2 后，回转的勺轮将物料提升上去，再由轮叶直接倒在位于中空轴 3 内的螺旋套筒 4 内，内螺旋叶片将物料送到磨内。

为防止在固定的进料漏斗与回转的勺轮之间漏料，要求勺轮入口半径与勺轮半径的差值 H 大于物料的堆积高度，并在环形间隙处用毛毡片或浸油麻绳密封。

为避免较热的物料和气流对主轴承传热过于剧烈，在中空轴和螺旋套筒之间预留一定间隙，使之形成空气隔热层。

螺旋进料装置是强制性喂料，喂料量较大，但结构复杂，钢板焊接件易磨损。它适用于喂料量大而中空轴的直径较小、长度较大的情形。

c. 勺轮进料　如图 7-31 所示。物料由进料漏斗 1 进入勺轮 2 内，勺轮轮叶将其提升至中心，卸下进入锥形套 3 内，然后溜入磨内。

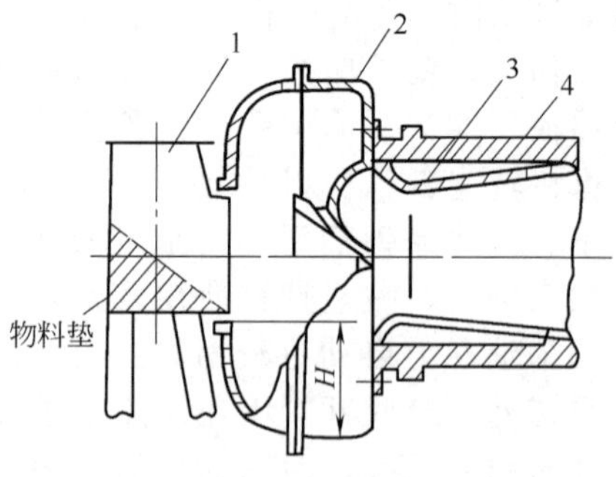

图 7-31　勺轮进料装置

1—进料漏斗；2—勺轮；3—锥形套；4—中空轴

为避免物料从进料漏斗与勺轮之间的缝隙漏出，同样要求勺轮入口半径与勺轮半径之差值 H 须大于物料的堆积高度，并在环形间隙处加设密封。

为保护进料漏斗底部不被物料磨损，底部呈直角形，并在此处堆积一些物料作保护层。

由于锥形套可使物料有较大落差，所以规格相同时其喂料量比溜管大。采用铸件结构，因而较耐磨。

② 卸料装置　图 7-32 所示为 $\phi 3\mathrm{m}\times 11\mathrm{m}$ 水泥磨卸料端装置。物料由尾仓通过出料篦板 2 后，在出料篦板上的扬料板作用下将物料提升至一定高度，然后滑到锥形卸料体 6 上，再溜到出料螺旋套筒 7 内（也有用锥形套筒），靠内螺旋叶片将物料排出磨外。

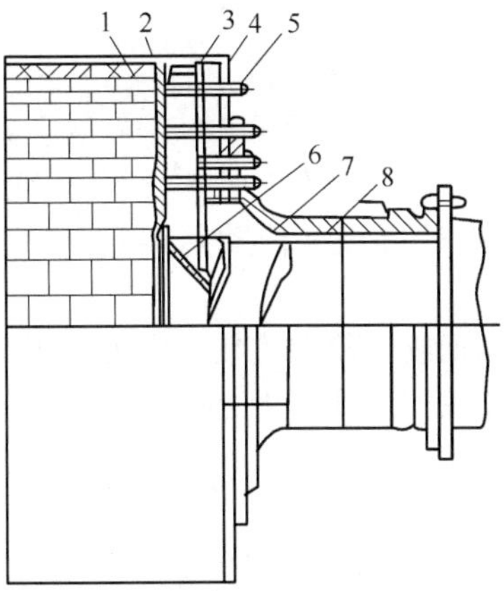

图 7-32　水泥磨卸料端装置

1—筒体；2—出料篦板；3—端盖衬板；4—端盖；5—螺栓；6—锥形卸料体；7—螺旋套筒；8—中空轴

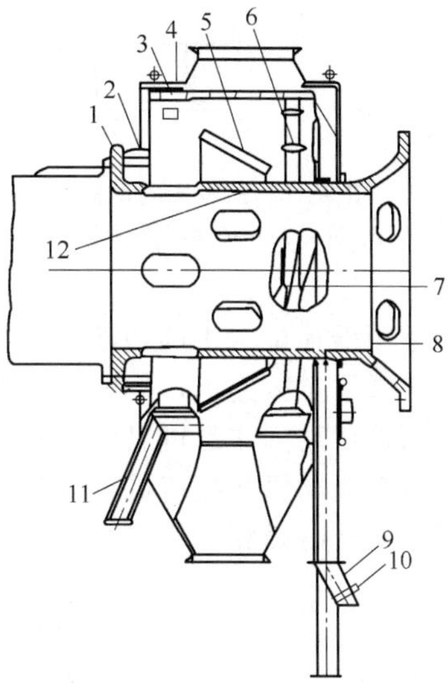

图 7-33　磨机出料装置

1—传动接管；2—压圈；3—圆筒筛；4—出料罩；5—锥形套；6—滑块；7—刮板；8—堵板；9—漏斗；10—插板；11—支架；12—十字架

物料由卸料端中空轴排出后进入出料装置，其结构如图 7-33 所示。传动接管 1 用螺栓与磨机卸料端中空轴连接，另一端与中心传动轴法兰盘连接。圆筒筛随传动接管一同旋转。圆筒筛外面有一安装在支架 11 上的出料罩 4。传动接管上有 6 个卸料孔。当磨机工作时，物料由卸料孔进到圆筒筛内进行筛分，细小物料通过筛孔后汇集于出料罩漏斗，然后通过闪动阀进入输送设备。未通过筛孔的粗颗粒物料及研磨体残骸在锥形套 5 和刮板 7 的作用下溜入漏斗 9，其下部有插板 10，定期打开插板即可排出收集物。

圆筒筛常用筛板作筛面，筛板通常用薄钢板制造，筛孔多为长条形，长轴与旋转方向一致，宽度为 3.5～5mm。为防止筛孔被物料堵塞，筛筒内装有振打装置，在十字架 12 上装有 4 个滑块，滑块在重力作用下沿十字架滑动，每个滑块在每圈中冲击振打两次。筛面上有厚钢保护垫板。

为使物料由出料罩漏斗顺利流出，漏斗倾角应大于 45°。为避免漏料及漏风，在出料罩与传动接管间用压圈 2 压紧毛毡密封圈进行密封，并在出料罩漏斗下面装翻板式闪动阀（图 7-34）进行锁风。物料靠自重启闭闪动阀，当少料或无料时，翻板即受重锤作用而自锁。

(6) 传动系统

① 传动形式

a. 边缘传动

(a) 采用高速电动机的边缘单传动　采用高速电动机时边缘单传动的布置如图 7-35 所示。高速电动机 3 驱动主减速机 4，再由小齿轮 5 带动安装在磨机上的大齿轮 6。对于大型磨机，有的在电机的另一端安装辅助电动机 1 和辅助减速机 2。

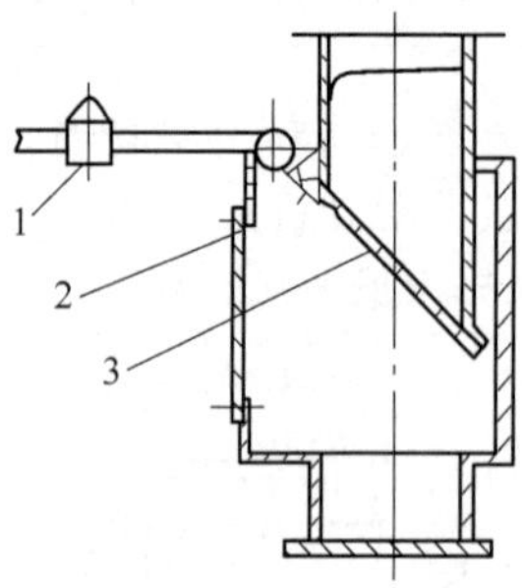

图 7-34　翻板式闪动阀

1—重锤；2—壳体；3—翻板

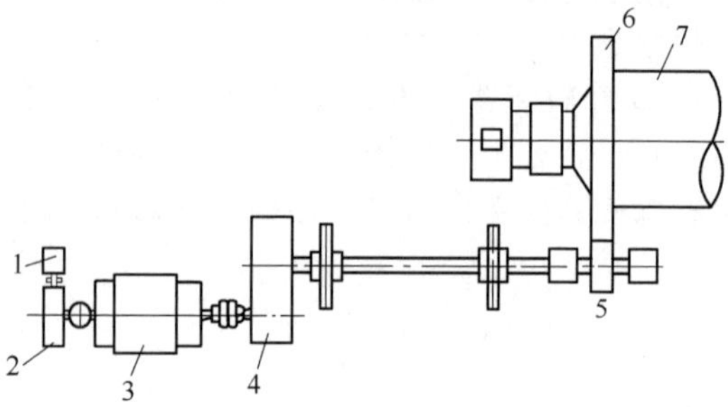

图 7-35　采用高速电动机的边缘单传动

1—辅助电动机；2—辅助减速机；3—高速电动机；4—主减速机；5—小齿轮；6—大齿轮；7—磨机筒体

(b) 采用低速电动机的边缘单传动　采用低速电动机时边缘单传动的布置图 7-36 所示。这种形式省去了主减速机，但电动机的造价较高。

以上两种传动方式都可以用高转矩电动机直接与减速机或齿轮轴连接，也可采用低转矩电动机，此时在电动机与减速机或电动机与小齿轮轴之间使用离合器，使电动机能够空载启动。常用的离合器有电磁和空气离合器两种。

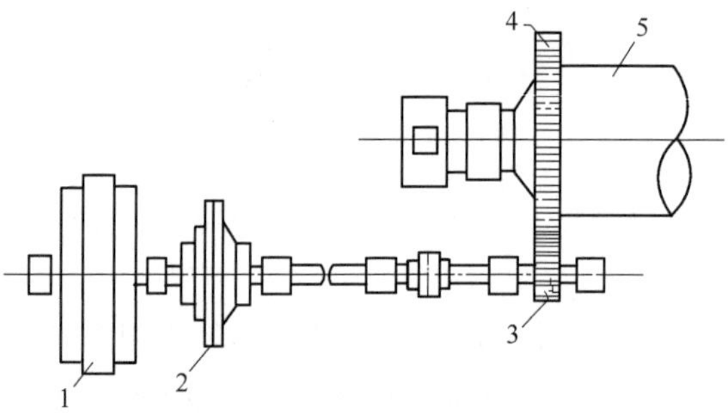

图 7-36　采用低速电动机的边缘单传动

1—低速电动机；2—离合器；3—小齿轮；4—大齿轮；5—磨机筒体

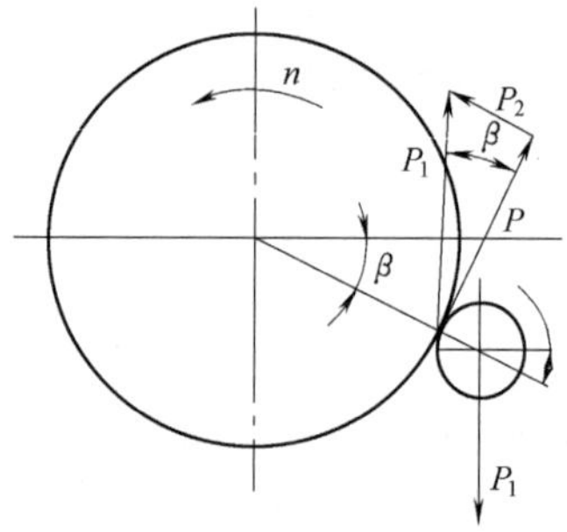

图 7-37　小齿轮安装角

对于边缘单传动的磨机，小齿轮的安装角和转向如图 7-37 所示。小齿轮的安装角 β 常为 20°左右，相当于齿形压力角，此时小齿轮的正压力 P_1 的方向垂直朝上，使传动轴受到垂直向下的压力，对小齿轮轴承的连接螺栓和地脚螺栓的工作有利，运转平稳；同时，由于 P_1 垂直向上，减小了磨机传动端主轴承的受力，从而减轻该主轴承轴衬的磨损。另外，减小磨机横向占地面积，可使传动轴承与磨机主轴承的基础表面处在同一平面上，便于更换小齿轮。注意转向不可与图示方向相反，以免传动轴承受拉力以及连接螺栓松脱和折断。

(c) 边缘双传动　磨机边缘双传动可采用高速电动机与低速电动机两种形式。图 7-38 和图 7-39 分别为高速电动机和低速电动机边缘双传动的示意图，两种传动形式的优缺点与单传动相同。

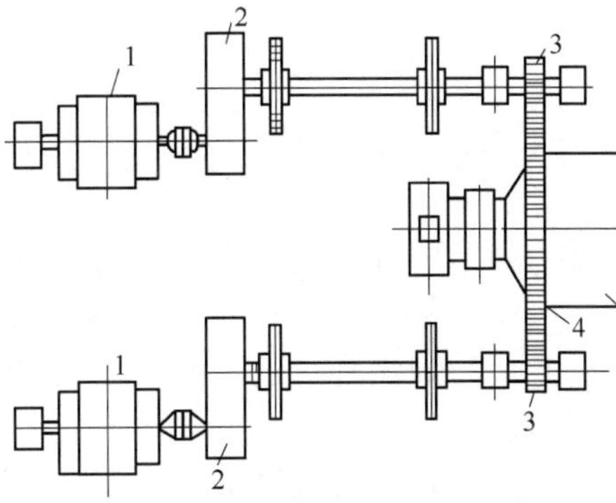

图 7-38 采用高速电动机的边缘双传动

1—电动机；2—减速机；3—小齿轮；
4—大齿轮；5—磨机筒体

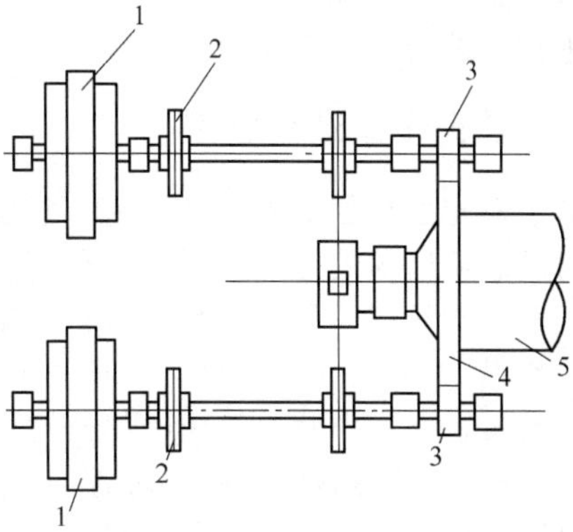

图 7-39 采用低速电动机的边缘双传动

1—电动机；2—离合器；3—小齿轮；
4—大齿轮；5—磨机筒体

b. 中心传动 磨机中心传动分为单传动和双传动两种。图 7-40 和图 7-41 分别为中心单传动和中心双传动示意图。在中心传动中，如采用低转矩电动机，在电动机与减速机之间必须用离合器连接，否则要用高转矩电动机。我国中心传动的磨机通常只用高转矩电动机。

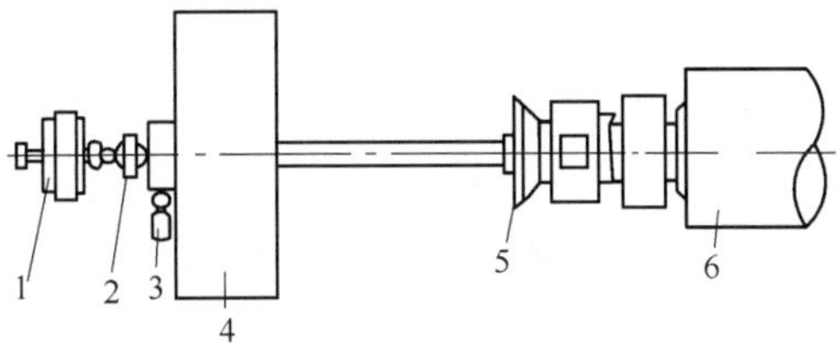

图 7-40 磨机中心单传动

1—主电动机；2，5—联轴器；3—辅助电动机；
4—主减速机；6—磨机筒体

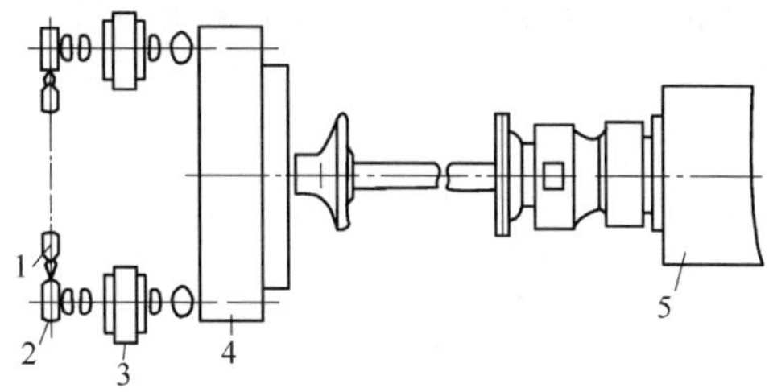

图 7-41 磨机中心双传动

1—辅助电动机；2—辅助减速机；3—主电动机；
4—主减速机；5—磨机筒体

② 传动形式的比较

a. 边缘传动与中心传动的比较 边缘传动磨机的大齿轮直径较大，制造困难，占地多，但齿轮精度要求较低。中心传动结构紧凑，占地面积小，但制造精度要求较高，对材质和热处理的要求也较高。

中心传动较边缘传动装置总质量小些，加工精度高，一般情况下，中心传动较边缘传动的造价要高一些。

中心传动的机械效率一般为 0.92～0.94，最高可达 0.99；边缘传动的机械效率一般为 0.86～0.90，二者相差 5%左右。对大型磨机而言，由于机械效率的差异，电耗相差很大。例如，功率为 1000kW 的 ϕ3m×9m 磨机，若电能每小时差 50kW·h，则一年可差 300000kW·h。

边缘传动较中心传动的零部件分散，供油点多，检查点多，操作及检查不方便，磨损快，寿命短。

综上所述，中心传动较先进，在磨机功率较小（2500kW 以下）时，两种传动形式均可选择。而功率大于 2500kW 时，应尽可能选用中心传动方式。

b. 单传动与双传动的比较 由于双传动的传动装置是按磨机功率的一半设计的，因此传动部件较小、制造方便，并有可能选用通用零部件。

双传动的大齿轮同时与相互错开为 1/2 节距的两个小齿轮啮合，传力点多，运转平稳。

缺点是：双传动零部件较多，安装找正较复杂，检修及维护工作量大；使两个主动小齿轮同时平均分配负荷较困难。

7.2.5 研磨体运动分析

为了确定磨机的适宜工作转速、需要功率、研磨体最大装载量及对磨机进行机械计算等，必须对动态研磨体的运动规律进行分析。

由前述知研磨体的运动状态是很复杂的，为了使问题简化，根据研磨体的实际运动状态，作如下假设。

当磨机正常工作时，筒体内的研磨体按其所在位置一层一层地循环运动，如图 7-42 所示。图中弧 AB、BC 等封闭曲线代表各层研磨体中心的运动轨迹。

研磨体在磨机筒体内的运动规律只有两种：一种是一层一层地以磨机筒体横断面几何中心为圆心按同心圆弧的轨迹随磨机筒体作向上的运动；另一种是一层一层地按抛物线轨迹降落下来。按此假设，各层研磨体在循环运动过程中互不干涉。

研磨体与磨机筒体壁面间及研磨体层与层之间的相对滑动极小，计算时可忽略不计。

磨机筒体内的物料对研磨体运动的影响忽略不计。

下面根据上述四个基本假设讨论动态研磨体的运动规律。

为了简化问题便于研究，将磨机筒体内的研磨体看成是一个“质点系”，并假设质点间无摩擦。取其最外层的一个研磨体 A 作质点来分析，见图 7-43。因钢球直径与磨机有效内径（筒体内径减去衬板厚度的两倍）相比小得多，故可认为研磨体中心与筒体内壁的圆周线速度相同。

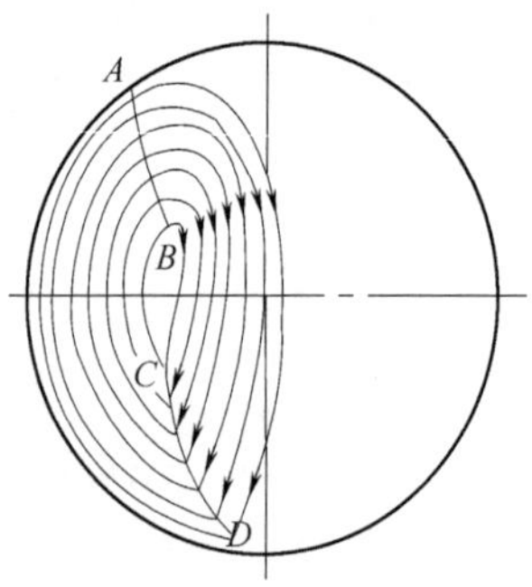

图 7-42 研磨体示意图

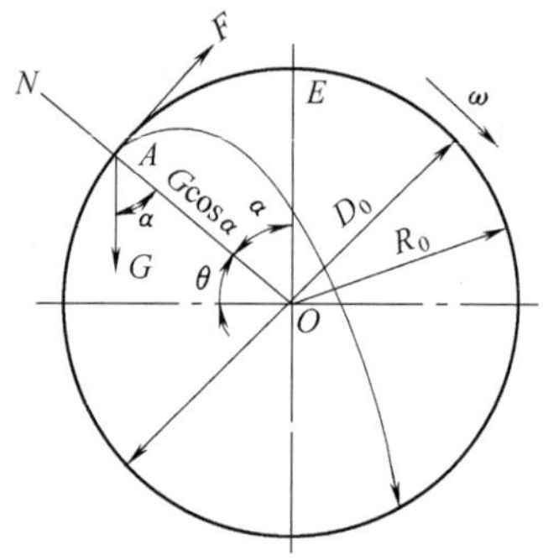

图 7-43 动态研磨体运动分析

在磨机运转过程中，作用在研磨体 A 上的力有：研磨体的重力 G，磨机筒体对研磨体的法向力 N 及其对研磨体的摩擦力 F。

研磨体 A 随着磨机筒体作圆周运动，根据牛顿第二定律，有

$$N+G\cos\alpha=ma_{\mathrm{n}} \tag{7-6}$$

式中 α——研磨体 A 的中心与磨机中心的连线与铅垂线之间的夹角，假设在 A 点脱离筒体，则称之为脱离角；

m——研磨体 A 的质量；

a_{n}——研磨体 A 的向心加速度（即作圆周运动时的法向加速度），其值为

$$a_{\mathrm{n}}=\frac{u^2}{R_0}=\omega^2R_0=\frac{\omega^2D_0}{2} \tag{7-7}$$

式中 u——研磨体 A 的圆周速度，m/s；

D_0——磨机筒体的有效内径，m；

ω——磨机筒体的转动角速度，rad/s，当转速为 n 时，则

$$\omega=2\pi n/60=\pi n/30. \tag{7-8}$$

在研磨体运动的过程中，摩擦力不断变化，显然，当它运动至 A 点的摩擦力 F 恰好为零（反力 $N=0$）时，研磨体 A 即脱离圆弧轨迹开始抛物线运动。由此可得到研磨体在脱离点应具备的条件是

$$G\cos\alpha=ma_n=G\omega^2R_0/g$$

$$\cos\alpha=\omega^2R_0/g \tag{7-9}$$

或

$$\cos\alpha=\frac{\pi^2R_0n^2}{900g}$$

由于 $\pi^2/g\approx1$，则上式可写为

$$\cos\alpha=R_0n^2/900 \tag{7-10}$$

此式称为磨机内研磨体运动的基本方程式。由此式可看出，研磨体脱离角与筒体转速和筒体有效内径有关，而与研磨体质量无关。

7.2.6　磨机主要参数

（1）磨机转速

① 磨机的临界转速 n_0　所谓临界转速是指磨内最外层两个研磨体恰好开始随磨机筒体作周转状态运转时的磨机转速。如图 7-43 所示，当研磨体处于极限位置 E 点（$\alpha=0°$）时，恰好磨机筒体随磨筒一起回转而不落下，此即为临界条件。以 $\alpha=0°$代入研磨体运动的基本方程式（7-10）可得磨机临界转速 n_0 为

$$n_0=30/\sqrt{R_0}\approx42.4\sqrt{D_0}\,(\mathrm{r/min}) \tag{7-11}$$

式中，D_0 为磨机筒体的有效内径，m。

$$D_0=D-2\delta \tag{7-12}$$

式中　D——磨机筒体内径，m；

　　δ——衬板厚度，m。

从理论上讲，当磨机转速达到临界转速时，研磨体将贴紧筒体作周转状态运转，不能起任何粉磨作用。但实际上并非如此。这是因为在推导研磨体基本方程时，忽略了研磨体的滑动以及物料对研磨体运动的影响等因素；同时，在推导时是针对紧贴筒壁的最外层研磨体，而其余各层研磨体并未达到临界转速，越接近筒体中心的研磨体层其临界转速也越高。因此，球磨机的实际临界转速比上述理论计算值更高些。

② 磨机的理论适宜转速 n　由前述分析知，当磨机达到其临界转速时，由于研磨体作周转运动，故对物料不起粉磨作用；但当转速较低时，由于研磨体呈泻落状态，对物料的粉碎作用较弱；只有当研磨体呈抛落状态时才对物料起较强的粉碎作用。可见研磨体对物料的粉碎功是磨机转速的函数。人们希望研磨体产生最大的粉碎作用，使研磨体产生最大粉碎功的磨机转速称为理论适宜转速。分析的出发点是：使最外层研磨体具有最大的降落高度，此时研磨体对物料产生最大的冲击粉碎功。

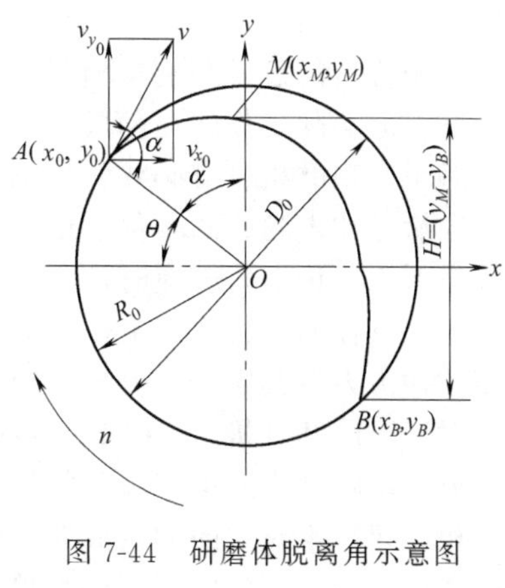

图 7-44　研磨体脱离角示意图

如图 7-44 所示，研磨体自 A 点抛射，脱离角为 α，其运动轨迹为抛物线。为求质点 A 的最大降落高度 H，须求出抛物线顶点 M 的位置。在抛物线顶点处，有

$$v_y=\mathrm{d}y/\mathrm{d}t=R_0\omega\sin\alpha-gt=0 \tag{7-13}$$

推导（过程略）可得质点降落高度的计算式

$$H=y_M-y_B=4.5R_0\sin^2\alpha\cos\alpha \tag{7-14}$$

可见，研磨体降落高度 H 是其脱离角 α 的函数，欲求 H 的最大值，可令 $\mathrm{d}H/\mathrm{d}\alpha=0$，即

$$\mathrm{d}H/\mathrm{d}\alpha=4.5R_0\sin^2\alpha(2\cos^2\alpha-\sin^2\alpha)=0$$

由研磨体脱离条件知，α 不为零，因此

$$2\cos^2\alpha-\sin^2\alpha=0$$

或 $\tan^2\alpha=2$

解得

$$\alpha_0=54°40' \tag{7-15}$$

由此可得出结论：当磨机内最外层研磨体的脱离角为 $\alpha=54°40'$时，可获得最大的降落高度。

将 $\alpha=54°40'$代入式(7-10) 可得出最外层研磨体获得最大冲击粉碎功时的转速即理论适宜转速

$$n_0=22.8/\sqrt{R_0}\approx 32.2\sqrt{D_0}\ (\mathrm{r/min}) \tag{7-16}$$

令 K 为磨机适宜转速与其临界转速之比，简称转速比，即

$$K=n/n_0=22.8/30=76\% \tag{7-17}$$

此为磨机理论上的适宜转速比，实际生产的磨机可能会略有出入，但大多在 76%左右波动。

③ 磨机的实际工作转速 n_g　上述理论适宜转速计算式是从研磨体能够产生最大冲击粉碎功的观点推导出来的，其实被粉磨物料在磨机内粗物料变为细粉的过程是研磨体冲击和研磨综合作用的结果。磨机以理论适宜转速运转时，虽然研磨体的冲击作用大，但研磨作用小，不易将物料磨细。为使磨机具有更好的粉磨效果，应考虑冲击和研磨作用的平衡问题；同时，还要注意使外层研磨体处于无滑落循环运动状态。只有如此才能使磨机功率和衬板磨耗达到合理，从而获得较好的技术经济指标。

上述分析可作为确定磨机转速的理论依据。实际上，在确定磨机实际工作转速时，应考虑磨机的规格、生产方式、衬板形式、研磨体种类及填充率、被粉磨物料的物理化学性质、入磨物料粒度和要求的粉磨细度等因素。就是说，应通过实验来确定磨机的实际工作转速，比较全面地反映上述因素的影响。

对于干法磨机的实际工作转速的确定，有下面的经验公式

当 $D>2\mathrm{m}$ 时，
$$n_g=32\sqrt{D_0}-0.2D\ (\mathrm{r/min}) \tag{7-18}$$

当 $1.8\mathrm{m}\leqslant D\leqslant 2\mathrm{m}$ 时，
$$n_g=n=32\sqrt{D_0}\ (\mathrm{r/min}) \tag{7-19}$$

当 $D<1.8\mathrm{m}$ 时，
$$n_g=n+(1\sim1.5)\ (\mathrm{r/min}) \tag{7-20}$$

式中符号的意义与前文相同。

磨机的实际工作转速随磨机规格的不同与理论适宜转速有所差异。一般进料粒度相差不大，对于大型磨机没有必要将研磨体提升到具有最大降落高度，因为在块状物料的粉磨过程中，在满足冲击粉碎的条件下还应加强对细物料的研磨作用，才能获得更好的粉磨效果。当磨机转速低于理论适宜转速时，研磨体的滑动和滚动现象增强，对物料的研磨作用也随之加强。所以，大直径的磨机实际工作转速较理论适宜转速略低；而对于小直径磨机，为使研磨体具有必要的冲击力，其实际工作转速较理论适宜转速略高。

对于湿法磨（机），在同一条件下转速应比干法磨稍高，原因是除了湿法磨中料浆阻力对冲击力有影响外，还由于水分的湿润作用降低了研磨体之间以及研磨体与衬板之间的摩擦系数，相互间产生较大的相对滑动。因此，湿法磨的工作转速应比相同条件下的干法磨高 25%。但湿法球磨的转速却应比干法球磨低，这主要是钢棒的质量比钢球大得多，其冲击动量比较大，粉碎作用较强的缘故。

此外，磨机在闭路操作时，由于磨内物料流速加快，生产能力较高，因而闭路操作可比开

路操作的磨机转速高些。

（2）磨机的功率计算　磨机的功率计算分为主传动装置和辅助传动装置所需功率的计算。

① 主传动装置所需功率的计算　主传动装置所需功率的计算常用的两种方法是：a. 磨机以实际工作转速运转时所需的能量消耗主要用于运动研磨体和克服传动与支承装置之间的摩擦；b. 聚集层法，所谓聚集层，是指假想磨机筒体中所有的研磨体都集中在某一中间层运动，且研磨体在这一中间层运动的各种性质可代表全部研磨体在筒体内的运动情况，则该中间层称为聚集层。

按第一种方法推导出来的磨机主传动装置所需的功率为

$$N=\frac{1}{\eta}\times 0.222nD_0V(G/V)^{0.8}(\mathrm{kW}) \tag{7-21}$$

式中 n——磨机转速，r/min；

D_0——磨机有效直径，m；

V——磨机有效容积，m^3；

G——研磨体总装载量，t；

η——机械效率，中心传动磨机 $\eta=0.90\sim0.94$，边缘传动磨机 $\eta=0.85\sim0.90$；选用高速电机时，η 取较低值，选用低速电机时，η 取高值。

按第二种方法推导出来的磨机主传动装置所需的功率为

$$N=0.041GR_0ng/\eta(\mathrm{kW}) \tag{7-22}$$

式中 R_0——磨机的有效半径，m；

g——重力加速度，m/s^2；

其余符号的意义同前。

计算磨机主电机功率时，应注意以下几点。

该式仅适用于干法磨机。湿法磨机中由于存在水分，研磨体与衬板之间摩擦系数小，故研磨体提升高度小。另外，水分多处于磨体下部，从而使 F_1 重心下移，故湿法粉磨比干法所需功率要小。实测证明，约小 10%。

该式仅适用于填充率为 0.25～0.35 的磨机。磨机填充率过高或过低都会引起误差。

在电动机选型时，应考虑不小于 5%的储备能力，以保证磨机的安全启动和在承受运转时可能出现的过载情形时的安全运转。

另外，在计算磨机产量时采用粉磨物料所需功率 N_0，而计算 N_0 不应包括机械传动和运动物料所需功率。如果按磨内物料质量约占研磨体质量的 14%计，则磨机粉磨物料所需功率为

$$N_0=\frac{N}{1.14^{0.8}}\times\eta=0.2nD_0V(G/V)^{0.8}(\mathrm{kW})$$

【例题 7-1】 确定 ϕ3m×9m 水泥磨（中心传动）主电动机的额定功率。

解： 已知磨机转速为 $n=17.6$r/min，磨内研磨体总装载量为 $G=80$t，磨机筒体有效内径为 $D_0=2.9$m，磨机筒体有效容积为 $V=55.9m^3$，若取中心传动的机械效率 $\eta=0.92$，则用式(7-21) 计算时

$$\begin{aligned}N&=\frac{1}{0.92}\times 0.222\times 17.6\times 2.9\times 55.9\times(80/55.9)^{0.8}\\&=917(\mathrm{kW})\end{aligned}$$

若考虑 5%的储备能力，则电动机所需功率为

$$N_M=1.05N=1.05\times 917=963(\mathrm{kW})$$

用式(7-22) 计算时

$$N=0.041GR_0ng/\eta=0.041\times 80\times 1.45\times 17.6\times 9.81/0.92=893(\mathrm{kW})$$

若考虑 10%～15%的储备能力，则电动机所需功率为

$$N_M=(1.10\sim1.15)N=(1.10\sim1.15)\times893=982\sim1027(\text{kW})$$

查电动机产品系列可知，所选主电动机为 YR18/61-8，其额定功率为 1000kW。

② 辅助传动装置所需功率的计算　分析辅助传动所需功率目的是为正确选择辅助电动机和辅助减速机的规格提供依据。

开启辅助传动装置并带动磨机转动时，由于转速慢，研磨体在磨内的运动完全处于泻落状态，因而其功率计算方法与主传动功率计算方法不同。磨机辅助传动所需功率包括用于提升研磨体及物料需要的功率 N_1 和克服磨机主轴承与中空轴摩擦消耗的功率 N_2，克服传动系统摩擦消耗的功率用 η_F 表示。则辅助传动所需功率 N_F 为

$$N_F=(N_1+N_2)/\eta_F(\text{kW}) \tag{7-23}$$

$$N_1=1000gGan_F/9545(\text{kW}) \tag{7-24}$$

$$N_2=1000g(G+G_m)frn_F/9545(\text{kW}) \tag{7-25}$$

$$N_F=1.02[Ga+(G+G_m)fr]n_F/\eta_F(\text{kW}) \tag{7-26}$$

式中　G——研磨体及物料的质量，$G=1.14G_n$，G_n 为研磨体质量，t；

g——重力加速度，m/s^2；

a——研磨体堆积重心的偏心距，m；

n_F——开辅助传动时的磨机转速，r/min；

r——中空轴颈半径，m；

G_m——研磨体部分总质量，t；

f——主轴承与中空轴的摩擦系数，按边界润滑条件，$f=0.05$。

(3) 磨机产量计算　影响球磨机产量的主要因素如下。

① 粉磨物料的种类、物理性质、入磨物料粒度及要求的产品细度。

② 磨机的规格和形式、仓的数量及各仓的长度比例、隔仓板形状及其有效面积、衬板形状、筒体转速。

③ 研磨体的种类、装载量及其级配。

④ 加料均匀程度及在磨内的球料比。

⑤ 磨机的操作方法，如湿法或干法、开路或闭路；湿法磨中水的加入量、流速；干法磨中的通风情况；闭路磨中选粉机的选粉效率和循环负荷率等。

⑥ 是否加助磨剂等。

上述因素对磨机产量的影响以及彼此关系目前尚难以从理论上进行精确、系统定量描述。

常用的磨机产量计算公式为

$$Q=N_0q\eta_c/1000=0.2nD_0V\left(\frac{G}{V}\right)^{0.8}\left(\frac{q\eta_c}{1000}\right)(\text{t/h}) \tag{7-27}$$

式中　N_0——磨机粉磨物料所需功率，kW；

q——单位功率单位时间的产量，kg/(kW・h)；

η_c——流程系数，开路时 $\eta_c=1.0$，闭路时 $\eta_c=1.15\sim1.5$。

【例题 7-2】　用 ϕ3m×9m 闭路系统水泥磨粉磨干法回转窑熟料，磨制 425 号普通水泥，入磨物料粒度小于 15mm，要求水泥 0.08mm 方孔筛筛余小于 2%，试确定该水泥磨的产量。

解： 由前述已知，$n=17.6\text{r/min}$，$G=80\text{t}$，$D_0=2.9\text{m}$，$V=55.9\text{m}^3$，查有关手册知，$q\eta_c=46\sim48\text{kg/(kW}\cdot\text{h)}$。

将上述数据代入式(7-27)，得

$$Q=0.2\times17.6\times2.9\times55.9\times\left(\frac{80}{55.9}\right)^{0.8}\times\left(\frac{46\sim48}{1000}\right)=35\sim36.5(\text{t/h})$$

需要说明的是，上述磨机产量是基于入磨物料粒度为10～20mm的条件进行计算的。目前，辊压机/球磨机联合粉磨系统日益广泛地应用于水泥粉磨，物料经辊压机预粉磨并分级后，入球磨机的物料最大粒度已降至1mm左右，大大减轻了粗磨仓的物料粉碎压力。其主要任务转变为物料粉磨，这正是其优势所在，因而式中的$q\eta_c$值远大于传统估值，使其产量成倍提高。如上述规格的球磨机与辊压机组成水泥联合粉磨系统时，水泥产量可达90～100t/h。

7.3 立式磨

7.3.1 轮碾机

轮碾机通常用于粉碎中等硬度的物料，也可作为混合物料之用。

物料是在碾盘平面与碾轮圆柱形表面之间受到挤压和研磨作用而被粉碎的。用作破碎时，产品的平均尺寸为3～8mm；粉磨时为0.3～0.5mm。

根据构造的不同，轮碾机常可分为轮转式和盘转式两种。轮转式轮碾机的碾盘固定不动，碾轮除绕垂直主轴转动外，还绕自身的水平轴旋转。而盘转式轮碾机是碾盘转动，碾轮由于被碾盘带动而绕自身的水平轴旋转。

轮碾机是一种效率较低的粉碎机械，但它在粉磨过程中同时具有碾揉和混合作用，从而可改善物料的工艺性能；同时，碾盘的碾轮均可用石材制作，能避免粉碎过程中因铁质掺入而造成物料的污染。另外，可较方便地控制产品的粒度。因此，在陶瓷工业中作为细碎和粗磨机械时，轮碾机仍占一定地位。

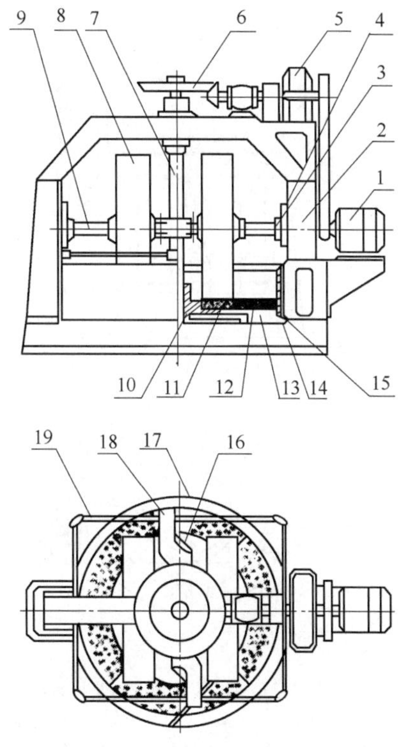

图7-45　盘转式轮碾机示意图

1—电动机；2—支架；3—滑块；4—导槽；5—减速箱；6—圆锥齿轮；7—立轴；8—碾轮；9—水平轴；10—碾盘；11—衬板；12—筛板；13—活动刮板；14—环形料槽；15—筛板架；16—固定小刮板；17—固定大刮板；18—刮板架；19—栏杆

图7-45所示为上部传动的盘转式轮碾机。在支架2的中间装有碾轮8的水平轴9，水平轴上两根短轴用联轴器连接而成，联轴器中间有孔，松动地套在立轴7上。水平轴两端有滑块3，滑块嵌在支架上的导槽4中，可沿导槽上下滑动。这样当碾轮遇到坚硬物料不能粉碎时难免自动升起，越过物料后因自重作用又自动落下，可避免轮碾机的损坏。上面装有石质衬板11的碾盘10固定在立轴上，由立轴带动旋转。碾盘的四周有筛板架15，筛板架上面放有环形分布的筛板12，下面有两块活动刮板13。筛板架、筛板和活动刮板均随碾盘一起旋转。在筛板的下面有固定的环形料槽14，以承接通过筛板的物料。碾盘上还有大小两块固定刮板16和17，刮板装在刮板架18上。固定刮板的作用是将已粉碎的物料从碾轮跑道刮到筛板上过筛，同时将需要粉碎的物料刮到碾轮下面粉碎。刮板与碾盘之间的间隙大小可通过升降刮板进行调节。

碾轮由轮毂和石质轮圈组成。轮圈用夹板和螺栓固定在轮毂上。碾轮可绕水平轴转动，如图7-46所示。若工艺上允许物料中混入少量铁质，则轮圈和碾盘上的衬板均可用耐磨钢制造。

电动机通过减速箱和圆锥齿轮带动主轴旋转，处于跑道上的物料在碾轮和碾盘的挤压和研磨作用下被粉碎后由固定刮板刮到筛板上。能够通过筛孔的物料在料槽中由活动刮板送至卸料口卸出，未通过筛孔的物料则由固定刮板刮回至碾轮跑道上再进行粉碎。

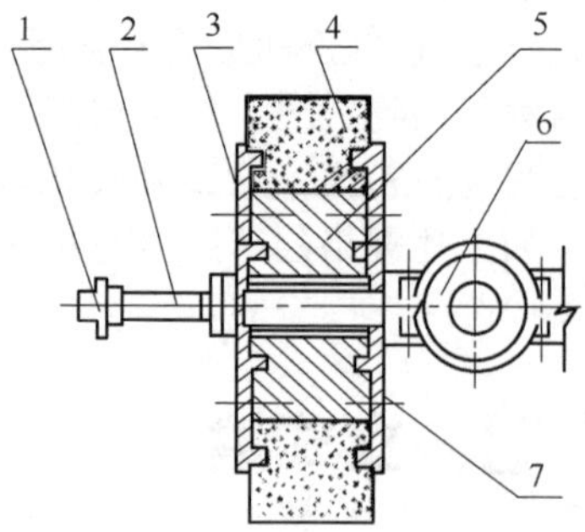

图 7-46 碾轮
1—滑块；2—水平轴；3—夹板；4—轮圈；5—轮毂；6—联轴器；7—螺栓

固定刮板具有重要的作用，其安装高度适当与否对轮碾机的操作性能有较大影响。刮板装得太高时，则它与碾盘之间的间隙太大，已粉碎的物料不能及时卸出，因而降低轮碾机的生产能力；反之，间隙过小时，刮板阻力增大，磨损加快。此外，若刮板的角度不当，刮到碾轮下面的物料层较薄，也会降低生产能力。一般以碾盘与刮板之间的间隙为 3～5mm，刮板与碾盘之间的夹角为 20°～25°为宜。

盘转式轮碾机一般用于物料的干法粉碎，因此通常装有密封式的通风罩，以防止工作时粉尘外逸。

图 7-47 所示为上部传动的轮转式轮碾机。横梁 2 装在支架 1 上，横梁中部有立轴 4 的轴承 6，立轴的另一处轴承在碾盘 10 的中心。立轴的下半部为槽杆。装有碾轮的水平轴 9 以其中间的滑块穿过槽中，这样，立轴既能带动水平轴连同碾轮一起旋转，水平轴和碾轮又可自由升降，以越过碾盘上的坚硬物料。

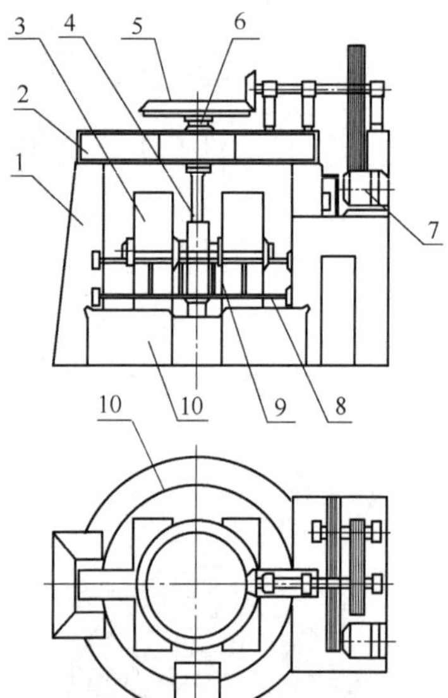

图 7-47 轮转式轮碾机示意图
1—支架；2—横梁；3—碾轮；4—立轴；5—圆锥齿轮；6—立轴轴承；7—电动机；8—栏杆；9—水平轴；10—碾盘

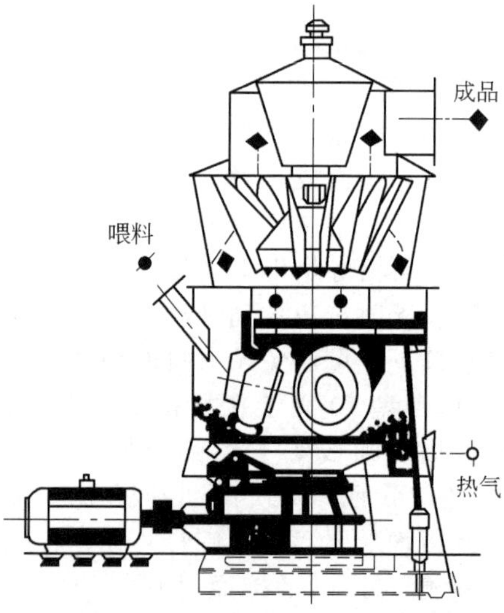

图 7-48 MPS 立式磨的结构示意

电动机 7 经减速装置和圆锥齿轮 5 带动立轴旋转，碾轮除绕立轴作公转运动外，还绕水平轴作自转运动。与盘转式轮碾机一样，在碾盘上还装有大小两块刮板，刮板通过刮板架也由立轴带动旋转。

轮转式轮碾机与盘转式的工作原理相同。轮转式轮碾机既可用于干法粉碎，也可用于湿法粉碎。

轮碾机的规格用碾轮的直径（mm）和宽度（mm）表示。

7.3.2 MPS 立式磨

图 7-48 所示为 MPS 立式磨的结构示意。其工作原理是：三个液压磨辊压在带环形沟槽的磨盘上，电动机通过传动系统带动磨盘以一定的转速（20～30r/min）旋转。由于物料与磨辊间摩擦力的作用，在工作时使磨辊绕本身轴线转动。由连接在磨机基座上的液压缸驱动磨机内部三角形压力架拐角处的三个拉杆，使磨辊向下施加压力，磨辊支承在滚动轴承装置上，该装置铰接于压力架上。由喂料溜管进入的物料（粒度为 80～100mm）被研磨至 80%通过 200 目筛的细度，被磨盘周边环形进风口通入的废热气吹起，经上部分级器分级，粗粒回落至磨盘上再粉磨，细粉经出口排入收尘器捕集为成品。磨内风速高达 60～80m/s，因此烘干效率很高。

MPS 立式磨的磨辊为鼓形，磨盘为相应的环槽形。

与球磨机相比，立式磨的优点如下。

① 入磨物料粒度大，大型立式磨的入料粒度可达 50～80mm，因而可省去二级粉碎系统，简化粉磨流程。

② 带烘干装置的立式磨可利用各种窑炉的废热气处理水分达 6%～8%的物料，加辅助热源则可处理水分高达 18%的物料，因而可省去物料烘干系统。

③ 由于磨机本身带有选粉装置，物料在磨内停留时间短（一般为 3min 左右），能及时排出细粉，减少过粉磨现象。因而粉磨效率高，电耗低，产品粒度较均匀。另外，粉磨产品的细度调整较灵活，便于自动控制。

④ 结构紧凑，体积小，占地面积小，约为球磨机的 1/2，因而基建投资省，约为球磨机的 70%。

⑤ 噪声小，扬尘少，操作环境清洁。

立式磨的缺点如下。

① 一般只适宜粉磨中等硬度的物料，粉磨硬度较大的物料时，磨损较大，如在水泥厂多用于粉磨水泥生料。但近年来，随着磨辊材料质量的不断提高和耐磨性能的改善，也有用于粉磨像水泥熟料这样较硬的物料。

② 磨辊对物料的磨蚀性较敏感，一般石灰石都含有燧石等杂质，磨损大，故通常分体制造。辊套用抗磨性高的合金钢，辊芯可用一般材料。但这样对温度变化又较敏感。由于辊套是热装于辊芯上的，温度交替升降时辊套易产生松动，故热装时的温差须大于运转时的温差，使其在运转时有足够的箍紧力。

③ 制造要求较高，辊套一旦损坏一般不能自给，须由制造厂提供，且更换较费时，要求高，影响运转效率。

④ 操作管理要求较高，不允许空磨启动和停车，物料太干时还需喷水润湿物料，否则物料太松散而不能被“咬”进辊子与磨盘之间进行粉碎。

7.3.3 雷蒙磨

(1) 结构及工作原理 雷蒙磨（Raymond mill）又称悬辊式磨机，其结构如图 7-49 所示。雷蒙磨的主要构成部分是固定不动的底盘和作旋转运动的磨辊。在底盘的边缘上装有磨环。磨辊绕垂直轴旋转时由于离心力作用紧压在磨环上，与磨辊一起旋转的刮板（又称铲刀）将底盘上的物料撒到磨辊与磨环之间，物料在磨辊与磨环之间受到挤压和研磨作用而被粉碎。

底盘 3 的边缘之上为磨环 4，底盘中间装空心立柱 23 作为主轴的支座。主轴 22 装在空心立柱的中间，由电动机 1 通过减速器 19、联轴器 18 带动旋转。主轴上端装有梅花架 21，梅花架上有短轴 6，用来悬挂磨辊 5，使磨辊能绕短轴摆动。磨辊中间是能自由转动的辊子轴 26，轴的下端装辊子 25。每台磨机共有 3～6 只磨辊，沿梅花架均匀分布。

在梅花架下面固定着套于空心立柱外面的刮板架17，在刮板架上正对每只磨辊前进方向都装有刮板16。当主轴旋转时，磨辊由于离心力作用紧压在磨环上，因此，磨辊除了有被主轴带动绕磨机中心线旋转的公转运动外，还有由于磨环和辊子之间的摩擦力作用而产生的绕磨辊轴中心线旋转的自转运动。从给料机加入并落在底盘上的物料被刮板刮起撒到磨辊前面的磨环上，物料尚未落下时，便被随后压过的磨辊粉碎。

在底盘下缘的周边上开有长方形的进风孔15，最外缘为风筒14。由通风机鼓入的空气经风筒和进风孔进入磨机内，已粉碎至一定细度的物料被气流吹起，当经过磨机顶部的分级叶片10附近时，气流中的粗颗粒即被分出，回落至底盘上再行粉碎。达到要求粒度的物料随同气流离开磨机，进入旋风分离器（图7-50）。在旋风分离器中，大部分物料被分离出来，从旋风分离器底部排出，空气则从顶部出风管排出，经过风机后大部分空气重新鼓入磨内。为了在磨机和旋风分离器内形成负压，以防止粉尘外逸，小部分空气经由通风机出口处的支风管进入旋风分离器和袋式除尘器，将空气中的固体颗粒再次收集后放入大气中。

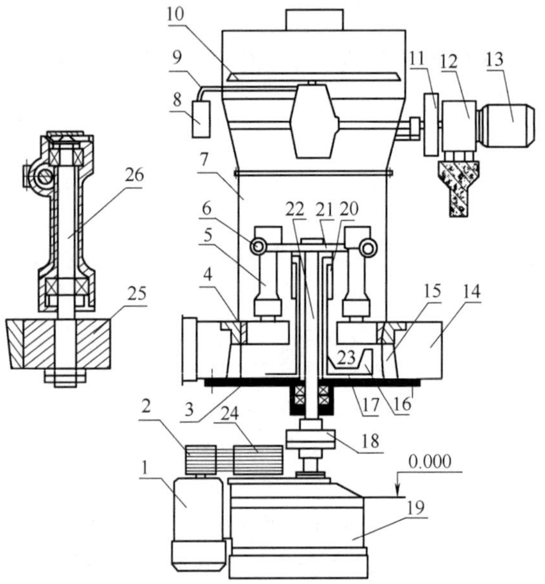

图7-49 雷蒙磨示意图

1，13—电动机；2，11，24—V带轮；3—底盘；4—磨环；5—磨辊；6—短轴；7—罩筒；8—滤气器；9—管子；10—分级机叶片；12—离合器；14—风筒；15—进风孔；16—刮板；17—刮板架；18—联轴器；19—减速器；20—进料口；21—梅花架；22—主轴；23—空心立柱；25—辊子；26—辊子轴

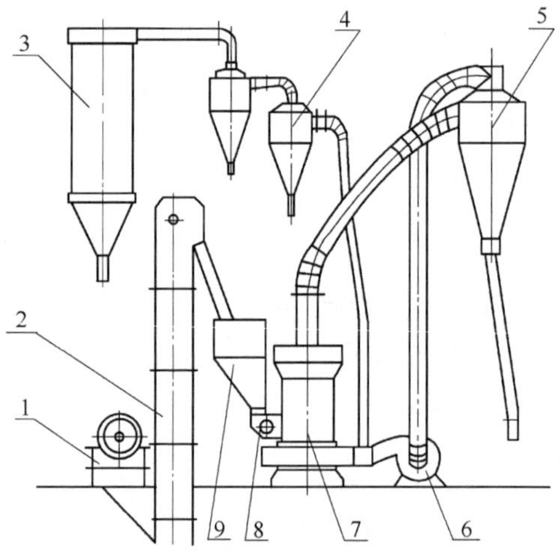

图7-50 雷蒙磨及其附属设备布置示意图

1—颚式破碎机；2—斗式提升机；3—袋式收尘器；4，5—旋风分离器；6—通风机；7—雷蒙磨；8—给料机；9—料斗

产品的粒度通过改变空气分级机转速的方法来调节。分级机转速增大，上升气流及其中物料颗粒的旋转速度随之增大，颗粒沿半径方向的离心沉降速度加快，如此可使气流中的物料颗粒在通过分级机前后更多地沉降至气流速度较小的罩筒附近并随之落回到底盘上，只有尺寸更小的颗粒才能随气流离开磨机成为产品，因此产品的细度变细。反之，分级机转速减小，物料颗粒的径向沉降速度变慢，大多数颗粒都能通过分级机作为产品卸出，故产品的细度变粗。

雷蒙磨的规格表示为×R××××，如4R3216，R前面的数字代表磨辊的数量为4个；R后面的前两位数字表示磨辊直径为320mm，后两位数字表示磨辊的高度为160mm。雷蒙磨的规格及主要性能见表7-1。

表 7-1 雷蒙磨的规格及主要性能

项目	型号		
	3R-2714	4R-3216	5R-4018
磨环内径/mm	830	970	1270
磨辊直径/mm	270	320	400
磨辊厚度/mm	140	160	180
磨辊数目/个	3	4	5
主轴转速/(r/min)	145	124	95
最大进料粒度/mm	30	35	40
产品粒度/mm	0.04～0.125	0.04～0.125	0.04～0.125
生产能力/(t/h)	0.3～1.5	0.6～3.0	1.1～7.0
分级机叶轮直径/mm	1096	1340	1710
通风机风量/(m^3/h)	12000	19000	34000
通风机风压/Pa	1700	2750	2750

(2) 雷蒙磨的特点及应用　雷蒙磨的特点是：性能稳定，操作方便，能耗较低，产品粒度可调范围较大等。

其缺点是：一般不能粉磨硬质物料，否则磨辊和磨环磨损较大；另外，不能空车运转，否则磨辊直接压在磨环上甚至发生强烈的碰击，无疑会加剧它们的磨损。

雷蒙磨多用于粉磨煤、焦炭、石墨、石灰石、滑石、膨润土、陶土、硫黄等非金属矿物及颜料、化工原料、农药、化肥等。许多非金属加工厂都装备有雷蒙磨粉碎系统。

7.4 振动磨

7.4.1 振动磨的类型

振动磨的类型很多。按振动特点可分为惯性式、偏旋式；按筒体数目可分为单筒式和多筒式；按操作方法可分为间歇式和连续式等。

7.4.2 构造和工作原理

图 7-51 为 M200-1.5 惯性式振动磨的示意图。磨机主要由筒体 2、偏心激振器 8、支架 12、弹性联轴器 6 和电动机 5 组成。筒体内表面和激振器的外管包有耐磨橡胶衬 3。筒体用角

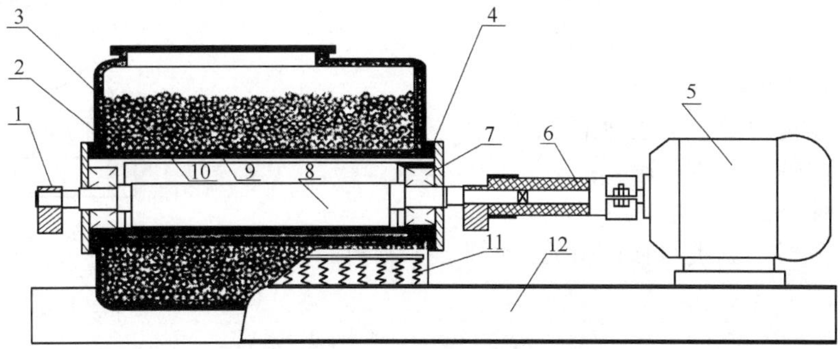

图 7-51 M200-1.5 惯性式振动磨示意图

1—附加偏重；2—筒体；3—耐磨橡胶衬；4—锥形环；5—电动机；6—弹性联轴器；7—滚动轴承；8—偏心激振器；9—激振器内管；10—激振器外管；11—弹簧；12—支架

钢支承在弹簧 11 上。激振器有内管 9 和外管 10，管子之间有缝隙以便冷却水通过，以降低磨机工作时激振器的温度。偏重做成偏心轴状，轴由两个滚动轴承支承。激振器用两个对开的锥形环 4 固装在磨机筒体上，筒体内装有研磨体。

工作原理如下：如图 7-52 所示，物料和研磨介质装入弹簧支承的磨筒内，磨机主轴旋转时，由偏心激振器驱动研磨体作圆周运动，通过研磨介质的高频振动对物料作冲击、摩擦、剪切等作用而将其粉碎。

通过试验观察发现，振动磨工作时筒体内研磨介质的运动方式有以下几种情况（图 7-53）：①研磨介质的运动方向与主轴旋转方向相反；②研磨介质除公转运动外还有自转运动。当振动频率很高时，它们的排列都很整齐。在振动频率较低的情况下，研磨介质之间紧密接触，一层一层地按一个方向移动，彼此之间无相互位移。但当振动频率较高时，加速度增大，研磨介质运动较快，各层介质在径向上运动速度依次减慢，形成速度差，介质之间产生剪切和摩擦。

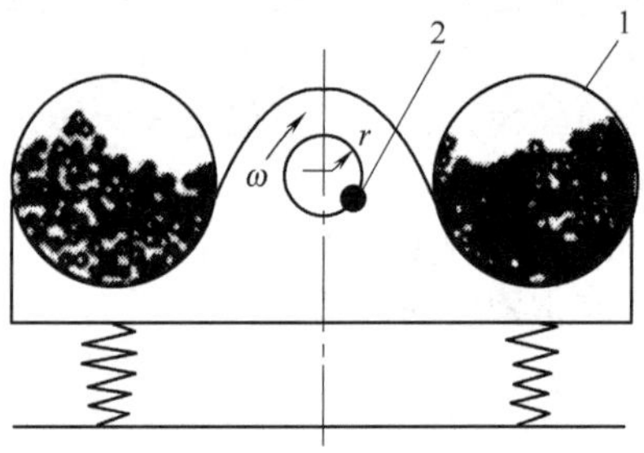

图 7-52 振动磨工作原理
1—磨机筒体；2—偏心激振器

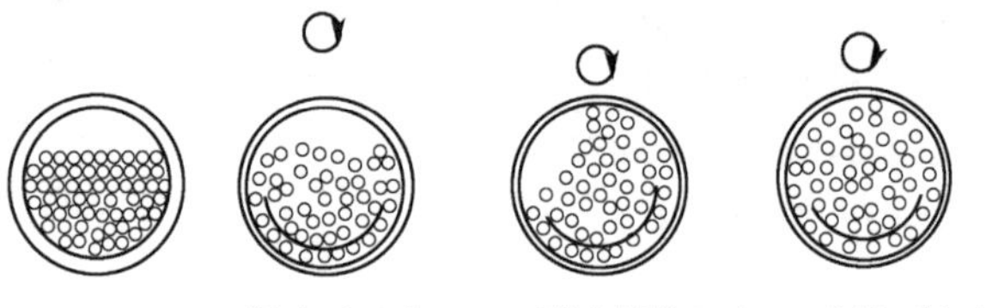

图 7-53 研磨介质运动方式

综上所述，振动磨内研磨介质的研磨作用有：①研磨介质受高频振动；②研磨介质循环运动；③研磨介质自转运动等。这些作用使研磨介质之间以及研磨介质与筒体内壁之间产生强烈的冲击、摩擦和剪切作用，在短时间内将物料研磨成细小粒子。

7.4.3 振动分析

磨机主轴旋转时，由于偏重产生的离心力作用使筒体振动，这种振动可沿水平和垂直方向分解为两个分量。

偏重旋转时产生的离心力（图 7-54）为

$$p=m_0 r\omega^2$$

或

$$p=M\omega^2$$

式中 m_0——偏重的质量；

r——偏重的质心到主轴中心的距离；

ω——主轴转动的角速度；

M——偏重的静力矩，$M=m_0 r$。

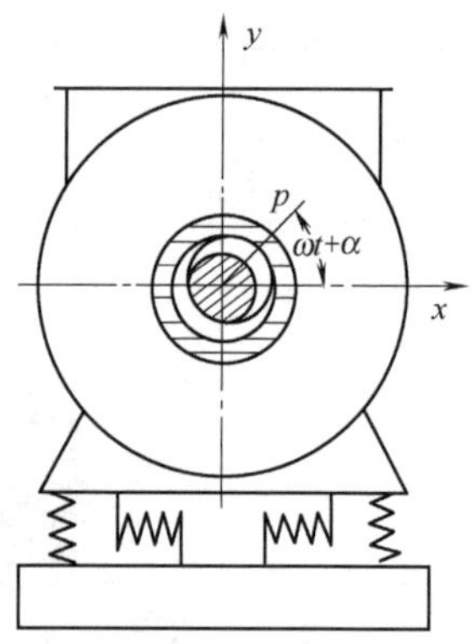

图 7-54 振动磨受力示意图

设时间 $t=0$ 时，偏重与轴正向的夹角为 α，则离心力沿 x 和 y 轴的分量为

$$p_x=p\cos(\omega t+\alpha)$$

$$p_y=p\sin(\omega t+\alpha)$$

筒体在离心力作用下会发生振动。在一般情况下，筒体的振动要受到空气和弹簧的阻尼作用。但这种阻尼作用与偏重的离心力相比毕竟很小，可忽略不计，即假设筒体的振动是无阻尼振动以简化计算。另外，由于主轴转速很高，偏重产生的离心力与其重力相比要大得多，通常

会忽略偏重的重力。此外，假设离心力通过振动部分的质心。

设沿 x 方向和 y 方向装设的弹簧数目分别为 p 和 q，弹簧的倔强系数为 c，振动部分（包括筒体、研磨体和物料）的质量为 m，可得如下运动方程式

$$m\frac{d^2x}{dt^2}=-pcx+p\cos(\omega t+\alpha) \tag{7-28}$$

$$m\frac{d^2y}{dt^2}=-qcy+p\sin(\omega t+\alpha)-mg \tag{7-29}$$

上两式中，x、y 为振动部分沿 x、y 轴的位移。

解上面两个二阶微分方程，得通解

$$x=\alpha_1\sin(k_1t+\beta_1)+\frac{p\cos(\omega t+\alpha)}{m(k_1^2-\omega^2)^2} \tag{7-30}$$

$$y=\alpha_2\sin(k_2t+\beta_2)+\frac{p\sin(\omega t+\alpha)}{m(k_2^2-\omega^2)^2}-\frac{g}{k_2^2} \tag{7-31}$$

式中，α_1、α_2、β_1、β_2 是解微分方程式时的积分常数，其物理意义是振动部分自由振动的振幅和初相角。$k_1=(pc/m)^{0.5}$ 和 $k_2=(qc/m)^{0.5}$ 是自由振动的圆频率。

由式(7-30) 和式(7-31) 可知，无论 x 轴还是 y 轴的振动，都是由两个谐振动叠加而成。第一个谐振动与外力大小无关，属自由振动；第二个谐振动取决于激振力的大小，是受迫振动。

实际上，振动磨投入运转后，由于空气阻力和弹簧摩擦力的阻尼作用，自由振动很快就衰减下来，仅剩下受迫振动。仅仅在启动和停机的一段时间内，自由振动的影响才表现出来，振动磨同时产生自由振动和受迫振动，这时可观察到振动磨的振幅随时间发生变化。但此段时间十分短暂，磨机很快过渡到稳定操作，所以一般忽略自由振动部分不计，于是，式(7-30) 和式(7-31) 简化为

$$x=\frac{p\cos(\omega t+\alpha)}{m(k_1^2-\omega^2)^2} \tag{7-32}$$

$$y=\frac{p\sin(\omega t+\alpha)}{m(k_2^2-\omega^2)^2}-\frac{g}{k_2^2} \tag{7-33}$$

其合振动为

$$\left[\frac{x}{\dfrac{p}{m(k_1^2-\omega^2)}}\right]^2+\left[\frac{y+\dfrac{g}{k_2^2}}{\dfrac{p}{m(k_2^2-\omega^2)}}\right]^2=1 \tag{7-34}$$

式(7-34) 为椭圆的解析式。由此可知，振动磨振动时，振动部分的各点均沿椭圆轨迹运动，其两个半轴长分别为$\dfrac{p}{m(k_1^2-\omega^2)^2}$和$\dfrac{p}{m(k_2^2-\omega^2)^2}$，它们分别为水平振幅和垂直振幅。

由于振动磨的振动频率较高，ω^2 比 k_1^2 和 k_2^2 大得多，后者可忽略不计。故式可近似为

$$x^2+\left(y+\frac{g}{k_2^2}\right)^2=\frac{p^2}{m^2\omega^4} \tag{7-35}$$

$$x^2+\left(y+\frac{g}{k_2^2}\right)^2=(M/m)^2 \tag{7-36}$$

上式为椭圆的解析式。椭圆的半径（A，即振动磨的振幅）为

$$A=M/m \tag{7-37}$$

式中，A 为振动磨的振幅。上式表明，振动磨的振幅等于偏重的静力矩与振动部分的质量之比。

7.4.4 技术参数

（1）振动强度　将振动磨的振幅 A 和激振角速度 ω 的平方之积与重力加速度的比值定义为振动强度。根据 Buchmann 提出的共振理论，系统的共振条件是

$$A\omega^2/g=\sqrt{1+(\pi k)^2} \tag{7-38}$$

式中，k 是质点运动时间与振动时间之比，取整数值。实践证明，当振动强度大于 6 时，磨机才能产生细磨作用。在不同生产能力条件下，振动强度增大，产品的比表面积也随之增加。提高振动强度可以使物料在筒体内经较短的时间获得较佳的粉磨效果。而振动频率则不宜过高，适当的振动频率不仅可降低粉碎能耗，也有利于延长轴承的使用寿命。因此，增大振动强度的有效措施是适当增大振幅而不是提高振动频率。

（2）振动频率　振动磨一般直接用弹性联轴器与电机连接，不设变速机构，所以振动磨的振动频率与电机的转速相同。关于振动频率的确定有两种意见。一种认为，粉磨速度与振动频率成正比，因而应用较高频率，只是结构上的限制影响了更高频率的采用，实际上采用 25Hz（1500 次/min）和 50Hz（3000 次/min）两种。另一种意见认为，高振动频率虽然会提高磨机的粉磨速度和工作强度，但动力消耗大大增加，粉磨效率降低，因此宜采用较低的振动频率。主张采用约 12.5Hz（750 次/min）和约 16.7Hz（1000 次/min）两种。我国生产的中、小型振动磨的振动频率一般较高（约 25Hz、50Hz），容积在 500L 以上的用较低的频率，约 12.5Hz（750 次/min）。

（3）振幅　振动磨的惯性力与其振幅成正比。为了减小惯性力的影响，通常采用较小的振幅，一般选用 2～4mm。

如前所述，振动磨的振幅是由偏重力矩和振动部分的质量等动力因素决定的。需要说明的是，振动磨振动部分的质量除了筒体和振动器的质量外，还包括磨体和物料的质量。不过在操作时，特别是在频率很高的情况下，研磨体和物料是呈悬浮状态存在的，其质量对振幅的影响比堆积在一起时的影响要小。因此，作为用于计算振幅的质量应表示为

$$m=m_1+Km_2$$

式中　m_1——筒体和振动器的质量；

m_2——研磨体和物料的质量；

K——校正系数，可从表 7-2 中查出。

表 7-2　校正系数 K 值

粉磨方法	振动频率/(次/min)	
	3000	1500
干法	0.1～0.3	0.25～0.4
湿法	0.2～0.4	0.6～0.8

为了能根据实际情况调整振幅，通常在主轴上装设可调的附加偏重，通过调节附加偏重的动力矩即可改变振幅。

由式(7-31) 可知，当振动磨的偏重力矩一定时，如筒内未装研磨体，由于振动部分的质量减小，在这种情况下使机器运转，必定有较大的振幅，这样可能会导致弹簧的损坏。因此，对于惯性式振动磨，在筒体内未按预定数量装入研磨体前不允许启动。

（4）填充系数及研磨体尺寸　在振动磨内，不存在像球磨机中所谓研磨体最内层的问题，填充系数主要从有效利用磨机容积和不妨碍研磨体的循环运动等方面考虑。因此，填充系数比

球磨机大得多，通常为0.6～0.8，最高可达0.9。

研磨体的大小应根据入磨物料的粒度大小而定，一般为10～25mm。研磨体的密度大，则尺寸可小些；反之，则应大些。

(5) 物料装入量及入磨粒度 实践证明，物料的装入量以略超过研磨体的空隙容积为最佳。若装料太少，会造成研磨体彼此间的撞击和研磨，使生产能力和粉磨效率降低，研磨体的磨损加快；反之，装料太多则会妨碍研磨体的正常运动，同时易产生过粉碎和形成衬垫作用，同样会降低生产能力和粉磨效率。入磨物料的粒度不宜过大，一般在2mm以下为宜。

(6) 功率 根据机械振动学原理，推导出的振动磨振动部分运动时所消耗的功率为

$$N_e=(0.122\sim0.156)me^2\omega^3\,(\mathrm{kW}) \tag{7-39}$$

式中 m——研磨体和物料的质量，kg；

e——振幅，m；

ω——激振器角速度，rad/s。

考虑到振动器轴承消耗的功率和电动机的储备功率，振动磨消耗的功率由下式计算

$$N=0.6me^2\omega^3\,(\mathrm{kW}) \tag{7-40}$$

7.4.5 振动磨的特点

振动磨机与球磨机均属介质研磨设备，粉磨原理都是通过向介质和物料的混合物供给能量的方法来粉碎或粉磨物料，但粉磨能量的提供方式则不完全相同。后者主要通过重力场或离心力场的转动，而前者主要借助于筒体的振动，其振动系统由装有研磨体的筒体及支承弹簧组成，振动运动的产生可由转动轴上的偏心重块的激振动力矩引起。筒体的振动使研磨介质及物料呈悬浮状态，被磨物料通过筒体的纵向运动受到介质研磨。此外，粉磨介质还产生一个与系统振动轨迹相反的转动，转动频率大致为振动频率的1/100。粉磨介质和物料在筒体内的缓慢转动有利于物料混匀。由于单位时间内的作用次数多，所得产品粒度小，分布均匀。

概括起来，与球磨机相比，振动磨机有如下特点。

① 由于高速工作，可直接与电动机相连接，省去了减速设备，故机器重量轻，占地面积小。

② 筒内研磨介质不是呈抛落或泻落状态运动，而是通过振动、旋转与物料发生冲击、摩擦及剪切而将其粉碎及磨细。

③ 由于介质填充率高，振动频率高，所以单位筒体体积生产能力大。处理量较同体积的球磨机大10倍以上。单位能耗低。

④ 通过调节振幅、频率、研磨介质配比等可进行微细或超细粉磨，且所得粉磨产品的粒度均匀。

⑤ 结构简单，制造成本较低。

但大规格振动磨机对机械零部件（弹簧、轴承等）的力学强度要求较高。

7.5 高压辊式磨机

高压辊式磨机又称辊压机或挤压磨。它是一种节能粉碎设备，具有效率高、能耗低、磨损轻、噪声小、操作方便等优点。

7.5.1 结构及工作原理

辊压机主要由给料装置、料位控制装置、一对辊子、传动装置（电动机、带轮、齿轮轴）、

液压系统、横向防漏装置等组成。两个辊子中，一个是支承轴承上的固定辊，另一个是活动辊子，它可在机架的内腔中沿水平方向移动。两个辊子以同速相向转动，辊子两端的密封装置可防止物料在高压作用下从辊子横向间隙中排出。

辊压机的工作原理如图 7-55 所示。物料由辊压机上部通过给料装置（重力或预压螺旋给料机）均匀喂入，在相向转动的两辊的作用下，在拉入角 α 处将物料拉入高压区进行粉碎，从而实现连续的高压料层粉碎。

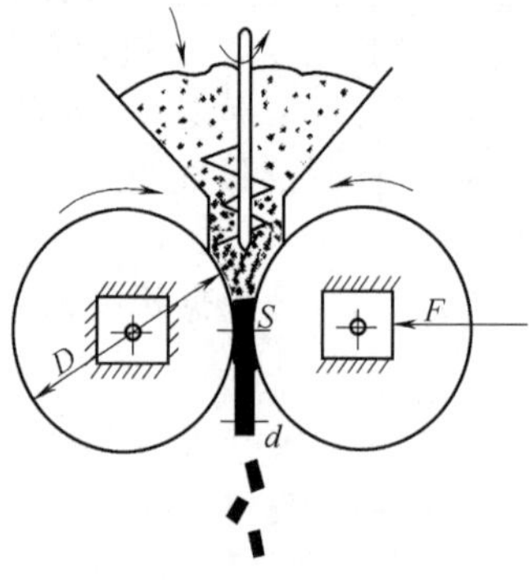

图 7-55　高压辊磨机工作原理示意图

在高压区上部，所有物料首先进行类似于辊式破碎机的单颗粒粉碎。随着两辊的转动，物料向下运动，颗粒间的空隙率减小，这种单颗粒的破碎逐渐变为对物料层的挤压粉碎。物料层在高压下形成，压力迫使物料之间相互挤压，因而即使是很小的颗粒也要经过这一挤压过程。这是其粉碎比较大的主要原因。料层粉碎的前提是两辊间必须存在一层物料，而粉碎作用的强弱主要取决于颗粒间的压力。由于两辊间隙的压应力高达 50～300MPa（通常为 150MPa 左右），故大多数被粉碎物料通过辊隙时被压成了料饼，其中含有大量细粉，并且颗粒中产生大量裂纹，这对进一步粉磨非常有利。在辊压机正常工作过程中，施加于活动辊的挤压粉碎力是通过物料层传递给固定辊的，不存在球磨机中的无效撞击和摩擦。试验表明，在料层粉碎条件下，利用纯压力粉碎比剪切和冲击粉碎能耗小得多，大部分能量用于粉碎，因而能量利用率高。这是辊压机节能的主要原因。

7.5.2　辊压机的主要参数

（1）结构参数　辊压机的主要结构参数有：钳角、辊子尺寸、两辊间隙宽度和最大给料粒度等。

① 钳角　从球形物料与辊子接触点分别引两条切线，它们的夹角称为辊压机的钳角。它与排料间隙的关系为

$$\alpha^2=\frac{2e(\eta-1)}{D} \tag{7-41}$$

式中　e——两辊间隙宽度；

D——辊子直径；

η——物料压实度。

可通过辊压机的体积产量 V 来计算

$$V=\eta eLv \tag{7-42}$$

式中　V——辊压机的体积产量；

L——辊子长度；

v——物料速度。

② 辊子尺寸　辊子长径比（L/D）称为辊压机的几何参数，对于同一种物料，尺寸越大，生产能力越大。对于几何参数相似或相同的磨机（长径比不变），同样的拉入条件和线速度，磨机产量与辊子直径的平方成正比。辊子长径比较小，根据资料统计，辊子长径比一般为

$$L/D=1/3\sim1 \tag{7-43}$$

③ 两辊间隙宽度　两辊间隙宽度 e 与辊子直径 D 的比值（e/D）称为相对间隙宽度，比值为 0.01～0.02，即两辊间隙宽度约为辊子直径的 1%～2%。辊子间隙宽度与磨机的物料通过量密切相关，间隙越大，通过量也就越大。因此，辊子间隙设计为可调，视物料性质（硬度、形状、结构特点等）、湿度、粒度组成、最大给料粒度、物料与辊间的摩擦力等因素而定。

两辊间的间隙宽度一般为 6～12mm。

④ 最大给料粒度　最大给料粒度 d_{max} 与辊子直径有以下关系

$$d_{max}=(0.07\sim0.08)D \tag{7-44}$$

采用光面辊子时，给料中大于间隙宽度 e 的物料（d_{max}）的含量应小于 20%，比值应小于 3。一般喂料粒度小于 50mm，最大可达 80mm。

(2) 主要工艺参数

① 辊压力　辊间最大辊压力 p_{max} 与辊压机单位压力 p 成正比，即

$$p_{max}=\frac{p}{\alpha C} \tag{7-45}$$

式中　p——辊压机单位压力；

α——钳角；

C——物料压缩特性系数，$C=0.18\sim0.22$。

因为 $\frac{1}{\alpha C}=40\sim60$，所以最大辊压力 p_{max} 可达辊子单位压力 p 的 50 倍左右。

② 辊子线速度　对于给定物料，开始时产量与线速度成正比增加，过高的线速度会导致产量降低，存在一个速度上限，超过此上限，设备运转不稳定。给料粒度越小，物料流动性越好，线速度也越高。

最大线速度的选择取决于要求的产品细度。若产量一定时，所取的线速度越高，磨机的规格就越小。一般而言，辊子表面线速度为 0.5～2.0m/s，最高可达 3m/s。

③ 单位能耗　辊压机安装在管（球）磨机前作为预粉磨设备时，单位电耗为 2～5kW·h/t；若用管（球）磨机作预粉磨设备时单位电耗为 5～11kW·h/t，因此，以辊压机为预粉磨设备可比管（球）磨机节电 10%～20%；同时，可使细磨机械增产 15%～30%。

④ 驱动功率　辊压机的驱动功率可用下式计算

$$N=2\beta DLvp=2\beta V_p p \tag{7-46}$$

式中　β——辊压力作用角，$\beta<\alpha$，可由辊压力和驱动力矩测量结果确定，一般用近似项代替；

V_p——辊压机的名义体积产量，这是一个理想值，$V_p=vLD$；

v——辊子表面线速度。

7.6 超细粉碎机械

随着材料科学和技术的不断发展，新型材料和高功能材料的生产和开发对有关粉体的微细化或超细化提出了越来越高的要求，超细粉碎机械的研究和开发也理所当然地成为人们越来越重视的课题。下面就几种超细粉碎机械进行简要介绍。

7.6.1 搅拌磨

搅拌磨是 20 世纪 60 年代开始应用的粉磨设备，早期称为砂磨机，主要用于染料、涂料行业的料浆分散与混合，后来逐渐发展成为一种新型的高效超细粉碎机。搅拌磨是超细粉碎机中能量利用率更高的一种超细粉磨设备，它与普通球磨机在粉磨机理上的不同点是：搅拌磨的输入功率直接高速推动研磨介质来达到磨细物料的目的。搅拌磨内置搅拌器，搅拌器的高速回转使研磨介质和物料在整个筒体内不规则地翻滚，产生不规则运动，使研磨介质和物料之间产生相互撞击和摩擦的双重作用，使物料被磨得很细并得到均匀分散的良好效果。

7.6.1.1 搅拌磨的分类及构造

搅拌磨的种类很多，按照搅拌器的结构形式可分为盘式、棒式、环式和螺旋式搅拌磨；按工作方式可分为间歇式、连续式和循环式三种类型；按工作环境可分为干式搅拌磨和湿式搅拌

磨（一般以湿法搅拌为多）；按安放形式可分为立式和卧式搅拌磨；按设计形式又可分为敞开式和密闭式等。

最初的搅拌磨是立式敞开型容器，容器内装有一个缓慢运转的搅拌器。后来又由立式敞开型发展成为卧式密闭型，如图 7-56 所示。几乎所有立式或卧式结构的搅拌磨均由此原理改进而成。

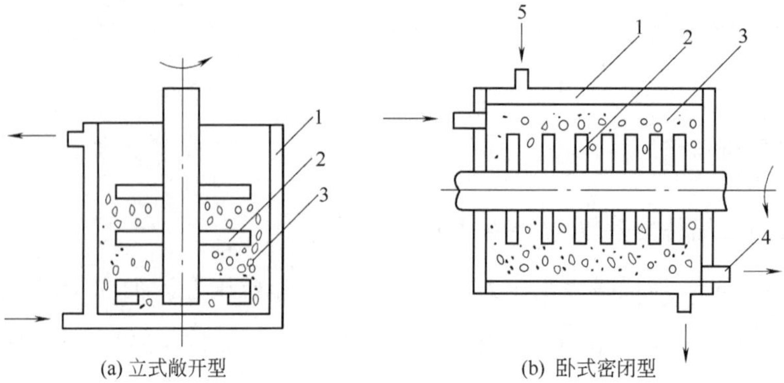

图 7-56　早期典型的搅拌磨结构示意

1—冷却夹套；2—搅拌器；3—研磨介质球；4—出料口；5—进料口

图 7-57 为间歇式、循环式、连续式搅拌磨示意。它主要由带冷却套的研磨筒、搅拌装置和循环卸料装置等组成。冷却套内可通入不同温度的冷却介质以控制研磨时的温度。研磨筒内壁及搅拌装置的外壁可根据不同用途镶不同的材料。循环卸料装置既可保证在研磨过程中物料的循环，又可保证最终产品及时卸出。连续式搅拌磨的研磨筒的高径比较大，其形状如一倒立的塔体，筒体上下装有隔栅，产品的最终细度是通过调节进料流量同时控制物料在研磨筒内的滞留时间来保证的。循环式搅拌磨是由一台搅拌磨和一个大容积循环罐组成的，循环罐的容积是磨机容积的 10 倍左右。其特点是产量大，产品质量均匀及粒度分布较集中。

搅拌器的结构有多种形式，除了叶片式外，还有偏心环式、销棒式（图 7-58）。前者偏心环沿轴向布置成螺旋形，以推动研磨介质运动并防止其挤向一端；后者搅拌轴上的销棒与筒内壁上的销棒相对交错设置，将筒体分成若干个环区，增大了研磨介质相互冲击和回弹冲击力，从而提高粉磨效率。

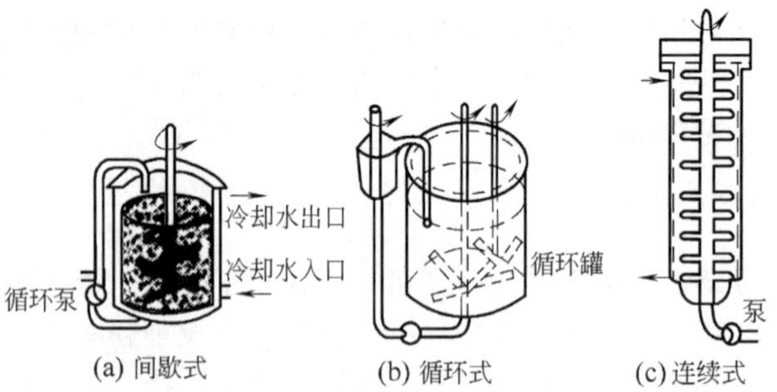

图 7-57　搅拌磨的类型

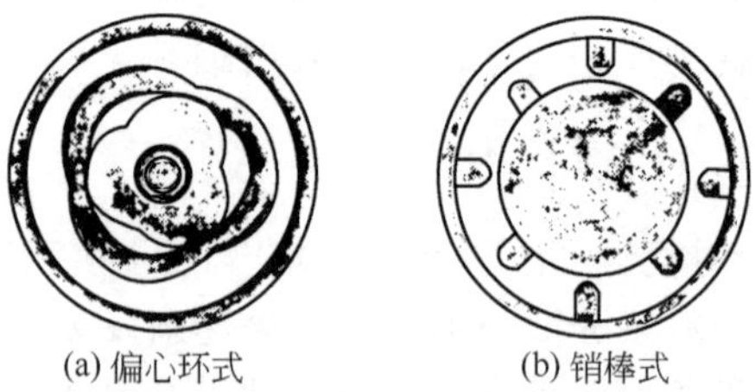

图 7-58　搅拌器的型式

7.6.1.2　工作原理

由电动机通过变速装置带动磨筒内的搅拌器回转，搅拌器回转时其叶片端部的线速度约为 3～5m/s，高速搅拌时还要大 4～5 倍。在搅拌器的搅动下，研磨介质与物料作多维循环运动和自转运动，从而在磨筒内不断地上下、左右相互置换位置产生剧烈的运动，由研磨介质重力及螺旋回转产生的挤压力对物料进行摩擦、冲击、剪切作用。由于它综合了动量和冲量的作用，因而能有效地进行超细粉磨，使产品细度达亚微米级。此外，能耗绝大部分直接用于搅动研磨介质，而非虚耗于转动或振动笨重的筒体，因此能耗比球磨机和振动磨都低。可以看出，搅拌磨不仅具有研磨作用，还具有搅拌和分散作用，所以它是一种多功能的粉碎设备。

连续粉磨时，研磨介质和粉磨产品要用分离装置分离。分离装置阻止研磨介质随产品一起排出。目前常用的分离装置是圆筒筛，其筛面由两块平行的筛板组成，工作时，介质不直接冲击筛面，因而筛面不易损坏；由于筛子的运动，筛面不易堵塞。这种筛子的筛孔尺寸为50～100μm。为防止磨损，筛子的前沿和尾部采用耐磨材料制作。其不足之处是难以分离黏度较高的料浆。一种新的称为摩擦间隙分离器的保持分离设备可以用于处理黏度高达5Pa·s的高黏度料浆。其特点是旋转环固定在搅拌轴上以及反向环连接在底盘上。摩擦间隙的宽度可根据需保持的参数的大小进行调节，最小间隙为100μm。摩擦间隙的宽度及筛孔尺寸须小于分离介质直径的1/2。由于它具有自动清洗功能，不会出现阻塞现象。

研磨介质一般为球形，其平均直径小于6mm，用于超细粉碎时，一般小于1mm。介质大小直接影响粉磨效率和产品细度，直径越大，产品粒径也越大，产量越高；反之，介质粒径小，产品粒度越小，产量越低。一般视给料粒度和要求产品细度而定。为提高粉磨效率，研磨介质的直径须大于给料粒度的10倍。另外，研磨介质的粒度分布越均匀越好。研磨介质的密度对粉磨效率也有重要作用，介质密度越大，研磨时间越短。研磨介质的硬度须大于被磨物料的硬度，以增加研磨强度。根据经验，介质的莫氏硬度最好比被磨物料的硬度大3级以上。常用的研磨介质有天然砂、玻璃珠、氧化铝、氧化锆、钢球等。表7-3为常用研磨介质的密度和直径。研磨介质的装填量对研磨效率有直接影响，装填量视研磨介质粒径而定，但必须保证在分散器内运动时，介质的空隙率不小于40%。通常，粒径大，装填量也大；反之亦然。研磨介质的填充系数：对于敞开立式搅拌磨，为研磨容器有效容积的50%～60%；对于密闭立式和卧式搅拌磨（包括双冷式和双轴式），为研磨容器有效容积的70%～90%（常取80%～85%）。

表7-3 搅拌磨常用研磨介质的密度和直径

研磨介质	玻璃(含铅)	玻璃(不含铅)	氧化铝	锆砂	氧化锆	钢球
密度/(g/cm^3)	2.5	2.9	3.4	3.8	5.4	7.8
直径/mm	0.3～3.5	0.3～3.5	0.3～3.5	0.3～1.5	0.5～3.5	0.2～1.5

7.6.1.3 影响搅拌磨粉碎效果的主要因素

影响搅拌磨粉碎效果的主要因素有如下三个方面。

（1）物料特性参数 物料特性参数包括强度、弹性、极限应力、流体（料浆）黏度、颗粒大小和形状、料浆及物料的温度、研磨介质温度等。

在搅拌磨内，物料特性对粉磨效果的影响与球磨机情况大致相同，即韧性、黏性、纤维类材料较脆性材料难粉碎；流体（料浆）黏度高、黏滞力大的物料难粉碎，能耗高。

（2）过程参数 过程参数包括应力强度、应力分布、通过量及滞留时间、物料充填率、料浆浓度、转速、温度、界面性能以及助磨剂的用量和特性等。

以上参数对粉磨效果的影响也与球磨机大致相同。由于搅拌磨多用于湿式粉磨，因此，料浆中固体含量（即浓度）对粉磨效果影响很大。浓度太低时，研磨介质间被研磨的固体颗粒少，易形成“空研”现象，因而能量利用率低，粉磨效果差；反之，当浓度太高时，料浆黏度增大，研磨能耗高，料浆在磨腔介质间的运动阻力增大，易出现堵料现象。因此，料浆中固体含量应适当，才能获得较好的粉磨效果。料浆浓度与被粉磨物料的性质有关。对于重质碳酸钙、高岭土等，浓度可达70%以上。对于某些特殊的涂料和填料，其浓度一般不大于25%～

35%。应该指出的是，随着粉磨过程的进行，物料的比表面积增大，料浆的黏度也逐渐增大。因此，在粉磨过程中，应添加一定的助磨剂或稀释剂来降低料浆黏度，以提高粉磨效率和降低粉磨能耗。添加剂的用量与其特性和物料性质、工艺条件有关，最佳用量应通过实验来确定，一般控制在0.5%以下。

(3) 结构形状和几何尺寸　结构形状和几何尺寸包括搅拌磨磨腔结构及尺寸、搅拌器的结构和尺寸、研磨介质的直径及级配等。研究和生产实践证明，搅拌磨的磨腔结构形状及搅拌器的结构形状和尺寸对粉磨效果的影响非常显著。通常认为，卧式搅拌磨比立式搅拌磨的效果好，但拆卸维修装配较麻烦。在卧式搅拌磨中，弯曲上翘型比简单直筒型效果好，其原因是改变了料浆在磨腔内的流场，提高了物料在磨腔内的研磨效果。通常圆盘形、月牙形、花盘形搅拌器比棒形搅拌器研磨效果好。搅拌器的搅拌片或搅拌棒数量适当增多可提高研磨效果，但数量太多时反而会降低研磨效率。磨腔及搅拌器尺寸太大或太小都对研磨效果不利，单台搅拌器的容积一般为50～500L。

7.6.1.4　立式搅拌磨与卧式搅拌磨的比较

立式搅拌磨和卧式搅拌磨都是应用较广泛的机型，它们各有以下特点。

① 立式搅拌磨结构比卧式搅拌磨简单，易更换筛网及其他配件；卧式搅拌磨结构相对较为复杂，拆装和维修较困难。另外，筛网磨损速度较快。

② 立式搅拌磨工作过程中的稳定性不如卧式搅拌磨，其操作参数比卧式搅拌磨要求严格，如搅拌器的运转、磨腔内的流动状况等。其原因是立式搅拌磨从顶端到底部研磨介质分布不均匀，下端研磨介质聚集较多，压实较紧，因此上下层间应力分布不均匀。

③ 由于立式搅拌磨中研磨介质大部分聚集于底部，压应力大，且筒体越高，底层压应力越大，所以研磨介质的破碎现象比卧式搅拌磨严重得多。这将给研磨介质的分离带来一定困难，另外，对产品的纯度和细度以及生产成本都有较大影响。

④ 卧式搅拌磨研磨介质的填充率可视物料情况在50%～90%的较大范围内进行选择，而立式搅拌磨研磨介质的填充率不宜过大，否则，会使磨机启动功率增大，甚至启动困难。

7.6.2　胶体磨

胶体磨又称分散磨，主要通过固定磨子（定子）和高速旋转磨体（转子）的相对运动对物料施加强烈的剪切、摩擦和冲击等作用。被处理的料浆通过两磨体之间的微小间隙，在上述各力及高频振动的作用下被有效地粉碎、混合、乳化及微粒化。

胶体磨的主要特点如下。

① 可在较短时间内对颗粒、聚合体或悬浊液等进行粉碎、分散、均匀混合、乳化处理；处理后的产品粒度可达几微米甚至亚微米。因此，广泛用于化工、涂料、颜料、染料、化妆品、医药、食品和农药等行业或领域。

② 由于两磨体间隙可调（最小可达1μm），因此，易于控制产品粒度。

③ 结构简单，操作维护方便，占地面积小。

④ 由于固定磨体和高速旋转磨体的间隙小，因此加工精度高。

胶体磨按其结构可分为盘式、锤式、透平式和孔口式等类型。盘式胶体磨由一个快速旋转盘和一个固定盘组成，两盘之间有0.02～1mm的间隙。盘的形状可以是平的、带槽的和锥形的，旋转盘的转速为3000～15000r/min，盘由钢、氧化铝、石料等制成，圆周速度可达40m/s，粒度小于0.2mm物料以浆料形式给入圆盘之间。盘的圆周速度越高，产品粒度越小，可达1μm以下。

图7-59所示为M型胶体磨。待分散的物料自上部给入机内，在高速旋转盘与固定盘的楔形空间受到磨碎和分散后自圆周排出。

图7-60所示为JTM120型立式胶体磨，物料自给料斗13给入机内，在快速旋转的盘式转

齿 8 和定齿 7 之间的空隙内受到研磨、剪切、冲击和高频振动等作用而被粉碎和分散。定子和转子构成所谓磨体，其间隙可由间隙调节套 10 调节，最小间隙为 0～0.03mm，调节套上有刻度可以检查间隙的大小。定齿和转齿均经精细加工。表 7-4 列出了 JTM 系列胶体磨的技术特征。

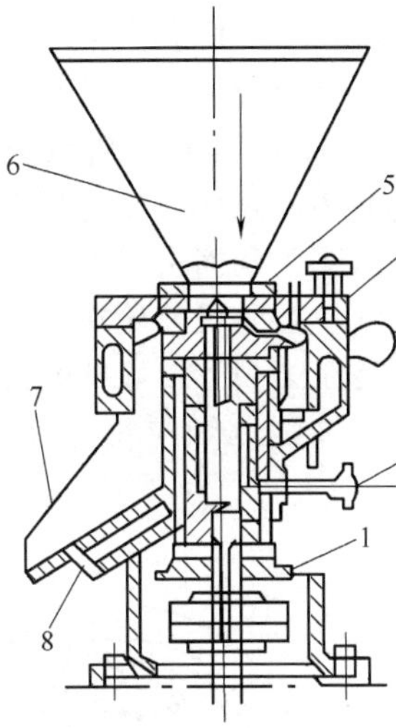

图 7-59　M 型胶体磨

1—调节手轮；2—锁紧螺钉；3—水出口；4—旋转盘和固定盘；5—混合器；6—给料；7—产品溜槽；8—水入口

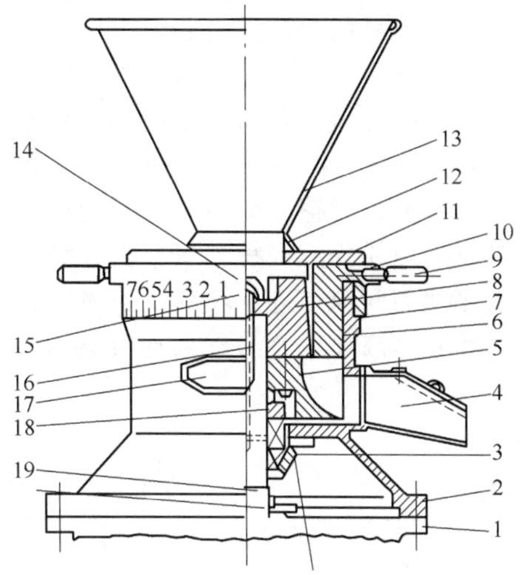

图 7-60　JTM122 型立式胶体磨

1—电机；2—机座；3—密封盖；4—排料槽；5—圆盘；6，11—密封圈；7—定齿；8—转齿；9—手柄；10—间隙调节套；12—垫圈；13—给料斗；14—盖形螺母；15—注油孔；16—主轴；17—铭牌；18—机械密封；19—甩油盘

表 7-4　JTM 系列胶体磨的规格和技术特征

技术特征	JTM50	JTM85	JTM120	JTM180
电机功率/kW	1	5.5	13	30
转速/(r/min)	8000	3000	3000	3000
转齿直径/mm	50	85	120	180
产量/(kg/h)	20～100	80～500	300～1000	800～3000
产品粒度/μm	1～20	1～20	1～20	1～20

7.7　高速机械冲击式磨机

高速机械冲击式磨机是指利用围绕水平或垂直轴高速旋转的回转体（棒、锤和叶片等）对物料进行强烈的冲击，使之与固定体或颗粒间冲击碰撞，以较强大的力量使颗粒粉碎的超细粉碎设备。

冲击式磨机与其他形式的磨机相比，具有单位功率粉碎能力大，易于调节粉碎产品粒度，应用范围广，占地面积小，可进行连续、闭路粉碎等优点。但由于机件的高速运转及颗粒的冲击、碰撞，磨损较严重，因而不宜用于粉碎硬度太高的物料。

7.7.1　超细粉碎机

图 7-61 所示为超细粉碎机的结构和工作原理示意。它由机座 1、机壳 13 和在机壳上的衬

套 7，撞击销（9a，9b）、隔环（11a，11b；将机壳分为第一、二粉碎室和鼓风机室）、两端轴承（3a，3b）及水平主轴 15，以及装在轴上位于第一、二粉碎室内的风机叶轮（8a，8b）和内分级叶轮（10a，10b），在鼓风机室内的风机叶轮 14 所组成。通过带轮 16 带动进行高速旋转。在第一、二粉碎室内分级叶轮下方装有排渣装置 2。

为了连续加料，在粉碎机的加料装置 4 的入口上装有加料器 5。

超细粉碎机的粉碎及内分级原理如图 7-61、图 7-62 所示，将小于 10mm 的颗粒物料由加料器经加料装置连续地加至第一粉碎室内，第一段粉碎叶轮的五支叶片具有 30°的扭转角，它有助于形成螺旋风压，但第二段分级叶轮相对应的五支叶轮不具有扭转角，所以形成气流阻力。这样，由于第一段叶轮形成的风压在第一粉碎室引起气流循环，随气流旋转的颗粒之间相互冲击、碰撞、摩擦、剪切，同时受离心力的作用，颗粒冲向内壁受到撞击、摩擦、剪切等作用，被反复地粉碎成细粉。第二段分级叶轮还具有分级作用。细粉在分级叶轮端部的斜面和衬套锥面之间的间隙也进行较有效的粉碎。但最有效的粉碎作用是在第一、二段叶轮之间的滞流区。由于叶轮高速旋转（圆周速度为 50m/s），物料被急剧搅拌并强制颗粒相互冲击、摩擦、剪切而粉碎。

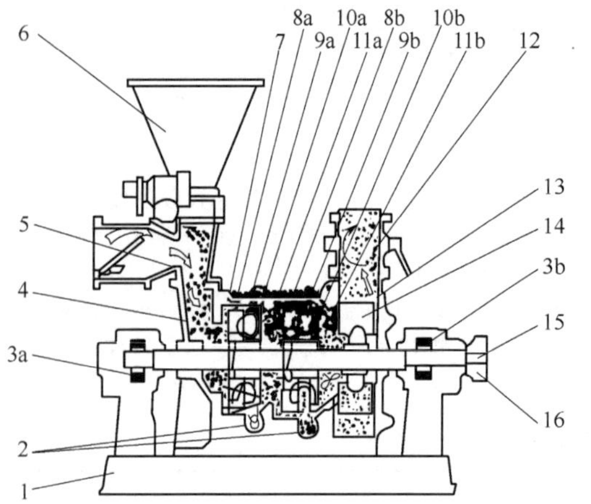

图 7-61 超细粉碎机

1—机座；2—排渣装置；3a，3b—轴承座；4—加料装置；5—加料器；6—加料斗；7—衬套；8a，8b—叶轮；9a，9b—撞击销；10a，10b—内分级叶轮；11a，11b—隔环；12—蝶阀；13—机壳；14—风机叶轮；15—主轴；16—带轮

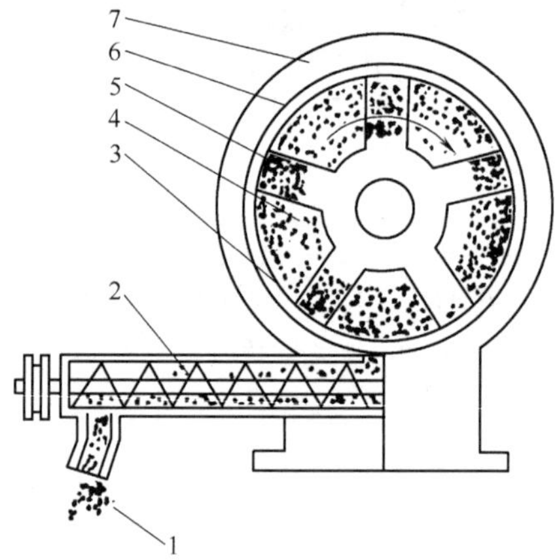

图 7-62 排渣原理示意

1—粗粒；2—螺旋排料器；3—粗颗粒；4—细粉；5—分级叶轮；6—衬套；7—壳体

由于上述作用，颗粒被粉碎至数十微米到数百微米，细粒和较粗的颗粒同时旋转于第一粉碎室内。在离心力的作用下，粗颗粒沿第一粉碎室内壁旋转，同加入的新物料继续被粉碎，而细颗粒则随气流趋向中心部位，并由鼓风机吸入的气流带入第二粉碎室。

分级是由第二段分级叶轮所产生的离心力和隔环内径之间产生的气流吸力来决定的。若颗粒受的离心力作用大于气流吸力，则颗粒继续留下来被粉碎；反之，若颗粒所受离心力小于气流吸力，则被吸向中心随气流进入第二粉碎室。

细颗粒进入第二粉碎室内同样被反复粉碎和分级。由于第二粉碎室的粉碎叶轮和分级叶轮直径比第一粉碎室的大，因此，旋转速度更高（达 55m/s），又因第三段叶轮叶片扭转角也大，所以风压更大，颗粒相互冲击等力也更大，粉碎效果增强。同时，通过该室内的风速因粉碎室直径增大而减缓，分级精度提高。这样使细颗粒粉碎成几微米至数十微米的超细粉。

超细粉被气流吸出，经鼓风机室排出机外进行捕集和筛析。排渣装置的排渣原理如图 7-62 所示。物料中所含的较粗颗粒或密度高的杂质由于旋转时受分级叶轮离心力的作用被甩向衬套内壁上，最后降至粉碎室底部排渣孔，由排渣装置的螺旋器不断地排出机外，从而提高了成品的质量和纯度。

超细粉碎机的粉碎产品细度可通过调整风量、分级叶轮与隔环间隙、隔环直径来调节。由上述可见，超细粉碎机具有以下特点：动力消耗低、粉碎产品粒度小、纯度高、操作环境好、调节容易、操作方便。

7.7.2　喷射粉磨机

图 7-63 为喷射粉磨机的结构和工作原理。这种粉磨机主要由重锤式冲击部件、分级轮、风扇轮、环形空气入口管、产品出口管、螺旋给料机和转子轴等组成。两边带有通风机，空气按箭头所指方向流动。在转子轴的附近装有分级叶片，靠叶片的旋转，粗颗粒返回粉碎室，已被粉碎的细颗粒则借气流输送通过分级叶片，再经风扇室送至机外被收集。产品细度可通过改变转子的转速和分级叶片的长度来调节，也可由风量进行调节。为此，备有三种分级叶片和风扇轮作为配件。

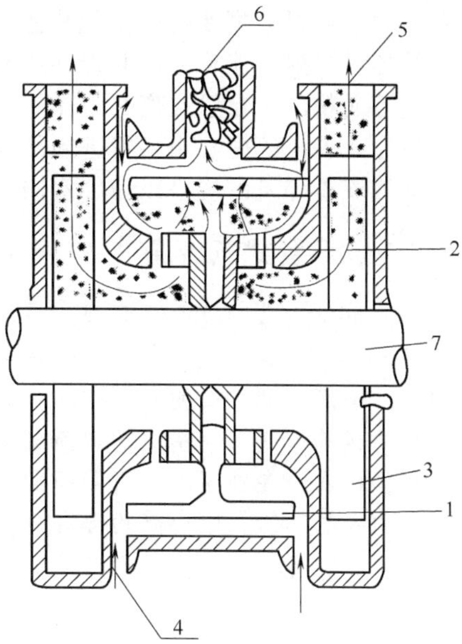

图 7-63　喷射粉磨机的结构和工作原理
1—重锤式冲击部件；2—分级轮；3—风扇轮；4—环形空气入口管；5—产品出口管；6—螺旋给料机；7—转子轴

该机可用于非金属材料及化工原料等的细磨或超细磨。由于具有内分级功能，因而产品的粒度分布均匀。

7.8　气流粉碎机

气流粉碎机也称高压气流磨或流能磨，是最常用的超细粉碎设备之一。它是利用高速气流（300～500m/s）或过热蒸汽（300～400℃）的能量使颗粒产生相互冲击、碰撞、摩擦剪切而实现超细粉碎的设备，广泛应用于化工领域、非金属矿物的超细粉碎。其产品粒度上限取决于混合气流中的固体含量，与单位能耗成反比。固体含量较低时，产品的 d_{95} 可达 5～10μm；经预先粉碎降低入料粒度后，可获得平均粒度为 1μm 的产品。气流磨产品除粒度细外，还具有粒度较集中、颗粒表面光滑、形状规整、纯度高、活性高、分散性好等特点。由于粉碎过程中压缩气体绝热膨胀产生焦耳-汤姆孙降温效应，因而还适用于低熔点、热敏性物料的超细粉碎。

自 1882 年戈麦斯提出第一个利用气流动能进行粉碎的专利并推出其机型至今，气流磨已有多种形式。目前工业上应用的气流磨主要有如下几种类型：扁平式气流磨、循环式气流磨、对喷式气流磨、靶式气流磨和流态化对喷式气流磨。

气流磨的工作原理：将无油的压缩空气通过拉瓦尔喷管加速成亚声速或超声速气流，喷出的射流带动物料作高速运动，使物料碰撞、摩擦剪切而粉碎。被粉碎的物料随气流至分级区进行分级，达到粒度要求的物料由收集器收集下来，未达到粒度要求的物料再返回粉碎室继续粉碎，直至达到要求的粒度并被捕集。

7.8.1　扁平式气流磨

图 7-64 为扁平式气流磨工作原理，图 7-65 为其结构示意。待粉碎物料由文丘里喷嘴 1 加速至超声速导入粉碎室 3 内。高压气流经入口进入气流分配室，分配室与粉碎室相通，气流在

自身压力下通过喷嘴 2 时产生超声速甚至每秒上千米的气流速度。由于喷嘴与粉碎室成一锐角，故通过喷射旋流粉碎室并带动物料作循环运动，颗粒与机体及颗粒之间产生相互冲击、碰撞、摩擦而粉碎。粗粉在离心力作用下被甩向粉碎室周壁作循环粉碎，微细颗粒在向心气流带动下被导入粉碎机中心出口管进入旋风分离器进行捕集。

该气流粉碎机的规格以粉碎室内径尺寸（mm）来表示。

7.8.2 循环管式气流磨

图 7-66 所示为 JOM 气流磨，是最常见的一种循环管式气流磨。原料由文丘里喷嘴 1 加入粉碎室 3，气流经一组喷嘴 2 喷入不等径变曲率的跑道形循环管式粉碎室，并加速颗粒使之相互冲击、碰撞、摩擦而粉碎；同时，旋流还带动被粉碎颗粒沿上行管向上进入分级区，在分级区离心力场的作用下使密集的料流分流，细颗粒在内层经百叶窗式惯性分级器 4 分级后排出即为产品。粗颗粒在外层沿下行管返回继续循环粉碎。循环管的特殊形状具有加速颗粒运动和加大离心力场的功能，以提高粉碎和分级的效果。

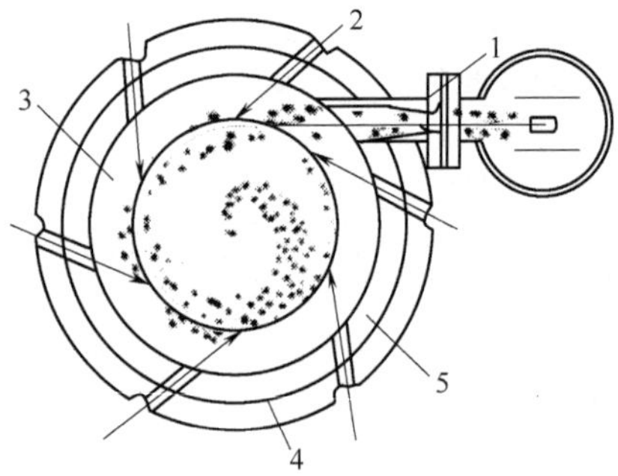

图 7-64 扁平式气流磨工作原理

1—文丘里喷嘴；2—喷嘴；3—粉碎室；4—外壳；5—内衬

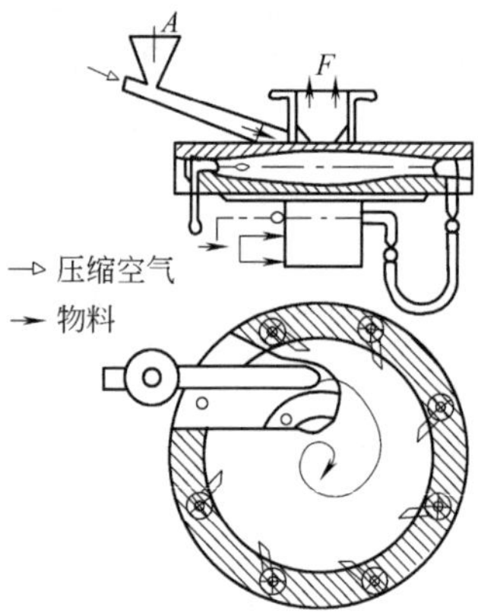

图 7-65 扁平式气流磨结构示意

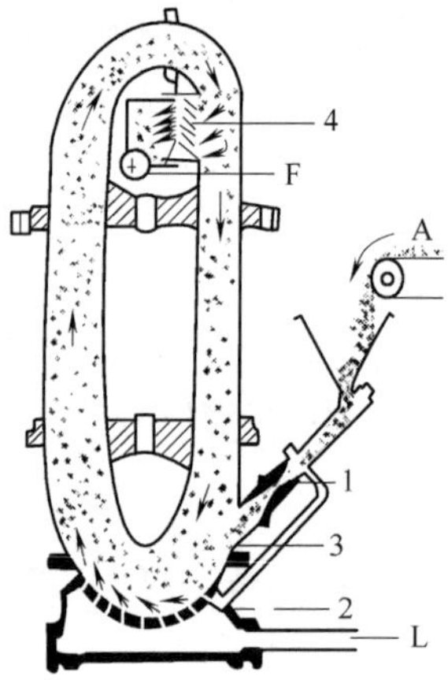

图 7-66 JOM 型循环气流磨工作原理

1—文丘里喷嘴；2—气流喷嘴；3—粉碎室；4—分级器；L—压缩空气；F—细粉；A—粗粉

JOM 型气流磨的粉碎粒度可达 0.2～3μm，广泛应用于填料、颜料、金属粉末、化妆品、医药、食品、磨料以及具有热敏性或爆炸性化学品等领域的超细粉碎。表 7-5 为循环管式气流磨的主要技术参数。

表 7-5 循环管式气流磨的主要技术参数

性能	QON75	QON100	JOM-0101F4C	JOM-0202F4C	JOM-0304F4C	JOM-0405F4C	JOM-0608F4C	JOM-0808F4C
粉碎压力/MPa	0.7～0.9	0.7～0.9	6.5～7.5					
加料压力/MPa	0.2～0.5	0.2～0.5						
耗气量/(m^3/min)	6.5～9.38	15.2～20.6	1.0	2.6	7.6	16.1	26.4	35.0
处理量/(kg/h)	50～150	100～500	0.5～2.0	2.0～20	20～100	50～300	200～600	400～1000
进料粒度/mm	<0.5	<0.8						
粉碎比	5～50	5～50						
动力/kW	65～75	125～135	11	22	55	125	150	220

7.8.3 靶式气流磨

靶式气流磨是利用高速气流携带物料冲击在各种形状的靶板上进行粉碎的设备。除物料与靶板发生强烈冲击碰撞外，还发生物料与粉碎室壁多次的反弹粉碎，因此，粉碎力特别大，尤其适合于粉碎高分子聚合物、低熔点热敏性物料以及纤维状物料。可根据原料性质和产品粒度要求选择不同形状的靶板。靶板作为易损件，必须采用耐磨材料制作，如碳化物、刚玉等。

早期靶式气流磨结构见图 7-67。物料由加料管进入粉碎室，经喷嘴喷出的气流吸入并加速，再经混合管 2 进一步均化和加速后，直接与冲击板（靶板）4 发生强烈碰撞。为了更好地均化和加速，混合管大多做成超声速缩扩型喷管状。粉碎后的细颗粒被气流带出粉碎区，进入位于冲击板 4 上方的分级区进行分级，经分级的颗粒被气流带出机外捕集为成品，粗颗粒返回粉碎区再行粉碎。该磨机粉碎产品较粗，动力消耗也较大，因而其应用受到限制。

图 7-68 为改进的靶式气流磨结构示意图。此机型多采用气流分级器取代转子型离心通风式风力分级器，这种气流磨进料一般很细，其中可能含有相当部分合格粒级，故物料在粉碎前于上升管 6 中经气流带入分级器进行预分级。只有粗颗粒才进入粉碎室粗碎，这样可降低磨机负荷，节约能量。这种气流磨特别适合于粉碎高分子聚合物、低熔点热敏性物料、纤维状物料及其他聚合物，可将许多高分子聚合物粉碎至微米级，以满足注塑加工、粉末涂料、纤维和造纸等领域的需要。

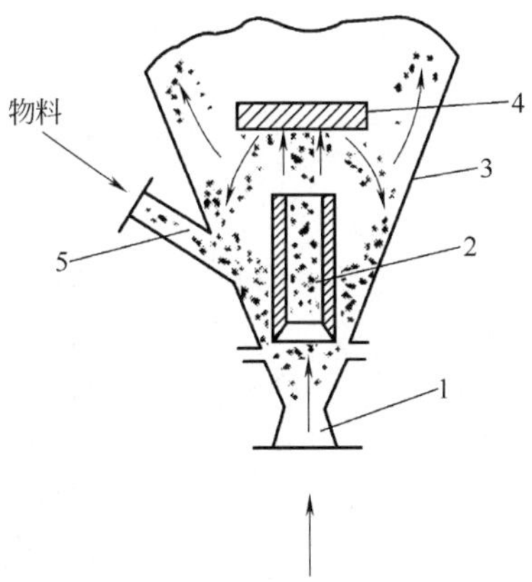

图 7-67 早期靶式气流磨结构

1—喷嘴；2—混合管；3—粉碎室；4—冲击板；5—加料管

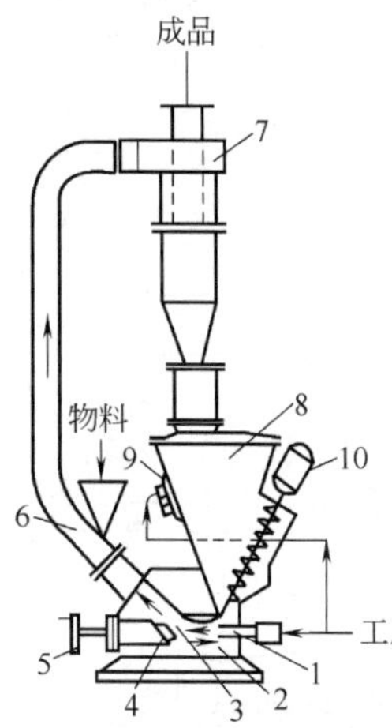

图 7-68 改进型靶式气流磨结构示意

1—气流磨；2—混合管；3—粉碎室；4—靶板；5—调节装置；6—上升管；7—分级器；8—粗颗粒收集器；9—风动振动器；10—螺旋加料机

表 7-6 列出了 QBN450 型气流磨的主要技术参数。

表 7-6 QBN450 型气流磨的主要技术参数

项目	参数
粉碎压力/MPa	0.65～0.75
耗气量/(m^3/min)	9～10
处理量/(kg/h)	10～100
空压机功率/kW	65～75

7.8.4 对喷式气流磨

对喷式气流磨是利用一对或若干对喷嘴相对喷射时产生的超声速气流使物料彼此从两个或多个方向相互冲击和碰撞而粉碎的设备。由于物料高速直接对撞，冲击强度大，能量利用率高，可用于粉碎莫氏硬度9.5级以下的各种脆性和韧性物料，产品粒度可达亚微米级；同时，还克服了靶式靶板和循环式磨体易损坏的缺点，减少了对产品的污染，延长了使用寿命。其是一种较理想和先进的气流磨。

（1）布劳-诺克斯型气流磨　图7-69为布劳-诺克斯型气流磨（Blaw-Knox jet mill）的结构示意。它设有4个相对的喷嘴，物料经螺旋加料器3进入喷射式加料器9中，随气流吹入粉碎室6，在此受到来自4个喷嘴的气流加速并相互冲击碰撞而粉碎。被粉碎的物料经一次分级室4惯性分级后，较粗颗粒返回粉碎室进一步粉碎；较细颗粒进入分级机1进行分级，细粉排出机外捕集。为更完全分离细颗粒，经入口2向分级器通入二次风。分级后的粗粉与新加入的物料混合后重新进入粉碎室。产品细度可通过调节喷射器的混合管尺寸、气流压力、温度及分级器转速等参数来调节。

（2）特劳斯特型气流磨　图7-70为特劳斯特型气流磨（Trost jet mill）的结构示意。它的粉碎部分采用逆向气流磨结构，分级部分则采用扁平式气流磨结构，因此它兼有二者的特点。内衬和喷嘴的更换方便，与物料和气流相接触的零部件可用聚氨酯、碳化钨、陶瓷、各种不锈钢等耐磨材料制造。

该气流磨的工作过程：由料斗4喂入的物料被喷嘴喷出的高速气流送入粉碎室6，随气流上升至分级室2，在此气流形成主旋流使颗粒分级。粗颗粒排至分级室外围，在气流带动下返回粉碎室再行粉碎，细颗粒经产品出口1排出机外捕集为成品。

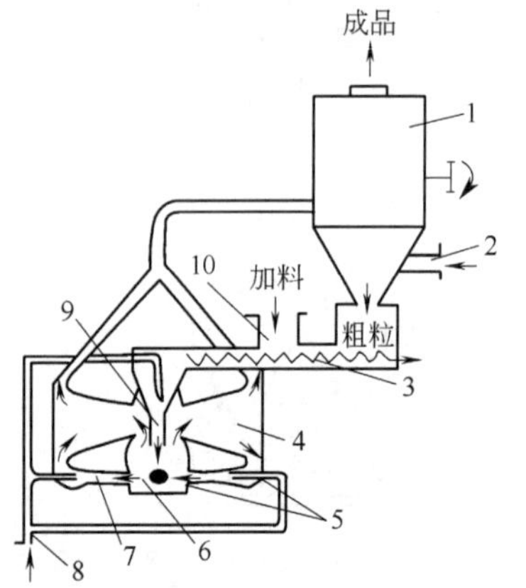

图7-69　布劳-诺克斯型气流磨示意

1—分级机；2—二次风入口；3—螺旋加料器；4—一次分级室；5—喷嘴；6—粉碎室；7—喷射器混合管；8—气流入口；9—喷射式加料器；10—物料入口

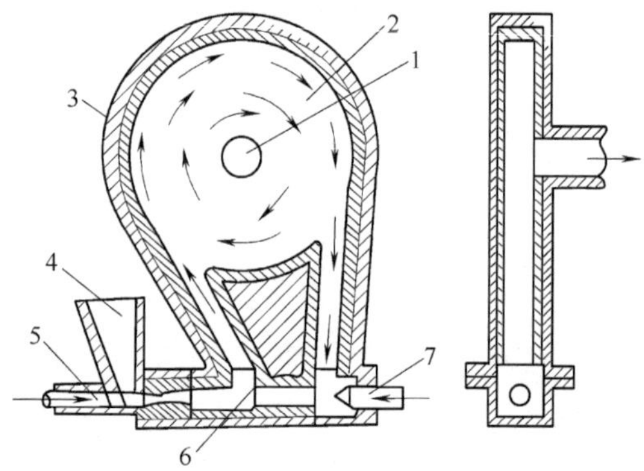

图7-70　特劳斯特型气流磨结构示意图

1—产品出口；2—分级室；3—内衬；4—料斗；5—加料喷嘴；6—粉碎室；7—粉碎喷嘴

（3）马亚克型气流磨　图7-71为马亚克型气流磨（Majac jet pulverizer）的结构示意。其工作过程：物料经螺旋加料器5进入上升管9中，被上升气流带入分级室后，粗颗粒沿回料管10返回粉碎室8，在来自喷嘴6的两股高速喷射气流作用下冲击碰撞而粉碎。粉碎后的物料被气流带入分级室进行分级。细颗粒通过分级转子后成为成品。在粉碎室中，已粉碎的物料从粉碎室底部的出口管进入上升管9中。出口管设在粉碎室底部，可防止物料沉积后堵塞粉碎室。为更好地分级，在分级器下部经二次风入口11通入二次空气。

产品粒度的控制方法：一是控制分级器内的上升气流速度，以确保只有较细的颗粒才能被上升气流带至分级器转子处；二是调节分级转子的转速。

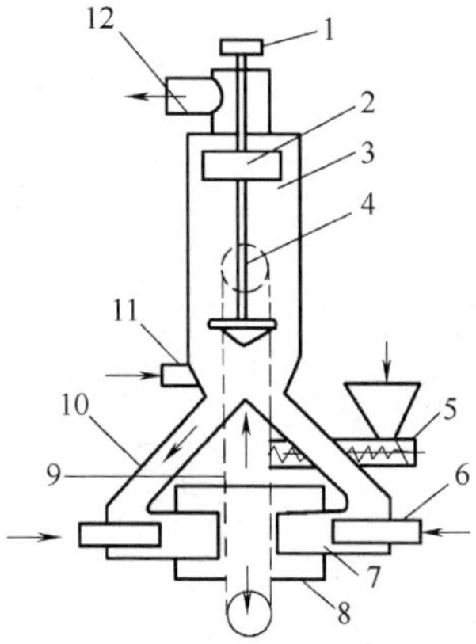

图 7-71 马亚克型气流磨结构示意

1—传动装置；2—分级转子；3—分级室；4—入口；5—螺旋加料器；6—喷嘴；7—混合管；8—粉碎室；9—上升管；10—回料管；11—二次风入口；12—产品出口

该机的特点是：颗粒以极高的速度直线迎面冲击，冲击强度大，能量利用率高；粉碎室容积小，内衬材料易解决，故产品污染程度轻；粉碎产品粒度小，通常在 200 目至亚微米级之间；气流可以用压缩空气也可用过热蒸汽，粉碎热敏性物料时还可用惰性气体。因此，它是同类设备中较先进的。其应用实例见表 7-7。

表 7-7 马亚克型气流磨的应用实例

物料名称	产品细度	规格/mm	处理能力/(kg/h)	耗气量		气流压力/MPa	气流温度/℃
				空气/(m^3/h)	过热蒸汽/(kg/h)		
氧化铝	$d_{50}=3.0\mu m$	380	5450	—	2860	0.7	400
邻苯二甲酸二甲酯	$d_{50}=4.2\mu m$	50～150	200	510	—	0.7	20
烟煤	325 目,90%	510	3630	5100	—	0.7	20
云母	325 目,90%	205	725	1225	—	0.7	425
稀土矿	1μm,60%	189	180	1225	—	0.7	425

7.8.5 流化床对喷式气流磨

图 7-72 为流化床对喷式气流磨（fluidized bed opposed jet mill）的结构示意。其中图 7-72(a) 为 AFG 型喷嘴三维设置，图 7-72(b) 为 CGS 型喷嘴二维设置。

喂入磨内的物料利用二维或三维设置的 3～7 个喷嘴喷出的气流冲击能，及其气流膨胀以流态化床悬浮翻腾状态而产生的碰撞、摩擦进行粉碎，并在负压气流带动下通过顶部设置的涡轮式分级装置，细粉排出机外由旋风分离器及袋式收尘器捕集，粗粉受重力沉降返回粉碎区继续粉碎。这种流化床对喷式气流磨是在对喷式气流磨的基础上开发的。

流化床对喷式气流磨的特点是：产品细度高（$d_{50}=3\sim10\mu m$），粒度分布窄且无过大颗粒；粉磨效率高，能耗低，比其他类型的气流磨节能 50%。其采用刚玉、碳化硅等作为耐磨件，因而磨耗低，产品受污染少，可加工无铁质污染的粉体，也可粉碎硬度高的物料；结构紧凑；噪声小；可实现操作自动化。但该机造价较高。

CGS 型流态化对喷式气流磨的主要技术参数见表 7-8。

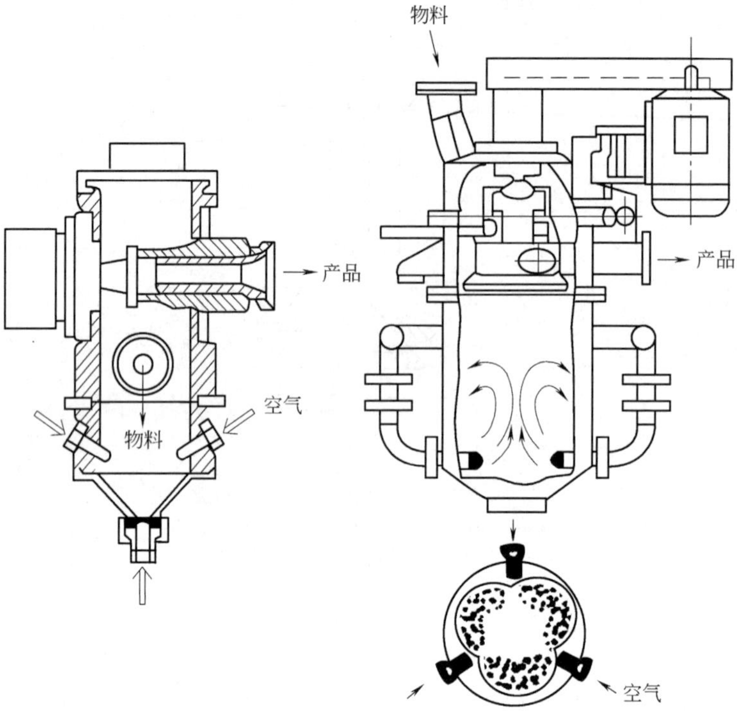

(a) AFG型(喷嘴三维设置)　　(b) CGS型(喷嘴二维设置)

图 7-72　流化床对喷式气流磨

表 7-8　CGS 型流态化对喷式气流磨的主要技术参数

规格	细度/μm	耗气量/(m^3/h)	喷嘴个数×直径/mm	分级装置		
				CFS 型	N_{max}/(r/min)	功率/kW
16	2～70	50	2×3.2	8	15000	2.2
32	3～70	300	2×6.0	30	8000	4.0
50	4～80	850	3×8.5	85	5000	5.7
71	5～85	1700	3×12	170	3600	11
100	6～90	3400	3×17	340	2500	15
120	6～90	5100	3×21	510	2000	22

注：CFS 型对应的是 CFS 型精细分级机，是气流磨配套的分级装置型号。

第8章 粉碎机械力化学及设备

8.1 粉碎机械力化学概述

在固体材料的粉碎过程中，粉碎设备施加于物料的机械力除了使物料粒度变小、比表面积增大等物理变化外，还会发生机械能与化学能的转换，致使材料发生结构变化、化学变化及物理化学变化。这种固体物质在各种形式的机械力作用下所诱发的化学变化和物理化学变化称为机械力化学效应。与热、电、光、磁和化学等分支类似，研究粉碎过程中产生机械力化学效应的学科称为粉碎机械力化学，简称为机械力化学（mechanochemistry）。

机械力化学效应的发现可追溯至19世纪90年代。1893年，Lea在研磨 $HgCl_2$ 时发现有少量 Cl_2 逸出，说明在研磨过程中部分 $HgCl_2$ 发生了分解。机械力化学概念的提出则是在20世纪60年代。Peter将其定义为："物质受机械力作用而发生化学变化或物理化学变化的现象。"从能量转换的观点可理解为机械力的能量转化为化学能。自20世纪80年代开始，机械力化学作为一门新兴学科，在冶金、合金、化工等领域受到了广泛重视。近十多年来，随着材料科学的发展和新材料研究开发的不断深入，机械力化学的研究十分活跃。目前，利用机械力化学作用制备纳米材料和复合材料、进行材料改性等已经成为重要的材料加工方法和途径。

本章将介绍粉碎机械力化学作用的机理及其在有关领域的应用。

8.2 粉碎机械力化学作用及机理

固体物质受到各种形式的机械力（如摩擦力、剪切力、冲击力等）作用时，会在不同程度上被"激活"。若体系仅发生物理性质变化而其组成和结构不变时，称为机械激活；若物质的结构或化学组成也同时发生了变化，则称为化学激活。

在机械粉碎过程中，被粉碎材料可能发生的变化可分为以下几类。

① 物理变化　颗粒和晶粒的微细化或超细化、材料内部微裂纹的产生和扩展、表观密度和真密度的变化以及比表面积的变化等。

② 结晶状态变化　产生晶格缺陷、发生晶格畸变、结晶程度降低甚至无定形化、晶型转变等。

③ 化学变化　含结晶水或羟基物质的脱水、形成合金或固溶体、降低体系的反应活化能并通过固相反应生成新相等。

显然，上述第①种变化属机械激活；而后两种变化属化学激活。

8.2.1 粉碎平衡

各种粉碎设备当其工作条件（如转速、振动频率、振幅、介质/物料比、粉碎介质级配、助磨剂等）一定时，粉碎过程中往往会发生这样的现象：在粉碎的最初阶段，物料的粒度迅速减小，相应地比表面积增大；粉碎至一定时间后，粒度和比表面积不再明显变化而稳定在某一数值附近，如图8-1所示。实际上，这是物料颗粒在机械力作用下的粒度减小与已细化的微小颗粒在表面能、范德瓦耳斯力及静电力等作用下相互团聚成二次颗粒（图8-2）导致的粒度“增大”达到的某种平衡。这种粉碎过程中颗粒微细化过程与微细颗粒的团聚过程的平衡称为粉碎平衡。理想的粉碎平衡如图8-3所示，实际物料的粒度和比表面积随粉碎时间的变化多为图8-1所示的情形。

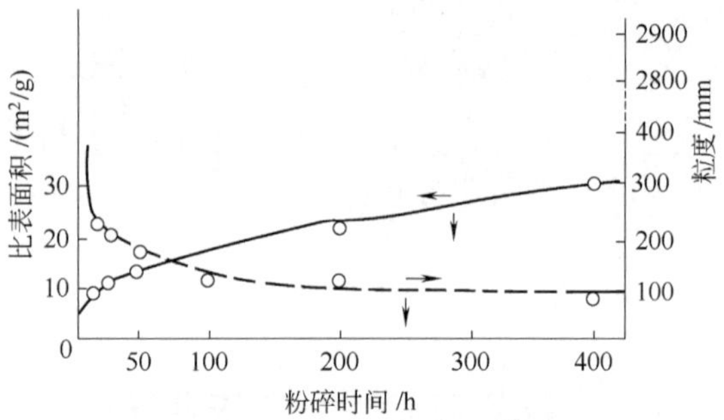

图8-1　粒度、比表面积与粉碎时间的关系

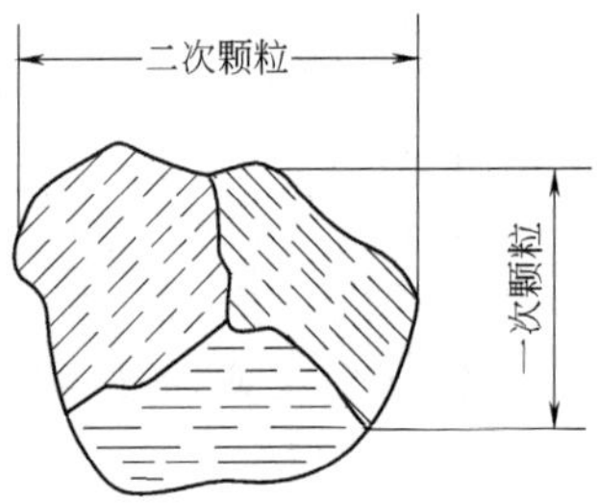

图8-2　一次颗粒与二次颗粒的关系

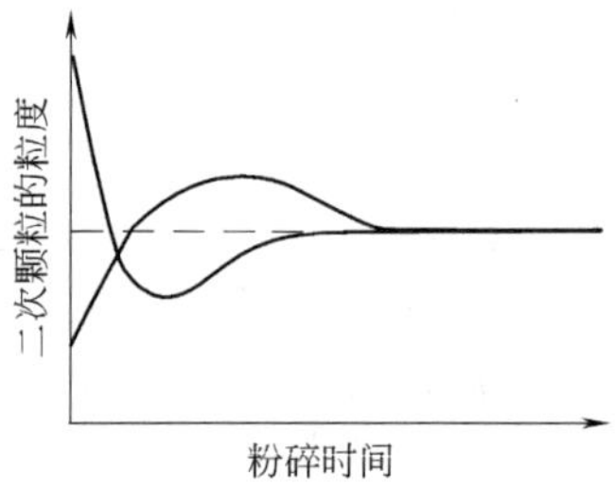

图8-3　理想的粉碎平衡

粉碎平衡出现的原因如下。

① 颗粒团聚　一旦微细化粉体的表面相互间有引力（范德瓦耳斯力、静电力、磁力）、水膜凝聚力、机械压力、摩擦力等作用，便产生颗粒的团聚。微颗粒界面面积越大，越易于团聚。此外，结晶化、活性化能量小的离子晶体也容易发生团聚。

② 粉体应力作用出现缓和状态　微颗粒团聚体中由于颗粒间的滑移，颗粒本身的弹性变形以及颗粒表面的晶格缺陷、晶界不规则结构所产生的粉体应力作用出现缓和，致使碎裂作用减小。

粉碎平衡出现的位置或达到粉碎平衡所需的粉碎时间既与粉碎设备的工作条件有关，也视物料的物理化学性质而不同。一般来说，脆性物料的粉碎平衡出现在微细粒径区域，而塑性材料则出现在较大粒径区域。即使是同一种物料，如果粉碎条件发生改变，其到达粉碎平衡的时间也会发生变化。换言之，如同化学反应平衡一样，粉碎平衡也是相对的、有条件的。一旦条件发生改变，则将在新的条件下建立新的平衡。另外，有些物料粉碎至一定时间后，比表面积会急剧减小，这是微颗粒间的团聚速度超过细颗粒产生的速度的缘故。图8-4和图8-5分别表示了Al_2O_3粉体的比表面积和平均粒径随粉磨时间的变化。

值得注意的是，粉碎平衡又是动态的，即当粉碎达到平衡后，即使继续进行粉碎，颗粒的粒度将不再变化，但作用于颗粒的机械能将使颗粒的结晶结构不断破坏、晶格应变和晶格扰乱增大。因此，达到粉碎平衡后，尽管粉体的宏观几何性质不变，但其物理化学性质的变化和内能的增大将使其固相反应活性及烧结性大大提高。

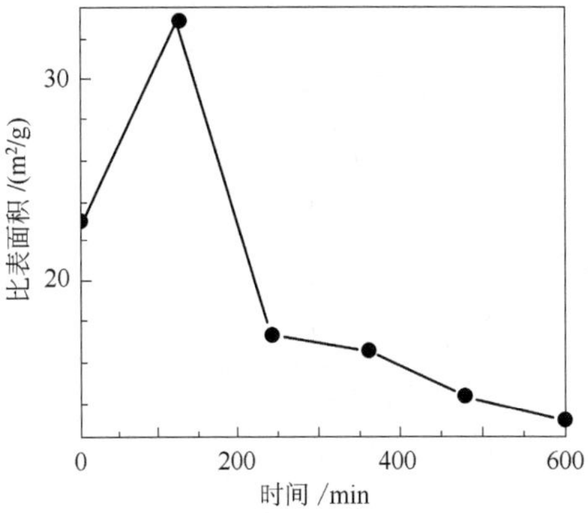

图 8-4　Al_2O_3 粉体的比表面积与粉磨时间的关系

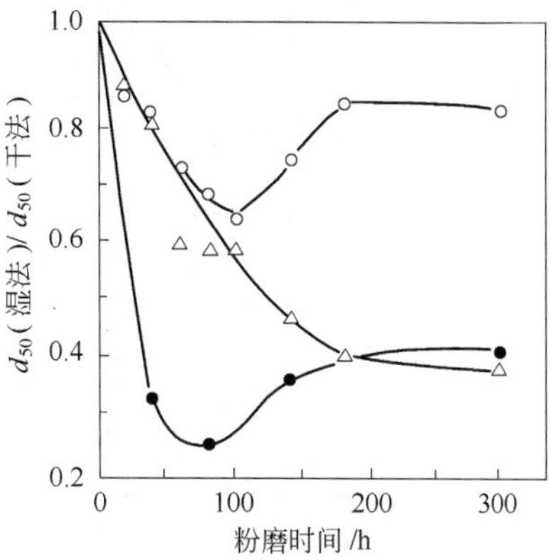

图 8-5　不同起始粒径的 Al_2O_3 粉体湿、干法粉磨的平均粒径比

○—0.6μm；△—3.9μm；●—22μm

8.2.2　晶体结构的变化

8.2.2.1　晶格畸变

粉碎过程中，在颗粒微细化的同时，还产生颗粒表面乃至内部晶格的畸变及结晶程度的衰弱。所谓晶格畸变是指晶格中质点的排列部分失去其点阵结构的周期性导致的晶面间距发生变化、晶格缺陷以及形成非晶态结构（无定形结构）等。

用振动磨粉磨时，介质的冲击能量将改变一次颗粒的晶面间距，并使价键解离，从而产生各种形式的晶格畸变，在 XRD 图谱上则表现为原来尖锐的特征衍射峰趋向宽化。图 8-6(b)、(c) 为 ZnO 与 Fe_2O_3 混合粉体高能球磨不同时间的 XRD 图谱，ZnO 与 Fe_2O_3 的宽化正是二者晶格扭曲畸变的有力证明。

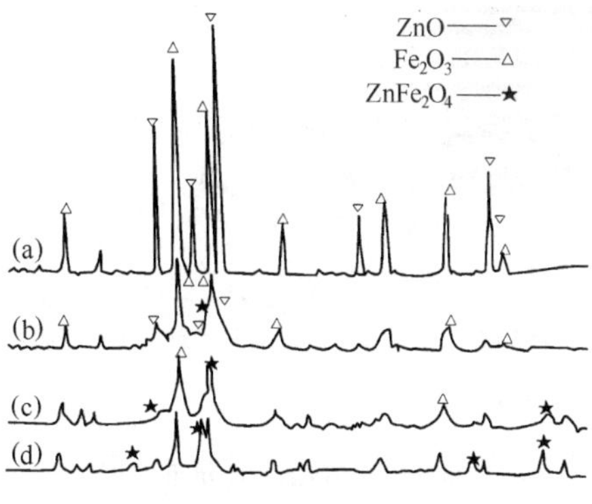

图 8-6　不同球磨时间的 XRD 图谱

(a) 0h；(b) 10h；(c) 20h；(d) 40h

随着粉碎过程的继续，晶格极度畸变，其有序结构完全被破坏，致使原晶体特征峰完全消失，形成非晶体，即发生无定形化。XRD 图谱则显示典型的玻璃态物质的特征，继而形成新相 $ZnFe_2O_4$，如图 8-6(d) 所示。

无定形的非晶层一般从优先接受能量的颗粒表面开始由表及里逐渐内延。如果颗粒的粒径为 d，非晶层的厚度为 δ，则非晶部分的体积百分数 Y_{am} 可用下式计算

$$Y_{am}=1-\left(1-\frac{2\delta}{d}\right)^3 \tag{8-1}$$

晶格畸变的宏观物理性质反映的是物料密度的变化。一般表现为密度减小，如石英转变为无定形 SiO_2 时，其密度从 2.60g/cm³ 降至 2.20g/cm³。图 8-7 展示了石英颗粒大小与非晶层厚度 δ、非晶层质量分数 X_{am}、非晶层体积分数 Y_{am} 及密度 ρ_p 的关系。

随着粉碎过程的继续进行，非晶层不断增厚，最后导致整个颗粒的无定形化。由于在此过程中，晶体颗粒内部储存了大量能量，使之处于热力学不稳定状态。其直接结果是颗粒被激

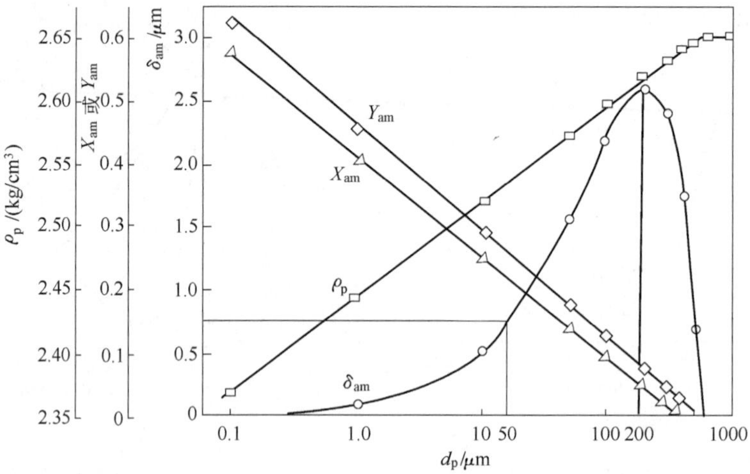

图 8-7　石英非晶层与颗粒尺寸的关系

活，即活性提高，体系的反应活化能降低。这是颗粒能够在后续的固相反应中显著提高反应速率和反应程度或降低高温反应温度的主要原因。颗粒活化点的分布模型如图 8-8 所示。

假定物料颗粒为球形，黑点表示活化点，它们开始分布于颗粒表面，然后集中于局部区域，最后均匀地分布于整体。活化点可以认为是机械力化学的诱发源。图 8-9 为活化程度随粉碎时间变化的模型示意图。由图可见，颗粒在应力作用下可获得很高的瞬时活性，如图中的 A 点。但这种高活性状态的持续时间非常短暂，约 $10^{-7}\sim10^{-5}$s，随后即快速降低，至 B 点达到恒定状态。

图 8-8　活化点的分布模型

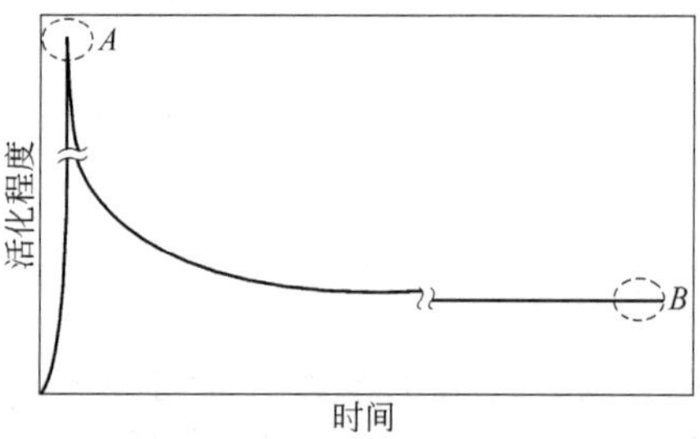

图 8-9　活化程度随时间变化的模型示意图

8.2.2.2　晶型转变

具有同质多晶型的矿物材料在常温下受机械力的作用常常会发生晶型转变，如三方晶系的方解石（相对密度为 2.7，莫氏硬度为 3）粉碎一定时间后可转变为组成相同但晶型为斜方晶系的文石（相对密度为 2.94，莫氏硬度为 3.5～4）；而文石的粉碎产物加热至 450℃时又可恢复为方解石结构，如图 8-10 所示。

锐钛矿型 TiO_2（四方晶系，晶体常呈双锥形，相对密度为 3.9，莫氏硬度为 5.5～6.0）经粉碎后可转变为同质多相变体——金红石（四方晶系，晶体常呈柱状或针状，相对密度为 4.2～4.3，莫氏硬度为 6）。

XRD 测定结果表明，在 300℃下用球磨机将 PbO 粉碎至一定时间后，原黄色 PbO（斜方晶系）的特征峰全部消失，出现红色 PbO（立方晶系）的特征峰。

$2CaO\cdot SiO_2$ 和 Fe_2O_3 在粉碎过程中分别会发生如下转变：

$$\beta\text{-}2CaO \cdot SiO_2 \longrightarrow \gamma\text{-}2CaO \cdot SiO_2$$

$$\gamma\text{-}Fe_2O_3 \longrightarrow \alpha\text{-}Fe_2O_3$$

聚丙烯、聚乙烯在真空中低温粉碎时，也可与无机物质一样产生晶型转变，如再将其在350K下加热24h，则又可恢复其原来的结晶结构。

对粉碎过程中物质发生晶型转变的解释是：由于机械力的反复作用，晶格内积聚的能量不断增加，使结构中某些结合键发生断裂并重新排列形成新的结合键。

随着晶体结构的变化，物料的物理化学性质也将发生变化，主要表现为：溶解度增大、溶解速率提高、密度减小（个别情形例外）、颗粒表面吸附能力和离子交换能力增强、表面自由能增大、产生电荷、生成自由基、外激电子发射等。

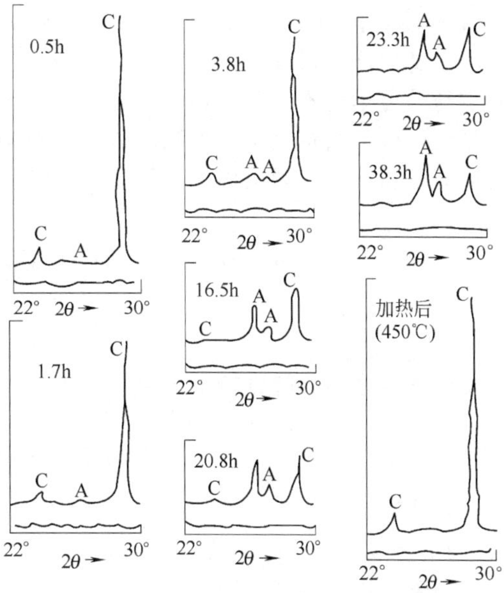

图8-10 方解石粉碎时XRD的变化

A—文石；C—方解石

8.2.2.3 机械力作用导致的化学变化

（1）脱水效应 二水石膏在粉磨过程中，即使维持体系的温度低于100℃，仍将部分脱去3/2H_2O而变为半水石膏。XRD结果表明，粉磨15min就已出现半水石膏。

滑石加热时，分别在495～605℃和845～1058℃脱水。粉磨5～60min的TG、DTA和IR测定结果表明，随着粉磨时间的延长，不仅第一阶段脱水消失，脱水量逐渐减少，而且脱水温度也降低了。

有些含OH^-的化合物，如$Ca(OH)_2$和$Mg(OH)_2$，它们的OH^-不大容易脱离。因此，将其单独进行机械粉磨时，变化很少。然而，加入一定量的SiO_2后，情况大不相同。如在$Ca(OH)_2$中加入SiO_2粉磨14h后，氢氧化钙的XRD衍射峰完全消失，代之以一个宽衍射峰；$Mg(OH)_2$-SiO_2混合物在粉磨60min后，氢氧化镁的XRD特征峰和热分析吸热峰均已消失，说明其结晶水已全部脱去。

（2）固相反应 在粉磨过程中，粉体颗粒承受较大应力或反复应力作用的局部区域可以产生分解反应、溶解反应、水合反应、合金化、固溶化、金属与有机化合物的聚合反应以及直接形成新相的固相反应等。机械力化学反应与一般的化学反应所不同的是，机械力化学反应与宏观温度无直接关系，它被认为是由颗粒的活化点之间的相互作用导致的。这是机械力化学反应的特点之一。

① 机械合金化（mechanical alloying，MA） 通过高能球磨过程中的机械合金化作用可以合成弥散强化合金、纳米晶合金及金属间化合物等。Benjamin首先使用MA技术制备出氧化物弥散强化镍基高温合金；Jangg等将Al和炭黑的粉末混合物高能球磨后，再在550℃下挤压成型，获得了Al/Al_4C_3弥散强化材料。该复合材料具有极好的低密度、高强度、高硬度、高热阻、良好的变形性及抗过烧等性能。MA法制备的Al-Mg合金及SiC颗粒增强的Al-Cu基合金具有良好的阻尼性质和高抗腐蚀性能；通过球磨Al、Ti粉的混合物，可制备含细而稳定的Al_3Ti颗粒的Al-Ti复合材料，该材料具有高弹性模量、高温强度高和高延展性等特点。室温下MA制备的Sm-Fe-Ti系磁性材料的矫顽磁力可达4.775×10^6A/m；用MA法可制备高熔点金属间化合物，如Fe_2B、$TiSi_2$、TiB_2、NiSi、WC、SiC等。

在球磨过程中，大量的反复碰撞发生在球-粉末-球之间，被捕获的粉末在碰撞作用下发生严重的塑性变形，使粉末不断重复着冷焊、断裂、再焊合的过程，最终达到原子级混合从而实现合金化。Schaffer 等在室温下球磨单质金属元素 X（X＝Al、Ca、Ti、Mn、Fe、Ni 等）与 CuO 粉末的混合物发现，由 MA 可实现室温下的固态置换反应。

由于高能球磨过程中引入了大量的应变、缺陷以及纳米量级的微结构，使得合金化过程的热力学与动力学均不同于普通的固态反应过程。如利用 MA 可实现混合焓为正值的多元体系的非晶化，可以制备用常规方法难以合成或根本不可能合成的许多新型合金。这些现象目前用经典热力学和动力学理论尚不能得到合理解释。所以，关于机械合金化的确切机理还有待于进一步研究。

② 分解反应　$NaBrO_3$ 在加热条件下按下式发生分解反应：

$$NaBrO_3 \longrightarrow NaBr+\frac{3}{2}O_2$$

而机械力化学分解则按下式进行：

$$2NaBrO_3 \longrightarrow Na_2O+\frac{5}{2}O_2+Br_2$$

有些分解反应如 $MeCO_3 \longrightarrow MeO+CO_2$（Me 为二价金属离子），可建立“机械力化学平衡”，该平衡取决于固相组成——氧化物与碳酸盐的摩尔比。这是与热力学中的相律相抵触的，故它区别于“热化学平衡”。

③ 化合反应　机械力作用可使许多在常规室温条件下不能发生的反应成为可能。如

固相反应：

$$2CaO+SiO_2 \longrightarrow \beta\text{-}2CaO\cdot SiO_2$$

$$BaO+TiO_2 \longrightarrow BaTiO_3$$

$$MgO+SiO_2 \longrightarrow MgSiO_3$$

固气反应：

$$Au+\frac{3}{4}CO_2 \longrightarrow \frac{1}{2}Au_2O_3+\frac{3}{4}C$$

此反应是在常规热力学条件下不可能发生。

固液反应：

$$NiS+H_2O \longrightarrow NiO+H_2S$$

④ 置换反应　将金属 Mg 与 CuO 粉末混合物进行高能球磨，可发生如下置换反应

$$Mg+CuO \longrightarrow MgO+Cu$$

⑤ 其他反应　如将 $CaCO_3$ 与 SiO_2 混合物进行高能球磨，可生成硅酸钙

$$CaCO_3+SiO_2 \longrightarrow CaO\cdot SiO_2+CO_2$$

上述各类反应中，有的是热力学定律所不能解释的；有的对周围环境压力、温度的依赖性很小；有的则比热化学反应快几个数量级，如在 25℃下，无机械力作用时，羰基镍的合成反应速率常数为 5×10^{-7} mol/h，而在机械力作用的情形下该值剧增为 3×10^{-5} mol/h。

8.2.2.4　机械力化学反应的机理

（1）摩擦等离子区模型　在机械能转变为化学能的过程中，热能为中间步骤。在微接触点处，温度可达 1300K 以上，化学反应即在这些“热点”处进行。图 8-11 表示了机械作用下高温高压的产生。迅速发展的裂纹尖端能量的增加激发了化学反应。物质受到高速冲击时，在极短时间和极小空间内使固体结构遭到破坏，释放出电子、离子，形成等离子区，如图 8-12 所示。等离子区处于高能状态，粒子分布不服从 Boltzman 分布。这种状态寿命仅维持 $10^{-8}\sim10^{-7}$ s，随后体系能量迅速下降并逐渐趋缓，最终部分能量以塑性变形的形式在固体中储存起来，如图 8-13 所示。

机械力化学反应历程如图 8-14 所示。可以看出，无机械力作用时，反应速度很慢；引入机械力作用时，反应速率迅速提高，随后达到稳态。停止机械作用则反应速率迅速下降。

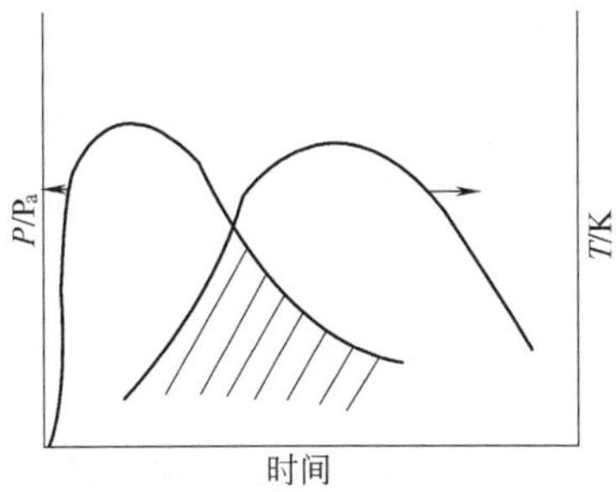

图 8-11 机械作用下高温高压的产生

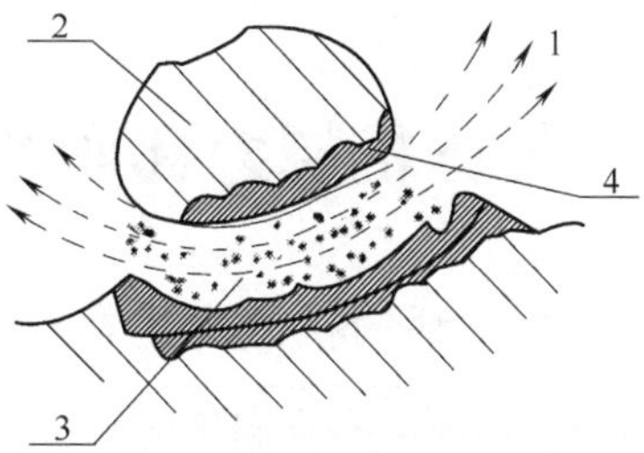

图 8-12 摩擦等离子区模型

1—外激电子放出；2—正常结构；3—等离子区；4—结构不完整区

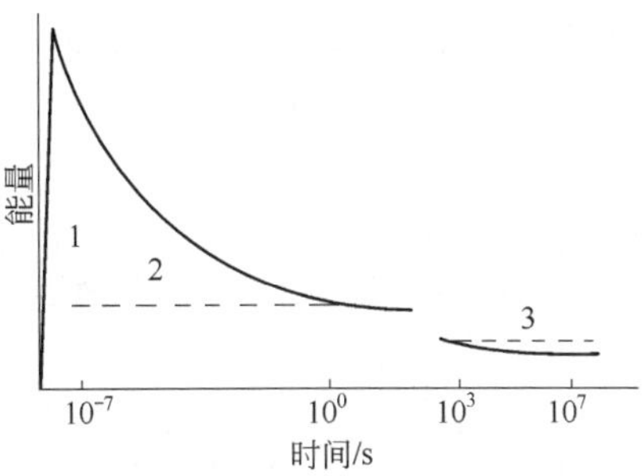

图 8-13 活化固体的能量变化示意

1—摩擦等离子状态；2—高能状态；3—能量储存

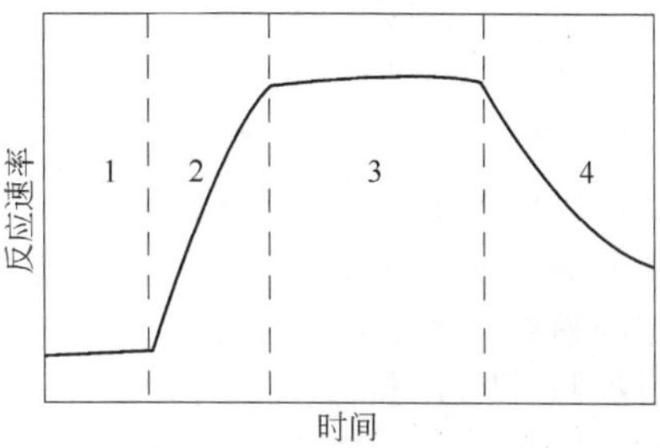

图 8-14 机械力化学反应历程

1—无机械活化；2—机械作用诱导期；3—机械作用下稳定反应；4—停止机械作用反应速率下降

（2）活化态热力学模型 活性固体是一种热力学和结构上很不稳定的状态，其自由能和熵值较稳态物质高得多。物质受到机械力作用时，在接触点处或裂纹顶端产生高度应力集中。应力场可通过多种方式衰减。机械力作用较弱时，应力场主要通过发热的方式衰减；机械力作用增强至某一临界值时，会产生破碎；机械力作用进一步增强时，形成裂纹的临界时间短于产生裂纹的机械作用时间，或受到机械力作用的颗粒的尺寸小于形成裂纹的临界尺寸时，都不会产生裂纹，而会产生塑性变形和各种缺陷的积累。此过程即为机械活化。

由于机械活化，反应物的活性增强，使化学反应的表观活化能大大降低，反应速率常数迅速增大。如活化后的白钨矿与碳酸钠作用的活化能可分别由 54.4kJ/mol 和 50.2kJ/mol 降至 14.6kJ/mol 和 12.6kJ/mol；镍的羰基化反应的活化能甚至可降至接近 0。

（3）质子作用模型 图 8-15 为 $Mg(OH)_2$ 和 TiO_2 粉磨过程中的机械力化学反应机理示意。图中，A 为 $Mg(OH)_2$ 表面上的两个 OH^-；B 表示借助于 TiO_2 表面的质子作用使 $Mg(OH)_2$ 脱水，小黑点表示质子；C 表示脱水后使

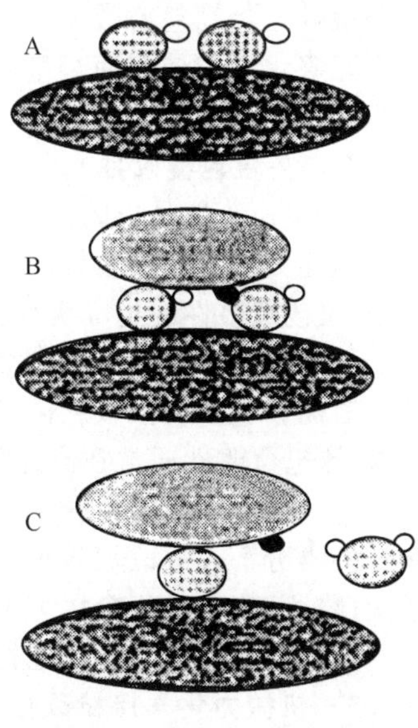

图 8-15 $Mg(OH)_2$ 与 TiO_2 作用形成 $MgTiO_3$ 的机械力化学反应机理示意

MgO 和 TiO_2 结合起来形成 $MgTiO_3$，并分离出 H_2O 分子。

8.3 粉碎机械力化学的应用

8.3.1 粉体材料的机械力化学改性

粉体的表面改性是指利用物理、化学、机械等方法对粉体进行表面处理，有目的地改变其表面的物理化学性质，以满足不同的工艺要求。

粉体改性方法有许多种，根据改性的性质、手段及目的，大致可分为包覆法、沉淀反应法、表面化学法、接枝法及机械力化学法等。机械力化学改性即通过粉碎、磨碎、摩擦等机械方法使物料晶格结构及晶型发生变化，体系内能增大，温度升高，使粒子熔解、热分解、产生自由基或离子，增强表面活性，促使物质与其他物质发生化学反应或相互附着，从而达到表面改性目的的改性方法。它被认为是一种具有较大应用价值的高效改性方法。

8.3.1.1 机械力化学表面改性

在球磨机中添加苯基丙氨酸对滑石进行粉磨改性的研究结果表明，粉磨 5h 后，滑石表面形成了明显包膜。红外谱图显示，苯基丙氨酸的氨基和羧基与滑石表面发生了化学作用，且这种作用随粉磨时间增长而加强。

石英和 Al_2O_3 粉体在十六醇和十八烷基硅氧烷的正癸烷溶液中进行较长时间粉磨后，二者的颗粒表面均呈现较强的疏水性。红外光谱和热重分析表明，疏水性的产生源于改性剂与矿物表面断裂的官能团直接发生反应而形成的反应产物膜。

粉碎机械力化学改性还可用于有机聚合物粉体的亲水处理，聚丙烯（PP）粉体在冲击粉碎条件下，添加非离子表面活性剂 NP8.5 和钛酸酯偶联剂 KRPS 即可实现 PP 表面的亲水性。

叶蜡石在机械力化学作用下进行偶联剂包覆处理的研究结果表明，经处理的叶蜡石粉体表面完全亲水化；偶联剂不仅对叶蜡石具有良好的改性效果，还能发挥分散与助磨作用，改善粉体的分散性，提高粉磨效率；在机械力化学作用活化下，叶蜡石晶体新生解理面与断面呈高活性并有强吸水性，使表面羟基化，偶联剂分子则通过其亲水基团与羟基化的表面发生偶联反应而牢固地吸附于颗粒表面。

8.3.1.2 粒-粒包覆改性

粒-粒包覆改性是指固体细颗粒改性物质（又称膜粒或壁材料）在粗颗粒（又称核粒）表面上的覆盖并改变粗颗粒性质的加工过程。

粒-粒包覆改性的过程机理为：①膜粒子聚集体黏附在核粒上；②黏附有膜粒的核粒与未黏附的核粒发生碰撞；③部分膜粒由前者向后者转移；④颗粒之间分裂、破碎，膜粒子逐渐覆盖核粒表面；⑤膜粒向核粒内部嵌入渗透并牢固结合。

粒-粒包覆改性通常在高速旋转搅拌器和粉碎设备中进行，核、膜粒子间的作用主要有异相凝聚力、静电引力及范德瓦耳斯力等。由于搅拌时相对较弱的机械力不能产生颗粒细化和团聚颗粒的再分散，故改性效果较差。而在粉碎过程中进行这种改性时，较强的机械力作用导致粒子间碰撞、附着的机会大大增加，特别是细颗粒向粗颗粒间的渗透，使改性效果显著提高。因此，理想的改性应通过高速搅拌器和粉碎设备的结合使用来实现。

8.3.1.3 机械力化学接枝改性

接枝改性是在一定的外部激发条件下，将单体烯烃或聚烯烃引入粉体表面的改性方法。由于烯烃和聚烯烃与树脂等有机高分子基体性质相近，所以，接枝改性增强了填料与基体间的结合而起到补强作用。

由于机械力化学效应能导致无机矿物表面产生可与聚合物间呈良好结合的新鲜表面和瞬时

活化中心，因而成为接枝改性的激发手段之一。在苯乙烯单体中研磨碳酸钙，使碳酸钙表面生成苯乙烯接枝产物，从而使其表面由亲水性变为亲油性。用于塑料填料时，可较好地与有机物相容、结合。

8.3.2 机械力化学法制备纳米金属、非晶态金属及合金

机械力化学在金属材料加工中的主要应用就是利用 MA 技术制备具有可控制微结构的各种金属材料和金属基复合材料。

直至 20 世纪 80 年代初期，MA 法主要用于制备弥散强化合金。1981 年，Yermakov 等发现 YCo_3、Y_2Co_3、YCo_5 等金属间化合物经球磨后可部分或全部转变为非晶相。随后，Koch 等利用 MA 方法获得了 Ni60Nb40 非晶合金粉末。该研究标志着 MA 研究进入了新的发展阶段。目前，MA 技术已远远超越了其传统的应用范围，不仅用于制备高性能结构材料，而且广泛用于合成新型功能材料，既涉及平衡态材料，也包括亚稳态材料。

8.3.2.1 MA 法合成弥散强化合金

通过粉磨镍与各种金属、非金属及金属氧化物粉末的混合物及其后的热处理，得到了集弥散强化和时效硬化于一体的 Ni 基高温合金；MA 法制备的 Al-Mg 合金的极限抗拉强度可达 450MPa，延伸率为 13%，弹性模量为 76GPa，海水介质下的年腐蚀率仅为 9×10^{-6}m；MA 法制备的 Al/SiC(p)合金材料的阻尼分别为 Al-Mg 合金及 6061Al 合金的 2.43 倍和 2.82 倍；用常规冶金方法很难将氧化物弥散于 Cu 基体中，但通过 MA 处理，可将金属元素或氧化物颗粒弥散分布于 Cu 基体中，并已成功制备出了具有高热导、高电导性能的高强度 Cu 基合金，如 Cu-Mo、Cu/Al_2O_3、Cu/ZrO_2 等。

8.3.2.2 制备亚稳态材料

（1）制备非晶态材料　MA 非晶化的途径：①纯金属粉末混合球磨；②两种或两种以上金属间化合物混合球磨；③纯金属粉末与金属间化合物混合粉磨；④纯金属粉末与非晶态化合物粉末混合球磨；⑤纯金属粉末混合球磨成金属间化合物，后者在继续粉磨过程中转变为非晶相；⑥单一金属间化合物机械球磨从而实现合金化。

（2）制备超饱和固溶体　用 MA 法可形成过饱和固溶体。这可能有以下两方面的原因：一是粉磨使作为溶质的原子进入溶剂的晶格；二是球磨使组织细化，产生大量新界面。这些界面处可溶入大量溶质原子，而溶质原子进入界面后则失去其衍射特征，从而呈单相结构特征。这是一种与传统固溶不同的亚互溶，溶质原子和溶剂原子并非处于最邻近状态。

8.3.2.3 MA 制备纳米晶材料

1988 年，Shingu 等首先报道了用高能球磨法制备 Al-Fe 纳米晶材料，为纳米晶材料的制备提供了思路和途径。近年来，人们已经用 MA 法制备了各种纳米晶材料，如纳米晶金属粉末、纳米晶金属间化合物、不互溶体系纳米结构以及金属氧化物纳米复合材料。

8.3.2.4 MA 法制备金属间化合物

Ni-Al、Ti-Al、Fe-Al、Nb-Al 等金属间化合物熔点高，高温力学性能及抗氧化性能好，作为高温结构材料具有诱人的前景，但其致命弱点是室温脆性，不易加工成型。用 MA 法制备的金属间化合物组织超细，可克服其室温脆性，改善室温加工性能。另一方面，MA 法可使强化相非常均匀地弥散分布，达到更好的强化效果。

用 MA 法及热挤压制备的 NiAl 合金的室温屈服强度达 1380MPa，压缩延展性>11.5%。而铸造法制备的 NiAl 合金的室温屈服强度仅为 400MPa，延展性仅为 2.3%。

与传统的熔炼合金化相比，MA 法的特点是：①工艺条件简单；②操作成分连续可调；③能涵盖熔炼合金化所形成的范围，且能实现常规熔炼方法很难实现或根本不可能实现的系统的合金化。

8.3.3 机械力化学法制备新型材料

随着机械力化学理论研究的不断深入，该技术已广泛应用于各种新材料的制备。除上述各种金属及合金材料的 MA 制备技术之外，在纳米陶瓷、功能材料和纳米复合材料的制备中，机械力化学法也显示了其广阔的应用前景。

8.3.3.1 制备纳米陶瓷

Li 铁氧体（$Li_{0.5}Fe_{2.5}O_4$）具有高居里温度、低磁致伸缩系数和较大的磁晶各向异性等特点，是微波器件中的重要原料。利用传统的烧结方法制备 Li 铁氧体时，由于需要 1000℃以上的高温条件，而导致 Li 和氧的挥发，从而严重影响 Li 铁氧体的磁性能等。以 Li_2CO_3 和 α-Fe_2O_3 为原料，高能球磨 130h 后，可获得粒径为 30nm 左右的 $Li_{0.5}Fe_{2.5}O_4$ 前驱体，将该前驱体在 600℃下进行热处理，即可全部反应生成 $Li_{0.5}Fe_{2.5}O_4$。

作为重要磁性材料的尖晶石型铁氧体（$ZnFe_2O_4$）的传统反应烧结法工艺复杂，且烧结温度高（约 1200℃）。以 α-Fe_2O_3 和 ZnO 粉末为原料，在高能球磨内粉磨 70h 后，二者反应可生成具有尖晶石结构的铁酸锌：

$$\alpha\text{-}Fe_2O_3(s)+ZnO(s)\longrightarrow ZnFe_2O_4(s)$$

透射电镜（TEM）测定表明，球磨后形成的 $ZnFe_2O_4$ 晶粒近似为球形，晶粒尺寸大多为 10nm 左右。该纳米粉体在 800℃下即可完成烧结。

具有高的介电常数、优良的铁电性能和高的正电阻温度系数的 $BaTiO_3$ 陶瓷的传统合成方法是将 TiO_2 和 $BaCO_3$ 在高温下固相烧结。但该方法制备的粉体颗粒粒度大，成分不均匀，而共沉淀法、溶胶凝胶法、醇盐水解法及柠檬酸盐法等需要价格昂贵的高纯有机或无机金属化合物原料，因而成本较高。将 $Ba(OH)_2 \cdot 8H_2O$ 和非晶质 TiO_2 按 Ba/Ti=1 混合，于行星磨内湿法粉磨 3h 即可合成 $BaTiO_3$ 前驱体。该前驱体经 700℃保温 3h 烧结可得超细 $BaTiO_3$ 粉体。此粉体经 1200℃保温 1h 形成的烧结体的密度为理论密度的 94%。将 BaO 和 TiO_2 按化学计量配比在特殊设计的振动磨内，氩气气氛下用机械力化学法成功合成了 $BaTiO_3$ 纳米粉体。XRD（X 射线衍射）表明，粉磨 5h 开始生成 $BaTiO_3$，15h 反应完全。SEM（扫描电镜）和 TEM 图像分析表明，$BaTiO_3$ 的颗粒尺寸为 20～30nm。

$CaTiO_3$ 粉体是制备铁电陶瓷的重要基础原料，通常利用其负温度系数的性质制备热敏电阻。将 TiO_2 和 CaO 在行星磨内进行机械力化学反应研究发现，在机械力的作用下，TiO_2 发生锐钛矿→板钛矿→金红石的晶型转变。与 CaO 混合粉磨 0.2～0.5h 时，形成大量无定形物质。粉磨 2～5h 时，TiO_2 和 CaO 发生机械力化学反应生成 $CaTiO_3$。TEM 测定结果表明，制备的 $CaTiO_3$ 的平均粒径为 20nm。

8.3.3.2 制备功能材料

（1）制备生物陶瓷　β-磷酸三钙（β-TCP）陶瓷的生物降解性非常显著，生物相容性好，因而广泛应用于骨缺损的修复和作为骨置换材料。β-TCP 粉末制备通常采用干法和湿法两种方法，干法合成以焦磷酸钙和碳酸钙为原料在高温下通过固相反应生成 β-TCP，合成时间长（1000℃，24h），且平均粒度大；湿法合成系通过硝酸钙与磷酸氢钙反应而获得。该方法所得的 β-TCP 的化学组成均匀性较差。以磷酸二氢钙和氢氧化钙为原料，在搅拌磨内粉磨 1h 后，经 700℃处理 1h，可制得平均粒径为 0.38μm、比表面积为 24.9m^2/g 的 β-TCP 粉末。

（2）制备功能梯度材料（FGM）　日本学者用 MA/等离子体烧结法（MA/PS）制备了 FSZ/TiAl 功能梯度材料。结果表明，由于在非晶 TiAl 基体中具有良好的黏性流动，烧结体完全致密，25%FSZ（全稳定氧化锆）/TiAl 的最大硬度达 1016HV。

（3）制备超导材料　利用 MA 法，以 Cu、Ba、Yi 粉按一定比例混合球磨，再将所得粉末在氧化气氛下烧结，可制得高临界温度的钇钡氧铜超导材料。

（4）制备形状记忆合金 将 Ni 粉和 Ti 粉按 1∶1 的原子比进行 MA 处理，再将处理后的粉末热压成型烧结，发现烧结体密实晶粒呈等轴状；室温下压缩变形 5%后，在 373K 下加热产生的形状回复力超过 300MPa，除去载荷后能完全实现形状回复。

（5）制备磁性材料 用 MA 法制备的 NdFeB 磁各向同性微晶颗粒的矫顽力高达 1600kA/m，既可用于黏结磁体，也可单轴热压制成高矫顽力各向同性磁体。

用 MA 法制备的 SmFe 永磁材料中，具有 $ThMn_{12}V$ 晶体结构的 SmFeV 的矫顽力为 944kA/m；具有 $PuNi_2$ 结构的 Se-Fe-Zr 的矫顽力为 1184kA/m；而 Se-Fe-Ti 的矫顽力则高达 5120kA/m。

8.3.3.3 制备纳米复合材料

以纯 Fe 粉（全部通过 200 目筛）和微米级聚四氟乙烯（PTFE）粉末为原料，以质量比 10∶1 混合后，在氩气气氛保护下用高能球磨法制备的铁/聚四氟乙烯纳米复合材料的高分辨 TEM 照片显示，铁颗粒周围有非晶状边界存在，铁粒子的平均粒径为 8nm。

利用普通 Fe_3O_4 粉与微米级聚氯乙烯（PVC）在高能球磨中球磨，借助于机械力化学作用，能够形成 α-Fe_3O_4 粒径为 10nm，具有超顺磁性的 α-Fe_3O_4/聚氯乙烯复合材料。

将 Ni、Al、Ti、C 四种粉末按 $Ni_{50}Al_{50}+10\%Ti_{50}C_{50}$ 的质量配比混合后，在高能球磨中于氩气气氛下粉磨可获得 NiAl 晶粒尺寸小于 10nm 的 NiAl-TiC 复合材料；以金属 Ti 粉和 B_4C 为原料，二者按 3∶1 的摩尔比混合后在高能球磨中粉磨 30h 后，可获得粒径为 8nm 的 TiC 纳米粒子均匀分布于粒径为 100～20nm 的 TiB_2 中的纳米 TiB_2/TiC 复合粉体。

8.3.3.4 制备储氢材料

在氢气气氛下高能球磨 TiFe、$TiFe_2$ 和 Ti，TiFe 可不经活化处理而吸氢；$TiFe_2$ 在球磨过程中可分解为 $TiFeH_x$、$TiH_{1.924}$ 和 Fe 而被氢化。

G. X. Wang 等用高能球磨法制备了纳米晶金属间化合物 NiSi 合金粉末。该粉末材料作电极时，其初始放电时的储氢能力达 1180mA·h/g。

将 Mg 和石墨与有机添加剂共同进行机械粉磨获得的新型 Mg/C 纳米储氢复合材料在 0.067MPa 的 H_2 压力下，Mg 所吸收的氢全部与其反应形成了 MgH_2。在 453K 下处理 15h 后，Mg 的吸氢量按 H/Mg 计约为 1.5。

用高能球磨方法制备的 $CoFe_3Sb_{12}$ 合金粉末的电化学性能测定结果表明，$CoFe_3Sb_{12}$ 中的活性元素 Sb 与锂离子发生可逆电化学反应，其嵌锂产物为 Li_3Sb。$CoFe_3Sb_{12}$ 电极在 20mA/g 电流密度下第一次可逆容量为 396mA·h/g。在材料中加入原子分数为 50%的石墨后，以 100mA/g 进行充放电时，第一次可逆容量为 380mA·h/g，电极的循环寿命性能优良。

8.3.4 机械力化学在水泥、混凝土生产中的应用

机械力化学在水泥和混凝土生产中的应用研究目前仍处于起步阶段，但已报道的研究成果预示了其极有潜力的发展前景。

8.3.4.1 掺加助磨剂提高水泥的细度

在水泥粉磨过程中，加入少量外加剂，可消除细粉黏附与团聚，加快物料粉磨速度，提高粉磨效率，降低单位电耗，从而提高水泥产量与质量。这类外加剂称为助磨剂。

如前所述，掺加助磨剂后，可改变粉磨过程中的粉碎平衡。换言之，加入助磨剂后，达到粉碎平衡时，物料的细度或比表面积将比不加时增大。

助磨剂通常是表面活性剂。自 1930 年 Goddard 以树脂为助磨剂在英国首先取得专利以来，人们先后对多种表面活性物质进行了试验研究。目前，可用作助磨剂的物质有很多种，表 8-1 列出了水泥及其他粉体处理中应用的助磨剂种类及其应用。

表 8-1 助磨剂种类及其应用

类型	助磨剂名称	应用	类型	助磨剂名称	应用
液体助磨剂	甲醇	石英、铁粉	液体助磨剂	乙酸戊酯	石英
	异戊醇	石英		硅酸钠	黏土等
	S-辛醇醛	石英		氢氧化钠	石灰石等
	乙二醇、丙三醇	水泥等		碳酸钠	石灰石等
	甘油	铁粉		氯化钠	石英岩
	丙酮	水泥		六偏磷酸钠	铅锌矿等
	有机硅	氧化铝、水泥等		六聚磷酸钠	硅灰石等
	十二胺～十四胺	赤铁矿、石英等		三聚磷酸钠	赤铁矿、石英
	XF-4272	铁燧岩		水玻璃	钼矿石
	油酸(钠)	石灰石		三乙醇胺	方解石、水泥、锆英石
	丁酸	石英		聚羧酸盐	滑石等
	硬脂酸(钠)	浮石、白云石		焦磷酸钠	黏土矿物
	癸酸	水泥、菱铁矿	固体助磨剂	炭黑	水泥、煤、石灰石
	羊毛脂	石灰石			
	环烷酸(钠)	水泥、石英岩	气体助磨剂	二氧化碳	石灰石、水泥
	环烷基磺酸钠	石英岩		丙酮蒸气	石灰石、水泥
	正链烷烃	苏打(碳酸钠)、石灰		氢气	石英等
	烃类化合物	玻璃		氮气、甲醇	石英、石墨等

助磨剂的作用机理可归结为以下几个方面：

① 助磨剂分子吸附于固体颗粒表面上，改变了颗粒的结构性质，从而降低了颗粒的强度或硬度；

② 助磨剂吸附于固体颗粒表面上，减小了颗粒的表面能，阻止了颗粒间的相互团聚；

③ 助磨剂分子吸附于新形成的裂纹中，阻止了裂纹的愈合，并有助于裂纹的扩展。

可见，助磨剂的助磨作用是一种机械力化学作用。

8.3.4.2 熟料矿物及混合材料的活化

将在1350℃下合成的贝利特-硫铝酸钙水泥置于振动磨中粉磨1～70h后发现，粉磨作用可降低该粉体的粒度，并使其晶体结晶度降低或发生晶格畸变，因而显著提高其早期水化活性。

作为水泥混合材料的粒化高炉矿渣、粉煤灰等具有潜在的水化水硬活性，但其早期强度较低。提高其粉磨细度，增大其与激发组分的接触面积并通过表面结构的改变增强其水化活性是提高高掺量混合材水泥早期性能的有效措施之一。试验研究结果证明，将水泥熟料粉磨至比表面积$400m^2/kg$，矿渣比表面积为$300m^2/kg$，则矿渣的掺入量高达60%～65%时仍能得到425号矿渣水泥。若矿渣的比表面积提高至$400m^2/kg$，熟料比表面积为$350m^2/kg$，则矿渣掺入量为60%时还能生产出325号矿渣水泥。

将粉煤灰在高能球磨内粉磨5h，平均粒径达1μm，球体表面粗糙化且不规则。由其配制的水泥净浆3d和7d强度提高近4倍。

8.3.4.3 合成硅酸盐矿物

氧化钙和硅胶的混合物可在行星磨内机械力化学作用下合成C_2S。XRD图谱表明，粉磨5h后在873K下煅烧即可生成C_2S，并具有较高的水化活性；将在1350℃下合成的贝利特-硫铝酸钙水泥在振动磨中分别粉磨1h和30h后的净浆强度试验结果表明，粉磨30h的试样7d抗压强度为粉磨1h的14倍；将氢氧化钙、石膏和氢氧化铝混合后，在行星磨中干法粉磨120min后发现了水化硫铝酸钙，粉磨后的样品在773K下煅烧后获得了$3CaO \cdot Al_2O_3 \cdot CaSO_4$，其强度大大高于工业生产的硫铝酸钙。在室温下对原料进行混合后用机械力化学法合成了水化铝酸三钙，该产物在800K下即可脱水形成铝酸三钙，比工业生产中铝酸三钙的生成温度低得多。

8.3.4.4 废弃混凝土的机械力化学活化再利用

混凝土中的胶凝组分——水泥中含有粒度较大的粗颗粒。根据水泥水化理论，粒度大于50μm的粗颗粒即使经过长期的水化过程也难以完全发生水化，即它们在混凝土结构中仅起微集料作用，具有较大的胶凝作用潜能。一方面，将硬化水泥浆体重新粉磨使其中的未水化颗粒"解放"出来并粉磨至一定细度后，其强度将达到砌筑砂浆的强度指标。另一方面，硬化水泥浆体中的水化产物在一定温度下会发生脱水作用，脱水后水泥石的化学组成与原始水泥的化学组成非常相近，这为以它们作原料重新煅烧水泥熟料提供了物质基础。另外，粉磨过程中外力施加于物料颗粒的能量产生强烈的机械力化学作用，使水化产物的脱水、晶格结构变形和无定形化乃至相变过程在常温下进行，因而使粉磨合成熟料矿物成为可能。所以，将废弃混凝土中的硬化水泥浆体与钢筋、石子、砂等分离后再进行高能球磨，通过机械力化学作用，可以达到以下效果：①作为水泥生产的原料；②作为水泥的混合材料；③作为新拌混凝土的微集料；④生产低标号砌筑水泥或抹灰水泥。

显然，经机械力化学活化的硬化水泥浆体的上述再利用，既可大大减少用于水泥生产的原料开采，又可节省水泥熟料煅烧必需的燃料消耗；同时，有效减少有害气体的排放，因而有利于环境净化，符合我国材料工业可持续发展的长期战略，具有重要的经济和社会意义。

总之，机械力化学在应用中有如下优点。

① 经普通粉磨设备处理的原材料，不仅颗粒粒度减小，比表面积增大，而且由于反应活性的提高，可使后续热处理过程的烧成温度大幅度降低。

② 由于机械处理的同时还兼有混合作用，使多组分原料在颗粒细化的同时得到了均化，特别是提高了微均匀化程度，从而使制备出的产品性能更好。

③ 便于制备宏观、纳米乃至分子尺度的复合材料。

④ 便于制备某些常规方法难以制备的材料。

机械力化学方法的缺点如下。

① 通常需要长时间的机械处理，能量消耗大，且反应难以进行完全。所以，实际上，往往对物料进行适当时间的粉磨来制备前驱体而不是最终产物。

② 研磨介质的磨损会造成对物料的污染，这将影响粉磨产物的纯度。

③ 处理金属等材料时需要氮气、氩气等保护；否则，可能会发生氧化、燃烧等不希望发生的反应。

作为一门新兴学科，机械力化学涉及固体物理学、材料力学、表面化学、矿物加工学及粉体科学等许多学科和领域，其理论和应用研究都还很不系统，诸如各种机械力化学反应机理、能量转换机理、反应热力学尤其是经典热力学理论尚不能解释的机械力化学反应热力学、反应动力学以及影响机械力化学反应的因素等都需要进行更深入的探讨。但是，目前所取得的成就足以表明该技术具有广阔的工业前景。无疑，机械力化学是一个研究空间宽广的材料科学领域。

8.4 高能球磨工艺

8.4.1 高能球磨设备

目前，能够产生明显机械力化学作用的常用高能球磨设备主要包括行星磨、振动磨、搅拌磨等。振动磨和搅拌磨第7章中已经介绍过，这里主要介绍行星磨的构造及工作原理。

8.4.1.1 行星磨的结构

行星磨按磨筒轴线方向可分为立式行星磨和卧式行星磨两种形式。图8-16为立式行星磨的结构示意图，它主要由电机、V带传动系、公共转盘、磨筒和齿轮系组成。

行星磨与普通球磨机的区别如下。

① 粉磨的主工作件——磨筒的个数不同。普通球磨机通常是一个磨筒，而行星磨通常为两个或四个磨筒。

② 磨筒的安装方式不同。普通球磨机筒体水平安装在固定的轴座内，而行星磨的磨筒既可水平安装也可垂直安装在运动的公共转盘上。

③ 磨筒的运动方式不同。普通球磨机的磨筒体仅绕固定的中心轴旋转，而行星磨的磨筒为复杂的平面运动。一方面，电动机带动公共转盘转动，安装在其上的磨筒随之转动，此为"公转"（牵连运动）；另一方面，由于齿轮系或转动系的作用，磨筒还绕自身的中心轴"自转"（相对运动）。磨筒的这种既有公转又有自转的平面运动，犹如行星绕恒星的运动，故称之为行星运动。该磨机称为行星式球磨机（简称为行星磨）。磨筒的行星运动是行星磨区别于普通球磨机的基本标志。

8.4.1.2 行星磨的工作原理

如图8-17所示，每个磨筒均绕各自的轴 O_1 转动，自转角速度为 ω_r；各磨筒的轴则绕与其平行的中心轴 O 沿半径为 R 的圆周运动，公转角速度为 ω_R。ω_r 与 ω_R 的方向不同。设物料颗粒的质量为 m，磨筒的半径为 r，则在一般情况下，m 的受力 F 为

$$F=G_R+G_r+G_k+mL\,d\omega_r/dr \tag{8-2}$$

式中 G_R——由公转引起的离心力，$G_R=m\omega_R^2L$；

G_r——由自转引起的离心力，$G_r=m\omega_r^2r$；

G_k——由自转、公转共同作用引起的哥氏力，$G_k=2m\omega_R\omega_r$；

$mL\,d\omega_r/dr$——由公转的速度变化引起，当 ω_R 恒定时，此项为零。

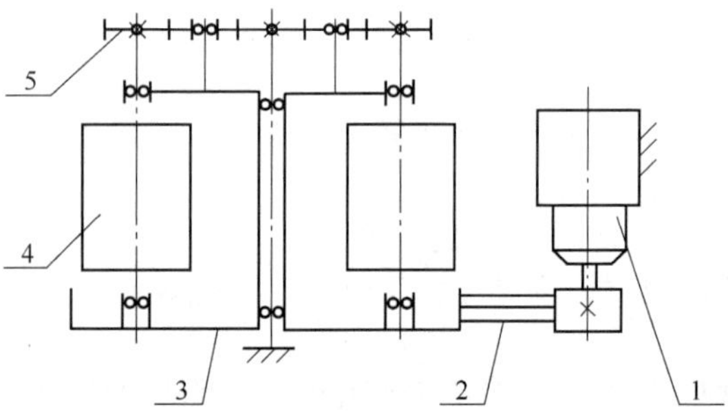

图8-16 行星磨结构简图

1—电动机；2—V带传动系；3—公共转盘；4—磨筒；5—齿轮系

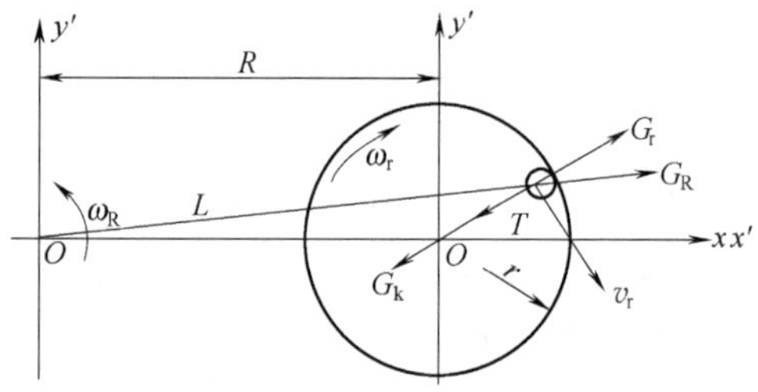

图8-17 研磨介质受力分析

由于磨筒自转和公转产生的离心力及磨筒与磨球间摩擦力等的作用，使磨球与物料在筒内产生相互冲击、摩擦、上下翻滚等，起到了磨碎物料的作用。

在自转和公转等合力的作用下可使研磨介质（磨球）的离心加速度达 $10g$～$20g$ 甚至更高；同时，磨筒转速较高，磨球与磨筒之间的最大正压力为磨球所受重力的5～6倍。这使行星磨的粉磨力度远大于普通球磨机。

8.4.2 影响高能球磨效率及机械力化学作用的因素

影响高能球磨效率和机械力化学作用的主要因素有：原料性质、球磨强度、球磨环境、球磨气氛、研磨介质尺寸及球料比、球磨时间和球磨温度等。

（1）原料性质 物料体系的组成和各组分的配比是决定最终产品组成的物质基础，原料组

成和组分配比不同时，即使在相同球磨条件下，也会得到不同的球磨产品。

(2) 球磨强度　高能行星磨、振动磨和搅拌磨中研磨介质对物料的高速高频冲击碰撞有利于能量的转换和分子、原子及离子的输运和扩散。实验表明，球磨强度对机械合金化非晶的形成具有重要的影响。强度低时，粉末形成非晶的时间较长，甚至无法形成非晶；强度较高时，形成非晶的时间大幅缩短，且有助于非晶成分范围的扩大，但继续球磨时会使已非晶化的粉末重新晶化形成新相。当球磨能量高到一定程度时更易形成稳定的化合物而不是非晶。对于硬度和强度较高的多组分氧化物体系，因其价键较牢固，键能较高，球磨强度较低时根本无法使之发生晶格扭曲、畸变等，也就谈不上机械力化学反应。

(3) 球磨环境　无机非金属的粉磨方法通常有干法和湿法两种。前者操作简单，后者可获得较细的粉磨产物。碳酸钙的干、湿法粉磨试验结果表明，湿法粉磨时，即使粉磨时间延长至100h仍看不到相变现象。湿法粉磨白云石、石灰石和石英时也未观察到多晶转变现象。而干法粉磨至一定程度时，相变的发生几乎是必然的。有人认为，机械能诱发的材料内部结构变化通常要求颗粒（晶粒）尺寸及自由能达到极限值，而湿法粉磨环境下，碎裂表面的溶解和“重建”、良好的润滑和冷却环境阻碍了颗粒尺寸和自由能达到极限值，从而阻碍了多晶转变的发生。

(4) 球磨气氛　在金属材料的MA过程中，金属粉末粒子在冲击碰撞作用下，反复地被挤压变形、断裂、焊合及再挤压变形。在每次冲击载荷作用下，粉末都可能产生新生表面，这些新生表面相互接触时即会焊合在一起。因为新生表面原子极易氧化，所以球磨时必须在真空或保护气氛下进行。常用的保护气体有氩气（Ar）和氮气（N_2）等，前者为惰性气体，一般不会参与MA过程，而后者却可能参与反应，且反应产物与反应气氛的压力有关。

球磨气氛会影响某些非金属材料的粉磨过程。在NH_3和N_2气氛中分别粉磨硅粉的实验表明，Si晶体在NH_3气氛中粉磨后无定形化程度更高。将粉磨产物在氩气（Ar）中煅烧时，在N_2中粉磨的样品未检测到Si_3N_4生成，而在NH_3中粉磨的样品则有Si_3N_4生成；当在N_2气氛中煅烧时，两种样品均生成了Si_3N_4，但NH_3气氛中粉磨产物的Si_3N_4生成量更高。

(5) 研磨介质尺寸及球料比　高能球磨中多采用尺寸较小的硬质合金球或氧化锆球、氧化铝球等，球径一般为10mm以下。这是因为小尺寸球有利于增大研磨介质与物料之间的摩擦面积。

为了获得较高的球磨能量，通常采用比普通球磨机大得多的球料比，一般为10～30。球料比过小时，物料受研磨的机会减少；反之，球料比过大时，磨球的平均自由程减小，不能充分利用球的机械力，因而降低了机械力化学反应的程度。

(6) 球磨时间和球磨温度　球磨时间的长短直接影响粉磨产物的组成和纯度。某些金属或合金的MA非晶化和晶型转变只在一定的时间范围内进行，粉磨时间过短时材料内部能量聚集太少不足以破坏其结合价键；过长时又可能会发生其他变化。对于无机非金属材料的机械力化学合成，通常需要较长时间的球磨。

在研磨过程中，由于球磨对粉末的摩擦和撞击，粉末的温度会升高，局部温升有利于固相反应，但整体温度的升高会加剧物料间的团聚及其与磨球和筒壁的黏附；粉磨某些有机物时，温度过高还会导致其分解等。一般认为，研磨时粉末的温升不宜超过350K。

第9章 颗粒流体力学

在生产实践中，常碰到气-固、液-固及气-液等两相流动的问题，如料浆输送、烟气的管道流动等。这些情形中，固体颗粒均匀或不均匀地分布在流体中，形成两相流动体系。人们把存在状态不同的多相物质共存于同一流动体系中的流动称为多相流动，简称多相流。

多相流中，各组分（相）的浓度可在较大范围内变化。与单相流动相比，它具有下述特点。

① 颗粒是分散相，粒径大小不一，运动规律各异。

② 由于固体颗粒与液体介质的运动惯性不同，因而颗粒与液体介质存在着运动速度的差异——相对速度。

③ 颗粒之间及颗粒与器壁之间的相互碰撞和摩擦对运动有较大影响，并且这种碰撞和摩擦会产生静电效应。

④ 在湍流工况下，气流的脉动对颗粒的运动规律以及颗粒的存在对气流的脉动速度均有相互影响。

⑤ 由于流场中压力和速度梯度的存在、颗粒形状不规则、颗粒之间及颗粒与器壁间的相互碰撞等原因，颗粒会旋转，从而产生升力效应。

本章主要讨论含固体颗粒相的两相流的基本原理及有关操作和设备。

9.1 两相流的基本性质

9.1.1 两相流的浓度

设在流动体系中，颗粒的体积、质量和密度分别为 V_p、M_p 和 ρ_p，液体的体积、质量和密度分别为 V_f、M_f 和 ρ_f，两相流的总体积、总质量和密度分别为 V_m、M_m 和 ρ_m，显然

$$M_m = M_p + M_f$$

$$V_m = V_p + V_f$$

颗粒的浓度可作如下定义。

① 体积浓度　固体颗粒的体积占两相流总体积的分数，以 C_v 表示。

$$C_v = \text{固体颗粒体积}/(\text{固体颗粒体积}+\text{流体介质体积}) = \frac{V_p}{V_p + V_f} \tag{9-1}$$

若以单位体积流体所拥有的固体颗粒体积表示，则有

$$C_v' = \text{固体颗粒体积}/\text{流体介质体积} = \frac{V_p}{V_f} \tag{9-2}$$

② 质量浓度　单位质量的两相流中所含固体颗粒的质量，以 C_w 表示。

$$C_w = 固体颗粒质量/(固体颗粒质量+液体介质质量) = \frac{M_p}{M_p + M_f} \tag{9-3}$$

若以单位质量的流体介质中所含固体颗粒的质量表示，有

$$C'_w = 固体颗粒的质量/流体介质的质量 = \frac{M_p}{M_f} \tag{9-4}$$

若已知两相流的密度 ρ_m，则上述各式可直接用密度表示

$$C_v = \frac{\rho_m - \rho_f}{\rho_p - \rho_f} \tag{9-5}$$

$$C'_v = \frac{\rho_m - \rho_f}{\rho_p - \rho_m} \tag{9-6}$$

$$C_w = \frac{\rho_m - \rho_f}{\rho_p - \rho_f} \times \frac{\rho_p}{\rho_m} = C_v \frac{\rho_p}{\rho_m} \tag{9-7}$$

$$C'_w = \frac{\rho_m - \rho_f}{\rho_p - \rho_m} \times \frac{\rho_p}{\rho_f} = C'_v \frac{\rho_p}{\rho_m} \tag{9-8}$$

一般而言，$\rho_m < \rho_p$，故 $C_v < C_w$。对于气固两相流，因为气固密度比大致为 10^{-3} 数量级，其体积浓度远小于质量浓度。因此，在某些场合，为了简化颗粒与气流体的运动方程，可忽略颗粒所占的体积而不会引起太大误差。但应注意，当质量浓度很大（譬如浓相气力输送）时，或质量浓度虽不大但气固密度比较大时，则不可忽略颗粒体积，否则会导致较大误差。

在颗粒浓度很高的两相流中，常用到空隙率 ε 的概念，其定义为：流体体积与两相流总体积之比。数学表达式为

$$\varepsilon = \frac{V_f}{V_m} = \frac{V_m - V_p}{V_m} = 1 - C_v \tag{9-9}$$

空隙率也可用颗粒的质量浓度来表示

$$\varepsilon = \frac{\dfrac{1-C_w}{\rho_f}}{\dfrac{1-C_w}{\rho_f} + \dfrac{C_w}{\rho_p}} = \frac{1-C_w}{1-C_w\left(1-\dfrac{\rho_f}{\rho_p}\right)} \tag{9-10}$$

9.1.2 两相流的密度

在两相流中，既有固体颗粒，又有流体介质，单位体积的两相流中所含固体颗粒和流体介质的质量分别称为颗粒相和介质相的密度，分别以 $\bar{\rho}_p$ 和 $\bar{\rho}_f$ 表示。

$$\bar{\rho}_p = \frac{M_p}{V_m} \qquad \bar{\rho}_f = \frac{M_f}{V_m} \tag{9-11}$$

两相流的密度定义为

$$\rho_m = \frac{M_m}{V_m} = \frac{M_p + M_f}{V_m} = \bar{\rho}_p + \bar{\rho}_f \tag{9-12}$$

ρ_m 与 ρ_p 及 ρ_f 具有如下关系

$$\rho_m = \frac{1}{\dfrac{C_w}{\rho_p} + \dfrac{1-C_w}{\rho_f}} = \frac{\rho_f}{1-\left(1-\dfrac{\rho_f}{\rho_p}\right)C_w} \tag{9-13}$$

9.1.3 两相流的黏度

两相流中颗粒浓度不大时，其黏度与流体近似相同。但当颗粒浓度增大时，其黏度也随之

增大。A. Einstein 提出了如下两相流黏度计算式

$$\mu_m=\frac{1-0.5C_v}{(1-C_v)^2}\mu_f \tag{9-14}$$

对于气-固两相流情形，F. Barnea 提出了下面的黏度计算式

$$\mu_m=\mu_f\exp\left(\frac{1.67\varepsilon}{1-\varepsilon}\right)=\mu_f\exp\left[\frac{1.67(1-C_v)}{C_v}\right] \tag{9-15}$$

可以看出，两相液体的黏度与单相流体的黏度相比有不同程度的增大。因此，在计算两相流的有关参数时，有时需要考虑固相的影响。

9.1.4 两相流的比热容和热导率

9.1.4.1 两相流的比热容

两相流的比热容一般可按颗粒相和流体相的质量分数进行加权平均表示。

（1）定压比热容 $C_{p,m}$

$$C_{p,m}=C_{p,p}C_w+C_{p,f}(1-C_w) \tag{9-16}$$

式中 $C_{p,p}$，$C_{p,f}$——颗粒相和流体相的定压比热容。

（2）定容比热容 $C_{v,m}$

$$C_{v,m}=C_{v,p}C_w+C_{v,f}(1-C_w) \tag{9-17}$$

式中 $C_{v,p}$，$C_{v,f}$——颗粒相和流体相的定容比热容。

（3）两相流的比热容比

两相流的比热容比定义为：两相流的定压比热容与定容比热容之比。用符号 γ 表示。

$$\gamma=\frac{C_{p,m}}{C_{v,m}}=\frac{C_{p,p}C_w+C_{p,f}(1-C_w)}{C_{v,p}C_w+C_{v,f}(1-C_w)}=K\frac{1+\dfrac{C_w}{1-C_w}\delta}{1+\dfrac{C_w}{1-C_w}K\delta} \tag{9-18}$$

上式中，$K=\dfrac{C_{p,p}}{C_{v,p}}$，表示颗粒相的比热容之比；$\delta=\dfrac{C_{p,f}}{C_{p,p}}$，表示流体相与颗粒相在定压比热容上的比值，反映两者热容差异。

9.1.4.2 两相流的热导率

两相流的热导率 λ_m 可用下式计算

$$\lambda_m=\lambda_f\frac{2\lambda_f+\lambda_p-\dfrac{2C_v(\lambda_f-\lambda_p)}{100}}{2\lambda_f+\lambda_p+\dfrac{C_v}{100}(\lambda_f-\lambda_p)} \tag{9-19}$$

式中 λ_p，λ_f——颗粒相和流体相的热导率。

9.2 颗粒在流体中的运动

9.2.1 颗粒的受力

9.2.1.1 颗粒运动时的阻力

颗粒在流体中运动时，首先受到流体阻力 F_d 的作用。设颗粒与流体的相对速度为 u，颗粒的迎流面积（即颗粒在与流动方向垂直的平面上的投影面积）为 A，流体的密度为 ρ，则所

受阻力为

$$F_{d}=CA\rho\frac{\mu^{2}}{2} \tag{9-20}$$

此式称为牛顿（Newton）阻力定律。式中，C 为阻力系数，它是颗粒雷诺数的函数（详见 9.2.2.1）。若颗粒是粒径为 D_p 的球形颗粒，则该式可写成

$$F_{d}=\frac{\pi}{4}CD_{p}^{2}\rho\frac{u^{2}}{2} \tag{9-21}$$

9.2.1.2 重力和浮力

设颗粒在静止液体中自由下落，其受力情况如图 9-1 所示。

则颗粒所受的重力 F_g 为

$$F_{g}=\frac{\pi}{6}D_{p}^{3}\rho_{B}g \tag{9-22}$$

颗粒所受的浮力 F_a 为

$$F_{a}=\frac{\pi}{6}D_{p}^{3}\rho g \tag{9-23}$$

式中，g 为重力加速度。

9.2.1.3 离心力

处于离心力场中的颗粒作离心运动时，会受到离心力 F_C 的作用。设颗粒的圆周速度为 u_t，某一瞬时的位置半径为 r，则

$$F_{C}=\frac{\pi}{6}D_{p}^{3}\rho\frac{\mu_{t}^{2}}{r} \tag{9-24}$$

9.2.1.4 压力梯度力

颗粒在有压力梯度的流场中运动时除了受液体绕流引起的阻力外，还受到一个由压力梯度引起的作用力——压力梯度力。

图 9-2 所示的是直径为 D_p 的球形颗粒在压力梯度为 p_0 的场中的运动。假定颗粒所在的范围内$\frac{\partial p}{\partial x}$为一常数，并设坐标原点的压力为 p_0，则颗粒表面由于压力梯度而引起的压力分布为

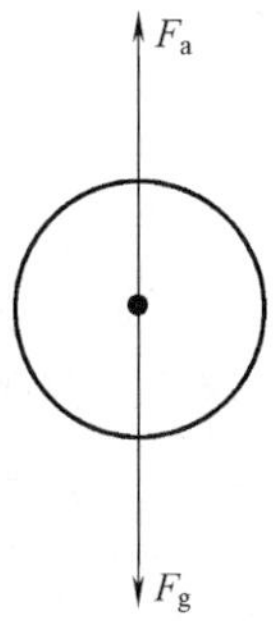

图 9-1 重力和浮力

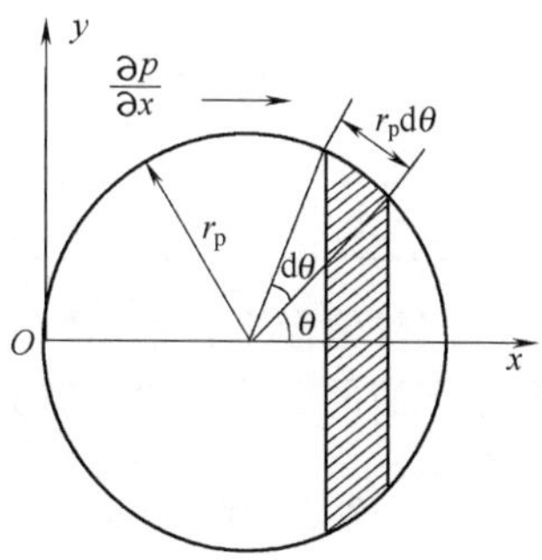

图 9-2 压力梯度力

$$p=p_{0}+\frac{D_{p}}{2}(1-\cos\theta)\frac{\partial p}{\partial x}=p_{0}+r_{p}(1-\cos\theta)\frac{\partial p}{\partial x} \tag{9-25}$$

在颗粒表面上取一微圆台，其侧面积为

$$ds=2\pi r_{p}^{2}\sin\theta d\theta \tag{9-26}$$

则作用在该微圆台侧面上的力在 x 方向上的分力为

$$dF_p=\left[p_0+r_p(1-\cos\theta)\frac{\partial p}{\partial x}\right]\times 2\pi r_p^2\sin\theta\cos\theta d\theta \tag{9-27}$$

θ 从 0 到 π 积分可得作用在颗粒上的压力梯度力为

$$F_p=\int_0^{\pi}\left[p_0+r_p(1-\cos\theta)\frac{\partial p}{\partial x}\right]\times 2\pi r_p^2\sin\theta\cos\theta d\theta$$

$$=-\frac{4}{3}\pi r_p^3\frac{\partial p}{\partial x}=-V_p\frac{\partial p}{\partial x} \tag{9-28}$$

式中，V_p 为颗粒体积；负号表示压力梯度力的方向与流场中压力梯度的方向相反。

9.2.2 颗粒在流体中的运动方程

9.2.2.1 阻力系数

前面提及，阻力系数 C 是颗粒雷诺数的函数。颗粒雷诺数 Re_p 的数学表达式为

$$Re_p=\frac{D_p\rho u}{\mu} \tag{9-29}$$

式中 μ——介质的黏度。

球形颗粒的阻力系数 C 与 Re_p 的关系见表 9-1 和图 9-3。

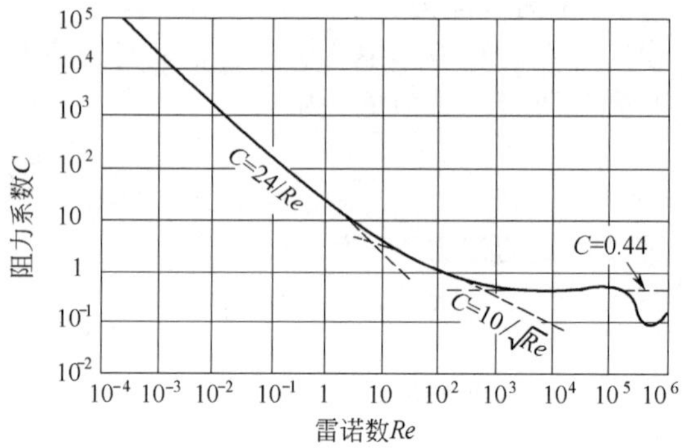

图 9-3 球形颗粒的阻力系数与雷诺数的关系

表 9-1 球形颗粒 Re_p 与 C 的关系

Re_p	C	Re_p	C	Re_p	C	Re_p	C
0.01	2400	1×10	4.1	1×10^3	0.46	1×10^5	0.48
0.1	240	2×10	2.55	2×10^3	0.42	2×10^5	0.42
0.2	120	3×10	2.00	3×10^3	0.40	3×10^5	0.20
0.3	80	5×10	1.50	5×10^3	0.385	5×10^5	0.084
0.5	49.5	7×10	1.27	7×10^3	0.390	7×10^5	0.10
0.7	36.5	1×10^2	1.07	1×10^4	0.405	1×10^6	0.13
1	26.5	2×10^2	0.77	2×10^4	0.45	3×10^6	0.20
2	14.5	3×10^2	0.65	3×10^4	0.47		
3	10.5	5×10^2	0.55	5×10^4	0.49		
5	6.9	7×10^2	0.50	7×10^4	0.50		
7	5.4						

球形颗粒沉降情形下，根据颗粒雷诺数的大小，大致可分为层流区、过渡区和湍流区三个区域，并可按下面的公式近似计算其阻力系数。

层流区（Stokes 区）： $10^{-4}<Re_p<1$ $C=\dfrac{24}{Re_p}$ (9-30)

过渡区（Allen 区）： $1<Re_p<500$ $C=\dfrac{10}{\sqrt{Re_p}}$ (9-31)

湍流区（Newton 区）： $500<Re_p<2\times10^5$ $C=0.44$ (9-32)

此外，用于全区域的近似公式为

$$\sqrt{C}=0.63+\frac{4.8}{\sqrt{Re_p}} \tag{9-33}$$

9.2.2.2 颗粒在流体中的运动方程

颗粒在流场中的运动也应服从牛顿第二定律，即

$$M_{p}a_{p}=\sum F$$

式中，M_p 为颗粒的质量；a_p 为颗粒的加速度；$\sum F$ 则是颗粒所受各力在运动方向上的分力的代数和。上式也可写成如下形式

$$M_{p}\frac{du_{p}}{dt}=\sum F \tag{9-34}$$

式中，t 为时间。

9.3 颗粒的重力沉降

9.3.1 沉降末速度（终端沉降速度）

在重力场中，颗粒沉降时，除受到重力作用外，还受到流体介质的浮力和阻力作用。设颗粒质量为 m，迎流面积为 A，则重力沉降的运动方程式一般用下式表示

$$m\frac{du}{dt}=m\frac{\rho_{p}-\rho}{\rho_{p}}g-CA\rho\frac{u^{2}}{2} \tag{9-35}$$

若为球形颗粒，有

$$\frac{du}{dt}=\frac{\rho_{p}-\rho}{\rho_{p}}g-\frac{3\rho u^{2}}{4\rho_{p}D_{p}}C \tag{9-36}$$

当 $du/dt=0$ 时，可得最大沉降速度——沉降末速度的一般式

$$u_{m}=\sqrt{\frac{4gD_{p}(\rho_{p}-\rho)}{3\rho C}} \tag{9-37}$$

在 Stokes 区，$C=\frac{24}{Re_{p}}=\frac{24\mu}{D_{p}\rho u_{m}}$，代入上式得

$$u_{mS}=\frac{(\rho_{p}-\rho)g}{18\mu}D_{p}^{2} \tag{9-38}$$

在 Newton 区，$C=0.44$，代入式(9-37) 得

$$u_{mN}=\sqrt{\frac{3g(\rho_{p}-\rho)D_{p}}{\rho}} \tag{9-39}$$

在 Allen 区，$C=\frac{10}{\sqrt{Re_{p}}}=\frac{10\sqrt{\mu}}{\sqrt{D_{p}\rho u}}$，代入式(9-37) 得

$$u_{mA}=\left[\frac{4}{225}\times\frac{g^{2}(\rho_{p}-\rho)}{\rho\mu}\right]^{\frac{1}{3}}D_{p} \tag{9-40}$$

由式(9-38)～式(9-40)可知，在一定的介质和一定的温度条件下，一定密度的固体颗粒的终端沉降速度仅与粒径大小有关，颗粒大者 u_m 也大。因此，可以根据终端沉降速度的不同实现大小颗粒的分级，如磨料生产中就是根据此原理在沉降大缸中进行粒度分级的。

上述各区的沉降末速度的计算均与颗粒雷诺数有关，Re_p 一经确定，即可根据其数值大小判断所属区域，进而利用相应的公式计算沉降末速度。但因 Re_p 本身即是沉降速度的函数，故难以事先求出。实际计算时，可采用下述两种方法。

（1）尝试法　先假定沉降属于某一区域，用相应的公式计算出沉降末速度；然后将所得的 u_m 代入 Re_p 计算式求出 Re_p 值，检验是否与假定区域一致，若一致，则假定正确；否则，应根据值重新假定属何区域。

【例 9-1】 试求密度为 2.65，粒径为 10μm 的石英颗粒在 20℃水中的自由沉降末速度。

解： 假定属层流沉降，则

$$u_{mS}=\frac{9.8\times(2650-1000)\times(10\times10^{-6})^2}{18\times1.005\times10^{-3}}=8.94\times10^{-5}\text{m/s}$$

检验　$Re_p=10\times10^{-6}\times1000\times8.94\times10^{-5}/(1.005\times10^{-3})=8.9\times10^{-4}<1$

所以原假定正确。

(2) 阿基米德数判断法　为了简化计算，可以用一个不包含沉降速度的准数来代替雷诺准数作为流态的判据。

将式(9-37) 两边平方并整理得

$$Cu_m^2=\frac{4g(\rho_p-\rho)D_p}{3\rho}$$

因 $u_m=\frac{Re_p\mu}{D_p\rho}$，代入上式并整理得

$$CRe_p^2=\frac{4D_p^3\rho^2g}{3\mu^2}\times\frac{\rho_p-\rho}{\rho}$$

式中右端为一不包含沉降速度的无量纲量，令

$$Ar=\frac{D_p^3\rho^2g}{\mu^2}\times\frac{\rho_p-\rho}{\rho}\tag{9-41}$$

Ar 称为阿基米德数。则有

$$CRe_p^2=\frac{4}{3}Ar\tag{9-42}$$

由上式可知，Ar 为 Re_p 的函数，因此可根据 Ar 的数值大小来判断流态。下面计算在各个区域中 Ar 的临界值。

① 在 Stokes 区，Re_p 的临界值为 1，阻力系数

$$C=\frac{24}{Re_p}=24$$

故 Ar 的临界值为

$$Ar=\frac{3}{4}CRe_p^2=18$$

这意味着当 $Ar<18$ 时，颗粒的沉降过程属 Stokes 沉降。

② 在 Allen 区，Re_p 的临界值为 500，阻力系数值为 0.448，则 Ar 的临界值为

$$\frac{3}{4}CRe_p^2=8.4\times10^4$$

即当 $18<Ar<8.4\times10^4$ 时，颗粒的沉降属过渡区沉降。

③ 在 Newton 区，$Ar>8.4\times10^4$。

借助于阿基米德数 Ar，沉降速度的计算就比较简单了。计算步骤如下：

a. 将有关数据代入式(9-41) 计算 Ar；

b. 根据 Ar 值判断沉降所属区域，然后用相应的沉降速度计算式直接计算沉降速度。

【例 9-2】 题意同例 9-1。

解：

$$Ar=\frac{(10\times10^{-6})^3\times1000^2\times9.8}{(1.005\times10^{-3})^2}\times\frac{2650-1000}{1000}$$
$$=1.6\times10^{-2}<18$$

故属层流区沉降。由式 (9-38) 得

$$u_{mS}=\frac{9.8\times(2650-1000)\times(10\times10^{-6})^2}{18\times1.005\times10^{-3}}$$
$$=8.94\times10^{-5}\mathrm{m/s}$$

9.3.2 沉降末速度的修正

用上述各式计算颗粒在液体介质中的沉降速度应具备以下条件：

① 颗粒为球形；

② 在运动过程中，颗粒之间无任何干扰和影响，即属于自由沉降。

实际上，固体材料的结构和解理性质决定了大多数颗粒的形状是不规则的，并且在沉降过程中有时浓度较大，颗粒之间存在相互干扰和影响，因而由球形颗粒自由沉降推导出的沉降末速度应加以修正。

9.3.2.1 颗粒形状的修正

Wadell 对有关形状问题所做的许多研究进行了详细的分析总结，用球形度 Ψ 作参数，整理得出 Re_p 与 C 的关系，见图 9-4。反映形状对沉降速度影响的球形度用下式定义，即

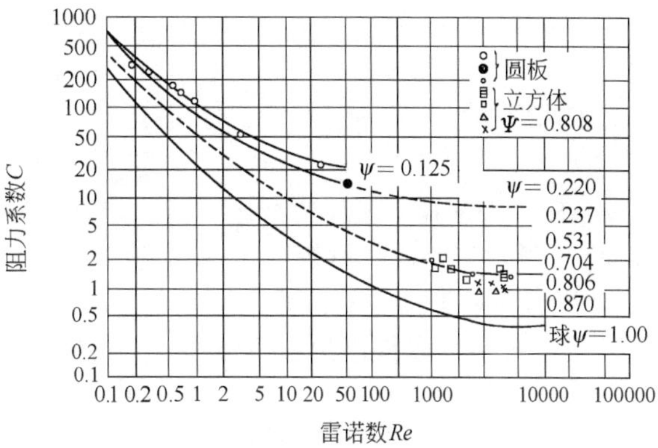

图 9-4　以 Ψ 为参数的 Re_p-C 的关系

$$\Psi=\text{颗粒的等体积球的表面积/颗粒的实际表面积} \tag{9-43}$$

在计算时，用等体积球当量径 D_{pv} 进行计算。

Pettyjohn 对 Wadell 之后所做的研究进行了归纳并进行了补充实验。他以 Ψ 为参数，提出了适用于正方体、长方体、正八面体等均整颗粒的沉降速度计算公式。若以 u_{mS} 表示沉降速度，u_{mc} 为修正后的沉降速度，令 $K=u_{mc}/u_{mS}$ 为修正系数，则在层流区，有

$$u_{mc}=Ku_{mS}$$

式中
$$K=0.843\lg\left(\frac{\Psi}{0.065}\right) \tag{9-44}$$

对于湍流区，式(9-37) 中的 C 值可采用 $C=5.31-4.88\Psi$ 来修正。

9.3.2.2 浓度修正

如果悬浊液的浓度较小，相邻颗粒间的距离比颗粒直径大得多，可认为颗粒在沉降过程中无任何相互影响，这种沉降称为自由沉降。

但是，当颗粒浓度增大时，悬浊液内的条件会发生改变，尤其是被沉降颗粒所置换的流体向上流动时，其对颗粒沉降速度的影响显著增大。此时的沉降称为干扰沉降。当大颗粒和小颗粒同时沉降时，小颗粒将随同大颗粒一起沉降，这种沉降也称干扰沉降。

(1) Robinson 式　对干扰沉降的 Stokes 式作了如下修正

$$u_{mc}=Ku_{mS}=\frac{K(\rho_p-\rho_m)g}{18\mu_m}D_p^2 \tag{9-45}$$

式中　K——常数；

ρ_m——悬浊液的密度；

μ_m——悬浊液的黏度。

μ_m 可实测，也可近似地用下式计算

$$\mu_m=\mu(1+kC_v) \tag{9-46}$$

式中　k——与颗粒形状有关的常数，球形时为 2/5；

C_v——悬浊液的颗粒体积浓度。

上式适用于 $C_v<0.02$ 的情形。当 $C_v>0.02$ 时，可用下面的 Vand 式

$$\mu_m=\mu\exp\left(\frac{k'C_v}{1-qC_v}\right) \tag{9-47}$$

式中，k'，q 均为常数，球形颗粒时，$k'=39/64$。

（2）Richardson 式　设悬浊液的空隙率（液体与悬浊液的体积比）为 ε，则

$$\rho_m=\rho_p(1-\varepsilon)+\rho\varepsilon=\rho_p-(\rho_p-\rho)\varepsilon$$

$$\varepsilon=\frac{\rho_p-\rho_m}{\rho_p-\rho} \tag{9-48}$$

对于球形颗粒，当 $Re_p<0.2$ 时，有

$$u_{mc}/u_{mS}=\varepsilon^{4.65} \tag{9-49}$$

（3）Steinour 式　颗粒浓度较高时，以悬浊液表观密度 ρ_m 代替 Stokes 沉降速度式中的流体密度 ρ。颗粒沉降时，被颗粒置换出的液体体积由下往上升。设颗粒对流体的相对沉降速度为 u'_m，颗粒对容器的绝对沉降速度为 u_{mc}，则单位面积上单位时间内沉降的颗粒总体积 $(1-\varepsilon)u_{mc}$ 等于被颗粒置换出的液体体积 $\varepsilon(u'_m-u_{mc})$，即

$$(1-\varepsilon)u_{mc}=\varepsilon(u'_m-u_{mc})$$

因此，

$$u_{mc}=\varepsilon u'_m$$

式中，u'_m 为 ε 的函数 $f(\varepsilon)$，用下式表示

$$u'_m=\frac{g(\rho_p-\rho_m)D_p^2}{18\mu}f(\varepsilon)$$

$$=\frac{g(\rho_p-\rho)D_p^2}{18\mu}\varepsilon f(\varepsilon)$$

$$=u_{mS}\varepsilon f(\varepsilon)$$

因而

$$u_{mc}/u_{mS}=\varepsilon^2 f(\varepsilon) \tag{9-50}$$

$f(\varepsilon)$ 可写成下面的形式

$$f(\varepsilon)=\frac{(1-\varepsilon)10^{-1.82(1-\varepsilon)}}{\varepsilon}\times\frac{\varepsilon}{1-\varepsilon}$$

当 $\varepsilon=0.3\sim0.8$ 时，上式第一项的值大致为 0.123，所以，式(9-50) 可简化为

$$u_{mc}/u_{mS}=0.123\frac{\varepsilon^3}{1-\varepsilon} \tag{9-51}$$

9.4 离心沉降

在离心场中，颗粒在流体内的沉降速度远大于其在重力场中的沉降速度。离心加速度大致比重力加速度大 2 个数量级甚至更大。因而用离心沉降不但能使沉降大大加快，而且可实现在重力条件下几乎不可能实现的分离过程，使细颗粒甚至胶体从流体中分离出来。

球形颗粒在流体中作旋转运动时，由于惯性力的作用，其运动轨迹是一条曲线，如图 9-5 所示。

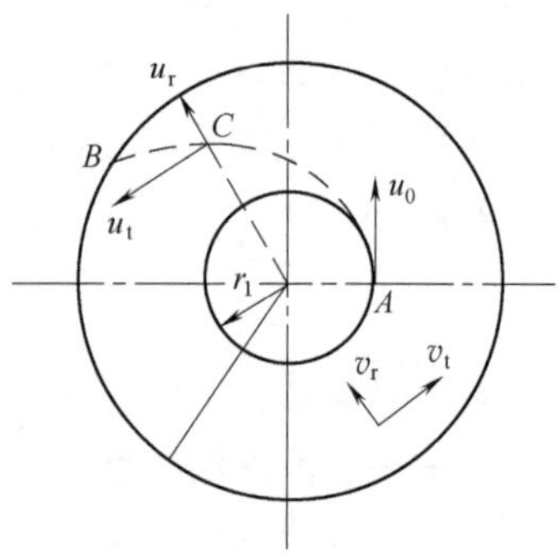

图 9-5　平面旋转流场中的颗粒运动

在符合 Stokes 定律的范围内，运动方程式为

$$\frac{\pi D_{\rm p}^3\rho_{\rm p}}{6}\times\frac{{\rm d}^2 r}{{\rm d}t^2}=\frac{\pi D_{\rm p}^3(\rho_{\rm p}-\rho)\omega^2 r}{6}-3\pi\mu D_{\rm p}\times\frac{{\rm d}r}{{\rm d}t} \tag{9-52}$$

整理可得

$$\frac{{\rm d}^2 r}{{\rm d}t^2}+\frac{18\mu}{D_{\rm p}^2\rho}\times\frac{{\rm d}r}{{\rm d}t}-\frac{(\rho_{\rm p}-\rho)\omega^2 r}{\rho_{\rm p}}=0$$

式中，w 为角速度。

令 $a=\dfrac{18\mu}{D_{\rm p}^2\rho_{\rm p}},n=\dfrac{(\rho_{\rm p}-\rho)\omega^2}{\rho_{\rm p}}$，则上式可写成

$$\frac{{\rm d}^2 r}{{\rm d}t^2}+a\ \frac{{\rm d}r}{{\rm d}t}-nr=0 \tag{9-53}$$

考虑有关的边界条件，解此微分方程即可求出任一时刻颗粒所处的位置或确定颗粒从起始处（如图 9-5 中半径为 r_1 处）到达壁面所需的时间。

如果忽略颗粒加速度的影响，则式(9-53）可简化为

$$a\ \frac{{\rm d}r}{{\rm d}t}-nr=0$$

假定初始条件为 $r|_{t=0}=r_0$，积分得

$$\ln\frac{r}{r_0}=\frac{nt}{a}=\frac{D_{\rm p}^2(\rho_{\rm p}-\rho)\omega^2 t}{18\mu} \tag{9-54}$$

9.5 流体通过颗粒层的透过流动

透过流动在许多工业装置中具有重要作用。本节讨论层流状态下的透过流动。

9.5.1 透过流动的流量与阻力的关系

对通过砂层及砂岩的地下水流动现象所做的研究表明，若单位时间流量为 Q，流体黏度为 μ，颗粒层迎流断面面积为 A，层厚为 L，压力损失为 ΔP，则平均流速为

$$u=Q/A=k_{\rm D}\times\frac{\Delta P}{\mu L} \tag{9-55}$$

式中 $k_{\rm D}$——透过率，它是由颗粒层物性决定的常数，具有面积的量纲。

实际上，上式表示的是空管流速。设颗粒层的空隙率为 ε，则流体在其中流动的表观流速为

$$u_{\rm e}=\frac{u}{\varepsilon} \tag{9-56}$$

将圆管的水力半径 $m=\pi D^2L/(4\pi DL)=D/4$ 推广到粉体层上，有

粉体层空隙的水力半径 m =粉体层中颗粒间的空隙体积/粉体层中颗粒的全部表面积

$$=\frac{1}{S_{\rm v}}\times\frac{\varepsilon}{1-\varepsilon} \tag{9-57}$$

Kozeny 和 Carman 假定粉体层是均一形状通道的集合体，该通道的内表面积和体积分别等于粉体层的全部颗粒表面积和空隙体积，并将该通道称为当量通道。因当量通道是弯曲的，故其实际长度 $L_{\rm e}$ 比粉体层厚度 L 大。将 $u_{\rm e}=u/\varepsilon$、$D=4m$ 代入 Poiseuille 式(具体内容略)，并将 L 换成 $L_{\rm e}$，则得

$$u=\frac{L}{L_{\rm e}}\times\frac{\varepsilon^3}{k_0 S_{\rm v}^2(1-\varepsilon)^2}\times\frac{\Delta P}{\mu L} \tag{9-58}$$

式中，k_0 为取决于通道断面形状的常数；$L/L_{\rm e}$ 称为弯曲率。

显然，引入弯曲率后，前面的假定需加以修正。如图 9-6 所示，表观流动方向上的流速为 u/ε，由于通道弯曲，实际流速还要大些。因流速沿表观流动方向通过长度 L 所需时间与实际流速 u_c 通过长度 L_e 的弯曲通道所需时间相等，即

$$L_e/u_c=L/u_e$$

$$u_c=\frac{u}{\varepsilon}\times\frac{L_e}{L}$$

因而式(9-58) 修正为

$$u=\frac{1}{k}\times\frac{\varepsilon^3}{S_v^2(1-\varepsilon)^2}\times\frac{\Delta P}{\mu L} \quad (9\text{-}59)$$

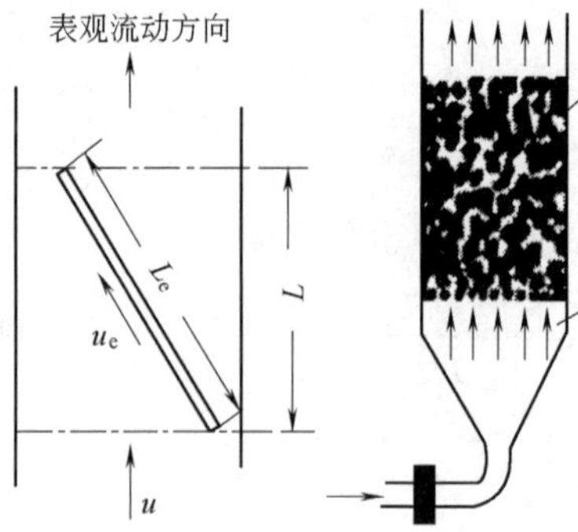

图 9-6 空塔速度与实际流速

式中，$k=k_0(L_e/L)^2$。

Carman 根据许多实验结果得出，k 的近似值为 5.0。将其代入上式得

$$Q/A=u=\frac{\varepsilon^3}{5S_v^2(1-\varepsilon)^2}\times\frac{\Delta P}{\mu L} \quad (9\text{-}60)$$

由于

$$S_v=\frac{6}{\phi_c D_{pv}}=\frac{6}{D_{ps}}$$

代入式(9-60) 得

$$\begin{aligned}\Delta P&=\frac{5S_v^2 u\mu L(1-\varepsilon)^2}{\varepsilon^3}\\&=\frac{180u\mu L}{\phi_c^2 D_{pv}^2}\times\frac{(1-\varepsilon)^2}{\varepsilon^3}\\&=\frac{180G\mu L}{\rho D_{ps}^2}\times\frac{(1-\varepsilon)^2}{\varepsilon^3}\end{aligned} \quad (9\text{-}61)$$

式中 Q——单位时间的流量，m^3/s；
ϕ_c——系数；
A——粉体层迎流断面积，m^2；
S_v——粉体的体积比表面积，m^2/m^3；
ΔP——通过粉体层的压力降，Pa；
L——粉体层厚度，m；
G——质量流速，$G=u\rho$，$kg/(m^2\cdot s)$。

9.5.2 透过流动的应用

（1）颗粒层过滤除尘器　含尘气体通过颗粒层时，其中的粉尘被阻留在颗粒层中，从而使气流得到净化。详见 10.1.4。

（2）固定床热交换装置　如在水泥熟料篦式冷却机中，由下向上的冷空气通过篦上熟料层时，熟料中所含的热量以传导方式传递给空气使之升温，同时熟料本身得到冷却。熟料冷却效果与其在篦板上的厚度及鼓风压力和通风量有着直接关系。

（3）流体透过法测定粉体的比表面积　有代表性的是水泥物理检验中测定比表面积的 Blaine 法。图 9-7 为测定装置的示意图。当压力计指示液面上升至刻度 A 时，关闭旋塞，测定液面从 B 下降至 C 时所需时间 t。在此过程中，压差 ΔP 不断变化。设 ρ、A、a 分别为压力计指示液密度、试料筒断面积和压力计管道断面积，若液面差 h 处液面下降 $dh/2$ 高度所需要的时间为 dt，并设此时因液面下降所置换的空气体积为 dV，则 $\Delta P=h\rho g$ 及

$$u=-\frac{1}{A}\times\frac{\mathrm{d}V}{\mathrm{d}t}=-\frac{1}{A}\frac{a(\mathrm{d}h/2)}{\mathrm{d}t} \tag{9-62}$$

若忽略空气的压缩性，将这些量代入式(9-61) 并积分得

$$-S_\mathrm{v}^2\int_{h_1}^{h_2}\frac{\mathrm{d}h}{2h}=\frac{A\rho g}{ka\mu L}\times\frac{\varepsilon^3}{(1-\varepsilon)^2}\int_0^t \mathrm{d}t$$

故
$$S_\mathrm{v}=K_\mathrm{B}\frac{\sqrt{\varepsilon^3}}{1-\varepsilon}\times\frac{\sqrt{t}}{\sqrt{\mu}} \tag{9-63}$$

式中，K_B 为仪器常数，可用标准试样进行标定，也可用下式计算

$$K_\mathrm{B}=\sqrt{\frac{2A\rho g}{ka\ln\left(\frac{h_1}{h_2}\right)L}}$$

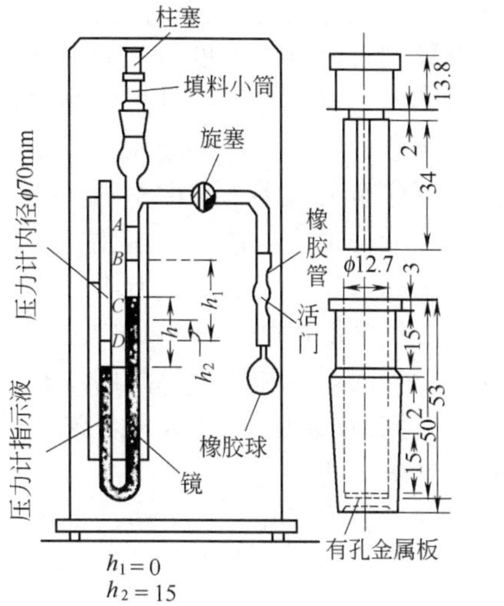

图 9-7 Blaine 透气仪

9.6 颗粒的悬浮运动

当流体通过颗粒料或粉料层（称为床层）向上流动时，随着流体速度、颗粒性质及状态、料层高度和空隙率等因素的不同，会出现各种不同的颗粒流体力学状态：固定床状态、流(态) 化状态、气力输送状态。现分述如下。

(1) 固定床 当流体速度很小时，粉体层静止不动，流体从彼此相互接触的颗粒间的空隙通过。此时流体通过床层的压降 ΔP 与以容器截面积计算的空塔流速 u 在对数坐标图上呈直线关系，如图 9-8(a) 中的 AB 段曲线所示。当 ΔP 随 u 增大至足以支撑粉体层的全部重量（如图中的 C 点）时，粉体层的填充状态部分发生改变，一部分颗粒开始运动而重新排列。因此，在 C 点之前，床层基本不发生变化，此时的床层称为固定床。流体在固定床中的流动属透过流动，上节已述。

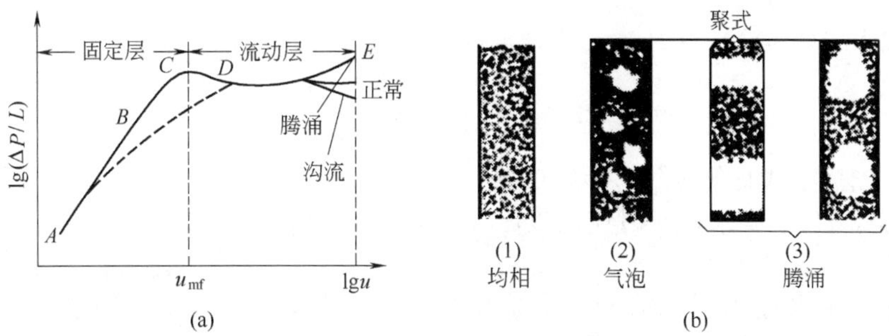

图 9-8 流化床的状态变化图

(2) 流化床 在 C 点状态下，颗粒之间保持相互接触状态的最疏排列。流速一旦超过 C 点流速时，将不再保持固定床条件，粉体层开始悬浮运动，此时的床层状态称为流化床状态。所以，C 点是固定床和流化床的临界点。一旦流态化开始，由于粉体层膨胀，空隙率增大，故 ΔP 沿 CD 变化，在一段区间内，虽然 u 不断增大，但 ΔP 变化甚小。由于流体在床层中的压降与单位面积床层上物料的重力大致相等，颗粒悬浮在流体中，像液体质点一样，在一定范围内作无规则运动。这时气固（液）系统具有类似于液体的性质，如无一定形状、与系统外流体之间存在明显的分界面、具有与液体相似的流动性等。在一定流速下流化床具有各种确定的性质，如容积密度、导热性、黏度等。但因床内颗粒运动较剧烈，其传热性质比固定床强得多。

（3）气力输送　在更高的流速下（图 9-8 中超过 D 点），当流体的空塔速度增大至大致等于颗粒的自由沉降速度时，固体颗粒开始被流体带出。这时的流体速度称为最高流化速度。从此时开始，流速越大，带出的颗粒也越多，系统空隙率越大，压降减小，颗粒在流体中形成稀相悬浮态，并与流体一起从床层中向上吹出。该状态称为气力输送状态。这一阶段可认为床层高度膨胀至无限大，空隙率达到近 100%，为前述狭义流态化的继续。此时，由于系统中固体浓度降低得很快，使原来流化床中的气体与颗粒间的摩擦损失大为减少，因而使总压降显著减小。稀相流态化系统更具有类似于气体的性质。当然，由于较细颗粒的聚结性和流体速度的波动性，很难形成如图 9-8(b) 中（1）那样的均匀的两相流，而多为（2）、（3）中所示的情形。为区别气固系统和固液系统的流态化，将前者称为聚式流态化；后者称为散式流态化。

应该指出的是，当 u 逐渐减小时，系统的流速压降线变化并不是 BCD 的逆过程，而是沿着图中虚线变化。

（4）临界流化速度　将图 9-8 中 C 点的流体速度称为临界流化速度或最小流化速度，用 u_{mf} 表示。根据力的平衡关系，临界流态化的条件是床层的压力降与单位面积上的相对重力相平衡。令该状态时的空隙率为 ε_{mf}，则可用下式确定 ΔP

$$\Delta P = L(1-\varepsilon_{mf})(\rho_p-\rho)g \tag{9-64}$$

式中　L——床层高度；

其他符号意义同前。

最小流化速度可用下式求得

$$u_{mf} = \frac{D_{pv}^2(\rho_p-\rho)g\phi_c^2}{200\mu} \times \frac{\varepsilon_{mf}^2}{1-\varepsilon_{mf}} \tag{9-65}$$

实际上，因 ϕ_c 和 ε_{mf} 值难以确定，采用上式计算时往往偏差较大，因此提出了实用计算方法，即先确定最小流化系数 C_{mf}，然后用下式计算 u_{mf}

$$u_{mf} = C_{mf}D_p^2(\rho_p-\rho)g/\mu \tag{9-66}$$

C_{mf} 与 Re_p 的关系为

$Re_p<10$ 时　　$C_{mf}=6.05\times10^{-4}Re_p^{-0.0625}$　　(9-67)

$20<Re_p<6000$ 时　　$C_{mf}=2.20\times10^{-3}Re_p^{-0.555}$　　(9-68)

将上式代入式(9-66)，当 $Re_p<10$ 时，得

$$u_{mf} = 8.022\times10^{-3}\times\frac{[\rho(\rho_p-\rho)]^{0.94}D_p^{1.82}}{\rho\mu^{0.88}} \tag{9-69}$$

计算时，先按上式计算 u'_{mf}，然后根据 u'_{mf} 计算 Re_p。若 $Re_p>10$，则求 u_{mf} 时应乘以图 9-9 所示的修正系数。

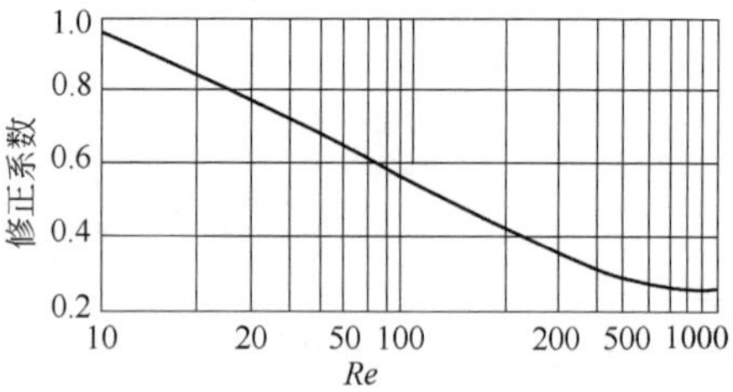

图 9-9　修正系数

【例 9-3】 在内径为 102mm 的圆筒内填充 0.11mm 的球形颗粒，填充层高度为 610mm，颗粒密度为 4810kg/m³，试求颗粒被 40℃、1atm（1atm=101325Pa）的空气流态化时的最小流化速度。

解： 40℃时，空气的黏度 $\mu=1.95\times10^{-5}$Pa·s，密度 $\rho=1.13$kg/m³

$$u_{mf} = 8.022\times10^{-3}\times\frac{[1.13\times(4.81\times10^3-1.13)]^{0.94}\times(1.1\times10^{-4})^{1.82}}{1.13\times(1.95\times10^{-4})^{0.88}}$$

$$=2.20\times10^{-2}\text{m/s}$$

$Re_p=0.127<10$，所以不需要修正。

第10章 粉体分离及设备

分离作业包括气固分离（如含尘气体的净化）、液固分离（如悬浊液的浓缩和澄清）和固固分离（如固体混合物中不同成分的分离）等。

10.1 气固分离设备

对于粉尘从气流中分离而言，气固分离设备实际上就是除尘设备。气固分离问题普遍存在于许多工业生产过程之中，它不仅直接影响企业的经济指标，更重要的是对防止环境污染、保护生态平衡、保证人民的身体健康、造福社会具有非同一般的意义。我国颁布的《中华人民共和国环境保护法》对工业“三废”排放标准做了严格、明确的规定，这给除尘设备的性能提出了更高的要求。

10.1.1 收尘效率及收尘器的种类

（1）收尘效率　收尘效率是评价收尘器性能的重要指标，也是选择使用收尘器的主要依据。总收尘效率的定义为收尘器收集下来的粉尘质量与进入收尘器的粉尘质量之比，用百分数表示。

设进入收尘器的粉尘质量为 G_0，从收尘器灰斗收集下来的粉尘质量为 G_1，则收尘器的总收尘效率 η 为

$$\eta=\frac{G_1}{G_0}\times 100\% \tag{10-1}$$

实际上，往往通过进、出收尘器的气体含尘浓度测定数据来计算收尘效率。假设收尘装置无漏风（即进、出收尘设备的风量不变），进收尘器的气体含尘浓度为 C_0，出收尘器的气体含尘浓度为 C_1，则总收尘效率可表示为：

$$\eta=\left(1-\frac{C_1}{C_0}\right)\times 100\% \tag{10-2}$$

式中，C_0、C_1 的单位均为 g/m^3。

串联收尘效率定义为：为了满足工艺和收尘效率的要求，实际使用中，有时将两台不同类型的收尘器串联使用以提高收尘效率。两台串联运行的收尘器的总收尘效率可用下式计算

$$\eta=\eta_1+\eta_2(1-\eta_1) \tag{10-3}$$

式中　η_1——第一级收尘器的收尘效率，%；

η_2——第二级收尘器的收尘效率，%。

（2）收尘器的种类及特点　凡能将气体中的粉尘捕集分离出来的设备均称为除尘器，这类设备也常称为收尘器。按分离原理可分为以下几种。

① 重力收尘器　利用重力使粉尘颗粒沉降至器底，如沉降室等。这种收尘装置能收集的粉尘粒径通常为 50μm 以上。

② 惯性收尘器　利用气流运行方向的突然改变，使其中的固体颗粒因惯性运动与气体分离，如百叶窗收尘器等。这种收尘器的分离粒径一般大于 30μm。

③ 离心收尘器　在旋转的气固两相流中利用固体颗粒的离心惯性力作用使之从气体中分离出来，如旋风收尘器。该收尘器的分离粒径可达 5μm。

④ 过滤收尘器　含尘气体通过多孔层过滤介质时，由于阻挡、吸附、扩散等作用从而将固体颗粒截留下来，如袋式收尘器、颗粒层收尘器等。这种收尘器的分离粒径可达 1μm。

⑤ 电收尘器　在高压电场中，利用静电作用使颗粒带电从而将其捕集下来，如各种静电收尘器。这种收尘器的分离粒径可达 10^{-2}μm。

按作业方式可分为：干式收尘器，上述各种收尘器均属此类；湿式收尘器，如水力旋流器、水洗涤器等。它们的分离粒径可达亚微米级。

常见收尘器的种类及其性能见表 10-1。

表 10-1　常见收尘器的种类及性能

种类	除尘原理	主要形式	适宜风量/(m^3/h)	风速/(m/s)	阻力/Pa	分离粒径/μm	粉尘浓度/(g/m^3)	收尘效率/%
重力式	重力沉降分离	沉降室	<50000	<0.5	50～100	>20	>10	40～60
惯性式	气流运动变向时利用颗粒惯性与气流分离	轮流式 液流式	<50000	13～30	200～500 <1000	>15 >5	>10	50～70
离心式	含尘气流作旋转运动，颗粒由于离心力作用与气流分离	旋风收尘器 大型 小型	 15000 <100000	 10～20 10～20	 500～1500 400～1000	>5		85～105
过滤式	含尘气流通过过滤体时将尘粒分离	袋式收尘器 简易袋式 机振打式 脉冲式 气环式 颗粒层收尘器	按设计	 0.2～0.7 1～3 2～5 2～6 0.4～0.8	 400～800 800～1000 800～1200 1000～1500	>1	 <5 3～5 3～5 5～10	>99.9
洗涤式	借助液滴或液膜使尘粒附着于液体上或凝集成大粒与气体分离	水浴式除尘器 泡沫式除尘器	<30000 <50000	1.5～2.5	40～1000 600～1500	>0.1	<5 <10	>95
静电式	静电过滤凝聚	静电收尘器	<300000	0.5～3	100～200	>0.01	<30	>99.9

10.1.2　旋风收尘器

旋风收尘器如图 10-1 所示，它是由进气管 1、外圆筒 2、锥形筒 3、储灰箱 4、锁风闸门 5 和排风管 6 所组成的。

（1）旋风收尘器的工作原理　旋风收尘器是利用含尘气体高速旋转产生的惯性离心力而使粉尘颗粒与气体分离的一种干式收尘设备。含尘气体从进气管以较高的速度（一般为 12～25m/s）沿外圆筒的切线方向进入外圆筒 2 并进行旋转运动。含尘气体在旋转过程中产生较大的离心力，由于颗粒的惯性比空气大得多，因此将大部分颗粒甩向筒壁，颗粒离心沉降至筒壁后失去动能沿壁面滑下与气体分开，经锥形筒 3 排入储灰箱 4 内，积集在储灰箱中的粉料经锁风闸门自动卸出。当旋转气流的外旋流Ⅰ向下旋转到圆锥部分时，随圆锥变小而向中心逐渐靠近，气流到达锥形管下端时便开始上升，形成一股自下而上的内旋气流Ⅱ，并经中心排风管 6

从顶部作为净化气体排出。

图 10-2 是旋风收尘器内部切向速度及压力分布。

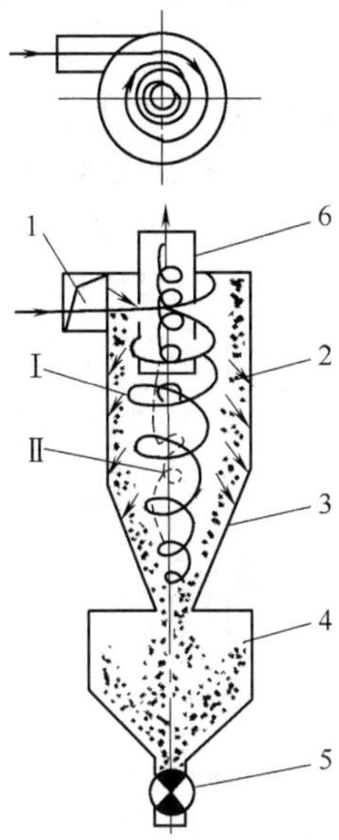

图 10-1　旋风收尘器

1—进气管；2—外圆筒；3—锥形筒；4—储灰箱；5—锁风闸门；6—排风管

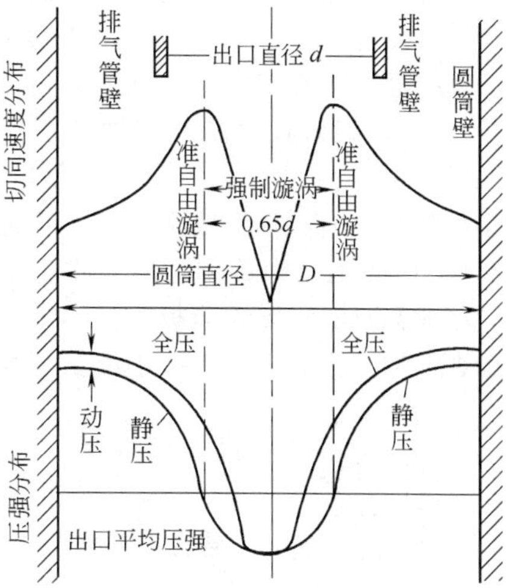

图 10-2　旋风收尘器内部切向速度及压力分布

气流在旋风收尘器内是复杂的三维流动，器内任一点上都有切向、径向和轴向速度，其中切向速度对分离性能和压力损失影响最大。由图可看出，旋风收尘器内切向速度和压力分布在同一水平面各点的切向速度由器壁向中心增大（因外周部壁面与气流存在摩擦），到直径约等于排气管直径的 0.65 倍的圆周上达最大值，再往中心则急剧减小，即随与轴心距离的减小而降低。切线速度最大的圆周内有一轴向速度很大的向上内旋气流，称为核心流，核心流以内的气流为强制涡。核心气流以外的气流为准自由涡。器内各点的压力测定结果表明，由于旋涡的存在，在收尘器内气体沿径向的压力分布曲线似抛物线状。器壁附近压力最高，仅稍低于气流进口处的压力，往中心逐渐降低，至核心气流处降为负压，低压核心气流一直延伸至最下面的排灰口。因此，当收尘器灰仓或底部接近轴心处有漏孔时，外部空气会以高速进入收尘器，使已沉降的颗粒重新卷入净化气流，以致严重影响收尘效率。

上述是一般旋风收尘器内的气流运动情况，由于还存在由下返卷而上的二次旋流、短路气流及局部涡流等，所以实际上气流的运动情况要复杂得多。

在旋风收尘器内，颗粒沿径向甩出的离心沉降速度随粒径或圆周速度的增大或旋转半径的减小而增大。可人为地控制圆周速度和改变外筒直径来获得较大的离心沉降速度。因此，可以做成分离效率高的小型旋风收尘器，但其阻力增大，相应地能耗增加。

旋风收尘器的主要优点是：结构简单，尺寸紧凑，易制造，造价低，无运动部件，因而操作管理方便，维修量小，在处理颗粒粒径 10μm 以上的含尘气体时，即使其含尘浓度较高也可获得较高的收尘效率。其缺点是：流体阻力损失大，因而电耗高，壳体易磨损；通常要求卸料闸门等严格锁风，否则会显著影响收尘效率。

（2）旋风收尘器的类型及特点　按旋风收尘器的结构及各部分尺寸的比例不同，可分为以下几种常用的类型：基本型、螺旋型、扩散型、旁路型和多管型。每种旋风收尘器都有两种出风方式：X 型为水平出风，Y 型为上部出风。前者中心排风管的顶部装有水平出风蜗壳帽，能把排出气体的旋转运动平缓地改变为直线运动，从而减小气流排出时的阻力损失。

根据气流在筒内旋转方向（从器顶俯视）的不同，可分为左旋转（称N型）和右旋转（称S型）两种。因此，各种收尘器均可分为XN型、XS型、YN型和YS型四种。

旋风收尘器的规格用外筒直径（d_m）来表示。如CLT/A4.0表示外筒直径为400mm，水平出风；右旋转的CLT/A型旋风收尘器，代号中C表示收尘器、L表示离心式、T表示筒式、A表示第一次改进型。此外，还有CLG多管型、CLP旁路型和CLK扩散型等。

① CLT型旋风收尘器　这种类型的收尘器称为基本型，其他各种类型均系由其演变而来。CLT型的特点是短而粗，尤其是圆锥部分较短，圆筒部分较长。气体从切线方向进入，因此压力损失较小，收尘效率较低，但处理量大。图10-3所示为CLT型旋风收尘器外形。

② CLT/A型（螺旋型）旋风收尘器　如图10-4所示。其结构特点是：进风管的截面呈矩形，筒体盖为螺旋形导向板，进风管与水平面成一定倾角向下引入。因此，可消除引入气体向上流动而形成的上旋涡，减小能量消耗，提高收尘效率。

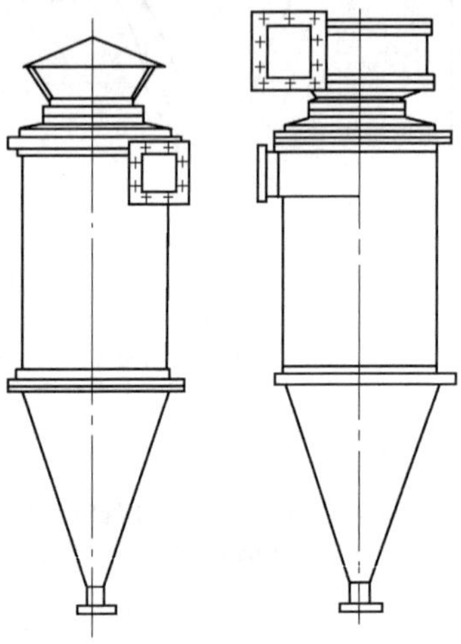

图10-3　CLT型旋风收尘器

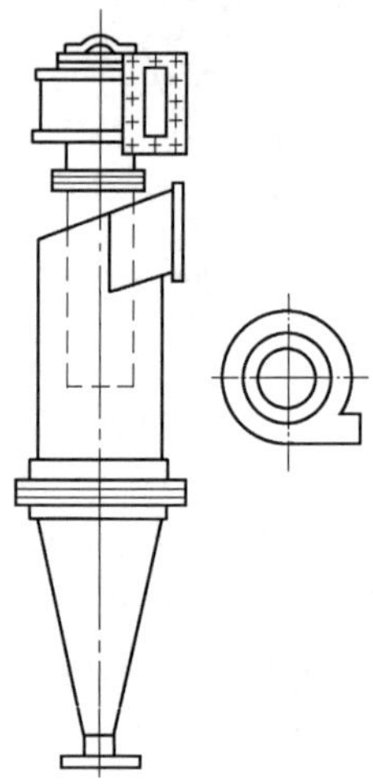

图10-4　CLT/A型旋风收尘器

螺旋型导向板的角度可根据不同需要来确定，一般为8°～20°。倾角大，则阻力小，处理能力大，但收尘效率较低，适合于处理粉尘浓度高、颗粒较粗的含尘气体；倾角小，则收尘效率高，但阻力大。

CLT/A型旋风收尘器进风管倾角为15°，其外形细而长，圆筒部分和锥筒部分高度较大，锥筒的锥度较小，因而阻力较大，但收尘效率较高。

③ CLK型（扩散型）旋风收尘器　图10-5和图10-6分别为扩散型旋风收尘器气流运动和结构示意图。它主要由进风管1、筒体2、扩散锥筒（倒锥体）3、反射屏4、集灰仓5和排风管6所组成。含尘气流沿切线方向进入收尘器的圆筒体并形成旋转气流，由于离心力作用，颗粒从气流中分离出来甩向器壁。

旋转气流继续扩散到倒锥体，由于反射屏的反射作用，大部分旋转气流被反射，经中心排风管6排出。少量旋转气流随尘流一起经反射屏周围的环形缝隙进入集灰仓，因体积突然扩大，流速降低，所以颗粒在重力作用下落下。进入集灰仓的气流通过反射屏中心小孔上升并由排风管排出。

扩散型收尘器因为在倒锥体底部中心位置加设了反射屏，使已经分离出来的颗粒能沿反射屏四周环隙落下去，有效地防止了底部的返回气流将颗粒重新卷上去的现象，故收尘效率较高。它适合于捕集干燥的、非纤维性和矿物性的颗粒状粉尘。其缺点是阻力较大，一般为800～1600Pa；外形较高。

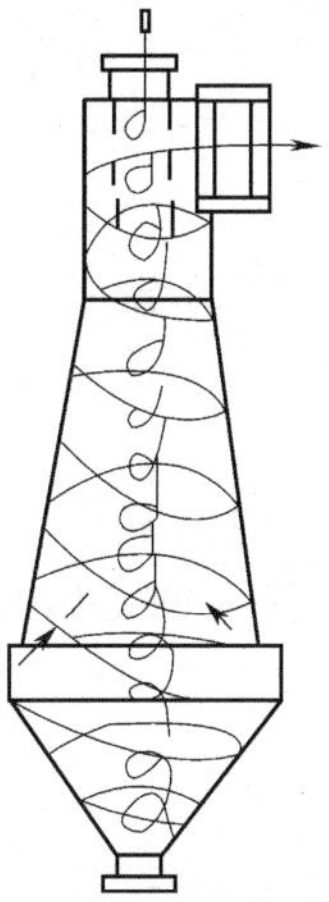

图 10-5　CLK 型旋风收尘器气流示意图

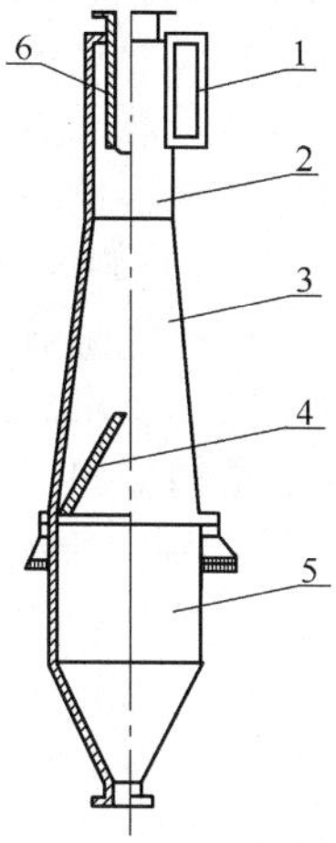

图 10-6　CLK 型旋风收尘器结构

1—进风管；2—筒体；3—扩散锥筒；4—反射屏；5—集灰仓；6—排风管

④ CLP 型（旁路型）旋风收尘器　上述几种旋风式收尘器的共同缺点是：由于上旋涡气流携带较细、较轻的粉尘从排风管飞逸出去，因而降低了收尘效率。为了克服这一缺点，设计了旁路式旋风收尘器。图 10-7 是旁路式旋风收尘器的工作原理。其结构特点是气流入口管为蜗旋型并低于筒体顶盖一定距离，在筒外部设有旁路；排风管较短。

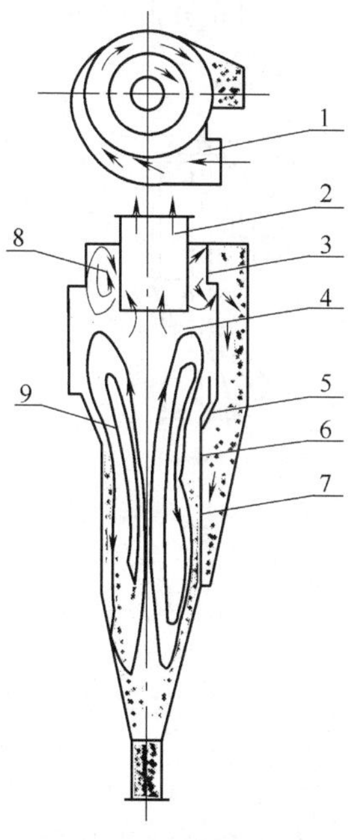

图 10-7　旁路式旋风收尘器工作原理

1—进风管；2—排风管；3—切向狭缝；4—粉尘环的分界面；5—锥体旁路口；6—旁路；7—回风狭缝；8—上旋流；9—下旋流

含尘气体从进风管 1 处切向进入器内，分成向上和向下的两股旋转气流。由于惯性离心力的作用这两股旋转气流形成上、下两个粉尘环并于分界面 4 处分界。对于一般形式的旋风收尘器，在排风管 2 下缘的平面强烈分离出二次气流。向上运动的气流到达上盖板，产生向内的汇流并沿排风管外壁下降，其所携带的相当数量的粉尘再次被带到排风管口附近收尘效率很低的区域随气流排出，因此影响收尘效率。另外，一般旋风收尘器的进口上缘与筒体顶盖平齐，进入的气体刚好在顶盖下方，扰乱粉尘环的形成，并由气流带入净化的气体内由排风管排出，使收尘效率降低。

为了解决这些问题，旁路式旋风收尘器降低了进口位置，使之有充分的空间形成上部旋涡。同时，排风管 2 的下端口恰好位于上、下粉尘环的分界面上，以保证粉尘的充分形成。上旋涡气流在上盖板处形成了由较轻、较细的颗粒组成的上粉尘环，使之团聚，而后经上部特设的切向狭缝 3 引出，进入筒体外侧的旁路分离室与主气流分离，免除了沿排风管外壁下流而被二次旋流气体卷走的危险，从而减少粉尘由排风管逸出的机会。在旁路室下端的筒壁上开有切向回风狭缝 7，进入旁路室的含尘气体由狭缝引出后与下旋的主气流汇合，将粉尘分离出来落入集灰仓。因此，净化效率有所提高。下旋涡气流在筒体内壁形成由较粗、较重的颗粒组成的粉尘环，沿筒壁并随同向下旋转气流流向底部，降落在集灰仓中然后排出。

为了加强引入气体的离心力，进气口采用半圆周形蜗壳入口方式，同时增大了入口面积，提高了收尘器的处理能力。

CLP型收尘器根据旁路的形式不同，又分为CLP/A型和CLP/B型两种，如图10-8、图10-9所示。前者的特点是筒体由两段圆筒和锥体组成，上部圆筒部分的旁路室为直形，下部圆筒部分的旁路室则是螺旋形。后者将双锥改为锥角较小的单锥，筒体外形与前者相似，圆筒部分的旁路室做成螺旋形槽。

⑤ CLG型（多管）旋风收尘器　将多个直径较小的旋风筒（也称旋风子）组合在一个壳体内，形成一个整体的收尘器，称为多管收尘器。这种组合方式布置紧凑，主要用于含尘浓度高、风量大、收尘效率要求高的情形。

多管收尘器的结构如图10-10所示。旋风子整齐排列在外壳6内，其中上下安装两个支承隔板3、7，旋风子分别嵌于隔板的孔上，旋风子和外壳之间用填料（如矿渣）12填充。

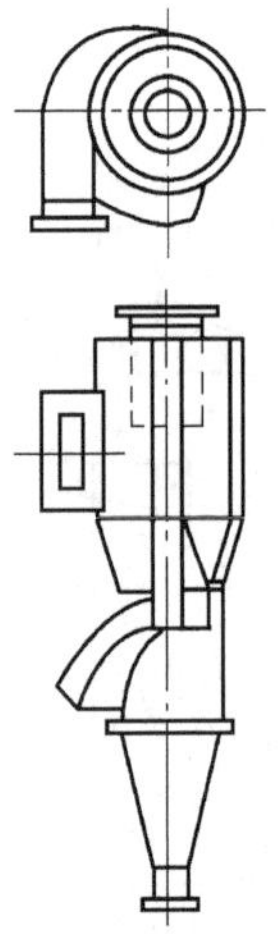

图10-8　CLP/A型收尘器

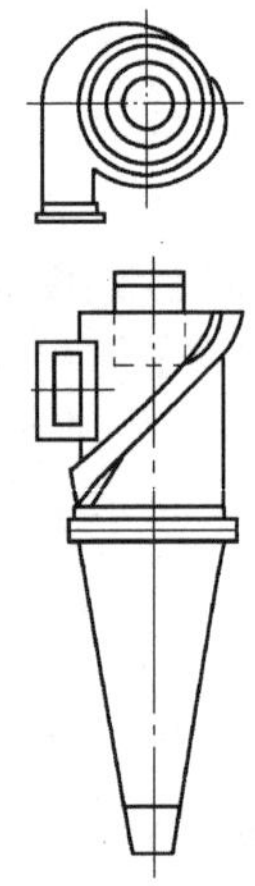

图10-9　CLP/B型收尘器

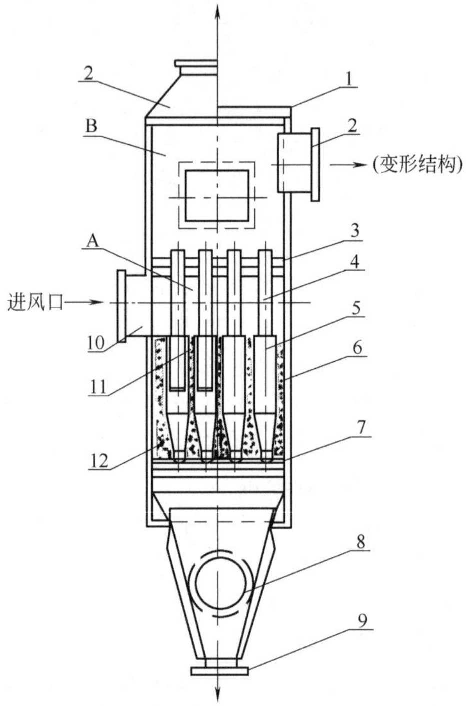

图10-10　多管收尘器示意图

1—顶盖；2—总排风管；3—上隔板；4—排风管；5—旋风子；6—外壳；7—下隔板；8—集灰仓；9—卸料口；10—进气扩散管；11—导向叶片；12—填料；A—配气室；B—集气室

含尘气体经进气扩散管10和配气室A均匀地分布到各个旋风子内。在内筒（排风管）的外表面，导向叶片11可使气流在内、外筒之间作旋转运动使颗粒分离出来，粉尘落入集灰仓8，经卸料口9排出，净化后的气体从排风管4经集气室B和总排风管2排出。

多管收尘器内的旋风子个数有10、12、16等。旋风子多为铸铁制成，其直径为100mm、150mm、200mm、250mm四种。旋风子导向叶片结构有螺旋式和花瓣式两种，如图10-11和图10-12所示。

多管收尘器的净化效率与旋风子的直径D和气流对旋风子断面而言的假想速度v（其方向垂直于筒体横断面）有直接关系。但直径D过小时，易造成堵塞。假想速度一般为2.2～5m/s。

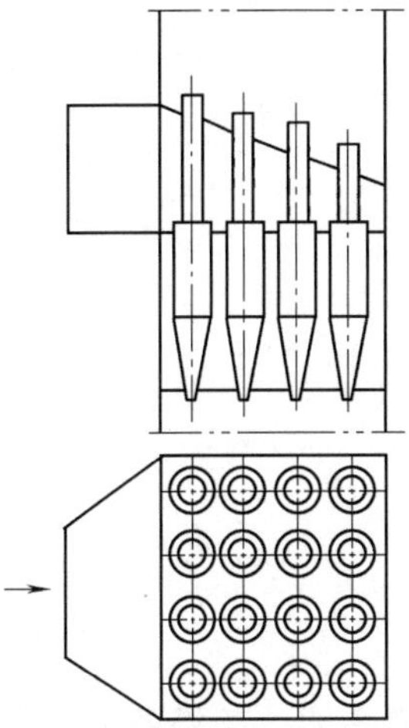

图 10-11　旋风子

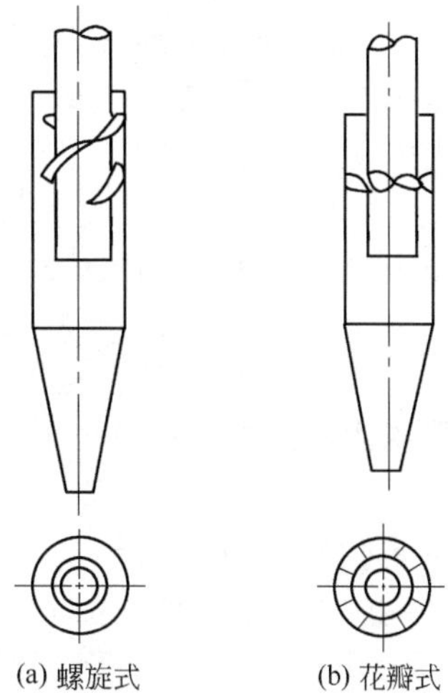

图 10-12　旋风子分布示意图

(3) 旋风收尘器的排灰装置　排灰装置包括集灰仓和锁风阀门，是旋风收尘器的重要组成部分，它对收尘效率具有重要影响。由于收尘器轴心处是负压，若排灰口有漏风，则上升的内旋气流将会带走大量粉尘，大大降低收尘效率。实践证明，若排灰口漏风 1%，则收尘效率降低 5%～10%；漏风 5%时收尘效率降低 50%；若漏风达 15%，则收尘效率可降至零。因此，在收尘器下部设置储灰箱和锁风阀门以防漏风是非常必要的。

常用的锁风阀门有重力式和机动式两种。重力式又分为翻板阀式和闪动阀式两种，如图 10-13 所示。靠重锤 1 压住翻板 2 或锥形阀 3，当上面积灰质量超过重锤的平衡作用时，翻板阀或锤形阀动作，将粉尘卸出，之后又回复原位，将排灰口封住。重力式锁风装置较简单，但密封性能较差。机动阀是由专门电机驱动卸料设备，图 10-14 所示的是叶轮式卸料机，1 是外壳，2 是橡胶，3 是转子，橡胶紧贴外壳的内缘，转子由电机驱动回转。转速可根据转阀大小及排灰量而定，当格槽向上时，粉尘从储灰箱落至该槽；当格槽转至下方时，粉尘卸出。

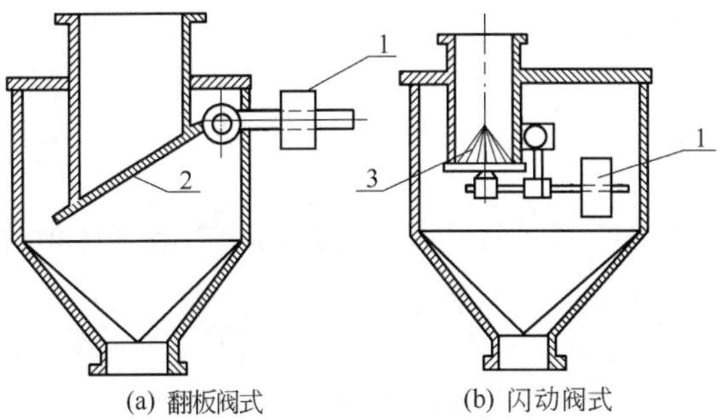

图 10-13　重力式锁风阀门

1—重锤；2—翻板；3—锥形阀

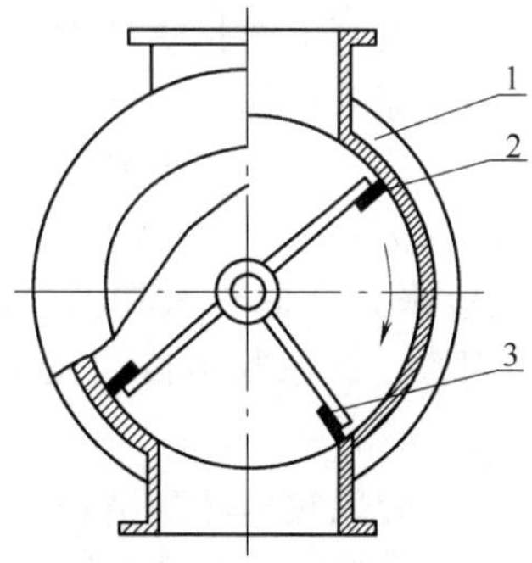

图 10-14　叶轮式卸料机

1—外壳；2—橡胶；3—转子

(4) 旋风收尘器的主要工作参数

① 压力损失　不同形式的旋风收尘器压力损失也不同，一般为 1000～2000Pa。压力损失一般可按局部阻力损失计算

$$\Delta P = \zeta v^2 \gamma_i / 2(\text{Pa}) \tag{10-4}$$

式中　ΔP——局部阻力损失，Pa；

ζ——阻力系数，由试验确定；

v——横断面上的假想气流速度，m/s；

γ_i——操作条件下的含尘气体的密度，kg/m^3。

② 收尘器的处理风量　CLT/A 型收尘器的处理风量按下式计算

$$Q=3867D\sqrt{\frac{\Delta p}{\gamma_i}}(\mathrm{m^3/h}) \tag{10-5}$$

式中　ΔP——收尘器压力损失，Pa；

D——收尘器的筒体直径，m；

γ_i——操作温度下的含尘气体的密度，kg/m^3。

CLP 型收尘器的处理风量按下式计算

$$Q=3600Av_i(\mathrm{m^3/h}) \tag{10-6}$$

式中　A——进口截面积，m^2；

v_i——进口气流速度，m/s。

③ 临界分离粒径　对旋风收尘器内气体流动状态的研究表明，关键的分离区是从排气管下至排灰口间的准自由涡与核心气流交界处，即大致在旋转半径为 0.65 倍排气管半径 r_1（即 $r_0=0.65r_1$）处有最大的圆周速度。在此假想的圆筒面上离心力最大，此时颗粒的离心沉降速度 u_r 与粒径 d_p 的关系可用下式表示

$$d_p^2=\frac{18\mu u_r r_0}{(\rho_p-\rho)u_t} \tag{10-7}$$

式中　u_r——颗粒的离心沉降速度，m/s；

u_t——气流的圆周（切向）速度，m/s；

r_0——排气管的半径，m。

对于一定型号的旋风收尘器，在正常操作风速范围（一般为 14～20m/s）内，临界分离粒径 d_k 可用下式计算

$$d_k=K\sqrt{\frac{9\mu D^2}{\pi H(\rho_p-\rho)u_i}}(\mathrm{m}) \tag{10-8}$$

式中　D——旋风收尘器直径，m；

H——排气管下至排灰口间的有效分离高度，m；

u_i——气流入口速度，m/s；

K——与旋风收尘器型号及操作风速有关的常数，对于常用型号的收尘器，根据经验可取 $K=0.6\sim0.8$。

④ 收尘效率　考虑旋风收尘器内旋流离心分离的特点、旋风收尘器的结构以及气体中的粉尘浓度等因素，旋风收尘器的收尘效率 η_T 可用下式计算

$$\eta_T=1-Pc_i^{-q} \tag{10-9}$$

式中　P——与旋风收尘器的结构和粉尘性质有关的常数，$P=0.1\sim0.3$；

c_i——粉尘浓度（标准状况下），g/m^3；

q——与操作条件有关的常数，一般取 $q=0.046\sim0.48$。

10.1.3　袋式收尘器

10.1.3.1　概述

（1）袋式收尘器的工作原理及特点　袋式收尘器是一种利用多孔纤维滤布将含尘气体中的粉尘过滤出来的收尘设备。因为滤布做成袋形，故一般称为袋式收尘器或袋式除尘器。

袋式收尘器已广泛应用于许多工业生产及环保过程中的非黏结性、非纤维性粉尘的捕集。与旋风收尘器相比，其优点是收尘效率高，对于 5μm 的颗粒，收尘效率可达 99%以上，可捕

集 1μm 的颗粒。与高效电收尘器相比，袋式收尘器的结构简单，技术要求不高，投资费用低，操作简单可靠。其缺点是耗费较多的织物，允许的气体温度较低，若气体中湿含量高或含有吸水性较强的粉尘，会导致滤布堵塞，因此其应用受到一定限制。

含尘气体通过滤布层时，粉尘被阻留，空气则通过滤布纤维间的微孔排走。其除尘原理如图 10-15 所示。气体中大于滤布孔眼的尘粒被滤布阻留，这与筛分作用相同。对于 1～10μm 的小于滤布孔径的颗粒，当气体沿着曲折的织物毛孔通过时，尘粒由于本身的惯性作用撞击于纤维上失去能量而贴附在滤布上。小于 1μm 的微细颗粒则由于尘粒本身的扩散作用及静电作用，通过滤布时，因孔径小于热运动的自由径，尘粒与滤布纤维碰撞而黏附于滤布上。因此，微小的颗粒也能被捕集下来。

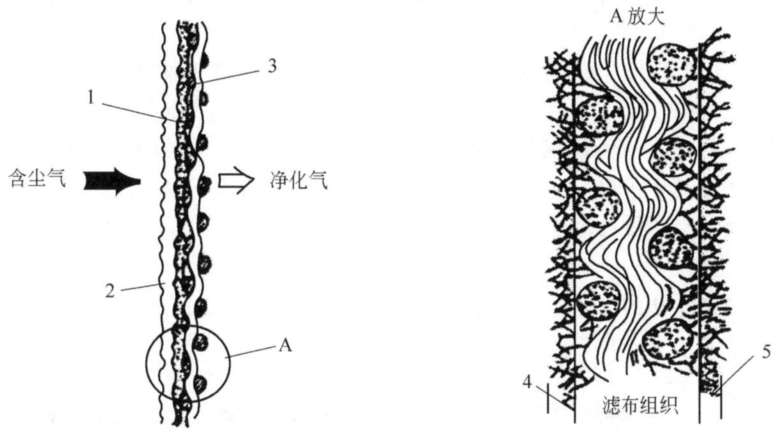

图 10-15 滤布的过滤原理

1—尘粒层；2—粉尘；3—滤布；4，5—起毛层

在过滤过程中，由于滤布表面及内部粉尘搭拱，不断堆积，形成一层由尘粒组成的粉尘料层，显著地强化了过滤作用，气体中的粉尘几乎被全部过滤下来。

随着粉尘厚度的增加，滤布阻力增大，使处理能力有所降低。为了保持稳定的处理能力，必须定期清除滤布上的部分粉尘层。由于滤布绒毛的支承作用，滤布上总有一定厚度的粉尘层清理不下来成为滤布外的第二过滤介质。

（2）滤布材料　滤布材料的选择需要考虑含尘气体性质、含尘浓度、粉尘颗粒大小及其化学性质、湿含量和气体温度等因素。总的要求是滤布均匀致密、透气性好、耐热、耐磨、耐腐蚀和憎水，具有较高的收尘效率。常用的滤布材料如下。

① 棉织滤布　造价较低，耐高温性能差，只能在 60～80℃以下工作。现已很少采用。

② 毛织滤布　造价较高，耐热性能较好，可在 105℃以下工作，通常是用羊毛织成，透气性好，阻力小，且耐酸、碱。

③ 合成纤维　如聚酰胺纤维（俗称尼龙），耐磨性好，耐碱但不耐酸，可在 80℃气温下工作；聚丙烯腈纤维（俗称腈纶），可在 110～130℃气温下工作，强度高，耐酸但不耐碱；聚酯纤维，耐热、耐酸碱性能均较好，可在 140～160℃气温下工作；玻璃纤维，过滤性能好，阻力小，化学稳定性好，造价低。

各种滤布材料的性能及适宜过滤风速见表 10-2。

表 10-2　常用滤布材料的性能及适宜过滤风速

滤布材料		密度/(kg/dm^3)	抗拉强度/MPa	耐腐蚀性		耐热性/℃		耐磨性	吸湿率/%	过滤风速/(m/min)
				耐酸	耐碱	经常	最高			
天然纤维	棉、毛	1.5～1.6	345	差	好	70～80	80	好	8～10	0.6～1.5
		1.28～1.33	110	好	差	80～100	105	好	10～15	

续表

滤布材料		密度/(kg/dm³)	抗拉强度/MPa	耐腐蚀性		耐热性/℃		耐磨性	吸湿率/%	过滤风速/(m/min)
				耐酸	耐碱	经常	最高			
合成纤维	尼龙	1.14	300～600	中	好	75～85	105	好	4～4.5	0.5～1.3
	腈纶			好	中	125～135	140	好	1.3～20	
	涤纶			好	好	140～160	170	好	0.4	
无机纤维	玻璃纤维	2.4～2.7	1000～3000	好	好	200～260	280	差	0	0.3～0.10

10.1.3.2 袋式收尘器的分类

（1）按滤袋形状　分为袖袋式（圆筒形）和扁袋式两种。

（2）按过滤方式　分为外滤式和内滤式；对于袖袋，内外过滤两种方式均可采用，而扁袋式多采用外滤式。

（3）按风机在收尘系统中的位置　可分为正压鼓入式和负压抽风式。前者风机设在收尘器的前面，后者风机设在收尘器的后面。

（4）按清灰方式　可分为机械振打清灰式和反吹风式两类，前者又分为顶部上下振打[图10-16(a)]、中间水平振打[图 10-16(b)]和上下方向与中间水平方向同时振打[图 10-16(c)]；后者又分为真空反抽风[图 10-16(d)]、气环反吹风[图 10-16(e)]和脉冲反吹风[图 10-16(f)]几种。

按气体入口位置可分为下进气式和上进气式两种。

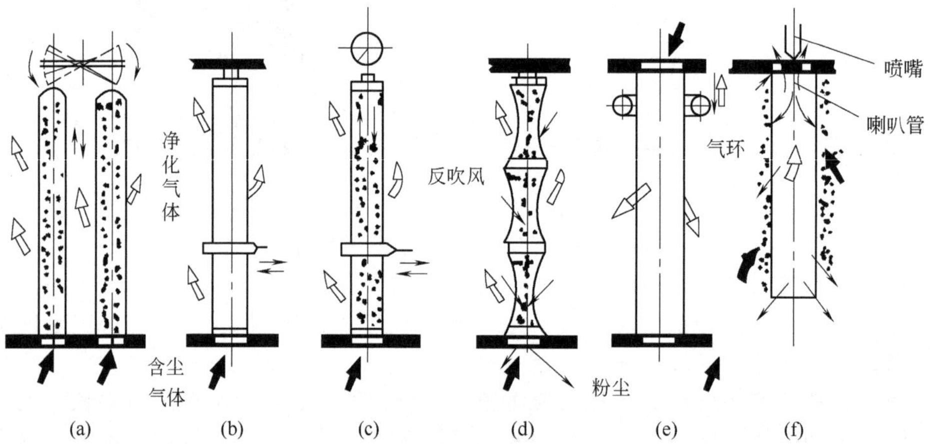

图 10-16　袋式收尘器的清灰方式

① 机械振打袋式收尘器　图 10-17 为中部振打袋式收尘器结构示意。过滤室 4 根据收尘器的规格不同分成 2～10 个分室，每个室内挂有 14 个滤袋 5，含尘气体由进风口 8 进入，经过隔风板 9 分别进入各室的滤袋中，气体经过滤袋后通过排气管 10 排出。排气时，排气阀门 12 打开，回风管阀门 13 关闭。气体的流动是靠排风机的抽吸作用。滤袋的上口呈封闭状态悬挂在支架 14 上，滤袋下口固定在底板 7 的花板孔上。振打装置 2 设在顶部，通过摇杆 1、振打棒 3 与框架 6 相连接，在收尘器的中部摇晃滤袋以达到清灰的目的。

含尘气体从进风口 8 进入收尘器内。当由内向外经过滤袋时，气体中的粉尘大部分吸附在滤袋的内壁上，一小部分滞留在滤袋的纤维缝中。振打装置 2 按一定周期循环振打。

在振打前为了使振打抖落的粉尘土不致被进入的含尘空气吹起，通过摇杆先将排风管的阀门 12 关闭，切断含尘气体通路并将阀门 13 打开，同时摇杆通过振打棒 3 带动框架前后摇动(时间约 10s)，袋上附着的粉尘随之脱落。又由于回风管 11 的阀门 12 打开后，利用通风机的压力使气体以较高的速度从滤袋外向内反吹，滤袋纤维内滞留的粉尘便被吹出并与振打掉落的粉尘一起落入下部的集灰斗中，由螺旋输送机 16 和分格轮 17 送走。振打结束后，回风管阀门自动关闭，排气管阀门自动开启，该室滤袋又开始过滤工作。

各室的滤袋是轮流振打的，即在其中一个室振打清灰时，含尘气体通过其他各室。因此，每个室的滤袋虽然间歇地进行振打，但整个收尘器是在连续地进行工作。

收尘器中还装有电热器 15，以便在气体温度低时使用。

这种收尘器振打装置结构简单、故障少、易维修，但滤袋损坏较快。

② 脉冲反吹风袋式收尘器　脉冲反吹风袋式收尘器是一种新型高效袋式收尘器。它采用 0.6～0.8MPa 的压缩空气脉冲喷吹方式，可通过调节脉冲周期和脉冲时间使滤袋保持良好的过滤状态，所以过滤风速高，约 3～6m/min，因而可缩小体积；同时，无运动部件，滤袋不受机械力作用，寿命长。主要缺点是脉冲控制仪较复杂，技术要求高，对高浓度、高湿度的粉尘捕集效果不太理想。

脉冲反吹风袋式收尘器的基本构造和工作原理如图 10-18 所示。机体由三部分组成：中箱包括除尘箱 11、滤袋 10、支承滤袋的骨架 9 及花板 3；上箱包括喷吹排气管 1、喷吹管 2、喇叭管 7、压缩空气包 4、脉冲阀 6 及净化空气出口管 18；灰斗包括进气管 13、下部卸灰用的螺旋输送机和排灰叶轮 16。

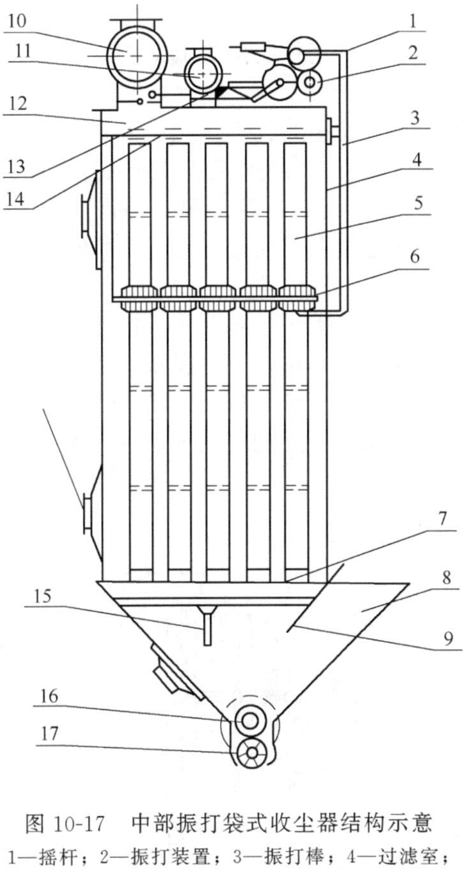

图 10-17　中部振打袋式收尘器结构示意

1—摇杆；2—振打装置；3—振打棒；4—过滤室；5—滤袋；6—框架；7—底板；8—进风口；9—隔风板；10—排气管；11—回风管；12，13—阀门；14—支架；15—电热器；16—螺旋输送机；17—分格轮

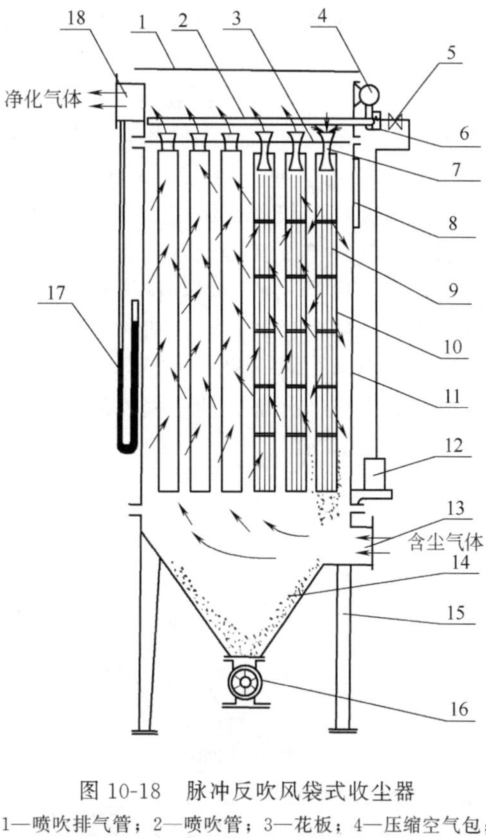

图 10-18　脉冲反吹风袋式收尘器

1—喷吹排气管；2—喷吹管；3—花板；4—压缩空气包；5—压缩空气控制阀；6—脉冲阀；7—喇叭管；8—备用进气口；9—滤袋骨架；10—滤袋；11—除尘箱；12—脉冲信号发生器；13—进气管；14—灰斗；15—机架；16—排灰叶轮；17—压力计；18—净化气体出口管

工作过程如下：含尘气体由进气管进入除尘箱，然后由外向内进入滤袋。净化后的气体由袋上部的喇叭管进入喷吹排气管，净化气体由出口管排出。粉尘阻留在袋外侧，一部分可借重

力作用掉落，其余部分则每隔一段时间用压缩空气进行喷吹。落至灰斗底部的粉尘经螺旋输送机和排灰叶轮卸出。

清灰时每次喷吹时间很短，约 0.1～0.2s，周期为 30～60s。在此期间，压缩空气以高速从喷吹管的孔中向喇叭管（文丘里管）喷射，同时从周围引入 5～7 倍的二次空气。滤袋受此气流的冲击振动及二次气流的膨胀作用，其上面的积灰便被清除下来。如此迅速、准确、频繁的动作应由专用控制器来控制。控制器有电动、气动和机动几种，其中以电动动作最灵敏，且体形小；机动的则简单可靠，对气源清洁度要求也不高，但脉冲宽度调节幅度较小，仅能控制到 0.1s 左右。

根据收尘器规格的不同，装有数排至十几排滤袋，每排滤袋配有一根喷吹管和一套执行喷吹清灰的脉冲阀和控制器进行按序喷吹。脉冲阀结构及工作原理如图 10-19 所示。来自气包的压缩空气经进气管 1 进入气室 4，同时也经节流孔 2 进入背压室 3，此时 3、4 两室的气压相等。但由于背压室的面积大，且有弹簧压力作用，所以使膜片 5 封住喷吹管入口。当气脉冲信号进来时，控制阀 6 被打开，此时背压室的高压空气由控制阀排入大气。该室的压力立即降至低于气室 4，膜片在气室压力的作用下向右移，打开喷吹管入口，压缩空气即由气室进入喷吹管进行喷吹。当控制信号消失时，控制阀关闭，通过节流孔的压缩空气使背压室的压力上升至与气室相等，此时膜片又将喷吹管封闭，喷吹停止。

脉冲反吹风袋式收尘器称为 MC 型袋式收尘器。其中，气动控制的为 QMC 型，电动控制的为 DMC 型，机动控制的为 JMC 型。

(3) 气环反吹风袋式收尘器　气环反吹风袋式收尘器也是高效收尘器之一。其突出特点是适用于捕集高浓度和较潮湿的粉尘，且采用小型高压风机作反吹气源，必要时可将反吹风加热至 40～60℃。与脉冲式相比，其具有过滤风速大、投资省、反吹气源易解决等优点，同时也不需要高精度控制仪器，制造方便。其缺点是气环箱紧贴滤袋上下往复运动，因而使滤袋磨损速度加快，气环箱及其传动部件也易发生故障。

气环反吹风袋式收尘器如图 10-20 所示。它由机体、气环箱反吹风装置、滤袋及排尘装置组成。含尘气体由进风口引入机体后流入滤袋内部，粉尘被阻留在滤袋内表面。净化后的气体穿过滤袋经出风口排出机外。黏附在滤袋内表面的粉尘由气环喷出的高压气流吹落。目前，反吹风机多装在机体外部以便于操作和维护。反吹风量约为收尘器处理风量的 8%～10%，风压为 5000～15000Pa。

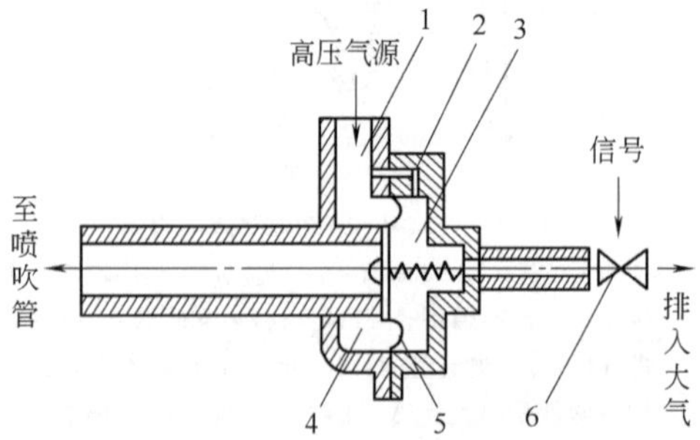

图 10-19　脉冲阀结构原理

1—进气管；2—节流孔；3—背压室；4—气室；5—膜片；6—控制阀

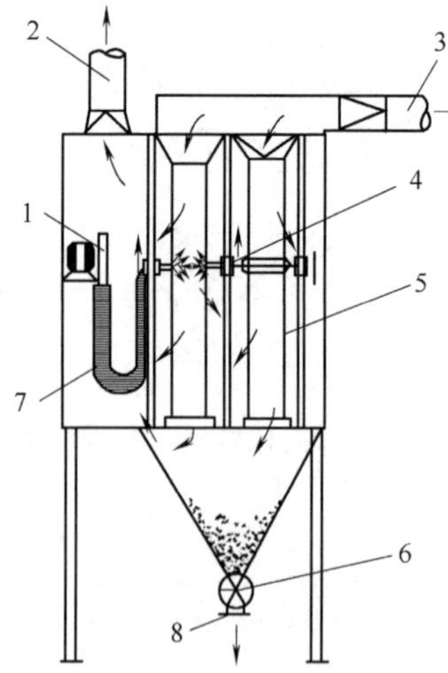

图 10-20　气环反吹风袋式收尘器

1—反吹风机；2—出风口；3—进风口；4—反吹喷嘴；5—滤袋；6—排灰叶轮；7—软风管；8—排灰口

10.1.3.3 清灰方式和清灰周期

在袋式收尘器工作过程中，滤袋内壁的积灰若不及时清除，则随着时间的增长，灰层变厚，使滤袋阻力不断增加，风机的风量也因而下降，影响收尘器的正常工作。因此，袋式收尘器必须定期清灰，使滤布保持通风顺畅，从而保证有效地连续过滤。从此意义上讲，清灰是袋式收尘器管理工作和结构设计中的一个重要部分。

清灰周期对滤袋阻力和通风量有明显影响，最终影响收尘效率，其关系见图 10-21。曲线1、2 分别表示通风量和阻力与清灰周期的关系。由曲线可看出，当收尘器运行 150min 时，过滤阻力从 300Pa 增大到 820Pa，通风量则从 100%降至 72%。虚线 3、4 表明，当清灰周期为 60min 时，滤袋阻力和通风量可立即恢复到原来数值。清灰周期越短，收尘器的风量和风压越稳定。所以，清灰装置的清灰周期应有合适的值，如机械振打式、气环反吹式和脉冲反吹式的清灰周期分别为 6min、1min 和 30～60s。

10.1.3.4 袋式收尘器的选型计算

选型前首先要弄清楚需处理的含尘气体量、含尘浓度、温度、湿度及对收尘效率的要求等，以便选择和计算合理的过滤风速、过滤面积、滤袋数目，从而选择合适的收尘器型号和台数。

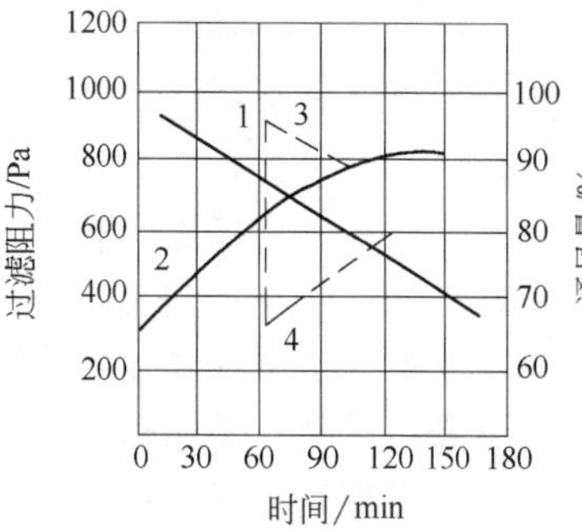

图 10-21 通风量和过滤阻力与清灰周期的关系

(1) 过滤面积　过滤面积可按下式计算

$$F=F_1+F_2=\frac{Q}{60v}+F_2(\mathrm{m^2}) \tag{10-10}$$

式中　F_1——滤袋工作部分的过滤面积，$\mathrm{m^2}$；

F_2——滤袋清灰部分的过滤面积，$\mathrm{m^2}$；

Q——处理风量，$\mathrm{m^3/h}$；

v——过滤风速，m/min。

处理风量包括设备的通风量和系统的漏风量。漏风量一般为设备通风量的 10%～30%。此外，处理量还应包括反吹风量，对于气环反吹风和脉冲反吹风，这部分风量约为总通风量的4%～10%。

通风量可按有关公式计算或从有关手册查得。过滤风速与滤袋材料、清灰方式和气体含尘浓度等有关，一般可按含尘浓度确定过滤风速，参见表 10-3。

表 10-3 袋式收尘器的过滤风速

项目	中部振打袋式收尘器	气环反吹风袋式收尘器	脉冲反吹风袋式收尘器	玻璃纤维袋式收尘器
含尘浓度/$(\mathrm{g/m^3})$	50～70	15～30	3～5	<100
过滤风速/(m/min)	1～1.5	2～4	3～4	0.3～0.9

(2) 滤袋数量　根据总过滤面积，可从产品目录查出所需要的滤袋规格及数量，也可按下式计算

$$m=F/f \tag{10-11}$$

式中　m——滤袋的数量，个；

F——总过滤面积，$\mathrm{m^2}$；

f——每个滤袋的过滤面积，$\mathrm{m^2}$。

(3) 收尘器阻力的计算　袋式收尘器的阻力包括过滤阻力和机体阻力两部分。过滤阻力与滤袋的材料、滤尘量、气体含尘浓度、过滤风量及清灰周期等因素有关。准确的数据应通过试验确定，实际中一般用查表法。首先计算滤袋的滤尘量，计算公式为

$$G=C_0vT \tag{10-12}$$

式中　G——滤袋的滤尘量，$\mathrm{g/m^2}$；

C_0——气体的含尘浓度，g/m^3；

v——过滤风速，m/min；

T——清灰周期，min。

根据滤尘量和过滤风速可从表 10-4 中查得过滤阻力 Δp_1 和机体阻力 Δp_2。

$$\Delta p = \Delta p_1 + \Delta p_2 \quad (Pa) \tag{10-13}$$

表 10-4　滤尘量、过滤风速与过滤阻力的关系

过滤风速/(m/min)	不同滤袋滤尘量的过滤阻力 Δp_1/Pa						Δp^2/Pa
	$100g/m^2$	$200g/m^2$	$300g/m^2$	$400g/m^2$	$500g/m^2$	$600g/m^2$	
0.5	300	360	410	460	500	54	—
1	370	460	520	580	630	6100	80
1.5	450	530	610	680	750	820	100
2.0	520	620	710	7100	880	1070	150
2.5	5100	700	810	1000	1000	—	250
3.0	650	770	1000	1000	—	—	—

10.1.3.5　袋式除尘器的技术发展

近年来，由于袋式除尘器主机、过滤材料、清灰方式及自动控制装置的不断改进，袋式除尘技术水平也在不断提高，袋式除尘器对于气体的高温、高湿、高浓度、微细粉尘、吸湿性粉尘、易燃易爆粉尘等不利工况条件有了更强的适应性，并且在加强清灰、提高效率、降低消耗、减少故障、方便维修方面达到一个新的高度，其突出表现是大型化和能够适应高含尘浓度的气固分离。目前，袋式除尘器已能够直接处理含尘浓度 $1400g/m^3$ 的气体，比以往提高数十倍，并可达标排放。因此，许多物料回收系统抛弃了原来的多级收尘工艺，代之以一级收尘工艺。例如，以长袋脉冲袋式除尘器的核心技术为基础，强化过滤、清灰和安全防爆功能，形成高浓度煤粉收集技术，已成功用于煤磨系统的气固分离工艺，并获得了日益广泛的应用。在水泥工业中，用立式磨磨制生料、煤粉，经 O-Sepa 选粉机选出合格水泥或煤粉，排出气体粉尘浓度高达 $1000g/m^3$ 以上。袋式除尘器巧妙的本体结构把重力除尘和过滤除尘的机理结合在一起，将排出气体中的产品收集下来，简化了粉磨工艺流程，减小了系统阻力，成为粉磨系统中必不可少的一个工艺设备。

(1) 高效过滤材料　过滤材料是袋式除尘器的心脏，其性能在很大程度上决定着除尘器的效率。第一代滤布材料（天然织物）的除尘效率一般不超过 99%，现已很少采用；第二代滤布材料（合成纤维布）的除尘效率可超过 99%；第三代过滤材料（合成纤维针刺毡）的除尘效率可超过 99.9%；第四代过滤材料（表面处理或覆膜的毡式滤料）的除尘效率可超过 99.99%。

第二代过滤材料 729 型滤布与第三代过滤材料 ZLN-D 型针刺毡的过滤性能比较见表 10-5。

表 10-5　729 型滤布与 ZLN-D 型针刺毡的过滤性能比较

滤布名称	洁净滤布阻力系数	透气率/[$L/(m^2 \cdot s)$]	孔隙率/%	静态过滤效率/%	动态过滤效率/%
729 型滤布	1.85	120	35	99.00	99.10
ZLN-D 型针刺毡	0.725	330	82	99.97	99.98

表 10-5 中数据清楚地表明，针刺毡的过滤性能明显优于 729 型滤布，在相同的使用条件下，阻力更低，效率更高，寿命更长。第四代过滤材料如表面覆聚四氟乙烯膜的针刺毡与未覆膜的针刺毡相比，其过滤效率从 99.98%提高到 99.998%。第三、四代针刺毡滤料及针刺毡覆膜滤料应用于袋式除尘器时，可使其排放浓度下降到 $10mg/m^3$ 以下。

目前我国水泥工业中大多采用第三代的涤纶针刺毡，也有开始选用覆膜的第四代滤料的实例，虽然造价相对贵些，但具有其他滤料难以比拟的优越性。

袋式除尘器过滤材料的进步还表现在能够适应较高的气体温度。由微细玻璃纤维与耐高温

P84 等化学纤维复合，利用特殊工艺制成的氟美斯（FMS）耐高温针刺毡，连续使用温度高于200℃，已在钢铁、水泥、天然气、化工等行业获得了成功的应用。

（2）滤袋接口技术　袋式除尘器的滤袋接口技术有了长足进步，使除尘效率更加提高。过去采取绑扎或螺栓压紧的固袋方式，滤袋接口存在泄漏，使除尘器的除尘效率与滤料相差1～2个数量级。新的固定方式是严格控制花板的袋孔以及袋口的加工尺寸，依靠弹性元件使袋口外侧的凹槽嵌入袋孔内，二者公差配合，密封性好，消除了接口处的泄漏。

（3）高能量脉冲清灰方式　随着脉冲阀、滤料等技术的发展，脉冲袋式除尘器特别是气箱脉冲袋式除尘器（图10-22）已逐步开始替代反吹风袋式除尘器，其主要原因如下。

① 脉冲袋除尘器体积小，重量轻　脉冲清灰袋式除尘器采用的滤料为针刺毡，其过滤风速可提高一倍左右，体积减小至原来的一半。

② 维修方便、简单　脉冲袋式除尘器采用外滤式清灰结构，换袋时只需在机外抽袋更换，可免去像反吹风袋式除尘器那样进入袋室检查换袋的烦琐，无须设检查走道。

③ 除尘效率提高　反吹风袋式除尘器是靠滤袋内外压差的作用，形成缩袋抖动而实现清灰的，清灰强度低，且每次清灰后，滤袋上的第二过滤层也随之被清掉，反而影响了除尘效率。而脉冲袋式除尘器采用压缩空气、三维过滤清灰，无须第二过滤层，所以排放受清灰动作的影响小。

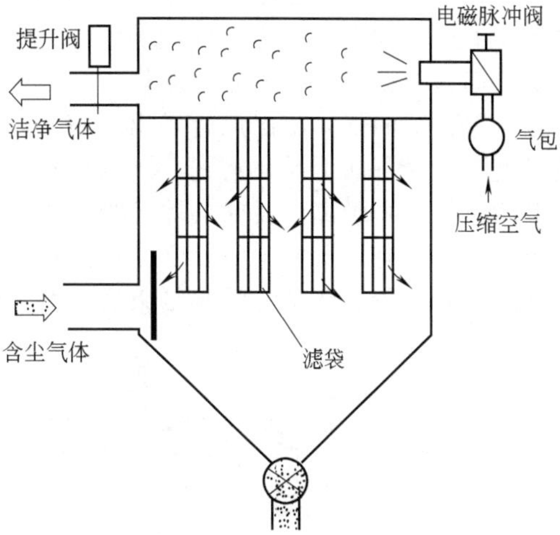

图10-22　气箱脉冲袋式除尘器

脉冲清灰的脉冲宽度为0.1～0.2s。实验证明，脉冲清灰过程从0.06s开始，粉尘层从上部开始剥离，到0.16s时，剥离干净。滤料经过喷涂或覆膜等表面处理，脱离过程可进一步缩短。

喷吹脉冲为在线清灰，清灰期间滤袋不停止工作，一组一组滤袋按时间顺序依次进行清灰。其优点是没有切换阀等装置，设备比较简单，且气流与阻力的波动不大。缺点是存在二次吸附现象，即一部分抖落下来的粉尘重返滤袋。过滤风速越高，这种现象就越严重，因而难以彻底清灰。如过滤风速为3m/min时，再吸附率可达38%。而气箱脉冲是离线清灰，清灰过程中，首先将气流截断，停止被清灰箱室的过滤工作，然后对该箱室喷吹。在完成剥离、沉降等过程后再重新投入工作，所以清灰较彻底。

气箱脉冲清灰大致可分为三个阶段：第一阶段，脉冲阀打开时压缩空气瞬间喷入洁净气室，进而涌入滤袋使滤袋发生高频低幅的振动；第二阶段，压缩空气产生的脉冲使滤袋从原过滤时以星状依附在骨架上面而向外弹出，从而喷吹掉沉积在袋面上的粉尘；第三阶段，随着压缩空气的不断涌入，继续清掉滤袋上的残留粉尘，直至“清灰彻底”为止。上述三个阶段脉冲宽度仅需0.15～0.2s。

（4）袋式除尘器自动控制系统　袋式除尘器的自动控制已广泛采用可编程逻辑控制器（PLC），工业个人计算机（IPC）也已进入这一领域。中、小型设备多采用以单片机或集成电路为核心的控制技术。自控系统的功能更为齐全，对清灰进行程控，自动监测除尘设备和系统的温度、压力、压差、流量参数、超限报警；对脉冲喷吹装置、切换阀门、卸灰阀等有关设备和部件的工况进行监视、故障报警；对清灰参数（周期持续时间等）进行显示。它对各控制参数的调节更加方便。大型脉冲袋式除尘器已成为发展趋势。

（5）袋式除尘器的大型化　目前，大型分箱脉冲袋式除尘器已成为发展趋势。某钢厂100t电炉采用的新型袋式除尘器的过滤面积为11716m^2，处理风量967000m^3/h，排放浓度为

8～12mg/m³，设备阻力低于 1200Pa，喷吹压力小于等于 0.2MPa，清灰周期长达 75min。随后建设的一批超高功率电炉也都竞相采用大型脉冲袋式除尘器，炼钢转炉的二次烟尘治理使用的大型袋式除尘器的过滤面积达 15580m²，处理风量 1500000m³/h；滤袋直径可达 250～300mm，长径比达 40。

10.1.4 颗粒层收尘器

颗粒层收尘器也是一种过滤式收尘器，其除尘方法和机理与袋式收尘器基本属同一种多孔过滤器，所不同的是颗粒层收尘器的过滤介质不是滤布而是细小颗粒物料（石英、石灰石和矿渣等）构成的多孔过滤层，因而也称为填料式收尘器。图 10-23 表示了带梳耙的旋风式颗粒层收尘器的构造和工作过程。固定的颗粒过滤层下面实际上是旋风筒，含尘气体由进风口切向进入旋风筒，较粗颗粒在离心力的作用下首先被分离出来，细颗粒经插入管进入过滤室由上向下过滤，净化后的气体由出风管排出。清灰时，截流阀将出风口封闭，空气从反吹空气入口进入过滤室下方由下向上反向清洗，同时启动顶部电动机带动梳耙转动将颗粒层搅松，以使附在颗粒上的尘粒与之脱离。反吹气体携带细尘粒通过插入管进入下部旋风筒，大部分尘粒落入下面的灰斗中，带有少量粉尘的反吹空气最后经进风口排出进入其他过滤单元。一般设有几个并联的过滤单元，轮流清灰。清灰结束后，截流阀复原，收尘器恢复工作。

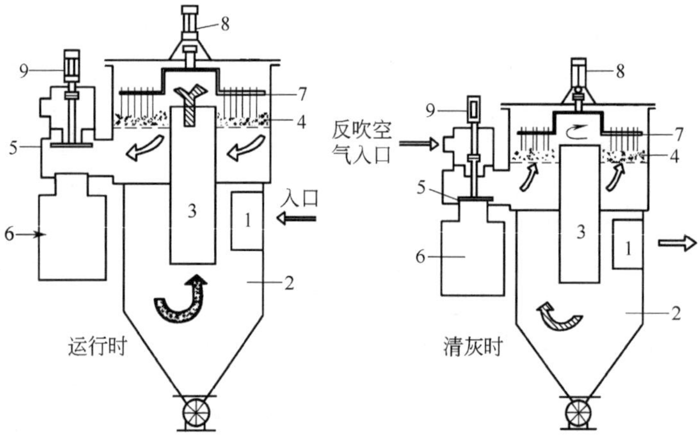

图 10-23 带梳耙的旋风式颗粒层收尘器

1—进风口；2—旋风筒；3—插入管；4—颗粒层过滤室；5—截流阀；6—净风出口；7—梳耙；8—驱动电机；9—油缸

颗粒层收尘器多用于水泥厂熟料冷却机的余气收尘。

颗粒层收尘器的主要参数是：过滤风速为 0.4～0.8m/s；填充层颗粒物料的粒径为 1.5～6mm；颗粒层厚度为 100～200mm；收尘效率可达 85%～95%。清洗用的反吹风量约为过滤风量的 10%。该收尘器的主要优点是：可在较高温度下运行（一般可在 350℃下工作，用耐热钢制的可在 450～550℃下工作）；耐腐蚀；比旋风收尘器收尘效率高，结构比电收尘器简单，又比袋式收尘器耐用。主要缺点是不适用于潮湿、黏性粉尘的捕集，占地面积较大。

10.1.5 电收尘器

电收尘器是一种高效率收尘装置，能收集极微小的尘粒。它是通过高压直流电的正负两极之间形成一个足以使气体电离的静电场，气体电离所产生的正负离子作用于通过静电场的粉尘表面而使粉尘荷电。根据库仑定律，荷电粉尘分别向极性相反的电极移动而沉积在电极上，达到粉尘与气体分离的目的。电收尘器已广泛用于工业生产中，它具有以下优点：

收尘效率高，可达99%以上；能处理较大的气体量；能处理高温、高压、高湿和腐蚀性气体；能量消耗少，一般阻力损失不超过30～150Pa，电能消耗仅为0.1～0.8kW·h/1000m^3；操作过程可实现完全自动化。

电收尘器的缺点是一次性投资大，所占空间大，钢材消耗多，捕集高电阻率的细粉尘时需要进行增湿处理等。

10.1.5.1　工作原理

电收尘器的工作原理如图10-24所示。将平板（或圆管壁）和导线分别接至高压直流电源的正极（阳极）和负极（阴极）。电收尘器上的正极称为沉积极或集尘极，负极称为电晕极。在两极间产生不均匀电场。当电压升高至一定值时，在阴极附近的电场强度促使气体发生碰撞电离，形成正、负离子。随着电压继续增大，在阴极导线周围2～3mm范围内发生电晕放电，这时气体生成大量离子。由于在电晕极附近的阳离子趋向电晕极的路程极短，速度低，碰到粉尘的机会较少，因此绝大部分粉尘与飞翔的阴离子相撞而带负电，飞向集尘极（图10-25），只有极少量的尘粒沉积于电晕极。定期振打集尘极及电晕极使积尘掉落，最后从下部灰斗排出。

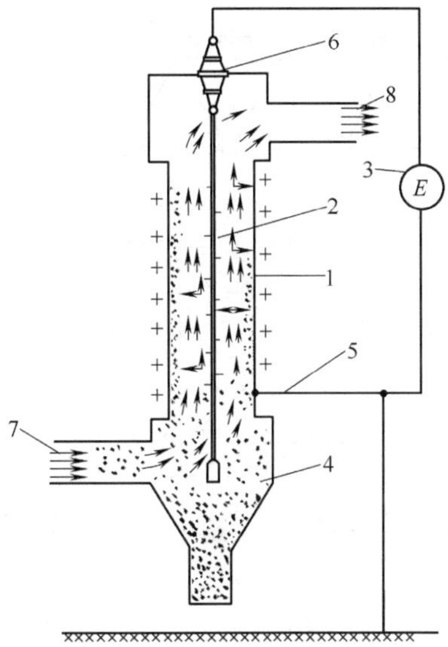

图10-24　电收尘器工作原理

1—集尘极；2—电晕极；3—电源；4—灰斗；5—正极线；6—负极绝缘子；7—气体入口；8—气体出口

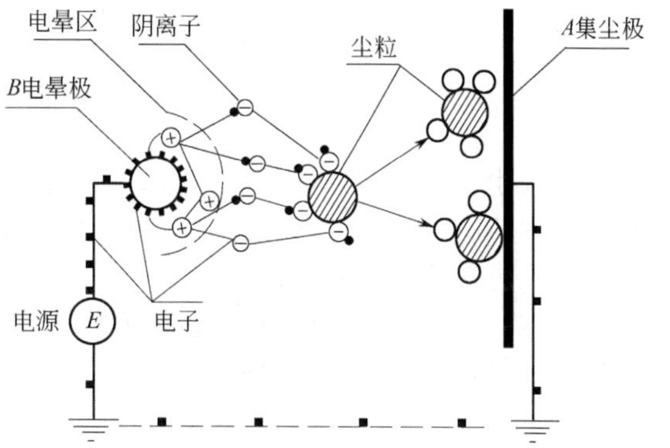

图10-25　静电收尘过程示意图

10.1.5.2　类型与构造

(1) 收尘器的类型

① 按含尘气体运动方向　可分为立式和卧式两种。

② 按处理方式　可分为干式和湿式两种。

③ 按集尘极形式　可分为管式和板式两种。

④ 按集尘极和电晕极在收尘器中的位置配置　可分为单区式和双区式。

工业用的电收尘器由许多组阳极板或管和阴极组成，上述各种收尘器中二者均垂直于地面放置，再配以外壳、集灰斗、进出口气体分布板、振打机构、绝缘装置及供电设施等组成一套系统。

含尘气体由下垂直向上经过电场的装置称为立式收尘器，如图10-26所示。优点是占地面积小。但由于气流方向与尘粒自然沉落方向相反，因而收尘效率稍低。另外，它高度较大，安装维修不方便；采用正压操作，风机布置在收尘器之前，磨损较快。

图 10-27 所示为卧式电收尘器，气体水平通过电场，按需要可分成几个室，每室又分成几个具有不同电压的电场。其优点是可按粉尘的性质和净化要求增加电场数目，同时可按气体处理量增加除尘室数目，这样既可保证收尘效率，又可适应不同处理量的要求。卧式收尘器可负压操作，因而延长了风机使用寿命、节省动力，而且设备高度适中、安装维修较方便，但占地面积较大。

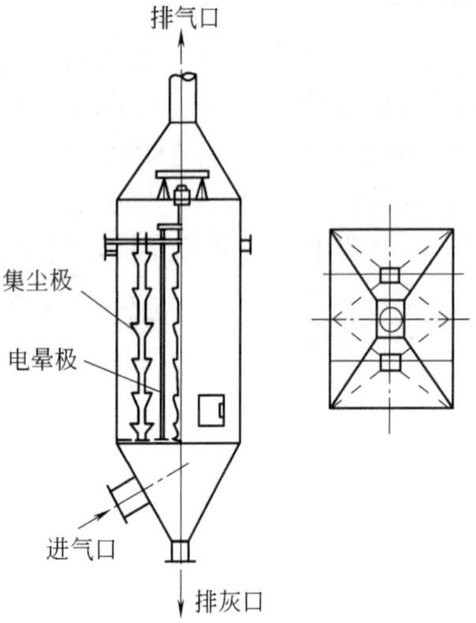

图 10-26 立式电收尘器示意

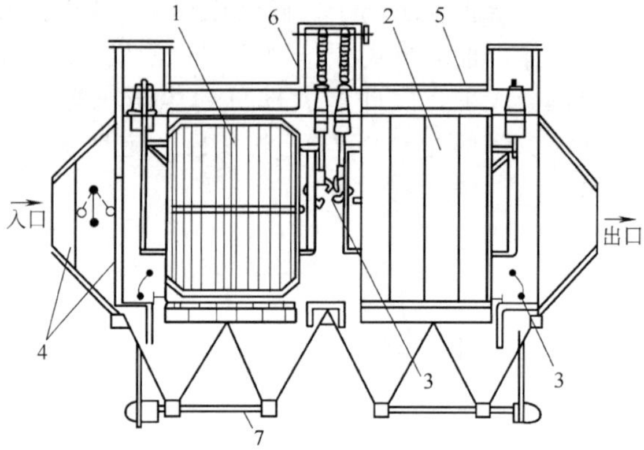

图 10-27 卧式电收尘器示意

1—电晕极；2—集尘极；3—振打装置；4—气体均布装置；5—壳体；6—保温箱；7—排灰装置

(2) 电收尘器的构造　电收尘器由高压整流机组和收尘器本体两大部分组成，本节只重点介绍收尘器本体的构造。电收尘器本体主要由电晕极、集尘极、振打装置、气体均布装置、壳体、保温箱及排灰装置等组成。

① 电晕极　电晕极系统主要包括电晕线、电晕极框架、框架悬吊杆、支承绝缘套管和电晕极振打装置等，如图 10-28 所示。

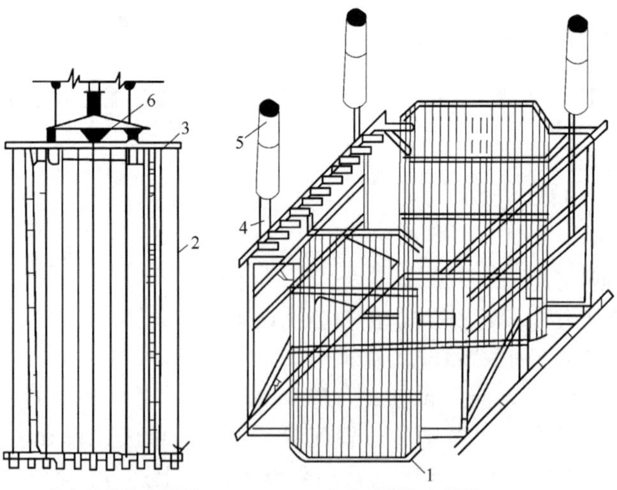

(a) 自由悬吊的电晕极　(b) 有电晕框的电晕极

图 10-28 电晕极

1—电晕极框架；2—电晕线；3—电晕线悬吊架；4—悬吊杆；5—石英套管；6—振打装置

电晕线放电性能的好坏直接影响到收尘效果。就电晕现象而言，电晕线越细越好。在同样荷电条件下，电晕线越细，其表面电场强度就越大，电晕放电的效果也越好。但电晕线太细时，不仅机械强度低，而且也容易锈断或可能被放电电弧烧断。此外，在使用中还要求电晕线上的积灰容易振落，维护安装方便。为保证电晕线既有一定的机械强度，又有较高的放电效率，可制成各种形式，如图 10-29 所示。

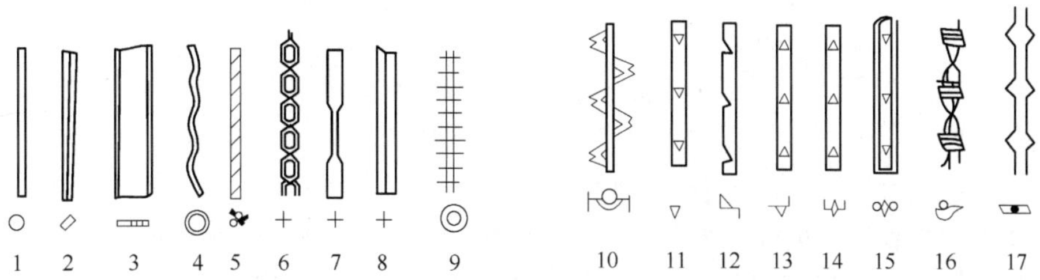

图 10-29 几种不同的电晕线

1—圆形；2—星形；3—带形；4—螺旋形；5—钢丝绳形；6—链条形；7—纽带形；8—十字形；9—圆盘形；10—芒刺管形；11～15—芒刺带形；16—芒刺钢丝；17—锯齿形

常用的电晕线有圆形、星形和芒刺形等。圆形的特点是：表面光滑，有利于积灰的振落，使用寿命长，常用于处理高温或腐蚀性气体。星形电晕线的特点是：放电性能好，使用寿命长。芒刺形电晕线由于线上有易于放电的尖端，故在正常情况下，电晕极产生的电流比星形的约高 1 倍，而电晕起始电压比其他形式低，因此，在同样的电压下，电晕更强烈，这对提高收尘效率有利，这种电晕线适用于含尘浓度较大的气体。

电晕极框架借助吊杆支承在绝缘套管上，绝缘套管一方面起电晕极和外壳间良好的绝缘作用，另一方面承受电晕极的荷载。常用的绝缘套管有瓷质和石英玻璃两种。前者易制造、造价低，一般用于气体温度低于 120℃的情形。当气体温度高于 120℃时，需用石英套管，它不仅耐高温，而且绝缘性能良好。

② 集尘极　根据结构的不同，集尘极可分为板式和管式两种类型。

a. 板式集尘极　板式集尘极是更常见的一种集尘极。极板通常制成各种不同形状的长条形，若干块极板安装在一个悬挂架上组合成一排。收尘器内装有许多排极板，相邻两排极板间中心距为 250～350mm。集尘极的材料一般采用普通碳素钢，若对极板有耐酸、耐腐蚀等特殊要求时，可采用其他耐腐蚀材料制作。极板的厚度为 1.2～2mm，需轧制成型，不允许有焊接接缝，以防焊接处的残存热应力导致挠曲而影响极间距离。

板式集尘极也有平板形、Z 形、C 形、CS 形及板式槽形等多种。平板形的特点是结构简单、表面平整光滑、制作容易、成本低。其他几种均属平板形的改进型，其共同特点是：极板面形成落灰凹槽，振打落下的积灰可顺凹槽下落而不致向外飞扬，同时减小极板面附近区域的气流速度以减少二次飞扬；极板的刚度较大，不易变形；有利于振打加速度沿整个极板面的传递，加强振打效果；空间电场分布较合理，电场的击穿电压较高；形状简单，易制作，质量轻，钢材消耗少。

b. 管式集尘极　管式集尘极的形状有圆管形、六角形（蜂房式）和同心圆形。圆管形集尘极的内径一般为 200～300mm，管长 3～4m；新型收尘器的管径可达 700mm，管长达 6～7m。六角形集尘极能充分利用收尘器空间，但制作较困难。同心圆极板是用半径相差一个极距的几个不同管式电极套在一起组成集尘极，各圆管形极板间隔的中间按一定距离装设电晕线。它的特点是充分利用空间，结构简单，制作方便。管式集尘极的几种形式如图 10-30 所示。

③ 振打装置　电收尘器的电极清灰通常采用机械振打方法。常用的振打装置有锤击振打

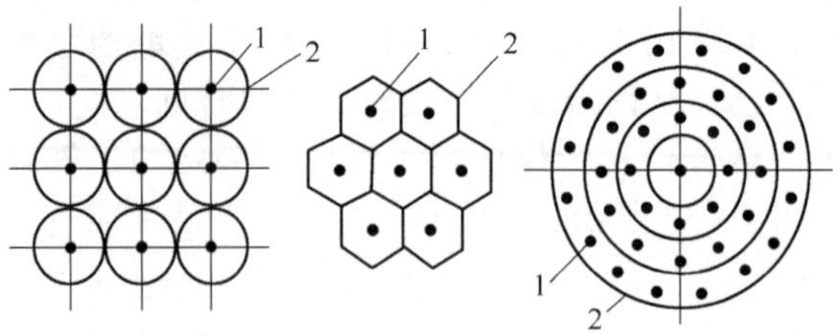

图 10-30 管式集尘极的几种形式

1—电晕极；2—集尘极

装置、弹簧-凸轮振打装置和电磁脉冲振打装置三种。

④ 气体均布装置 在电收尘器的各个工作横断面上，要求气流速度均匀。若气流速度相差太大，则在流速高的部位，粉尘在电场中滞留时间短，有些粉尘来不及收下即被气流带走，并且粉尘从极板上振落时，二次飞扬的粉尘被气流带走的可能性也大，这无疑会导致收尘效率下降。因此，使气流均匀分布对提高收尘器的效率具有重要意义。

气体均布装置主要由气体导流板和气体均布器组成。立式电收尘器气体均布装置如图 10-31 所示。气体进入电收尘器后，首先经气体导流板将其导向收尘器的整个底部，避免气体冲向一侧。导流板叶片方向可视具体情况进行调整。卧式电收尘器的气体均布装置有多孔板、直立安装的槽形板和百叶窗式栅板等，其中以多孔板为多，如图 10-32 所示。多孔板层数越多，气流分布均匀性越好。通常不少于两层，圆孔直径为 30～50mm，中间部位由于风速较高，故孔径较小；四周的孔径较大些。在两层多孔板中间常装有手动振打锤，以振落附着在分布板上的粉尘。若气流由管道进入喇叭管前有急弯，应在弯道内加装导向叶片以使气流均匀分布。

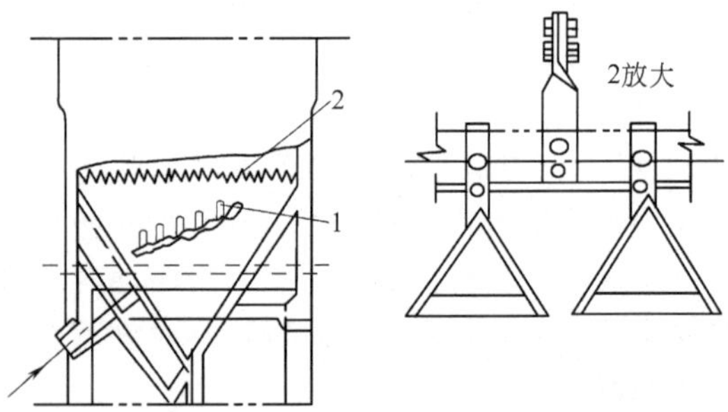

图 10-31 立式电收尘器气体均布装置

1—导流板；2—均布装置

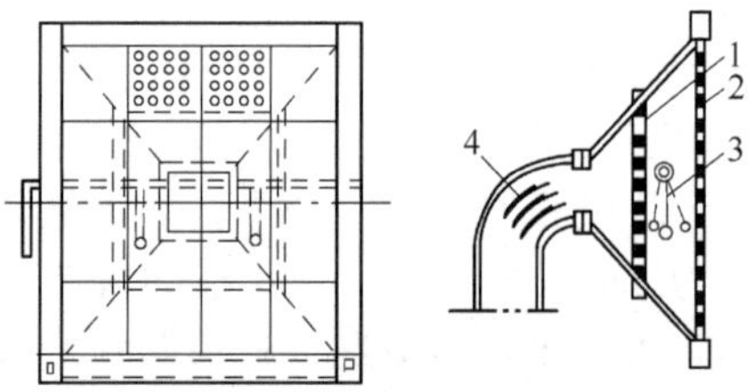

图 10-32 卧式电收尘器气体均布装置多孔板

1—第一层多孔板；2—第二层多孔板；3—多孔板振打装置；4—导流板

⑤ 壳体、保温箱及排灰装置

a. 壳体 收尘器的壳体有钢结构、钢筋混凝土结构和砖结构几种，材质的选择主要根据气体温度及是否有腐蚀性而定。壳体的下部为灰斗，中部为收尘器，上部安装石英套管、绝缘瓷件和振打机构。为便于安装和检修，在侧面设有人孔门，壳体旁边设有扶梯及检修平台。壳体要注意防止漏风并要有保温设施，以确保收尘室内温度高于废气露点 15～20℃。保温材料常为矿渣棉。

b. 保温箱 当绝缘套管周围温度过低时，其表面会产生冷凝水。收尘器工作时，容易引起绝缘套管沿面放电，影响收尘器电压的升高，以致不能正常工作。所以，通常将绝缘套管或绝缘瓷件安装在保温箱内。保温箱内的温度应高于收尘器内气体露点 20～30℃，故在保温箱内装有加热器和恒温控制器。

c. 排灰装置 电收尘器常用的排灰装置有闪动阀、叶轮卸料器和双级重锤翻板阀。闪动阀结构简单，维修容易，双瓣阀比单瓣阀的密封性能更好；叶轮卸料器有刚性和弹性两种，弹性叶轮卸料器的叶片有较大弹性，运行较可靠，密封性能也较好；双级重锤翻板阀具有良好的排料和密封性能。

10.1.5.3 影响电收尘器收尘性能的因素

电收尘器的性能除了与结构有关外，很大程度上还取决于含尘气体的性能和操作条件。主要影响因素有粉尘的比电阻（常以电阻率表示）、气体的含尘浓度、粉尘颗粒组成、气体成分、温度、湿度、露点、硫含量以及收尘器的漏风情况、电极肥大情况、电极积灰情况、操作电压等。

(1) 粉尘比电阻的影响 每 $1cm^2$ 面积上高 1cm 的粉料柱沿高度方向测定的电阻值称为粉尘的比电阻，单位为 Ω·cm。粉尘的比电阻是衡量粉尘导电性能的指标，它对电收尘器性能的影响很大。图 10-33 所示的是粉尘比电阻与电收尘器收尘效率的关系曲线。可以看出，粉尘的比电阻在 $10^4 \sim 10^{11}$ Ω·cm 范围内时收尘效率最高。

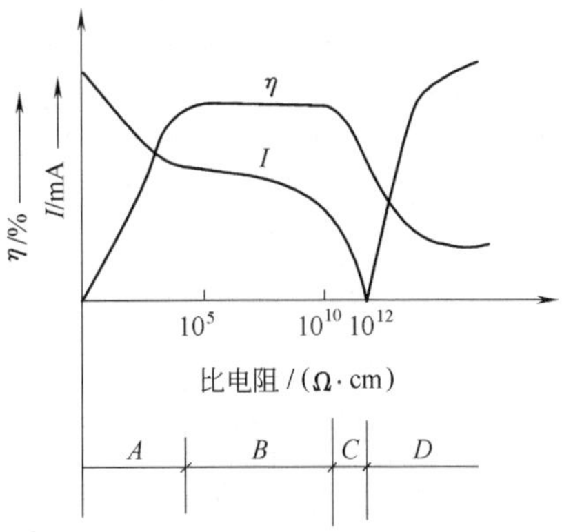

图 10-33 电收尘器中粉尘比电阻与收尘效率的关系

当粉尘比电阻小于 10^4 Ω·cm 时，带电尘粒在到达极板的瞬间即被中和，甚至带正电荷，这样便很容易脱离集尘极而重新进入气流中，因而大大降低收尘效率。

比电阻大于 10^{11} Ω·cm，当粉尘沉积到集尘极板时，其所带电荷很难被中和，而且会逐渐在沉积的颗粒层上形成负电场，电场逐渐升高，以致在充满气体的疏松的覆盖层孔隙中发生电击穿，并伴随着向电晕极方向发射正离子，中和了部分带负电荷的尘粒，此即所谓的“反电晕”现象。与此同时，由于集尘极放出正离子使电收尘器之间的电场改变为类似于两个尖端所构成的电场，这种电场在不高的电压下很容易击穿。因此，当粉尘比电阻大于 10^{11} Ω·cm 时，电收尘器的收尘效率将明显降低。

所以，只有粉尘比电阻在 $10^4 \sim 10^{11}$ Ω·cm 范围内时，带负电的尘粒到达集尘极板后才中和并以适当的速度进行沉降，收尘效率较高。这是电收尘器运行最理想的区域，在此区域内收尘器的收尘效率与比电阻值的变化基本无关。

(2) 含尘浓度的影响 气体含尘浓度增大使粉尘离子也增多，尽管它们形成的电晕电流不大，但其形成的空间电荷却很大，严重抑制了电晕电流的产生，使粉尘粒子不能获得足够的电荷，导致收尘效率降低，尤其是粒径在 1μm 左右的粉尘越多，影响也越严重。当气体含尘浓度增大至一定值时，电晕电流会减小至零，这种现象称为电晕封闭，此时的气体净化效果显著下降。

为了防止电晕封闭现象的发生，应限制进入电收尘器气体的含尘浓度。为此，有时在电收尘器前设置旋风收尘器进行预收尘，以保证进入电收尘器气体的含尘浓度低于规定值。

(3) 粉尘颗粒组成的影响 对于电收尘器，最有效的粉尘粒径范围是 0.01～20μm。小于 0.01μm 的尘粒受布朗运动的影响不易收集下来；大于 20μm 的尘粒由附着荷电量计算可知是不经济的。

(4) 含尘气体温度的影响 气体温度对电收尘器工作性能的影响很大，主要表现在以下三个方面。

① 温度对粉尘比电阻的影响 气体温度对粉尘比电阻的影响如图 10-34 所示。气体温度的变化会引起粉尘比电阻值的波动，从而影响收尘效果。因此，电收尘器工作时，应使气体温度保持在较小的波动范围，以保证收尘器正常工作。

② 温度对气体黏度的影响　众所周知，当气体温度上升时，气体分子的热运动加剧，运动着的分子层之间的内摩擦增大，从而使气体黏度增加。在电收尘器运行时，电场中的带电粉尘受电场力作用向集尘极驱进的速度与含尘气体的黏度有一定的关系。气体温度越高，其黏度越大，荷电尘粒的驱进速度越低，收尘效率也就越低；反之亦然。

③ 温度对气体击穿电压的影响　气体的击穿电压与其密度成正比，而气体密度在很大程度上取决于其温度。当气体压力不变时，密度与其热力学温度成反比，因此，当气体温度降低时，密度增加，气体的击穿电压也相应增加。击穿电压的升高，使收尘器电场所承受的电压更高，从而大大提高了收尘效率。

由以上分析可看出，以气体温度低些为宜。所以有的电收尘器配有气体冷却装置，不但降低了气体的温度，而且利用了其余热。但应注意，气体的温度不能太低，否则其中的水汽和三氧化硫会冷凝结露，收集的粉尘会糊住电极，使工作状况恶化；同时，设备冷凝结露易使钢质材料锈蚀，损坏设备。当石英套管低于结露温度时，冷凝物质将导致套管内部泄漏放电，使电收尘器不能正常运行。所以，一般要求气体温度低于露点温度 20～30℃。

（5）气流速度的影响　在电收尘器中，通过电场的气流速度越高，收尘效率越低；反之，收尘效率升高。如果气流速度过高，则含尘气流通过电场的时间短，有些粉尘尚未来得及收下即被气流带出收尘器；粉尘的二次飞扬加大，即已被捕集到电极上的粉尘在振落时会被高速气流重新带走。因此，避免电场风速过高对提高收尘效率有重要意义。图 10-35 所示为某厂电收尘器中的气流速度与收尘效率的关系。

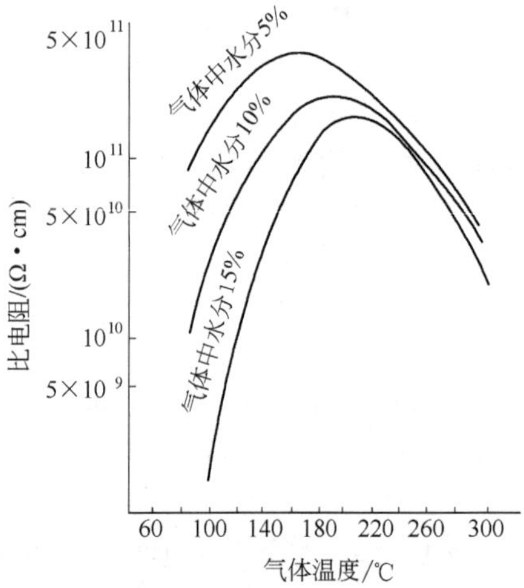

图 10-34　水泥窑粉尘比电阻与气流温度、气体中水分的关系

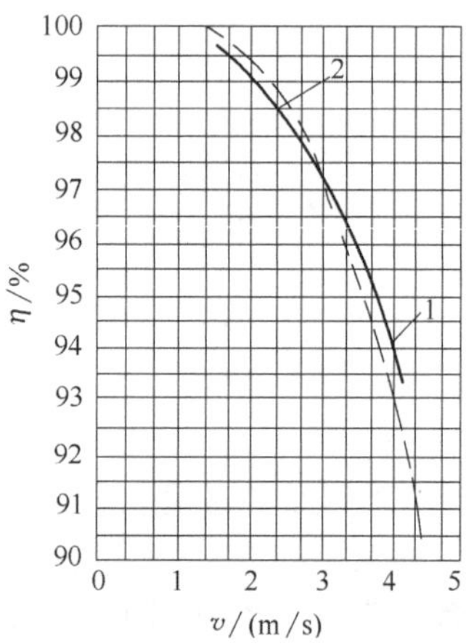

图 10-35　气流速度与收尘效率的关系

1—试验曲线；2—计算曲线

（6）气体湿度的影响

含尘气体湿度大小直接影响电场电压、粉尘比电阻和收尘效率。

① 烟气湿度对空气击穿电压的影响　烟气湿度增加，空气击穿电压升高，其主要原因是：第一，由于电场中水分子能大量吸收电子，使水分子带电转变为行动缓慢的负离子，因而使电场空间的电子数目显著减少，电离强度减弱；第二，由于水分子比空气分子质量大、体积大且结构复杂，在气体游离发展过程中与自由电子碰撞的机会多，这就使自由电子在电场中加速的平均自由行程缩短，并且在相互碰撞时将电子的动能消耗转化为热能，使碰撞电离难以发展；第三，由于吸收电子而形成的行动缓慢的水汽负离子在电晕区内与正离子结合的机会比快速逸出的电子多，因而正负电荷的复合加剧，使气体的电离减弱，电晕电流减小，空气间隙的耐压强度增加，击穿电压升高。

电场电压升高不但使电晕放电强烈，而且由于电压升高电场强度增大，使得电收尘器在提高电压情况下稳定运行。因此，增大气体的湿含量可以在很大程度上补偿由于气体温度高或气压低造成的气体密度减小、击穿电压降低、收尘效率不高的缺点。

② 气体湿度对粉尘比电阻的影响 气体湿度对粉尘比电阻的影响很大。对于粉尘比电阻过高情形，增加气体的湿度使水分子黏附在导电性较差的粉尘上，可降低粉尘的比电阻，不易产生反电晕，从而提高收尘效率。对于粉尘比电阻过小情形，增加湿度时水分子黏附在导电性良好的粉尘上可提高其比电阻值。因此，电收尘器在处理不同的含尘气体时都有最低的湿含量要求。如水泥预分解窑尾出预热系统的废气在进入电收尘器之前先经增湿塔增湿，是为了改变粉尘的比电阻以使电收尘器获得更高的收尘效率。

10.1.6 气固分离技术的发展趋势

袋式除尘器和静电除尘器都是目前广泛应用的工业气固分离设备，技术性能方面各有特点。前者的优点是除尘效率高、性能稳定、适用范围广等，但其缺点是易发生滤袋堵塞、板结等现象，这不仅会缩短设备寿命，而且增加了维护成本和运行成本。后者具有除尘效率高、空气动力性能好等优点，但其缺点是易产生反电晕、二次扬尘等。反电晕、二次扬尘现象不仅会降低除尘效率，而且易加剧引风机叶轮的磨损。目前，虽然采取了增宽电场、增加电场数量、改变极线形式、改变极距、改变供电方式等改进方法，但均未达到预想的效果。

随着科学技术的不断发展，对除尘设备的节能减排要求也越来越高。近年来气固分离技术呈现了新的发展趋势。

10.1.6.1 袋式除尘器采用新型滤袋材料

普通袋式除尘器过滤材料的缺点之一是不耐高温，因而在许多高温烟气净化处理中的应用受到了限制。因此，开发能够在高温环境下进行除尘作业的滤袋材料及高温袋式除尘器成为迫切的研究课题。目前的研究开发成果表明，超细纤维（一般把直径小于 5μm 的纤维称为超细纤维）的开发是提高滤料过滤性能的重要手段和方法之一。采用超细纤维作为滤料迎风面层的梯度滤料，同样具有表面过滤的作用，且与面层不易分离、脱落，可降低过滤阻力。

（1）特种有机纤维 芳纶、聚酰亚胺纤维作为具有优异性能且耐高温的过滤材料得到普遍应用。目前我国自主研发取得了很大进步，芳纶产品质量和规模已达到国外同类产品的水平，聚酰亚胺纤维全流程工业化规模生产线实现了突破，其主要指标已接近国外同类产品的水平，但产品的稳定性、纤维的均匀性等尚需进一步研究。

（2）特种无机纤维 采用天然玄武岩矿物原料熔融制备而成的玄武岩纤维，其耐高温、绝热、隔声性能等均优于其他品种纤维，能够在 600℃或者更高温度下应用，玄武岩纤维制品在空气与水介质中不会释放出有毒物质，不水解、耐酸碱、耐高温、阻燃。某水泥研究设计院通过对玄武岩矿物组成特征、纤维物理特性、纤维滤料针刺工艺及表面改性处理等研究，开发了耐高温玄武岩纤维滤料。采用此滤料的高温袋式除尘器可耐 330℃以上高温，且具有投资成本低，运行稳定等特点。

（3）玻璃纤维覆膜滤料 玻璃纤维覆膜滤料是在经特殊表面处理的玻璃纤维基布上涂覆多微孔聚四氟乙烯薄膜制成的新型过滤材料。它集中了玻璃纤维的高强低伸、耐高温、耐腐蚀等优点和聚四氟乙烯多微孔薄膜表面光滑、憎水透气、化学稳定性好等优良特性，几乎能截留含尘气流中的全部粉尘，而且能在不增加运行阻力的情况下保证气流的最大通量，是理想的烟气过滤材料。玻璃纤维覆膜滤料的运行阻力较普通深层过滤材料降低了 40%～75%。

（4）陶瓷过滤材料 自 20 世纪 70 年代开始，美国能源部开展了以陶瓷过滤介质为主的高温气体过滤除尘技术的开发，德国、日本、英国等国家也都相继开展了类似的研究工作，并取得了很大的进展。目前，高温除尘过滤介质一般采用多孔陶瓷材料、多孔金属材料和陶瓷纤维增强复合多孔材料等。

陶瓷过滤器是利用多孔陶瓷（堇青石、碳化硅）表面覆盖一层极薄陶瓷膜（小于 50μm）

制造而成的，陶瓷过滤器具有很多优点，如耐高温（300～900℃）、机械强度大、耐高压（4MPa）、耐酸碱腐蚀、寿命长、过滤精度高等。陶瓷膜孔径范围为 0.5～3μm，因此对于小于 10μm 的固体颗粒的除尘效率高达 99.5%以上。对于超细粉尘的收集效果显著，能稳定满足小于 $5mg/m^3$ 的超净排放要求。

陶瓷过滤材料具有优良的耐热性、化学稳定性和高温抗腐蚀性，但韧性较差。这是需要进一步研究的课题。

10.1.6.2 电/袋复合式除尘器

由于静电除尘器和袋式除尘器都有各自的缺点，单独依靠单一除尘设备进行除尘，已经不足以满足日益严格的环保要求。在这种情况下，一种基于静电除尘和袋式除尘两种成熟除尘理论的新型除尘技术——电/袋复合（式）除尘技术应运而生，在该技术基础上研制的除尘器称为电/袋复合（式）除尘器。它结合了静电除尘器和袋式除尘器的优点，除尘效率高，在满足新的环保标准的同时又提高了运行的可靠性，且可大幅降低除尘成本。

所谓电/袋复合式除尘器，即将过滤除尘和静电除尘机理有机结合为一体的除尘器。目前，电/袋复合除尘器的结构大致可分为“前电后袋式”电/袋复合除尘器、“电袋一体式”电/袋复合除尘器和“静电增强型”电/袋复合除尘器三种形式。

（1）“前电后袋式”电/袋复合除尘器　“前电后袋式”电/袋复合除尘器如图 10-36 所示。将两种不同的除尘方式有机地串联到一起，含尘气流先经过前级电除尘区再进入布袋除尘区，在经过电除尘区时利用其阻力低及较大颗粒粉尘的捕集效率高的特点使含尘气流进入后级袋除尘区时大大降低了粉尘浓度；并可利用前级电除尘区的荷电效应提高粉尘在滤袋上的过滤特性，使滤袋的性能得到改善，使用寿命得到提高。

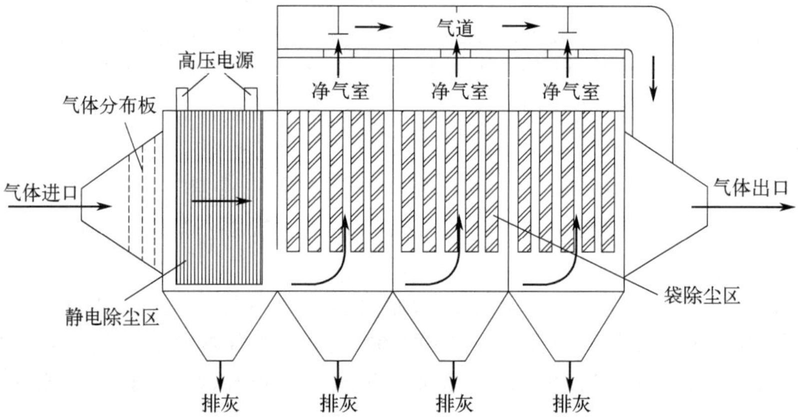

图 10-36　“前电后袋式”电/袋复合除尘器

（2）“电袋一体式”电/袋复合除尘器　这种“电袋一体式”电/袋复合除尘器又称为“嵌入式”电/袋复合式除尘器，或交叉式电/袋复合除尘器，它的静电除尘区的放电板和收集板与布袋除尘区的滤袋交替成排布置，两者相互协调工作以达到除尘效果，如图 10-37 所示。这种除尘器的布置方式有助于降低电场对滤袋的静电破坏。

（3）“静电增强型”电/袋复合除尘器　“静电增强型”电/袋复合除尘器的一般形式是：含尘气流通过一段预荷电区，使含尘气流中的固体颗粒带电，带电的固体颗粒随含尘气流进入后级过滤段被滤袋过滤层收集，如图 10-38 所示。

电/袋复合除尘器的技术特点如下。

① 除尘效率高　通常情况下，常规静电除尘器通过第一电场除去的粉尘为 80%～90%，剩余的粉尘需要剩余的电场除去。电/袋复合除尘器继承了该特点，充分利用静电除尘器第一电场先除尘，再利用布袋除尘器高效除去超细粉尘的特点以除去余下的细微粉尘。

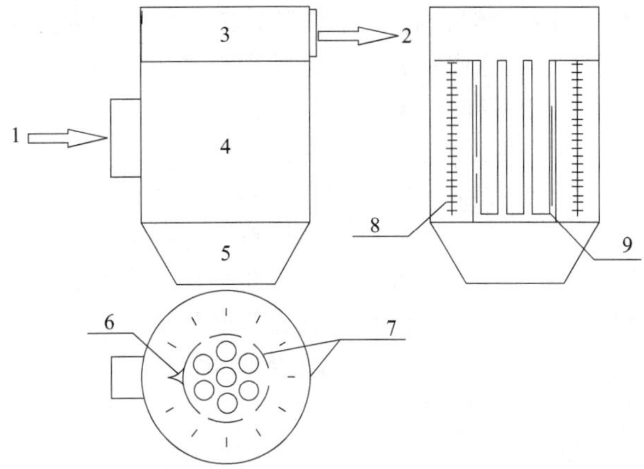

图 10-37　“电袋一体式”电/袋复合除尘器
1—含尘气体入口；2—净化气体出口；3—净化室；4—除尘室；5—储灰斗；6—导流板；7—内、外圆收尘极板；8—电晕极；9—滤袋

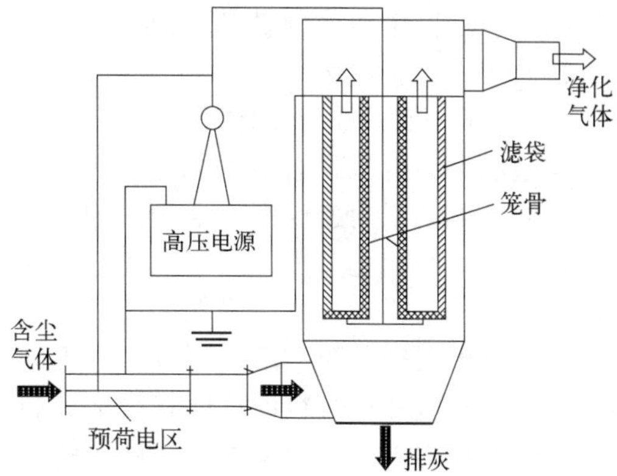

图 10-38　“静电增强型”电/袋复合除尘器

② 除尘系统不受粉尘特性的影响，比较稳定，且适应性强。

③ 过滤阻力小、除尘袋的滤袋寿命长、设备运行及维护费用较低。电/袋复合除尘器的一级除尘系统为电除尘器，二级除尘系统为袋式除尘器。袋式除尘器具有入口烟气含尘量大的特点，电除尘器具有降低该含尘浓度的作用。相比之下，电/袋复合除尘器的滤袋负荷低，清灰周期可以稍长，喷吹压力较低，具有延长滤袋使用寿命的作用。

④ 占地面积小、投资小。静电除尘器高效除尘的特点可以降低滤袋负荷，因而在选择过滤风速时可以相对较高些，这样滤袋少、结构紧凑；滤袋间距可以较大些，占地面积也将减少。

10.2 液固分离设备

10.2.1 水力旋流器

水力旋流器是在水介质中根据不同大小的固体颗粒在离心力作用下的沉降速度不同进行分级的。水力旋流器由于其结构简单，无运动部件，以及操作强度大、造价低、维修方便、分级效率较高等优点，广泛应用于湿法磨矿作业。

（1）构造和原理　水力旋流器的结构如图 10-39 所示。筒体 2 的上部为圆柱形、下部为圆锥体，中间插入溢流管 1。在筒体的上部，沿圆柱的切线方向有进料管 4，圆锥形的出口为底流管 3。料浆在压力作用下经进料管沿切线方向进入筒体，在筒体中，料浆作旋转运动，其中的固体颗粒在离心力作用下除随料浆一起旋转外，还沿半径方向发生离心沉降，粗颗粒的沉降速度大，很快即到达筒体内壁并沿内壁下落至圆锥部分，最后从底流管排出，称为沉砂。细颗粒的沉降速度小，它们尚未接近筒壁仍处于筒体的中心附近时即被后来的料浆所排挤，被迫上升至溢流管排出，称为溢流。如此，粗细不同的颗粒分别从底流和溢流中收集，从而实现了粗细颗粒的分级。

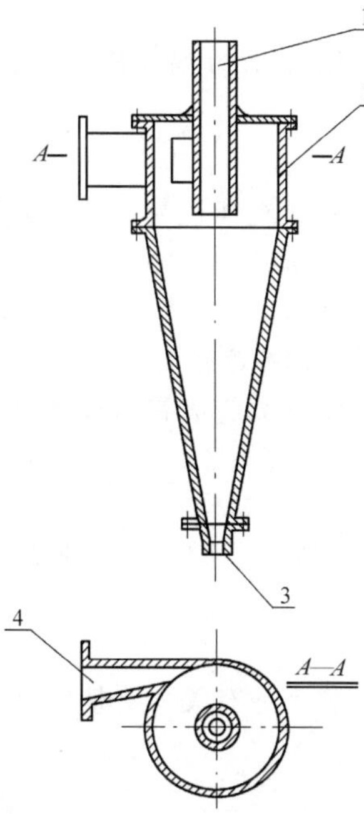

图 10-39　水力旋流器
1—溢流管；2—筒体；3—底流管；4—进料管

（2）旋流器中固体颗粒的运动　在旋流器中，固体颗粒也有三种不同的运动，即切向运动、径向运动和轴向运动。其中，切向运动和轴向运动的速度及其分布可视为与液体的情况一样，只有径向运动不同。固体颗粒的径向运动是由液体的径向运动以及颗粒在离心力作用下沿半径朝远心方向的沉降运动而合成的。作用于颗粒上的离心力随颗粒所在位置的半径的增大而减小，而液体的径向速度则随半径的增大而增大。由于随着半径的变化，离心力的变化较大而液体径向速度的变化较小，因而在离心力较小的周边将留下粗的颗粒，细颗粒则被液体的径向流动带至半径较小处，此时颗粒的沉降速度与液体的径向速度大致相等，方向相反。因此，在旋流器中就出现按其粗细不同而分布在不同半径处的现象，最粗的颗粒靠近器壁积聚，较细的颗粒则离开器壁并按其粒度不同相应地分布在不同半径处。此外，不同密度的颗粒也要分离，密度大的颗粒集中在近器壁处，密度小的颗粒则分布在中心附近。

由于轴向运动的存在，分布在轴向速度为零的锥面以外的颗粒将下行至底流管而成为沉砂，而锥面内的颗粒作为溢流从溢流管排出。

（3）主要参数

① 生产能力　根据生产实践，对于锥角为20°的水力旋流器，其生产能力为

$$Q=29.7d_i d_0\sqrt{\Delta p}\ (\mathrm{m^3/h}) \tag{10-14}$$

式中　d_i——溢流管直径，m；

d_0——进料管当量直径，m；

Δp——进料管与溢流管中料浆的压力差，Pa。

所谓进料管的当量直径是指与进料口截面积相等的圆的直径。设进料口的截面积为 F，则有

$$F=\frac{\pi}{4}d_i^2 \tag{10-15}$$

对于锥角不是20°的旋流器，应乘以校正系数

$$k=0.81/\alpha^2 \tag{10-16}$$

② 临界分离粒径　根据与旋风分离器类似的原理，经推导可得临界分离粒径 d_c 为

$$d_c=\frac{3}{4}\sqrt{\frac{\pi\mu}{(\rho_p-\rho)hQ}}d_i^2\left(\frac{R}{r}\right)^n \tag{10-17}$$

如果在半径为 r、高度为 h 的圆柱面上，液体的轴向速度为零，则凡粒径大于 d_c 的颗粒均成为沉砂，粒径小于 d_c 的颗粒进入溢流，粒径等于 d_c 的颗粒为旋流器的临界分离粒径。

通常以位于半径等于溢流管半径处的颗粒作为临界粒径，同时考虑到实际上在旋流器底部液体的径向速度较大，以致有些较粗颗粒可能进入溢流，因此一般取 h 为锥筒高度 H_2 的2/3。

旋液器底流管的直径比其本身的直径小得多，锥筒高度可近似表示为

$$H_2=\frac{D}{2\tan(\alpha/2)}$$

若取 $h=2H_2/3$，则有

$$h=\frac{D}{3\tan(\alpha/2)} \tag{10-18}$$

将上述有关各式整理可得自由沉降条件下的临界分离粒径为

$$d_c=1.61\sqrt{\frac{Dd_0\mu\tan\frac{\alpha}{2}}{d_i\sqrt{\Delta p}\sqrt[5]{\alpha^2}(\rho_p-\rho)}}\quad(\mathrm{m}) \tag{10-19}$$

式中　μ——液体的黏度，Pa·s；

Δp——进料管与溢流管中液体的压力差，Pa；

ρ_p——颗粒的密度，kg/m³；

ρ——液体的密度，kg/m³。

对于锥角为20°的旋流器，水的黏度以1.005×10⁻³Pa·s计，上式则可写成

$$d_c=26.4\sqrt{\frac{Dd_0}{d_i\sqrt{\Delta p}(\rho_p-\rho)}}\times10^{-3}\quad(m)\tag{10-20}$$

应该指出，实际上溢流中还有约5%颗粒的粒径大于计算值，其中最粗的可达计算值的1.5～2倍。

由前述可知，水力旋流器的进口压力对其生产能力和临界分离粒径有较大影响。进口压力增大，则生产能力增大，分离粒径减小。为了得到细颗粒的溢流，有时会采用较大的进口压力。但随着进口压力的增大，动力消耗增加很多，会加剧旋流器的磨损。实际上，通过增大进口压力的方法来满足生产能力和分离粒径的要求是不经济的。

根据分离粒径的大小不同，进口压力一般为30～200kPa。为了获得良好的分离效果，最重要的是保持稳定的进口压力。进口压力的波动会引起分离效率的降低，在沉砂中会混入大量的细小颗粒，进口压力越低，压力波动的影响越大。

③ 直径　水力旋流器的直径与生产能力、分离粒径有关，直径的选择应根据分离粒径的大小而定。大直径旋流器溢流中的颗粒相对较粗，若要求获得细颗粒溢流，应采用小直径旋流器。此种情况下，为满足生产能力的需要，可将几个旋流器并联使用。

作为细粒物料分级的旋流器，其直径通常为50～100mm。水力旋流器直筒高度一般为其直径的0.5～1.5倍。

④ 溢流管直径　溢流管直径的变化会影响旋流器的所有工作参数，一般取旋流器直径的0.2～0.4倍。溢流管插入深度会影响溢流产物的粒度。插入深度增大，粒度变细，但插入深度应以直筒的下部边缘为限，若超过下部边缘，反而会使粒度变粗。

⑤ 底流管直径　底流管直径为溢流管直径的0.2～0.7倍。应设计一个可调节孔径的底流管，以便调整至分级效率最佳的合适尺寸。

进料管的当量直径可在下述范围内选取

$$0.5d_0<d_i<d_0\tag{10-21}$$

⑥ 锥角　实践表明，作为分级用的水力旋流器，合适的锥角为20°左右。对于浓度较小的料浆，为了获得细粒溢流可用较小的锥角。

10.2.2 压滤机

在陶瓷和耐火材料生产过程中，湿法粉磨的料浆的含水量往往高达40%，不符合成型工艺的要求。例如，可塑成型的物料水分为20%～26%，干压和半干压成型要求的水分更低，7%左右。因此，必须将料浆中过多的水分除去。将料浆中水分除去的操作称为脱水，实际上就是液固分离过程。压滤机即常用的脱水设备之一。

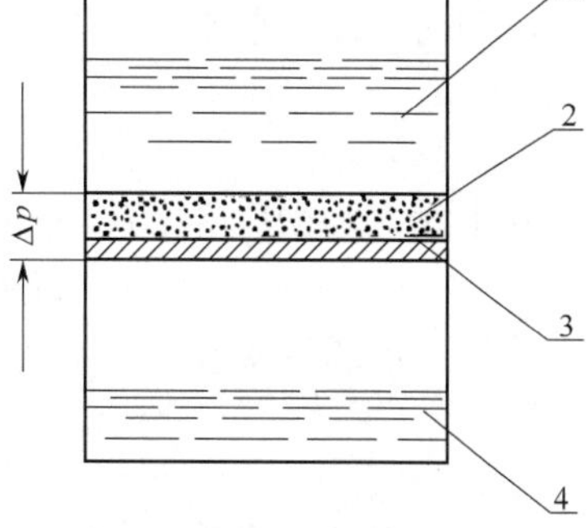

图10-40　过滤操作

1—滤浆；2—滤饼；3—过滤介质；4—滤液

(1) 过滤操作的基本原理　过滤操作是利用具有大量毛细孔的材料作介质，在压力作用下，使料浆中的水分自毛细孔通过，将固体物料截留在介质上，从而将料浆中的水分除去的操作，如图10-40所示。

在过滤操作中，需要过滤的料浆称为滤浆，作为过滤用的多孔材料称为过滤介质，通过过滤介质的清水称为滤液，截留在过滤介质上的含少量水分的固体物料称为滤饼。

压滤机上使用的过滤介质是各种不同纤维编织的布，称为滤布。

由图 10-40 可看出，过滤的推动力为压力差，过滤阻力为滤液通过过滤介质及其上面的滤饼时的阻力。过滤开始时，滤饼尚未形成，过滤阻力即介质阻力，随着过滤操作的进行，滤饼逐渐形成，过滤阻力也随之增大。所以，过滤阻力是随时间而变化的。

单位时间内通过单位过滤面积滤出的滤液体积称为过滤速度，以 w 表示。

$$w=\frac{1}{F}\times\frac{\mathrm{d}V}{\mathrm{d}t} \tag{10-22}$$

式中 w——过滤速度，m/s；

V——滤液体积，m^3；

F——过滤面积，m^2；

t——过滤时间，s。

无论过滤介质的结构和过滤的推动力如何，过滤速度取决于滤液通过过滤介质和滤饼的速度。因为过滤介质和滤饼中的通道很小，滤液在这些通道内的流态属于层流。根据水力学原理，液体在通道中作层流流动时，对一条通道而言，在 $\mathrm{d}t$ 时间内通过的液体体积为$\frac{\pi r^4\Delta p\,\mathrm{d}t}{8\mu l}$。事实上，过滤介质是多孔材料，通道有若干条，设单位过滤面积的通道数目为 n，这些通道的半径和长度的平均值分别为 r 和 l，则从这些通道滤出的液体体积为

$$\mathrm{d}V=\frac{\pi r^4 nF\Delta p\,\mathrm{d}t}{8\mu l} \tag{10-23}$$

过滤速度为

$$w=\frac{\pi r^4 n\Delta p}{8\mu l}$$

因为通道是弯曲的，令 h 为过滤介质的厚度，α 为考虑通道弯曲程度的校正系数，即 $l=\alpha h$，则过滤速度

$$w=\frac{\pi r^4 n\Delta p}{8\mu\alpha h} \tag{10-24}$$

由上式可看出，过滤速度 w 与压力差 Δp 成正比，与 $8\mu\alpha h/\pi r^4 n$ 成反比。前者为过滤的推动力，后者为过滤的阻力。令 $\rho=8\alpha/\pi r^4 n$，称为过滤介质的比阻，于是上式可写成

$$w=\frac{\Delta p}{\mu\rho h} \tag{10-25}$$

以上只是一般地叙述过滤介质的性质。实际上，如前所述，滤液要同时通过滤布和滤饼，以下标 1 表示滤布各量，下标 2 表示滤饼各量，因为滤饼和滤布是串联的，过滤面积相等，在同一时间内通过滤布和滤饼的滤液体积也相等，故二者的过滤速度相等。因此有

$$w=\frac{\Delta p_1}{\mu\rho_1 h_1}=\frac{\Delta p_2}{\mu\rho_2 h_2} \tag{10-26}$$

在上式中，ΔP_1 和 ΔP_2 分别为滤布和滤饼两侧的压力差，总压差为

$$\Delta P=\Delta P_1+\Delta P_2=w\mu(\rho_1 h_1+\rho_2 h_2) \tag{10-27}$$

所以，过滤速度为

$$\frac{\mathrm{d}V}{\mathrm{d}t}=\frac{\Delta pF}{\mu(\rho_1 h_1+\rho_2 h_2)} \tag{10-28}$$

上式称为过滤的基本方程式。

过滤操作有两种不同的典型方式：一是恒压过滤，即在过滤过程中压力差保持不变；二是恒速过滤，即在过滤过程中过滤速度保持不变。

恒压过滤方程式：令 $v=V/F$，推导得

$$v^2+2\frac{\rho_1 h_1}{\rho_2 x}v=\frac{2\Delta p}{\mu\rho_2 x}t \tag{10-29}$$

或
$$v^2+2Cv=Kt \tag{10-30}$$

式中，$C=\frac{\rho_1 h_1}{\rho_2 x}$，$K=\frac{2\Delta p}{\mu\rho_2 x}$称为过滤系数，可通过试验确定。

上式表示了恒压过滤时滤出的滤液体积与过滤时间的关系，称为恒压过滤方程式。

恒速过滤方程式：恒速过滤是过滤速度保持恒定，即 $w=\frac{dv}{dt}$=常数。积分得

$$v=wt \tag{10-31}$$

此式称为恒速过滤方程式。

(2) 厢式压滤机的构造和工作原理　厢式压滤机由许多形状相似的滤板、机架、前座、横梁、活动顶板、固定顶板和压紧装置组成，如图 10-41 所示。

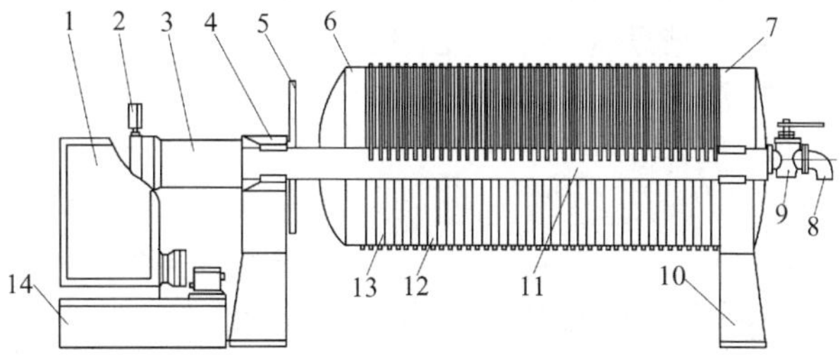

图 10-41　厢式压滤机

1—电气箱；2—电接点压力表；3—油缸；4—前座；5—锁紧手轮；6—活动顶板；7—固定顶板；8—料浆进口；9—旋塞；10—机架；11—横梁；12—滤液出口；13—滤板；14—油箱

滤板形状主要有圆形和方形两种，材质有灰口铁、球墨铸铁、钢铁芯子外面包覆橡胶或树脂、铝合金及工程塑料等。滤板两边边缘凸起，中间凹入，中心处有一圆孔作为进浆口。在凹进去的表面上有许多沟槽，这些沟槽称为排水槽。排水槽与滤板下部的滤液出口相通。排水槽的形状有同心圆、螺旋线和直线网格状等多种。用铸铁或铝合金制造的滤板在其一面的凸缘上有放置密封件的环形槽，槽内嵌入橡胶垫圈。工程塑料滤板在凸缘上一般不设置密封槽。作为滤布托板的铝质筛板和滤布贴于滤板的两面，中间用铜质空心螺栓夹紧在进浆口上，如图 10-42 所示。

活动顶板和固定顶板实际上相当于单面滤板，又称活动堵头和固定堵头。固定顶板中心有进浆口，用管子与料浆泵相连。活动顶板中心无孔，直接承受压紧装置的作用力。

横梁用于支承全部滤板和滤饼的重量，并承受压紧和过滤时的拉力作用，应有足够的强度和刚度。横梁截面形状有圆形和矩形两种，后者的抗弯刚度较好，被广泛采用。

压滤机操作时，首先将装好滤布的滤板全部放置在机架的横梁上，然后用压紧装置压紧，这样在每两块滤板之间构成了一个个滤室。滤浆用泵送入，经由固定顶板的进浆口分别进入每个滤室。在压力作用下，滤液通过滤布、筛板和滤板上的排水槽，最后汇于滤液出口并流出。固体物料则由于滤布的阻拦而在滤室中形成滤饼。当滤室中充满滤饼且滤液流出速度很慢时即可停止送浆。排除余浆，松开滤板取出滤饼，然后再装好使用。

在过滤过程中，如发现某一滤液出口流出的滤液混浊不清，则说明该处滤布安装不好或有破损，应将该出口关闭，以免损失滤浆。

(3) 操作制度　恒压过滤是较简单的过滤操作，但因开始时的过滤速度很大，需配以大流

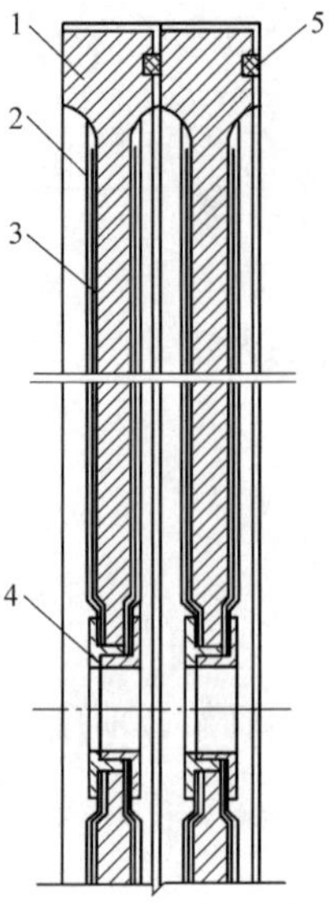

图 10-42　滤板组装图
1—滤板；2—滤布；
3—滤布垫板；
4—空心螺栓；5—橡胶垫圈

量的料浆泵；同时，由于滤布表面还没有料饼生成，往往因为滤浆来势过猛，其中的固体颗粒会塞进滤布的毛细孔中，接着又会在滤布表面形成较致密的初期料饼，这些都会使过滤阻力增大，给后来的过滤操作带来困难。因此，实际上，在过滤的开始阶段，通常采用恒速过滤，随着过滤操作的进行，滤饼逐渐增厚，阻力随之增大，过滤的压力差也不断增大。当压力差增大至预定数值时，过程转入恒压过滤，直至过滤操作结束为止。开始的恒速过滤和后来的恒压过滤构成了两阶段的过滤操作。

在两阶段的过滤操作中，滤出的滤液体积和过滤时间的关系如图 10-43 所示。图中横坐标表示过滤时间，纵坐标表示滤出的滤液体积。在恒速过滤阶段，过滤速度不变，即 V/t 为常数，图中以直线 OA 表示；在恒压过滤阶段，由式(10-30）可知，过程沿抛物线 AB 进行。

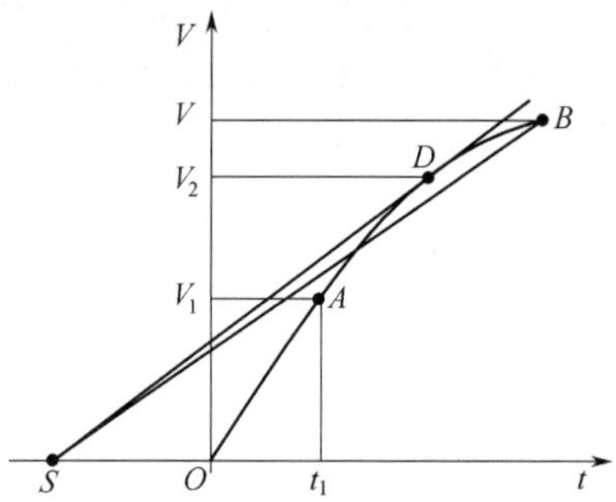

图 10-43　两阶段过滤操作滤液体积与过滤时间的关系

因为压滤机是间歇工作的，每个工作循环包括装机、过滤、拆机和取出滤饼等几项操作，工作周期等于过滤时间和辅助操作时间之和。

压滤机的生产能力为

$$Q=60\,\frac{VA}{t+t_s}\quad(\mathrm{m^3/h})\tag{10-32}$$

式中　V——在一个工作循环中单位过滤面积滤出的滤液体积，m^3/m^2；

A——过滤机有效过滤面积，m^2；

t——过滤时间，min；

t_s——辅助操作时间，s。

生产能力可用图解法求得。在图 10-43 中，若在原点左边的 t 轴上取一点 S，使 OS 等于辅助操作时间 t_s，设过滤操作的终点为 B，连接 SB，则直线 SB 的斜率即为以 B 为过滤终点的生产能力。

要使生产能力最大，可过 S 点作曲线 OB 的切线，切点为 D，则切线 SD 为从 S 点向曲线上各点所作连线中斜率最大的一条直线。如以 D 为过滤终点，压滤机有最大生产能力。

应该指出的是，压滤机生产能力最大的操作制度，往往是过滤时间短、辅助操作频繁。辅助操作需要耗费较多的劳动力和材料，因此生产费用较高，压滤机在这种操作制度下工作，经济性并不是最好的。为了降低生产费用，应使压滤机在生产能力接近最大、辅助操作次数较少的制度下工作。实践证明，当滤布阻力很小时，恒压过滤时间为辅助操作时间的 5～6 倍时，压滤机的经济性最好。

（4）压紧力　如前所述，厢式压滤机需要压紧装置把滤板压紧。在滤板与滤板的接合面的四周，通常装有橡胶垫圈，在压紧力的作用下，垫圈中产生应力，发生变形，从而将接合面上凹凸不平之处填满，起到密封作用，以防止滤浆泄漏。一般来说，只要垫圈中的压应力等于过滤压力，就能保持接合面良好的密封性。

压紧装置的压紧力计算式如下式

$$W=W_1+W_2\,(\mathrm{N})$$

或

$$W=f\Delta P+F\Delta P\,(\mathrm{N})\tag{10-33}$$

式中　W_1——预压力，N；

W_2——克服滤浆压力所需的压紧力，N；

ΔP——过滤压力，Pa；

f——垫圈面积，m^2；

F——垫圈内孔面积，等于每个滤室单面的过滤面积，m^2。

(5) 压紧装置 厢式压滤机的压紧装置大体上分为螺旋式和液压式两类。

螺旋式压紧装置有手动和机动两种。手动螺旋压紧装置靠人力操作，劳动强度大，工作速度低，现已很少使用。机动螺旋压紧装置主要由电动机、减速装置、螺母和螺杆组成，如图10-44所示。螺母8固定在前座7上，中间装有螺杆1，螺杆上有一长键槽，大齿轮6用滑键9套装在螺杆上。当电动机4通过V带（V带轮2和3）和小齿轮5带动大齿轮旋转时，螺杆随之转动并前进或后退，从而可压紧或松开滤板。

液压压紧装置有半自动和全自动两种。图10-45为一种半自动液压压紧装置，油缸8固定在前座4上，大活塞杆3制成丝杆并套入带螺母的锁紧手轮2上。滤板装好后，启动油泵，压力油经手动换向阀中位流回油箱；油泵卸荷待油运转平稳后，将手动换向阀的操纵手柄推至前进位置，压力油经换向阀进入油缸。在压力油的作用下，大活塞7连同大活塞杆将滤板压紧。当油压达到额定数值时，油泵电动机自动停止运转，转动手轮，用锁紧手轮把大活塞杆锁紧在前座上，压紧工作即告结束。此时，应将换向阀操纵手柄退回中间位置，为油泵的再次启动做准备。过滤完毕后，为了把锁紧手轮旋松，应再次启动油泵。油泵运转平稳后，将操纵手柄推至前进位置，待大活塞杆稍稍前进时，转动手轮，让锁紧手轮退离前座，然后将操纵手柄退回中间位置。松开锁紧手轮后，启动油泵，把操纵手柄扳至后退位置，此时压力油经小活塞杆5的空腔进入大活塞杆的空腔。在压力油的作用下，大活塞杆带动活动顶板1后退，当锁紧手轮碰到前座下面的行程开关11时，电动机停止运转。停机后，将操纵手柄推至换向阀的中间位置，这样即可一块一块地拖开滤板，卸下滤饼。

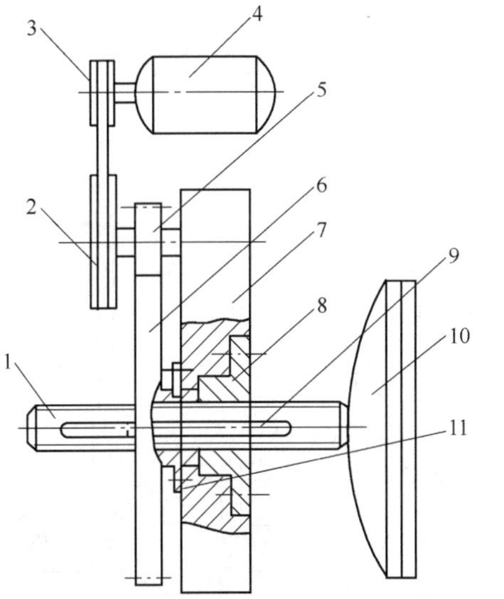

图10-44 机动螺旋压紧装置

1—螺杆；2—大带轮；3—小带轮；4—电动机；5—小齿轮；6—大齿轮；7—前座；8—螺母；9—滑键；10—滤板；11—压环

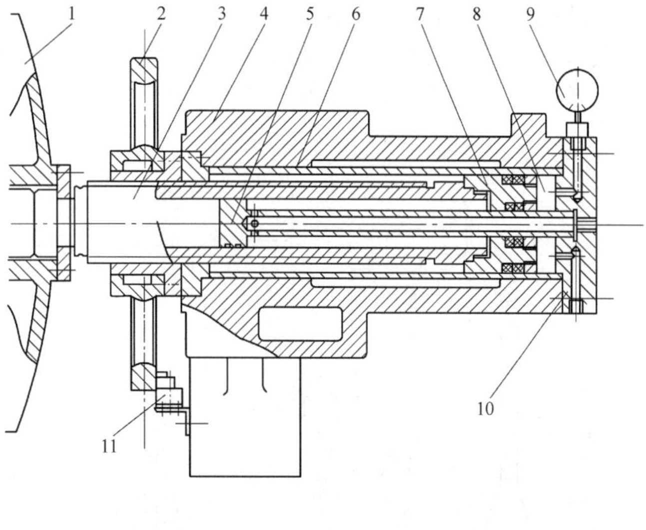

图10-45 半自动液压压紧装置

1—活动顶板；2—锁紧手轮；3—大活塞杆；4—前座；5—小活塞杆；6—缸套；7—大活塞；8—油缸；9—电接点压力表；10—后端盘；11—行程开关

在半自动液压压紧装置中，工作油缸只需提供密封所需的预压力而不承受滤浆的作用，滤浆的压力是由锁紧螺母支承的，因此工作油缸及整个液压回路的荷载较轻。缺点是还需要少量的手工操作。

为了缩短过滤时间，提高产量，应尽量减小滤浆的含水量。此外，将滤浆加热可降低水的黏度，并使部分空气从滤浆中排出，防止在滤布和滤饼中析出气泡，这样可减小过滤阻力，加快过滤速度，缩短过滤时间。但为了便于操作，滤浆的温度一般不应超过 60℃。过滤时间可根据实际情况由实验确定，通常在 30～60min 范围内。

表 10-6 列出了厢式过滤机的规格和主要技术性能。

表 10-6　厢式过滤机的规格和主要技术性能

型　　号	滤　板		过滤面积/	最高过滤压力/	生产能力/	外形尺寸	设备质量/
	直径/mm	数量/块	m^2	MPa	(kg 泥饼/次)	(长×宽×高)/mm	kg
TCLJ360A	400	25	5	1.2	70	2200×580×860	1000
TCLTϕ400/25	440	25	6.5	0.8	100	1780×620×880	1400
YLϕ600A	610	40	18	1	460	4126×845×1020	4320
TCYL650	720	60	40	2	850	5360×1160×1170	10000
BMY730	730	50	30	1	800～1000	4350×1070×1240	6000
ϕ800A	800	50	43.3	1.6	850～1100	4580×1260×1000	5100
YL-ϕ800	800	80	68.7	2	2000	71100×1100×1277	10000

10.2.3　喷雾干燥器

喷雾干燥器早在 20 世纪 50～60 年代就开始应用于陶瓷工业中的面砖粉料制备。

用喷雾干燥的方法脱水可使操作过程自动化、连续化，减少操作人员；同时，泥料质量稳定，操作可靠。但是，由于喷雾干燥是用物理方法脱水，需要供给热量以蒸发水分；另外，设备较复杂和庞大。尽管如此，对于大规模工业生产，特别是用于生产干压粉料，还是比较经济的。

10.2.3.1　构造和工作原理

图 10-46(a) 为采用离心雾化器的喷雾干燥器，干燥塔 6 为一个上部为圆柱形、下部为圆锥形的圆筒。圆筒的顶上有进气管 5 和热空气分配器 8，底部为粉料出口。粉料出口的上方有排气管 11，排气管与捕集细粉的旋风分离器 12 和袋式收尘器 13（或其他形式的收尘器）相连，在筒体的中间装有离心雾化器 9。

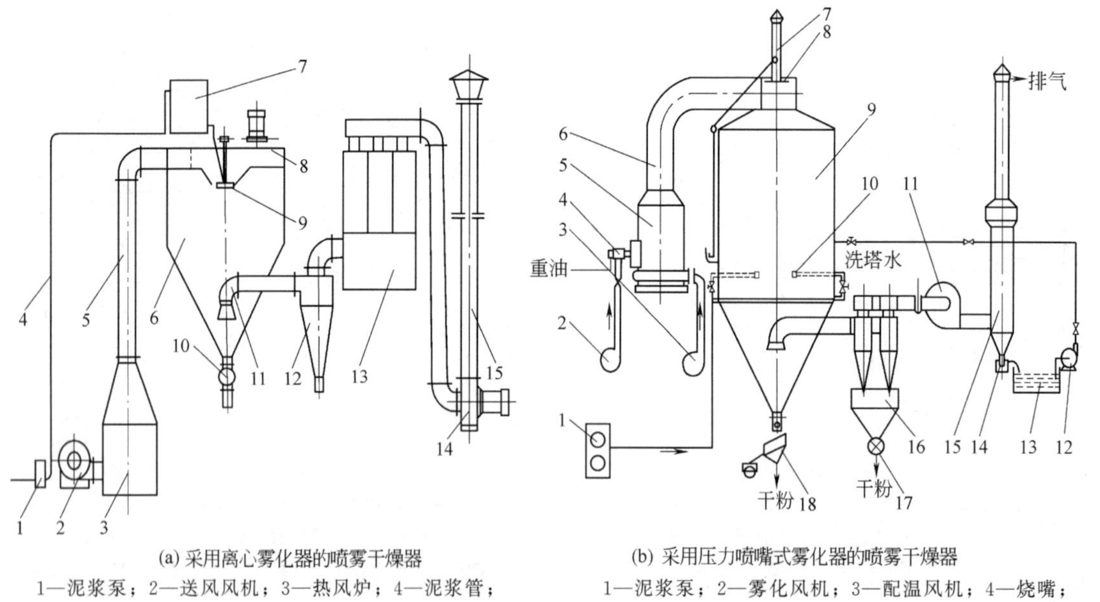

(a) 采用离心雾化器的喷雾干燥器

1—泥浆泵；2—送风风机；3—热风炉；4—泥浆管；5—进气管；6—干燥塔；7—高位槽；8—热空气分配器；9—离心雾化器；10—叶轮给料机；11—排气管；12—旋风分离器；13—袋式收尘器；14—排风风机；15—放空风管

(b) 采用压力喷嘴式雾化器的喷雾干燥器

1—泥浆泵；2—雾化风机；3—配温风机；4—烧嘴；5—热风炉；6—热风风管；7—废气烟囱；8—升降阀门；9—干燥塔；10—压力喷嘴式雾化器；11—排风风机；12—循环水泵；13—沉淀池；14—水封器；15—洗涤塔；16—旋风分离器；17—叶轮给料机；18—振动筛

图 10-46　喷雾干燥器及其附属设备

工作时，泥浆经泥浆管 4、高位槽 7 送入，在雾化器中，泥浆被分散成许多细小的液滴，热空气从顶部经进气管和热空气分配器进入圆筒内。当热空气与液滴相遇时，彼此之间产生强烈的热量和质量传递，液滴中的水分迅速蒸发，很快成为干燥的粉料，最后沉降至筒体底部，从粉料出口排出。带有少量细粉的干燥尾气则经过旋风分离器等收尘设备将其中的细粉收集后排入大气中。整个系统在负压下操作，可防止粉尘外逸。

图 10-46(b) 为采用喷嘴式雾化器的喷雾干燥器，其工作原理与上述基本相同。

10.2.3.2　雾化器

为了提高喷雾干燥器的干燥效率，要求首先将液态料浆雾化，形成平均直径为几十至几百微米的液滴。这是喷雾干燥的重要环节之一。为此，需要适当的雾化装置，这种能够将液态料浆分散成细小液滴的雾化装置称为雾化器。常用的雾化器有压力喷嘴式雾化器、空气雾化器和离心雾化器三种。

压力喷嘴式雾化器的构造如图 10-47 所示。用压力泵在较高的压力（通常为 2MPa 左右）下将料浆沿切线方向送入雾化器，在雾化器的旋流室中，料浆产生强烈的旋转运动，然后从喷嘴高速喷出，喷出的料浆在空气中由于摩擦作用而被撕裂成若干细小的液滴。

空气雾化器（图 10-48）是利用压缩空气在喷嘴出口处吹散料浆使之成为细小的液滴。空气雾化器给料的压力很低，但需要压缩空气作雾化用。

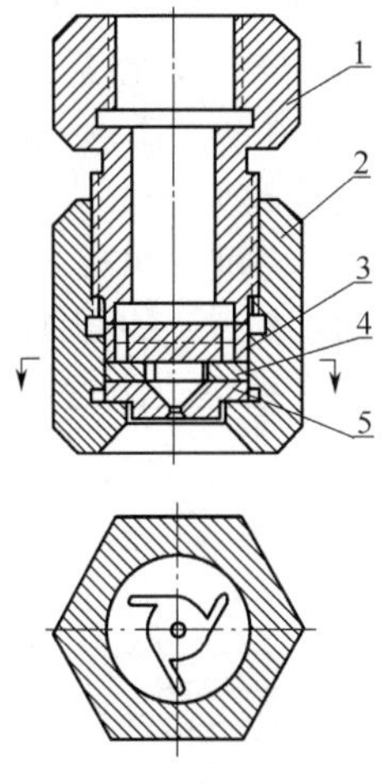

图 10-47　压力喷嘴式雾化器

1—雾化器座；2—压盖；3—导流板；4—切向槽板；5—喷嘴

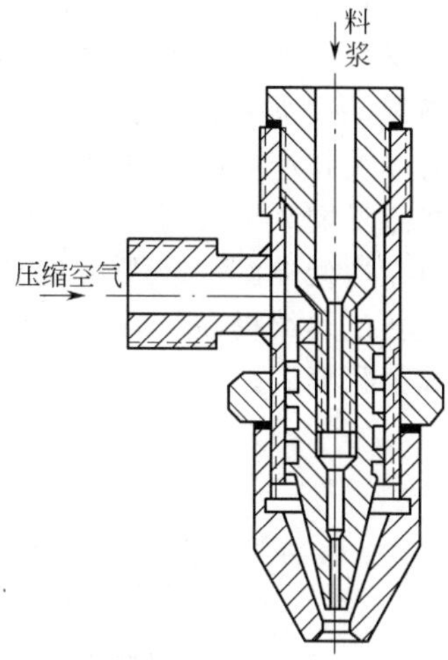

图 10-48　空气雾化器

离心雾化器（图 10-49）是使料浆流入一个高速旋转的雾化盘中，料浆在离心力的作用下从雾化盘中以很高的速度甩出，甩出的料浆与空气摩擦而分裂成液滴。料浆离开雾化盘时形成的液滴是沿水平方向散开的，为了防止液滴碰到干燥器壁而粘接在上面，干燥器必须有足够大的直径。离心雾化器的给料压力也是很低的。陶瓷工业中应用较多的雾化盘的结构如图 10-50 所示。

空气雾化器由于需要供给较多的压缩空气作为雾化介质，因而能量消耗较大（35～70kW·h/t 料浆），一般情况下很少采用。陶瓷工业中主要采用压力喷嘴式雾化器。

(1) 离心雾化器

① 雾化机理　料浆被送到高速旋转的雾化盘后，在离心力等外力作用下被拉成薄膜，同时速度不断增大，最后从盘边缘甩出而成为液滴。

从雾化盘甩出的料浆受两种力的作用而雾化：离心力；空气的摩擦力。

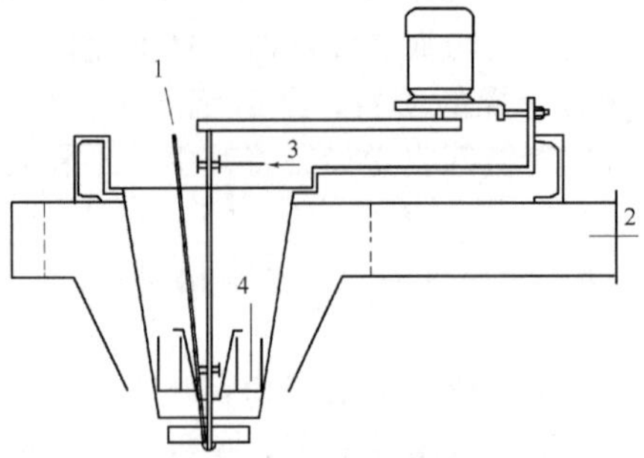

图 10-49　离心雾化器结构示意
1—料浆进口；2—热空气进口；
3—润滑油进口；4—润滑油出口

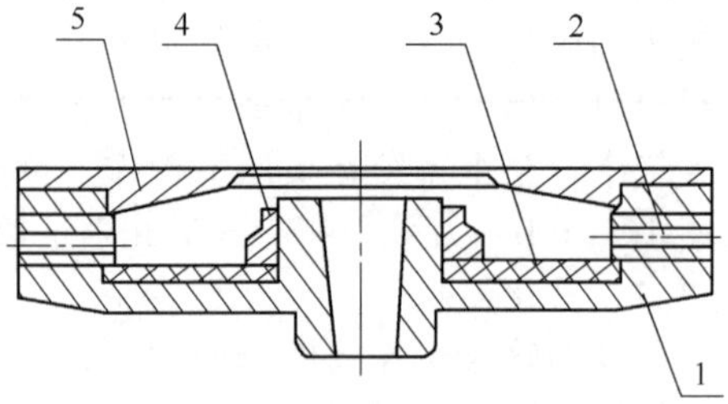

图 10-50　离心雾化器的雾化盘
1—盘体；2—喷嘴（20～24 个）；
3—衬板；4—螺母；5—盘盖

当料浆流量小、雾化盘转速低时，料浆在盘边缘隆起成半球形，球的直径取决于离心力及料浆的黏度和表面张力。当离心力超过料浆的表面张力时，盘边各料浆球直接甩出成为雾状液滴，雾滴中含有大量的大颗粒液滴，如图 10-51(a) 所示。

当料浆流量增大、雾化盘转速升高时，盘边上半球形料浆被拉成许多液丝。随着料浆流量的继续增大，盘边液丝数目也增多，但至一定数量后若再增大料浆流量，液丝只是直径变大，数目却不再增加。在离心力和空气摩擦力的作用下，这些液丝很不稳定，在延伸到离盘边不远处即迅速断裂，成为雾状的细微液滴和许多球形的小液滴，如图 10-51(b) 所示。料浆的黏度和表面张力越大，产生的液滴直径越大，且粗粒液滴所占的比例也越大。

当料浆流量继续增大时，液丝的数目和直径均不再增加，液丝间互相融合成为连续的液膜，液膜由盘边延伸到一定距离后破裂，分散成直径分布较广的液滴，如图 10-51(c) 所示。若雾化盘的转速继续提高，液膜延伸的距离缩短，料浆高速甩出，在盘边附近即与空气强烈摩擦而分裂成雾状液滴。

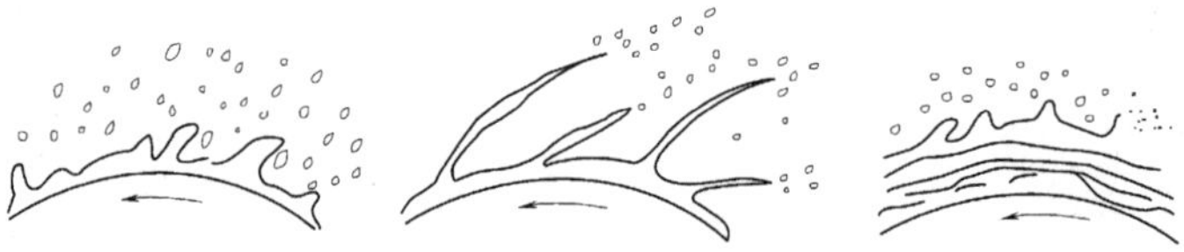

(a) 滴状雾化　(b) 丝状雾化　(c) 膜状雾化

图 10-51　离心雾化器的雾化过程

② 结构形式　雾化盘的结构形式很多，料浆流量不大时，可采用碟形或倒杯形结构。在这种雾化盘中，由于料浆在盘上的滑动较大，料浆不能得到高的速度，产生的液滴较粗，但较均匀。在流量大、转速高的操作条件下，为了减小盘面上料浆的滑动，可在盘面上作出径向浅槽或装上辐射状的径向叶片，这样会使液滴变小，但同时也增大雾化的不均匀性。

当生产能力较大时，合理选择雾化器的结构形式是很重要的。目前常用的形式是在盘上开浅槽或装设喷孔，有时还可采用多层喷孔，以满足大产量的要求。多层孔的结构可保证在喷炬直径不大的条件下增大雾化料浆的数量。

③ 转速　当料浆进入高速旋转的雾化盘时，由于料浆与盘面之间的摩擦作用，料浆被带着一起作旋转运动。与此同时，在离心力的作用下，料浆还从盘的中心移向边缘，因此料浆离开雾化盘时，其绝对速度为切向速度与径向速度的矢量和。然而，对于工业生产实际使用的雾化盘，料浆的径向速度远小于切向速度，故可近似认为，料浆离开雾化盘时的绝对速度等于其切向速度。

对于盘面上有浅槽或叶片的雾化盘，由于浅槽和叶片阻止了料浆的滑动，故料浆的切向速度等于雾化盘的圆周速度。对于平滑的雾化盘，由于料浆在盘面上发生滑动，因此切向速度小于雾化盘的圆周速度。浅槽或叶片的作用效果随料浆流量的增大而增强，随料浆黏度和雾化盘直径的增大而减弱。

雾化盘转速的大小会影响液滴的大小和均匀性。实践证明，当雾化盘的圆周速度较小时（小于 50m/s），产生的液滴很不均匀，喷炬主要由粗液滴和靠近盘边的细液滴组成。液滴的均匀性随转速的增大而增强，当圆周速度达 60m/s 时，则不会出现上述不均匀现象。所以，设计时圆周速度的最小值为 60m/s。通常雾化盘的圆周速度为 100～140m/s。

④ 液滴喷炬的直径　液滴从雾化盘甩出后，在干燥塔的横截面上形成喷炬。液滴喷炬的大小对于确定干燥塔的直径具有重要意义。只有对喷炬有较准确的计算，才能正确地选择所需要的塔径。如果塔径太大，则塔的造价增加，塔的容积不能有效利用，造成浪费；反之，如果塔径太小，则液滴在尚未干燥前就碰到塔壁，造成物料粘接壁上，影响设备的正常运行和产品质量。

液滴喷炬的直径与雾化盘的构造、进料量以及塔内热空气分配器的结构和安装位置等有关，其中雾化盘直径、转速和进料量对喷炬直径的影响可用下面的经验公式计算

$$R_{max}=\frac{3.31d^{0.21}G^{0.2}}{n^{0.16}}\text{(m)} \tag{10-34}$$

式中　R_{max}——99%的液滴沉降至离雾化盘 0.91m 处的喷炬半径，m；

d——雾化盘直径，m；

G——进料量，kg/h；

n——雾化盘转速，r/min。

⑤ 雾化盘所需要的功率　雾化盘需要的功率包括消耗于料浆雾化所需的功率和克服空气摩擦力所需的功率。设料浆离开雾化盘时的切向速度等于雾化盘的圆周速度，雾化盘的效率为 0.5，则消耗于料浆雾化的功率为

$$N_k=7.6Gn^2d^2\times10^{-10}\text{(kW)} \tag{10-35}$$

式中各符号意义如前。

消耗于克服空气摩擦力的功率为

$$n_m=\frac{d^2}{v}\left(\frac{u}{100}\right)^3\text{(kW)} \tag{10-36}$$

式中　u——雾化盘的圆周速度，m/s；

v——空气的比体积，m^3/kg。

⑥ 离心雾化器的技术要求　离心雾化器的转速很高，为了防止振动，雾化器应有平衡要求。

转动零部件的平衡等级用平衡精度来表示。平衡精度相当于其质心的线速度，用下式表示

$$A=e\omega\text{(mm/s)} \tag{10-37}$$

式中　e——转动零部件的偏心距，mm；

ω——转动零部件的角速度，rad/s。

为了保证离心雾化器运转平稳，雾化器的推荐平衡等级为 G6.3，其含义是平衡精度的许用值为 6.3mm/s。为避免动不平衡对雾化器运转的影响，雾化盘的直径 D 与长度 L 之比应大于或等于 5。

离心雾化器的雾化盘与轴组成了一个弹性系统，该系统的力学模型如图 10-52 所示。由机械振动学可知，该系统的各阶临界转速为

$$n_{c\kappa}=0.3\lambda\sqrt{\frac{EJ}{(W_0+\beta W)L^3}}\kappa^2\text{(r/min)} \tag{10-38}$$

$$\beta=\frac{1}{3}(1-\mu)^2\lambda^2$$

式中 $n_{c\kappa}$——系统的 κ 阶临界转速，r/min；

μ——无量纲参数，雾化盘位置与轴长度的比值；

λ——与 μ 有关的系数，由表 10-7 查得；

E——轴的弹性模量，Pa；

J——轴的截面惯性矩，m^4；

L——轴的长度，m；

W——轴的质量，kg；

W_0——雾化盘的质量，kg；

κ——临界转速的阶数，$\kappa=1$，2，…。

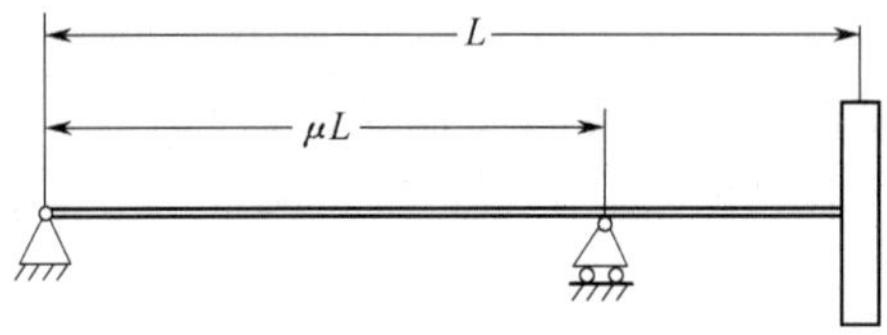

图 10-52 离心雾化器的力学模型

表 10-7 λ 与 μ 的关系

μ	0.5	0.55	0.6	0.65	0.7	0.75	0.8	0.85	0.9	0.95	1
λ	8.716	9.983	11.50	13.13	14.57	15.06	14.44	13.34	12.11	10.92	9.87

为了确保安全运转，防止发生共振，轴的工作转速必须在各临界转速的一定范围以外。一般而言，对于工作转速低于一阶临界转速 n_{c1} 的轴，$n<n_{c1}$；工作转速高于 n_{c1} 而低于 n_{c2} 的轴，$1.4n_{c1}<n<0.7n_{c2}$；其余类推。

对于高于一阶临界转速的轴，在启动和停机过程中要通过共振区，因此需要从结构上采取保证顺利通过共振区的措施。例如，在适当位置加装一档间隙较大的滑动轴承，可以防止通过共振区时产生振幅很大的振动。

高速运转的离心雾化器轴承的润滑非常重要。一般应采用压力润滑，在润滑油的循环回路中要装设过滤器和冷却装置，以保证润滑油的清洁和防止油温过高。

雾化盘承受料浆的强烈磨蚀作用，极易损坏。有关资料介绍，内部衬以耐磨橡胶的雾化盘比铁质的耐磨，使用寿命可达 200h 以上，盘内衬以烧结氧化铝片和采用内伸喷嘴时，使用寿命更长。

离心雾化器是精密的高速设备，造价较高，装拆时不允许用手锤敲打，以免影响精度和造成损坏。

（2）压力喷嘴式雾化器　压力喷嘴式雾化器是一种仅依靠压力驱动的非旋转型的雾化装置，故又常简称为压力喷嘴。压力喷嘴式雾化器主要由旋流室和喷嘴两部分组成。沿着旋流室周边的切线方向开有 2～6 条切向槽，料浆用泵以较高的压力沿切向槽送入旋流室。在旋流室中，料浆高速旋转形成近似的自由涡流，因而愈靠近中心，流速愈大而压力愈小，使得在喷嘴的中心附近料浆破裂形成一根压力等于大气压力的空气柱，料浆在喷嘴内壁与空气柱之间的环形截面中以薄膜的形式喷出。喷出后，随着薄膜的伸长、变薄，拉成细丝，最后细丝断裂面成为液滴。从喷嘴出来的液滴喷炬的形状近似为一个空心圆锥，其锥角称为雾化角。

① 料浆的流量　喷嘴出口处的料浆流速可用下面的水力学中液体从喷嘴流出的公式计算

$$w=\phi\sqrt{\frac{2\Delta p}{\rho_m}} \tag{10-39}$$

式中 w——喷嘴出口处料浆的流速，m/s；

ϕ——喷嘴的速度系数，可近似地取 $\phi=1$；

ΔP——雾化器进出口处料浆的压力差，Pa；

ρ_m——料浆的密度，kg/m^3。

则料浆的流量为

$$Q=\mu A\sqrt{\frac{2\Delta p}{\rho_m}}(m^3/s) \tag{10-40}$$

式中 μ——喷嘴的流量系数，其大小与喷嘴的几何特性参数有关，$\mu=0.2\sim0.8$；

A——喷嘴的横截面积，m^2。

② 雾化角 料浆从喷嘴喷出的速度 w 可分解为轴向速度 w_a 和切向速度 w_t，雾化角 θ 可由下式求得

$$\tan\frac{\theta}{2}=\frac{w_t}{w_a} \tag{10-41}$$

③ 雾化压力 雾化压力高则料浆的流速快，液滴直径随压力增大而减小；同时，压力增大，液滴趋于均匀。在中等压力（小于 2MPa）下，可近似认为液滴直径与雾化压力的 0.3 次方成反比。但在压力很高的情况下，继续提高压力，液滴直径不再随之减小，反而由于液滴离开喷嘴后互相剧烈碰撞，小液滴融合成大液滴，使液滴直径增大。

对于一定形式和大小的喷嘴，雾化压力在很大的范围内变化，而空气柱直径与喷嘴出口直径之比几乎是不变的，即空气柱的直径不受雾化压力的影响。常用的雾化压力为 2～3MPa。

④ 需要的功率 机械雾化器所需的功率为

$$N_k=Q\Delta P/1000(kW) \tag{10-42}$$

式中 Q——料浆的流量，m^3/s；

ΔP——雾化压力，Pa。

⑤ 雾化器的几何尺寸

a. 喷嘴直径 d 雾化器产生的液滴直径与喷嘴的直径有关，在其他条件相同的情况下，喷嘴直径越大，液滴直径也越大。为了得到较细的液滴，喷嘴直径不宜过大，但喷嘴直径过小时，易发生堵塞。喷嘴直径通常为 1.5～2.5mm。

b. 喷孔长度 l 喷孔长度增加时，会加大料浆的流动阻力，一般取 $l/d=0.5\sim1.0$。

c. 切向槽宽度 b 切向槽宽度大，则旋流室中自由涡流的平均速度小，料浆流线紊乱，雾化质量较差；宽度小时，易堵塞，阻力也大。通常可按 $b=(0.5\sim1.0)d$ 选取。

d. 切向槽深度 h 切向槽深度小，则阻力大；深度大时，流线紊乱，影响雾化质量。一般取 $h/b=1.3\sim3$。

e. 切向槽长度 L 切向槽长度太大时，料浆流动阻力大；长度太小时，料浆进入旋流室后流线紊乱，雾化效果不好。通常取 $L/d=3$ 左右。

f. 切向槽数目 n 切向槽数目过多时，加工过程中分度误差和角度存在偏差，会使料浆不能在旋流室中均匀旋转，进而影响雾化质量。一般取 $n=2\sim6$。

g. 旋流室直径 d_0 旋流室的形状有圆柱形和圆锥形两种，前者应用更普遍些。旋流室直径与切向槽宽度之比一般为 $d_0/b=9\sim10$。

压力喷嘴式喷雾干燥器的规格及主要性能见表 10-8。

表 10-8 压力喷嘴式喷雾干燥器的规格及主要性能

型号	干燥塔尺寸				料浆压力/MPa	料浆含水量/%	粉料含水量/%	进气温度/℃	排气温度/℃	单位热耗/(kJ/kg 水)	蒸发率/(kg 水/h)
	内径/mm	高度/mm 圆柱	高度/mm 圆锥	容积/m^3							
TCIP100	2000	6000	1700	20	2					4400～4610	100
TCIP150	2200	6000	11000	35	2					41100～4400	150

续表

型　号	干燥塔尺寸				料浆压力/MPa	料浆含水量/%	粉料含水量/%	进气温度/℃	排气温度/℃	单位热耗/(kJ/kg 水)	蒸发率/(kg 水/h)
	内径/mm	高度/mm		容积/m^3							
		圆柱	圆锥								
TCIP300	2500	6600	2000	80	2	35	1	450	85	31080～41100	300
TCIP500	4000	6600	3000	100	2					3770～31080	500
TCIP1000	5500	7000	3500	180	2					3560～3770	1000
TCIP1500	6000	7000	4800	240	2					3440～3600	1500
TCIP2000	6500	7000	5500	300	2					3400～3560	2000
TCIP2500	7000	7000	5800	350	2	55	8	550	100	3350～3560	2500
TCIP3200	7500	7000	6000	410	2					3270～3350	3200

表 10-9 列出了离心雾化器与压力喷嘴式雾化器的性能对比。

表 10-9　离心雾化器与压力喷嘴式雾化器的性能对比

项目	离心雾化器	压力喷嘴式雾化器
干燥塔直径	大	小
干燥塔高度	小	大
供料压力	低	高
产品粒度	较小	较大
产品容积密度	较小	较大
产品温度	较低，低于干燥尾气温度	较高，高于干燥尾气温度
生产能力	大	小
操作弹性	大	小
操作可靠性	较好	较差，喷嘴易磨损和堵塞

(3) 干燥塔的结构尺寸　干燥塔的几何形状基本上是一样的，上部为圆柱形，下部为锥角为 60°的圆锥形。

塔的外壳由普通钢板制成，内部为耐热、耐腐蚀材料制作的内筒，在外壳与内筒之间充以矿渣棉或珍珠岩保温材料。

塔的直径应大于液滴喷炬的最大直径，以防止物料粘接于壁上；同时，还要使塔内空气流速控制在 0.2～0.5m/s 范围内。

塔的高度应保证液滴与热空气有足够的接触时间，使之成为含水量合乎要求的产品。

一般而言，假定液滴在塔内的停留时间等于热空气在塔内的平均停留时间。热空气在塔内的平均停留时间为

$$t=V/Q(\mathrm{s}) \tag{10-43}$$

式中　Q——热空气的流量，以排气状态计，m^3/s；

V——塔的有效容积，m^3。

热空气在塔内的停留时间应大于液滴干燥所需时间。根据产品的性质和液滴大小的不同，设计时可取 $t=8\sim15$s。

如图 10-53 所示，干燥塔圆锥部分的高度为

$$H=\frac{D-d}{2}\tan60°=\frac{\sqrt{3}(D-d)}{2} \tag{10-44}$$

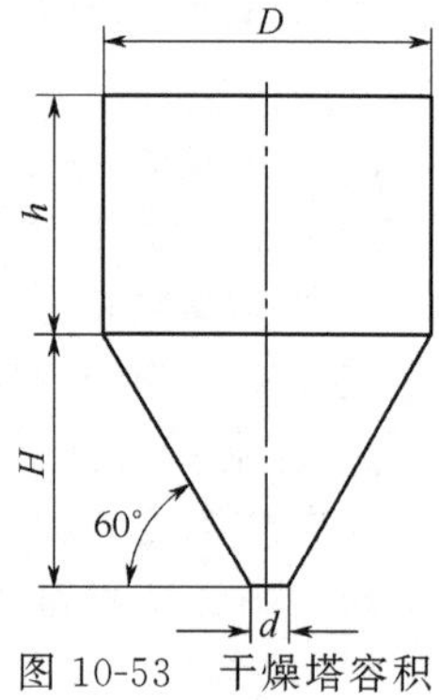

图 10-53　干燥塔容积的计算

容积为

$$V_1'=\frac{\pi}{12}(d^2+dD+D^2) \tag{10-45}$$

由于排气管一般装在产品出口的上部，热空气并未通过塔的全部容积就已进入排气管，塔的容积未全部利用，有效容积 V_1 为

$$V_1=\eta_v V_1' \tag{10-46}$$

式中 η_v——干燥塔的容积利用系数，随排气管的装设情况而定，计算时可取 $\eta_v=0.5\sim0.8$。

圆柱形部分的有效容积 V_2 为

$$V_2=V-V_1$$

有效高度 h 为

$$h=\frac{4V_2}{\pi D^2} \tag{10-47}$$

对于采用离心雾化器的干燥塔，圆柱部分的实际高度要适当增大；对于采用压力喷嘴式雾化器的干燥塔，塔的高度应大于喷炬长度，以防物料粘接于壁上。

比较简单而实用的确定干燥塔容积的方法是根据干燥塔中蒸发强度的经验值来计算。蒸发强度是指干燥塔内单位容积单位时间内蒸发的水分。干燥塔的蒸发强度随进气温度的升高而增大，见表 10-10。

表 10-10 干燥塔的蒸发强度

进气温度/℃	蒸发强度(以水计)/[kg/(h·m³)]
130～150	2～4
300～400	8～12
500～700	15～25

干燥塔的容积

$$V=G_w/A(m^3) \tag{10-48}$$

式中 G_w——蒸发率（以水计），kg/h；

A——蒸发强度（以水计），kg/h·m^3。

(4) 热空气分配器 以水计热空气分配器对设备的操作和产品质量有较大影响。离心喷雾干燥器中热空气分配器的设计应注意以下几点。

① 分配器应向液滴喷炬的根部送入热空气。其好处是：温度最高的热空气与含水量最大的液滴相遇，水分急剧蒸发，干燥速度快；热气流调节了喷炬的形状和尺寸，使物料迅速转为向下运动，不易发生物料粘接壁上的现象；热空气与物料混合得较为均匀。

② 热空气应均匀地送入塔内，防止造成涡流。为此，在进口处可考虑装设导流板。

③热空气最好以轻度旋转进入塔内，这样可减少气流与喷炬相碰撞而产生扰动和造成旋涡，从而减少物料黏结在塔顶的现象发生。

④ 热空气不要沿径向或切向送入塔内。

(5) 排气管的装设形式 排气管的装设形式（图 10-54）一般有两种：中心排气；环状排气。中心排气的排气管深入锥底，进口处空气中粉料含量高，气流速度也高，故排气中夹带较多的粉尘，但由于排气管的进口向下，位置很低，对塔内空气流动的影响较小，塔容积利用率也较高。环状排气时，空气经塔底的环形出口进入排气管，空气速度较低，夹带粉尘较少，但塔的容积利用率较低。选择何种排气形式应根据产品性质及设置在干燥塔后面的收尘器的能力而定。

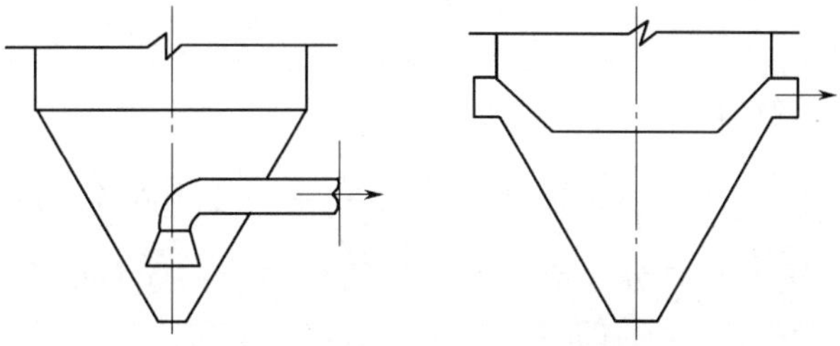

(a) 中心排气 (b) 环状排气

图 10-54 排气管装设的基本形式

第11章 粉体分级及设备

生产实际中，常遇到为满足工艺要求而将粉体按不同粒度区间进行粒度分级（有时也称选粉）的问题。本章将介绍粒度分级的原理及相关设备。

11.1 分级和分离理论

对于分级或分离设备而言，其性能评价不外乎分级和分离的技术效果和经济效果两方面的考察。下面主要介绍技术性能的评价方法及指标。

11.1.1 分离效率

(1) 分离效率的定义　分离后获得的某种成分的质量与分离前粉体中所含该成分的质量之比称为分离效率。用下式表示

$$\eta=\frac{m}{m_0}\times 100\% \tag{11-1}$$

式中　m_0，m——分离前粉体中某成分的质量和分离后获得的该成分的质量；

η——分离效率。

分离效率的实用公式中式(11-1) 明确反映了分离效率的实质，但在实际应用中并不方便，原因是工业连续生产中处理的物料量一般较大，m_0 和 m 不易称量；即使能够称量，分离产品中也不可能完全包含目标颗粒，总有少量其他成分的颗粒。下面以粒度分级为例推导分离效率的实用公式。

设分级前粉体、分级后细粉和粗粉的总质量分别为 F、A、B，其中合格细颗粒的含量分别为 x_f、x_a、x_b，又假定分级过程中无损耗，则根据物料质量平衡，有

$$F=A+B \tag{11-2}$$

$$x_fF=x_aA+x_bB \tag{11-3}$$

将以上两式联立，可解得

$$\eta=\frac{x_aA}{x_fF}\times 100\%=\frac{x_a(x_f-x_b)}{x_f(x_a-x_b)}\times 100\% \tag{11-4}$$

式(11-4) 表明，分级效率与分级前、后三种粉体中合格颗粒的含量百分数有内在联系，换言之，分级效率的提高有赖于 x_a 的增大和 x_b 的减小。

(2) 综合分级效率（牛顿分级效率）η_N　牛顿分级效率综合考察合格细颗粒的收集程度和不合格粗颗粒的分离程度，该指标似乎更能确切地反映分级设备的分级性能，其定义为：合格成分的收集率减去不合格成分的残留率。数学表达式为

$$\eta_N = \gamma_a - (1-\gamma_b) = \gamma_a + \gamma_b - 1 \tag{11-5}$$

因为
$$\gamma_a = \frac{x_a A}{x_f F} \qquad \gamma_b = \frac{B(1-x_b)}{F(1-x_f)}$$

$$A/F = \frac{x_f - x_b}{x_a - x_b} \qquad B/F = \frac{x_a - x_f}{x_a - x_b}$$

所以
$$\eta_N = \frac{(x_f - x_b)(x_a - x_f)}{x_f(1-x_f)(x_a - x_b)} \tag{11-6}$$

可以证明，牛顿分级效率的物理意义是：分级粉体中能实现理想分级（即完全分级）的质量比。

(3) 部分分级效率　将粉体按粒度特性分为若干粒度区间，分别计算出的各区间颗粒的分离率，以 η_p 表示。

如图 11-1(a) 所示，曲线 a、b 分别为原始粉体和分级后粗粉部分的频率分布曲线。设任一粒度区间 d 和 $d+\Delta d$ 之间的原始粉体和粗粉的质量分别为 w_f 和 w_b，则以粒度为横坐标，以 $w_b/w_f \times 100\%$ 为纵坐标，可绘出如图 11-1(b) 所示的曲线 c。该曲线称为部分分级效率曲线。

11.1.2 分级粒径（切割粒径）

在图 11-2 中，曲线 1 为理想分级曲线，曲线 2、3 为实际分级曲线。曲线 1 在粒径 d_c 处发生跳跃突变，意味着分级后 $d>d_c$ 的粗颗粒全部位于粗粉中，并且粗粉中无粒径小于 d_c 的细颗粒，而细粉中全部为 $d<d_c$ 的细颗粒，无粒径大于 d_c 的粗颗粒。这种情况犹如将原始粉体从粒径 d_c 处截然分开一样，所以 d_c 称为切割粒径。习惯上，将部分分级效率为 50% 的粒径称为切割粒径。

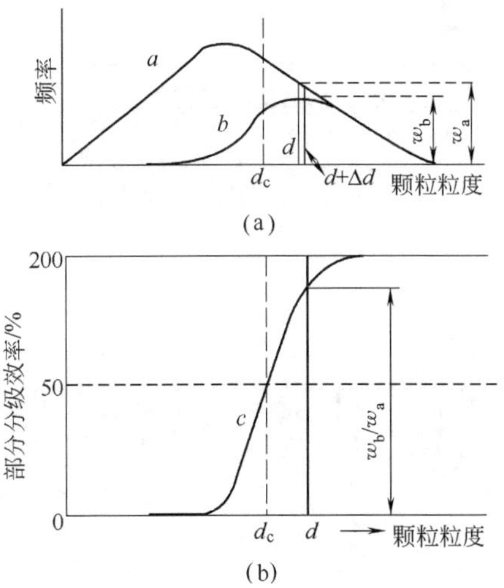

图 11-1　部分分级效率曲线（一）

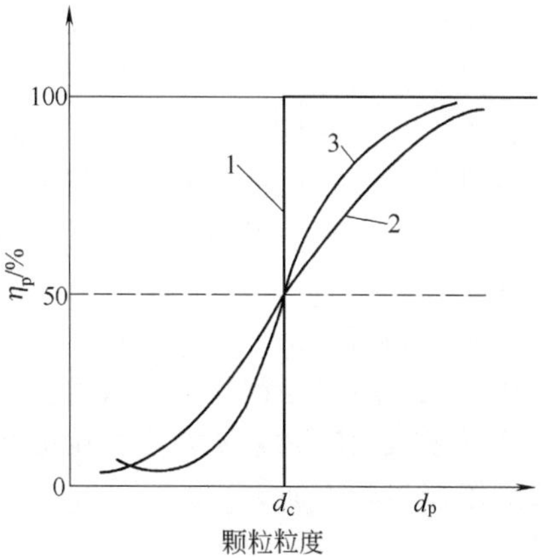

图 11-2　部分分级效率曲线（二）

1—理想分级曲线；2，3—实际分级曲线

11.1.3 分级精度

从图 11-2 中可以看到，实际分级结果与理想分级结果的区别表现在部分分级曲线相对于曲线 1 的偏离，其偏离的程度即曲线的陡峭程度可以用来表示分级的精确度，即分级精度。为了便于量化，将分级精度定义为部分分级效率为 75% 和 25% 的粒径 d_{75} 和 d_{25} 的比值，用字

母 χ 表示。

即 $$\chi=d_{75}/d_{25}$$

或 $$\chi=d_{25}/d_{75} \tag{11-7}$$

当粒度分布范围较宽时，分级精度可用 $\chi=d_{90}/d_{10}$ 或 $\chi=d_{10}/d_{90}$ 表示。对于理想分级，$\chi=1$。显然，实际分级情形时，χ 值越接近于 1，其分级精度越高；反之亦然。

11.1.4 分级效果的综合评价

判断分级设备的分级效果应从上述几个方面综合判断。譬如，当 η_N、χ 相同时，d_{50} 越小，分级效果越好；当 η_N、d_{50} 相同时，χ 值越小，即部分分级效率曲线越陡峭，分级效果越好。如果分级产品按粒度分为二级以上，则在考察牛顿分级效率的同时，还应分别考察各级别的分级效率。

11.2 筛分设备

11.2.1 概述

筛分一般适用于较粗物料（粒度大于 0.05mm）的分级。在筛分过程中，大于筛孔尺寸的物料颗粒被留在筛面上，该部分物料称为筛上料；小于筛孔尺寸的物料颗粒通过筛孔筛出，这部分物料称为筛下料。筛分之前的物料称为筛分物料。

为了将固体颗粒混合物分离成若干粒度级别，应使用一系列不同大小筛孔的筛面。当筛面数目为 n 时，可以分出（$n+1$）个级别的产品。各种不同孔径的筛面组合在一起称为筛序。通常有下列三种筛序，如图 11-3 所示。

（1）由粗到细的筛序［图 11-3(a)］ 这种筛序的优点是筛面由粗到细重叠布置，因而节省厂房面积；粗物料不接触细筛网可减轻细筛网的磨损；同时，较难筛的细颗粒很快通过上层粗筛筛面因而筛面不易堵塞，有利于提高筛分质量。其缺点是维修不方便。

（2）由细到粗的筛序［图 11-3(b)］ 与上述相反，由于粗颗粒接触细筛网，致使细筛网不仅易磨损，还易被较大颗粒堵塞，降低筛分效率。但容易布置，维修也较方便。

（3）混合筛序［图 11-3(c)］ 这种筛序是上述两种筛序的组合，具有二者的优点。

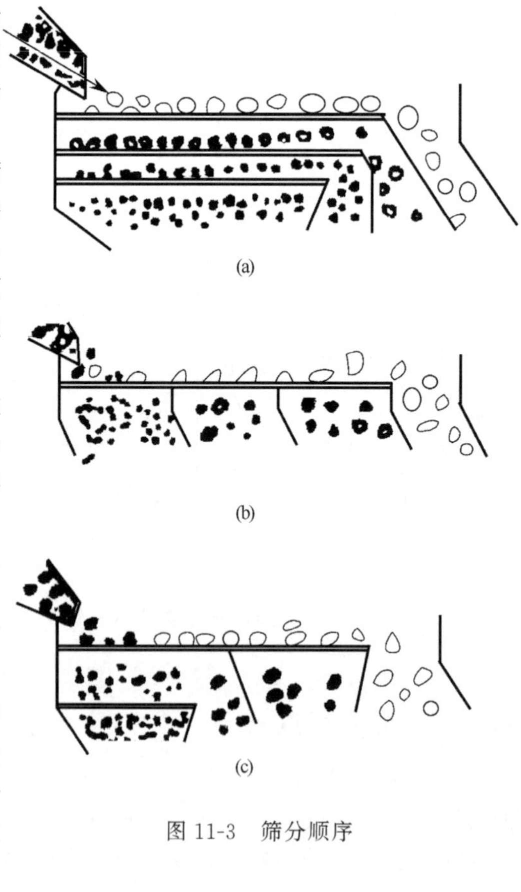

(a)

(b)

(c)

图 11-3 筛分顺序

筛分作业通常与粉碎作业相联系，按其作用可分为预筛分和检查筛分两种，如图 11-4 所示。

预筛分是在给料进入粉碎机之前进行的筛分作业。其作用是：预先分离出给料中的细颗粒，防止过粉碎，并提高粉碎机的生产能力。但设置预筛分会增加厂房的高度，所以在粉碎机生产能力较大时，一般不设预筛分。

检查筛分是为了控制粉碎产品的细度以及充分发挥粉碎设备的生产能力。

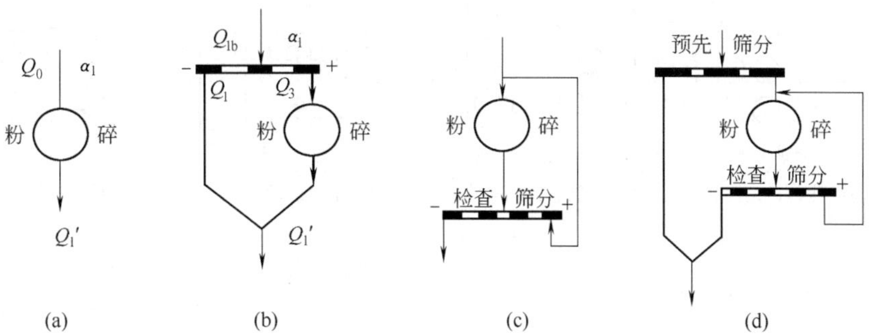

图 11-4　预筛分和检查筛分示意图

11.2.1.1　筛分机械的分类

筛分机械的类型很多，按筛分方式可分为干式筛和湿式筛；按筛面的运动特性，可分为振动筛（包括旋摆运动、直线运动和圆运动振动筛）、摇动筛（包括旋动筛和直线摇动筛）、回转筛（包括圆筒筛、圆锥筛、角柱筛和角锥筛）和固定筛（包括固定弧形筛、固定格筛和固定棒条筛）。

11.2.1.2　筛面

筛面是筛分机械的主要工作部件，正确选择筛面对于提高筛分质量具有重要意义。筛分机械所用的筛面一般按被筛分物料的粒度和筛分作业的工艺要求采用棒条筛面、板状筛面、编织筛面、波浪形筛面和非金属筛面等。

(1) 筛栅　筛栅由相互平行的按一定间隔排列的金属棒条组成，图 11-5 显示了筛栅及其断面形状。这种筛面通常用在固定筛式重型振动筛上，又分为固定格筛和条筛两种。固定格筛一般水平安装在粗料仓上部。固定条筛的筛面与水平面成一角度倾斜安装，倾角应大于物料的安息角以使其能够沿筛面自动下滑或滚动，一般为 30°～60°。条筛的孔尺寸约为要求筛下粒度的 1.1～1.2 倍，一般筛孔尺寸不小于 50mm。条筛的长度 L 由宽度 B 确定，一般而言，$L=2B$，B 取决于给料口尺寸，并应大于最大给料粒度的 2.5 倍。

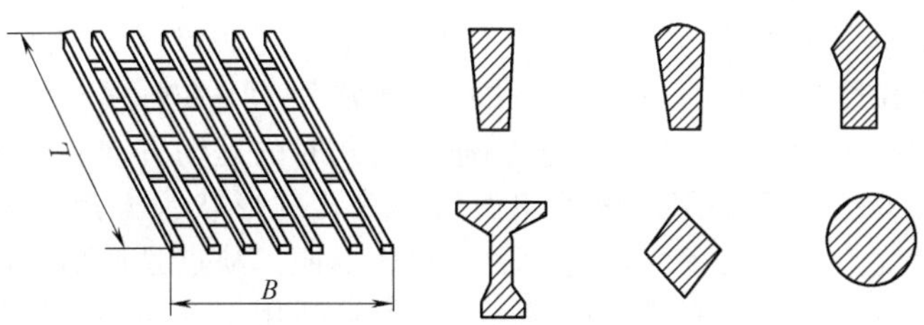

图 11-5　筛栅及其断面形状

条筛结构简单，无运动部件，不需要动力。但筛孔易堵塞，需要的高差大，筛分效率一般为 50%～60%。

(2) 板状筛面　板状筛面通常由厚度为 5～12mm 的钢板冲制出方形、长方形或圆形筛孔而成。筛孔可以是平行排列［图 11-6(a)、(c)］，也可以呈三角形排列［图 11-6(b)、(d)］。为了保证足够的强度及耐磨损，孔壁之间的最小距离 s 不小于某一定值。在相同的筛孔尺寸和壁厚情形下，筛孔呈三角形排列的筛面的有效面积较大。长方形筛孔的筛面与方形或圆形筛孔的筛面相比较，其优点是开孔率大，生产能力大，可减轻筛孔堵塞的现象。但长方形筛孔的筛面只能在筛分物料粒度要求不太严格的情况下使用。板状筛面的筛孔开孔率 φ 可按下式计算。

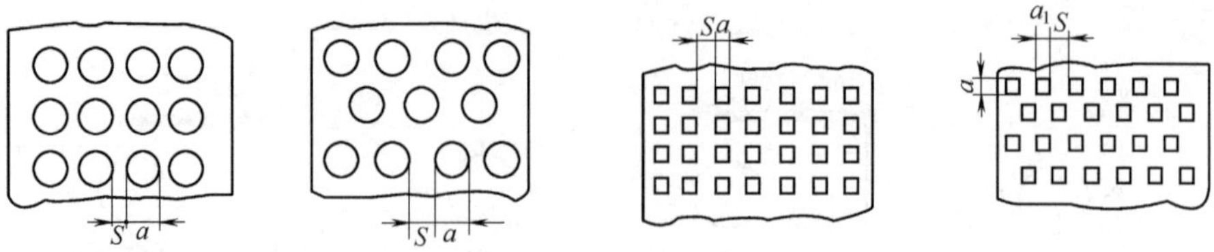

(a) 平行排列筛孔　(b) 三角形排列筛孔　(c) 平行排列方孔　(d) 三角形排列方孔

图 11-6　冲孔筛板

对于平行排列的圆形筛孔

$$\varphi=\frac{0.785a^2}{(a+s)^2}\times 100\% \tag{11-8}$$

式中　a——筛孔直径；

s——孔壁之间的最小距离。

对于三角形排列的圆形筛孔

$$\varphi=\frac{0.905a^2}{(a+s)^2}\times 100\% \tag{11-9}$$

对于平行排列的方形筛孔

$$\varphi=\frac{a^2}{(a+s)^2}\times 100\% \tag{11-10}$$

式中　a——筛孔边长。

对于边长为 a、a_1 的长方形筛孔

$$\varphi=\frac{aa_1}{(a+s)^2(a_1+s)^2}\times 100\% \tag{11-11}$$

式中　a，a_1——筛孔边长。

筛板的厚度可按下式近似计算

$$t\leqslant 0.625a \tag{11-12}$$

式中　t——筛板厚度，mm；

a——筛孔尺寸，mm。

板状筛面的优点是比较牢固，刚度大，使用寿命长。缺点是开孔率较小，约为 40%～60%，一般用于中等粒度的物料的筛分，筛孔尺寸通常为 12～50mm。为使细颗粒顺畅地通过筛孔，冲孔筛板的筛孔一般上小下大，且物料通过筛孔时的运动方向有一定的倾斜度。

(3) 编织筛面　编织筛面是用钢丝编织而成。筛孔的形状为方形或长方形，开孔率可达 95%左右。编织筛的优点是开孔率高，重量轻，制造方便。缺点是使用寿命较短。为了提高其使用寿命，钢丝材料可采用弹簧钢或不锈钢。编织筛面适用于中细物料的筛分。

筛孔大小可用筛目数 M 表示，也可用 1cm^2 面积上所具有的筛孔数表示。

$$K=\left(\frac{M}{2.5}\right)^2 \tag{11-13}$$

式中　K——1cm^2 面积上的筛孔数；

M——筛目数。

11.2.2　回转筛

回转筛由筛网或筛板制成的回转筒体、支架和传动装置等组成。按筒形筛面的形状有圆筒筛、圆锥筛、多角筒筛（一般为六角形）和多角锥筛四种，如图 11-7 所示。

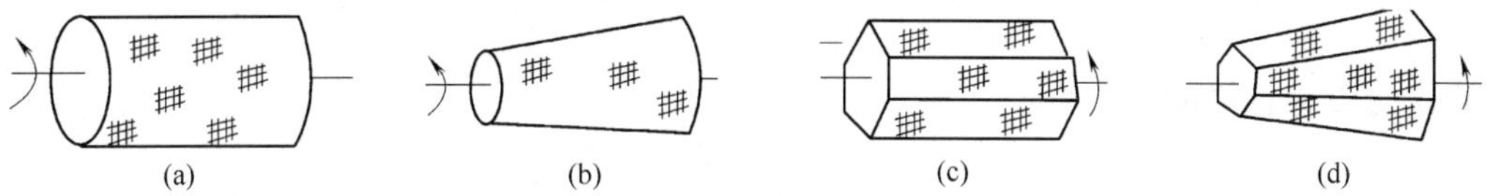

图 11-7 筒筛形式

下面用图 11-8 所示的六角锥形辊筒筛说明这类筛机的构造和工作原理。

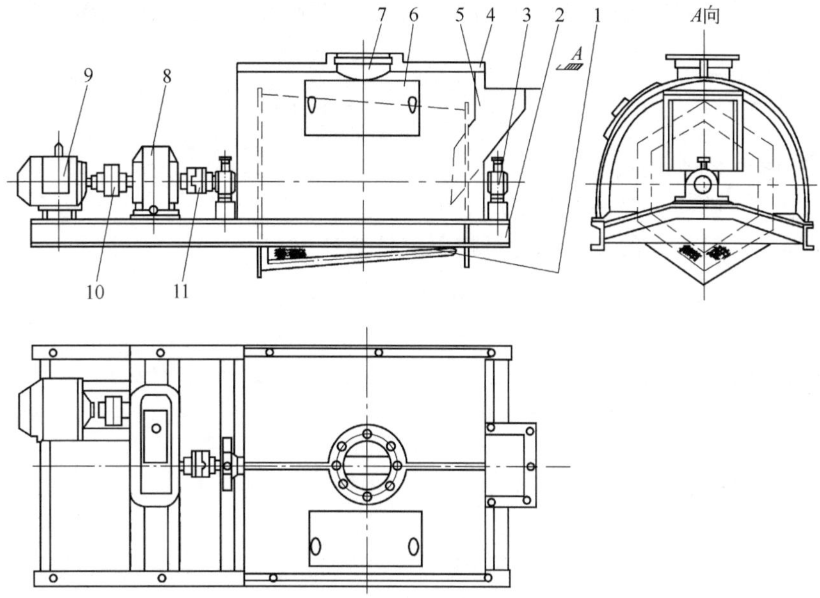

图 11-8 六角锥形辊筒筛结构示意图

1—筛筒；2—底座；3—轴承；4—筛罩；5—加料斗；6—孔盖；7—吸尘管接口；8—减速器；9—电动机；10—弹性联轴器；11—浮动盘联轴器

筛筒 1 是筛机的工作部分，支承在底座 2 上面的轴承 3 上，筛网为六角正接锥台形，由主轴、筛筒骨架及六块金属筛网组成，金属筛网用螺钉和压条固定在筛筒骨架上，可根据需要更换。筛罩 4 覆盖于筛筒外面，以防止筛机工作时粉尘飞扬，罩的一端有加料斗 5，其侧面有检视孔，工作时用孔盖 6 封闭，罩的上部有为安装吸尘装置而设的吸尘管接口 7，电动机 9 和减速器 8 带动筛筒的主轴回转，使筒筛获得需要的回转速度。底座 2 用型钢焊成，筛筒、轴承、筛罩、减速器及电动机等均固定在底座上。

工作原理：物料在回转筒内由于摩擦作用而被提升至一定高度，然后因重力作用沿筛面向下滚动，随之又被提升，因此物料在筒内的运动轨迹呈螺旋形。在不断下滑翻滚转动过程中，细颗粒通过筛孔落入筛下，大于筛孔尺寸的筛上料则自筛筒的大端排出。

与圆筒筛相比，多角筒筛的筛分效率较高，原因是物料在筛面上有一定的翻倒现象，会产生轻微的抖动。圆柱形筒筛比锥形筒筛容易制造，但为了使筒内物料能够沿轴向移动，必须倾斜安装，使之与水平面成 4°～9°的倾角，这会给安装带来一定困难。

回转筛的特点：工作平稳，冲击和振动小，易于密封收尘，维修方便。主要缺点是筛面利用率较低，工作面仅为整个筛面的 1/8～1/6。与同等产量的其他筛分机械相比较，它的体形较大，筛孔易堵塞，筛分效率低。

主要参数计算如下。

（1）筒筛的直径和长度　一般认为，筛筒直径 D 应大于最大给料粒径 d_{max} 的 14 倍，即

$$D \geqslant 14d_{max} \tag{11-14}$$

筒体的长度通常按下式选取

$$L=(3\sim5)D \tag{11-15}$$

增加筒体长度可以延长物料在筛面上的滑动路程，提高筛分效率。实践证明，多数筛下料在进料端 0.6m 之内已大部分被筛除，故筒体不宜过长，一般取 1640～2100mm。

（2）筛机的转速　回转筛主轴转速是一个主要参数，转速越高，物料在筒内升得越高，其下滑路程也越长，越有利于筛分效率的提高。但若转速过高，由于离心力过大而使物料附于筛面一起转动而不再下滑，筛分效率反而下降。因此，必须合理确定筛机的转速。通常在下列范围内选取

$$n=(8\sim14)\frac{1}{\sqrt{R}}(\mathrm{r/min}) \tag{11-16}$$

式中　R——筒体内半径，m。

玻璃行业中六角筛的转速一般为 20～30r/min。

（3）生产能力　筒形筛的生产能力可按下式计算

$$Q=720\rho_s\mu n\sqrt{R^3h^3}\tan\alpha(\mathrm{t/h}) \tag{11-17}$$

式中　Q——生产能力，t/h；

ρ_s——物料密度，t/m^3；

μ——松散系数，一般取 0.4～0.6；

n——转速，r/min；

h——物料层最大厚度，m；

α——圆筒筛的倾角，(°)。

通常，筒体的倾角为 5°～19°，料层厚度为 2.5～5cm。若倾角过大或料层过厚，会使筛分效率降低。另外，过大的倾角还会导致轴承的轴向推力增大。

11.2.3　摇动筛

结构和工作原理：摇动筛工作时，物料颗粒主要是作平行于筛面的运动。为了实现物料与筛面的相对滑动，一般用曲柄连杆机构传动。图 11-9 是单筛框摇动筛，它只有一个筛框，筛框上可设一层或两层筛网。图 11-9(a)、(b)、(c) 分别采用滚轮支承、吊杆悬挂和弹性支承。

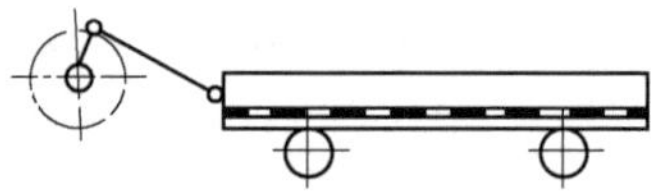
(a) 滚轮支承摇动筛

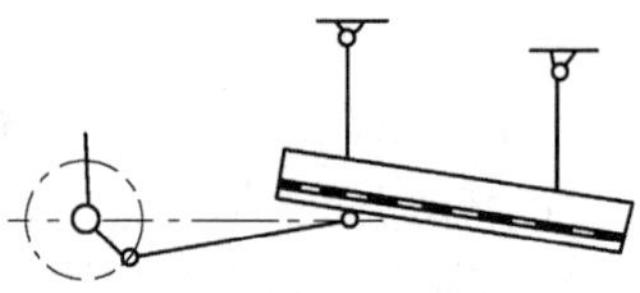
(b) 吊杆悬挂摇动筛

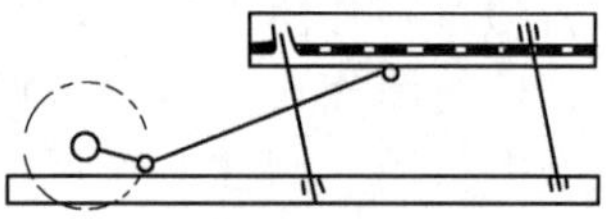
(c) 弹性支承摇动筛

图 11-9　三种典型的摇动筛原理图

电动机通过带轮传动（图中未画出）使偏心轴旋转，然后用连杆带动筛框作定向往复运动。物料由筛面靠近传动装置一端加入，细颗粒物料通过筛孔落至筛下，筛上物由筛面另一端排出。筛面的安装角度视物料性质而异，一般为 9°～20°。

主要参数的计算如下。

（1）偏心轴转速　筛面运动速度在很大程度上直接影响筛分机的筛分效率和处理能力。速度过低时，物料会在筛面上呈相对静止状态（即物料随同筛面一起运动），因而不能进行筛分。若速度过高，则物料颗粒较难通过筛孔；同时，料粒会飞出筛外，同样不能进行有效筛分。偏心轴的适宜转速可按下式计算

$$30\sqrt{\frac{f\cos\alpha+\sin\alpha}{r}}\geqslant n\geqslant 30\sqrt{\frac{f\cos\alpha-\sin\alpha}{r}} \tag{11-18}$$

式中 α——筛面倾角，(°)；

r——偏心距，m；

f——物料与筛面的摩擦系数，平均取 0.3，对很细和湿的物料取 0.6。

摇动筛行程大小由偏心距决定。偏心距不宜过大，以免物料过快地通过筛面而影响筛分效率，一般不大于 40～50mm。摇动筛的筛分效率一般不超过 70%～80%。

（2）生产能力　处理能力与物料水分、筛面上的料层厚度、物料的颗粒组成、筛网规格、物料在筛面上的停留时间及操作方法等因素有关。一般只能根据筛子的输送能力确定，可按下式计算

$$Q=3600Bhv\mu\rho_s\,(\mathrm{t/h}) \tag{11-19}$$

式中 B——工作筛面宽度，m；

h——筛面上的物料厚度，m；

v——筛面上的物料移动速度，m/s；

μ——松散系数；

ρ_s——物料的密度，t/m^3。

11.2.4 振动筛

振动筛是目前各工业中应用更广泛的一种筛机。它与摇动筛最主要的区别在于振动筛的物料振动方向与筛面成一定角度，如图 11-10 所示，而摇动筛的运动方向基本上平行于筛面。振动筛工作时，物料在筛面上主要是作相对滑动。振动筛的运动特性有助于筛面上的物料分层，减少筛孔堵塞现象，强化筛分过程。这类筛机有如下优点。

① 筛体以小振幅（振幅一般为 0.5～5mm）、高频率（振次为 600～3000 次/min）作强烈振动，消除物料堵塞现象，使筛机具有较高的筛分效率和处理能力。

② 动力消耗小，构造简单，维修方便。

③ 使用范围广，不仅可用于细筛，也可用于中、粗筛分；还可用于脱水和脱泥等分离作业。

振动筛因其结构和筛框运动轨迹不同，大致分为下列类型（表 11-1）。

① 单轴惯性振动筛　包括偏心振动筛、自定中心振动筛和圆形空间旋转筛。

② 双轴惯性振动筛　包括双轴强制式机械同步振动筛和双电机自同步振动筛。

③ 电磁筛。

④ 概率筛。

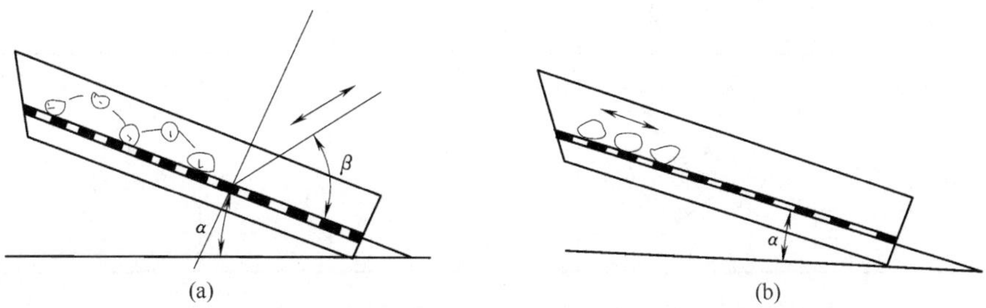

图 11-10　振动筛和摇动筛运动的区别

α—安装角，即筛面与水平面的夹角；β—振动方向角，即筛面与振动方向的夹角

表 11-1 振动筛主要类型

分类	名称	简图	驱动方式	筛面运动形式	说明
单轴惯性振动筛	偏心振动筛	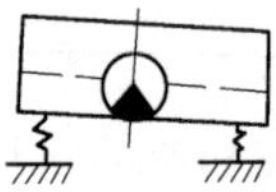	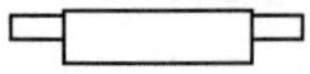	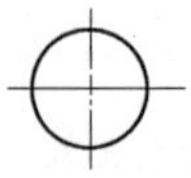	
	单轴惯性振动筛（椭圆型）	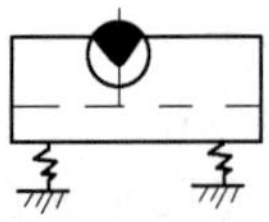	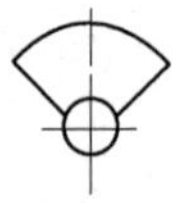	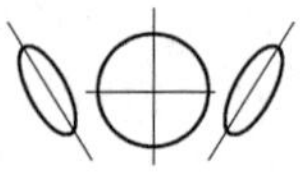	适用中、小型
	单轴惯性振动筛（直线型）	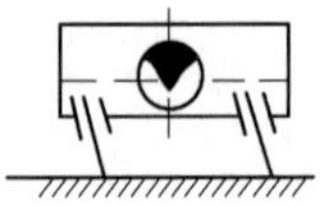	偏心块		筛框用弹性杆件支撑
	单轴共振式惯性振动筛	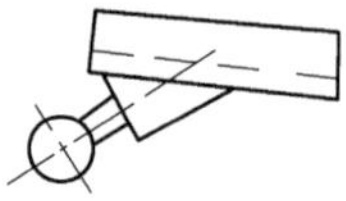	振动电机式偏心块	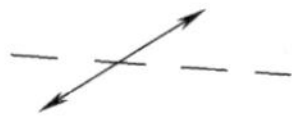	一个振动电机用弹性元件与机体连接，在共振下工作
	单轴圆形空间旋转筛	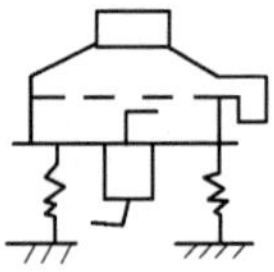	偏心块	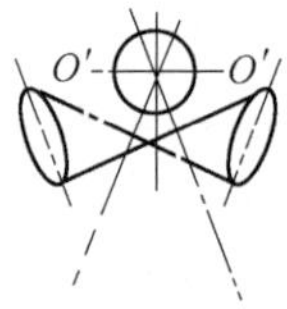	一个电机驱动上下偏心块筛体作空间旋摆振动
双轴惯性振动筛	双轴强制式机械同步振动筛	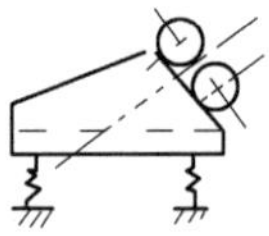		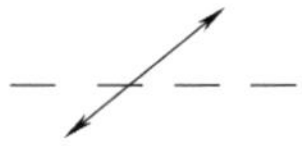	
	双电机自同步振动筛	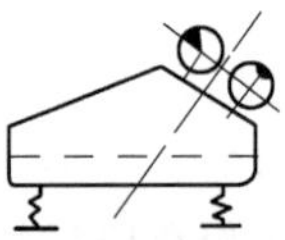	偏心块	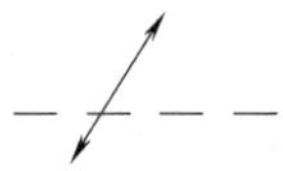	两轴间无机电联系，靠力学原理达到自同步
电磁振动筛	—	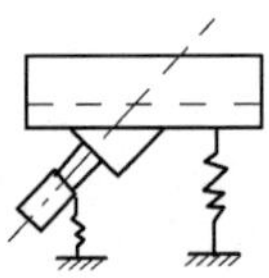	电磁铁	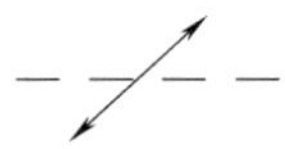	电磁振动器使筛体振动
概率筛	—	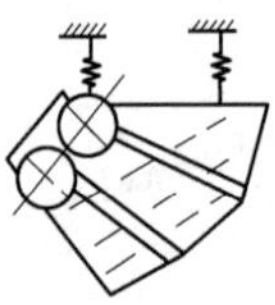	振动电机式偏心块	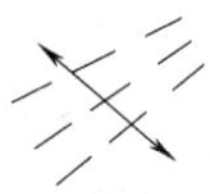	筛面倾斜率依次加大，筛孔逐渐依次减小

（1）单轴惯性振动筛 单轴惯性振动筛分为纯振动筛（或偏心振动筛）[图 11-11(a)]和自定中心振动筛，后者又分为轴承偏心式[图 11-11(c)]和带轮偏心式[图 11-11(d)]两种。

图 11-11（a）为单轴纯振动筛示意图。电动机 1 通过带轮 2 和 3 使主轴 9 旋转，主轴安装在滚动轴承座 10 上，由于主轴旋转，固定在主轴上的飞轮 7 上装有偏心重块 8，便产生惯性

离心力，使筛箱产生振动。4、5 分别为筛网和悬吊弹簧。如图 11-11(b) 所示，物料从左上方加入，筛上料从筛面右端排出，筛框加料端和排料端作闭合椭圆运动，中间为圆运动。这种振动筛工作时，带轮与筛箱一起振动，这样必然导致 V 带轮反复伸缩，从而使 V 带损坏，同时也使电动机主轴受力不良。

图 11-11(c) 是轴承偏心式自定中心振动筛，悬吊弹簧 5 将筛箱 6 倾斜悬挂在固定的支架结构上，电动机 1 经 V 带带动。主轴转动时，不平衡重块产生的离心力和筛箱回转时所产生的离心力平衡，此时，筛箱绕主轴 O-O 作圆周运动。由于主轴的偏心距等于筛箱的振幅，故筛箱振动时，主轴中心线和带轮 3 的空间位置保持不变，因此，V 带工作条件得到改善，筛箱的振幅允许较大。

图 11-11(d) 是带轮偏心式自定中心振动筛，主轴 9 与带轮 3 相连时，在带轮上所开的轴孔的中心与带轮几何中心不同心，而是向着偏心重块 8 所在位置的对面，偏心带轮几何中心偏离一个偏心距 A，A 为振动筛的振幅。因此，当偏心重块 8 在下方时，筛箱 6 及主轴 9 的中心线在振动中心线 O-O 之上，距离为 A；同样，由于轴孔在带轮上是偏心的，因此仍然使得带轮 3 的中心 O 总是保持与振动中心线相重合，因而空间位置不变，即实现带轮自定中心，使大小带轮中心距不变，消除 V 带时紧时松现象，使筛子的振动频率稳定，V 带的使用寿命延长。

单轴惯性振动筛的筛框支承方式有弹簧悬吊式和用板弹簧或螺旋弹簧座支承，筛网则有单层和双层之分。

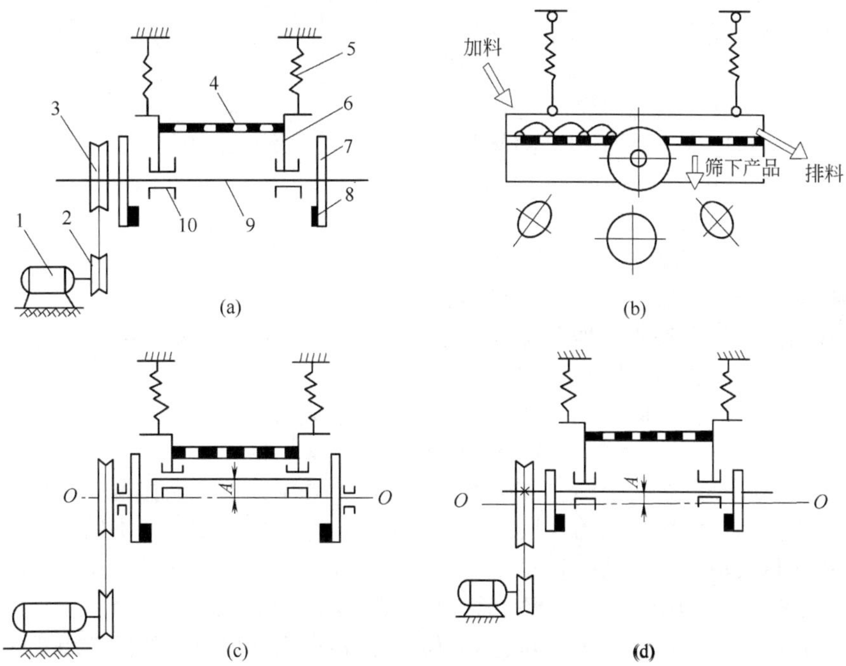

图 11-11　单轴惯性振动筛工作原理图

1—电动机；2，3—带轮；4—筛网；5—悬吊弹簧；6—筛箱；
7—飞轮；8—偏心重块；9—主轴；10—轴承座

单轴惯性振动筛振动频率一般为 800～1600 次/min，振幅的大小取决于不平衡重块产生的惯性离心力的大小、弹簧的刚度和位置，一般振幅（双振幅）为 4～8mm。这种筛子最合适的倾角为 9°～25°。

单轴惯性振动筛的工作原理：由于激振器的偏心质量作回转运动，它所产生的离心惯性力

（称为激振力）传递给筛箱，激起筛箱的振动；筛上物料受筛面运动的作用力而连续地作抛掷运动，即物料被抛起前进一段距离后再落至筛面上，这样实现了物料颗粒垂直于筛面的运动，从而提高了筛分效率和处理能力。

如图 11-12 所示，设偏心重块的重心为 m，它以 R 为半径，以角速度为 ω 作等速圆周运动，产生旋转的惯性力 F 作用在筛箱上，迫使筛箱的重心 C 以振幅 A 为半径，以偏心重块同样的角速度作圆周运动，它产生旋转的惯性力为 F'。若偏心重块的质量及振动体的质量都集中在各自的重心 B 和 C 上，则有如下关系

$$F=mR\omega^2 \tag{11-20}$$

$$F'=MA\omega^2 \tag{11-21}$$

$$F=F'$$

$$A=mR/M \tag{11-22}$$

式中 m——偏心重块的质量，kg；

M——振动体（包括筛箱、筛网、主轴、偏心轮等）的总质量，kg；

A——筛箱振幅，m；

R——偏心重块至回转轴中心的距离，m。

由上式可知，当 M 不变，改变 m 或 R 时可得到不同的振幅。同理，若给料波动导致 M 发生变化，也会影响 A 的大小。

当偏心重块以角速度 ω 转过不同的角度时，由于激振力 F 的方向与筛箱运动方向相反，所以当偏心重块转到上方时，筛箱的位置向下。反之，偏心重块转到下方时，筛箱的位置向上，偏心重块以 ω 作圆周回转，筛面上各点的运动轨迹是椭圆或圆。

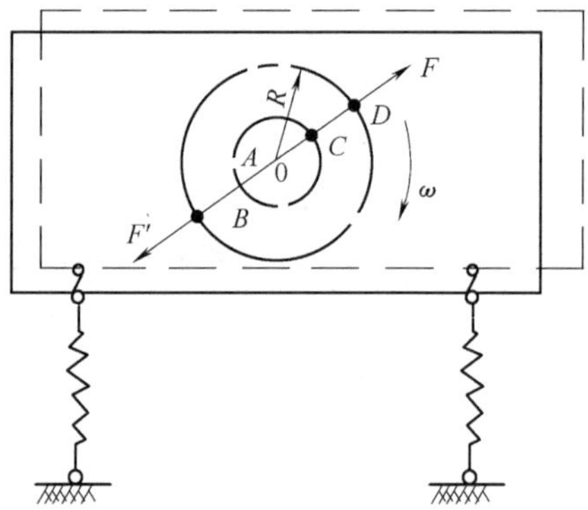

图 11-12 单轴惯性振动筛工作原理

单轴惯性振动筛适合于筛分中、细物料，其给料粒度一般不超过 90mm。

（2）双轴惯性振动筛 图 11-13(a) 所示为定向振动的双轴惯性振动筛，它是一种直线振动筛。筛箱的振动是由双轴激振器来实现的。激振器两个主轴分别装有相同质量和偏心中距的重块，两轴之间用一对速比为 1 的齿轮连接[图 11-13(b)]和一台电动机驱动。因两轴回转方向相反，转速相等，故两偏心重块产生的离心惯性力在 Y 方向相互抵消，在 X 方向合成，从而实现筛箱沿 X 方向的直线振动。

（3）电磁振动筛 电磁振动筛（或简称为电振筛）是由筛框、激振器和减振装置三部分组成的。它又分为筛网直接振动和筛框振动两种形式，后者应用较多。这类筛机的筛框作直线振动，其运动特性与双轴惯性振动筛相似。

图 11-14 为电磁振动筛的结构示意，图 11-15 是其工作原理图。

电磁振动筛的工作原理：筛箱 1 和它上面的激振器衔铁 4 以及连接叉 7 组成一个前振动质量 m_1，电磁铁 5 和辅助重物 2 组成后振动质量 m_2，两个振动质量之间用弹性元件连接，整个系统和悬吊弹簧 3 悬挂在固定的支架结构上。当激振器通入交流电时，激振器衔铁 4 和电磁铁 5 的铁芯由于电磁力和弹簧力作用进行交替的相互吸引和排斥，使前后振动质量 m_1、m_2 产生振动。由于激振器与筛面安装成一定角度，所以筛箱与筛面成 β 角方向振动。筛箱的直线振动使物料在筛面上跳动得以被筛分。

电磁振动筛结构简单，无运动部件，体积小，耗电少，振动频率高达 3000 次/min，振幅一般为 2～4mm。

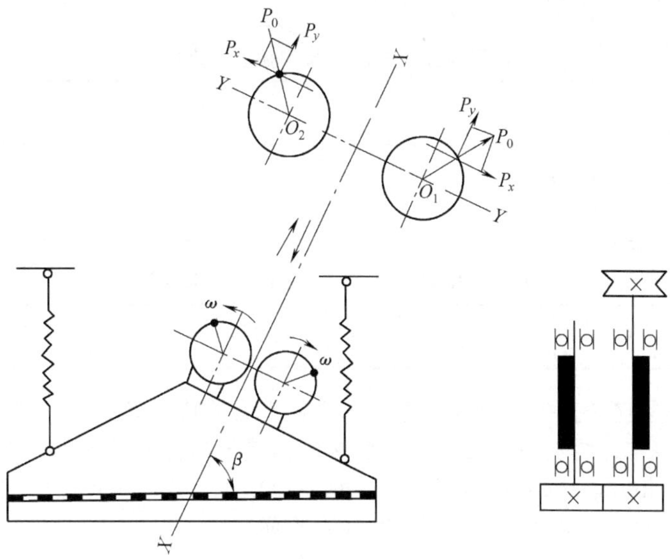

图 11-13 双轴惯性振动筛

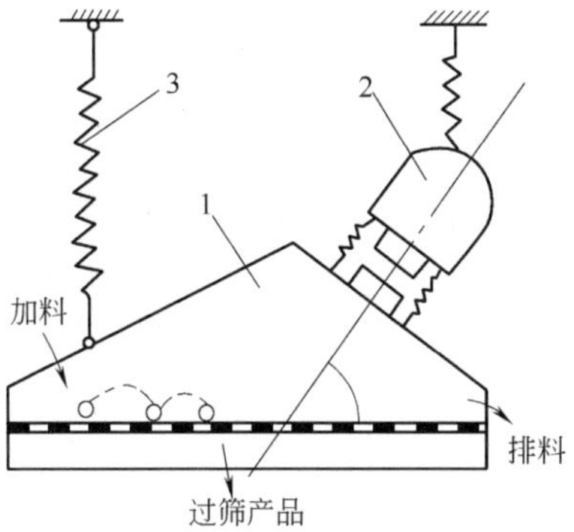

图 11-14 电振筛结构

1—筛箱；2—辅助重物；3—悬吊弹簧

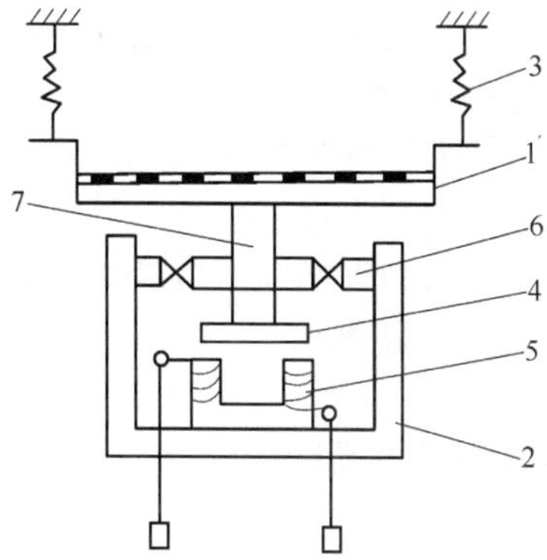

图 11-15 电振筛工作原理

1—筛框；2—辅助重物；3—悬吊弹簧；4—激振器衔铁；5—电磁铁；6—弹簧；7—连接叉

(4) 振动筛的主要参数

① 振动强度（或称机械指数） 振动强度 κ 是指筛面振动加速度幅值 $A\omega^2$ 与重力加速度 g 之比值，它表示筛面振动的强烈程度。

$$\kappa = A\omega^2/g \tag{11-23}$$

式中 ω——角速度，$\omega=\pi n/30$，rad/s；

n——偏心轴转速，r/min；

A——振幅，m；

g——重力加速度，m/s^2。

振幅 A 与筛分粒度有关，可参考下式

$$A = 2 + 0.3d \tag{11-24}$$

式中 d——物料的粒度，mm。

不同激振方式的振幅和振动频率见表 11-2。细筛时宜用小振幅高频率；粗筛时宜用较大振幅和较低频率。

在选用振动频率和振幅时，应满足振动强度 κ 的要求，一般取 $\kappa=4\sim6$。

振动强度与较佳振动方向角的关系见表 11-3。

表 11-2 不同激振方式的振幅和振动频率的变动范围

激振方式	单振幅/mm	振动频率/(次/min)
电磁振动	1.5～3	1500
	0.5～1	3000
惯性振动	1～9	700～1800
弹性连杆振动	3～30	400～900

表 11-3 振动强度与较佳振动方向角的关系

振动强度	2	3	4	5	6	7
较佳振动方向角	40°～50°	30°～40°	26°～36°	22°～32°	20°～30°	18°～28°

② 抛掷指数 D　它是直接表征振动筛抛掷物料能力的特征指数。抛掷指数的物理意义是：振动筛面加速度幅值与重力加速度二者在筛面法向分量上的比值（图 11-16）。

$$D=A\omega^2\sin\beta/g\cos\alpha=\kappa\sin\beta/\cos\alpha \qquad (11\text{-}25)$$

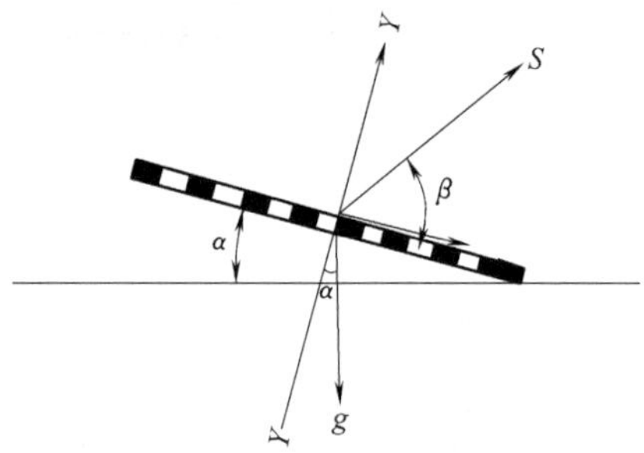

图 11-16 振动筛的安装角和方向角

α—筛面安装角；β—方向角；

Y—筛面法向；S—筛面振动方向

振动筛的抛掷指数 D 依据所处理物料的性质而定。对于难筛物料，通常取 $D=3\sim5$；对于易筛分的物料，$D=2.5\sim3.3$。

③ 生产能力 Q　对于直线振动筛

$$Q=3600hBv\rho_B(\text{t/h}) \qquad (11\text{-}26)$$

式中　B——工作面宽度，m；

ρ_B——物料松散密度，t/m^3；

h——料层厚度，m；

v——物料在筛面上的移动速度，m/s。

v 可按下式计算

$$v=0.9A\omega\cos\beta \qquad (11\text{-}27)$$

对于单轴惯性振动筛

$$Q=KFq\rho_B lmnop(\text{t/h}) \qquad (11\text{-}28)$$

式中　F——筛子的工作面积，m^2；$F=0.85BL$，B、L 分别为筛箱的宽度和长度，m；

q——单位筛面的平均处理能力，$m^3/(m^2\cdot h)$；

K，l，m，n，o，p——修正系数。

11.3 粗分级机

粗分级机也称粗分离器，它是空气一次通过的外部循环式分级设备，其结构如图 11-17 所示。分级机的主体部分是由外锥形筒 2 和内锥形筒 3 组成，外锥上有顶盖，下接粗粉出料管 5 和反射棱锥体 4，外锥下和内锥上边缘之间装有导向叶片 6，外锥顶盖中央装有排气管 7。

工作原理：携带颗粒的气流在负压作用下以 9～20m/s 的速度由下向上从进气管 1 进入内外锥之间的空间。气流刚出进气管时，特大颗粒由于惯性作用碰到反射棱锥体 4 后首先被撞落到外锥下部，由粗粉出料管 5 排出。因两锥间继续上升的气流上部截面积扩大，气流速度降至 4～6m/s，所以又有部分粗颗粒在重力作用下被分选出来，顺外锥内壁向下落至粗粉出料管排出。气流在两锥之间上升至顶部后经导向叶片 6 进入内锥。由于方向突变，部分粗颗粒再次被分出并落下，同时由于气流在导向叶片的作用下作旋转运动，较细的颗粒由于离心力的作用而甩向内锥内壁并沿壁落下，最后进入粗粉出料管。细粉则随气流经中心排气管 7 出分级机进入后面的气固分离装置进行气固分离。

粗分级机的工作原理可分两个区域来分析。第一区是两锥筒之间的分离区，主要是重力沉降，最小分级粒径可按下式计算

$$d_p=\sqrt{\frac{18\mu u_0}{g(\rho_p-\rho)}} \tag{11-29}$$

第二区是顶盖下导向叶片形成的旋流区。当颗粒作离心沉降的离心速度与气流向心方向的流速分量相等时，相应的颗粒粒径即为最小粒径，计算式为

$$d_p=3\zeta\rho r\frac{\cot^2\alpha}{4(\rho_p-\rho)} \tag{11-30}$$

式中 r——旋转半径；

α——叶片的径向夹角，$\alpha=\text{arccot}\left(\frac{u_r}{u_t}\right)$。

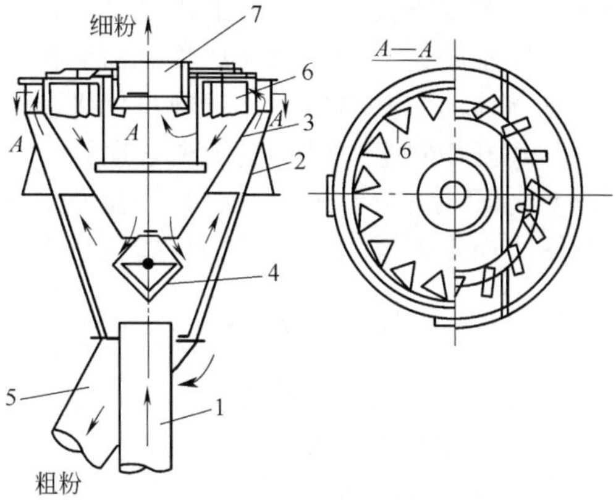

图 11-17 粗分级机结构示意图

1—进气管；2—外锥形筒；3—内锥形筒；4—反射棱锥体；5—粗粉出料管；6—导向叶片；7—排气管

其他符号意义同前。

上两式表明，最小分级粒径与设备直径和风速成正比，与叶片角度成反比。但实际气流运动情况及分级过程并非如此简单，所以上式仅用于定性估计。

粗分级机的优点是结构简单，操作方便，无运动部件，不易损坏。但应与收尘器配合使用。

11.4 离心式选粉机

离心式选粉机属第一代选粉机，也称内部循环式选粉机，其结构如图 11-18 所示。由上为圆柱形下为圆锥形的内外筒体 4 和 5 所组成。上部装有转子，由撒料盘 10、小风叶 2、大风叶 1 等组成。在大、小风叶间内筒上口边缘装有可调节的挡风板 11 (有的离心式选粉机无此挡风板)，内筒中部装有固定风叶 6，内筒由支架 3 和 7 固定在外筒内部。

当转子运动时，气流由内筒上升，转至两筒间下降，再由固定风叶进入内筒，构成气流循环。

工作原理：物料由加料管 12 经中轴周围落至撒料盘 10 上，受离心惯性力作用向周围抛出。在气流中，较粗颗粒迅速撞到内筒内壁，失去速度沿壁滑下。其余较小颗粒随气流向上经小风叶时，又有一部分颗粒被抛向内筒壁被收下。更小的颗粒穿过小风叶，在大风叶的作用下经内筒顶上出口进入两筒之间的环形区域。由于通道扩大，气流速度降低，同时外旋气流产生的离心力使细小颗粒离心沉降到

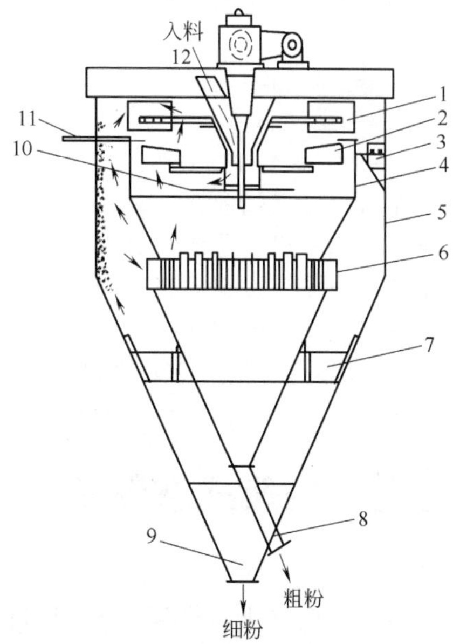

图 11-18 离心式选粉机结构示意图

1—大风叶；2—小风叶；3，7—支架；4—内筒体；5—外筒体；6—固定风叶；8—粗粉出口；9—细粉出口；10—撒料盘；11—挡风板；12—加料管

外筒内壁并沿壁下沉，最后由细粉出口 9 排出。内筒收下的粗粉由粗粉出口 8 排出。

改变主轴转速、大小风叶片数或挡风板位置即可调节选粉细度。

根据流体力学基本原理，对颗粒分级过程可作如下粗略分析。

颗粒离开撒料盘边时，受到离心惯性力、环流气体阻力和重力三个力的作用。在离心式选粉机内重力影响可忽略不计，此时颗粒的受力情况如图 11-19 所示。

水平方向由撒料盘传递给颗粒的离心力 F 为

$$F=\frac{\pi}{6}d_p^3(\rho_p-\rho)\times\frac{v_p^2}{r} \tag{11-31}$$

式中 v_p——盘边颗粒圆周速度；

r——撒料盘半径。

其余符号意义同前。

垂直方向气流传递给颗粒的作用力 R 为

$$R=\zeta\pi/4\times d_p^2\rho u_f^2/2 \tag{11-32}$$

式中 u_f——空气向上流速；

ζ——阻力系数。

决定颗粒走向的合力方向为

$$R/F=\tan\alpha \tag{11-33}$$

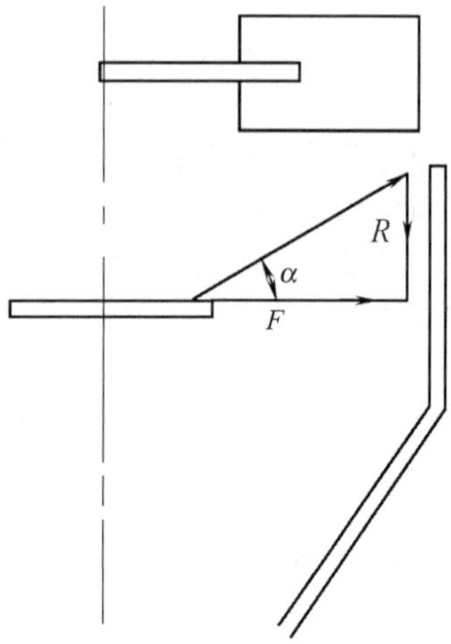

图 11-19 颗粒的受力图

当颗粒刚能飞出内筒口边，其运动走向角即为 α，解上面三式得

$$d_p=\frac{3\zeta\rho r u_f^2\cot\alpha}{4(\rho_p-\rho)v_p^2} \tag{11-34}$$

上式即为分级极限粒径公式，粗粉和细粉以此为界，它在一定程度上也反映产品的细度。当设备一定，处理物料一定时，上式可简化为

$$d_p=\kappa\zeta u_f^2/(rn^2) \tag{11-35}$$

式中 r——撒料盘半径；

n——主轴转速；

κ——有关常数。

其余符号意义同前。

离心式选粉机的分级和分离过程是在同一机体内的不同区域进行的，流体速度场和抛料方式都很难保证设计得很理想，同时由于循环气流中大量细粉的干扰降低了选粉效率，实际生产中，其选粉效率一般为 50%～60%。欲提高产量只能靠增大体积，这就限制了选粉机单位体积产量；同时，小风叶受物料磨损大，风叶设计间隙大，空气效率较低。

11.5 旋风式选粉机

旋风式选粉机属第二代选粉机，也称外循环式选粉机。其内部设计保持了离心式选粉机的特点，但外部设有独立的空气循环风机，它取代了离心式选粉机的大风叶。细粉分离过程在外部旋风分离器中进行。

图 11-20 所示为旋风式选粉机的结构示意图。在选粉室 8 的周围均匀分布着 6～8 个旋风分离器。小风叶 9 和撒料盘 10 一起固定在选粉室顶盖中央的旋转轴 4 上，由电动机 1 经带传动装置 2、3 带动旋转。空气在循环风机 19 的作用下以切线方向进入选粉机，经滴流装置 11 的间隙旋转上升进入选粉室（分级室）。物料由加料管 5 落到撒料盘后向四周甩出与上升气流相遇。物料中的粗颗粒由于质量大，受撒料盘及小风叶作用时而产生的离心惯性力大，被甩向

选粉室内壁而落下，至滴流装置处与此处的上升气流相遇，再次分选。粗粉最后落到内锥筒下部经粗粉出口排出。物料中的细颗粒因质量小，进入选粉室后被上升气流带入旋风分离器 7 被收集下来落入外锥筒，经细粉出口 13 排出。气固分离后的净化空气出旋风分离器后经集风管 6 和循环风管 14 返回循环风机 19，形成了选粉室外部气流循环。循环风量可由调节阀 16 调节。支管调节阀 17 用于调节经支风管 15 直接进入旋风分离器（不经选粉室）的风量与经滴流装置进入选粉室的风量之比，控制选粉室内的上升气流速度，借此可有效调节分级产品细度。改变撒料盘转速和小风叶数量也可单独调节细度，但通常主要靠调节气流速度的气阀来控制细度，这种方法调节方便且稳定。

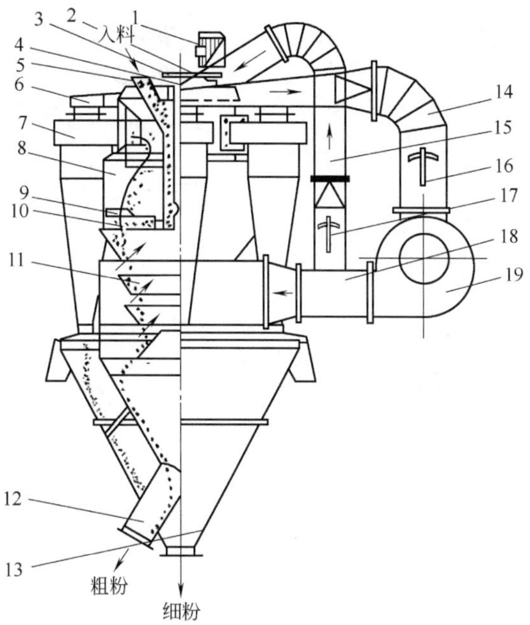

图 11-20 旋风式选粉机结构示意图

1—电动机；2，3—传动装置；4—旋转轴；5—加料管；6—集风管；7—旋风分离器；8—选粉室；9—小风叶；10—撒料盘；11—滴流装置；12—粗粉出口；13—细粉出口；14—循环风管；15—支风管；16，17—调节阀；18—进风管；19—循环风机

与离心式选粉机相比，旋风式选粉机有以下优点。

① 转子和循环风机可分别调速，既易于调节细度，也扩大了细度的调节范围。

② 小型的旋风筒代替大圆筒，可提高细粉的收集效率，选粉效率可达 70%以上，因而减少了细粉的循环量。

③ 细粉集中收集，大大减轻了叶片等的磨损。

④ 结构简单，轴受力小，振动小；机体体积小，质量轻；运转平稳，易于实现大型化。

缺点是：外部风机及风管占空间大；系统密封要求高，粗、细粉出口均要求严密锁风；否则，会明显降低选粉效率。

针对一般旋风式选粉机对物料分散不好的缺点，研制了一种 IHI-SD 型选粉机，如图 11-21 所示。该选粉机的撒料盘改变了以往的圆盘形而采用螺旋桨形，可使物料在更大的空间内分散（图 11-22）。物料的分散性和均匀性得到了改善，飞行距离增大，受选时间增长。在分级室下部锥体上还增设了冲击板（图 11-23）可使夹带细颗粒的粗粉在下落过程中再次受到撞击分散，将细粉排出。因此，使选粉效率提高。这种撒料盘的改进也适用于离心式选粉机，实际上许多生产厂家都已经进行了这种改进，取得了良好的效果。

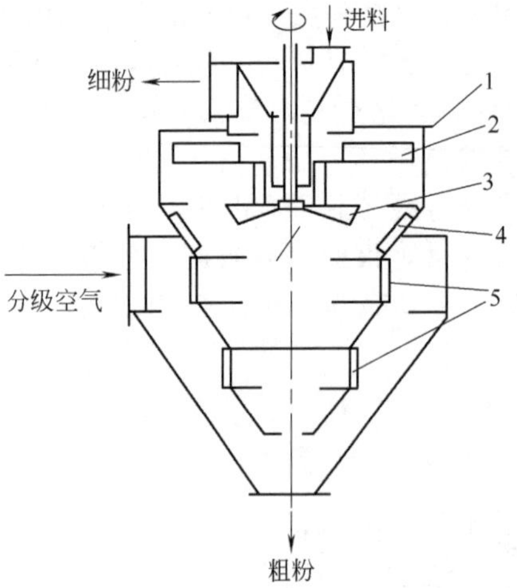

图 11-21　IHI-SD 型选粉机

1—选粉室；2—分选叶片；3—螺旋形撒料盘；
4—冲击板；5—导向叶片

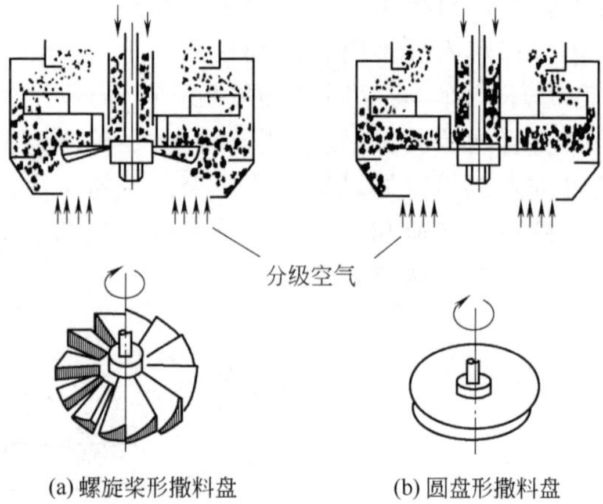

图 11-22　螺旋桨形撒料盘与圆盘形撒料盘

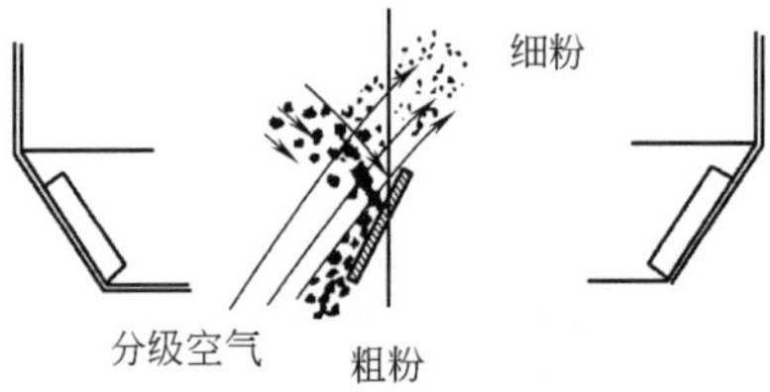

图 11-23　冲击板示意

11.6 MDS 型组合式选粉机

MDS 型组合式选粉机（图 11-24）的特点是兼有粗粉分离器和选粉机的双重功能。其结构分为上、下两个分级室。上分级室内装有回转叶片和撒料盘，类似于旋风式选粉机；下分级室内装有可调风叶，作为风量和细度的辅助调节。该选粉机主要用于中卸粉磨系统。出磨含尘气体从选粉机下部入口吸进，经可调导向叶片进入下分级室形成旋转气流，使出磨气流中的粉尘得到预分级。粗粉被分离并返回磨机。细粉和气流一起进入上部分级室。出磨物料由上部分级室喂料口喂入，分级后的细粉随气流被风机抽出。粗粉沿内壁沉降，在下部分级室的导向叶片处被旋转上升的气流再次冲洗，细粉重新返回上分级室被气流带走，粗粉继续下落，排出后返回磨内。该机与传统旋风式选粉机相比具有以下特点。

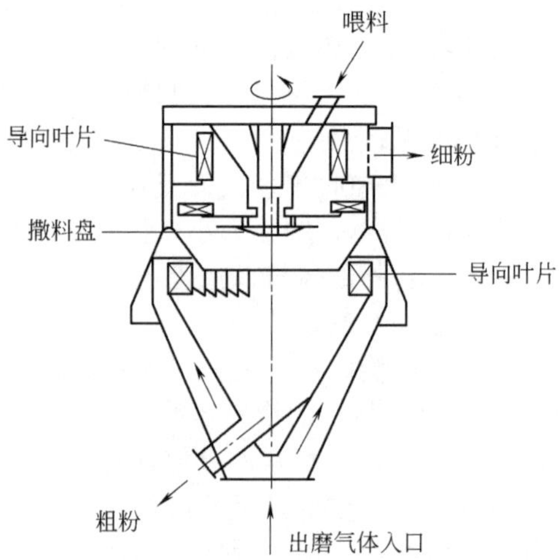

图 11-24　MDS 型选粉机

① 可同时处理出磨含尘气体和出磨物料，简化了粉磨系统。

② 选粉效率高，单位电耗低。

③ 处理能力大，单位风量细粉量大。

11.7 O-Sepa选粉机

第三代新型高效选粉机突破了第一、二代选粉机的分级模式，采用了新的分级机理，其主要特点是选粉气流为涡旋气流。这类选粉机以O-Sepa选粉机为代表。

O-Sepa选粉机的结构如图11-25所示。该机主体部分是一个蜗壳，内设有固定于可调回转立轴8上的笼形转子，转子由沿圆周均匀分布的竖向涡流调节叶片3和水平隔板2组成。

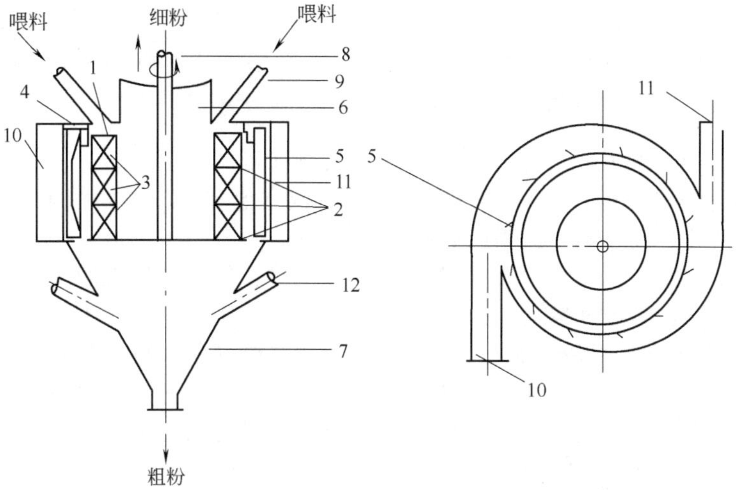

图11-25　O-Sepa选粉机

1—撒料盘；2—水平隔板；3—调节叶片；4—缓冲板；5—导流叶片；6—出风管；7—粗粉出口料斗；8—立轴；9—入料管；10—一次风管；11—二次风管；12—三次风管

转子外圈装有一圈具有一定角度的导流叶片5，导流叶片外侧是两个切向进风通道，称一次风管10和二次风管11。机体下部是一锥形粗粉出口料斗7，料斗上有三次风管12。撒料盘1设置在转子的顶部，其外圈设有缓冲板4。由一、二次风管水平切向进入的分级气流经导向叶片作用均匀地进入转子与导向叶片之间的环形空间——分级区。由于涡流调节叶片和水平隔板的整流作用，在分级区内的分级气流较稳定，进入转子内部后，由上部出风管6排出。物料通过入料管9喂入，撒料盘将物料抛出，经缓冲板撞击失去动能，均匀地沿导流叶片内侧自由下落到分级区内，形成一垂直料幕。根据气流离心力和向心力的平衡，物料产生分级。合格的细粉随气流一起穿过转子而排出，最后由收尘器收集下来成为成品，粗粉落入锥形料斗并进一步受到来自三次风管空气的清洗，分选出贴附在粗颗粒上的细粉。细粉随三次风上升，粗粉则卸出。

自上而下的物料通过较高的分级区，停留时间长，分级粒径由大到小连续分级（图11-26），为物料提供了多次分级机会。在分级区内不存在壁效应和死角引起的局部涡流，在同一半径的任何高度上，内外压差始终一致，气流速度相等，从而保证了颗粒所受各力的平衡关系不变（图11-27）。缓冲板的撞击以及水平涡流的冲刷使物料充分分散并均匀地分布在分级区内。

由于分级机理的改进，O-Sepa选粉机的选粉效率较第一、二代选粉机大大提高。其特点如下。

① 选粉效率高，分级精确，单位处理量大。

② 提高粉磨系统的粉磨效率，增加系统产量，降低电耗。与传统选粉机相比，它一般可使粉磨系统增产20%～30%，节电15%～20%。

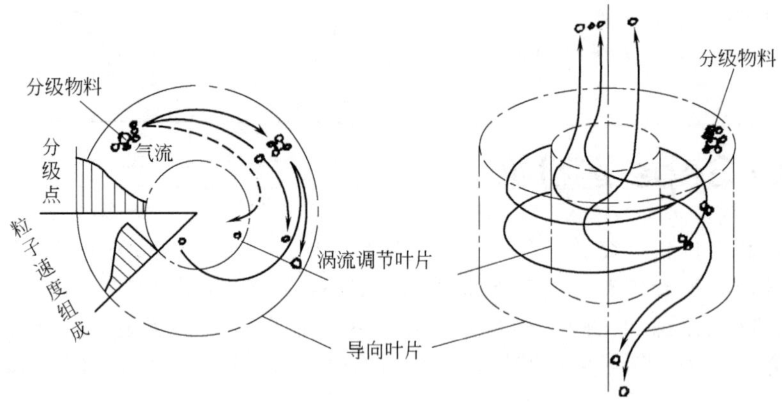

图 11-26 O-Sepa 选粉机的分级类型图

③ 仅改变转子转速即可调节分级产品细度，且细度可调范围大。

④ 能适应高浓度含尘气体，可将出磨含尘气体或其他辅助设备排出的含尘气体直接引入选粉机，简化了系统，也有利于提高磨内风速。

⑤ 结构紧凑，体积小，相同生产能力时，其体积只有传统选粉机的 1/6～1/2。便于安装。其缺点是主轴较长，加工难度较大。

O-Sepa 选粉机的分级原理：如图 11-28 所示，在选粉机内，粉体颗粒随气流作涡旋运动，颗粒切线方向的分速度为 v_t，颗粒受沿旋流半径向外的离心力 F_r 的作用；另一方面，按切线方向进入的空气从中心管排出，在作旋回运动的同时，保持向心分速度 v_r，产生向内的作用力 F_R，颗粒与气流的相对速度为 U_r。当 $F_r>F_R$ 时，颗粒向外运动成为粗粉；当 $F_r<F_R$ 时，颗粒向内运动成为细粉。$F_r=F_R$ 时的粒径称为分级粒径 d_c。

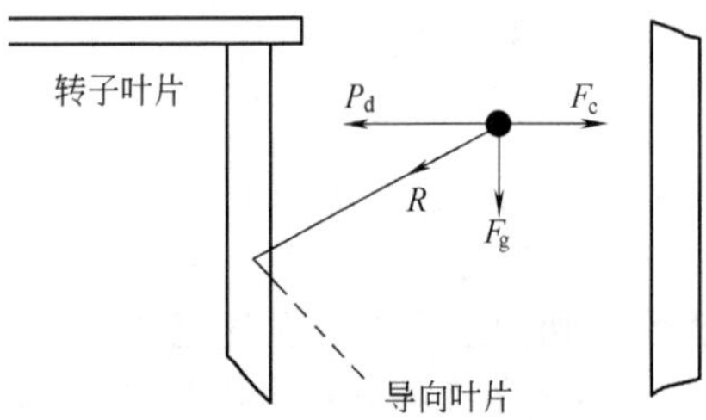

图 11-27 颗粒分级条件示意

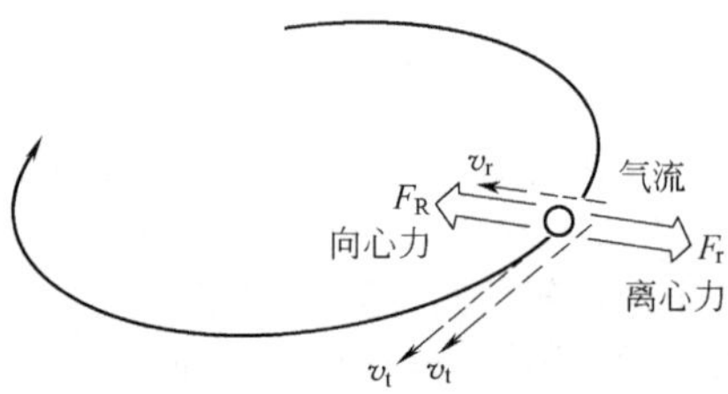

图 11-28 分级作用力

颗粒所受的离心力和径向阻力分别为

$$F_r=\frac{4\pi}{3}\left(\frac{d_p}{2}\right)^2(\rho_p-\rho)\frac{v_t^2}{R} \tag{11-36}$$

$$F_R=\zeta\pi\left(\frac{d_p}{2}\right)^2\frac{\rho u_r^2}{2} \tag{11-37}$$

根据牛顿第二定律，颗粒的运动方程为

$$M\frac{du}{dt}=F_r-F_R \tag{11-38}$$

假设上述情况属 Stokes 区域，当 $F_r=F_R$ 时，即可解得 d_c

$$d_c=\frac{1}{v_t}\sqrt{\frac{18\mu Rv_r}{\rho_p-\rho}} \tag{11-39}$$

式中 d_p——颗粒直径，m；

d_c——分级粒径，m；

ρ_p，ρ——颗粒和气体的密度，kg/m^3；

R——颗粒运动半径，m；

μ——气体的黏度，Pa·s；

v_r——颗粒的径向速度，m/s；

v_t——颗粒的切向速度，m/s；

u_r——颗粒与气体的相对速度，m/s；

ζ——阻力系数。

11.8 Sepax选粉机

Sepax选粉机是丹麦史密斯公司研制成功的高效选粉机，主要用于水泥粉磨，其结构如图11-29所示。

该分级机分为两部分，即主体部分15和分散部分17，两部分由直管道连接。出磨物料由喂料口9喂入，经分散板落入上升管道内，被上升气流分散。小研磨体等杂物穿过气流落下，通过底部专设的出口14排出。被上升气流带起的物料经导流叶片5后进入分级区被分级，细颗粒随气流穿过转子从顶部细粉出口1排出进收尘器；粗粉落入锥体7回磨。

该机的分散部分设计独特，代替了旋转式撒料盘的传统设计，保证了物料在进入分级区前得到充分分散；同时，能有效地除去物料中夹带的研磨体等杂物，可最大限度地减轻选粉机的磨损，减少磨机篦板的堵塞。该选粉机有以下特点。

① 由于物料分散较充分，所以选粉性能好。

② 生产能力大，机体直径为2.5～4.75m，相应生产能力为50～250t/h。

③ 产品细度调节方便，通过改变选粉机转子转速可控制产品的比表面积在250～500m^2/kg范围内。

④ 结构紧凑，重量轻。

其缺点与O-Sepa选粉机一样，立轴较长，同时机身也较高。

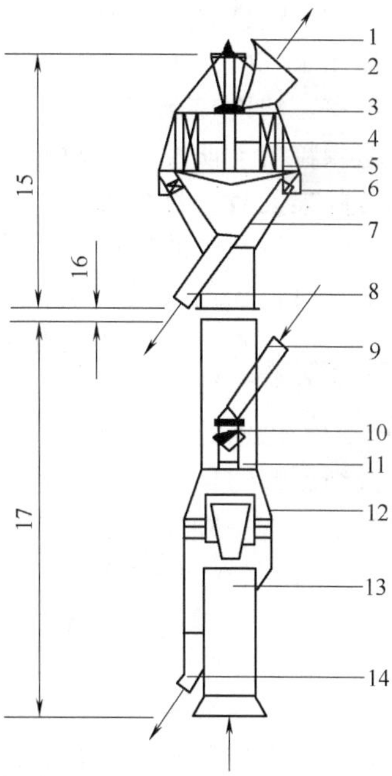

图11-29　Sepax选粉机

1—细粉出口；2—轴承套；3—轴转子接头；4—转子叶片；5—导流叶片；6—支架；7—粗粉锥体；8—粗粉出口；9—喂料口；10—空气锁风阀；11—撒料板；12,14—研磨体残骸出口；13—进风口；15—主体部分；16—可调管长度；17—分散部分

11.9 超细分级原理及设备

11.9.1 超细分级原理

11.9.1.1 离心分级原理

在离心力场中，颗粒可获得比重力加速度大得多的离心加速度，故同样的颗粒在离心场中的沉降速度远大于重力场情形，换言之，即使较小的颗粒也能获得较大的沉降速度。

设颗粒在离心场中的圆周运动速度为 u_t，角速度为 ω，回转半径为 r，则在 Stokes 沉降状态下，颗粒所受离心力 F_c 和介质阻力 F_d 分别为

$$F_c=\frac{\pi}{6}D_p^3(\rho_p-\rho)\omega^2 r=\frac{\pi D_p^3(\rho_p-\rho)u_t^2}{6r} \tag{11-40}$$

$$F_d=K\rho D_p^2 u_r^2 \tag{11-41}$$

式中　u_r——流体的径向运动速度。

F_d 与 F_c 的方向相反，即指向回转中心。当 $F_c>F_d$ 时，颗粒所受的合力方向向外，因而发生离心沉降；反之，当 $F_c<F_d$ 时，颗粒向内运动；当 $F_c=F_d$ 时，有

$$\frac{\pi D_p^3(\rho_p-\rho)u_t^2}{6r}=K\rho D_p^2 u_r^2$$

所以，临界分级粒径为

$$D_c=\frac{6K\rho}{\pi(\rho_p-\rho)}\times\frac{u_r^2}{u_t^2}r \tag{11-42}$$

此式表明，如果颗粒的圆周速度（即运动角速度）足够大时，即可获得足够小的分级粒径。目前研究开发的各种离心式分级机正是基于以上原理。

11.9.1.2　惯性分级原理

如图 11-30 所示，主气流通过喷射器携带颗粒高速喷射至分级室，辅助控制气流使气流及颗粒的运动方向发生偏转，粗颗粒由于惯性大，故运动方向偏转较小，而进入粗粉部分收集装置；细颗粒及微细颗粒则发生不同程度的偏转，随气流沿不同的运动轨迹进入相应的出口被分别收集。这种情形时，主气流的喷射速度、控制气流的入射初速度和入射角度及各出口支路的位置和引风量对分级粒径及分级精度都有较大影响。

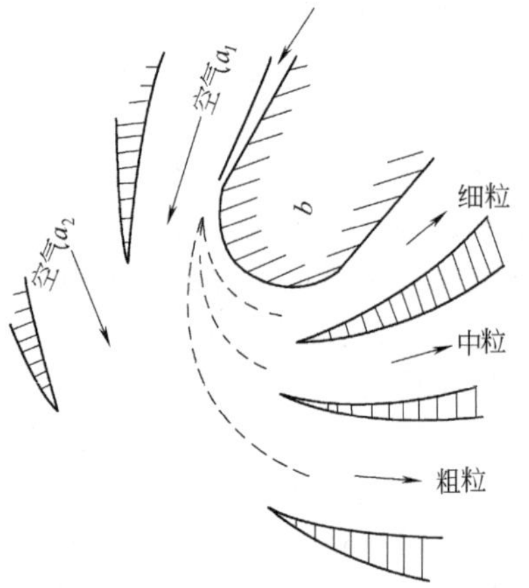

图 11-30　惯性分级原理示意图

11.9.1.3　迅速分级原理

微细颗粒的巨大表面能使之具有强烈的凝聚性。在分级力场中，这些颗粒可能由于流场不均匀及碰撞等原因聚集成表观尺寸较大的团聚颗粒，并且它们在分级室中滞留的时间越长，这种团聚现象发生的概率也越大。迅速分级原理就是为了克服这种现象而提出来的。所谓迅速分级，即采取适当的分级室，应用恰当的流场使微细颗粒尤其是临界分级粒径附近的颗粒一经分散就立即离开分级区，以避免由于它们在分级区内的浓度不断增大而聚集。迅速分级是迄今为止任何类型的超细分级机所极力追求的。

11.9.1.4　减压分级原理

减压分级原理是基于这样的事实：颗粒粒径近乎小于气体分子的平均自由行程 λ_m 时，由于颗粒周围产生分子滑动因而导致颗粒所受的阻力减小。于是，在重力场中，颗粒的沉降速度应进行如下修正

$$u=\frac{C_c g(\rho_p-\rho)D_p^2}{18\mu} \tag{11-43}$$

式中，C_c 为 Cunningham 修正系数，其计算式为

$$C_c=1+[2.46+0.82\exp(-0.44D_p/\lambda_m)]\frac{\lambda_m}{D_p} \tag{11-44}$$

$$0.05<\frac{\lambda_m}{D_p}<67$$

当气体为空气时，

$$\lambda_m = 6.60/P \qquad (11\text{-}45)$$

式中，P 为空气压力，kPa。

以沉降速度为参数，考虑Cunningham修正时压力与分级粒径的关系如图11-31所示。以下以颗粒密度为 290kg/m^3、粒径为 $5\mu\text{m}$ 的颗粒为例。常压下的沉降速度可由横坐标 $D_p = 5\mu\text{m}$ 处作垂线与由纵轴91kPa处作水平线相交而得，该交点沉降速度为 $1.59\times10^{-3}\text{m/s}$。在2.67kPa下的颗粒粒度可由2.67kPa处作水平线与上述曲线相交，由交点即可求得与常压时 $5\mu\text{m}$ 颗粒具有相同沉降速度时的颗粒粒径为 $2.5\mu\text{m}$，即常压下具有分级点 $5\mu\text{m}$ 的分级机；在2.67kPa下操作，分级点可降至 $2.5\mu\text{m}$。粒径越小，在常压附近颗粒沉降速度所受的影响越显著。一般而言，减压可使分级粒径减小至 $1\mu\text{m}$ 以下。因此，减压分级对于细颗粒和超细颗粒的分级十分有利。

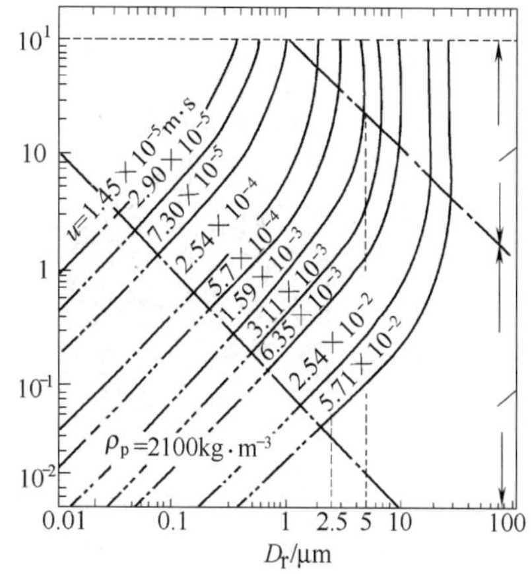

图 11-31 压力与分级粒径的关系

以上分级原理中，比较常见的是重力分级和离心分级，运用此原理的各种类型的分级机也相对较多。当然，这些分级设备往往是几种分级原理的有机结合，如DS分级机是重力分级和离心分级的结合；惯性分级机是利用惯性分级原理和微细颗粒附壁效应的范例。无论何种原理和形式的分级机，都必须使分级力场均匀稳定、强有力。前者可保证避免分级场中流场的紊乱，以提高分级精度，后者则有利于减小分级粒径。如ACUCUT型分级机转子转速高达9000r/min以上，该力场可使颗粒获得百倍于重力加速度的离心加速度。

还应予以高度重视的是，实现超细精细分级的重要前提是被分级粉体进入分级室之前的充分分散。如果没有良好的预分散，任何超细分级机都难达到高的分级效率。可以说，充分的预分散可使分级过程事半功倍。

11.9.2 干式分级和湿式分级

11.9.2.1 干式分级

干式分级多为气力分级。空气动力学理论的发展为多种气力分级机的研制和开发提供了坚实的理论基础。目前分级粒径为 $1\mu\text{m}$ 左右的超细分级机已不罕见。

气力超细分级机的技术关键之一是分级室流场设计。理想的分级力场应该具有分级力强、有较明显的分级面、流场稳定及分级迅速等性质。如果分级区内出现紊流或涡流，必将产生颗粒的不规则运动，形成颗粒的相互干扰，严重影响分级精度和分级效率。因此，避免分级区涡流的存在、流体运动轨迹的平滑性以及分级面法线方向两相流厚度尽可能小等是设计中应十分重视的问题。

技术关键之二是上面提到的分级前的预分散问题。分级区的作用是将已分散的颗粒按设定粒径分离开来，它不可能同时具有分散的功能。换言之，评价分级区性能的重要指标是其将不同颗粒进行分级的能力，而不是能否将颗粒分散成单颗粒的能力，但分散又无可争议地极大影响着分级效率，所以应该将分散和分级与其后的颗粒捕集看成是一个相互紧密联系的不能分割的系统组成部分。各种超细分级机的设计研究过程中都对预分散给予了高度重视。预分散方法应用较多的有机械分散方法和化学分散方法。

（1）机械分散方法　该分散方法按分散的原理又可分为离心分散和射流分散，前者是给料进入分级区前先落至离心撒料盘，旋转撒料盘的离心作用将粉体均匀地撒向四周，形成一层料幕后再进行分级，如图11-32所示。为了强化对团聚体的打散效果，可将撒料盘设计成阶梯形。后者是利用喷射器产生的高速喷射气流进行分散，高速射流使粉体颗粒在喷射区发生强烈的碰撞和剪切，从而将颗粒团聚破坏，如图 11-33 所示。对于超细颗粒，后者的预分散效果比前者好得多。

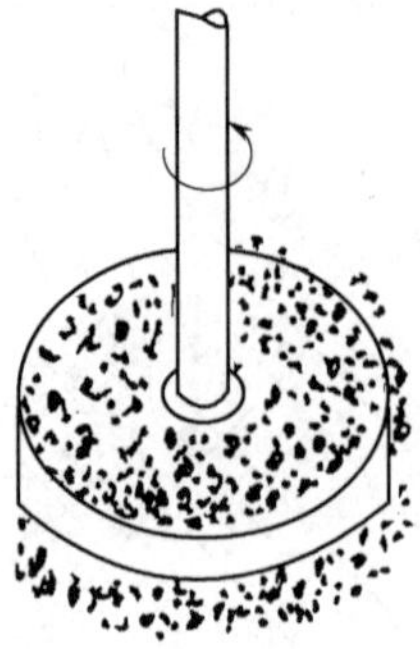

图 11-32　离心分散

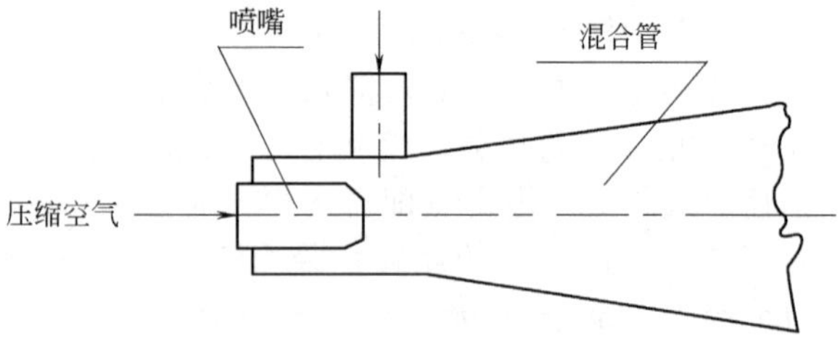

图 11-33　射流分散

（2）化学分散方法　微细颗粒之所以易于团聚，其根本原因在于它们的巨大表面能。因此，通过加入适当的表面活性剂有效减小其表面能，可以较容易地将它们分散开来。但这种方法存在两方面的问题：一是尽管表面活性剂的加入量通常很小，但有时也会引起粉体有关性能的变化，所以应选择对粉体性能无不良影响的分散剂；二是分散剂一般以液体形式加入，为达到均匀分散的效果，应增加机械搅拌装置，因而增加了整个系统的复杂程度。

11.9.2.2　湿式分级

湿式分级与干式分级的原理基本相同。就分级过程而言，与干式分级相比，以液体为分散介质的湿式分级，由于流量、流速、压力等参数相对较易控制，更兼分散过程在悬浮液体中进行，均匀分散效果较好，所以可达到微米甚至亚微米级的分级粒径，分级精度和分级效率也较高，尤其适合与湿法粉磨（碎）设备的配套联合使用。湿式分级的难题在于分级后的产品依然是悬浮液存在形式，而多数情形下粉体应用时是干燥状态，这就需要将液体和固体颗粒再次进行分离。分离的方法有压滤和喷雾干燥等方法，无论何种方法，干燥后的粉体都存在不同程度的结块（粒）和板结现象，这种粉体颗粒的二次团聚现象往往会给超细粉体的性能带来不利影响。分级后粉体的后处理过程较复杂，在一定程度上制约了湿式分级的工业化生产。

综上所述，目前超细分级设备和工艺的研究开发主流是干式分级。随着许多相关高新技术的发展，干式分级的研究开发和应用可望步入一个新的阶段。

11.9.3　超细分级设备

迄今为止，报道的超细或微细分级设备可谓百花齐放。按流体介质的不同可分为干式分级和湿式分级。在干式分级中，根据分级原理的不同又可分为重力式、离心式、惯性式等种类，各种类中还可分为若干类型。表 11-4 列出了超细分级机的种类及有关性能。

表 11-4　超细分级机的种类及有关性能

分级机种类	形式	分级粒径/μm	处理能力/(kg/h)
		惯性分级	
碰撞型	可变冲击式	0.3～9	0.45～20
Coanda 型	附壁式	0.5～30	9～2000
		离心分级	
半自由涡型	DSX 型	1～90	9～500
	NPK 型	3～20	9～900
强制涡型			
分级室回转型	TC 型	0.5～30	9～50
	ACUCUT 型	0.5～65	0.5～2000

续表

分级机种类	形式	分级粒径/μm	处理能力/(kg/h)
叶片回转型	MPS 型	2.5～60	20～6000
	MSS 型	1～50	5～1500
	ATP 型	2～150	2～5000
颗粒回转型	O-Sepa(NF60)	<9	

11.9.3.1 重力式超细分级机

重力式分级机是利用不同粒径的颗粒在重力场中沉降速度不同而进行分级的。重力式分级机有水平流型和垂直流型两种类型。

图 11-34 是典型的水平流型重力分级机原理。空气沿水平方向进入分级室，颗粒从垂直方向进入；在沉降分级室内，流体水平方向流动，不同大小的颗粒在水平气流作用下做近似抛物运动，依次沉降至Ⅰ、Ⅱ、Ⅲ、Ⅳ收集器中，而最细级别的颗粒随气流进入气固分离装置。

图 11-35 为一种垂直流型重力分级机原理示意，该分级机的分级室内气流向上运动，终端沉降速度小于气流速度的颗粒被气流带出进入气固分离装置；终端沉降速度大于气流速度的颗粒则沉降至底部的粗粉收集器。

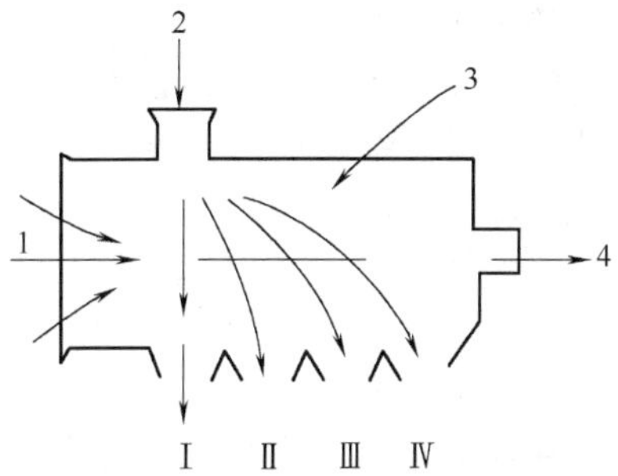

图 11-34 水平流型重力分级机原理
1—气体入口；2—加料口；3—分级室；4—气固分离装置

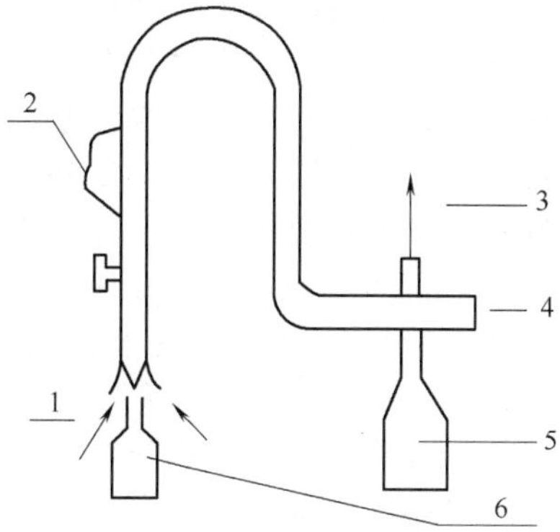

图 11-35 垂直流型重力分级机原理示意
1—气体入口；2—加料口；3—气固分离装置；4—分离器；5—细粉收集器；6—粗粉收集器

11.9.3.2 惯性分级机

颗粒运动时具有一定的动能，运动速度相同时，质量大者其动能也大，即运动惯性大。当它们受到改变其运动方向的作用力时，由于惯性的不同会形成不同的运动轨迹，从而实现大小颗粒的分级。图 11-36 为一实用惯性分级机的分级原理示意。通过导入二次控制气流可使大小不同的颗粒沿各自的运动轨迹进行偏转运动。大颗粒基本保持入射运动方向，粒径小的颗粒则改变其初始运动方向，最后从相应的出口进入收集装置。该分级机二次控制气流的入射方向和入射速度以及各出口通道的压力可灵活调节，因而可在较大范围内调节分级粒径。另外，控制气流还可起一定的清洗作用。目前，这种分级机的分级粒径已能达到 1μm。若能有效避免颗粒团聚和分级室内涡流的存在，分级粒径可望达到亚微米级别，分级精度和分级效率也会明显提高。

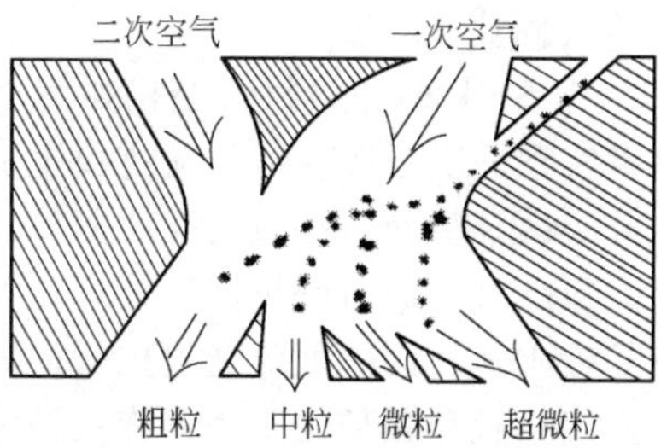

图 11-36 惯性分级机

11.9.3.3 离心式分级机

离心式分级机由于易于产生远强于重力场的离心力场，因而是迄今为止开发较多的一类超细分级机。按照离心力场中流型的不同，离心式分级机可分为自由涡（或准自由涡）型和强制涡型两类。自由涡和强制涡的流体力学特征分别为

自由涡 $$v_t r=\text{常数} \tag{11-46}$$

强制涡 $$v_t/r=\text{常数} \tag{11-47}$$

式中，v_t 和 r 分别为流体的圆周切向速度和距回转中心的半径。

介于自由涡和强制涡之间的流体运动称为准自由涡。这是分级室内存在能量损失的缘故。准自由涡的特征是

$$v_t r^n=\text{常数} \tag{11-48}$$

式中，n 为常数，一般而言，$n<1$；对于旋风式，$n=0.5\sim0.9$。

(1) 自由涡离心式分级机　旋风分离器作为常用的气固分离装置，其应用历史已接近百年了。以前，人们普遍认为它只能用于较粗颗粒的气固分离，而难以进行微细颗粒的分级，其原因是：入口气流速度一般为 15～20m/s，相应的离心力较小，不足以使微细颗粒离心沉降至筒壁进而从气流中分离出来；如果入口气流速度太大，则其中的粗颗粒由于离心沉降速度过大，碰撞至筒壁后会发生回弹，以致造成所谓“返混”。研究证明，经预分级后，旋风分离器完全可以用于微细颗粒的分级。主要技术措施是：①采用较小直径的旋风分离器，根据离心力计算式，缩小 r 值显然可使颗粒所受的离心力增大，从而使微细颗粒能够产生较大的离心沉降速度；②直筒部分高度适当增大，作用是延长颗粒在分级区内的圆周运动时间，以利于细颗粒沉降至筒壁；③减小内外筒之间的环隙，可缩短颗粒沉降至筒壁的时间；④增大气流入口速度，强化离心效果。因为随气流进入旋风分离器的粉体已经过预分级，无大颗粒，故防止和避免了由于粗颗粒回弹而造成的返混。有人从理论上进行了旋风分离器分级粒径的推导。当外筒直径 $D=300\text{mm}$，$v_0=25\text{m/s}$，颗粒密度为 3000kg/m^3 时，分级粒径可达 3μm 左右。Svarovsky 用带预分级装置的旋风分离器进行的氧化铝微粉分级试验结果证明，分级精度 d_{75}/d_{25} 为 1.50～1.70，分级所得细粉的中位径为 0.33μm。

三维流场理论研究的不断深入为旋风分离器的改进提供了坚实的理论基础。进口形式从最初的切向进口相继改变为 180°、360°蜗壳进口，既减小了阻力损失，也使旋转气流的涡流成分大大减小；料斗部分抽气明显减轻了锥筒底部卷吸导致的粗颗粒回流。这些改进都是在流体力学基本理论指导下进行的。

(2) 准自由涡型离心式分级机

① DS 型分级机　DS 型分级机的结构如图 11-37 所示。该分级机无运动部件，二次空气经可调角度的叶片全圆周进入，粉体随气流进入分级室后，在离心力和重力作用下，粗颗粒离心沉降至筒壁并落至底部粗粉出口，细颗粒经分级锥下面的细粉出口排出。该分级机的分级粒径可在较宽范围（1～300μm）内调节，分级精度也较高（$d_{75}/d_{25}=1.1\sim1.5$），并允许有较高的气固比。

② SLT 型分级机　结构如图 11-38 所示。其特点是分级区内设有两组方向相反的导向叶片，借以实现两次分级。从气流进口上面进入的给料在切向进口气流的作用下被迅速吹散并随气流进入分级区，粗颗粒在较大离心力作用下直接沉降至壁面，运动至粗颗粒（粗粉）出口 1 卸出，其余颗粒随气流通过外导向叶片进入两组导向叶片之间的环形区域，并继续其圆周运动，最后细颗粒随近 180°转向的气流通过内导向叶片进入中心类似旋风分离器的装置，经气固分离后由细粉出口排出。较粗颗粒由于惯性作用被隔于叶片外，从而与气流分离，经粗粉出 2 卸出。

(3) 强制涡分级机

① MC 型分级机　结构见图 11-39。该分级机的工作原理是：分散后的颗粒被加入上部的旋涡腔，由圆锥体导向进入分级室，在离心力和曳力作用下被分离成粗粉和细粉；细粉经圆锥体的中心和上部出口离开分级机，粗粉则沿外壁落至底部出口。二次空气在入口处进入。切割粒径 d_c 可由分级锥体的高度、二次风量及改变不同区域的压力在 5～50μm 之间进行调整。

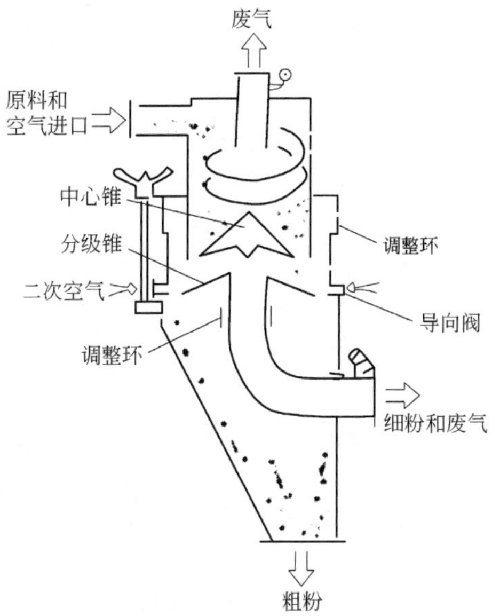

图 11-37　DS 型分级机

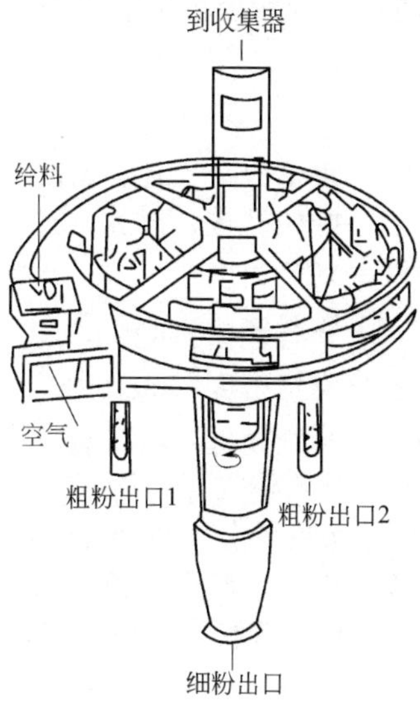

图 11-38　SLT 型分级机

② MS 型分级机　图 11-40 为 MS 型微细分级机的结构示意图。它主要由给料管 1、调节管 8、中部机体 5、斜管 4、环形体 6 以及装在旋转主轴 9 上的叶轮 3 构成。主轴由电动机通过带轮带动旋转。待分级物料和气流经给料管 1 和调节管 8 进入机内，经过锥形体进入分级区。主轴 9 带动叶轮 3 旋转，叶轮的转速是可调的，以调节分级粒度。细粒级物料随气流经过叶片之间的间隙向上经细粒物料排出口 2 排出；粗粒物料被叶片阻留，沿中部机体 5 的内壁向下运动，经环形体 6 和斜管 4 自粗粒物料排出口 10 排出。上升气流经气流入口 7 进入机内，遇到自环形体下落的粗粒物料时，将其中夹杂的细粒物料分出，向上排送，以提高分级效率。

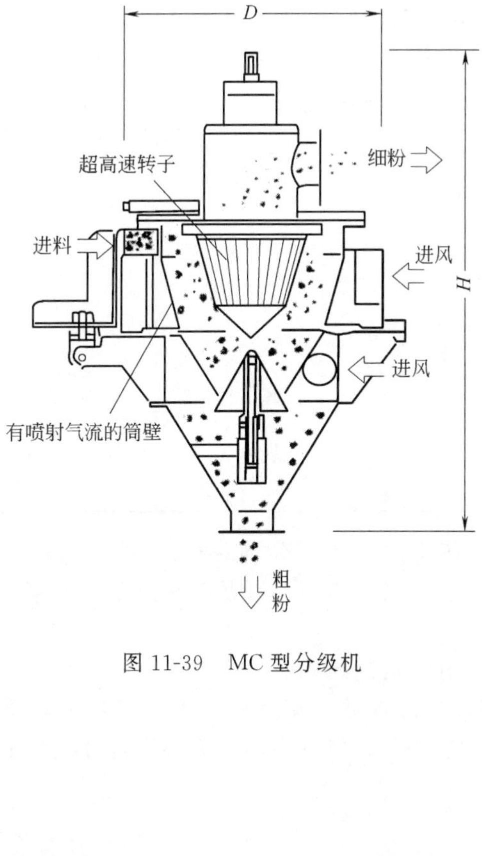

图 11-39　MC 型分级机

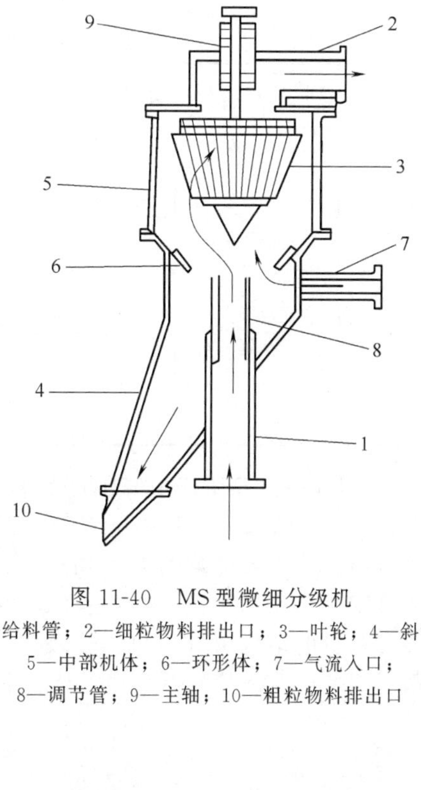

图 11-40　MS 型微细分级机

1—给料管；2—细粒物料排出口；3—叶轮；4—斜管；5—中部机体；6—环形体；7—气流入口；8—调节管；9—主轴；10—粗粒物料排出口

分级机的分级粒径可用下式表示

$$D_c=\frac{1}{n}\sqrt{\frac{18\mu u_r}{\rho_p-\rho}} \tag{11-49}$$

式中 D_c——理论分级粒径，m；

n——叶轮转速，r/min；

u_r——气流速度，m/s；

ρ_p——物料密度，kg/m^3；

ρ——空气密度，kg/m^3；

μ——空气黏度，Pa·s。

通过调节叶轮转数、风量（或气流速度）、上升气流、叶轮叶片数以及调节管的位置等可以调节微细分级机的分级粒径。这种分级机的主要特点如下。

a. 分级范围广，产品细度可在 3～150μm 之间任意选择。粒子形状从纤维状、薄片状、近似球状到块状、管状等物质均可进行分级。

b. 分级精度高，由于分级叶轮旋转形成稳定的离心力场，分级后的细粒级产品中不含粗颗粒。

c. 结构简单、维修、操作、调节容易。

d. 可以与高速机械冲击式磨机、球磨机、振动磨等细磨与超细磨设备配套，构成闭路粉碎工艺系统。

③ ATP 型超微细分级机　该分级机为涡轮式微细分级机，有上部给料式和物料与空气一起从下部给入式两种装置，分单轮和多轮两种形式。图 11-41 为 ATP 型单轮超微细分级机的结构和工作原理。物料通过给料阀 5 给入分级室，在分级轮旋转产生的离心力及分级气流的黏滞阻力作用下进行分级，微细物料经微细产品出口排出，粗粒物料从下部粗粒物料排出口排出。

ATP 型超微细分级机具有分级粒度细、精度较高、结构较紧凑、磨损较轻、处理能力大等优点。表 11-5 为 ATP 型超微细分级机的主要技术参数。

表 11-5　ATP 型超微细分级机的主要技术参数

型号	产品细度 d_{97}/μm	处理能力/(t/h)	分级轮			电动机功率/kW
			转速/(r/min)	直径/mm	数目/个	
50	2.5～90	0.003～0.1	1500～22000	50	1	1
90	4～90	0.05～0.2	1150～11500	90	1	4
90/4	3～60	0.15～0.4	1150～11500	90	4	16
200	5～120	0.2～1	600～6000	200	1	5.5
200/4	4～70	0.6～3	600～6000	200	4	22
315	6～120	0.5～2.5	400～4000	315	1	11
315/3	6～120	1.5～7.5	400～4000	315	3	33
500	8～120	1.25～8	240～2400	500	1	15
750	9～150	2.8～19	160～1600	750	1	30
900	15～180	5～35	120～1200	900	1	45

ATP 型分级机除用于中等细度物料的分级外，还可广泛用于各种非金属矿，如石灰石、方解石、白垩、大理石、长石、滑石、石英、硅藻土、石膏、石墨、硅灰石等以及化工原料等的精细分级，分级粒度范围为 3～180μm。

④ MP 型分级机　图 11-42 是 MP 型涡轮式气流分级机的结构和工作原理。

该分级机的结构由进料口、分级室、可调导板、分级楔块、螺旋输送机、粗粒物料排出口、鼓风机、气流入口、循环室、旋转框板等构成。这种分级机利用离心力场进行分级。工作

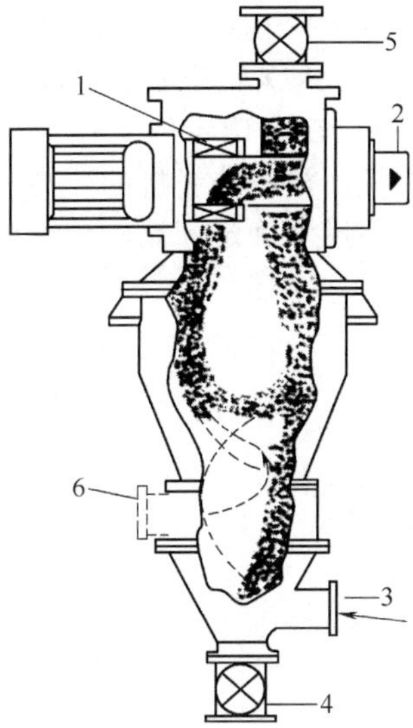

图 11-41 ATP 型单轮超微细分级机
1—分级轮；2—细粉出口；3，6—气流入口；4—粗粉出口；5—给料阀

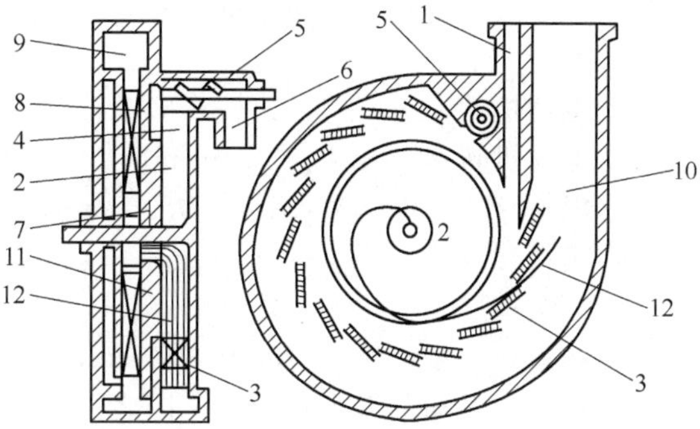

图 11-42 MP 型涡轮式气流分级机
1—进料口；2—分级室；3—可调导板；4—分级楔块；5—螺旋输送机；6—粗粒物料排出口；7—气流通道；8—鼓风机；9—循环室；10—气流入口；11—旋转框板；12—气流运动轨迹

时，物料由进料口 1 进入分级室 2，气流由气流入口 10 进入可调导板 3 的外侧，穿过导板后形成涡流；物料在离心力和空气黏滞力的作用下进行分级；粗粒物料经螺旋输送机 5 从粗粒物料排出口排出；细粒物料由鼓风机 8 送入循环室 9，在这里被收集。由于该机将鼓风机与分级室组合在一起，因此结构比较紧凑。这种气流分级机可用于微细物料的分级，其分级粒度随处理量而变化。对于分级室直径为 132mm 的分级机，每小时处理量为 50～300kg，分级粒度为 2～15μm；800mm 直径的分级机，处理量为 1200～1600kg/h，分级粒度为 9～40μm。

该分级机的缺点是容易在可调导板 3 之间产生堵塞，引起风量波动，降低分级精度。

⑤ 涡轮分级机

a. 结构特点　整个涡轮分级机包括分级部分和传动部分，风机的下部直接和超细分级机连接。作为主体的分级部分由涡轮、筒体、输出管道及反冲气套组成。关键部位涡轮是一个特殊的转子型驱动器，转子的外周围安装一定数量的叶片，结构如图 11-43 所示。

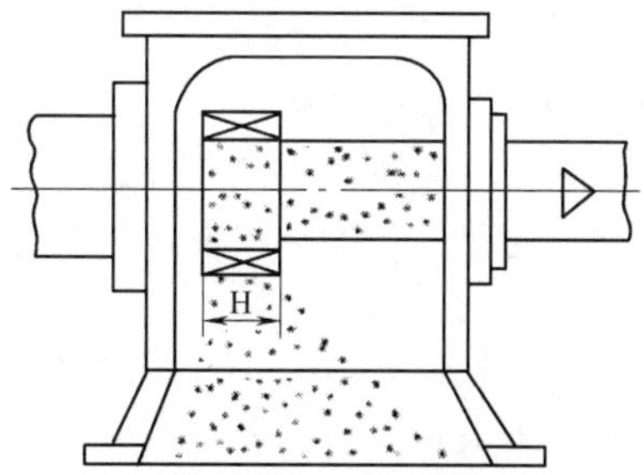

图 11-43 涡轮分级机

涡轮在筒体内作高速旋转运动，物料在下部粉碎机内被抽吸进涡轮分级机筒体内。在筒体内的分级区，在涡轮高速旋转形成的强制涡流场内，物料被分离，粗大颗粒甩离涡轮重新回到粉碎机，细小的合格品经过涡轮细小的叶片间隙，进入输出管被输出。该分级机设置反冲气套使进入分级机的全部物料均经过分级叶片，主要工作参数——涡轮转速通过专设的变频调速器进行无级调节，空气流量通过调整排风门的开度而改变。

b. 工作原理　SW 型微细卧式涡轮分级机根据物料颗粒大小不同，在旋转气流场内受到离心力大小也不同的原理进行分级。涡轮在筒体内高速旋转，形成一个高度为 H 的分级区域，空气从外部引入，在分级区中心有一排风机产生的轴向抽吸力即空气曳力，使筒体内形成负压，其中涡轮中心的负压最低，待分级的物料被负压抽吸带到涡轮外边缘附近形成分级区；同时，由于涡轮作高速旋转，使气流呈螺旋状向涡轮中心运动，假设气流向涡轮中心运动的径向

速度为 v_r，由惯性离心力产生背向涡轮中心的速度为 v_m，即沉降速度，v_m 因颗粒大小不同而不同。当 $v_m < v_r$ 时，颗粒将通过涡轮叶片从叶轮周边外缘进入涡轮中心，经输出管道被集尘器收集；当 $v_m > v_r$ 时颗粒将被甩离涡轮，当 $v_m = v_r$ 时颗粒在一确定的半径上处于平衡状态，这是一种理想状态，此种颗粒的粒径就是所谓的分割直径。涡轮分级机的分割直径的大小与涡轮转速、抽风机风量、风压及结构参数有关，对一个结构尺寸确定的涡轮分级机，通过改变前三个参数可得到合适的分割直径。

c. 设计指标：

电动机功率	11～15kW
电动机转速	2950r/min
涡轮转速	400～4000r/min
出料粒度	5～9μm
分级精度	＞0.6
物料处理量	500～2500kg/h

温度、振动及噪声在允许范围之内。

⑥ ACUCUT 分级机　其结构如图 11-44 所示。

分级室由定子和转子两部分组成。转子的上、下盖板之间设有放射状径向叶片，转子外缘与定子的间隙为 1mm 左右。给料粉体通过喷嘴喷射进入分级室外，喷射方向与叶片方向成一定角度，以防止粗颗粒直接射入分级室中心机时混入细颗粒中。在高速转子（转速一般为 5000～7000r/min）产生的强大离心力作用下，粗颗粒飞向定子壁，在二次气流（旋风分离器回流）的带动下沿定子壁作圆周运动至粗粉出口切向出分级机。气流携带细颗粒从转子上、下盖板之间的叶片间隙进入中心区，经上部中心排风管出分级机。从底部吸入的空气迫使可能沉降至转子下面的颗粒向上运动返回分级区。这种高速转子的离心作用和向内径向气流的反向作用可获得理想的分级效果。试验证明，分级粒径为 0.5～60μm，分级精度 $d_{75}/d_{25}=1.3\sim1.6$。

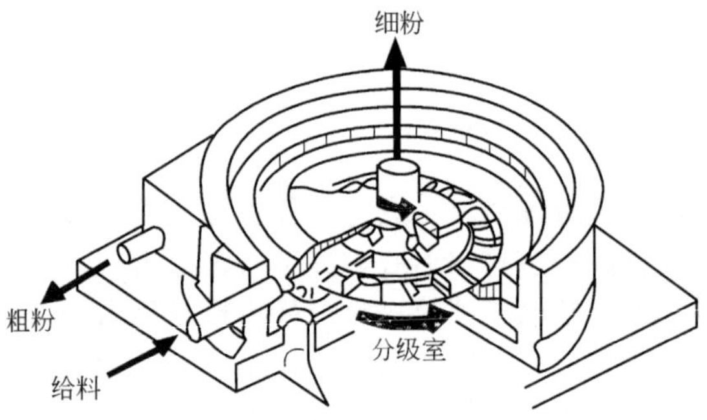

图 11-44　ACUCUT 分级机

11.9.3.4　射流分级机

射流分级机是集惯性分级、迅速分级和微细颗粒的附壁效应（Coanda 效应）等原理于一身进行超细分级的分级设备。惯性分级和迅速分级原理前面均已介绍，这里对 Coanda 效应进行解释说明。

简单地讲，Coanda 效应就是微细颗粒具有的随气流沿弯曲壁面运动的特性。如图 11-45 所示，射流从距两侧壁距离分别为 S_1、S_2 的喷嘴喷出。当 S_1、S_2 不相等时，主射流两边同时卷吸外部流体的量也不相等，显然距离大的一侧较易卷吸流体。为维持主射流的平衡，该侧卷吸速度会明显快于距离小的一侧，因而造成两侧压力不同，在此过程中动量较小的细颗粒会随主射流沿壁面附近运动。大颗粒由于惯性力的作用而被抛出，从而达到粒度分级的目的。

射流分级机分级部分的结构及流场见图 11-46。流场分为湍流自由射流区 1、Coanda 效应区 2 和分级区 3 三个区域。在湍流自由射流区，给料粉体被喷嘴喷出的高速射流所携带，在瞬间获得与气流几乎相等的速度。同时，湍流使颗粒团发生碰撞及受到剪切作用从而使之分级。Coanda 效应区的原理上面已述。分级区取决于分级机的结构，主流可看成绕圆柱面流动。由于湍流流动挟带作用，主流束逐渐变宽，气流的速度呈不对称分布，距离越远则速度最大、点越远离壁面，射流中心线可用下式表达

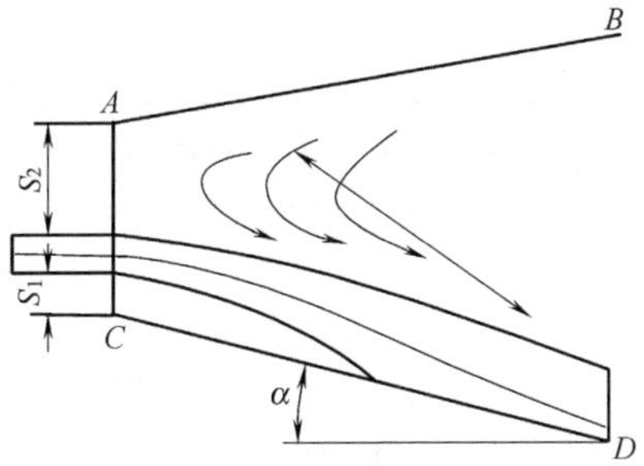

图 11-45　射流的 Coanda 效应图

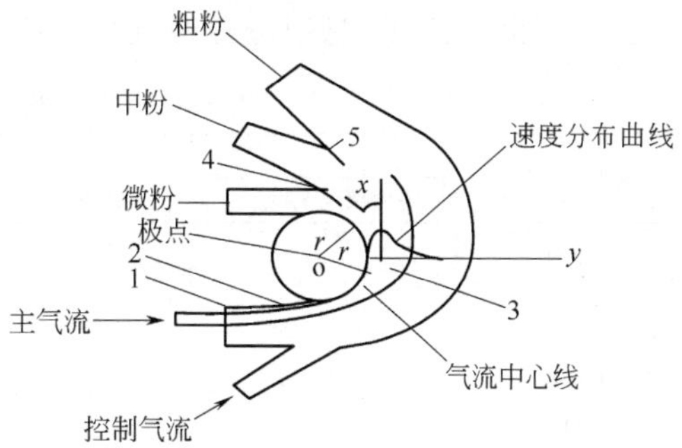

图 11-46　射流分级机结构示意图

1—湍流自由射流区；2—Coanda 效应区；3—分级区；4,5—分级刀刃

$$r=k+a\theta^2 \tag{11-50}$$

式中　k，a——与分级机结构有关的常数；

θ——流体曲线运动转过的角度。

通过颗粒受力分析可得其运动方程为

径向运动方程

$$\frac{d^2r}{dt^2}=r\left(\frac{d\theta}{dt}\right)^2+(v_a-v_p)\frac{18\mu}{r\rho_p D_p^2} \tag{11-51}$$

切向运动方程

$$\frac{d^2\theta}{dt^2}=-\frac{1}{r_0\frac{d\theta}{dt}\times\frac{dr}{dt}}+(u_a-u_p)\frac{18\mu}{r\rho_p D_p^2} \tag{11-52}$$

式中　D_p——颗粒粒径；

μ——空气黏度；

v_p，u_p——颗粒的径向和切向速度；

v_a，u_a——气流的径向和切向速度。

根据式(11-50)～式(11-52) 可预测分级粒径。

由图 11-47 可见，该分级机分级后可获得至少三级产品，各级产品粒度可通过改变分级刀刃 4、5 的角度来进行调节。另外，控制粗、中、微粉出口的空气抽吸压力也可在一定范围内调节各级粉体的粒度。

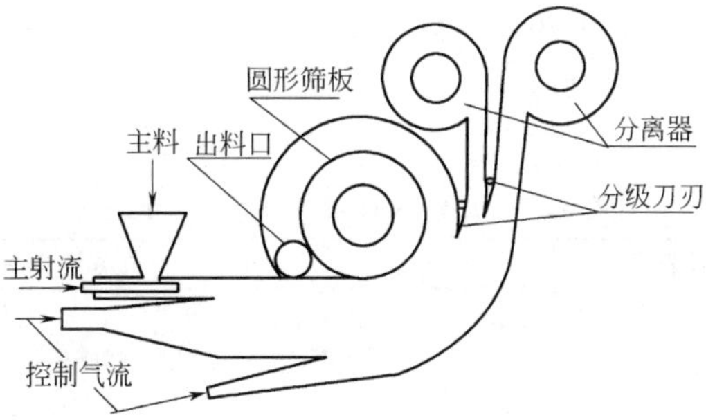

图 11-47　射流分级机结构示意

射流分级机与其他分级机相比具有以下特点。

① 分级部分无运动部件，维护工作量小，工作可靠。

② 喷射射流可使粉体得到良好的预分散。

③ 颗粒一经分散，立即进入分级机进行迅速分级，最大限度地避免了颗粒的二次团聚。

④ 可获得多级产品，且各级产品的粒度可通过分级刀刃角度和出口压力来灵活调节。

⑤ 分级效率和分级粒度高。

表 11-6 列出了 SLFJ 型射流分级机与其他分级机分级性能的比较。

表 11-6　几种超细分级机性能的比较

机型	性能			处理量/(kg/h)
	分级粒径/μm	牛顿分级效率/%	分级精度(d_{75}/d_{25})	
WX 分级机		51～70		50～900
EPC 分级机	2～20			30～800
FQ 分级机	1～150			50～90
NHF 分级机	1～90			50～90
FW 分级机	3～80			50～700
ASL 分级机	0.58～50	60～75	1.62～2.4	50～350
SLFJ 分级机	0.59～50	65～94	1.32～2.0	50～150

11.9.4　超细分级的有关问题

超细颗粒分级与大颗粒分级的本质区别在于超细颗粒的强烈聚集性及其在流场中运动的极弱自主性。要获取理想的分级效果，必须解决颗粒的分散问题，以及使分级区流场强有力；同时，还要考虑影响分级作业过程和分级效果的其他因素，如物料的性质、静电防护、粉尘爆炸等问题。

11.9.4.1　分级作业与物料性质

待分级粉体的物理性质是影响分级过程的重要因素之一。不同的粉体其性质特点也各不相同，大多数有机粉体黏附性较强，并且在分级过程中易发生爆炸或燃烧；硬度大的粉体具有强烈的磨蚀性，因而对设备（尤其是分级区）的耐磨损性要求较高，有些粉体由于应用场合的特殊性，对粉体的纯度有苛刻的要求，故分级作业过程尤其要考虑防止杂质污染的问题；颗粒之间以及颗粒与器壁之间的碰撞和摩擦会产生极强的静电效应等。这些都是在分级机设计中应予以充分考虑和重视的。

易黏附的粉体会黏附积聚于器壁，长期积聚必将影响流场的正常作业，甚至导致通道的狭窄乃至阻塞，设计中应考虑必要的清理措施。

对于磨蚀性强的粉体，应采用耐磨材料或加耐磨内衬。

对于铁污染要求严格的粉体，应采用铁绝缘内衬以防止因粉体的冲刷而带入铁质。

静电现象严重时会影响分级作业的安全操作，甚至造成更严重的后果，这种情形下应考虑采取必要的防静电措施。

大多数无机非金属材料制备的粉体一般情况下不必考虑粉尘爆炸问题，但许多有机粉体及可燃物质却存在着粉尘爆炸的可能性，不可掉以轻心。表 11-7 列出了一些典型的爆炸性粉尘及其危险作业场合。

表 11-7　爆炸性粉尘及其危险作业区

项目	爆炸性粉尘	危险作业区
塑料	苯酚树脂	粉碎机、旋风筒、收尘器
	聚苯乙烯	喷射机、温风干燥机、旋风筒、收尘器、混合装置、储仓
	ABS 树脂	干燥机、收集器
	甲基纤维素	粉碎机、混合作业、筛分机
	醋酸纤维素	旋风筒、造型作业
	聚丙烯	袋式收尘器、储仓
	聚乙烯	干燥机
医药、农药、染料、颜料	各种医药品	喷雾干燥机、粉碎机
	各种农药、杀虫剂	回转烘干机、微波干燥机、喷雾干燥机、袋式收尘器、收集器
	各种染料	粉碎机、混合机
	己二酸	回转烘干机、输送机、储仓、换气管道
	无水苯二甲酸	冷凝器、旋风筒、通道结晶收集塔

续表

项目	爆炸性粉尘	危险作业区
接合剂	合成糊料	粉碎机
	糊精	粉碎机、炉、混合作业
饲料	谷类	干燥机、筒仓、料罐、提升机、回转辊筒
食品	小麦粉	粉碎机、旋风筒、收尘室、回转烘干机、喷雾干燥机、筒仓
	淀粉	破碎机、旋风筒、袋式收尘器;温风干燥机、筛分机、料斗、
	砂糖	袋式收尘器、静电收尘器
木材	木粉 纸粉	粉碎机、回转烘干机、旋风筒、储仓

11.9.4.2 粉体的预分散

关于预分散前面已有较详细的阐述，但需要指出的是，化学分散法加入的分散剂虽然数量甚微，但有时却可能使粉体的某些性能发生改变，甚至给其应用带来困难。因此，选择正确的分散剂既有助于提高超细分级作业的效率，又不影响粉体的性能。

11.9.4.3 分级区流场

分级区流场是关系到分级过程成败的关键，无论何种分级力场，其共同要求是具有强有力的分级能力、分级面清晰、分级迅速等。除此之外，还要求最大限度地减小或避免涡流的存在，即要求流线形式的单一性。有人提出“整流性”的概念，即流场中流束应“各行其道”无相互干扰或影响。

第12章 粉体混合及设备

12.1 粉体的混合与评价

12.1.1 概述

混合是指物料通过机械或流体的方法使得不同物理性质（如粒度、密度等）和化学性质（如组成）的粉体颗粒在宏观上分布均匀的过程，也称均化。常常将固态颗粒间的混合过程称为均化过程，将固液两相状态粉体料浆的混合过程称为搅拌过程。

在生产实践中，往往通过混合过程将多种不同成分的粉体物料按一定比例配合在一起通过一定工序加工成为最终产品。在此过程中，各种成分粉体的均匀分布对产品的性能具有直接的重要影响。在不同产品的生产过程中，混合操作的方式多种多样，但其共同目的是通过混合过程获得组成和性质均匀的混合物，以保证产品组成、结构和性能的均匀一致性。譬如，在水泥和陶瓷生产过程中，各种原料的均匀混合是为提高高温固相反应程度创造良好条件；玻璃原料的混合是使窑内物料熔化后形成均匀的熔液，为玻璃的成型奠定基础；颜料和着色剂在混合料中的混合是为了获得均匀一致的产品外观色调；饲料、医药和农药中极微量的药效成分与载体的混合以及各种外加剂在混合物料中的混合旨在使微量成分形成高度均匀分布。

12.1.2 混合机理

关于固体颗粒混合的机理，一般认为有如下三种。

① 扩散混合——颗粒小规模随机移动　分离的颗粒散布在不断展现的新出现的表面上，并作微弱的移动，使各组分颗粒在局部范围内扩散实现均匀分布。扩散混合的条件是：颗粒分布在新出现的表面上，或单个颗粒能增大内在的活动性。

② 对流混合——颗粒大规模随机移动　物料在外力的作用下产生类似流体的运动，颗粒从物料的一处位移至另一处，所有颗粒在混合设备中整体混合。

③ 剪切混合——在粉体物料团内部，由于颗粒间的相互滑移，如同薄层状流体运动一样，形成滑移面，导致局部混合。

上述三种混合机理虽各有不同，但其共同的本质则是施加适当形式的外力使混合物中各种组分颗粒产生相互间的相对位移，这是发生混合的必要条件。

进行混合时，并非单纯利用某种机理，而是以上三种机理均起作用，只不过以某一种机理起主导作用。

不同混合机的混合作用见表12-1。

表 12-1 不同混合机的混合作用

混合机类型	对流混合	扩散混合	剪切混合
重力式(容器旋转式)	大	中	小
强制式(容器固定式)	大	中	中
气力式	大	小	小

12.1.3 混合效果评价

混合效果的好坏实质上是指混合程度的高低，但这是比较笼统的。通常混合效果的量化评价指标是：标准偏差、离散度和均匀度、混合指数。

（1）标准偏差 对于一组测定数据，若试样个数为 n，则其算术平均值为

$$\bar{x}=\frac{1}{n}\sum_{i=1}^{n}x_i \tag{12-1}$$

当测量次数有限时，各测定值 x_i 对 $\bar{x}$ 的标准偏差为

$$S=\sqrt{\frac{1}{n-1}\sum_{i=1}^{n}(x_i-\bar{x})^2} \tag{12-2}$$

有时也以混合前后物料的标准偏差之比表示混合效果，即

$$H=S_1/S_2 \tag{12-3}$$

式中，S_1，S_2 分别为混合前、后物料的标准偏差。显然，H 值越大，意味着混合效果越好。

应该指出，当混合物料中的组分含量相差悬殊时，仅用标准偏差还不足以充分说明混合的程度。譬如，某组分在一种混合物料中的含量为 50%，在另一种混合物料中的含量为 5%，测定值的标准偏差均为 0.5，尽管二者的标准偏差相同，但实际上两种情形的混合效果是不同的。

（2）离散度和均匀度 为了客观地反映混合程度，应同时考虑标准偏差和平均值两个参数。

① 离散度（变异系数）C_v 标准偏差与测定平均值的比值，用百分数表示。

$$C_v=\frac{S}{\bar{x}}\times 100\% \tag{12-4}$$

C_v 越小，混合效果越好。由式(12-4) 不难看出，上述两种混合物料中，第一种物料的离散度为 1%；而第二种物料的离散度则是 10%，混合程度的差别是显而易见的。

② 均匀度 H_s 一组测定值接近测定平均值的程度。数学表示式为

$$H_s=1-C_v \tag{12-5}$$

（3）混合指数 设物料混合前某组分的标准偏差为 S_0、达到随机完全混合状态时的标准偏差为 S_r、混合过程中某一瞬时的标准偏差为 S，则混合指数 M 定义为

$$M=\frac{S_0^2-S^2}{S_0^2-S_r^{\ 2}} \tag{12-6}$$

M 为无量纲量。混合之前，$M=0$；达到随机完全混合状态时，$M=1$；实际随机混合时，$1<M<0$。

上式的缺点是即使物料稍加混合，M 值也接近于 1，因而无法表示混合的微量程度。为此，将上式变为如下形式

$$M=\frac{\ln(S_0/S)}{\ln(S_0/S_r)} \tag{12-7}$$

12.1.4 混合过程与混合速度

在混合过程中，标准偏差随混合时间的变化如图 12-1 所示。在混合的初始阶段，$\ln S$ 急剧减小，混合速度很快，此阶段以对流混合为主；随后，混合速度虽有所减慢，但 $\ln S$ 随混合时间线性减小，直至达到最佳混合状态，这一阶段为对流与剪切混合共同作用阶段；再继续混合时，一般难以达到最初的最佳混合状态，而是在最佳混合状态附近波动。这是因为混合进行至一定程度时，总是伴随着另一个相反的过程——逆混合过程或偏析过程。混合过程与偏析过程反复地交替进行，即混合$\rightleftharpoons$偏析。当二者的速度相等时，混合达到平衡状态。因此，对于不同的混合物料，掌握其最佳混合时间是至关重要的。事实上，混合后期为扩散混合阶段。

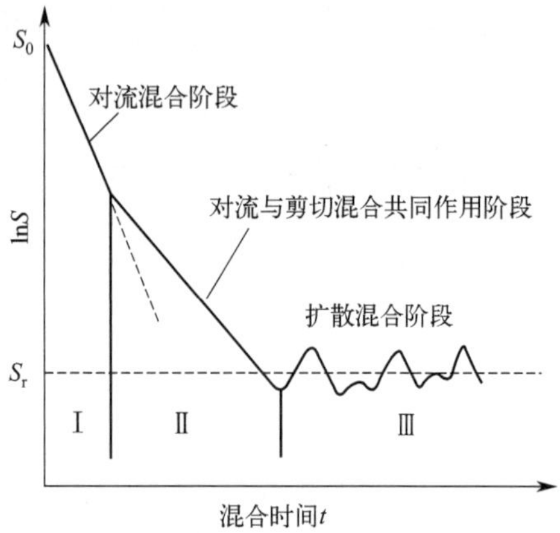

图 12-1 混合过程曲线

由图 12-1 可以看出，标准偏差是混合时间的函数。因此，用方差对时间的导数与瞬时方差 S^2 和随机完全混合状态的方差 S_r^2 之差来表示混合速度

$$\frac{dS^2}{dt}=-\phi(S^2-S_r^2) \tag{12-8}$$

上式积分并考虑初始条件可得

$$\ln\frac{S^2-S_r^2}{S_0^2-S_r^2}=\ln(1-M)=-\phi t \tag{12-9}$$

$$M=1-e^{-\phi t} \tag{12-10}$$

式中，ϕ 为混合速度系数，与混合机结构形式和尺寸、物料性质及混合条件等因素有关。

当 S_0 和 S_r 已知时，$(S_0^2-S_r^2)=K$ 为常数，故上式可写成

$$S^2-S_r^2=Ke^{-\phi t} \tag{12-11}$$

12.2 大颗粒粉体的均化

12.2.1 均化堆场

均化堆场是一种特殊的均化设备，早已在冶金工业中得到应用，具有处理量大、能耗低的优点，在现代化水泥工业中普遍使用。

(1) 均化堆场的布置形式　均化堆场按布置形式可分为矩形均化堆场及圆形均化堆场两种。

矩形堆场一般设有两个料堆，一个料堆在堆料，另一个料堆在取料，相互交替，如图 12-2 所示。

圆形均化堆场常常只有一个圆形料堆，在料堆断开处，一端连续取料，另一端连续堆料，如图 12-3 所示。

与矩形堆场相比较，圆形堆场的优点是：占地面积小；在相同条件下设备购置费较低，并且经营费用比矩形堆场可省些；不存在处理端锥的困难；易于控制。

其缺点是：物料的分布不如矩形堆场的长形料堆对称而均匀；配料调整不方便。

(2) 均化堆场的堆料方式　在进料保持恒定的条件下，均化效果取决于堆料和取料的方式。矩形均化堆场内，原料堆成长形料堆，堆料方式主要如下。

① 单人字形堆料法　如图 12-4(a) 所示，该方法的堆料点在矩形料堆纵向中心线上，堆料机只要沿着纵向方向在两端之间定速往返卸料就可完成两层物料的堆料。这种料层的第一层

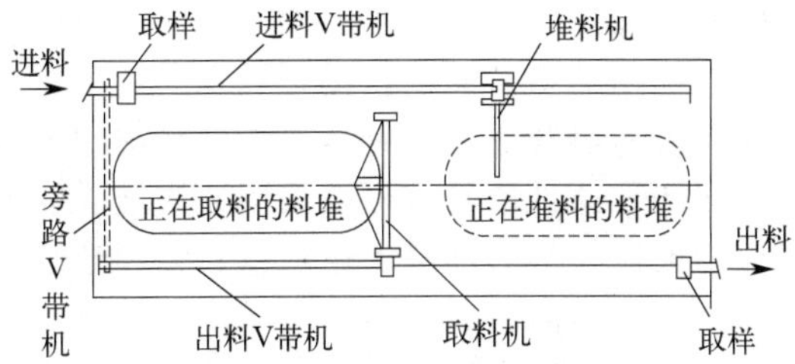

图 12-2 矩形均化堆场

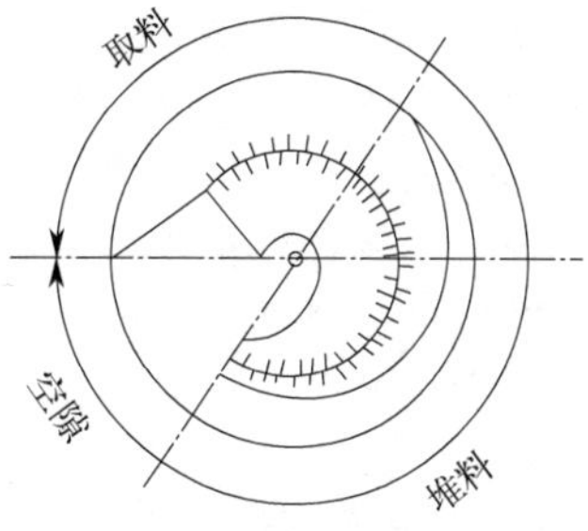

图 12-3 圆形均化堆场

料堆横截面为等腰三角形的条状料堆，以后各层则在这个料堆上覆盖多层的物料。因此除第一层之外，每层物料的横截面均呈人字形，所以被称为人字形料堆。人字形堆料法的优点是堆料的方法和设备简单。均化效果较好，使用普遍。缺点是物料颗粒离析比较显著，料堆两侧及底部集中了大块物料，而料堆中上部多为细粒，且有端锥。

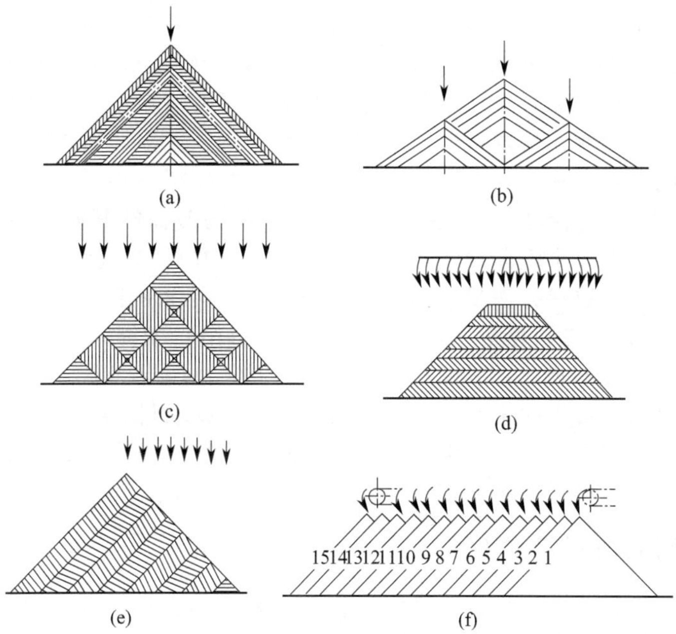

图 12-4 矩形均化堆场内的堆料方式

② 波浪形堆料法 如图 12-4(b)、(c) 所示，物料在堆场底部整个宽度内堆成许多平行而紧靠的条状料带。每条料带的横截面均为等腰三角形。然后第二层平行紧靠的条形料带又铺在第一层上，但堆料点落在原来平行的备料带之间，使新料带不仅填满原来料带之间的低谷，而且使其成为新的波峰，这样第三层又铺在第二层之上。从第二层起，每条物料带的横截面都呈菱形。这种料堆把料层变为细小的条状料带。其目的就是使物料的离析作用减至最低。这种堆料方法的优点是均化效果好，特别是当物料颗粒相差较大（如 0～200mm），或者物料的成分在粒度大小不同的颗粒中差别很大的情况下，效果比较显著。缺点是堆料点要在整个堆场宽度范围内移动。堆料机必须能够横向伸缩，回转设备价格贵，操作比较复杂，所以此法一般仅限于少数物料。

③ 水平层堆料法 如图 12-4(d) 所示，堆料机先在堆场底部均匀地平铺一层物料，然后再一层层铺水平料层。从料堆横截面来看，由于物料有自然安息角，故每层物料铺上的宽度要适当缩短。这种堆料法的优点是可以完全消除颗粒的离析作用。每层内部也比较稳定。缺点是

堆料机结构复杂，常用于多种原料混合配料的堆场。

④ 横向倾斜层堆料法　如图 12-4(e) 所示，先在堆场靠近堆料机的一侧堆成一条料带，其横截面是等腰三角形，然后将堆料机的落料点向中心稍稍一移，使物料按自然安息角覆盖于第一层的内侧，然后各层依次堆放，形成许多倾斜而平行的料层，直到堆料点达到料堆的中心为止，要求堆料机在料堆宽度的一半范围内能伸缩或回转。这种堆料机可以采用耙式堆、取料合一的设备，优点是设备价格特别便宜。但颗粒离析现象比人字形堆料法还严重，大颗粒几乎全落到料堆底部。均化效果不理想。只能应用于对均化要求不高的原材料。

⑤ 纵向倾斜层堆料法　如图 12-4(f) 所示，从料堆的一端开始向另一端堆料。堆料机的卸料点都在料堆纵向中心线上。但卸料并不是边移动边卸料的，而是定点卸料。开始在一端卸料，使料堆达到最终高度形成一个圆锥形料堆，然后卸料点再向前行走一定距离，停下来堆第二层。第二层物料的形状是覆盖第一层圆锥一侧的曲面，行走距离就是料层的厚度。所以这种堆料法也称为圆锥形堆料法。这种堆料法对堆料设备要求不高，但料层较厚，物料颗粒离析现象较严重，因此它的应用范围类似于横向倾斜层堆料法。

⑥ Chevron 堆料法　该堆料法是人字形堆料法和纵向倾斜层堆料法的混合，适用于圆形堆场。堆料过程和人字形堆料法相似。但堆料机下料点的位置不是固定在料堆中心线上，而是随每次循环移动一定的距离。这种堆料法不仅可以克服“端堆效应”，而且由于料堆中、前、后原料的重叠，长期偏差和原料突然变化产生的影响也可被消除，均化效果较好。

除此之外，还有交替倾斜层堆料法、双圆锥形堆料法、人字形和圆锥形结合堆料法等。

(3) 均化堆场的取料方式

① 端面取料　取料机从料堆的一端（包括圆形堆料的截面端开始）向另一端或整个环形料堆推进。取料是在料堆整个横断面上进行的，最理想的取料方式就是同时取料堆端面各部位的物料，循环前进。这种取料方法最适用于人字形、波浪形和水平层的堆料。

② 侧面取料　取料机在料堆的一侧从一端至另一端沿料堆纵向往返取料。这种取料方式不能同时取截面上各部位的物料，只能在侧面沿纵向方向一层层刮取物料，因此最适用于横向倾斜层堆料，取料机沿料堆纵向中心线的一端至另一端往返取料。纵向倾斜层料堆用侧面取料的方法也可以获得一定的均化效果，但总体来说，侧面取料的均化效果不及端面取料的均化效果，这种取料的方式一般都采用耙式取料机。

12.2.2 均化堆场的堆料机和取料机

(1) 矩形堆场的堆料机　侧式悬臂堆料机：侧式悬臂堆料机主要由悬臂架、悬臂皮带机、行走机构、液压变幅机构、来料车及轨道等组成，如图 12-5 所示。

图 12-5　矩形均化堆场内的堆料机

① 悬臂架　悬臂架由两个变截面的工字形梁构成，工字形梁采用钢板焊接，横向用钢板连接成整体。悬臂尾部设有配重箱，箱内装有铸铁配重块。悬臂下部设有两处支撑铰点（一处是与行走机构的门架上部铰接，使臂架可绕铰点在平面内回转；另一处是通过球铰与液压缸的活塞杆端铰接），随着活塞杆在油缸中伸缩，实现悬臂架变幅运动。

② 悬臂皮带机　悬臂架上面安装有胶带输送机，皮带机随臂架可上仰 12°、下俯 16°，皮带机的传动采用传动辊筒。张紧装置设在头部卸料点处，使胶带保持足够的张力。皮带机上设有料流检测装置，当皮带机上无料时发出信号，堆料机停机；同时，还设有打滑检测器、防跑偏等保护装置。皮带机头、尾部设有清扫器，头部卸料改向辊筒处设有可调挡板，可根据现场实际落料情况调整挡板的角度和位置来调整落料点。

③ 行走机构　行走机构由球铰支座、门架、行走台车、行走驱动装置组成。门架通过球铰支座与上部悬臂铰接，堆料臂的全部重量压在门架上。门架下端四点各与一台行走台车铰接，每台行走台车配一套驱动装置，驱动装置实现软启动、延时制动。

④ 液压变幅机构　液压系统实现悬臂的变幅运动。液压系统由液压站、油缸组成，液压站安装在三角形门架下部的平台上，而油缸支撑在门架和悬臂之间。

⑤ 来料车　来料车就是一台卸料台车。堆料皮带机从来料车通过，将堆料皮带机运来的物料通过来料车卸到悬臂的皮带机上。

来料车由卸料斗、卸料辊筒、斜梁、平台、立柱、压带轮等组成。卸料斗悬挂在斜梁前端，斜梁由两根焊接工字形梁组成，斜梁与平台之间通过大小立柱连接。平台上安有控制室以及电缆卷盘。斜梁上设有皮带机托辊，前端设有卸料辊筒，尾部设有防止空车时飘带的压带轮。大小立柱下端装有四组共 8 个车轮。

卸料改向辊筒处设有可调挡板，现场可以根据实际落料情况调整挡板角度、位置来调整落料点。

(2) 矩形堆场的取料机　桥式刮板取料机：这种取料机适用于矩形堆场端面取料，能同时切取全端面上的物料，有较好的均化效果。

取料机有两种形式：倾斜式和水平式。前者主要用于地下水位较高的地区，后者主要用于地下水位较低、气候干燥的地区。

桥式刮板取料机主要由箱形主梁、刮板输送部分、耙车部分、固定端梁、摆动端梁以及动力电缆卷盘、控制电缆卷盘等部分组成，如图 12-6 所示。

图 12-6　矩形均化堆场内的桥式刮板取料机

① 箱形主梁　该箱形主梁四周由钢板围成，在长度方向上有若干个空心隔板起抗扭作用，内壁四周每边设有由槽钢组成的加强筋，用来提高箱形主梁的稳定性。该梁在厂内分段组装，

现场焊接。梁的上部两侧设有由耐磨方钢组成的轨道，用来支承料耙小车在上面运动，中部设有托槽。该托槽的一个作用是承托链条，另一个作用是收集润滑链条外流的废油。

桥梁的两个侧面都设有下轨道，料耙侧支架上的两个滚轮在运动中与轨道接触。桥梁的下面设若干个支架座，用以悬吊刮板吊架。桥梁一端下面有悬吊端部链轮组的支座，侧面有悬吊刮板驱动装置的支点。端头下部与固定端梁连接，梁的另一端下面设刮板尾部链轮组和抗紧装置的吊架。端头下面与摆动端梁的铰座相接，摆动端梁上的防偏装置通过桥梁端头开孔进入梁内部。

② 刮板输送部分　在主梁下面吊着若干个吊架。吊架的上方、下方设置左、右两条导槽，上方中间和下方中间各设置一条防偏导槽，上方和下方左右导槽内装有两条输送链条，两条输送链条之间设置一个折线形的刮板，头部设置传动链轮和传动装置，尾部设置张紧装置，在头部下方设置溜槽。

刮板上的法兰与链条侧耳用螺栓固定。刮板为钢板结构，两侧边缘和底边缘镶有用耐磨材料制成的刮削刃。

③ 耙车部分　在主梁上部安装有料耙小车，小车上设置驱动装置、驱动链轮、改向链轮、塔架，塔架上安装有滑轮组，滑轮组中的滑轮通过钢丝绳分别与两侧料耙相连。塔架中部两侧各安装一台手动卷扬机，用来调整料耙倾角。小车的两侧设有侧支架，侧支架下方设有侧挡轮，支承在主梁下部轨道上，并且设有安装料耙的铰点。料耙下部靠这两个铰点固定，上部通过滑轮由钢丝绳固定到塔架上，角度调整通过手摇卷筒缠绕或放出钢丝绳来实现。

料耙整体形状为三角形框架，由两根槽钢对焊成的矩形方管组焊而成。料耙下面焊有很多耙齿，用来耙动物料。料耙上方有一个由两个滑轮组成的滑轮组，塔架上的钢丝绳与该滑轮组相连。

④ 固定端梁　固定端梁由端梁体、车轮、驱动装置组成。端梁体是由钢板组焊而成，形成箱形结构。两个行走车轮设在两端，其中一个为主动轮，另一个为被动轮。主动轮由驱动装置驱动。驱动装置由调频电机、摆线减速器、电磁离合器、调车电机、制动器、直交中空轴减速器组成。取料时，变频电机通过变频调速以适应取料量的要求，动力通过摆线针轮减速器输出，离合器通电吸合，并由调车电机带动主动轮转动。调车时，需要设备快速行走，这时变频电机断电，电磁离合器断开，调车电机通电，通过减速器带动主动轮，使设备快速运行。在端梁下部、靠近运行走轮的轨道外侧，设置两个侧向挡轮，并使设备能承受刮板系统产生的侧向力。

⑤ 摆动端梁　摆动端梁由端梁体、铰支座、防偏机构、车轮、挡轮、驱动机构组成。端梁体是由钢板组焊而成的箱形结构，该端梁上部设有球铰支座。支座上部与桥梁尾端下部相连。摆动端梁下部两端设有与固定端梁一样的两个车轮和驱动机构，动作形式也相同。端梁下部靠近行走车轮的位置，在轨道内外侧设有两对防脱轨挡轮，其安装在轨道两侧。当端梁行走超前或滞后时，端梁仍能平行于轨道，能使防偏装置发出准确、及时的信号。

(3) 圆形堆场的堆、取料机　圆形堆场的堆、取料机的主要组成部分是中心支柱、回转堆料机和桥式刮板取料机，堆料机可绕中心支柱回转，桥式刮板取料机在圆形轨道上运行。该堆、取料机可同时或分别进行堆料及取料作业，如图 12-7 所示。

① 堆料机　堆料机上部设有回转支承，其内圈与支座固定，支座与来料栈桥连接。堆料机下部也设有回转支承。其带外齿的外圈用高强螺栓连接固定在中心柱上。堆料机转台上设置的立式减速器输出轴上的外齿轮与回转支承的外齿圈啮合，实现堆料机的回转运动。堆料机悬臂的变幅运动由转台上设置的液压驱动油缸的伸缩来实现。堆料机悬臂上设有胶带输送机，由来自栈桥皮带输送机输入的物料通过堆料机悬臂上的皮带输送机完成堆料。

在正常的堆料工艺过程中，堆料机的回转和悬臂的变幅是合成运动，在可编程控制系统的控制下进行回转往复式堆料。

图 12-7 矩形均化堆场内的堆、取料机

② 取料机 取料机主要由主梁、松料装置、刮板取料部分及行走机构构成。

主梁一端铰接于中柱下面外部的转台上，该转台固定在另一个回转支承外圈上。回转支承内外圈与中柱下部用螺栓连接。这一结构使得主梁绕中柱回转。主梁的另一端用螺栓连接在行走机构上，行走机构上设有两套相同的行走驱动装置。行走车轮轴装入驱动装置中的减速器的中空轴里，用锁紧盘连接，启动行走机构驱动装置，主梁可绕中心支柱在圆形轨道上运行。

取料机主梁上设有液压驱动的松料装置，行程为 4m 的料耙覆盖了整个料堆断面，料耙的倾斜角是可调的。当物料的含水量或黏度大时，要适当手动调大料耙的倾斜角度，料耙的倾角比物料的安息角大 1°～2°是适宜的。

当料耙往复运动时，均布在料耙平面上的耙齿拨动取料面上的物料使其下落到取料面的底部，被连续不断运行的取料机运走。

沿取料机主梁底面设置有循环运行的刮板输送链，链条上均布安装有刮板，被料耙拨动滑落下来的物料进入运动着的刮板之间。经过刮板的连续运动，物料被刮入中心落料斗下面的出料皮带机上并被输出。

取料的过程是取料机、料耙和刮板三套系统驱动、联动的过程。取料机工作时行走的速度采用变频调速，通过行走调速来调整取料量。

12.3 粉料的混合

12.3.1 粉料混合设备的分类

（1）按操作方式分为间歇式和连续式 连续混合时，应选取合适的喂料机，既能给料又能连续称量。出口处物料的均匀度应该做连续测定，应及时反馈信号调节喂入量，以便获得最佳的均匀度。连续式混合机的优点是：可放置在紧靠下一工序的前面，因而大大减少混合料在输送和中间储存中出现的偏析现象；设备紧凑，且易于获得较高的均匀度；可使整个生产过程实现连续化、自动化，减少环境污染以及提高处理水平。其缺点是：参与混合的物料组分不宜过多；微量组分物料的加料计量不够精确；对工艺过程变化的适应性较差；设备价格较高；维修不便。

（2）按设备运转形式分为旋转容器式和固定容器式 旋转容器式混合机的特点是：几乎全部为间歇操作；装料比相较固定容器式更小；当流动性较好而其他物理性质差异不大时，可得到较好的均匀度，其中尤以 V 形混合机的混合均匀度较高；容器内部易清扫；可用于腐蚀性强的物料混合，多用于品种多而批量较小的生产。缺点是：混合机的加料和卸料都要求容器停止在固定的位置上，故应加装定位机构；加卸料时容易产生粉尘，需要采取防尘措施。

固定容器式混合机的特点是：在搅拌桨叶强制作用下使物料循环对流和剪切位移达到均匀混合，混合速度较高，可得到较满意的混合均匀度；由于混合时可适当加水，因而可防止粉尘飞扬和偏析。缺点是：容器内部较难清理；搅拌部件磨损较大，玻璃工厂常用的多是固定容器式混合机。

（3）按工作原理分为重力式和强制式　重力式混合机是物料在绕水平轴（个别也有倾斜轴）转动的容器内，主要受重力作用产生复杂运动而相互混合。重力式混合机根据容器外形有圆筒式、鼓式、立方体式、双锥式和 V 式等，这类混合机易使粒度差或密度差较大的物料趋向偏析。为了减少物料结团，有些重力式混合机（如 V 式）内还设有高速旋转桨叶。

强制式混合机是物料在旋转桨叶的强制推动下，或在气流作用下产生复杂运动而强行混合。强制式混合机按轴的传动形式有水平轴（桨叶式、带式等）式、垂直轴（盘式）式、斜轴式(螺旋叶片式）等。强制式混合机的混合强度比重力式大，且可大大减少物料特性对混合的影响。

（4）按混合方式分为机械混合式和气力混合式　机械混合机在工作原理上大致分为重力式(转动容器型）和强制式(固定容器型）两类。气力混合设备用脉冲高速气流使物料受到强烈翻动或由于高压气流在容器中形成对流流动而使物料混合，主要有重力式(包括外管式、内管式和旋管式等)、流化式和脉冲旋流式等。

机械混合机多数机械部件直接与物料接触，尤其是强制式混合机，机械磨损较大。机械混合的设备容积一般不超过 20～110m^3，而气力混合设备却可高达数百立方米，这是因为它没有运动部件，限制性较小。此外，气力混合还有结构简单、混合速度快、混合均匀度较高、动力消耗低、易密闭防尘、维修方便等优点。但是，它不适合黏结性物料的混合。

（5）按混合与偏析机理分为偏析型混合机和非偏析型混合机　偏析型混合机以扩散混合为主，属重力式混合机；非偏析型混合机以对流混合为主，属强制式混合机。

（6）按混合物料分为混合机和搅拌机。

12.3.2　螺旋式混合机

螺旋式混合机用于干粉料的混合、增湿或潮解黏土等，有单轴和双轴两种类型。单轴螺旋式混合机如图 12-8 所示。它由 U 形料槽 1、主轴 2、紧固在主轴的不连续螺旋桨叶 3（或带式螺旋叶）以及带动主轴转动的驱动装置组成。单轴螺旋式混合机可制成不同的长度，一般安放在料斗或配料机的下面。为了便于调节桨叶的倾角和磨损后更换桨叶，如图 12-9 所示，常常借助桨叶末端具有螺纹的销轴 3 使桨叶 1 固定在转轴 2 的小孔里，销轴用螺母 4 拧紧。为了避免桨叶很快磨损，采用合金钢或耐磨铸铁制造的可拆换的桨叶拧紧。

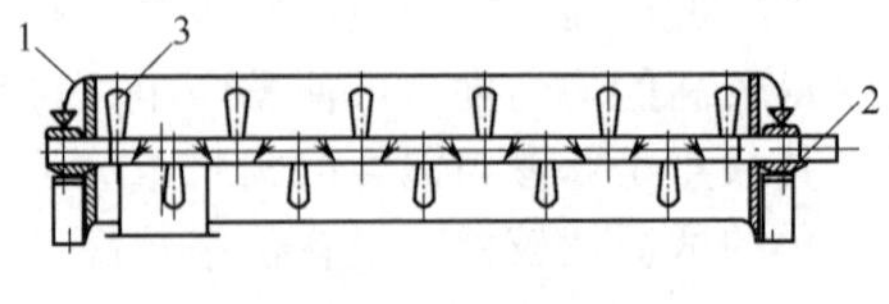

图 12-8　单轴螺旋式搅拌机

1—料槽；2—主轴；3—桨叶

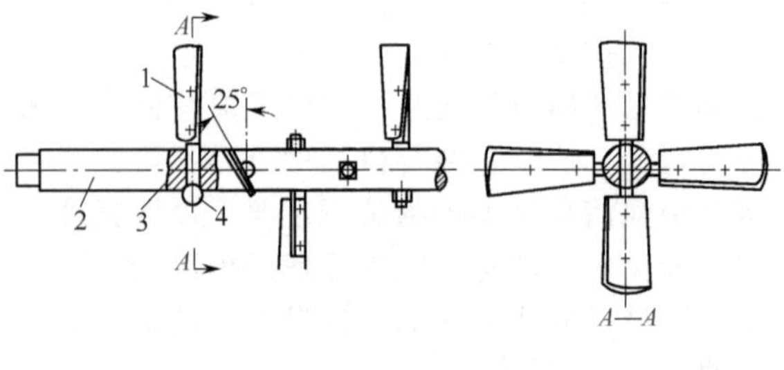

图 12-9　桨叶的安装

1—桨叶；2—转轴；3—销轴；4—螺母

双轴螺旋式混合机如图 12-10 所示。料槽 3 内安装有两根带有螺旋桨叶的转轴 1 及 2。主动轴 1 由电动机 4 通过减速器 5 带动，而从动轴 2 通过齿数相同的齿轮 6 传动。螺旋轴转速一般为 20～40r/min。

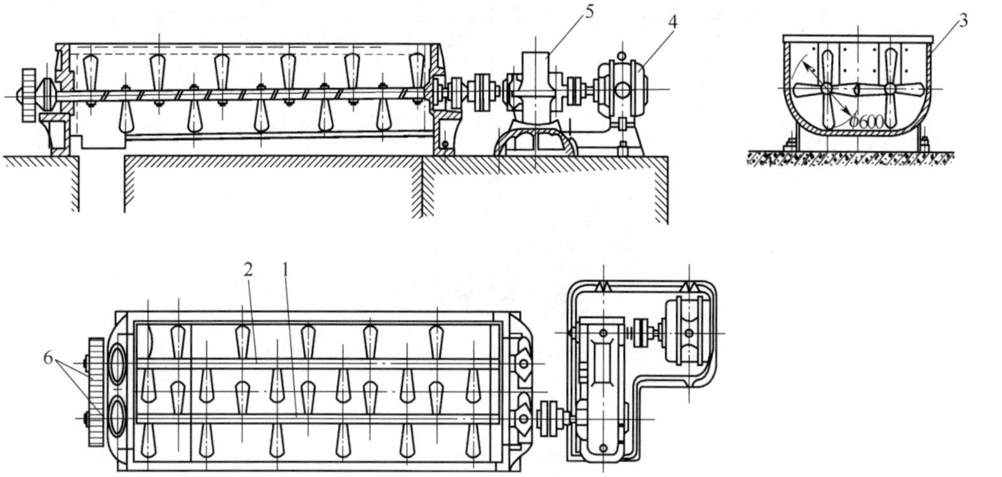

图 12-10　双轴螺旋式混合机

1，2—螺旋桨叶转轴；3—料槽；4—电动机；5—减速器；6—齿轮

按料槽内料流方向的不同，双轴螺旋式混合机有并流式和逆流式两类。并流混合时，两轴转向相反，螺旋桨叶的旋向也相反，物料沿同一方向并流推送；逆流混合时，两轴转向相反，螺旋桨叶旋向相同，使物料往返受到较长时间的混合。两轴转速不同，送往卸料口的速度比反向流动的速度快，使物料最终由卸料口卸出。

逆流式混合机的进料和卸料与并流式混合机相同，但生产能力较小。生产能力与两轴速度差成正比。混合时间和质量可通过改变齿轮的传动比来调节。最适宜的混合时间及相应的生产能力应根据试验及每种物料的实际数据来确定。

可用改变桨叶角度来调节物料通过混合机的速度，从而调节混合程度。当需要充分混合时，则采用逆流式混合机。当用于干料混合时，桨叶转向应由里向外壁方向转动，增湿混合则应由外壁向里转动。

12.3.3　双层高效混合机

双层高效混合机的构造如图 12-11 所示。该混合机转子上有内、外两层桨叶，外层为 4 个特殊角度的大桨叶，内层有 4 个特殊角度的小桨叶，如图 12-12 所示。外层大桨叶带动物料在快流区左右翻动，在机槽内全方位连续循环运动，使物料在强烈对流混合作用下迅速混合均匀。小桨叶大大增强了慢流区物料的对流混合。这两层桨叶还增强了物料间的相互扩散、剪切及冲击混合作用，从而快速达到混合均匀，提高了混合效率。

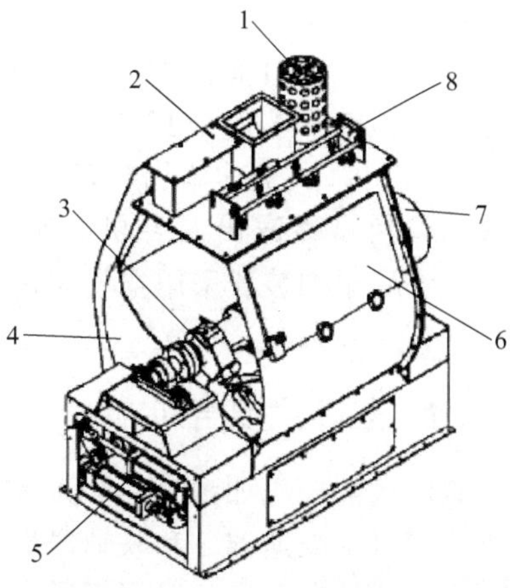

图 12-11　双层高效混合机构造示意

1—上盖；2—回风装置；3—转子；4—机体；5—出料门气动装置；6—清理门；7—电动机及传动装置；8—油脂添加装置

双层高效混合机具有以下特点。

① 混合速度快，混合均匀度高　一般物料在 45～60s 时间内，混合均匀度的变异系数（CV）小于等于 5%。SJHS 系列双层高效混合机混合均匀度变异系数可达 2%～3%，因此可大大缩短混合时间，显著提高生产效率。

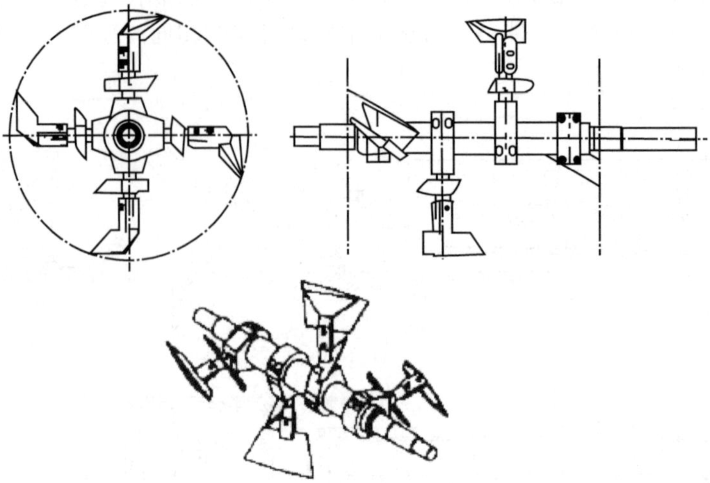

图 12-12　转子结构示意

② 装填量可变范围大　装填系数可变范围为 0.1～0.8，适用于多行业中不同密度、粒度的物料混合。

③ 密封效果好　主轴上的轴端密封由密封盖、气囊、气囊座、密封压盖等零部件组成，如图 12-13 所示。

轴端密封机构采用气囊密封技术，克服了传统混合机轴端渗料的现象。出料门密封机构采用整体气囊密封技术，当门关紧时，出料门侧面紧贴密封件上的橡胶密封气囊，其内充 0.08～0.1MPa 的压缩空气，使机内物料不致漏出，从而弥补了传统混合机门体变形而形成“粉料瀑布”的缺陷。

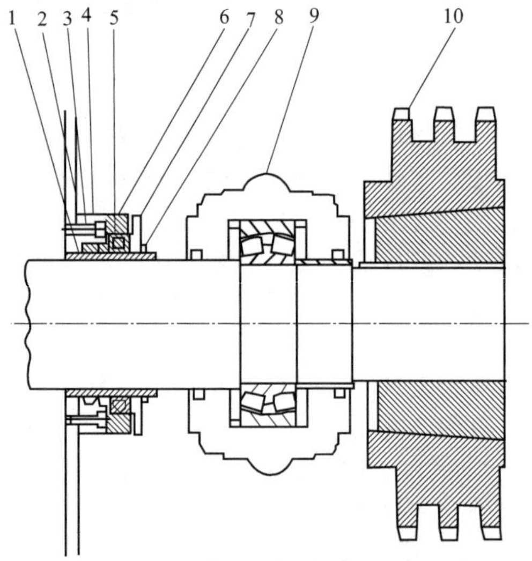

图 12-13　主轴密封结构示意图

1—密封件；2—橡胶垫；3—内六角螺栓；4—密封盖；5—气囊；6—气囊座；7—密封压盖；8—螺栓；9—轴承座；10—锥套链轮

④ 出料快，残留量少　底部采用了炸弹仓式全长双开门结构，由气缸、摇臂、联动轴、行程开关等组成。物料混合完成后一次性排空，残留量极少（残留率小于 0.1%）。

⑤ 可升降式液体添加装置　该添加系统可上下移动，使喷嘴露出混合机，便于清理或更换；同时，油脂添加装置采用空气雾化喷嘴，液体通过喷嘴在压缩空气的雾化下呈扇形喷出，可大大提高雾化效果。

12.3.4　桨叶式混合机

桨叶式混合机如图 12-14 所示。机壳 1 为水平设置的圆筒，其中心装有六角轴 2；由主电动机 6 通过主减速器 5 和联轴器带动六角轴转动。轴上均匀地装有三对桨叶 3 及 4，相对的桨叶刮刀互成反向安装，以利于混合，靠近机壳两侧的端部桨叶 4 形状近似 L 形，用于刮铲端壁上的物料。加料口 7 为长方形孔，设于容器上方，卸料口 8 装于侧下方。卸料门 9 由曲柄连杆机构与链轮 12 及 13 操纵其启闭，曲柄连杆机构的往复动作是由限位开关 16 与固定于链轮上的凸块控制电动机 15 的正反转实现的。机壳上有 1/4 的部分可以打开，以便检修、更换桨叶及清理内部。

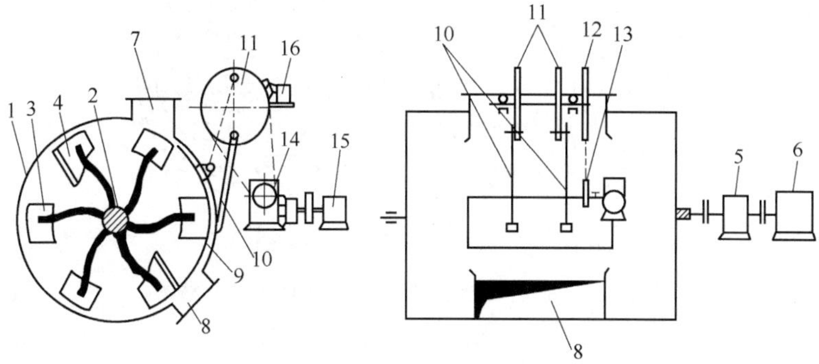

图 12-14 桨叶式混合机

1—机壳；2—六角轴；3—桨叶；4—端部桨叶；5—主减速器；6—主电动机；7—加料口；8—卸料口；9—卸料门；10—连杆；11—圆盘；12,13—链轮；14—料门减速器；15—凸块控制电动机；16—限位开关

桨叶式混合机的混合机理与圆筒式混合机相似，在轴向上的混合强度不够，造成混合均匀度不高。

12.3.5 行星式混合机

行星式混合机有单转子和双转子两种。图 12-15 所示为带辊子的双转子行星式混合机，适用于耐火材料及陶瓷工业中需要确保泥料成分和水分均质的混合和增湿工序。筒形圆盘 1 装在机架的辊子上，并绕垂直中心线旋转。圆盘外面固装有齿圈 2，其与圆盘两侧的两个齿轮 3 啮合。水平轴 5 是传动轴，由电动机通过胶带传动装置 7 驱动。当水平轴 5 转动时，经圆锥齿轮、立轴、齿轮使圆盘 1 转动。水平轴还装有两个圆锥齿轮 6 和 8，与装在立轴 9 上端的另外两个圆锥齿轮啮合。每根轴的下端都固定有两个桨叶及一个辊子。水平轴转动时，圆盘、辊子及刮板均转动。为了将物料推到混合用桨叶及辊子下面，在圆盘底部附近的支撑架上还固定有六个不动的桨叶。

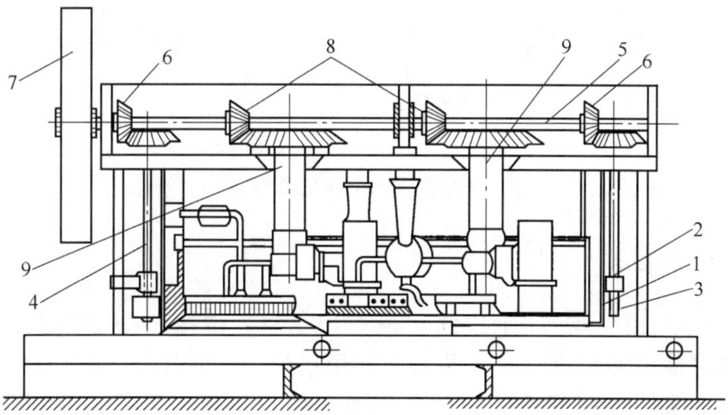

图 12-15 双转子行星式混合机

1—圆盘；2—齿圈；3—齿轮；4,9—立轴；5—水平轴；6，8—圆锥齿轮；7—胶带传动装置

混合机是间歇操作的，需要将混合和增湿的物料分批送入。当圆盘与进行混合用的桨叶和辊子反向旋转时，物料在固定桨叶的作用下沿着复杂的螺旋线由周边向中心移动而被充分混合（图 12-16）。混合好的物料由刮板拨入圆盘上的卸料口卸出，由混合机下面的输送机运走。

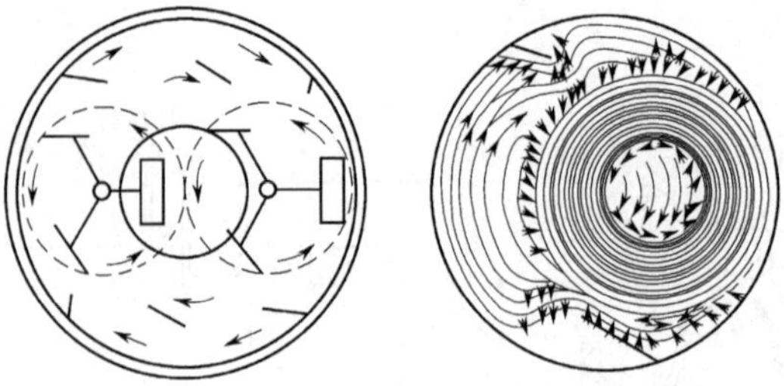

(a) 双转子　　(b) 单转子

图 12-16　物料在行星式混合机中的混合示意图

12.4 粉料浆体的混合

粉料浆体的混合设备包括机械搅拌设备和气力搅拌设备两类。前者利用适当形状的桨叶在料浆中的运动来达到搅拌的目的，后者利用压缩空气通入浆池使料浆受到搅拌。搅拌桨叶有水平桨叶和立式桨叶两种，桨叶形状有桨式、框式、螺旋桨式、锚式和涡轮式等，如图 12-17 所示。桨叶运动方式有定轴转动和行星运动。水平桨叶多用于混合或碎解物料；立式桨叶多用于搅拌。

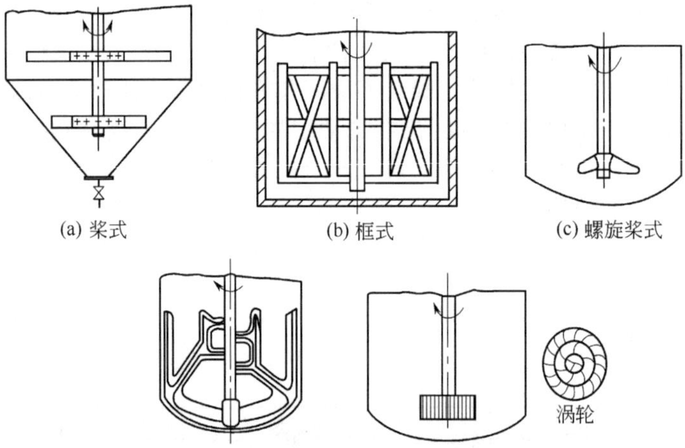

(a) 桨式　　(b) 框式　　(c) 螺旋桨式

(d) 锚式　　(e) 涡轮式

图 12-17　搅拌机类型

12.4.1 水平桨式搅拌机

水平桨式搅拌机如图 12-18 所示。储浆池 1 用木材、混凝土或钢板制造，内表面衬有瓷板。水平轴 2 从储浆池中间穿过，轴上装有十字形搭板 4，用橡木条制造的桨叶 3 固定在搭板上。水平轴的轴承 5 安装在储浆池外面的支架或基础上。在轴穿过储浆池端壁处设有填料函 6，以防料浆泄漏。搅拌桨叶由电动机通过胶带传动装置 7 和齿轮传动装置 8 带动。搅拌机底部的物料开始时被桨叶端部搅拌，然后由中部作用，最后被整个桨叶充分混合。该搅拌机是间歇工作的，为了使电动机的负载均匀和防止桨叶损坏，每批原料应逐渐加入储浆池中，每次不能过多。搅拌好的料浆通过装设在池端底部的旋塞 9 放出。

12.4.2 行星式搅拌机

行星式搅拌机属立式搅拌机，如图 12-19 所示，搅拌机构为两副装成框架的桨叶 1。桨叶

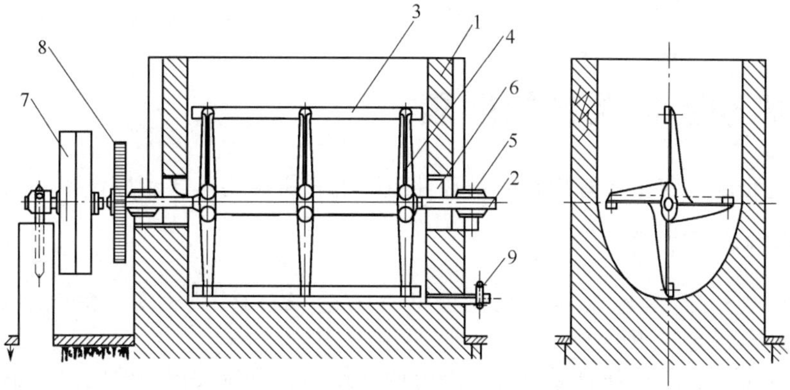

图 12-18 水平桨式搅拌机

1—储浆池；2—水平轴；3—桨叶；4—十字形搭板；5—轴承；6—填料函；7—胶带传动装置；8—齿轮传动装置；9—旋塞

的立轴 5 在水平导架（或称行星架）3 的轴承 2 中转动。立轴 5 上装有齿轮 4，当导架由传动机构带动旋转时，它就在装于空心支柱 7 上的固定齿轮 6 上滚动。于是桨叶一方面绕空心支柱 7 公转，另一方面又绕自身的立轴 5 自转，作行星运动。这种行星运动能引起料浆剧烈湍流运动，有利于搅拌的进行。在不大的圆形储浆池里装设一套行星式搅拌机；在大的椭圆形储浆池里，装设两套；而在更大的正方形储浆池里则装四套。

行星式搅拌机在陶瓷厂中用来搅拌泥浆及釉料，以防止固体颗粒的沉淀。但不宜用于碎解黏土，因为沉积在池底部的泥团会使桨叶受到很大的弯矩作用，容易损坏。

12.4.3 旋桨式搅拌机

旋桨式搅拌机如图 12-20 所示，搅拌机构采用青铜或钢材制造的带有 2～4 片桨叶的螺旋桨 1。螺旋桨安装在立轴 2 上，整套搅拌机构，包括传动机构在内，都安装在储浆池 6 上面的横梁 3 上。立轴由电动机经 V 带 5 来传动，靠桨叶转动产生剧烈的湍流运动来搅拌、混合及潮解黏土。储浆池一般为现浇混凝土砌筑，通常制成三角形或八角形，以消除料浆的旋回运动，从而提高搅拌效率。

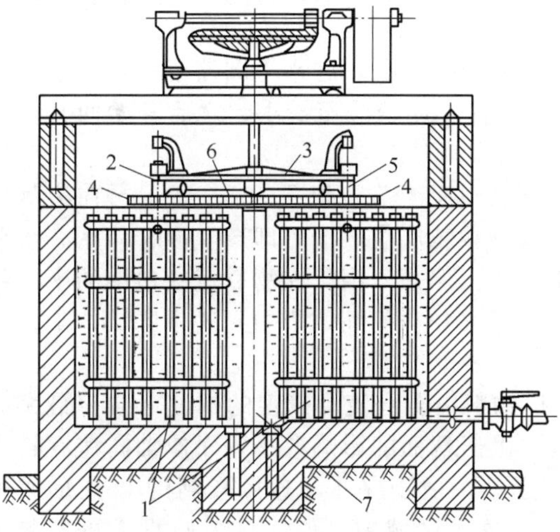

图 12-19 行星式搅拌机

1—桨叶；2—轴承；3—水平导架；4—齿轮；5—立轴；6—固定齿轮；7—空心支柱

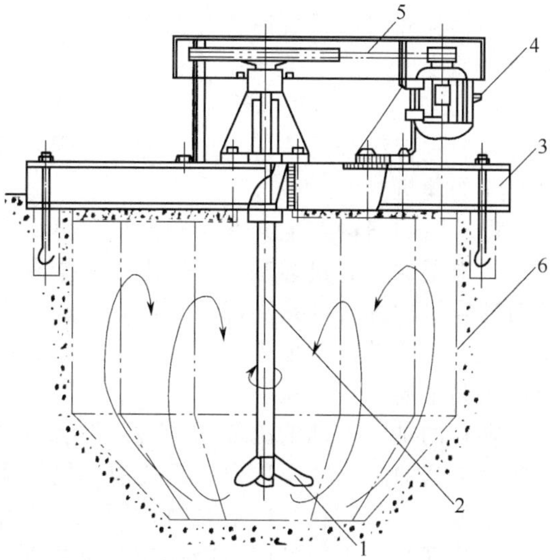

图 12-20 旋桨式搅拌机

1—螺旋桨；2—立轴；3—横梁；4—电动机；5—V 带；6—储浆池

12.5 影响粉体混合的因素

影响混合过程的因素主要有物料的物理性质、混合机结构形式和操作条件三个方面。

12.5.1 物料的物理性质

物料颗粒所具有的形状、粒度及粒度分布、密度、表面性质、安息角、流动性、含水量、黏结性等都会影响混合过程。

在混合过程中，总是伴随着混合与逆混合两种作用。颗粒被混合的同时，偏析作用又使物料进行逆混合，混合状态是偏析与混合之间的平衡。适当改变这些条件，就可使平衡向有利于混合方向转化，从而改善混合操作的效果。

物料颗粒的粒度、密度、形状、粗糙度、安息角等物理性质的差异将会引起偏析，其中以混合料的粒度和密度差影响较大。偏析作用有以下三个方面。

① 堆积偏析　具有粒度差（或密度差）的混合料，在倒泻堆积时就会产生偏析，细（或密度小）的颗粒集中在料堆中心部分，而粒度大（或密度大）的颗粒则在其外围。

② 振动偏析　具有粒度差和密度差的薄料层在受到振动时，也会产生偏析。即使是埋陷在小密度细颗粒料层中的大密度粗颗粒，仍能上升到料层的表面。

③ 搅拌偏析　采用液体搅拌方式来剧烈搅拌具有粒度差的混合料，也会出现偏析，往往难以获得良好的混合效果。一种混合方法对液体混合可能很有效，但未必适合于固体粉料的混合，甚至会导致严重的逆混合。

在实际混合过程中，应针对不同情况，选取相应的防止偏析措施。从混合作用来看，对流混合偏析程度最小，而扩散混合则有利于偏析。因此，对于具有较大偏析倾向的物料，应选用以对流混合为主的混合设备。

12.5.2 混合机结构形式

混合机机身的形状和尺寸、所用搅拌部件的几何形状和尺寸、结构材料及其表面加工质量、进料和卸料的设置形式等都会影响混合过程。设备的几何形状和尺寸影响物料颗粒的流动方向和速度。

图 12-21 所示为粒度为 80～100 目和 35～42 目的砂各 2.5kg，在水平圆筒混合机内水平装填物料后进行混合的偏析现象。可以发现，混合 2min 后，M 值降至最小，之后开始回升，发生明显的偏析。

颗粒沿圆筒内壁上升至一定高度，然后沿着混合区斜面滚落，如图 12-22 所示。在滚落过程中，上层颗粒有机会落入下层出现的空穴中去，这种颗粒层位的变更即产生混合作用。水平圆筒混合机的混合区是局部的，而且径向混合是主要的。但是，由于在物料流线包围的中心部位呈现一个流动速度极小的区域，微细颗粒就可能穿过大颗粒的间隙集中到这个区域中来，形成沿圆筒轴向的细颗粒芯。

颗粒的轴向运动情况如图 12-23 所示。图中标出物料沿轴向流动速度的梯度，曲率最大的 D 处表示其轴向速度为最大；距离混合机端面愈远，由于端面的影响愈小，而使轴向速度趋于一恒定值。这说明在径向混合时，颗粒也会沿轴向运动。由于在流动速度较高的 D 处形成了颗粒空隙区域，细颗粒就可能穿越相邻料带，集中在这个区域中。位于料带 D 两侧的料带 C 与 E 中，较小颗粒更易沿轴向迁移，进入较高轴向速度的料带 D 中。但是，在外侧的料带 B 与 F 中，其颗粒向料带 C 与 E 方向的移动相对较慢。这种轴向物料运动的不平衡性，使料带 D 中的细粒芯不断壮大，形成与轴向垂直的料带。当较小颗粒具有较高的安息角时，则轴向速度

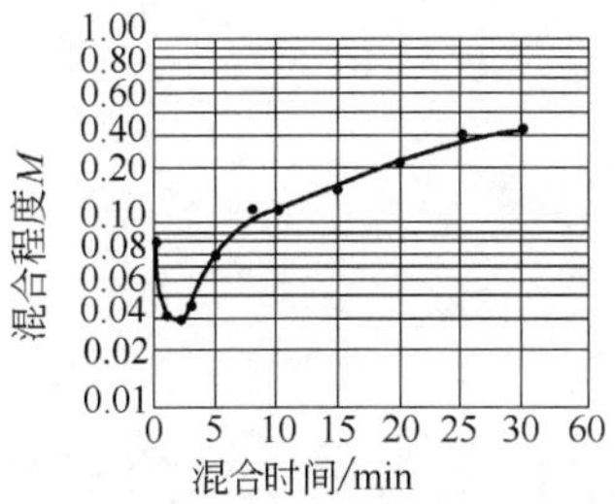

图 12-21 水平圆筒混合机中的偏析现象

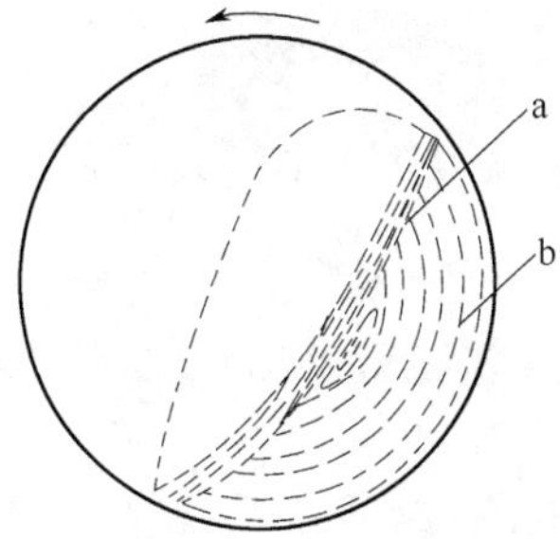

图 12-22 物料在回转筒中的径向运动

a—混合区；b—静聚区

的速度梯度会更大，甚至有可能达到在整个纵向上全部形成较小（或较重）和较大（或较轻）颗粒集积层相间隔的状态。这是发生在轴向的偏析现象，与依靠重力的径向混合相比，轴向混合是次要的。因此，采用长径比 $L/D<1$ 的鼓式混合机较有利于混合。

12.5.3 操作条件

操作条件包括混合料内各组分的多少及其所占据混合机体积的比率、各组分进入混合机的方式、顺序和速率、搅拌部件或混合机容器的旋转速度等。

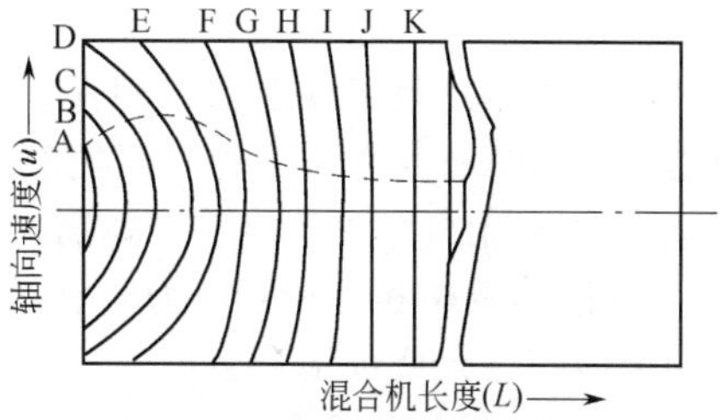

图 12-23 物料在回转圆筒中的轴向运动

（虚线表示速度分布）

对于回转容器型混合机，物料在容器内受重力、惯性离心力、摩擦力作用产生流动而混合。当重力与惯性离心力平衡时，物料随容器以同样速度旋转，物料间失去相对流动而不发生混合，此时的回转速度为临界转速。惯性离心力与重力之比称为重力特征数

$$F_r=\frac{\omega^2 R}{g} \tag{12-12}$$

式中 ω——容器旋转角速度，rad/s；

R——容器最大回转半径，m；

g——重力加速度，m/s^2。

显然，F_r 应小于1。一般而言，对于圆筒形混合机，$F_r=0.7\sim0.9$；对于V形混合机，$F_r=0.3\sim0.4$。可由给定的 F_r 值确定转速 ω 值的大小。

实验表明，最佳转速 n 与容器最大回转半径及混合料的平均粒径有关，一般有如下关系

$$n=\sqrt{Cg}\sqrt{\frac{d}{R}} \tag{12-13}$$

式中 C——实验常数，m^{-1}，对于水平圆筒混合机，一般取 $C=15$；对于V形、二重圆锥形和正立方体形混合机，$C=11\sim7$；

d——混合料平均粒径，m；

R——容器最大回转半径，m；

g——重力加速度，m/s^2。

对于固定容器型混合机，桨叶式混合机的桨叶直径 d 与回转速度 n 成反比关系

$$nd=K \tag{12-14}$$

第13章 粉体造粒及设备

13.1 粉体的凝聚机理

所谓凝聚，是指许多颗粒相互黏结形成二次颗粒，并结成团块的现象。为使颗粒凝聚，颗粒之间必须具有某种结合力，可能存在的结合力如下。

① 固体架桥　由于烧结、熔融、化学反应而使一个颗粒的分子向另一个颗粒扩散。

② 液体架桥和毛细管压力　在液体架桥中，界面力和毛细管压力可产生强键合作用，但如果液体蒸发则此种结合会消失。

③ 不可自由移动结合剂架桥处的黏附和内聚力　如焦油等高黏度结合介质能形成和固体架桥非常相似的结合力，其吸附层是固定的并在某些环境下能促进细粉粒的结合。

④ 固体粒子间的吸引力　如固体颗粒间距离足够短，则静电力、磁力、范德瓦耳斯力可以导致粉粒黏附在一起。

⑤ 封闭型结合　如小片状细粒，可相互交叉或重叠而形成“封闭型”结合。

上述作用力是造粒过程中的内因。由此凝聚形成的颗粒，其强度是评价凝聚效果的重要指标。强度分为抗压强度和抗拉强度，抗拉强度可以从理论上进行分析，而抗压强度则可由试验测定。

常用的造粒方法有：压缩造粒、挤出造粒、滚动造粒、喷浆造粒和流化造粒等。

13.2 压缩造粒

(1) 影响压缩造粒的因素　压缩造粒的影响因素很多，应根据原料粒度及分布、湿度、操作温度、黏结剂及润滑剂的添加量等条件，并通过大量试验所反映的变化趋势来确定最佳条件。原料粉体的粒度分布是决定颗粒填充状态和造粒后孔隙率的重要因素。一般来说，颗粒界面接触面积越大，颗粒凝聚的可能性也越大。因此，原料越细，则造粒强度越高。原料粒度的分布上限取决于产品粒度的大小。然而，粉体越细，单位体积的质量（即表观密度）越小；原料的压缩度（自然堆积与压缩后的体积比）表明原料粉体不宜过细，因为细粉体在压缩过程中夹带的空气较多，势必会减缓压缩速度，从而降低生产能力。

(2) 压缩造粒设备

① 压粒机　压粒机是借助于由偏心曲轴带动的上下冲头在压模内的相对运动来完成压粒过程的。有单冲头压粒机和转盘式压粒机两种。单冲头压粒机的生产能力可达 200 粒/min，转盘式的生产能力高达 10000 粒/min，且产品颗粒特性易于控制。

② 辊式压粒机 这类压粒机的主要组成部分是两个等速相对转动的辊子，在螺旋给料机的推送下将原料强制压入两辊间隙中，随着辊子转动，原料逐渐进入辊间最狭窄部位。根据辊表面形式的不同，可直接得到颗粒或片状压饼，再将其破碎筛分即可获得各种粒度的不规则颗粒。

辊式压粒机生产的颗粒形状可灵活调整，且处理量大，大多数粉体都可采用此方法进行造粒。其缺点是：颗粒表面不如压粒机制得的颗粒精细。

13.3 挤出造粒

挤出造粒是将与黏合剂捏合好的粉状物料投入带多孔模具的挤出机中，在外部挤压力的作用下，原料以与模具开孔相同的截面形状从另一端排出，再经适当的切粒和整形即可获得各种形状的颗粒制品。该方法要求原料粉体能与黏结剂混合成较好的塑性体，适用于黏性物料的加工。制得的颗粒截面规则均一，但长度和端面形状不易精确控制；颗粒致密度比压缩造粒低，黏结剂和润滑剂用量大，水分较高，模具磨损较严重。

（1）挤出造粒的工艺因素 从机理上来说，挤出造粒是压缩造粒的特殊形式，其过程都是在外力作用下原料颗粒间重排而达到致密化的，所不同的是挤出造粒需要先将原始物料进行塑性化处理。挤出过程中，随着模具通道截面的变小，内部压应力逐渐增大，相邻微粒界面借助黏结剂的作用形成牢固结合。该过程可分为四个阶段：输送、压缩、挤出、切粒。物料与模具表面在高压下摩擦产生大量热量，物料温度升高有利于塑化成型，如饲料挤出造粒过程中借助于这部分热量可使淀粉质粉料熟化，从而提高制品的强度。

挤出造粒的影响因素主要有原料粒度、水分、温度和外加剂。

为了使物料有较好的塑性，应对原料进行预混合处理。在此过程中，将水和黏结剂加入粉料内用捏合机充分捏合，黏结剂的选择与压缩造粒相同。捏合效果直接影响挤出过程的稳定性和产品质量。一般来说，捏合时间越长，泥料的流动性越好，产品强度越高。与压缩造粒相同，原料粉体适当细化会提高捏合后泥团的塑性，有利于挤出过程的进行；同时，细颗粒使粒间界面增大也有利于提高产品的强度。

（2）挤出造粒设备 挤出机的种类很多，基本上由进料、挤压、模具和切粒四部分装置组成。处理能力为25～30t/h。

螺杆挤出机是应用较广泛的挤出设备之一。螺杆在旋转过程中产生挤压作用，将物料推向挤压筒端部或侧壁上的模孔，从而实现挤压造粒（图13-1）。模孔的孔径和模板开孔率对产品质量有较大影响。

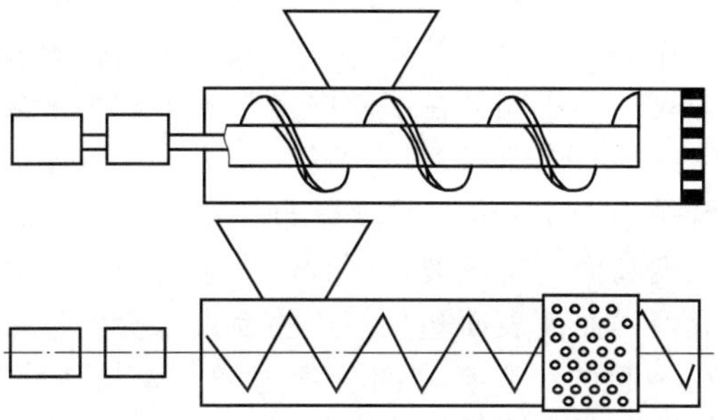

图13-1 挤出造粒机结构简图

辊式挤压机主要工作部分是两处相向转动的辊子。物料在辊子的压力作用下被挤入辊上的模孔，经挤压和切割形成所需要的颗粒。不同形式的辊式挤出机的造粒形式如图13-2所示。

由于挤出造粒产品的水分较高，为防止刚挤出的颗粒发生堆积粘连，应进行后续干燥。通常采用热空气风扫干燥方式，使颗粒表面迅速脱水，然后再进行流化干燥。

挤出造粒的优点是产量高，但产品颗粒为短柱状，通过整形机处理后可获得球形颗粒。用此方法生产的球形颗粒密度较高。

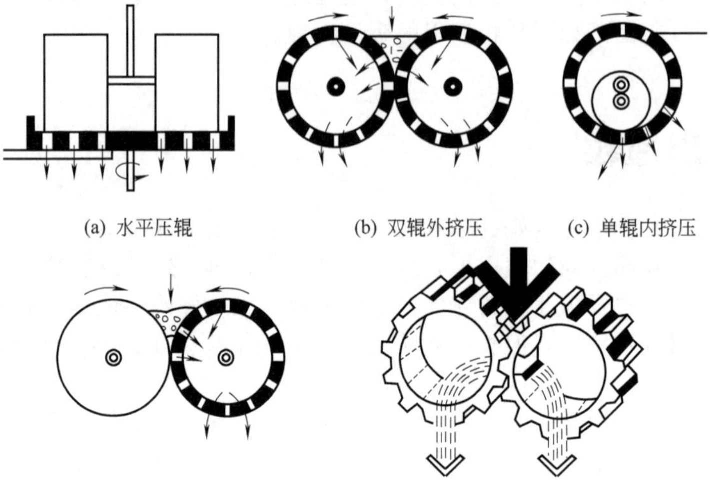

(a) 水平压辊　(b) 双辊外挤压　(c) 单辊内挤压

(d) 单辊外挤压　(e) 双齿对辊

图 13-2　辊式挤出造粒形式

13.4 滚动造粒

如果工艺要求颗粒形状为球形，且对颗粒密度要求不高，多采用滚动造粒方法造粒。造粒过程中，粉料颗粒在液桥和毛细管力作用下团聚在一起，形成球核。团聚的球核在容器低速转动时所产生的摩擦和滚动冲击作用下不断地在粉料层中回转、长大，最后成为一定大小的球形颗粒而滚出容器。该方法的优点是：处理量大、设备投资少、运转率高。缺点是：颗粒密度较低，难以制备粒径较小的颗粒。该方法多用于食品生产，也广泛用于颗粒多层包覆工艺制备功能性颗粒。

（1）滚动造粒机理　湿润粉体团聚成许多微球核是滚动造粒的基本条件。成核动力来自液体的表面张力和气-液-固三相界面上表面自由能的降低。颗粒越小，这种成核现象越明显。球核在一定条件下可长大至 1～2mm。微核的聚并和包层则是颗粒进一步长大的主要机制。这些机制表现程度如何取决于操作形式、原料粒度分布、液体表面张力和黏度等因素。

在批次作业中，结合力较弱的小颗粒在滚动中常常发生破裂现象。大颗粒的形成多是通过这些破裂物进一步包层来完成的。当原料平均粒径大于 70μm 且分布较集中时，上述现象表现突出。与此相反，当平均粒径小于 40μm 且粒度分布较宽时，颗粒的聚并则成为颗粒长大的主要原因。这类颗粒不仅因强度高而不易破裂，而且经一定时间滚动固化后，过多的水分渗出颗粒表面，更易在颗粒间形成液桥而使表面塑化。这些因素都会促进聚并过程的进行。

随着颗粒长大，聚并在一起的小颗粒之间分离力增大，从而降低了聚并过程的效率。因此，难以通过聚并机制来提高形成大颗粒的速度。

（2）滚动造粒设备　成球盘是最常见的滚动造粒设备。该装置主要是由一个倾角可调的转动圆盘组成，盘中的粉料在喷入的水或黏结剂的作用下形成微粒并在转盘的带动下升至高处，然后借助于重力向下滚动。这样反复运动，颗粒不断增大至一定粒径后从下边缘滚出（图 13-3）。

转盘直径越大，颗粒滚动时的动能越大，越有利于颗粒的密实化。转速越快，带动颗粒提升的能力越强，越容易促使颗粒密实。

成球盘的生产能力大，产品外表光滑且粒度大小均匀。盘面敞开，便于操作观察；但作业时粉尘飞扬严重，工作环境不良。由于各种随机因素的影响，操作人员的经验性较强。最大的成球盘直径可达 11m，处理能力 50t/h 以上。

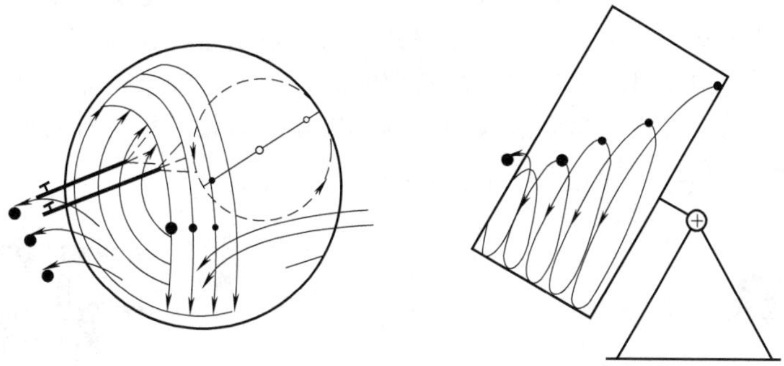

图 13-3 成球盘造粒机理

图 13-4 为搅拌混合造粒机结构。该设备造粒时，其微核生成和长大的机理与滚动造粒基本相同，只是颗粒长大过程不是在重力作用下自由滚动，而是通过搅拌棒驱使微颗粒在无规则翻滚中完成聚并和包层。部分结合力弱的大颗粒不断地被搅拌棒打碎，碎片又作为核心颗粒经过包层进一步增大。伴随着物料从给料端向排料端的移动，颗粒增大与破碎的动态平衡逐渐趋于稳定。搅拌混合造粒所制备的颗粒粒度均匀性、球形度、颗粒密度等指标均不及成球盘造粒。该方法处理量大，造粒又是在密闭的容器中进行的，操作环境好，故多用于矿粉和复合肥料的造粒。

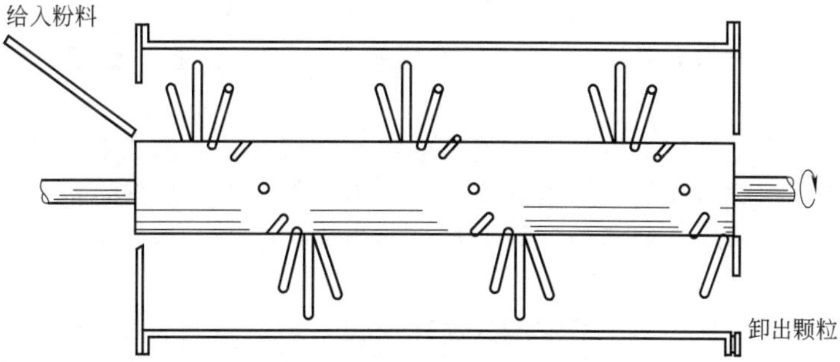

图 13-4 搅拌混合造粒机结构

13.5 喷浆造粒

喷浆造粒是借助于蒸发直接从溶液或浆体制取细小颗粒的方法，包括喷雾和干燥两个过程。料浆首先被喷洒成雾状微液滴，水分被热空气蒸发带走后，液滴内的固相物聚集成为干燥的微粒。对于用微米或亚微米级超细颗粒制备平均粒径为数十微米至数百微米的细小颗粒而言，喷浆造粒几乎是唯一的有效方法。所制备的颗粒近似球形，有一定的粒度分布。整个造粒过程在密闭系统中进行，无粉尘和杂质污染。因此，该方法多被食品、医药、染料、非金属矿加工、催化剂和洗衣粉等行业采用。其缺点是：水分蒸发量大，喷嘴磨损严重。

(1) 喷浆造粒机理 雾滴经受热蒸发，水分逐渐消失；同时，包含在其中的固相微粒逐渐浓缩，最后在液桥力的作用下团聚成微小颗粒。在雾滴向微粒变化的过程中，也会发生相互碰撞，聚并成较大的微核。微核间的聚并和微粒在核上的吸附包层是形成较大颗粒的主要机制。上述过程必须在微粒中的水分完全蒸发之前完成，否则颗粒难以继续增大。由于无外力作用，喷浆造粒所制取的颗粒强度较低，且呈多孔状。

喷浆雾化后的初始液滴的大小和料浆浓度决定着一次微粒的大小。浓度越低，雾化效果越好，所形成的一次微粒越小。然而，受水分蒸发的限制，喷浆浓度不能太低。改变干燥室内的热气流运动规律，可控制微粒聚并与包层过程，从而调整制品颗粒的大小。热风的吹入量和温度可直接影响干燥强度和物料在干燥器内的滞留时间，这也是调整产品粒度的手段。

（2）浆体雾化方式　雾化是喷浆造粒的关键。浆体的雾化方式主要有加压自喷式、高速离心抛散式和压缩空气喷吹式三种，如图 13-5 所示。

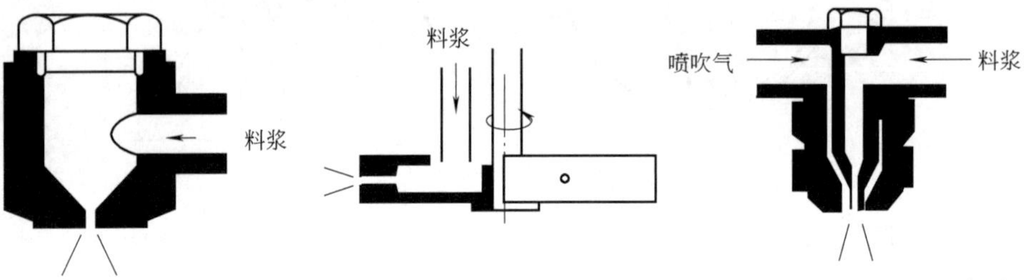

(a) 加压自喷式　(b) 高速离心抛散式　(c) 压缩空气喷吹式

图 13-5　雾化方式

加压自喷式雾化是用高压泵将浆体以数十兆帕的压力挤入喷嘴，经喷嘴导流槽后变为高速旋转的液膜射出喷孔，形成锥状雾化层。为了获得微小液滴，除提高压力外，喷孔直径不能过大；浆体黏度的大小也影响着雾化效果，有些浆体应升温和降低黏度后再进行雾化。这种雾化喷嘴结构简单，可在干燥器内的不同位置上多处设置，以使雾滴在其中均匀分布。缺点是：喷嘴磨损较快，浆体的喷射量和压力也随喷嘴的磨损而变化，作业不稳定；与其他雾化方式相比，制备的颗粒偏粗。

高速离心抛散式雾化是利用散料高速旋转的离心力将浆体抛散成非常薄的液膜后在撒料盘的边缘与空气作高速相对运动的摩擦中雾化散出。因撒料盘高速旋转，故对机械加工和其他质量要求较高。为了能获得均匀的雾滴，撒料盘表面要光洁平滑，运转平稳，在高速下无动态不平衡造成的振动。

压缩空气喷吹式雾化是利用压缩空气的高速射流对料浆进行冲击粉碎，从而使料浆雾化。雾化效果主要受空气喷射速度和料浆浓度的影响。气流速度越高，料浆黏度越低，形成的雾滴就越小且更均匀。按空气与料浆在喷嘴内的混合方式不同，有多种喷嘴形式。该方法可处理黏度较高的物料，并可制备较细的产品，但因动力消耗较大，仅适合于小型设备。

（3）干燥器　喷浆造粒包括喷雾和干燥两个过程，其工业化生产系统是由热内源、干燥器、雾化装置和产品捕集设备所组成。系统的前后两台设备可分别选用定型化的热风炉和除尘器。对喷浆造粒过程影响较大的设备是干燥器。干燥器的结构比较简单，一般是根据雾化方式的特点设计成一个普通的容器，但作为一个有传热、传质过程的流体设备，其内部流型的合理设计尤为关键。干燥器必须具有以下功能。

① 对已雾化的液体浆滴进行分散。

② 使雾滴迅速与热空气混合干燥。

③ 及时将颗粒产品和潮湿气体分离。

干燥器应蒸发掉料浆中的大量水分，提高热效率是其设计的主要目的。因此，多采用塔状结构。图 13-6 显示了几种典型干燥器结构。

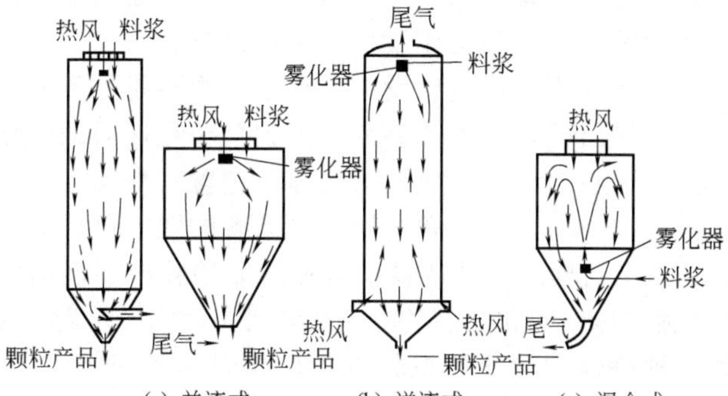

图 13-6　干燥器类型

13.6 流化造粒

流化造粒是使粉体在流化床床层底部空气的吹动下处于流态化，再将水或其他黏结剂雾化后喷入床层中，粉料经沸腾翻滚逐渐形成较大的颗粒。这种方法的优点是混合、捏合、造粒和干燥等工序在一个密闭的流化床中一次完成，操作安全、卫生、方便。

(1) 流化造粒机理与影响因素　流化造粒过程与滚动造粒机理相似。在黏结剂的促进下，粉体原始颗粒以气-液-固三相的界面能作为原动力团聚成微核，在气流的搅拌、混合作用下，微核通过聚并、包层逐渐形成较大的颗粒。在带筛分设备的闭路循环系统中，返回床内的细碎颗粒也常作为种核来源，这对于提高处理能力和产品质量是一项重要措施。调节气流速度和黏结剂喷入状态，可控制产品颗粒的大小，并对产品进行分级处理。雾滴大时，产品颗粒也大；反之亦然。由于缺少较强的外部压力作用，成品颗粒虽为球形，但致密度不高，经连续的干燥过程，水分蒸发后留下了大量内部孔隙。

(2) 流化造粒设备　流化造粒系统由流化床筒体、气体分布板、冷热风源、黏结剂喷射装置和除尘器组成，如图 13-7 所示。根据处理量和用途的不同，有连续作业和批次作业两种形式。

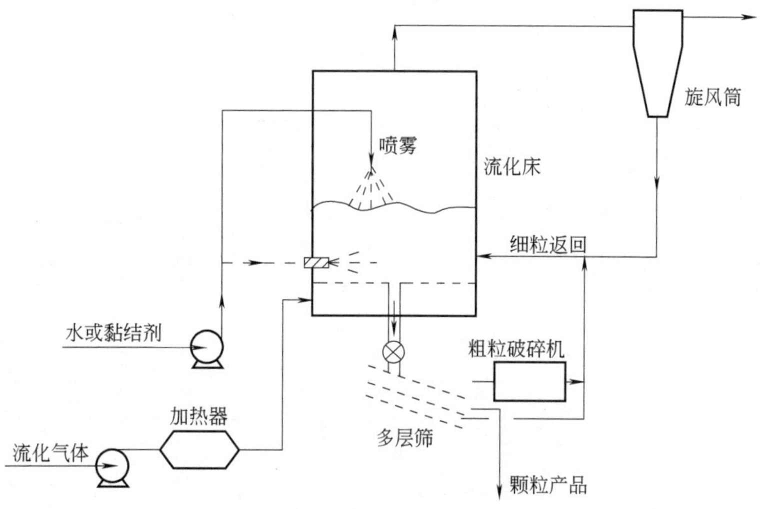

图 13-7　流化床造粒系统

对于处理批量小、产品期望粒径为数百微米的造粒过程，可采用批次作业方式的流化造粒设备。该设备的运转特点是先将原料粉流态化，然后定量喷入黏结剂，使粉料在流态化的同时团聚成所希望的颗粒。原始颗粒的聚并是该过程的主要机制。

处理量较大时，宜选用连续式流化造粒设备。它是在原料粉处于流态化时，连续喷入黏结剂，颗粒在床内翻滚长大后排出机外。这类装置多由数个相互连通的流化室组成。多室流化床可提供不同的工艺条件，使造粒的增湿、成核、滚球、包覆、聚结、干燥等不同阶段在各自的最佳条件下完成。在某些情况下，这种设备可用于对已有的颗粒进行表面包层处理，如药粒表面的包衣和细小种子的丸粒化处理。这种造粒设备强调原始颗粒的表面浸润和包覆物细粉在颗粒表面吸附聚集。颗粒在流化床内流化状态的稳定性和滞留时间决定着包覆层的均匀性和厚度。

喷动床造粒设备是一种特殊的流化床造粒设备，如图 13-8 所示。在这类设备中，床体下端锥体收缩为一个喷口，而不设气体分布板，其造粒过程也是喷浆和干燥相结合。热空气从喷口射入床层，粉料和颗粒如同喷泉一样涌起，当它们失去动能后在床层的周围落下。热气体和雾化后的黏结剂由下口向上喷入，在小颗粒表面沉积成一薄层，这样反复循环直至达到所要求的粒径。喷动床克服了流化床容易产生气泡、气固接触条件差等缺点，特别适用于生产大颗粒。

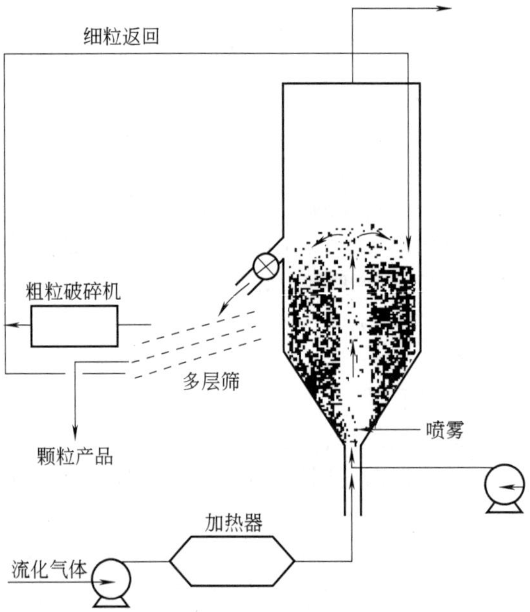

图 13-8　喷动床造粒系统

第14章 粉体输送设备

粉体输送设备是指用于运输粉体物料的设备，种类繁多。根据工作原理不同，可分为机械输送设备、气力输送设备两大类。此外，在远距离运输中也可采用汽车、火车、船舶等交通运输工具。

按照输送方向，粉体输送设备又可分为水平方向（包括坡度不大的倾斜方向）和垂直方向（包括坡度较大的倾斜方向）两类。其中，水平方向输送设备主要包括带式输送机、板式输送机、刮板输送机、空气输送斜槽、螺旋输送机、螺旋输送泵和仓式输送泵；垂直方向输送设备则主要包括斗式提升机和气力提升泵等。

14.1 胶带输送机

胶带输送机是工业中应用最为普遍的一种连续输送机械，可用于水平方向和坡度不大的倾斜方向的粉体和成件物品的输送。例如，在水泥厂中通常用于矿山开采、破碎、包装、堆存之间，运送各种原料、半成品和成件物品。有时还可作为某些复杂机械如大型预均化堆场中的堆料机、卸车机、装卸桥等的组成部分。胶带输送机之所以获得如此广泛的应用，主要是由于它具有生产效率高、运输距离长、工作平稳可靠、结构简单、操作方便等优点。

胶带输送机按机架结构形式不同可分为固定式、可搬式、运行式三种。三者的工作部分是相同的，所不同的只是机架部分。因此，本节将只讨论固定式胶带输送机的构造、性能及选型计算。其他类型可依此类推。

14.1.1 胶带输送机的构造

胶带输送机的构造如图 14-1 所示，一条封闭式胶带 1 绕在改向辊筒 14 和传动辊筒 6 上，并由固定在机架上的上托辊 2 和下托辊 10 支承。驱动装置带动传动辊筒回转时，由于胶带通过螺旋拉紧装置 7 张紧在两辊筒之间，便由传动辊筒与胶带间的摩擦力带动胶带运行。物料由漏斗 4 加至胶带上，在传动辊筒处卸出。加料点和卸料点可根据工艺过程要求设在相应的位置。

(1) 输送带　输送带起牵引和承载作用。输送带主要有织物芯胶带和钢绳芯胶带两大类。织物芯胶带中的衬垫材料通常用棉织物，近年来也用化纤织物，如人造棉、人造丝、尼龙（学名为聚酰胺）、聚氨酯和聚酯纤维等。目前用作输送带的有橡胶带和聚氯乙烯塑料输送带两种。其中橡胶带应用广泛，而塑料带由于除了具有橡胶带的耐磨、弹性等特点外，还具有优良的化学稳定性、耐酸性、耐碱性及一定的耐油性等，也具有较好的应用前景。

橡胶带是由若干层帆布组成的。帆布层之间用硫化方法浇上一层薄的橡胶，带的上、下表面及左右两侧都覆以橡胶保护层，如图 14-2 所示。

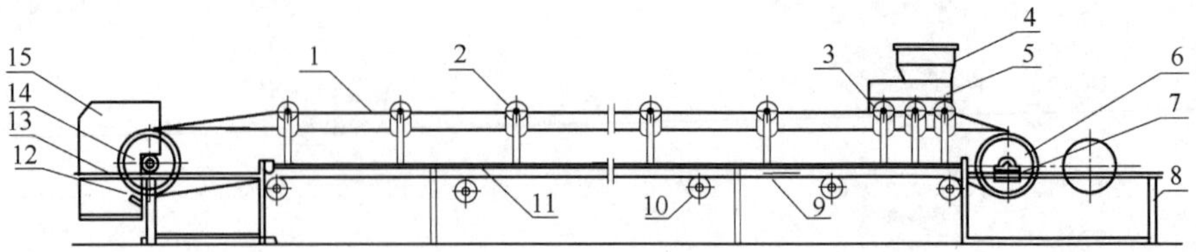

图 14-1 胶带输送机的构造

1—胶带；2—上托辊；3—缓冲托辊；4—漏斗；5—导料槽；6—传动辊筒；7—螺旋拉紧装置；8—尾架；9—空段清扫器；10—下托辊；11—中间架；12—弹簧清扫器；13—头架；14—改向辊筒；15—头罩

帆布层的作用是承受拉力。显然，胶带越宽，帆布层也越宽，能承受的拉力也越大；帆布层越多，能承受的拉力也越大。但带的横向柔韧性越小，难以与支承它的托辊平服地接触，可能导致胶带走偏。常用橡胶带的宽度和帆布层数的关系如表 14-1 所示。

图 14-2 橡胶带断面

表 14-1 橡胶带的宽度和帆布层数的关系

宽度(B)/mm	500	650	800	1000
帆布层数(Z)	3～4	4～5	4～6	5～8

帆布层数可根据带的最大张力计算

$$Z=\frac{S_{max}m}{B\sigma} \tag{14-1}$$

式中 Z——帆布层数；

S_{max}——输送带的最大张力，N；

m——安全系数，硫化接头取 8～10，机械接头取 10～12；

B——带的宽度，cm；

σ——输送带的径向扯断张力，普通型橡胶带：σ＝560N/(cm·层)；强力型橡胶带：σ＝960N/(cm·层)。

橡胶层的作用一方面是保护帆布不会受潮腐烂，另一方面是防止物料对帆布的摩擦作用。因此，胶带工作面（即与物料相接触的面）和非工作面（即不与物料相接触的面）的橡胶层厚度是不同的。工作面橡胶层的厚度有 1.5mm、2.0mm、3.0mm、4.5mm、6.0mm 五种，非工作面橡胶层的厚度有 1.0mm、1.5mm、3.0mm 三种。橡胶层厚度根据物品的尺寸及物理性质而定。通常情况下多选用 1.5～3.0mm 的橡胶层。

橡胶带的连接是影响胶带使用寿命的关键之一。由于接头处强度较弱，计算时橡胶带的安全系数势必取得较大，因此影响胶带能力的充分发挥。为了保证胶带正常运转和节约橡胶，必须合理地解决连接问题。

橡胶带的连接方法有硫化胶结法和机械连接法。硫化胶结法是将胶带接头部位的帆布和胶层，按一定形式和角度切割成对称差级，涂以胶浆使其黏结，然后在一定的压力、温度条件下加热一定时间，经过硫化反应，使生橡胶变成硫化橡胶，以使接头部位获得粘接强度。

塑料输送带有多层芯和整芯两种。多层芯塑料带和普通橡胶带相似，其径向扯断张力为 560N/(cm·层)。整芯塑料带的生产工艺简单，生产效率高，成本低，质量好。整芯塑料带厚度有 4mm、5mm、6mm 三种。塑料带的接头方法有机械和塑化两种。机械接头的安全系数与橡胶带相似，塑化接头能达到塑料本身强度的 70%～80%，安全系数可取 m＝9。因此，整芯塑料带宜采用塑化接头方式。

夹钢绳芯橡胶带是以平行排列在同一平面上的许多条钢绳芯代替多层织物芯层的输送带。钢绳以很细的钢丝捻成，直径为2.0～10.3mm。钢绳的材料为直径1mm的钢丝，这些钢丝经淬火处理后表面镀铜，以提高橡胶与钢绳的黏着力。经处理后的钢丝再冷拉至直径为0.25mm的细丝。夹钢绳芯橡胶输送带的主要优点是抗拉强度高，适用于长距离和陡坡输送；伸长率小（约为普通胶带的1/10～1/5），因而可缩短张紧行程；带芯较薄，纵向挠曲性能好，易于成槽（槽角为35°），因而不仅能提高输送能力，还可防止皮带跑偏；横向挠曲性能好，因而可使用直径较小的辊筒；动态性能好，耐冲击、耐弯曲疲劳，破损后易修补，因而可提高作业速度；接头强度高，安全性较高；使用寿命长，是普通胶带使用寿命的2～3倍。其缺点是：当覆盖胶损坏后，钢绳易腐蚀，使用时要防止物料卡入辊筒与胶带之间，因其延伸率小而容易使钢绳拉断。带式输送机已向长距离、大输送量、高速度方向发展。目前各国使用的长距离、大输送量输送机上多数采用夹钢绳芯橡胶带。

（2）托辊　托辊用于支承运输带和带上物料的质量，减小输送带的下垂度，以保证稳定运行。托辊可分为如下几种。

① 平行托辊　如图14-3(a)所示，一般用于成件物品的输送区域及输送带的无载区，以及固定犁式卸料器等部位。

② 槽形托辊　如图14-3(b)所示，一般用于输送散状物料，其输送能力要比平行托辊提高20%以上。旧系列的槽角一般采用20°、30°，目前都采用35°、45°。

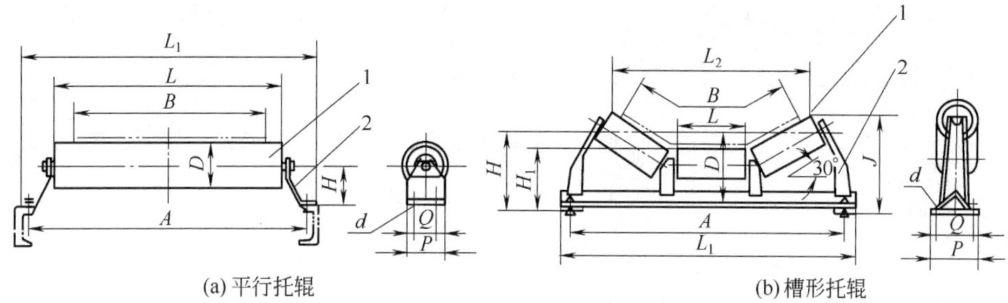

图14-3　平行托辊和槽形托辊

1—滚柱；2—支架

③ 调心托辊　由于运输带的不均质性、带的延伸率不同，以及托辊安装不准确和载荷在带的宽度上分布不均等原因，输送带会产生跑偏现象。为了避免这种跑偏现象，承载段每隔10组托辊设置一组槽形调心托辊或平行调心托辊；无载段每隔6～10组，设置一组平行调心托辊。

槽形调心托辊的结构如图14-4所示。托辊支架2装在一有滚动止推轴承的主轴3上，使整个托辊能绕垂直轴旋转。当输送带跑偏而碰到导向滚柱体8时，由于阻力增加而产生的力矩使整个托辊支架旋转。于是，托辊的几何中心便与带的运动中心线不相垂直，胶带和托辊之间产生一滑动摩擦力，此力可使输送带和托辊恢复正常运行位置。

④ 缓冲托辊　在受料处，为了减少物料对输送带的冲击，可以设置缓冲托辊，如图14-5所示。其滚柱采用管形断面的特制橡胶制成。

⑤ 回程托辊　用于下分支支撑输送带，形式包括平行、V形、反V形几种。其中，V形和反V形能降低输送带跑偏的可能性。当V形和反V形两种形式配套使用时，形成菱形断面，能更有效地防止输送带跑偏。

⑥ 过渡托辊　安装在辊筒与第一组托辊之间，可使输送带逐步形成槽形，以降低输送带边缘因成槽延伸而产生的附加应力。

托辊由滚柱和支架两部分组成。滚柱是一个组合体，如图14-6所示，它由滚柱体、轴、轴承、密封装置等组成。滚柱体用钢管截成，两端具有钢板冲压或铸铁制成的壳并作为轴承

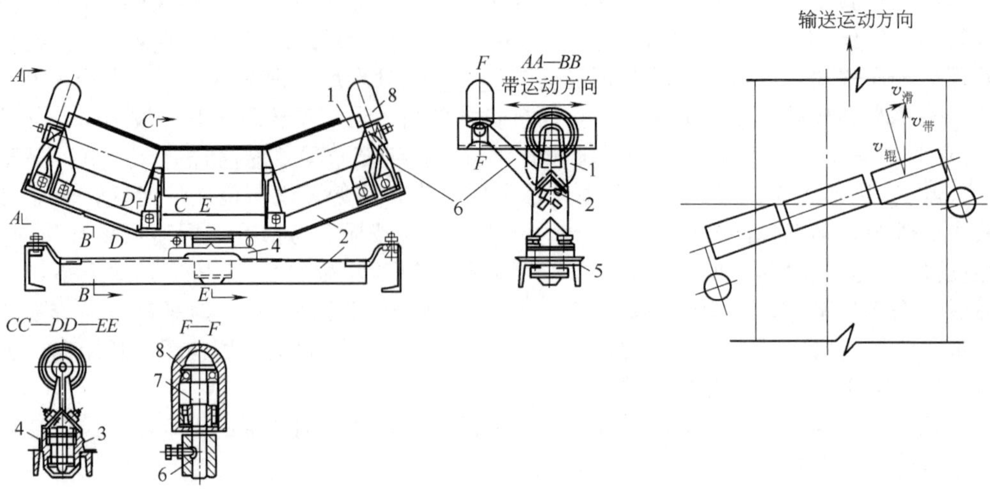

图 14-4 槽形调心托辊

1—托辊；2—托辊支架；3—主轴；4—轴承座；5—槽钢；6—杠杆；7—立辊轴；8—导向滚柱体

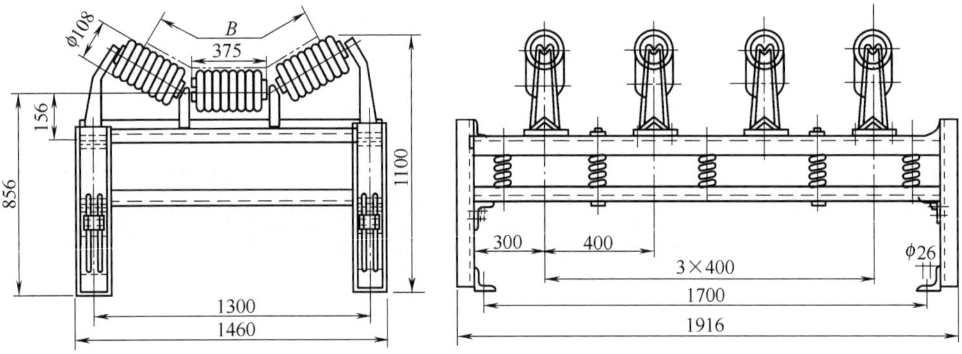

图 14-5 缓冲托辊

座，通过滚动轴承支承在心轴上。少数情况也有采用滑动轴承的。为了防止灰尘进入轴承，也为了防止润滑油漏出，装有密封装置。其中迷宫式效果最佳，但防水性能差。

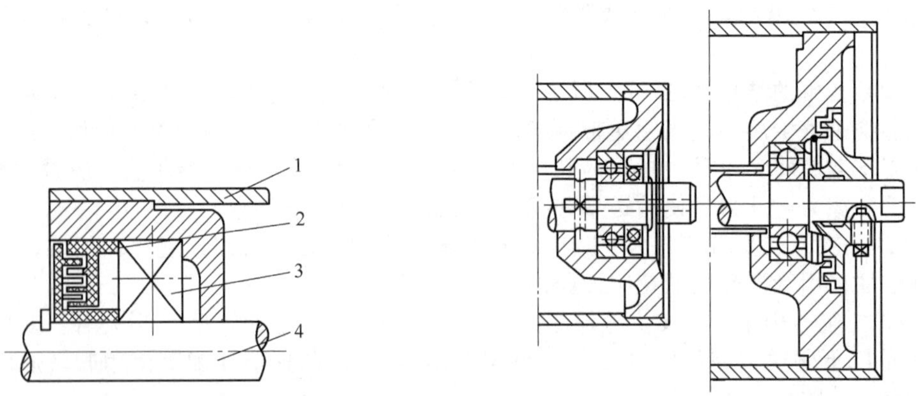

(a) 迷宫式密封的托辊　(b) 填料密封的托辊　(c) 迷宫-毛毡密封的托辊

图 14-6 托辊结构

1—滚柱体；2—密封装置；3—轴承；4—轴

托辊支架由铸造、焊接或冲压方式制成，并刚性地固定在输送机架上。

胶带输送机上托辊的间距应根据带宽和物料的物理性质选定，建议参照表 14-2 所列范围选用。

表 14-2　托辊的间距

物料容积密度 γ_v/(t/m³)	不同带宽的托辊间距/mm			
	带宽 500mm	带宽 650mm	带宽 800mm	带宽 1000mm
≤1.6	1200		1200	
>1.6	1200		1100	

受料处托辊间距视物料容积密度及块度而定，一般取上托辊间距的 1/3～1/2。下托辊间距一般可取为 3m。头部辊筒轴线与第一组槽形托辊的间距可取为上托辊间距的 1.3 倍。尾部辊筒与第一组托辊的间距不小于上托辊间距。输送质量大于 20kg 的成件物品时，托辊间距不应大于物品输送方向上长度的 1/2。当输送质量小于 20kg 以下的成件物品时，托辊间距可取为 1m。

(3) 驱动装置　驱动装置的作用是通过传动辊筒和输送带的摩擦传动，将牵引力传给输送带，以牵引输送带运动。胶带输送机的驱动装置典型结构如图 14-7 所示。传动辊筒由电动机经减速装置而驱动。对于倾斜布置的胶带输送机，驱动装置中还设有制动装置，以防止突然停电时，由于物料的作用而产生胶带的下滑。

最常用的减速器是圆柱齿轮减速器和圆锥齿轮减速器。另外，还采用圆柱-圆锥齿轮减速器和蜗轮减速器。

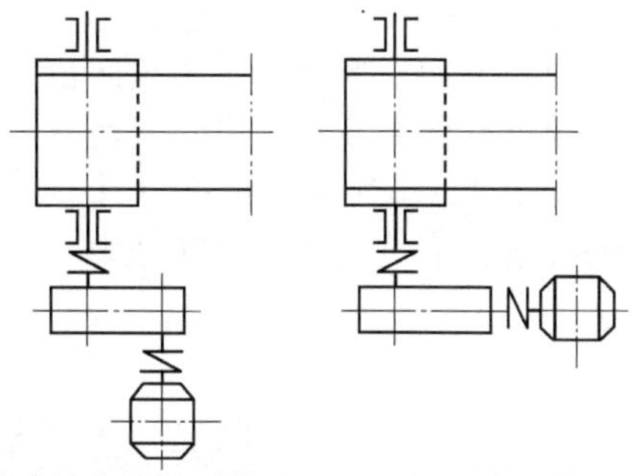

(a) 圆柱齿轮减速器驱动装置　(b) 圆柱－圆锥齿轮减速器或蜗轮减速器驱动装置

图 14-7　驱动装置典型结构

传动辊筒的结构如图 14-8 所示，它由铸铁制成或钢板焊接而成。辊筒为中部稍带突起的圆柱形，即呈鼓形，其目的是胶带运动时有自动定心的作用。突起部分达到的高度（中间部分的半径和边缘部分半径之差）通常为直径的 0.5%，但不小于 4mm。

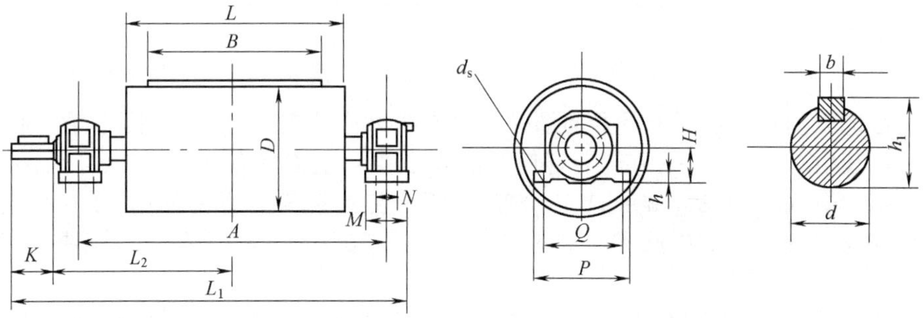

图 14-8　传动辊筒

辊筒的宽度应比带宽大 100～200mm。辊筒的直径由胶带内帆布层数所决定。对于普通型胶带，传动辊筒直径（D）与帆布层数（Z）之比应满足以下要求：对于硫化接头，取 $D/Z=125$；对于机械接头，取 $D/Z=100$；对于强力型胶带，取 $D/Z=200$。

已系列化的传动辊筒直径与胶带帆布层数的关系见表 14-3，托辊的质量见表 14-4。

表 14-3 传动辊筒直径与胶带层数的关系

传动辊筒直径 D/mm		500	650	800	1000
Z	硫化接头	4	5	6	7～8
	机械接头	5	6	7～8	9～10

表 14-4 托辊的质量

托辊形式		托辊转动部分质量 g/kg			
		带宽 500mm	带宽 650mm	带宽 800mm	带宽 1000mm
槽形托辊	铸铁座	12		14	22
	冲压座	8	9	12	17
平形托辊	铸铁座	8	10	12	17
	冲压座	7	9	12	15

传动辊筒分光面和胶面辊筒两种。光面辊筒的摩擦系数一般为 0.20～0.25，适用于功率不大、环境湿度小的场合。反之，则采用辊筒外敷一层橡胶的胶面辊筒，以增大摩擦系数。

在胶带输送机中，当需要很紧凑的驱动装置时，可以采用电动辊筒作为驱动装置。图 14-9 所示为油冷式电动辊筒，它把电动机和减速装置都装在传动辊筒之内。该电动辊筒具有以下优点：结构简单、紧凑、占用空间位置小；操作安全；整机操作方便，减少停机时间。与同规格的外部驱动装置相比，电动辊筒质量约减轻 60%～70%，节约金属材料 58%。电动辊筒的直径通常有 112～1000mm 共 11 个规格，其功率有 0.12～45.0kW、55.0kW 共 21 个规格。一般适用于环境温度不超过 40℃的场合。

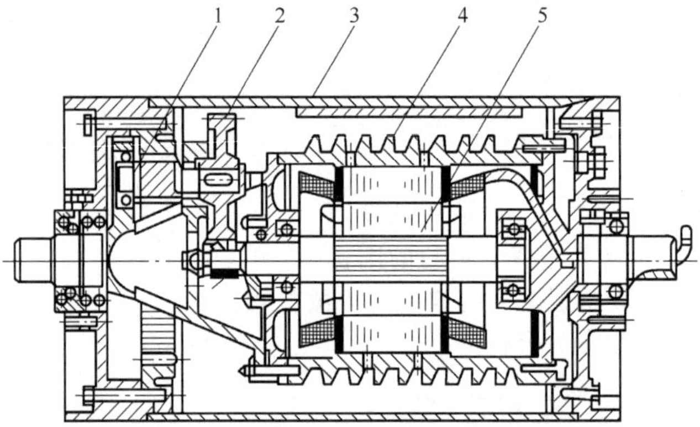

图 14-9 电动辊筒

1—内啮合齿轮传动；2—外啮合齿轮传动；3—辊筒；4—电动机定子；5—电动机转子

胶带输送机驱动装置的一个重要问题是输送带绕过传动辊筒的方式问题。图 14-10 中列出了几种方案，其中（a）只有一个传动辊筒，而胶带在它上面的包角 $\alpha=180°$；如果采用一个导向辊筒，则如图（b）所示，$\alpha=210°\sim230°$；两个传动辊筒的方案如图 14-10(c)、(d) 所示，包角分别为 $\alpha_1+\alpha_2=350°$ 及 $\alpha_1+\alpha_2=430°$；图 14-10(e)、(f) 为采用压辊或压带以增加附加压力。

驱动输送带的条件［图 14-10(a)］：为了避免输送带在传动辊筒上打滑，传动辊筒绕入点的输送带张力 S_n 和绕出点的输送带张力 S_1 之间的关系应满足欧拉式

$$S_n \leqslant S_1 e^{\mu\alpha} \tag{14-2}$$

式中 S_n——传动辊筒绕入点的输送带张力，N；

S_1——传动辊筒绕出点的输送带张力，N；

μ——传动辊筒与输送带间的摩擦系数；

α——输送带与传动辊筒的包角，(°)。

$e^{\mu\alpha}$ 的值见表 14-5。

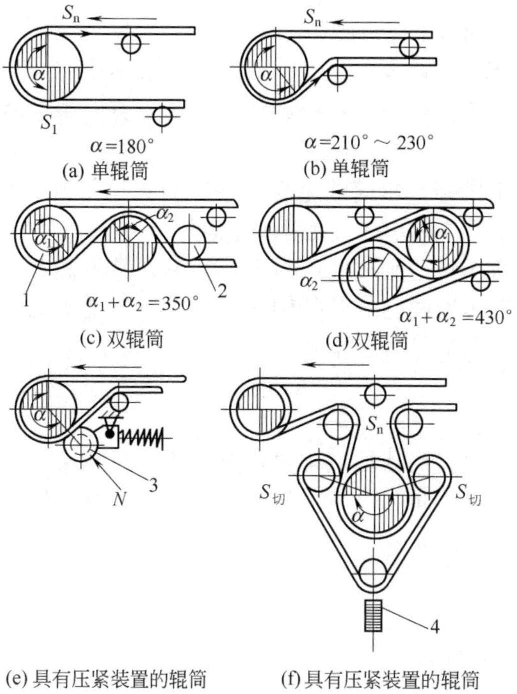

图 14-10 胶带输送机驱动辊筒形式

1—传动辊筒；2—改向辊筒；3—弹簧压紧装置；4—坠重式压紧装置

表 14-5 $e^{\mu\alpha}$ 值

传动辊筒情况及 μ 值		不同包角 α 下的 $e^{\mu\alpha}$ 值			
		200°	210°	240°	400°
光面辊筒	环境潮湿 $\mu=0.2$	2.01	2.09	2.31	4.04
	环境干燥 $\mu=0.25$	2.39	2.50	2.85	5.74
胶面辊筒	环境潮湿 $\mu=0.35$	2.39	3.60	4.34	12.47
	环境干燥 $\mu=0.4$	4.04	4.35	5.35	16.40

如果不计输送带僵性所造成的阻力，传动辊筒上的牵引力为

$$P_y=S_n-S_1 \tag{14-3}$$

可写成

$$P_y\leqslant S_1e^{\mu\alpha}-S_1=S_1(e^{\mu\alpha}-1)$$

或

$$P_y\leqslant\frac{e^{\mu\alpha}-1}{e^{\mu\alpha}}S_n \tag{14-4}$$

由上式可以看出，输送带的牵引力随 μ、α 及 S_n 的增加而增加，因此当需要增大输送带牵引力时可增加上述三个因素中的任一个，但 S_n 的增加受带的强度限制；μ 的增加受辊筒表面材料及工作条件的影响；α 的增加将影响结构方案。为了在 μ、α、S_n 一定的情况下增加牵引力，则宜采用压辊或压带产生附加压力的办法。

采用压辊时

$$S_n\leqslant(S_1+N\mu)e^{\mu\alpha}$$

$$P_y\leqslant S_1(e^{\mu\alpha}-1)+N\mu e^{\mu\alpha} \tag{14-5}$$

式中 N——由压辊所产生的压力，N。

采用压带时

$$S_n+S_q\leqslant(S_1+S_q)e^{\mu\alpha}$$

$$P_y \leqslant (S_1+S_q)(e^{\mu\alpha}-1) \tag{14-6}$$

式中 S_q——压紧带与输送带相切点的张力，N。

（4）改向装置 胶带输送机在垂直平面内的改向一般采用改向辊筒。改向辊筒的结构与传动辊筒的结构基本相同，但其直径比传动辊筒略小一些。改向辊筒直径与胶带帆布层数之比一般可取 $D/Z=80\sim100$。

用于180°改向者一般用作尾部辊筒或垂直拉紧辊筒；用于90°改向者一般用作垂直拉紧装置上方的改向轮；用于小于45°改向者一般用作增面轮。

此外，尚可采用一系列托辊达到改向的目的。如输送带由倾斜方向转为水平（或减小倾斜角）时，可用一系列托辊来实现改向，其托辊间距可取正常情况的一半。此时输送机的曲线是向上凸起的，其凸弧段的曲率半径可按下式计算

$$R_1 \geqslant 18B \tag{14-7}$$

式中 B——带宽，mm。

有时可不用任何改向装置，而让输送带自由悬垂成一曲线来改向。如输送带由水平方向转为向上倾斜方向时（或增加倾斜角），即可采用这种方法，但输送带下仍需要设置一系列托辊。此时凹弧段的曲率半径可按下式计算

$$R_2 \geqslant \frac{S}{10w_0} \tag{14-8}$$

式中 S——凹弧段输送带的最大张力，N；

w_0——每米输送带质量，kg/m。

R_2 推荐值见表14-6。

表 14-6 R_2 推荐值

带宽/mm	R_2/mm	
	物料容积密度≤1.6t/m³	物料容积密度>1.6t/m³
500,650	80	100
800,1000	100	120

（5）拉紧装置 拉紧装置的作用是拉紧胶带输送机的胶带，限制其在各支承托辊间的垂度和保证带中有必要的张力，使带与传动辊筒之间产生足够的摩擦牵引力，以保证正常工作。

拉紧装置分螺旋式、车式、垂直式三种。

① 螺旋式拉紧装置 螺旋式拉紧装置如图14-11所示，由调节螺旋和导架等组成。回转螺旋即可移动轴承座沿导向架滑动，以调节带的张力。但螺旋应能自锁，以防松动。这种拉紧装置紧凑、轻巧，但不能自动调节。它适用于输送距离短（一般小于100m）、功率较小的输送机。

该拉紧装置的螺旋拉紧行程有500mm、800mm、1000mm三种。

图 14-11 螺旋式拉紧装置

② 车式拉紧装置 车式拉紧装置又分为重锤车式拉紧装置和固定绞车式拉紧装置。如图14-12（a）所示是一种重锤车式拉紧装置，这种拉紧装置适用于输送距离较长、功率较大的输送机。其拉紧行程有2m、3m、4m三档。

固定绞车式拉紧装置适用于大行程、大拉紧力（30～150kN）、长距离、大运输量的带式输送机，最大拉紧行程可达17m。

③ 垂直式拉紧装置 垂直式拉紧装置如图14-12(b) 所示，其拉紧原理与车式相同。它适用于采用车式拉紧装置布置较困难的场合。可利用输送机走廊的空间位置进行布置，随着张力的变化靠重力自动补偿输送带的伸长，重锤箱内装入每块质量均为15kg的铸铁块调节拉紧张

力。该拉紧装置的缺点是改向辊筒多，且物料易掉入输送带与拉紧辊筒之间而损坏输送带，特别是输送潮湿物料或黏湿性物料时，由于清扫不干净，这种现象更为严重。

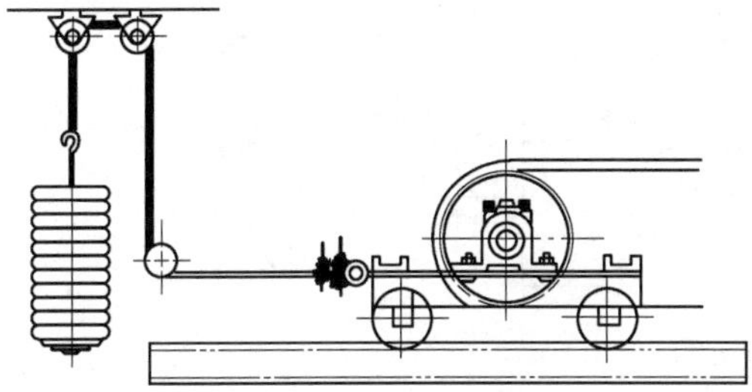

(a) 车式

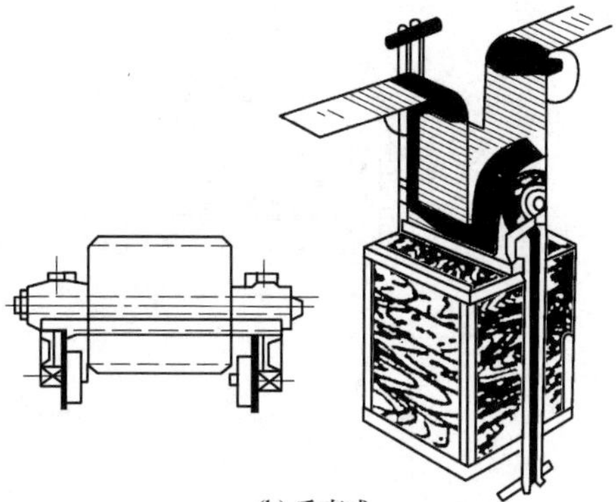

(b) 垂直式

图 14-12　车式和垂直式拉紧装置

（6）装料及卸料装置　装料装置的形式决定于被运物料的特性。成件物品通常用倾斜槽、滑板来装载或直接装到输送机上；粒状物料则用装料漏斗来装载。

装料装置除了要保证均匀地供给输送机定量的被输送物料外，还要保证这些物品在输送带上分布均匀，减少或消除装载时物料对带的冲击。因此，装料装置的倾斜度最好应使物料在离开装料装置时的速度能接近带的运动速度。

卸料装置的形式由卸料位置和卸料方式所决定。最简单的卸料位置是在皮带机的末端，即头部，这时除了导向卸料槽之外，不需要其他装置。如需要从输送机上任意一处卸料，则需要采用犁式卸料器和电动小车，如图 14-13 所示。

（7）清扫装置　清扫器的作用是清扫输送带上黏附的物料，以保证有效输送物料；同时，也为了保护输送带。尤其在输送黏湿性物料时，清扫器的作用显得更为重要。

清扫器分头部清扫器和空段清扫器两种。

头部清扫器又分重锤刮板式清扫器和弹簧清扫器，装于卸料辊筒处，清扫输送带工作面的黏结料。弹簧清扫器的结构如图 14-14(b) 所示。

空段清扫器装在尾部辊筒前，用以清扫黏附于输送带非工作面的物料。空段清扫器的结构如图 14-14(a) 所示。

（8）制动装置　倾斜布置的胶带输送机在运行过程中如遇到突然停电或其他事故而引起突然停机，则会由于输送带上物料的自重作用而引起输送机的反向运转。这在胶带输送机的运行中是不允许的。为了避免这一现象发生，可设置制动装置。常见的制动装置有三种：带式逆止器、滚柱式逆止器和电磁闸瓦式制动器。

带式逆止器的结构如图 14-15 所示。输送带正常运行时，制动带 1 被卷缩，因此不影响输送带的运行。若输送带突然反向运行时，则制动带的自由端被卷夹在传动辊筒与输送带之间，阻止了输送带的反向运动。该带式逆止器的优点是结构简单、造价低廉、在倾斜角小于 18°时制动可靠。缺点是：制动时必须有一段倒转，造成尾部装料处堵塞溢料。头部辊筒直径越大，倒转距离越长，因此功率较大的胶带输送机不宜采用这种逆止器。

滚柱式逆止器的结构如图 14-16 所示，它是由棘轮 1、滚柱 2 和底座 3 组成。滚柱式逆止器安装在减速器低速轴的另一端，其底座固定在机架上。当棘轮顺时针方向旋转时，滚柱处于较大的间隙内，不影响正常运转。但当输送带反向运动时，滚柱被楔入棘轮与底座之间的狭小间隙内，从而阻止棘轮反转。该逆止器制动平稳可靠，在向上输送的输送机中都可采用。

电磁闸瓦式制动器因消耗大量电力，且经常因发热而失灵，所以一般情况下尽量不用，只是在向下输送时才采用。

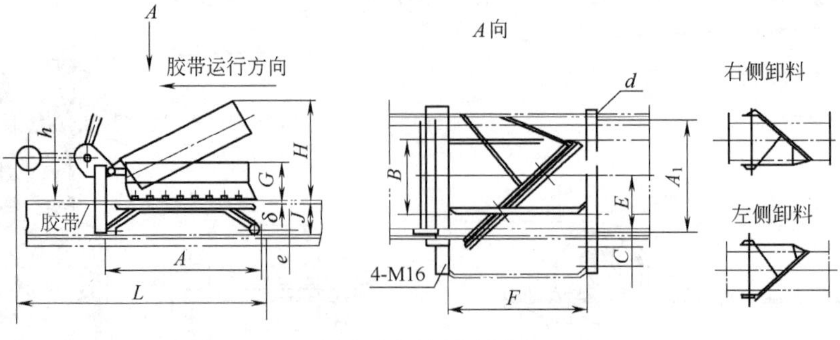

(a) 固定单侧式卸料器

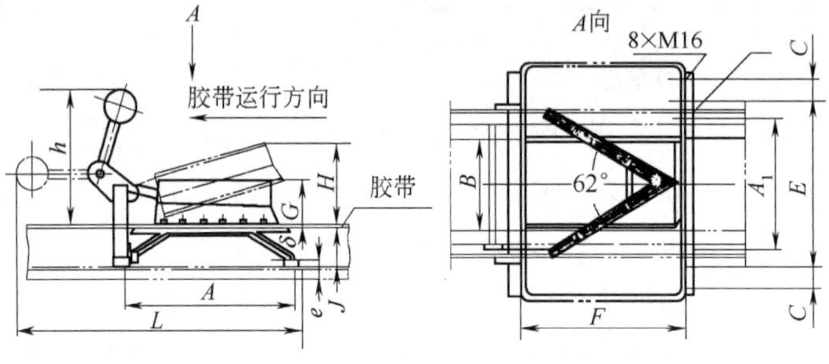

(b) 固定两侧式卸料器

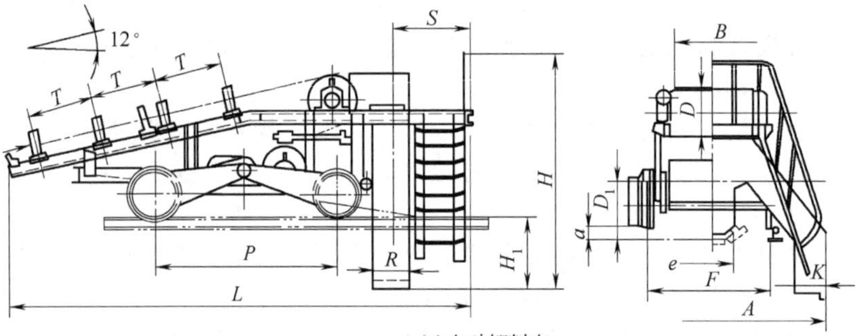

(c) 电动卸料车

图 14-13　犁式卸料器和电动小车

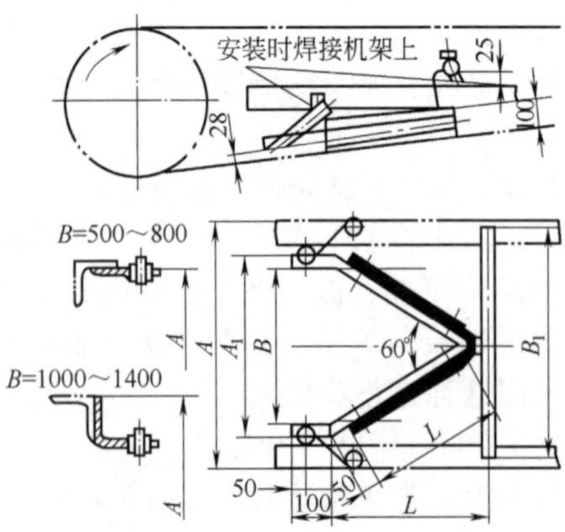

(a) 空段清扫器

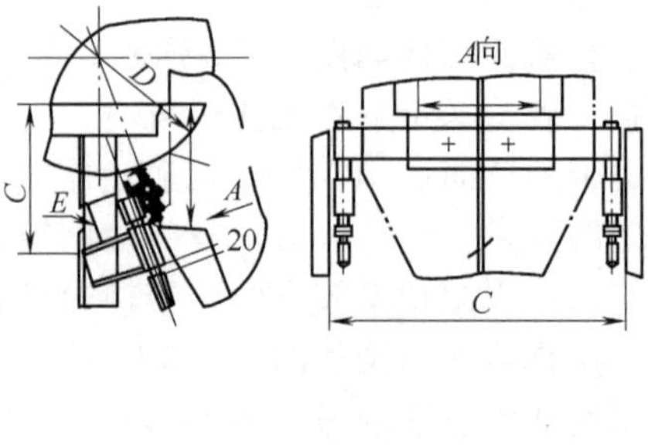

(b) 弹簧清扫器

图 14-14　清扫器

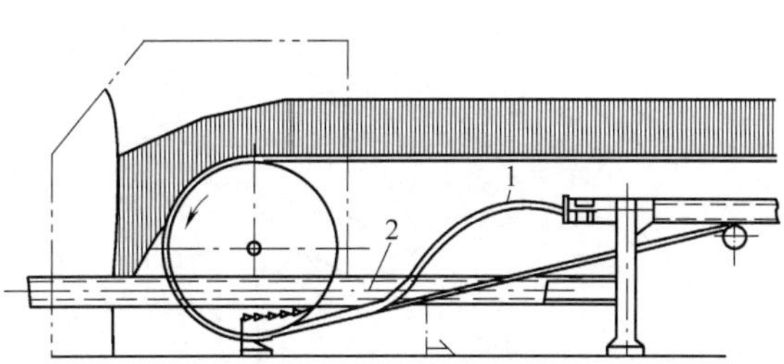

图 14-15　带式逆止器

1—制动带；2—小链条

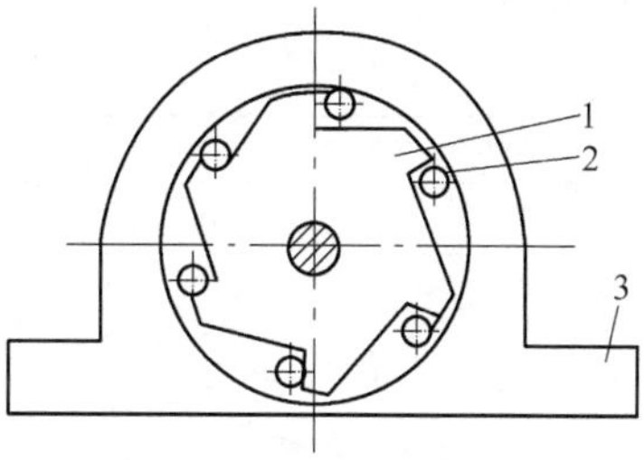

图 14-16　滚柱式逆止器

1—棘轮；2—滚柱；3—底座

14.1.2　胶带输送机的应用

14.1.2.1　胶带输送机的使用范围

① 输送容积密度为 500～2500kg/m^3 的各种块状、粒状物料，也可用于输送成件物品。

② 胶带输送机的种类有 TD75 型、QB80 型、DX 型、GH69 型高倾角花纹带式等。其中，TD75 型在硅酸盐行业应用较广泛，目前已有其替代产品 DTⅡ型投入应用。

③ DTⅡ型固定胶带输送机适用的工作环境温度一般为－25～40℃。对于在特殊环境中工作的胶带输送机，如要求有耐寒、耐热、防水、阻燃等条件，应采取相应的防护措施。

④ DTⅡ型固定胶带输送机可满足水平及倾斜输送的要求。也可采用凸弧、凹弧段与水平直线段组合的输送形式。

⑤ 适用各种带宽的物料最大粒度如表 14-7 所示。当带宽超过 1200mm 时，输送物料的最大粒度应不超过 350mm，其输送物料的最大粒度不随带宽的增大而增加。

表 14-7　适用各种带宽的物料最大粒度

带宽/mm	500	650	800	1000	1200	1400
最大粒度/mm	100	150	200	300	350	350

⑥ 当胶带输送机倾斜布置时，不同的物料其允许的最大倾角不同，参见表 14-8。

表 14-8　各种物料的特性及倾斜输送时的最大允许倾角

物料名称	松密度/(t/m^3)	安息角/(°)	最大允许倾角/(°)
块状无烟煤	0.9～1.0	27	15～16
细碎无烟煤	1.0	27	18
褐煤块	0.7～0.9	35～45	18
原煤	0.85～1.0	50	18～20
焦炭	0.5～0.7	50	17～18
粉状焦炭	0.4～0.56	30～45	20
铁矿石、石灰石	1.6	35	14～16
干砂	1.3～1.4	30～35	16
干松泥土	1.2～1.4	35	20
湿土	1.7～2.0	30～45	20～23
高炉渣	1.3	35	18～20
水泥	1.2～1.5	30～40	15～20
谷物	0.7～0.85	24	16
化肥	0.9～1.2	18	约 15

⑦ 胶带输送机的布置形式有多种，应用时可根据工艺要求布置。胶带输送机的典型布置

如图 14-17 所示。

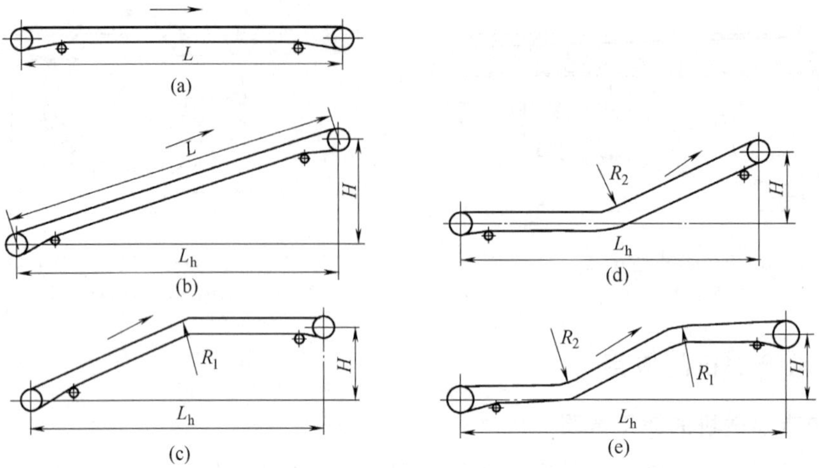

图 14-17 胶带输送机的典型布置

设计时应注意在曲线段内不要设置给料和卸料装置。给料点最好设在水平段内，也可设在倾斜段。但倾角越大时，给料点设在倾斜段内越容易掉料。因此，在设计大倾角输送机时，最好将给料区段设计成水平，或将该区段的倾角适当减小。各种卸料装置一般设在水平段。

14.1.2.2 胶带输送机的运行技术要求

按照胶带输送机的相关规定，对整机性能的技术要求通常如下：

① 输送机应运转平稳，所有辊子应运转灵活；

② 输送带应在全长范围内对中运行；

③ 输送机空载噪声应控制在合理范围内；

④ 拉紧装置应调整方便、动作灵活；

⑤ 输送机运行时，清扫器应清扫效果好、性能稳定；

⑥ 卸料装置不应出现振动、摆动、抖动和散撒现象；

⑦ 各种机电保护装置应反应灵敏、动作准确可靠。

⑧ 漏斗和导料板应保证输送机在满负荷运行时，不出现堵塞和撒料现象；

⑨ 输送机运行时，运行速度不应低于额定速度的 95%；

⑩ 输送机运行时，输送量不应低于额定值。

14.1.2.3 胶带输送机的安全要求

胶带输送机是一种安全隐患较多的设备。为了保证在使用过程中安全运行，国家专门颁布了胶带输送机安全规范，一般规定如下。

① 输送机正常工作时，应具有足够的稳定性和强度。

② 未经设计单位或制造单位同意，用户不应进行影响输送机原设计、制造、安装要求的变动。

③ 输送机必须按物料特性与输送量要求选用，不得超载使用；必须防止堵塞和溢料，保持输送畅通。

④ 输送黏性物料时，辊筒表面、回程段带面应设相适应的清扫装置。倾斜段输送带尾部辊筒前宜设挡料刮板，消除一切可能导致输送带跑偏的隐患。

⑤ 倾斜的输送机应装设防止超速或逆转的安全装置。

⑥ 输送机上的移动部件，无论是手动还是自行式的，都应装设停车后的限位装置。

⑦ 严禁人员从无专门通道的输送机上跨越或从下面通过。

⑧ 输送机跨越工作台或通道上方时，应装设防止物料掉落的防护装置。

⑨ 高强度螺栓连接必须按设计要求处理，并用专用工具拧紧。

⑩ 当输送机的易夹部位经常有人员接近时，应加强防护措施。

14.1.3 胶带输送机的选型计算

14.1.3.1 输送能力

胶带输送机的输送能力取决于单位长度的载荷和带的速度，即

$$G=3.6W_{m}v \tag{14-9}$$

式中 G——输送能力，t/h；

W_{m}——线载荷量，kg/m；

v——带速，m/s。

有关线载荷 W_{m} 计算内容如下。

① 输送成件物品

$$W_{m}=W/t \tag{14-10}$$

式中 W——单件物品质量，kg；

t——物件在输送机上的间距，m。

② 输送散状物料

$$W_{m}=1000F\rho_{B} \tag{14-11}$$

式中 F——物料在带上的横截面积，m^2；

ρ_{B}——物料堆积密度，t/m^3，见表 14-9。

表 14-9 物料的堆积密度及在带上的堆积角

物料名称	堆积密度 $\rho_B/(t/m^3)$	堆积角 $\theta/(°)$	物料名称	堆积密度 $\rho_B/(t/m^3)$	堆积角 $\theta/(°)$
煤	0.8～1.0	30	砂	1.6	30
矿渣	0.6～0.9	35	碎石或砾石	1.8	20
焦炭	0.5～0.7	35	干松泥土	1.2	20
石灰石	1.6～2.0	25	湿松泥土	1.7	30
小块石灰石	1.2～1.5	25	黏土	1.8～2.0	35

物料的横截面积可按下述方法确定。

物料在输送带上的横截面形状如图 14-18 所示。输送带在静止时可以认为是三角形的，但在输送机运行时，由于带的振动或偶然的冲击，实际上呈如图 14-18 所示的形状。

设带宽为 B，槽形托架的中间托辊长度为 $0.4B$，物料横截面的宽度为 $0.8B$，物料在带上的堆积角为 θ，胶带的槽角为 30°，则物料在带上的横截面积可看成梯形面积 F_1 和弓形面积 F_2 之和，即

$$F_1=\frac{(0.4B+0.8B)\times 0.2B\tan 30°}{2}=0.069B^2 \tag{14-12}$$

$$F_2=r^2(2\theta-\sin 2\theta)/2 \tag{14-13}$$

$$r=0.4B/\sin\theta \tag{14-14}$$

$$F_2=\frac{1}{2}r^2(2\theta-\sin 2\theta)=\frac{0.08B^2}{\sin^2\theta}(2\theta-\sin 2\theta) \tag{14-15}$$

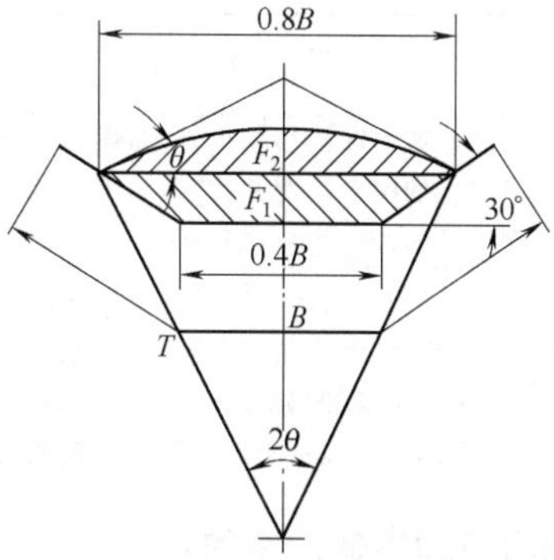

图 14-18 物料在输送带上的横截面积

根据不同物料和不同带宽可分别计算出物料在带上的横截面积，可根据式(14-9) 计算出输送能力。为了使用方便，可考虑到式(14-12)～式(14-15)，将式(14-9) 写成

$$G=KB^2v\rho_B C_1 C_2 \tag{14-16}$$

式中 K——断面系数，见表 14-10；

C_1——倾角系数，见表 14-11；

C_2——速度系数，见表 14-12。

其他符号意义同前。

表 14-10 断面系数 K 值

带宽 B/mm	堆积角									
	15°		20°		25°		30°		35°	
	槽形	平形	槽形	平形	槽形	平形	槽形	平形	槽形	平形
	K 值									
500～650	300	105	320	130	355	170	390	210	420	250
800～1000	335	125	360	145	400	190	435	230	470	270

表 14-11 倾角系数 C_1 值

倾斜角 β	≤6°	8°	10°	12°	14°	16°	18°	20°	22°	24°	25°
C_1 值	1.0	0.96	0.94	0.92	0.90	0.88	0.85	0.81	0.76	0.74	0.72

表 14-12 速度系数 C_2 值

带速/(m/s)	≤1.6	≤2.5	≤3.15	≤4.0
C_2 值	1.0	0.98～0.95	0.94～0.90	0.84～0.80

14.1.3.2 带速的确定

所谓带速即胶带输送机上胶带的运行线速度。胶带输送机的带速不能过小，也不能过大。带速过低会导致运输能力下降，能耗增加。此外，带速过大，输送带的运行就不平稳，易引起较大的振动，物料易从带上抖落，且易损坏胶带。因此，胶带输送机要有一个较合理的运行速度。当然，当输送成件物品时，为了装卸方便，往往采用较小的带速。如水泥厂袋装水泥输送带的速度一般取 0.8m/s。

对散粒状物料的输送，其带速应根据物料的性质、带宽、输送机的倾角以及装载、卸载方式确定。对于密度大、磨蚀性强的大块物料，建议采用的极限速度为 2m/s；对于密度小、无磨蚀性的颗粒状物料，建议极限速度为 4m/s；对于散状物料输送，一般带速不小于 1.25m/s。通常带速的选取可参考表 14-13。

表 14-13 胶带输送机的带速

物料特性	带速/(m/s)	
	带宽 500mm、650mm	带宽 800mm、1000mm
无磨蚀性或磨蚀性小的物料，如煤	1.0～2.5	1.0～3.15
有磨蚀性的中小块度的物料，如碎石、矿渣	1.0～2.0	1.25～2.5
有磨蚀性的大块物料，如块石	—	1.25～2.0

注：1. 较长的水平输送机，应选较高的带速。输送倾角越大，输送距离越短，则带速应越低。

2. 用于带式给料机或输送灰尘很大的物料时，带速可选用 0.8～1.0m/s。

3. 采用电动卸料车时，带速不应超过 2.5～3.15m/s。

4. 采用犁式卸料器时，带速不应超过 2.0m/s。

14.1.3.3 输送带的宽度

（1）输送散状物料 可根据下式计算

$$B=\sqrt{\frac{G}{Kv\rho_B C_1 C_2}} \tag{14-17}$$

按式(14-17) 求得带宽后，再按物料粒度校核带宽值。

对于未分选的物料：$B \geqslant 2d_{max} + 200\text{mm}$ (14-18)

对于已分选的物料：$B \geqslant 3.3d_m + 200\text{mm}$ (14-19)

式中 d_{max}——物料的最大粒度，mm；

d_m——物料的平均粒度，mm。

其他符号意义同前。

不同带宽推荐输送物料的最大粒度见表 14-14。

表 14-14 输送物料的最大粒度

带宽/mm		500	650	800	1000
粒度/mm	分选过	100	130	180	250
	未分选	150	200	300	400

(2) 输送成件物品 输送成件物品时带宽应比物品的横向尺寸大 50～100mm，物品在输送带上的单位面积压力应小于 5kPa。

14.1.3.4 张力和功率计算

胶带输送机的需用功率是一个重要的参数，在进行胶带输送机的设计选型时必须准确知道系统所需功率，才能做到既不浪费能源又能满足系统设计要求。要计算胶带输送机的需用功率，必须先确定作用于传动辊筒上的圆周力。圆周力是传动辊筒绕入点张力与绕出点张力之差，即式(14-3)。因此，必须先讨论张力的计算。

(1) 张力的计算 输送带的张力是利用所谓的逐点计算法来确定的。如图 14-19 所示，将整个输送机的轮廓划分成若干直线段和曲线段，段与段之间的连接点依次标以一定的编号，然后从传动辊筒绕出点的输送带张力 S_1 开始，沿输送带运行方向进行计算，任一点的张力等于前一点的张力和该两点间阻力之和，即

$$S_i = S_{i-1} + P_{(i-1)\sim i} \tag{14-20}$$

式中 S_{i-1}，S_i——点 $i-1$ 及点 i 的张力；

$P_{(i-1)\sim i}$——点 $i-1$ 到点 i 区段的阻力。

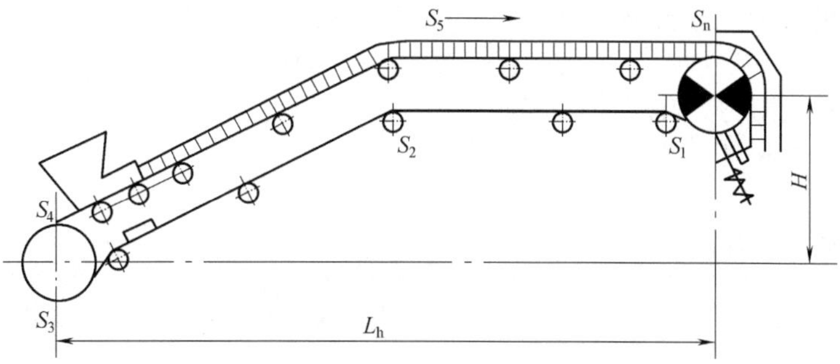

图 14-19 带式输送机张力计算

输送带的运行阻力主要如下：直线段的运行阻力；绕过改向辊筒的阻力；装料和卸料处引起的局部阻力及其他阻力。

① 直线段的运行阻力 在输送机的直线区段上，当输送带在托辊上运行时，由于滚柱内轴承的摩擦、胶带沿滚柱的滚动以及带在滚柱上的弯折而产生阻力。输送机倾斜直线区段上的阻力可按下式计算

承载段 $$P = 10(W_0 + W_m + W')L_h\zeta' \pm 10(W_0 + W_m)H \tag{14-21}$$

向上输送时取“+”；向下输送时取“—”。

空载段 $$P' = 10(W_0 + W')L_h\zeta' \pm 10W_0H \tag{14-22}$$

向上输送时取“—”；向下输送时取“+”。

式中　P——承载段运行阻力，N；

P'——空载段运行阻力，N；

L_h——直线段的水平投影长度，m；

ζ'——托辊的阻力系数，见表 14-15；

W_0——输送带的线载荷，kg/m；

W_m——物品的线载荷，即单位长度输送带上的物料质量，kg/m；

W'——输送机上托辊转动部分的单位长度质量，kg/m。

$$W'=g'/l' \tag{14-23}$$

式中　g'——托辊转动部分的质量，kg；

l'——托辊间距，m。

表 14-15　托辊的阻力系数

工作条件	清洁、干燥		少量尘埃、正常湿度		大量尘埃、湿度大	
托辊阻力	平行	槽形	平行	槽形	平行	槽形
系数 ζ'	0.018	0.020	0.025	0.030	0.035	0.040

② 绕过改向辊筒的阻力　当输送带绕过改向辊筒时，会产生一定的阻力，这种阻力主要来源于输送带绕入时的弯曲刚性、绕出时的伸展刚性，以及改向辊筒轴承部位的摩擦。这些阻力的大小基本上与改向辊筒绕入点的张力成正比。因此，改向辊筒上绕出点的张力为

$$S_i=K'S_{i-1} \tag{14-24}$$

式中　S_i——改向辊筒绕出点的张力，N；

S_{i-1}——改向辊筒绕入点张力，N；

K'——改向辊筒阻力系数，见表 14-16。

表 14-16　改向辊筒阻力系数

胶带在辊筒上的包角 α	约 45°	约 90°	约 180°
改向辊筒阻力系数 K'	1.02	1.03	1.04

③ 装料装置的阻力　导料槽阻力

$$P_d=(16B^2\rho_B+70)l \tag{14-25}$$

式中　P_d——导料槽阻力，N；

l——导料槽长度，m。

其他符号意义同前。

进料口物料加速阻力

$$P_m=\frac{4.9W_m v^2}{g} \tag{14-26}$$

式中　P_m——进料口物料加速阻力，N；

W_m——单位长度输送带上的物料质量，kg/m；

v——带速，m/s；

g——重力加速度，m/s^2。

④ 卸料装置的阻力　卸料车的阻力按下式计算

$$S_1=1.1S_2+10W_mH' \tag{14-27}$$

式中　S_1——卸料车前轮输送带的张力，N；

S_2——卸料车后轮输送带的张力，N；

H'——卸料车提升高度，m。

S_1、S_2 和 H'参见图 14-20。H'值见表 14-17。

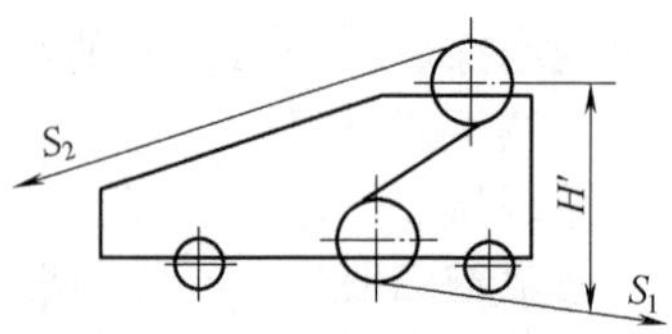

图 14-20　卸料车的提升高度

表 14-17 H'和 C 值

B/mm	500	650	800	1000
H'/m	1.7	1.8	1.96	2.0
C/N	250	300	350	600

犁式卸料器的总阻力

$$P_1=1.25BW_m+C \tag{14-28}$$

式中 P_1——犁式卸料器的总阻力，N；

C——犁式卸料器的阻力，N。

C 值见表 14-17。

⑤ 清扫器的阻力

弹簧清扫器 $$P_q=(700\sim1000)B \tag{14-29}$$

空段清扫器 $$P'_q=200B \tag{14-30}$$

式中 P_q，P'_q——清扫器的阻力。

由上述可知，通过逐点计算法可得到传动辊筒绕入点输送带张力与绕出点输送带张力之间的关系式

$$S_n=f(S_1) \tag{14-31}$$

为了保证输送带不打滑，还应满足欧拉式(14-2) $S_n\leqslant S_1e^{\mu\alpha}$

通过式(14-31) 和式(14-27) 联立求解，即可求得张力 S_1 和 S_n 的值。

上述计算所求得的传动辊筒输送带绕出点的张力 S_1 值，应保证带在托辊间的垂度不超过允许的数值，以保证带的实际倾角不超过允许的程度。一般是按照承载段输送带允许垂度进行验算，即最小张力应符合下式要求

$$S_1\geqslant50(W_0+W_m)l'\cos\beta \tag{14-32}$$

式中 l'——上托辊间距，m；

W_0——输送带的单位长度质量，kg/m；

W_m——单位长度输送带上物料的质量，kg/m；

β——输送机倾角，(°)。

若计算所得的 S_1 值不能满足承载段的最小张力要求，则必须加大 S_1 值，使它满足承载段输送带垂度不超过允许值的要求。

(2) 功率计算 根据公式(14-3)，传动辊筒上的牵引力为

$$P_y=S_n-S_1$$

因此，传动辊筒所需轴功率为

$$N_0=(S_n-S_1)v/1000 \tag{14-33}$$

式中 N_0——传动辊筒的轴功率，kW。

其他符号意义同前。

电动机功率为

$$N=KN_0/\eta \tag{14-34}$$

式中 N——电动机功率；

K——满载启动系数，$K=1.3\sim1.7$；

η——总传动效率，对于光面传动辊筒取 0.88，对于胶面辊筒取 0.90。

14.1.3.5 拉紧装置计算

(1) 拉紧力计算

$$P_0=S_i+S_{i-1} \tag{14-35}$$

式中 P_0——拉紧力，N。

（2）车式拉紧装置的重锤质量

$$W_h=\frac{(P_0+0.04W_L\cos\beta-W_L\sin\beta)}{\eta^n} \tag{14-36}$$

式中 W_L——车式拉紧装置（包括改向辊筒）的质量，kg；

β——输送机的倾角，(°)；

η——拉紧绳轮效率，一般可取 $\eta=0.9$；

n——绳轮数目。

（3）垂直拉紧装置的重锤质量

$$W_v=P_0-W_L \tag{14-37}$$

式中 W_v——垂直拉紧装置所需重锤质量，kg；

W_L——垂直拉紧装置（包括改向辊筒）的质量，kg。

14.1.3.6 制动力矩

为了选择逆止器，应计算制动力矩。驱动辊筒轴上的制动力矩可按下式计算

向上输送时
$$M_0=\frac{660D(0.00546GH-N_0)}{v} \tag{14-38}$$

向下输送时
$$M_0=1000DN_0/v \tag{14-39}$$

式中 D——驱动辊筒的直径，m；

H——输送机的提升高度，m。

其他符号意义同前。

电动机上的轴制动力矩为

$$M=M_0\eta/i_0 \tag{14-40}$$

式中 M_0——驱动辊筒上的制动力矩，N·m；

η——电动机到驱动辊筒轴的传动效率，可取 $\eta=0.95$；

i_0——电动机到驱动辊筒的减速比。

胶带输送机选型计算举例如下。

【例题 14-1】已知原始数据及工作条件如下。

① 胶带输送机布置形式及尺寸如图 14-21 所示。

② 输送物料：石灰石，粒度 0～60mm，容积密度$\rho_B=1.6\text{t/m}^3$，堆积角 $\theta=25°$。

③ 输送量：$G=550\text{t/h}$。

④ 工作环境：干燥、有尘的通廊内。

⑤ 尾部喂料，头部卸料，导料槽长 3m，设有弹簧清扫器和空段清扫器。

试计算输送机的参数。

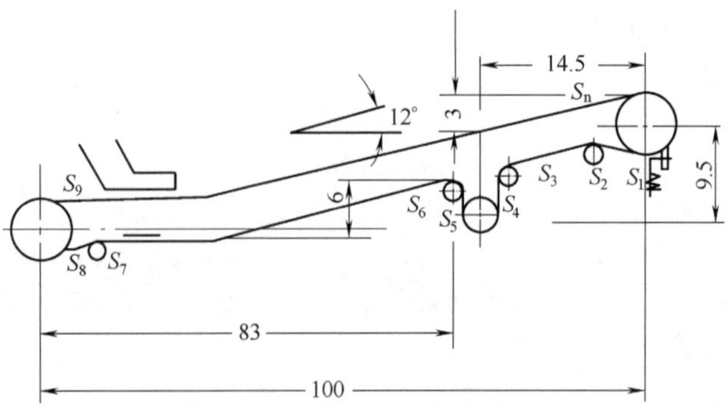

图 14-21 胶带输送机布置简图

解

(1) 输送带的宽度计算 根据式(14-17)有

$$B=\sqrt{\frac{G}{Kv\rho_B C_1 C_2}}$$

已知：$G=550\text{t/h}$，$\rho_B=1.6\text{t/m}^3$。

选取：$v=1.6\text{m/s}$；$K=400$；$C_1=0.92$；$C_2=1.0$ 则

$$B=\sqrt{\frac{550}{400\times1.6\times1.6\times0.92\times1.0}}=0.766(\text{m})$$

按标准选用800mm的胶带。

根据式(14-18)有

$$B\geqslant 2d_{max}+200\text{mm}=2\times60+200=320(\text{mm})$$

$B=800>320\text{mm}$，可以满足要求。

(2) 张力计算 根据例题图中，各点张力关系为：

$$S_2=S_1+P_q$$
$$S_3=K'S_2$$
$$S_4=K'S_3$$
$$S_5=K'S_4$$
$$S_6=K'S_5$$
$$S_7=S_6+P'+P_q'$$
$$S_8=K'S_7$$
$$S_9=K'S_8$$
$$S_n=S_9+P_d+P_m+P$$

根据式(14-29)，弹簧清扫器的阻力为：$P_q=(700\sim800)B$

取：$P_q=800B=800\times0.8=640(\text{N})$，$S_2=S_1+640$

根据表14-16，查得改向辊筒的阻力系数K'，可得

$$S_3=1.02\ (S_1+640)\ =1.02S_1+650$$
$$S_4=1.03\ (1.02S_1+650)\ =1.05S_1+670$$
$$S_5=1.04\ (1.05S_1+670)\ =1.09S_1+700$$
$$S_6=1.04(1.09S_1+700)=1.13S_1+730$$

根据式(14-22)，空载运行段的阻力P'为

$$P'=10(W_0+W')L_h\zeta'\pm10W_0H$$

根据表14-1查得胶带帆布层数，取$Z=6$；根据表14-2，取上、下胶层厚度分别为3.0mm和1.5mm，并查得每米胶带的质量为$W_0=11.8\text{kg/m}$。

根据表14-4查得，带宽为800mm的铸铁座平行下托辊转动部分质量为12kg。取下托辊间距为$l'=3\text{m}$，则每米托辊转动部分质量为$W'=12/3=4\text{kg/m}$。

由例题图知：空载段水平投影长度为$L_h=83\text{m}$，提升高度$H=6\text{m}$。

查表14-15，取平行托辊阻力系数为：$\zeta'=0.025$。

则：$P'=10\times(11.8+4)\times83\times0.025-10\times11.8\times6=-380(\text{N})$

根据式(14-30)，空段清扫器的阻力P_q'为

$$P_q'=200\times0.8=160(\text{N})$$

则 $S_7=1.13S_1+730-380+160=1.13S_1+510$

根据表14-16

$$S_8=1.02(1.13S_1+510)=1.15S_1+520$$
$$S_9=1.04(1.15S_1+520)=1.20S_1+540$$

根据式(14-25) 导料槽的阻力为

$$P_d=(16B^2\rho_B+70)l$$

$$P_d=(16\times0.8^2\times1.6+70)\times3=259(\mathrm{N})$$

根据式(14-26)，进料口物料加速阻力

$$P_m=\frac{4.9W_m v^2}{g}$$

根据式(14-9)，输送带单位长度上物料的质量为：

$$W_m=\frac{G}{3.6v}=\frac{550}{3.6\times1.6}=95.5(\mathrm{kg/m})$$

则 $$p_m=\frac{4.9\times95.5\times1.6^2}{9.81}=122(\mathrm{N})$$

根据式(14-21)，承载运行阻力为

$$P=10(W_0+W_m+W')L_h\zeta'\pm10(W_0+W_m)H$$

查表 14-4，带宽 800mm 的铸铁座槽形上托辊的转动部分质量为 14kg。取上托辊间距 $l'=1.2\mathrm{m}$，输送机每米长度上托辊转动部分质量：$W'=14/1.2=11.7\mathrm{kg/m}$。

查表 14-15，槽型托辊的阻力系数 $\zeta'=0.030$。

则 $P=10\times(11.8+95.5+11.7)\times100\times0.030+10\times(11.8+95.5)\times9.5=13760(\mathrm{N})$

$$S_n=1.20S_1+540+259+122+13760=1.20S_1+14681$$

按照不打滑条件，S_n 和 S_1 应满足式(14-2) 的要求：$S_n\leqslant S_1e^{\mu\alpha}$。

查表 14-5，取 $e^{\mu\alpha}=3.52$，并将下列两式联立求解

$$\begin{cases}S_n=3.52S_1\\S_n=1.2S_1+14681\end{cases}$$

求得： $S_n=22220\mathrm{N};S_1=6320\mathrm{N}$。

根据式(14-32) 核算承载段输送带允许垂度，S_1 应满足下式要求

$$S_1\geqslant50(W_0+W_m)l'\cos\beta$$

上式右边$=50\times(11.8+95.5)\times1.2\times\cos12°=6296<6320=S_1$

所以，可以满足要求。

(3) 功率计算　根据式(14-33)

$$N_0=(S_n-S_1)v/1000=(22220-6320)\times1.6/1000=25.3(\mathrm{kW})$$

则电动机功率为

$$N=KN_0/\eta=1.0\times25.3/0.9=28.1(\mathrm{kW})$$

(4) 拉紧装置重锤质量计算　根据式(14-35)，拉紧装置的拉紧力为

$$P_0=S_i+S_{i-1}$$

$$P_0=S_4+S_5=1.05S_1+670+1.09S_1+700=14895(\mathrm{N})$$

查有关胶带输送机的设计手册可知：$W_L=68\mathrm{kg}$。

根据式(14-37)，垂直拉紧装置所需重锤质量为

$$W_v=P_0-W_L=14895/10-68=1421(\mathrm{kg})$$

在实际工艺设计中，还应填写胶带输送机设备订货单，并与实际工艺布置保持一致。

胶带输送机技术的发展很快，其主要表现在两个方面：一方面是胶带输送机的功能多元化、应用范围扩大化，如高倾角胶带输送机、管状胶带输送机、空间转弯胶带输送机等各种机型；另一方面是胶带输送机本身的技术与装备的发展，尤其是长距离、大运量、高带速等大型胶带输送机已成为发展的主要方向。其核心技术包括开发并应用于胶带输送机动态分析与监控的技术，提高了胶带输送机的运行性能和可靠性。其关键技术与装备有以下特点。

① 设备大型化。其主要技术参数与装备均向大型化发展。

② 应用动态分析技术、机电一体化技术、计算机监控技术，采用大功率软启动与自动张紧技术，实现对输送机的动态监测与监控，显著降低了输送带张力，提升了设备运行性能和运输效率。

③ 采用多机驱动与中间驱动及其功率平衡技术、输送机变向运行技术，确保输送系统设备的通用性、互换性及其单元驱动的可靠性。

④ 新型高可靠性关键部件技术的研发，提升了整机系统稳定性。

14.2 链板输送机

链板输送机也是一种应用较广泛的粉体连续输送设备。这类输送设备的主要特点是以链条作为牵引构件，另以板片作为承载构件，板片安装在链条上，借助链条的牵引，达到输送物料的目的。

根据输送物料种类和承载构件的不同，链板输送机主要有板式输送机、刮板输送机和埋刮板输送机三种。

14.2.1 板式输送机

板式输送机的构造如图 14-22 所示，它用两条平行的闭合链条作为牵引构件，链条上连接有横向的板片 2 或 3，板片组成鳞片状的连续输送带，以便装载物料。牵引链紧套在驱动链轮 4 和改向链轮 5 上，用电动机经减速器、驱动链轮带动。在另一端，链条绕过改向链轮。改向链轮装有拉紧装置。因为链轮传动速度不均匀，坠重式的拉紧装置容易引起摆动，所以拉紧装置都采用螺旋式的。对于重型板式输送机，牵引链大多数采用板片关节链。在关节销轴上装有滚轮 6，输送的物料以及输送的运动构件等的质量都由滚轮支承，沿着机架 7 上的导向轨道滚动运行。

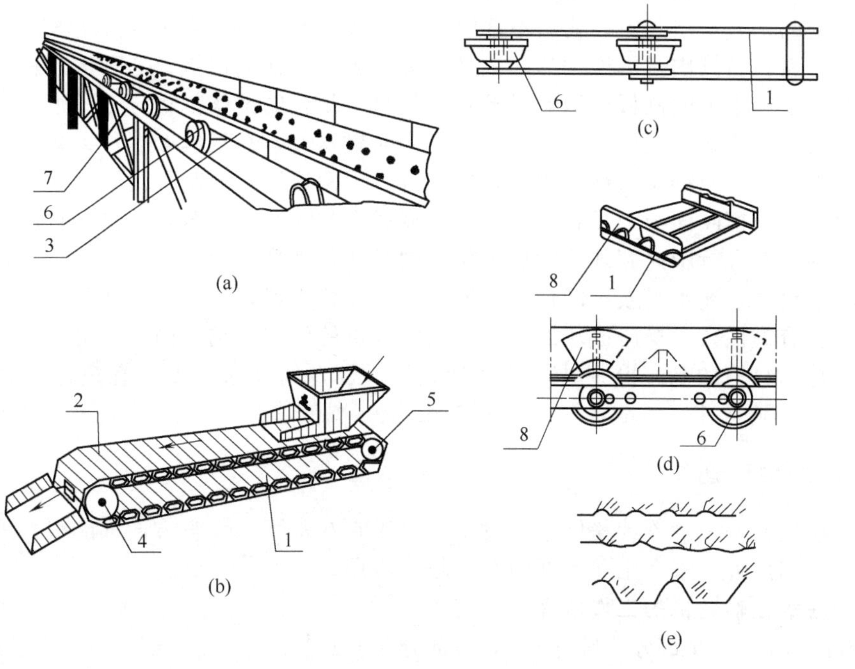

图 14-22 链板输送机

1—牵引链；2—平板；3—槽形板；4—驱动链轮；5—改向链轮；6—滚轮；7—机架；8—活动栏板

板式输送机有以下几种类型：板片上装有随同板片一起运行的活动栏板 8 的输送机［图 14-22(d)］；在机架上装有固定栏板的输送机［图 14-22(a)］；无栏板的输送机［图 14-22(b)］。前两种多用来输送散状物料。板片的形状有平板片［图 14-22(b)］、槽形板片［图 14-22(d)］和波浪形板片［图 14-22(e)］。为了提高输送机的生产能力，特别是在较大倾角时，波浪形板片具有明显的优越性。

输送散粒状物料时，板式输送机的输送能力为：

$$Q=3600Fv\varphi\rho_s \tag{14-41}$$

式中，F——承载板上物料的横截面积，m^2；

v——板链的速度，m/s；

φ——填充系数；

ρ_s——物料的堆积密度，t/m^3。

对于有栏板的输送机，承载板上物料的横截面积取承载板料槽的横截面积。考虑到物料有填充不够之处，在计算中引入填充系数予以修正。在计算承载板的宽度时，不仅要考虑到输送能力，同时还要考虑到料块的大小。料块的尺寸不应大于板宽的三分之一。栏板的高度一般取 0～180mm。

板式输送机的特点是：输送能力大；既能水平输送物料，也能倾斜输送物料，一般最大允许输送倾角为 25°～30°。如果采用波浪形板片，倾角可达 35°或更大。由于它的牵引件和承载件强度高，输送距离可以较长，最大输送距离为 70m；特别适合输送沉重的、大块的、易磨的和炽热的物料，一般物料温度应小于 200℃。但其结构笨重，制造复杂，成本高，维护工作繁重，所以一般只在输送灼热、沉重的物料时才选用它。

14.2.2 刮板输送机

刮板输送机是借助链条牵引刮板在料槽内的运动来达到输送物料的目的。如图 14-23 所示，料槽 1 固定在机座 2 中，牵引链条 3 上安装刮板 4，绕过两端的驱动链轮 5 和改向链轮 6，形成一条闭合的链条。链条的运动由驱动链轮带动，料槽中的物料就在链条的运动中，由链条上的刮板推动向前运动，从而达到输送物料的目的。改向链轮上也装有张紧装置，以使链条处于张紧状态，便于驱动轮的动力得以有效传递。

链条带上的刮板高出物料，物料不连续地堆积于刮板前面，物料截面呈梯形，如图 14-24 所示。由于物料在料槽内是不连续的，故又称为间歇式刮板输送机。这种输送机利用相隔一定间距固装在牵引链条上的刮板，沿着料槽刮运物料。闭合的链条刮板分上、下两分支，可在上分支或下分支输送物料，也可在上、下两分支同时输送物料(图 14-23)。牵引链条最常用的是圆环链，可以采用一根链条与刮板中部连接，也可用两根链条与刮板两端相连。刮板的形状有梯形和矩形等，料槽断面与刮板相匹配。物料通过上方或侧部装载，由末端自由卸载。也可以通过槽底部的孔口进行中途卸载，卸载工作可同时在几处进行。

这种输送机适合在水平或小倾角方向输送散、粒状物料，如碎石、煤和水泥熟料等，不适宜输送易碎、有黏性或会挤压成块的物料。该输送机的优点是结构简单，可在任意位置装载和卸载。缺点是：料槽和刮板磨损快，功率消耗大。因此，输送长度不宜超过 60m，输送能力不大于 200t/h，输送速度一般在 0.25～0.75m/s。

14.2.3 埋刮板输送机

埋刮板输送机是一种连续粉体输送设备。由于它在水平和垂直方向都能很好地输送粉体和散粒状物料，因此近年来在工业各部门得到较多应用。

14.2.3.1 埋刮板输送机的工作原理

埋刮板输送机有两个部分的封闭料槽，一部分用于工作分支，另一部分用于回程分支，固定有刮板的无端链条分别绕在头部的驱动链轮和尾部的张紧链轮上，如图 14-25 所示。物料在输送时以充满料槽整个工作断面或大部分断面的连续流的形式运动。这种连续牵引物料的过程可分析如下。

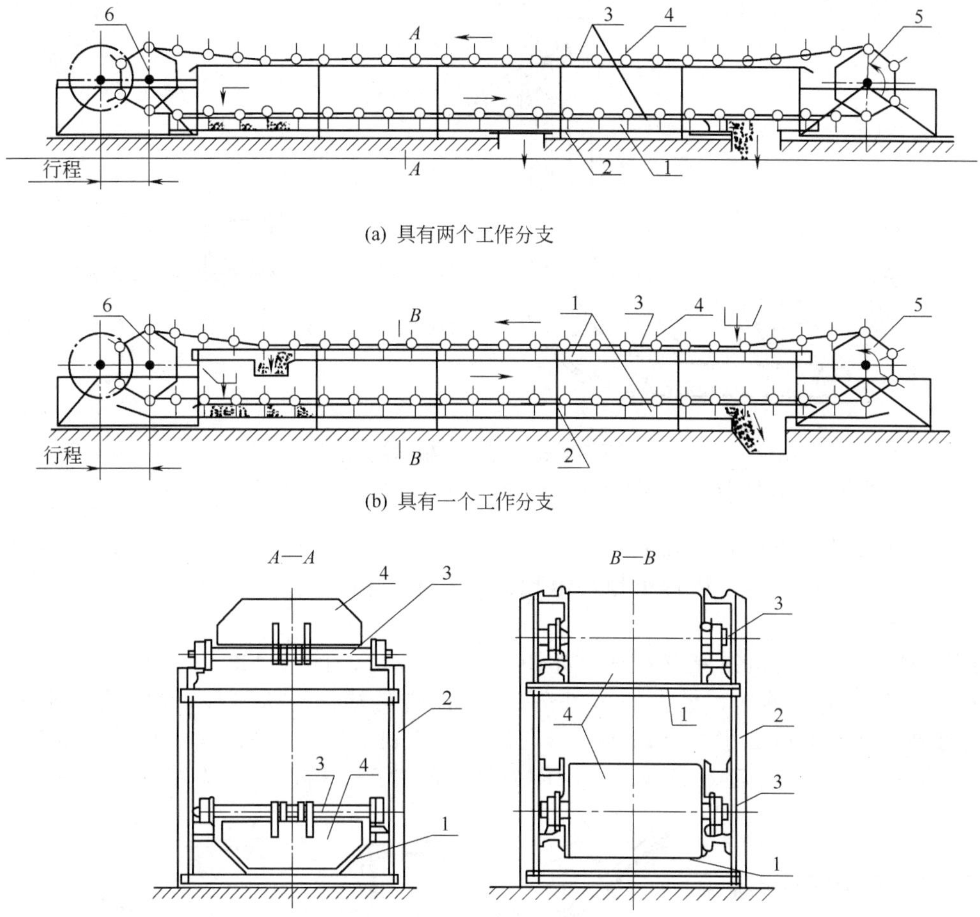

(a) 具有两个工作分支

(b) 具有一个工作分支

图 14-23　间歇式刮板输送机

1—料槽；2—机座；3—牵引链条；4—刮板；5—驱动链轮；6—改向链轮

水平输送时，埋刮板输送机槽道中的物料受到刮板在运动方向的压力及物料本身质量的作用，在散体内部产生了摩擦力。这种内摩擦力保证了散体层之间的稳定状态，并大于物料在槽道中滑动而产生的外摩擦阻力，使物料形成了连续整体的料流而被输送。

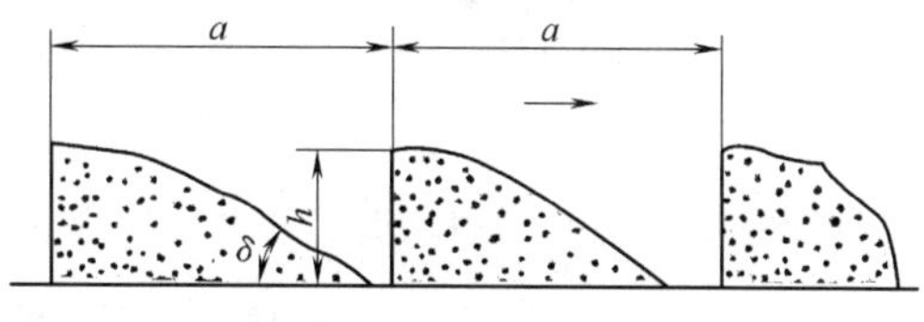

图 14-24　刮板前的物料堆积形状

在垂直输送时，埋刮板输送机槽道中的物料受到板在运动方向的压力时，在散体中产生横向的侧压力，形成了物料的内摩擦力。同时，由于板在水平段不断给料，下部物料相继对上部物料产生推移力。这种内摩擦力和推移力的作用大于物料在槽道中的滑动而产生的外摩擦力和物料本身的质量，使物料形成了连续整体的料流而被提升。

由于在输送物料过程中刮板始终被埋于物料之中，所以称为埋刮板输送机。

14.2.3.2　埋刮板输送机的性能

埋刮板输送机主要用于输送粒状、小块状或粉状物料。对于块状物料，一般要求最大粒度不大于 3.0mm。对于硬质物料，要求最大粒度不大于 1.5mm。不适用于输送磨蚀性大、硬度大的块状物料，也不适用于输送黏性大的物料。对于流动性较强的物料，由于物料的内摩擦系数小，难以形成足够的内摩擦力来克服外部阻力和自重，因而输送困难。

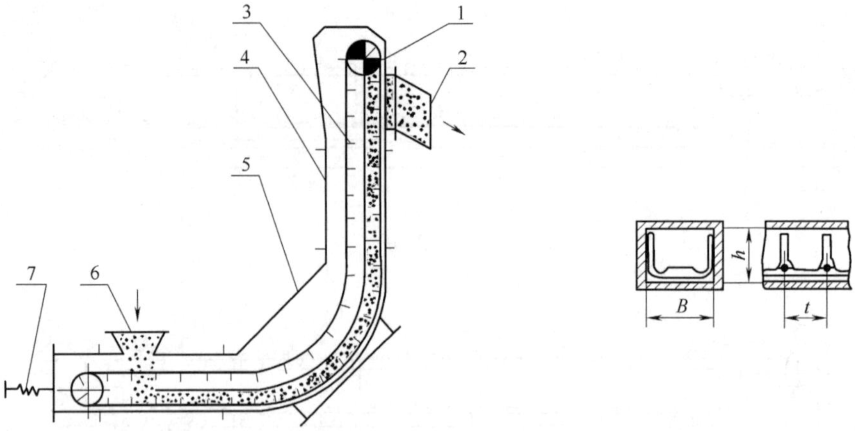

图 14-25　埋刮板输送机

1—头部；2—卸料口；3—刮板链条；4—中间机壳；5—弯道；6—加料段；7—尾部拉紧装置

埋刮板输送机的主要特点是：物料在机壳内封闭运输，扬尘少，布置灵活，可多点装料和卸料；设备结构简单，运行平稳，电耗低。水平运输长度可达 80～100m；垂直提升高度为 20～30m。

通用型埋刮板输送机主要有六种，如图 14-26 所示。图中，MS 为水平输送，最大倾角可达 25°；MC 为垂直输送，最大倾角可达 90°，但进料端仍为水平段；MZ 为“水平-垂直-水平”的混合型，形似 Z 字，所以有 Z 形埋刮板输送机之称，输送倾角为 60°～90°；MP 为平面环形输送；ML 为立面环形输送；MK 为扣环形输送，输送倾角为 60°～90°。

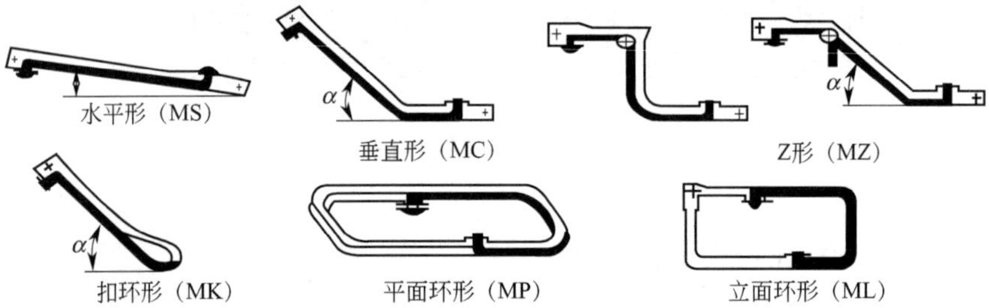

图 14-26　埋刮板输送机的形式

埋刮板输送机的结构形式和代号见表 14-18。

表 14-18　埋刮板输送机的结构形式和代号

形式	水平形	垂直形	Z 形	平面环形	立面环形	扣环形
代号	S	C	Z	P	L	K
倾斜角度	0°～25°	0°～90°	60°～90°	—	—	60°～90°

根据被输送物料的性质，埋刮板输送机有四种形式可供选择，其形式和代号见表 14-19。

表 14-19　埋刮板输送机物料特性代号

形式	普通型	热料型	耐磨型	气密型
特性	常用物料	100～450℃	磨蚀性物料	有毒性渗透性物料
代号	不表示	R	M	F

选用时，首先对物料要有一定的要求：物料密度 $\rho_B=0.2\sim1.8t/m^3$，其中 Z 形要求 $\rho_B\leqslant1.0t/m^3$；普通型埋刮板输送机可在 −25～80℃的环境下工作，热料型埋刮板输送机可在 100～450℃的环境下工作。

物料粒度一般要小于 3.0mm。其他物性包括：含水率要低，在输送过程中物料不会黏结、不会压实变形；硬度和磨蚀性不宜过大。

14.2.3.3 埋刮板输送机的结构特征

(1) 链条 刮板链条有三种，其结构类型分别为模锻链(图 14-27)、套筒滚子链(图 14-28)和板链(图 14-29)。在选用时，应根据物料的性能如粒度、流动性等合理选用。

(2) 刮板 刮板的形式有七种，其结构分别为 T 形刮板(图 14-30)、V 形刮板(图 14-31)、U 形刮板(图 14-32)、B 形刮板(图 14-33)、O 形刮板(图 14-34)、L 形刮板(图 14-35)、H 形刮板(图 14-36)。

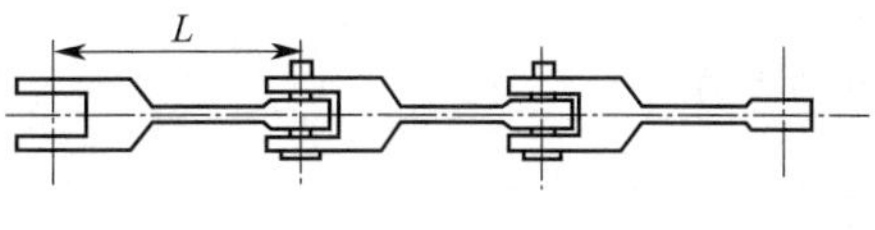

图 14-27 模锻链

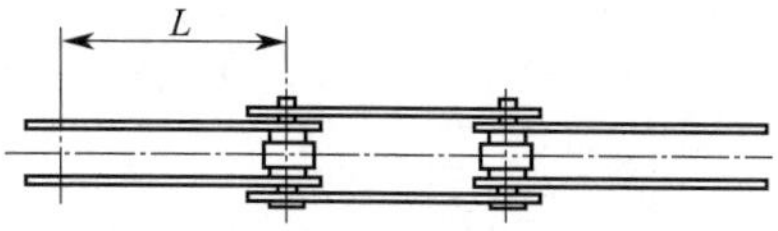

图 14-28 套筒滚子链

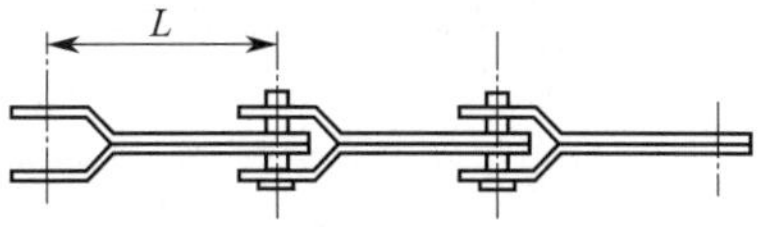

图 14-29 板链

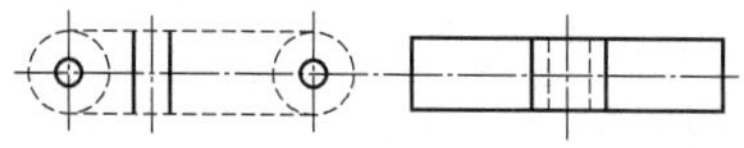
图 14-30 T 形刮板

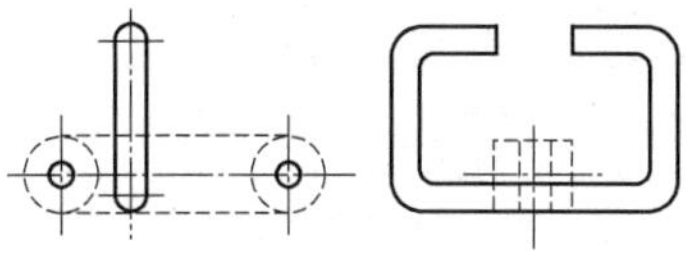
图 14-31 V 形刮板

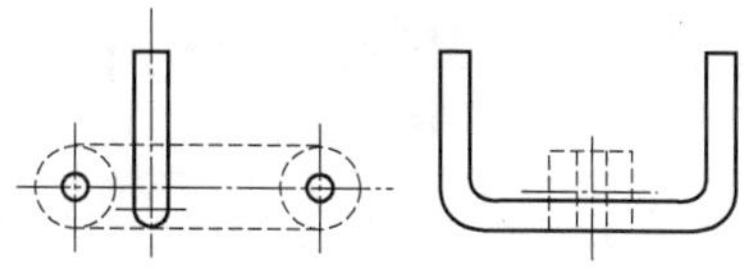
图 14-32 U 形刮板

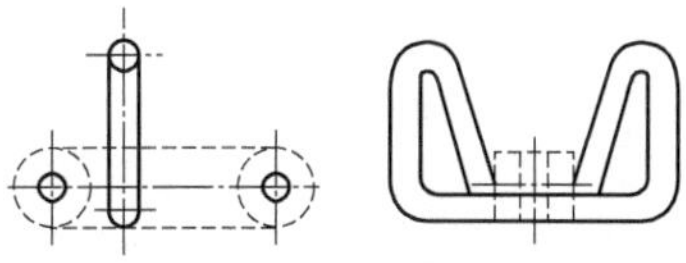
图 14-33 B 形刮板

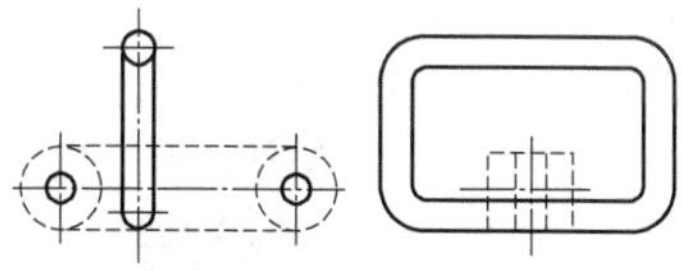
图 14-34 O 形刮板

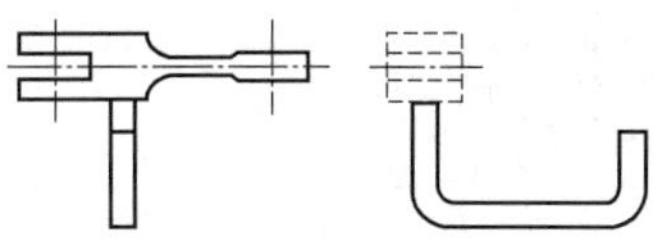
图 14-35 L 形刮板

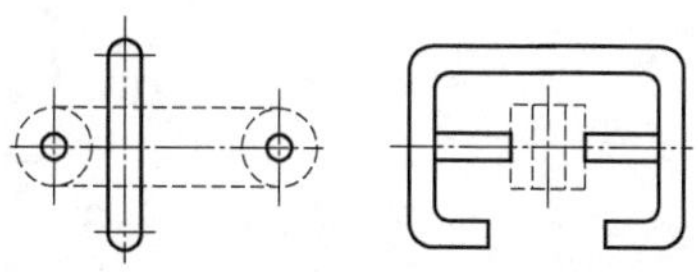
图 14-36 H 形刮板

(3) 机壳 链条和刮板在由低碳钢制成的机壳中运行。机壳由水平段、垂直段、过渡段、弯曲段、头部和尾部机壳组成。机壳上配有进料口、卸料口、检视孔等。机壳的截面形状如图 14-37 所示，其中图 14-37(a) 为水平形中间段的截面，图 14-37(b) 为平面环形和立面环形中间段的截面，图 14-37(c) 为垂直形、扣环形和 Z 形中间段的截面。

(4) 头部装置 埋刮板输送机的头部装置由驱动装置和驱动链轮组成。不同的结构形式，其头部装置也稍有不同。图 14-38 是水平形埋刮板输送机的头部装置。

(5) 尾部装置 尾部装置主要由从动链轮及螺栓弹簧张紧装置等组成。不同的结构形式，其尾部装置也稍有不同。图 14-39 为水平形埋刮板输送机的尾部装置。

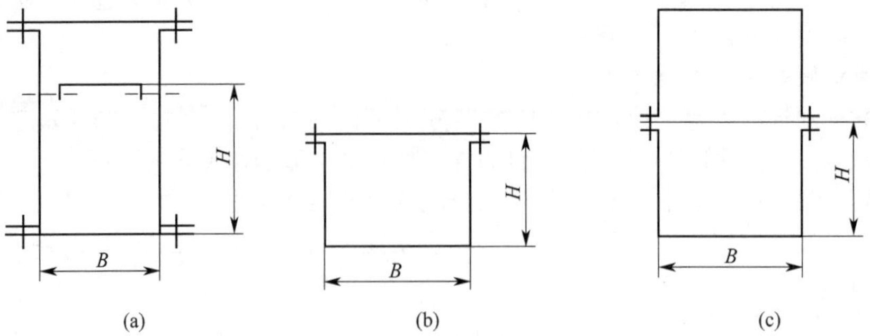

图 14-37 埋刮板输送机机壳的界面形状

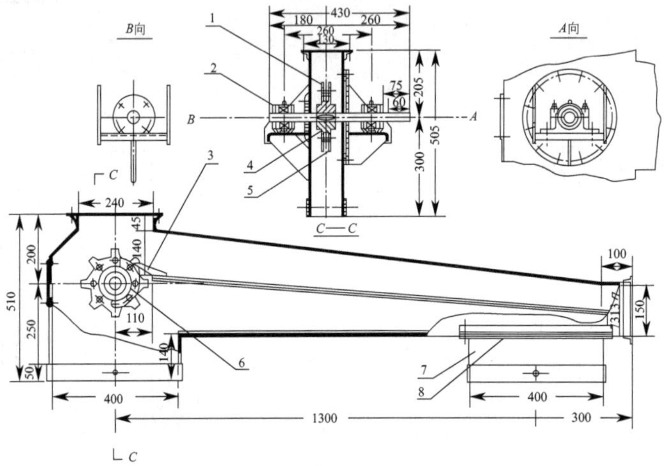

图 14-38 水平形埋刮板输送机的头部装置

1—左齿圈；2—轴承；3—刮刀；4—链轮主体；5—右齿圈；6—轴；7—卸料口；8—闸板

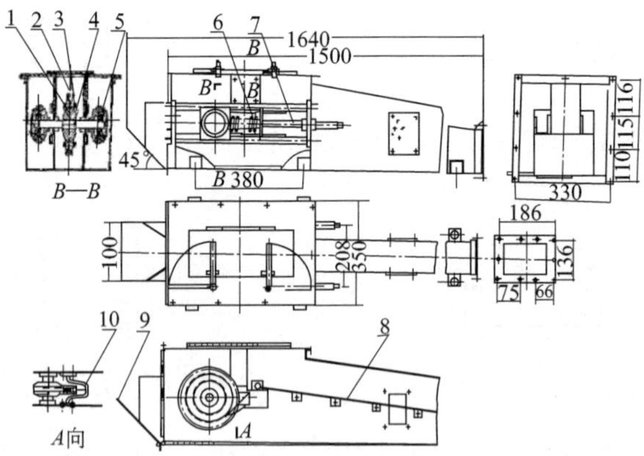

图 14-39 水平形埋刮板输送机的尾部装置

1—链轮主体；2，3—左右齿圈；4—轴；5—轴承；6—弹簧；7—螺栓；8—分隔板；9—滑板；10—刮板

14.2.3.4 埋刮板输送机的相关参数

（1）输送能力 埋刮板输送机的输送能力可按下式计算：

$$Q=3600Av\varphi\rho_{B} \tag{14-42}$$

式中 Q——输送能力，t/h；

A——料槽截面积，m^2；

v——刮板输送速度，m/s；

φ——输送能力修正系数，水平输送取 0.7～0.9，垂直输送取 0.6～0.8；

ρ_B——物料堆积密度，t/m^3。

（2）刮板链条的速度 刮板链条的速度有：0.04m/s、0.063 m/s、0.08 m/s、0.10 m/s、0.125 m/s、0.16 m/s、0.20 m/s、0.25 m/s、0.315 m/s、0.40 m/s、0.50 m/s、0.63 m/s、0.80 m/s 和 1.00m/s。

（3）驱动功率 埋刮板输送机的驱动功率是根据被输送物料的性质、输送机的形式及布置方式来确定的。计算驱动功率时应主要考虑：物料在机壳内壁上滑动的摩擦阻力，返程刮板链条的滑动摩擦阻力，提升物料所需克服的重力；刮板链条在弯曲段上的摩擦阻力；在弯曲段上物料的内摩擦阻力等。一般情况下常按经验来确定。

14.2.3.5 埋刮板输送机的应用

埋刮板输送机的规格用槽体宽度表示，常见的槽体宽度有 160mm、200mm、250mm、320mm、400mm、500mm、630mm、800mm、1000mm、1250mm。其型号表示方法可通过实例说明。如 MSR32，其中，M 表示埋刮板，S 表示水平，R 表示热料型，32 表示槽体宽度是 320mm。

埋刮板输送机可以输送粉状、小块状、片状和粒状物料，如苏打粉、烟灰、大豆、谷物、水泥、煤、锯屑、砂子、盐、糖、硫酸铝等。埋刮板输送机由于全封闭输送，所以适应性比较广。其输送距离可以从几米至上百米；输送能力可达 1000t/h。

14.2.4 FU 型链式输送机

FU 型链式输送机（简称“链运机”）是吸收国外先进技术设计制造而成的一种用于水平（或倾角≤15°）输送粉状、粒状物料的粉体输送设备。FU 型链式输送机的外形如图 14-40 所示，内部结构如图 14-41 所示。在密封的机壳内装有一条配有附件装置的链条。该链条在传动装置的带动下在机壳内运动，加入机壳内的物料在链条的带动下，靠物料的内摩擦力与链条一起运动，从而实现输送物料的目的。其使用性能明显优于螺旋输送机、埋刮板输送机及其他粉体输送设备，是一种较为理想的新型输送设备，广泛应用于建材、建筑、化工、火电、粮食加工、矿山、机械、冶炼、交通、港口和运输等行业或领域。

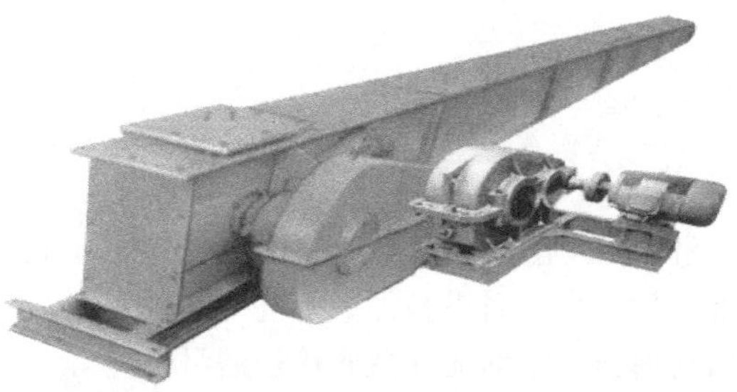

图 14-40 FU 型链式输送机的外形

图 14-41 FU 型链式输送机的内部结构

FU 型链式输送机的主要特点如下。

① 输送能力范围宽。目前已有产品输送能力为 6～500m^3/h。

② 输送能耗低。与螺旋输送机相比节电 40%～60%。

③ 密封、安全。采用全密封的机壳，输送过程无扬尘，操作安全，运行可靠。

④ 使用寿命长。所采用的输送链由合金钢材经先进的热处理工艺加工制成，正常使用寿命大于五年。

⑤ 工艺布置灵活。可多点进料或出料，支持单向或双向输送，适用于水平布置或倾斜角不大于15°的安装方式。

⑥ 维修费用低，设备故障率低，利于主机的正常运行。

⑦ 可适用于水泥、生料、煤粉等粉状、小块状、易碎物料。

表14-20展示目前已有产品的FU型链式输送机规格性能。由于该输送机是靠物料内摩擦力而输送物料的，而物料的内摩擦力与物料的种类和物理性质有密切关系，因此在选型时应特别注意被输送物料的物理性质，如物料的流动性、温度、湿度、粒度组成等。表中所列的输送能力是以输送水泥等为输送物料而标定的，当输送其他物料时，其实际输送量一般会比表中推荐值降低0～20%。如果要求精确知道其输送量，可向生产厂家提供被输送物料的种类及相关物理性质，由生产厂做出标定。由于不同的被输送物料具有不同的物理性质，其链条的输送线速度也不同。表14-21是根据物料的磨蚀性而推荐的链条线速度或链速。

表14-20　FU型链式输送机规格性能

规格	槽宽/mm	理想粒度/mm	最大粒度/mm	最大输送斜度/%	不同链条线速度下的理想输送量/(m^3/h)				
					12/(m/min)	14/(m/min)	17/(m/min)	22/(m/min)	27/(m/min)
FU150	150	<4	<8	≤15°	10		16	20	
FU200	200	<5	<10	≤15°	18		28	38	
FU270	270	<7	<15	≤15°	33	41	50	68	82
FU350	350	<9	<18	≤15°		64	80	100	5
FU410	410	<12	<21	≤15°		90	120	138	175
FU500	500	<13	<25	≤15°			170	210	270
FU600	600	<15	<30	≤15°		184	224	276	340
FU700	700	<18	<32	≤15°		250	305	376	460

表14-21　输送不同磨蚀性物料时的链条线速度

物料磨蚀性		特大	大	中	小
链条线速度/(m/min)	推荐	10	15	20	30
	最大	15	20	30	40

14.3 空气输送斜槽

14.3.1 构造及工作原理

空气输送斜槽属于流态化输送设备。它由薄钢板制成的上下两个槽形壳体组成(图14-42)，两壳体间夹有透气层，整个斜槽按一定的倾斜角布置。物料由加料设备加入上壳体，空气由鼓风机鼓入下壳体透过透气层使物料流态化。充气后的物料沿斜度向前流动达到输送的目的。

斜槽结构的关键部分是透气层，要求透气层材料孔隙均匀、透气率高、阻力小、强度高，并具有抗湿性，微孔堵塞后易于清洗、过滤。常用的透气层材料有陶瓷多孔板、水泥多孔板和纤维织物。陶瓷、水泥多孔板是较早使用的透气层，其优点是表面平整，耐热性好。缺点是较脆，耐冲击性差，机械强度低，易破损。另外，难以保证整体透气性一致。目前用得较多的是帆布(一般为21支纱白色帆布三层缝制）等软性透气层，其优点是维护安装方便，耐用不碎，价格低廉，使用效果好。主要缺点是耐热性较差。为保证帆布安装平整，可在其下面用钢丝网承托。

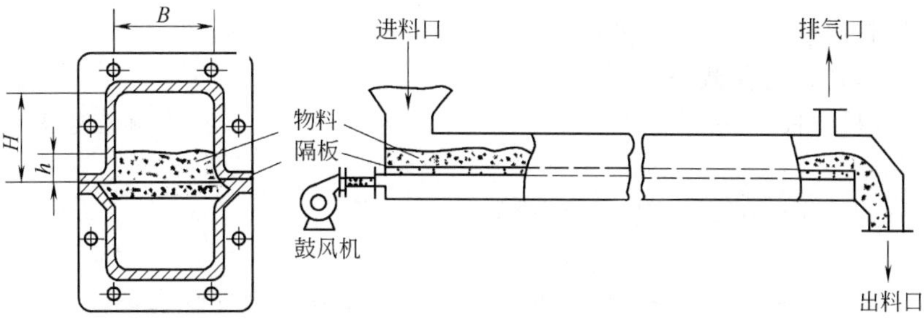

图 14-42 空气输送斜槽示意图

壳体由标准槽（一般按 250 mm 的倍数选取，如支槽、弯槽等）组合而成，安装斜度为 4%～10%。

壳体通常为矩形断面，其各部分尺寸比例参见图 14-42。图中，$H/B\approx0.6\sim0.8$，大槽取小值，小槽取大值；$H/h\approx4$；底槽高度为 75～100mm。

为适应操作需要，在适当处设截气阀以便于分段使用，节省风量。在距入料口 2～3m 处及支槽、弯槽、出料口等处可设置观察窗。

槽体上方隔一定距离应设置气体过滤层以便排出余气，或用专用除尘器净化余气。空气输送斜槽的规格用槽宽 B(mm) 表示。

14.3.2 应用与特性

空气输送斜槽可输送 3～6mm 以下的粉粒状物料，输送量可达 $2000m^3/h$。由于高差关系，输送距离一般不超过 100m。

斜槽的优点是：设备本身无运动部件，故磨损少，耐用，设备简单，易维护检修；投资较少，运转中无噪声，动力消耗低，操作安全可靠；易于改变输送方向，适用于多点给料和多点卸料。缺点是：对输送的物料有一定要求，适用于小颗粒或粉状非黏结性物料。若物料中粗颗粒较多时，输送过程中粗颗粒会逐渐累积在槽中，当累积量达一定程度时，应进行人工排渣后才能继续运行；须保证具有准确的向下倾斜度布置，因而距离较长时落差较大，导致土建施工困难。

14.3.3 主要参数的选择与计算

(1) 斜度　斜度用斜槽纵向中心线与水平面的夹角或其正切角表示，一般以百分数表示。斜度是槽内物料流动的必要条件之一，它取决于物料的性能、建筑设计及设备选型的经济性。斜度小有利于工艺和建筑设计，斜度大有利于节省动力与设备投资。斜度的确定应考虑下述方面：物料的流态化特征、透气层的透气性、物料的流量等。实验表明，对于能自由流动的物料，斜度 4%即足够；输送一般的粉粒状物料时，斜度可稍大些。

(2) 槽体宽度　槽体宽度是决定斜槽输送能力的主要参数之一。对于给定流量的斜槽，其宽度可用下式计算

$$B=\sqrt{\frac{R_c q}{R_a \rho_B v}}\ (\mathrm{m}) \tag{14-43}$$

式中　q——物料的流量，kg/s；

ρ_B——物料的容积密度，kg/m^3；

R_c——未流态化的物料容积密度与流态化时物料的容积密度之比；

R_a——流动物料床的高度与斜槽宽度之比；

v——物料的平均输送速度，m/s。

(3) 输送能力　输送能力可按下式计算

$$Q=3600KAw\rho_B(\mathrm{t/h}) \tag{14-44}$$

式中 K——物料流动阻力系数，$K\approx0.9$；

A——槽内物料的横截面积，m^2；

w——槽内物料流动速度，当斜度为 4%、5%和 6%时，相应的输送速度大致为 1.0m/s、1.25m/s 和 1.50m/s。

（4）空气阻力　斜槽的空气阻力可按下式计算

$$\Delta P=\Delta P_1+\Delta P_2+\Delta P_3(\mathrm{Pa}) \tag{14-45}$$

式中 ΔP_1——透气层阻力，一般帆布层取 1000 Pa，多孔板为 2000 Pa；

ΔP_2——物料层阻力；

ΔP_3——送气管网及底槽的阻力。

斜槽的空气阻力一般为 3500～6000 Pa。

（5）空气消耗量　空气消耗量可按下式计算：

$$Q=60qBL(\mathrm{m^3/h}) \tag{14-46}$$

式中 q——单位面积耗气量，多孔板时 $q=1.5\ \mathrm{m^3/(m^2\cdot min)}$；三层帆布时 $q=2\mathrm{m^3/(m^2\cdot min)}$；

B——斜槽宽度，m；

L——斜槽长度，m。

14.4 螺旋输送机

螺旋输送机是一种常用的粉体连续输送设备。其优点是构造简单，机槽外部除传动装置外，无其他转动部件；占地面积小；容易密封；管理、维护、操作简单；便于多点装料和多点卸料。其装料和卸料方式如图 14-43 所示。

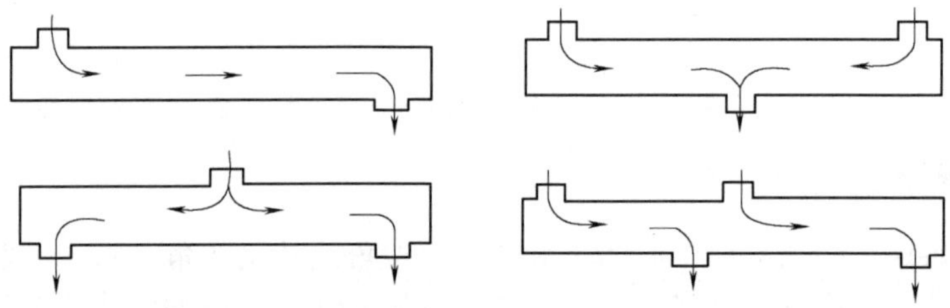

图 14-43　螺旋输送机的装料和卸料的几种布置形式

螺旋输送机的缺点：由于机槽与螺旋叶片之间、螺旋面与物料之间、机槽与物料之间存在摩擦，所以运行阻力较大，因而比其他输送机的动力消耗大，而且机件磨损较快。因此，该输送机不适宜输送块状、磨蚀性大的物料。由于摩擦力大，所以在输送过程中物料有较大的粉碎作用，因此当需要保持物料粒度稳定时，不宜用这种输送机。由于各部件有较大的磨损，所以这种输送设备只用于较低或中等生产率（$100\mathrm{m^3/h}$）的物料输送，且输送距离不宜过长。

14.4.1 螺旋输送机构造

螺旋输送机的结构如图 14-44 所示，内部构造如图 14-45 所示。它主要由螺旋轴、料槽和驱动装置组成。料槽的下半部是半圆形，螺旋轴沿纵向放在槽内。当螺旋轴转动时，由于物料与槽壁之间存在摩擦力作用，物料并不随同螺旋一起转动，这样由螺旋轴旋转而产生的轴向推力就直接作用到物料上而成为物料运动的推动力，使物料沿轴向滑动。物料沿轴向的滑动，就像螺杆上的螺母，当螺母在周向上被固定而无法旋转时，螺杆的旋转就会使其沿螺杆轴向产生平移运动。物料就是在螺旋轴的旋转过程中朝着一个方向推进到卸料口处卸出的。

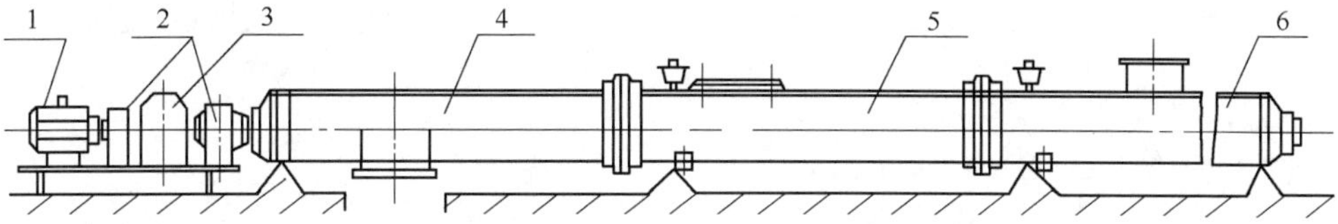

图 14-44 螺旋输送机的结构

1—电动机；2—联轴器；3—减速器；4—头节；5—中间节；6—尾节

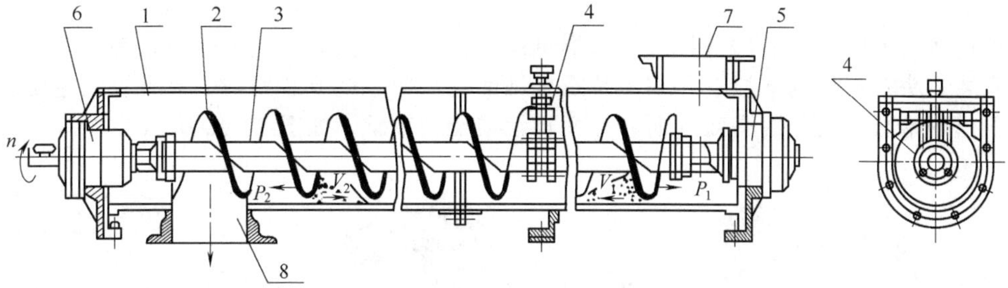

图 14-45 螺旋输送机内部结构

1—料槽；2—叶片；3—转轴；4—悬挂轴；5，6—端部轴承；7—进料口；8—出料口

(1) 螺旋 螺旋由转轴和装在上面的叶片组成。转轴用无缝钢管制成，有实心轴和空心轴两种。在强度相同的情况下，空心轴较实心轴质量轻，连接方便，所以比较常用。轴径一般为50～100mm，为便于逐段安装，每根轴的长度一般在3m以下。

螺旋叶片有左旋和右旋之分，物料被推送方向由叶片的方向和螺旋的转向所决定。确定旋向的方法如图14-46所示。图中右侧为右旋螺旋，当螺旋按 n 方向旋转时，物料沿 v_1 的方向推送到卸料口处；当螺旋反向旋转时，物料沿 v_2 的方向被推送。若采用左旋螺旋，物料被推送的方向则相反。

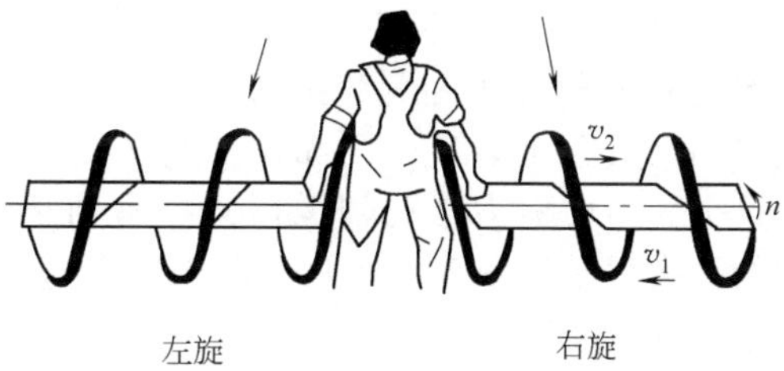

图 14-46 确定螺旋旋向的方法

根据被输送物料的性质不同，螺旋有各种形状，如图14-47所示。在输送干燥的小颗粒物料时，可采用全叶式［图14-47(a)］；当输送块状或黏湿性物料时，可采用桨式［图14-47(c)］或型叶式［图14-47(d)］螺旋。桨式或型叶式螺旋除了输送物料外，还兼有搅拌、混合及松散物料等作用。

叶片一般采用3～8mm厚的钢板冲压而成，焊接在转轴上。在输送磨蚀性大和黏性大的物料时，叶片采用扁钢轧成或用铸铁铸成。

(2) 料槽 料槽由头节、中间节和尾节组成，各节之间用法兰通过螺栓连接。每节料槽的标准长度为1～3m。常用3～6mm的钢板制成。料槽上部用可拆盖板封闭，进料口设在盖板上，出料口则设在料槽的底部，有时沿长度方向开数个卸料口，以便在中间卸料。在进出料口处均配有闸门。料槽的上盖还设有观察孔，以观察物料的输送情况。料槽安装在用铸铁制成或用钢板焊接成的支架上，然后紧固在地面上。螺旋与料槽之间的间隙为5～15mm。间隙太大会降低输送效率，太小则会使运行阻力增大，甚至扭坏或折断螺旋叶片及轴等机件。

(3) 轴承 螺旋通过头、尾端的轴承和中间轴承安装在料槽上。螺旋轴的头、尾端分别由止推轴承和径向轴承支承。止推轴承一般采用圆锥滚子轴承，如图14-48所示。止推轴承可承

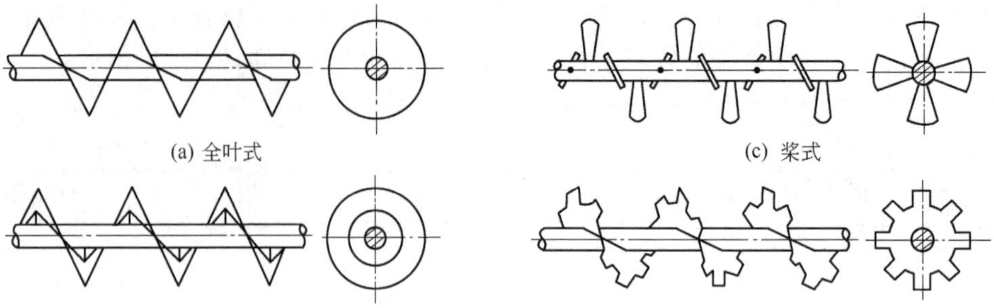
(a) 全叶式　(c) 桨式
(b) 带式　(d) 型叶式

图 14-47　螺旋形式

受螺旋轴输送物料时的轴向力。设于头节端可使螺旋轴仅受拉力，这种受力状态比较有利。止推轴承安装在头节料槽的端板上，它又是螺旋轴的支承架。尾节装置与头节装置的主要区别在于尾节料槽的端板上安装的是双列向心球面轴承或滑动轴承，如图 14-49 所示。

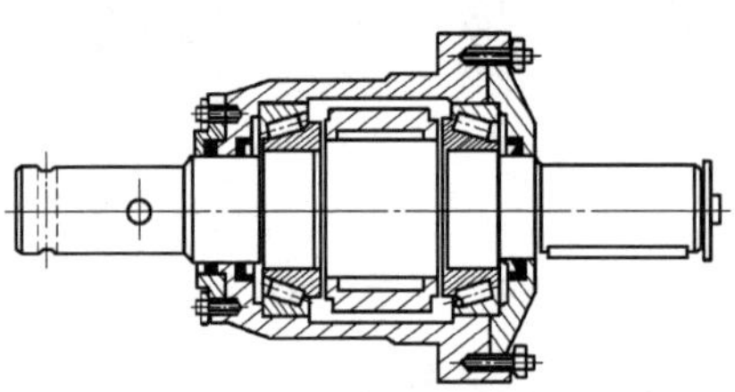

图 14-48　止推轴承结构

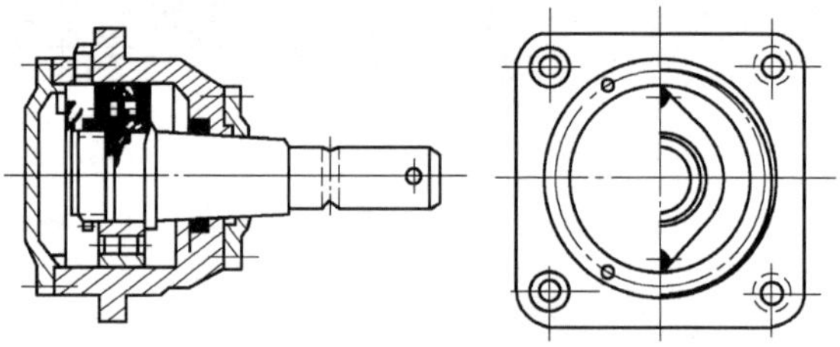

图 14-49　滑动轴承

当螺旋输送机的长度超过 3～4m 时，除在槽端设置轴承外，还要安装中间轴承，以承受螺旋轴的一部分质量和运转时所产生的力。中间轴承上部悬挂在横向板条上，板条则固定在料槽的凸缘或加固角钢上，因此称为悬挂轴承，又称吊轴承。悬挂轴承的种类很多。图 14-50 所示是 GX 型螺旋输送机的悬挂轴承。

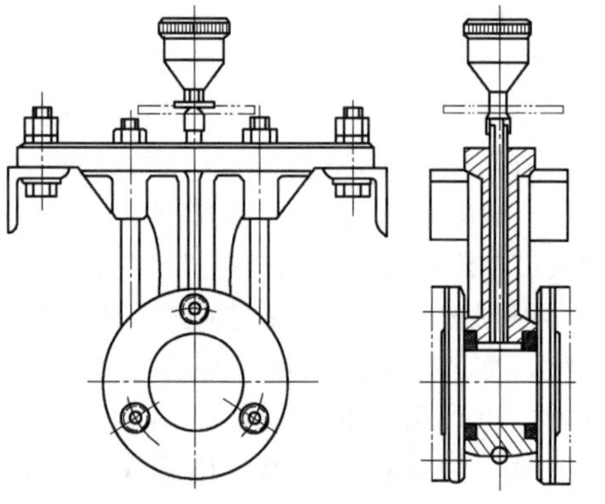

图 14-50　悬挂轴承

由于悬挂轴承处螺旋叶片中断，物料容易在此处堆积，因此悬挂轴承的尺寸应尽量紧凑，而且相邻轴承间的距离应适中，一般每隔 2～3m 长安装一个悬挂轴承。一段螺旋的标准长度为 2～3m，欲将数段标准螺旋连接成要求的长度，各段之间的连接应靠连接轴装在悬挂轴承上。连接轴和轴瓦都是易磨损部件。轴瓦多用耐磨铸铁或巴氏合金制造。轴承上还设有密封和润滑装置。

（4）驱动装置　驱动装置有两种形式。一种是电动机、减速器，两者之间用弹性联轴器连接，而减速器与螺旋轴之间常用浮动联轴器连接。另一种是直接用减速电动机，而不用减速器。在布置螺旋输送机时，最好将驱动装置和出料口同时装在头节，以使螺旋轴受力较合理。

14.4.2　螺旋输送机的应用

（1）概述　我国目前采用的螺旋输送机有 GX 系列和 LS 系列。LS 系列是一种新型螺旋输送机，它采用国际标准设计。它与 GX 系列的主要区别如下。

① 头、尾部轴承移至壳体外。

② 中间吊轴承采用滚动、滑动可以互换的两种结构，滑动瓦的轴瓦材料有铸铜瓦、合金耐磨铸铁瓦、铜基石墨瓦等。设置的防尘密封材料采用尼龙和聚四氟乙烯树脂类，具有阻力小、密封好、耐磨性强的特点。

③ 出料端设有清扫装置。

④ 进、出料口布置灵活。

⑤ 整机噪声低、适应性强。

LS 系列螺旋输送机有 LS100、LS125、LS160、LS200、LS250、LS315、LS400、LS500、LS630、LS800、LS1000、LS1250 多种规格。

（2）应用特点　这两种类型的螺旋输送机的应用特点基本一致，大致可归纳为如下几点。

① 由于机壳内物料的有效断面较小，所以不宜输送大块物料。可输送各种粉状、小颗粒状的物料。

② 不宜输送容易变质的、黏性大的、易结块的物料。这类物料在输送时会黏结在螺旋上，造成物料积塞而使输送机无法工作。

③ 由于功率消耗大，因此输送长度一般小于 70m。当输送距离大于 35m 时应采用双端驱动。

④ 可用于水平或倾斜输送，一般输送倾角要小于 20°，且只能单向输送。

⑤ 工作环境温度为 $-20 \sim 50℃$；被输送物料的温度应小于 200℃。

（3）各种制法或制造方式的说明

① 按输送机的驱动方式区分

a. C_1 制法——单端驱动，即在止推轴承上设有一伸出的轴端，驱动装置与此相连。

b. C_2 制法——双端驱动，即两端均有伸出的轴端，螺旋输送机可在两端同时被驱动。

② 按输送机螺旋形式区分

a. B_1 制法——螺旋为全叶式，其螺距等于 0.8 倍的螺旋直径。

b. B_2 制法——螺旋叶片为带式，其螺距等于 1 倍的螺旋直径。

③ 按中间悬挂轴承的材料区分

a. M_1 制法——中间悬挂轴承装置中，轴瓦的轴衬材料为巴氏合金。LS 系列为滚动悬挂轴承。

b. M_2 制法——中间悬挂轴承装置中，轴瓦的轴衬材料为耐磨铸铁。LS 系列为滑动悬挂轴承。

④ 按驱动装置的装配方式区分

a. 右装——站在电动机尾部向前看，减速器低速轴在电动机右侧。

b. 左装——站在电动机尾部向前看，减速器低速轴在电动机左侧。

螺旋输送机的规格用下列形式表示：

公称直径×公称长度-螺旋形式-驱动方式-轴衬材料。

螺旋公称直径为 600mm，公称长度为 22m，全叶式螺旋，单端驱动，巴氏合金轴衬的系列螺旋输送机，则可用下列代号表示：

$$\mathrm{GX600 \times 22\text{-}B_1\text{-}C_1\text{-}M_1}$$

螺旋公称直径为 600mm，公称长度为 22m，全叶式螺旋，单端驱动，滑动悬挂轴承的，转速为 50r/min 的 LS 系列螺旋输送机，则可用下列代号表示：

$$\mathrm{LS600 \times 22 \times 50\text{-}M_2}$$

14.4.3 螺旋输送机选型计算

（1）输送能力的计算　螺旋输送机输送能力与螺旋的直径、螺距、转速和物料的填充系数有关。具有全叶式螺旋面的螺旋输送机输送能力为

$$G=60\frac{\pi D^2}{4}Sn\varphi\rho_B C \tag{14-47}$$

式中 G——螺旋输送机输送能力，t/h；

D——螺旋直径，m；

S——螺距，m，全叶式螺旋 $S=0.8D$，带式螺旋 $S=D$；

n——螺旋转速，r/min；

φ——物料填充系数，见表 14-22；

ρ_B——物料容积密度，t/m^3，见表 14-22；

C——倾斜系数，见表 14-23。

表 14-22 螺旋输送机内的物料参数

物料	煤粉	水泥	生料	碎石膏	石灰
容积密度 ρ_B/(t/m^3)	0.6	1.25	1.1	1.3	0.9
填充系数 φ	0.4	0.25～0.3	0.25～0.3	0.25～0.3	0.35～0.4
物料特性系数 K_1	0.0415	0.0565	0.0565	0.0565	0.0415
物料特性系数 K_2	75	35	35	35	75
物料阻力系数 ζ	1.2	2.5	1.5	3.5	

表 14-23 螺旋输送机的倾斜系数

倾斜角	0°	≤5°	≤10°	≤15°	≤20°
倾斜系数 C	1.0	0.9	0.8	0.7	0.65

（2）螺旋轴的极限转速 螺旋轴的转速随输送能力、螺旋直径及被输送物料的特性的不同而不同。为保证在一定的输送能力下，物料不因受太大的切向力而被抛起，螺旋轴转速有一定的极限，一般可按经验公式计算

$$n=K_2/\sqrt{D} \tag{14-48}$$

式中 n——螺旋轴的极限转速，r/min；

K_2——物料特性系数，见表 14-22。

根据式(14-48) 计算出的螺旋轴转速应圆整为下列标准转速之一：20r/min、30r/min、35r/min、45r/min、60r/min、75r/min、90r/min、120r/min、150r/min、190r/min。

（3）螺旋直径的确定 如果已知输送量及物料特性，则螺旋直径可由式(14-49) 求得

$$D=K_1\sqrt[2.5]{\frac{G}{\varphi\rho_B C}} \tag{14-49}$$

式中 K_1——物料特性系数，见表 14-22。

其他符号意义同前。

由上式求得的螺旋直径，应根据下式进行校核

对于已分选物料 $$D\geqslant(4\sim6)d_k \tag{14-50}$$

对于一般物料 $$D\geqslant(8\sim10)d_k \tag{14-51}$$

式中 d_k——被输送物料的最大尺寸。

如果根据输送物料的块度，选择较大的螺旋直径，则在维持输送量不变的情况下，可以选择较低的螺旋轴转速，以延长其使用寿命。

按上述求得的螺旋直径应圆整为下列标准直径系列中的一种：150mm、200mm、250mm、300mm、400mm、500mm、600mm。

无论是螺旋直径还是螺旋轴转速，在圆整为其相近的标准值之后，其填充系数可能不同于原来从表 14-22 中所取的 φ 值，所以应按下式再进行校验

$$\varphi=\frac{G}{47D^{2}n\rho_{B}SC} \tag{14-52}$$

假如计算的值仍在表 14-22 推荐的范围之内，则圆整合适。圆整后计算的值允许低于表 14-22 所列的下限，但不得高于表列出的上限。

(4) 功率计算　螺旋输送机工作时所产生的阻力包括如下：

① 物料和料槽的摩擦阻力；

② 物料和螺旋的摩擦阻力；

③ 轴承的摩擦阻力；

④ 倾斜输送时，提升物料的阻力；

⑤ 中间轴承所产生的阻碍物料运动的阻力；

⑥ 物料的搅拌及部分被破碎所产生的阻力；

⑦ 安装、操作不当而产生的螺旋与槽壁之间的摩擦阻力。

在上述各项阻力中，除了输送和提升物料的阻力可以精确计算外，其他各项要逐项计算是困难的。因此在一般计算时就认为，螺旋输送机的动力消耗与输送量及机长成正比，而把所有的损失都归入一个总系数内，即阻力系数。显然，此阻力系数与物料特性的关系最大，其值可由实验方法加以确定。因此，螺旋输送机的轴功率可按下式计算(参照图 14-51)

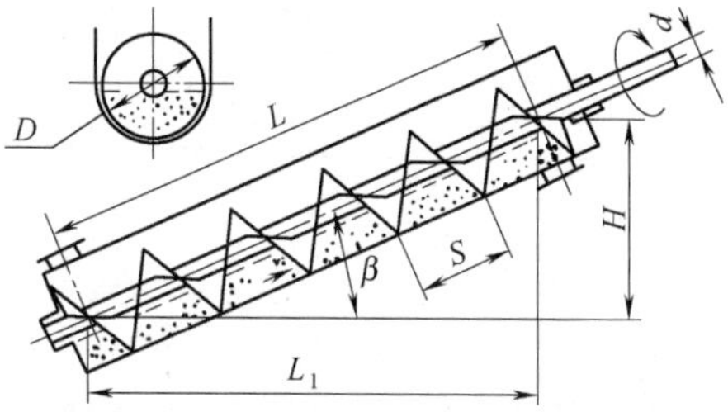

图 14-51　螺旋输送机的功率计算简图

$$N_{0}=\frac{GL(\zeta\cos\beta\pm\sin\beta)K_{3}}{367} \tag{14-53}$$

即
$$N_{0}=K_{3}\frac{G}{367}(\zeta L_{h}\pm H) \tag{14-54}$$

式中　N_0——螺旋轴上所需功率，kW；

G——输送机的输送量，t/h；

K_3——功率储备系数，$K_3=1.2\sim1.4$；

ζ——物料的阻力系数；

L_h——螺旋输送机的水平投影长度，m；

H——螺旋输送机的垂直投影高度，m。

当向上输送时取“+”号，向下输送时取“−”号。所需的电动机功率为

$$N=N_{0}/\eta \tag{14-55}$$

式中　N——螺旋输送机所需的电动机功率，kW；

η——驱动装置传动效率，$\eta=0.94$。

【例题 14-2】　某水泥厂拟采用螺旋输送机输送生料，已知条件如下。

(1) 生料的容积密度为 $\rho_B=1.1\text{t/m}^3$，温度不超过 100℃。

(2) 输送量=45t/h。

(3) 水平布置，输送距离为 20m。

试确定输送机的螺旋直径、转速及电机功率。

解： 查表 14-22 得 $\varphi=0.25$，$K_1=0.0565$，$K_2=35$；查表 14-23 得 $C=1.0$

由式(14-49) 得

$$D=K_{1}\sqrt[2.5]{\frac{G}{\varphi\rho_{B}C}}=0.0565\sqrt[2.5]{\frac{45}{0.25\times1.1\times1.0}}=0.434$$

可选用螺旋输送机 $D=0.4\text{m}$。

螺旋轴的极限转速，根据式(14-48)，得

$$n=\frac{K_2}{\sqrt{D}}=\frac{35}{\sqrt{0.4}}=55.34(\text{r/min})$$

按标准转速取 $n=60\text{r/min}$。

根据式（14-52）校验填充系数值

$$\varphi=\frac{45}{47\times0.4^3\times60\times1.1\times0.8\times1.0}=0.283$$

填充系数值在推荐范围之内，因此确定 $D=400\text{mm}$，$n=60\text{r/min}$。

根据式（14-52）和式（14-53），螺旋输送机所需功率为

$$N_0=K_3\frac{G}{367}(\zeta L_h\pm H)$$

$$\zeta=1.5;K_3=1.2$$

$$N_0=1.2\times\frac{45}{367}\times(1.5\times20)=4.4(\text{kW})$$

$$N=\frac{4.4}{0.94}=4.7(\text{kW})$$

根据计算结果，再查阅有关手册，即可得到选型结论。

14.5 螺旋式气力输送泵

14.5.1 结构及工作原理

螺旋输送泵的构造如图 14-52 所示。主轴 3 水平安装，轴上焊有螺旋叶片 8，叶片上的螺距向出料端逐渐缩小。在螺旋出料端圆形孔口通过重锤闸板 12 封闭，闸板通过铰链安装，并由安装在重锤闸板轴 11 上的重锤杠杆 14 紧压在卸料口 10 上。

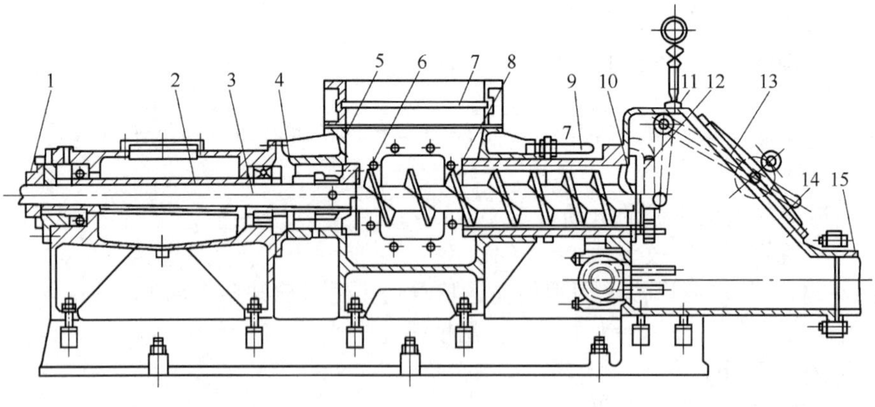

图 14-52 螺旋式气力输送泵

1—轴承；2—衬套；3—主轴；4—防灰盘；5—加料管口；6—密封填料函；7—喂料平闸板；8—螺旋叶片；9—料塞调节杆；10—卸料口；11—重锤闸板轴；12—重锤闸板；13—检修孔盖；14—重锤杠杆；15—泵出口

前部扩大的壳体称为混合室，其下部沿全宽配置上下两行圆柱形喷嘴，由管道引入的压缩空气经喷嘴进入混合室与粉料充分混合气化。

加料管口 5 用于支承料斗，为了调节装料量，装有喂料平闸板 7，螺旋用电动机直接启动，转速约为 1000r/min。

粉料由加料管口 5 加入后，随着螺旋的转动向前推进，至卸料口 10 时闸板在物料的顶压下开启。物料进入混合室被压缩空气流带动并与之混合气化，最后送至泵出口 15 由管道输送至卸料处。

螺旋制成变螺距的目的是使物料在推进过程中趋于密实，形成灰封以阻止混合室的压缩空气倒吹入螺旋泵内腔和料斗内。

重锤闸板 12 的自动封闭作用也是为了避免进料中断时，压缩空气从混合室进入螺旋泵的内腔。

螺旋式气力输送泵，工程上一般称为螺旋泵，有悬臂型和支臂型两种类型，每种类型又分为单管和双管螺旋泵两种。支臂型与悬臂型螺旋气力输送泵的主要区别是螺旋轴采用了两端支承，消除了螺旋在出料端的摆动现象，减少了套筒和螺旋的磨损，并取消了出料口阀门。为了防止物料进入轴承内，可向轴承内通入压缩空气，形成气封。表 14-24 和表 14-25 是建材行业标准 JC/T 462—2006 中规定的螺旋泵型号规格及技术参数。其中，螺旋泵代号用 L 表示，即汉语拼音的第一个字母；支承形式为简支型用 J 表示，悬臂型不作标记；螺旋直径单位为 mm；出料口位置垂直用 C 表示，平行用 P 表示。出料口方向分为左装和右装，即从驱动端看，出料口在右边为右装，否则为左装；右装的不表示，左装用 Z 表示。例如，LJ300-C 表示简支型，螺旋直径 300mm、垂直出料、右装的螺旋泵；L150-PZ 表示悬臂型，螺旋直径 150mm，平行出料、左装的螺旋泵。

螺旋泵的优点是：可在高压下连续供料；输送量容易控制，构造简单，结构紧凑，机身高度小。可用于连续输送物料，并可在 0%～100%额定输送量下变量输送，输送过程无脉动，输送量可达数百吨，在相同输送量的前提下其体积最小，设备重量较轻，占据空间较小，也可通过移动使用。缺点是：输送磨蚀性较强的物料时螺旋叶片磨损较快，动力消耗较大(包括压缩空气和螺旋泵本身的动力消耗)，且由于泵内气体密封困难，不宜作高压长距离输送(一般不超过 700m)。

表 14-24 简支型螺旋泵基本参数

项目	型号				
	LJ150	LJ200	LJ250	LJ300	LJ350
螺旋直径/mm	150	200	250	300	350
输送能力/(m^3/min)	13	50	110	235	380
螺旋转速/(r/min)	100				
工作压力/MPa	≤0.21				

表 14-25 悬臂型螺旋泵基本参数

项目	型号				
	L100	L125	L150	L180	L200
螺旋直径/mm	100	125	150	180	200
输送能力/(m^3/min)	4.5	6	12.5	28	35
螺旋转速/(r/min)	1000				
工作压力/MPa	≤0.21				

14.5.2 主要参数

(1) 螺旋泵的输送能力 可按下式计算

$$Q=\frac{\pi}{4}\times 60K(D^2-d^2)(s-\delta)n\rho_B(t/h) \tag{14-56}$$

式中 K——系数，$K=0.35\sim0.40$；

D——螺旋叶片直径，m；

d——螺旋轴杆直径，m；

s——螺旋出口端螺距，m；

δ——螺旋叶片厚度，m；

n——螺旋转速，r/min；

ρ_B——物料容积密度，t/m^3。

（2）压缩空气消耗量　空气用量应能保证空气在管道内的流速大于物料中最大颗粒的悬浮速度，使所有物料都能被气流带走。压缩空气消耗量与输送距离有关，其近似关系见图 14-53。

（3）压缩空气压力　螺旋泵所需的空气压力用于克服输送管道中的流动摩擦阻力、局部阻力和推动物料的阻力。空气压力主要取决于输送距离。

（4）功率　螺旋泵所需功率主要取决于物料的输送距离和输送量，可按下式计算

$$N=KWQ \tag{14-57}$$

式中 W——根据输送距离，输送单位物料所需的能量，kW·h/t，可由图 14-54 查得；

Q——输送能力，t/h；

K——电机储备系数，$K=1.15\sim1.30$。

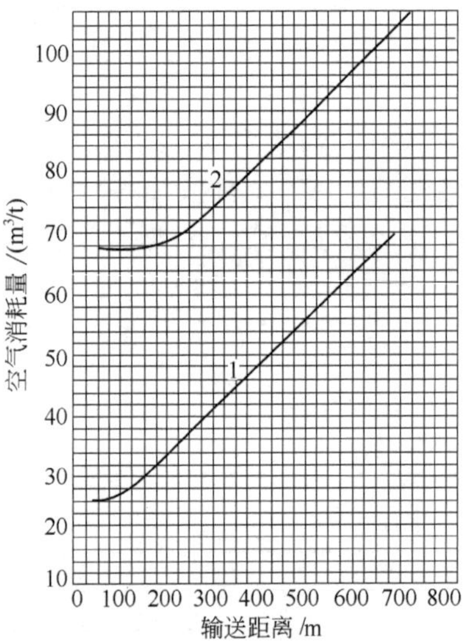

图 14-53　螺旋输送泵空气消耗量曲线

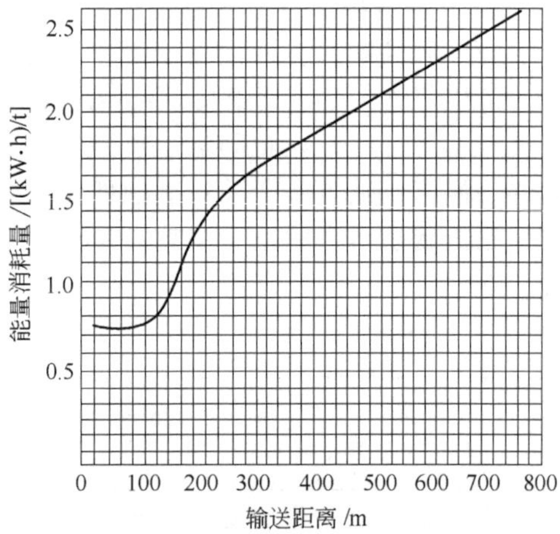

图 14-54　螺旋泵能量消耗曲线

14.6 仓式气力输送泵

14.6.1 构造及工作原理

仓式泵分为单仓泵和双仓泵两种。仓式泵单体的吹送及进料系间歇操作，即往仓内加料与将仓内物料吹送的过程交替进行。

单仓泵在泵体上设有存料小仓，在泵体进行送料的同时，输送机向小仓内进料。在泵体内物料卸完后，小仓内物料自动放入泵体内，然后开始第二个吹送过程。因此，单仓泵的吹送物料过程是间歇的。表 14-26 是建材行业标准 JC/T 461—2006 列出的单仓泵型号及技术参数。

表 14-26 单仓泵型号及技术参数

项目	型号							
	C1.0	C2.0	C3.0	C4.0	C5.0	C6.0	C8.0	C10
有效容积/m^3	1.0	2.0	3.0	4.0	5.0	6.0	8.0	10
泵体内径/mm	1000	1400	1600	1800	2000	2000	2200	2400
出口直径/mm	80/100	100	125	125	150	175	200	225
工作压力/MPa	0.2～0.5							
输送次数/(次/h)	≤10							

双仓泵通过两个泵体交替送料，因而吹送过程的间歇时间较短，几乎是连续的。

图 14-55 为双仓泵，在仓的半球形顶部焊有圆筒进料管 4，物料由上方料斗经此管流入仓内，此时进料阀 5 开启。进料阀 5 的动作是通过气缸 3 及杠杆系统来实现的。在仓内装有料面指示器，当料面升高时，料面指示器下降；当料面降低时，指示器升起。如此接通或断开电磁阀 16 的电路。在半球形顶部还有压缩空气管 6，经此管引入吹送物料的主要压缩空气。在空气管道上装有可调节入仓空气量和压力的节流阀 8。管道入仓处装有过滤器 7 以防止因工作管路突然堵塞或不正常时物料随空气倒流入管。卸料阀门 14 交替开闭，其动作是靠与阀门 14 相连的活塞完成的。

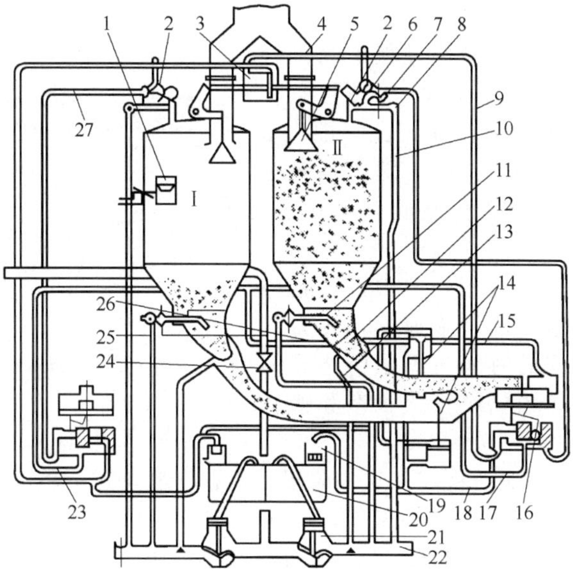

图 14-55 双仓式气力输送泵

1—指示器；2—气阀；3—气缸；4—进料管；5—进料阀；6，9，15—压缩空气管；7—过滤器；8—节流阀；10，11，13—充气管；12—喷嘴；14，24～26—阀门；16—电磁阀；17，18，23，27—空气管道；19—止逆阀；20—空气阻滞器；21—减压阀；22—压缩空气总管；Ⅰ、Ⅱ—料仓

仓满卸料时不仅经压缩空气管 6 引入压缩空气，还要经充气管 11、13 引入补充空气。经充气管 13 环绕喷嘴 12 引入的压缩空气造成卸料管内负压，增加卸料管道内物料的流速可缩短卸仓时间。沿充气管 11 引入的压缩空气可提高局部压力以达到同一目的。气阀 2 是仓体进料时的余气排出阀。

卸料仓所需压缩空气不是直接由压缩空气总管 22 引入，而是通过空气阻滞器 20 后入仓。阻滞器还配有减压阀 21 和止逆阀 19。当工作管道需要送气时压缩空气可经压缩空气管 15 通入。仓式泵各控制装置中压缩空气的分配通过电磁阀 16 进行。

仓式泵还应装设压力计以控制检查仓内及管道内压力。此外，还装有许多阀门，它们的开闭可以控制向仓内、空气管道和工作管道内送气或断气。仓式泵是自动操作的，当自动控制装置失灵时可用手动操作控制设备。

图 14-55 中所示控制设备的位置相当于料仓Ⅱ进料结束而料仓Ⅰ开始进料。此时阀门 26 关闭，而阀门 24 和 25 开启，在压缩空气由空压机储气罐进入空气管道 17、23，仓内物料面达到最高位置时，料面指示器将电路接通，将两个电磁阀杆移动至图示的位置。

当两个电磁阀杆在此位置时压缩空气即通入。此时经管 9 进入气缸 3 并将活塞向右推移，开启料仓Ⅰ进料阀关闭料仓Ⅱ进料阀 5，经管道 18 进入阀门 14 的气缸，同时移动卸料阀门，开启料仓Ⅱ卸料管的物料通路并关闭料仓Ⅰ的卸料管，沿管道 27 使其通过料仓Ⅰ的气阀并让仓内腔与大气接通。管道 18 经止逆阀 19 进入空气阻滞器的右部，充满后再进入减压阀 21 的上部。阀 21 的活塞受到空气压力的作用向下移动时，使压缩空气总管 22 的中部与其右部相通，这时料仓Ⅱ可经管道 10、11、13 充气而卸料。

空气阻滞器对仓式泵的操作具有重要作用，它使空气延迟几秒钟进入仓内腔，使进料阀 5 完全关闭后方开始卸料，因而避免了仓内物料从进料口吹出。

仓内卸料时，料面逐渐降低，料面指示器的锥体重新上升。由于其指针的转动而形成闭合回路，因而电磁阀的作用并未停止，直至卸仓终了阶段仓内压力急剧下降，料面指示器的指针倾斜至原来的位置并断开电路。因此，电磁阀的操作即行反向转换，此时充满物料的料仓Ⅰ进入卸料阶段而料仓Ⅱ进入装料阶段。

由于间歇操作，空压机在操作过程中的供气压力及仓体内压力都随时间而变化，如图 14-56 所示。曲线 a 表示仓体内压力变化情况，曲线 b 表示空压机储气罐内压力变化情况，随供料输送条件、储气罐及仓体大小和物料性质有所变化，分为如下四个过程。

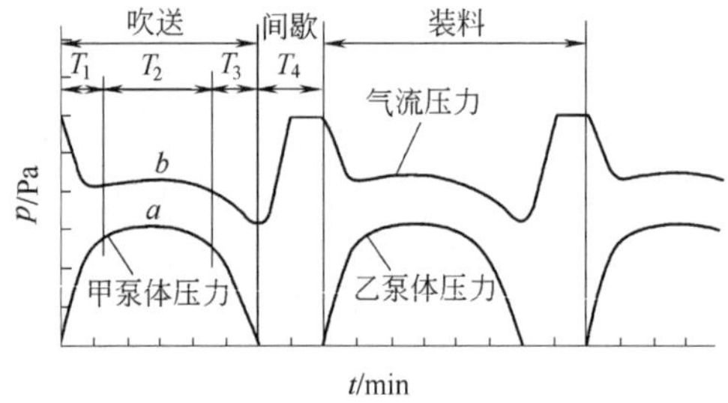

图 14-56　双仓泵输送过程压力变化

① T_1 区间　压缩空气进入仓体内，将仓内物料充分流化使其达到输送的终端速度，压力几乎是直线上升。这一区间的时间长短及所达到的压力高低主要取决于仓体内物料变化状态和输料管的长度。

② T_2 区间　压力基本保持稳定。这一阶段是以稳定状态进行输送的阶段，时间越长说明装置性能越好。

③ T_3 区间　表示仓内物料越来越少，混合比减小，压力逐渐降低。这段时间的长短与出口阻力大小和仓内吹入压缩空气的方法有关。该区间后期仓体内物料卸空时压力降至最低，相当于将管内物料吹空阶段。

④ T_4 区间　空压机储气罐内供气压力曲线按曲线 b 变化。启动时的最初空气以最高供气压力进入仓体内，然后按 T_1 阶段过程急剧下降。随流化过程完成进入主吹阶段 T_2，供气压力缓慢回升。当仓体内物料卸出接近一半时供气压力达到并维持在一定数值。经过 T_3 仓体内物料卸空后供气压力达到最低点。此时控制机构自动关闭卸料阀，进入 T_4 区间，供气压力回升至最大（双仓泵需待另一台泵装满）。打开进料阀使泵体由吹送过程转换到装料过程，持续至装料结束直至下一吹送过程开始。图中虚线部分为双仓泵的交替工作曲线。

当供气压力及气量不足时，在泵内进入充气阶段 T_1 的启动瞬间供气压力可能降至 T_3 区间末期最低点以下。这种情况下控制机构会误触发，启动后立即由“输送”转换到“装料”，从而使刚开始的输送过程在短时间内停下来，会造成输送管道内物料堵塞。

所以，在选用空压机时应考虑到上述情况，要使最高排气压力能克服泵体、输送系统阻力、空气管道内阻力及启动时的额外阻力尚有剩余，并能在此压力下提供稳定的空气量以使万一发生堵塞时具有足够的吹通能力。一般要求空压机排气压力应高于操作最高压力 0.1～0.2MPa。

14.6.2 性能

仓式泵的优点是：无运动部件，运转率高，维护检修工作量较小，与螺旋泵相比电耗较低，输送距离长(可达 2000m)，输送中还兼有计量作用。缺点是：形体高大，占空间较大，不利于工艺布置及建筑设计。

仓式泵的输送能力计算

单仓泵
$$Q=\frac{60V\rho_B\varphi}{T_1+T_2}(t/h) \tag{14-58}$$

式中 V——仓的容积，m^3；

φ——仓内物料充满系数，按经验选取 $\varphi=0.7\sim0.8$；

ρ_B——仓内物料的容积密度，t/m^3；

T_1——卸空一仓所需时间，min；

T_2——装满一仓所需时间，min。

双仓泵
$$Q=\frac{60V\rho_B\varphi}{T_1+t_4}(t/h) \tag{14-59}$$

式中 t_4——压缩空气由关泵压力回升至输送压力以及等待另一台泵装满物料所需的时间，可按 1～3min 考虑。

仓式泵 T_1 和 T_2 的推荐值见表 14-27。

表 14-27 仓式泵 T_1 和 T_2 的推荐值

仓容积/m^3	装料或输送时间/min	输送距离/m		
		<400	400～800	800～1200
2.5～3.5	T_2	按喂料能力：单仓泵 $T_2<T_1$；双仓泵 $T_2>T_1$		
	T_1	4～5	5～6	6～7

14.7 斗式提升机

斗式提升机是一种应用极为广泛的粉体垂直输送设备，由于其结构简单、外形尺寸小、占地面积小、系统布置紧凑、密封性良好、提升高度大等特点，在现代工业的粉体垂直输送中得到普遍的应用。

14.7.1 斗式提升机构造

图 14-57 是一种常见的斗式提升机，它由环形链条 10、连接在链条上的料斗 6、驱动链轮 2、张紧链轮 11 等主要部件组成。斗式提升机的所有运动部件一般都罩在机壳里。机壳上部与传动装置(电动机 1、减速器 4 及 V 带传动 3) 及链轮 2 组成提升机的机头。机壳下部与张紧装置 8、张紧链轮 11 组成提升机机座。机壳的中部由若干节连接而成。

为防止运行时由于偶然原因(如突然停电) 产生链轮和料斗反向坠落，在传动装置上设有逆止联轴器。物料由进料口 9 喂入后，被连续向上的料斗舀取、提升，由机头出料口 5 卸出。

按照牵引构件的形式，斗式提升机可分为带式提升机和链式提升机。带式提升机 (代号为 TD) 以胶带为牵引构件，其优点是成本低，自重小，工作平稳无噪声，并可采用较高的运行速度，因此有较大的生产率。其主要缺点是：料斗在胶带上固定较弱，因此在输送难于舀取的物料时，不宜采用。

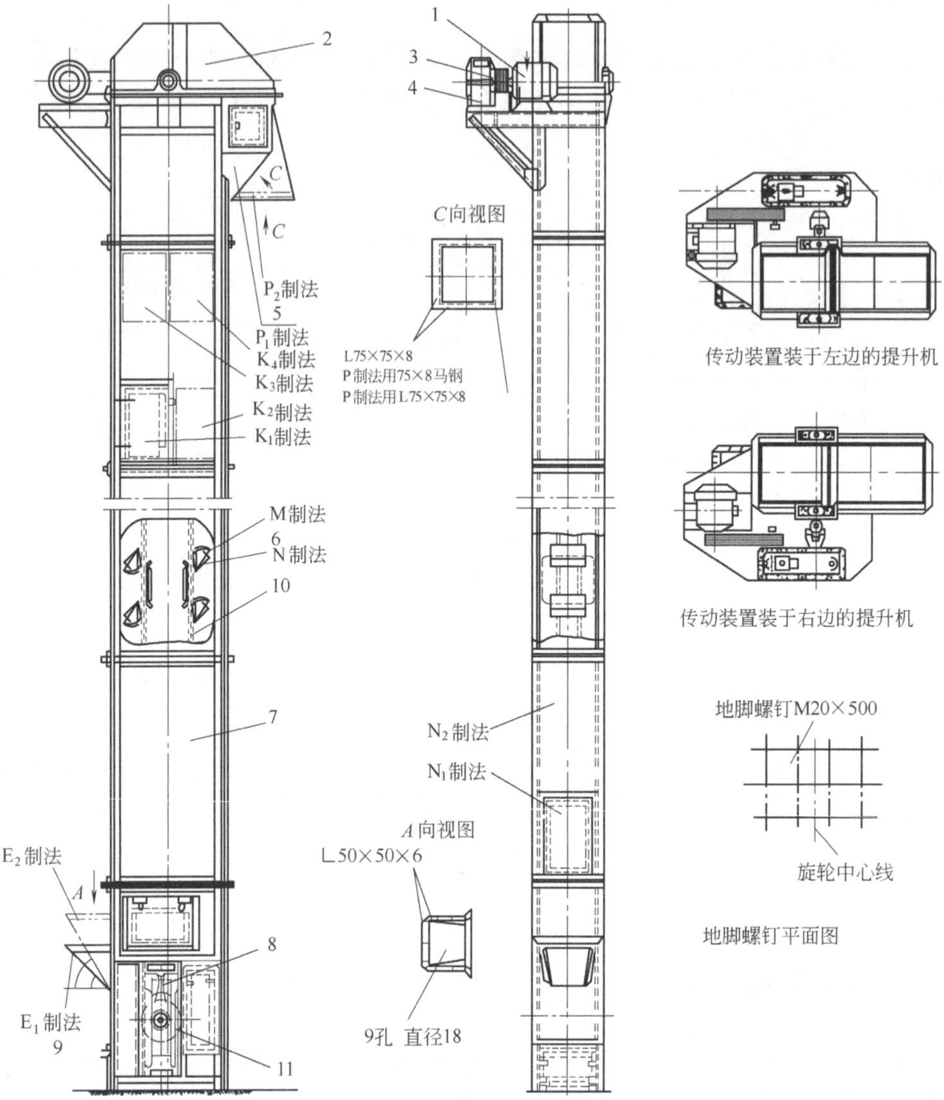

图 14-57 斗式提升机

1—电动机；2—驱动链轮；3—V 带传动(包括逆止联轴器)；4—减速器；5—出料口；6—料斗；7—机壳；8—张紧装置；9—进料口；10—链条；11—张紧链轮

链式提升机是以链条为牵引构件的。根据链条的结构又分为圆环链斗式提升机（代号为 TH）和板式套筒滚子链斗式提升机（代号为 TB）两种。

圆环链斗式提升机采用混合式或重力式卸料，适用于输送堆积密度小于 1.5 t/m^3 的粉状、粒状、小块状的磨蚀性较小的物料，物料温度不超过 250℃。TH 型斗式提升机备有两种料斗：ZH 式（中深）；SH 式(深)。TH 型斗式提升机的规格性能见表 14-28。板式套筒滚子链斗式提升机，采用重力式方式卸料，适用于输送堆积密度小于 2 t/m^3 的中、大块状的磨蚀性物料；物料温度不超过 250℃。TB 型斗式提升机备有两种料斗：J 形(角形料斗)；T 形(梯形料斗)。TB 型斗式提升机的规格性能见表 14-29。

表 14-28 TH 型斗式提升机的规格性能

项目		TH315		TH400		TH500		TH630		TH800		TH1000	
料斗形式		ZH	SH	ZH	SH	ZH	Sh	ZH	SH	ZH	SH	ZH	SH
输送量/(m^3/h)		35	60	60	94	75	118	114	185	146	235	235	365
料斗	斗宽/mm	315		400		500		630		800		1000	
	斗容/L	3.75	6	5.9	9.5	9.3	15	14.6	23.6	23.3	37.5	37.6	58
	斗距/mm	512				688				920			
链条	圆钢直径×节距/mm	18×64				22×86				26×			
	环 数	7								9			
	条数	2											
	单条破断载荷/kN	≥320				≥480				≥570			
链轮节圆直径/mm		630		710		800		900		1000		1250	
料斗运行速度/(m/s)		1.4				1.5				1.6			
主 轴 转 速/(r/min)		42.5		37.6		35.8		31.8		30.5		24.4	

表 14-29 TB 型斗式提升机的规格性能

项目		TB250	TB315	TB400	TB500	TB630	TB800	TB1000
料斗形式		J	T					
输送量/(m^3/h)		16～25	32～46	50～75	84～120	135～190	216～310	340～480
料斗	斗宽/mm	250	315	400	500	630	800	1000
	斗容/L	3	6	12	25	50	100	200
	斗距/mm	200		250	320	400	500	630
链条	节 距/mm	100		125	160	200	250	315
	条 数	1	2					
	单条破断载荷/kN	112/160		160/224	224/315	315/450	450/630	630/900
链轮	齿数	12						
	节圆直径/mm	386.37		482.96	618.19	772.74	965.92	1217.06
料斗运行速度/(m/s)		0.5						
主轴转速/(r/min)		24.71		19.78	15.45	13.36	9.89	7.85

注：1. 表中输送量按填充系数 $\varphi=0.6\sim0.85$ 计算。

2. 链条单条破断载荷，提升高度在 20m 以下用分子值，20～40m 用分母值。

链式提升机的优点是不受物料种类的限制，而且提升高度大。其缺点是运转时，链节之间由于进入灰尘而加剧磨损，影响使用寿命，增加检修次数。

(1) 牵引构件　带式提升机胶带与前述胶带输送机用的胶带是相同的。不过选择的带宽应大于料斗宽度 30～40mm。胶带中帆布的层数按照胶带输送机的计算方法确定，但考虑到带上连接料斗时所开的穿孔会降低胶带的强度，因此应将胶带输送机验算的安全系数提高 10%左右。

链式提升机用的链条是锻造圆环链（简称环链）和板链。图 14-58 是环链结构；图 14-59 是板链结构。

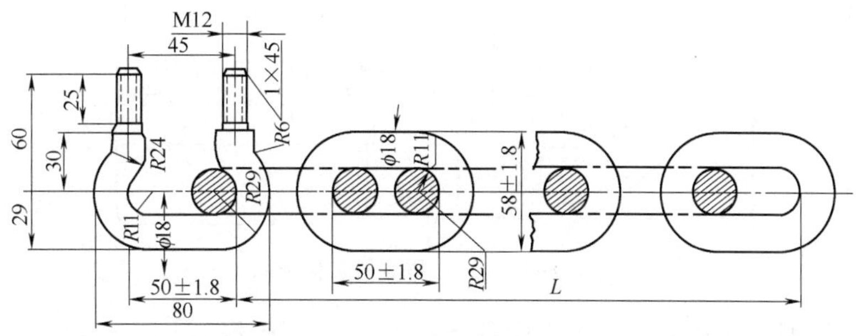

图 14-58 环链结构

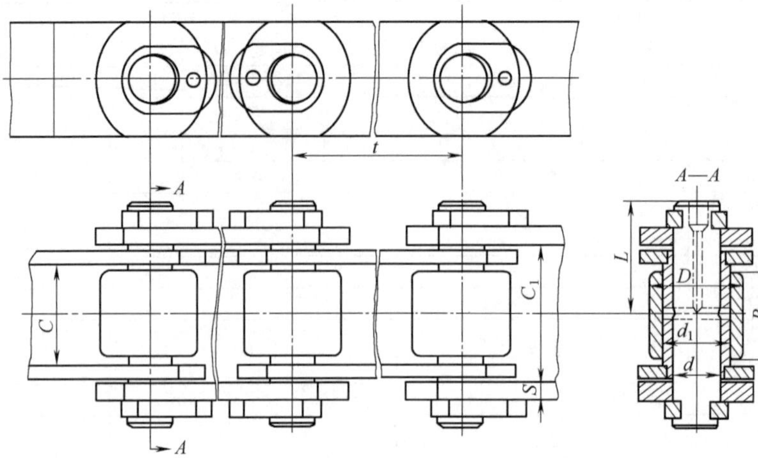

图 14-59　板链结构

（2）料斗　料斗是斗式提升机的承载构件。根据物料特性以及装载、卸载的不同，各提升机的料斗各有不同。带式提升机的料斗有如下四种。

① Q 式（浅斗）　Q 式料斗的几何形状如图 14-60 所示。图中阴影部分为物料填充部分。

② H 式（弧底斗）　H 式料斗的几何形状如图 14-61 所示。

③ Zd 式（中深斗）　Zd 式料斗的几何形状如图 14-62 所示。

④ Sd 式（深斗）　Sd 式料斗的几何形状如图 14-63 所示。

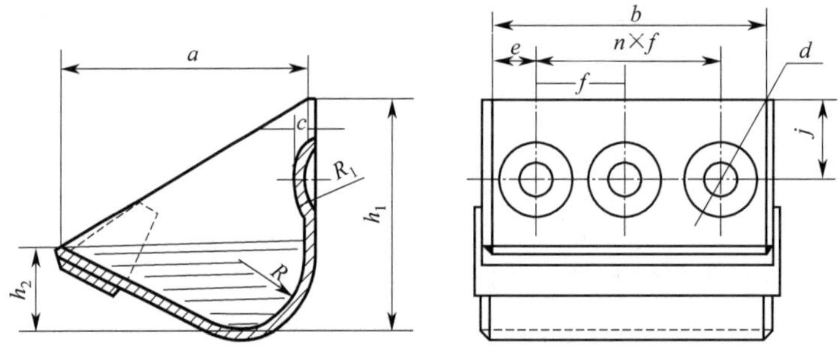

图 14-60　Q 式料斗的几何形状

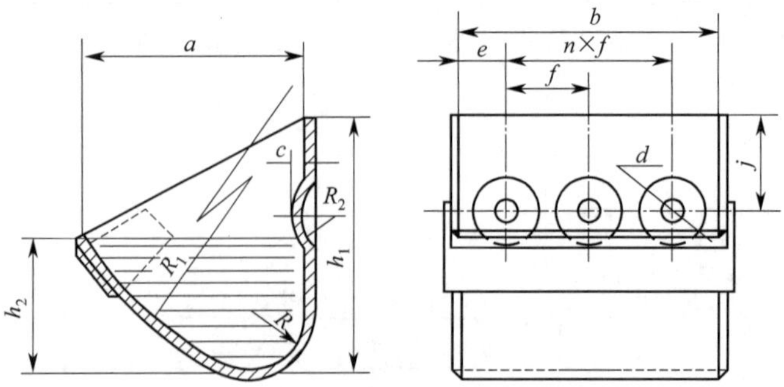

图 14-61　H 式料斗的几何形状

圆环链（TH 型）斗式提升机备有两种料斗：ZH 式（中深）；SH 式（深）。其几何形状分别如图 14-64 和图 14-65 所示。

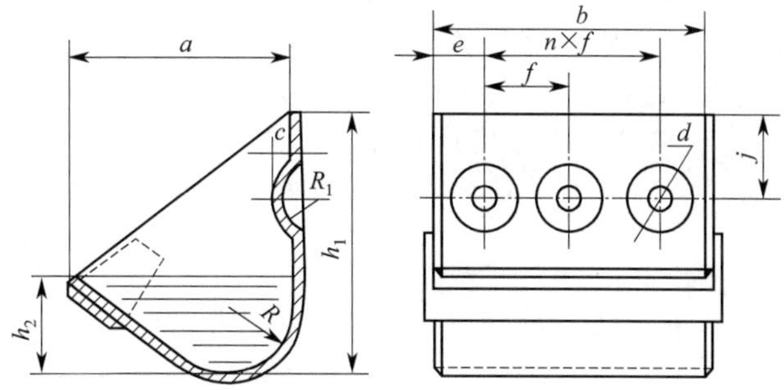

图 14-62　Zd 式料斗的几何形状

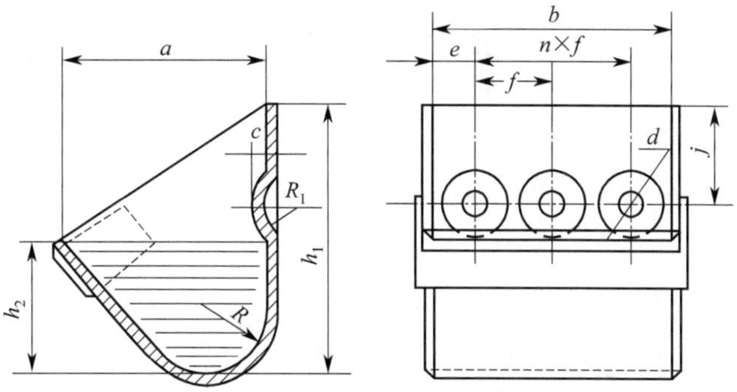

图 14-63　Sd 式料斗的几何形状

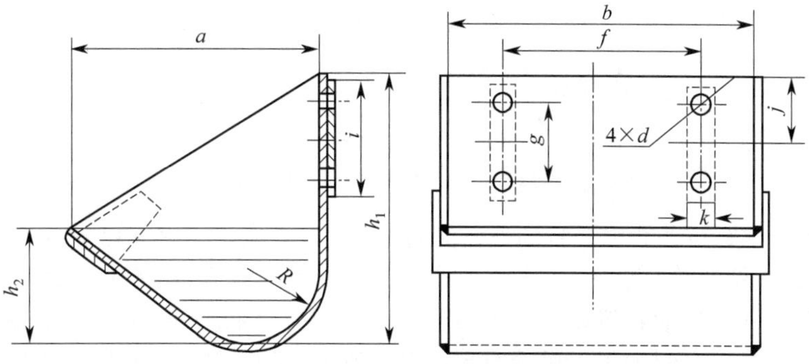

图 14-64　ZH 式料斗的几何形状

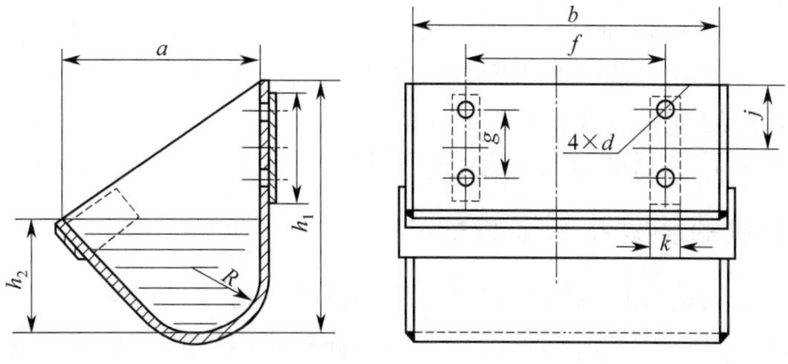

图 14-65　SH 式料斗的几何形状

一般浅斗的边唇倾斜角度大，深度小，因此适用于输送潮湿、容易结块、难于投送的物料，如湿砂、黏土等。深斗的边唇倾斜角度小，深度大，因此适用于输送干燥、松散、易于投送的物料，如水泥、碎煤块、干砂、碎石等。

TB 型斗式提升机的料斗包括 J 形（角形料斗）和 T 形（梯形料斗）两种，其几何形状分别如图 14-66、图 14-67 所示。这两种料斗均具有导向的侧边，在牵引构件上是连续布置的，因此卸料时物料沿着斗背溜下。这种料斗适用于输送较重的、半磨蚀性的大块物料；同时，适用于低速运行的提升机。

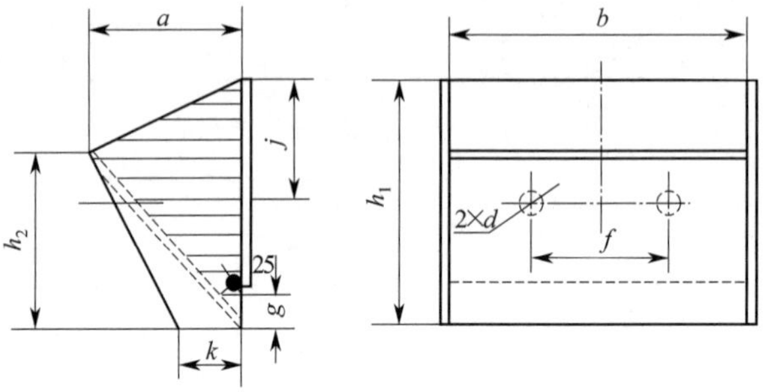

图 14-66　J 形料斗的几何形状

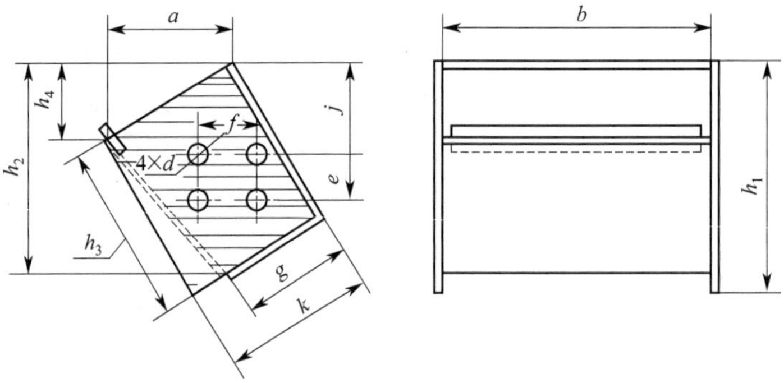

图 14-67　T 形料斗的几何形状

(3) 传动装置　环链斗式提升机的传动装置如图 14-57 所示，电动机通过 V 带传动和减速器减速后，带动驱动链轮回转。驱动链轮和环形链条之间通过摩擦传动，因此链轮只有槽而无齿。

板式斗式提升机的传动装置基本与环链式相同，其区别是用一对开式齿轮传动代替 V 带传动；驱动链轮与板链之间为齿轮啮合传动，因此链轮有齿。链轮的齿数通常为 6～20 个，取偶数。按机械行业的规定，链轮的齿数通常为 12。

带式提升机的传动装置与环链式基本相同，只是用鼓轮代替了环链式的槽轮。传动装置中的逆止制动器通常采用逆止联轴器。

(4) 张紧装置　与胶带输送机的张紧装置基本相同。有弹簧式、螺旋式及重锤式三种。

(5) 机壳　提升机的机壳一般由厚 2～4mm 的钢板焊成，并以角钢为骨架制成一定高度的标准段节，选型时必须符合标准节的公称长度；同时，机壳必须密封以防止操作时扬尘。

14.7.2　斗式提升机的装载和卸载方式

(1) 装载方式　斗式提升机的装载方式分为掏取式和流入式两种。

① 掏取式　掏取式如图 14-68(a) 所示。由料斗在物料中掏取装料。这种装载方式主要用于输送粉状、粒状和小块状无磨蚀性的物料。当掏取这些物料时，不会产生很大的阻力。掏取式装载时料斗的运行速度可为 0.8～2.0m/s。

② 流入式　流入式如图 14-68(b) 所示。物料直接流入料斗内。这种装载方式主要用于输送大块和磨蚀性较强的物料。为了防止在装载时物料撒落，料斗应紧密布置，且其运行速度不超过 1m/s。

实际应用中往往是两种方法并用，仅以一种方法为主而已。

(2) 卸载方式　卸载方式有三种：离心式、混合式和重力式，如图 14-69 所示。

当料斗在直线段等速上升时，只受到重力的作用。当料斗绕驱动轮一起旋转时，料斗内物料除了受到重力 G 作用外，还受到惯性离心力 F_c 的作用。

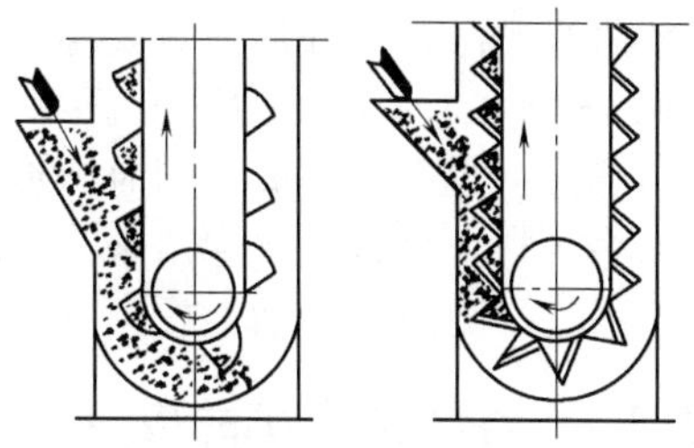

(a) 掏取式　(b) 流入式

图 14-68　装载方式

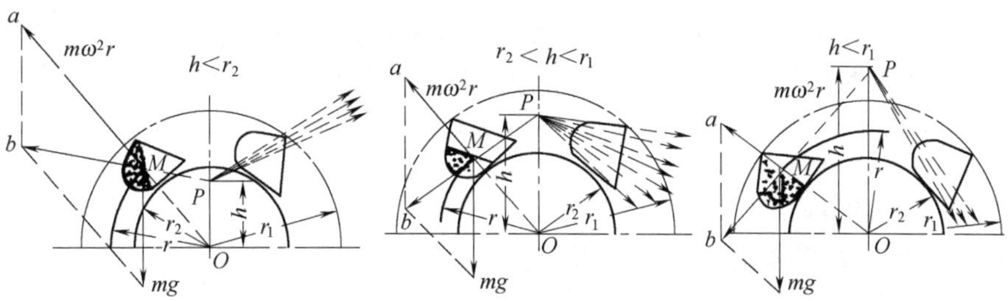

(a) 离心式　(b) 混合式　(c) 重力式

图 14-69　卸载方式

$$G = mg \tag{14-60}$$

$$F_c = m\omega^2 r \tag{14-61}$$

式中　m——料斗内物料的质量，kg；

ω——料斗内物料重心的角速度，rad/s；

r——回转半径，m；

g——重力加速度，m/s^2。

重力和惯性离心力的合力 N 的大小和方向随料斗的位置而改变，但其作用线与驱动轮中心垂直线始终交于同一点 P，P 点称为极点。极点到回转中心的距离 $OP = h$ 称为极距。连接 M 及 O 得到相似三角形△MPO 和△MF_cN。从相似关系得

$$\frac{h}{r} = \frac{G}{F_c} = \frac{mg}{m\omega^2 r} \tag{14-62}$$

以 $\omega = \pi n/30$ 代入得

$$h = \frac{g}{\omega} = \frac{30^2 g}{\pi^2 n^2} = \frac{895}{n^2} \tag{14-63}$$

式中，n 为驱动轮转速。由上式可知，极距 h 只与驱动轮的转速有关，而与料斗在驱动轮上的位置无关。随着转速 n 的增大，极距减小，惯性力增大；当转速 n 减小时，极距增大，惯性力减小。当驱动轮转速一定时，极距 h 为定值，极点也就固定了。

根据极点位置的不同，可得到不同的卸料方式。设驱动轮半径为 r_2，料斗外缘半径为 r_1。当 $h < r_2$，极点 P 位于驱动轮的圆周内时，惯性离心力大于重力，料斗内的物料沿着斗的外壁曲线抛出，这种卸料方式称为离心式卸料。常采用胶带作为牵引构件，料斗运行速度一般在 1～5m/s，适用于干燥和流动性好的粉体。为了使各个料斗抛出的物料不致互相干扰，各个料斗应保持一定的距离。

当$h>r_1$，极点P位于料斗外部边缘时，重力大于惯性离心力，料斗内的物料沿着斗的内壁曲线抛出，这种卸料方式称为重力式卸料。常采用链板作为牵引构件，料斗运行速度一般为0.4～0.8m/s，输送比较沉重、磨蚀性大及脆性的物料。

当极点位于两圆周之间时，料斗内的物料同时按重力式和离心式的混合方式进行卸料，即从料斗的整个物料面倾卸出来。这种卸料方式称为混合式卸料。常采用链条作为牵引构件用于中速下输送潮湿的流动性较差的物料。

14.7.3 斗式提升机的应用

TD型胶带式斗式提升机，采用离心式或混合式方式卸料，适用于输送堆积密度小于1.5t/m^{3}的粉状、粒状、小块状的无磨蚀性、半磨蚀性物料；物料温度不超过60℃，采用耐热橡胶带时温度不超过200℃。水泥工业用胶带斗式提升机用于粒度小于25mm、温度低于120℃的物料。

TH型圆环链斗式提升机，采用混合式或重力式卸料，适用于输送堆积密度小于1.5 t/m^{3}的粉状、粒状、小块状的无磨蚀性、半磨蚀性物料，物料温度不超过250℃。

TB型板式套筒滚子链斗式提升机，采用重力式HL型环链形斗式提升机。适用于输送磨蚀性较大的块状物料，被输送物料的温度不应超过250℃。

斗式提升机规格用料斗的宽度表示，其规格形式代号可表示为：

代号-料斗宽×提升高度-驱动装置安装形式。

其中的料斗宽用毫米表示，提升高度参见建材工业的规定用毫米表示。传动方式分左装和右装。其规定为：

左装：正面对着进料口，驱动装置装于左边为左装。

右装：正面对着进料口，驱动装置装于右边为右装。

如料斗宽为630mm，提升高度29436mm安装的传动装置为左装，重力式卸料的环链斗式提升机可表示为：TZH630×29436左。

14.7.4 斗式提升机的选型及使用注意事项

斗式提升机的选型一般是选择提升机的形式、型号规格、料斗形式和驱动功率。其选型步骤一般如下。

① 根据物料的湿度、黏度选择斗型。

② 根据物料的粒度、输送量确定提升机型号，因提升机的型号用料斗宽度表示，所以选择型号也就是确定料斗的宽度。

③ 根据工艺过程要求的物料提升高度，作出工艺布置图，确定提升机输送高度。

④ 按提升机的输送高度查有关手册或产品样本的成套表，查出适当的高度，确定各节的组合，并根据方便的位置确定监视门的位置。

⑤ 根据提升机的输送量、提升机轴距由专门的表查出输送功率。如图14-70所示为斗式提升机的传动装置功率图。也可用逐点计算法确定牵引力的张力，进而计算其功率。计算原理与胶带输送机功率的计算相同。

斗式提升机在使用过程中应注意下列事项。

① 斗式提升机在工作过程中应由固定人员看管。看管人员必须具有一般技术常识并熟悉本机性能。

② 斗式提升机的使用应严格遵守斗式提升机使用说明书的一切规定。

③ 应制定设备维护、检修安全操作规程，交看管人员遵守。

④ 应通过固定的给料装置向机内均匀给料。不得给料过多而使下部区段被输送物料阻塞。

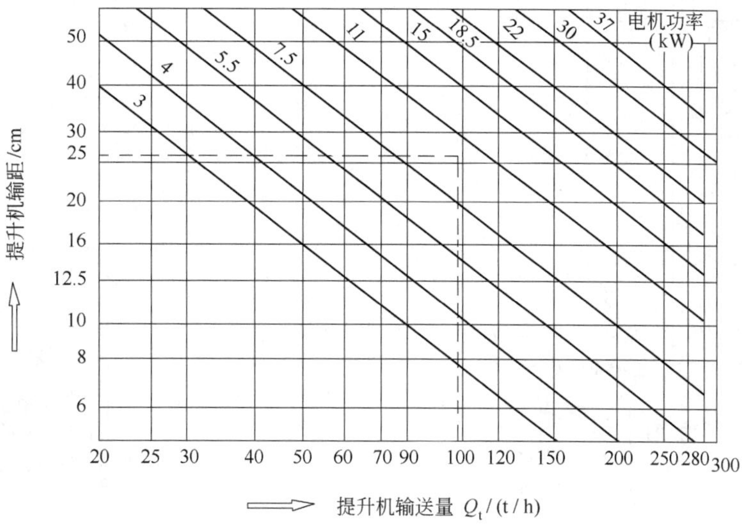

图 14-70 斗式提升机的传动装置功率图

⑤ 在工作时，所有门必须完全关闭。在上、下部区段及经常打开的检视门处应安设适当的照明设备。工作过程中发生故障时，必须立即停止运转，消除故障。

⑥ 操作人员应经常检查各部分的工作情况，经常观察料斗和胶带的工作情况，损坏的料斗应及时更换。绝对禁止在运转时对本机的运动部分进行清扫和修理。

⑦ 斗式提升机必须在空载下启动，卸料完毕后停车。

⑧ 提升机除在使用过程中保持正常润滑及拆换损坏的零件外，检修时必须消除在使用中记载的缺陷，拆除损坏报废零部件及更换润滑油。使用单位应根据提升机工作条件确定检修周期。

14.8 气力提升泵

气力提升泵是一种低压吹送的垂直气力提升输送设备。按结构可分为立式和卧式两种，二者的主要区别在于喷嘴的布置方向不同。喷嘴垂直布置的为立式，水平布置的为卧式。

14.8.1 构造及工作原理

图 14-71 为立式气力提升泵的构造。它由喷嘴、泵体、输料管、主风室、止逆阀、充气管、气室、充气板及清洗风管等组成。粉状物料由进料管喂入泵体。输送物料的低压空气由泵体底部进入风管，通过球形止逆阀进入气室，并以百余米每秒的速度由喷嘴喷入输送管中，这时由于充气管进入充气室中的低压空气通过充气板使喷嘴周围物料气化，出喷嘴进入输料管的高压气流在喷嘴与输料管间形成局部负压，将被气化的物料吸入输料管，被高速气流提升至所需高度进入膨胀仓(图 14-72) 中。由于气料从输料管进入膨胀仓时体积突然胀大，气流速度急剧下降，又由于受到反击板的阻挡，使物料从气流中分离出来，分离后的气体经排气管进入收尘器经净化后排入大气。

气室中止逆阀的作用是防止提升泵停止工作时或停止供气时物料进入风管内。在正常操作情况下，气体冲开止逆阀后进入气室从喷嘴喷出，进气一旦停止，止逆阀靠自重作用而紧压阀门，使气室和风管通道被封闭。为防止气室被物料堵塞而影响开车，设置了清洗风管。

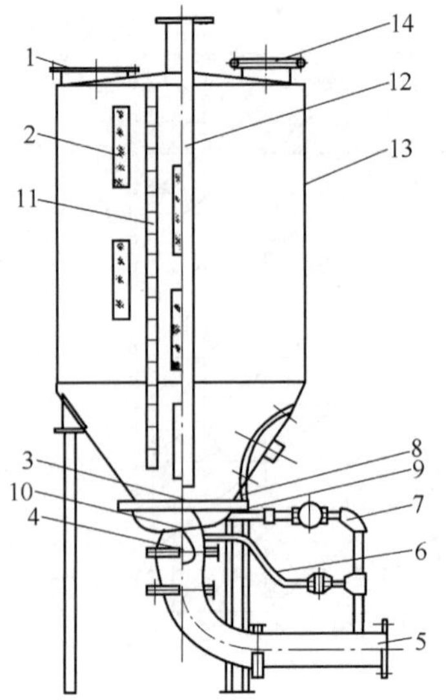

图 14-71　立式气力提升泵的构造

1—进料管；2—观察窗；3—喷嘴；4—止逆阀；5—进风管；6—清洗风管；7—充气管；8—充气板；9—充气室；10—气室；11—料面标尺；12—输料管；13—泵体；14—排气孔

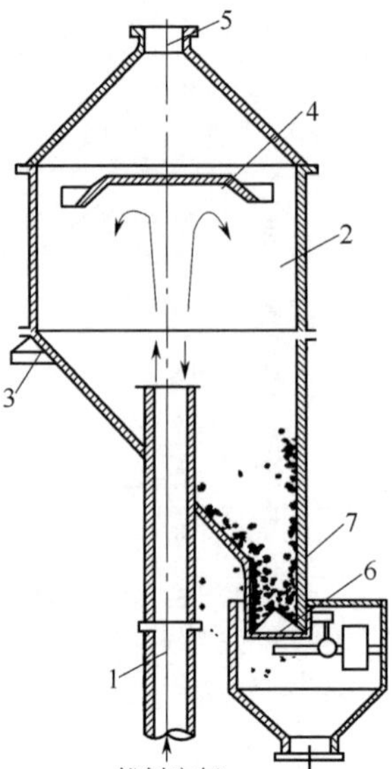

图 14-72　膨胀仓的构造

1—输料管；2—膨胀仓仓体；3—支座；4—反击板；5—排气管；6—闪动阀；7—粉料

卧式气力提升泵如图 14-73 所示。其结构较立式简单，外形高度也较低，输料管出泵后，先经一段水平距离，然后经过弯管导向垂直提升管。

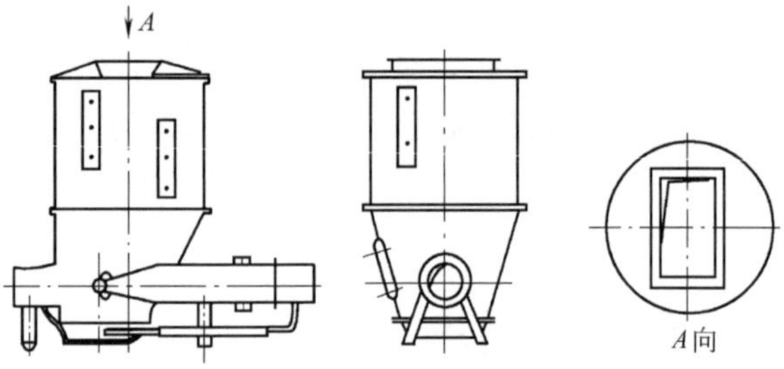

图 14-73　卧式气力提升泵

气力提升泵的优点是：结构简单，质量轻，无运动部件，磨损小，操作可靠，维修方便，提升高度大于 30m 时比斗式提升机经济。其缺点是：电耗较大，体形较高大，有时会给工艺布置和建筑设计带来一定困难。建材行业标准 JC/T 463—2006 中列出的气力提升泵型号及技术参数见表 14-30。

表 14-30　气力提升泵型号及技术参数

项目	型号					
	TL90	TL120	TL150	TL180	TL210	TL245
泵体直径/mm	900	1200	1500	1800	2100	2450
输送能力/(m^3/h)	25～75	80～140	140～120	220～290	290～350	350～410
出料管直径/mm	170～200	250～300	350～400	400～450	450～500	500～600
空气耗量/(m^3/min)	≤35	≤120	≤180	≤280	≤340	≤450
最大提升高度/m	50	80	80	100	100	100
泵体高度/mm	2000～8000			4000～9000		
工作压力/MPa	0.030～0.070					

注："T"表示提升泵；"L"表示立式。

14.8.2　气力输送系统的主要参数

（1）输送管内的风速　气力提升泵属低压输送，故用风量较大，根据经验风速为 16～20m/s 时较经济，而螺旋泵和仓式泵属高压输送，风速为 12～16m/s 即可。也可用式（14-60）估算

$$V=K_1 v_{悬} \tag{14-64}$$

式中 K_1——经验系数，见表14-31；

$v_{悬}$——颗粒的悬浮速度，m/s。

表14-31 经验系数

输送物料情况	经验系数 K_1	输送物料情况	经验系数 K_1
松散物料在垂直管中	1.3～1.7	管路布置较复杂	2.6～5.0
松散物料在水平管中	1.8～2.0	大密度成团黏结的物料	5.0～10.0
有两个弯头的垂直或倾斜管	2.4～4.0		

（2）固气比 单位时间内通过输料管断面的固体粉料的质量与气体质量之比称为固气质量混合比，简称固气比，用 m 表示。

$$m=\frac{M_p}{M_a}=\frac{M_p}{\rho Q_a} \tag{14-65}$$

式中 M_p——固体粉料的流量，kg/h；

M_a——气体的流量，kg/h；

Q_a——空气的流量，m^3/h；

ρ——空气的密度，kg/m^3。

固气比大小对气力输送系统的设备配置及运行费用等具有很大影响。提高固气比是降低输送能耗的重要途径之一。气力输送方式不同，固气比也不同，固气比与输送方式的关系见表14-32。

表14-32 固气比与输送方式的关系

输送方式	吸送式				压送式		
	低真空度/kPa			高真空度	低压	高压	流态化压送
	≤12	12～25	25～50				
固气比 m	0.35～1.2	1.2～1.8	1.8～8.0	8.0～20	1～10	10～50	40～80

（3）输送系统阻力 输送系统阻力即系统压力损失，包括供料装置压力损失、物料加速和提升压力损失、管路沿程压力损失（水平直管、垂直直管、弯管、斜管、管件、阀件等）、分离器压力损失等。这里介绍比压损法经验计算公式。比压损法是将输送气体和物料的压损综合在一起，以输送气体的压损为基础，用压损因子来考虑输送物料的压力损失。

① 管路沿程压力损失 先将垂直直管、斜管、弯管、管件、阀件都折算成当量水平直管，然后用总水平当量长度 L 计算管路沿程压力损失

$$L=\Sigma L_h+K_\theta \Sigma L_\theta+K_v \Sigma L_v+\Sigma L_e \tag{14-66}$$

式中 ΣL_h——水平直管总长度，m；

ΣL_θ——斜管总长度，m；

L_θ——垂直直管总长度，m；

K_θ，K_v——折算系数，取 $K_\theta=1.6$，$K_v=1.3\sim2.0$；

ΣL_e——管件、阀件总当量长度，m，见表14-33。

表14-33 管件、阀件的当量长度

管件及阀件种类			当量长度/m
90°弯管	弯管曲率半径与管径之比 R_0/D	6	7～10
		8	9～13
		10	12～16
		12	14～17
双路换向阀	带盘形阀		8～10
	带旋塞阀		3～4
	带双路V形螺旋		2～3

续表

管件及阀件种类		当量长度/m
换向接阀	双路	3～4
	三路	3～5

$$\Delta P_{沿}=\Delta P_{气沿}+\Delta P_{物沿}=\alpha\Delta P_{气沿}=(1+Km)\Delta P_{气沿}$$

根据流体力学计算 $\Delta P_{气沿}$，应根据低压和高压两种情况分别按等容过程和等温过程计算。这里只给出低压吸送和压送的公式

$$\Delta P_{气沿}=\lambda\frac{L}{D}\times\frac{(1+Km)\rho u^2}{2g}(\text{kPa}) \tag{14-67}$$

式中 λ——空气在管道中的摩擦阻力系数，$\lambda=C(0.0125+0.0011/D)$；

C——输送管道粗糙度系数，光滑内壁情形时 $C=1.0$，新焊接管情形时 $C=1.3$，旧焊接管情形时 $C=1.6$；

D——管道直径；

K——阻力系数。

② 供气装置压力损失

$$\Delta P_{供}=(X+m)\frac{\rho u^2}{2g}\quad(\text{kPa}) \tag{14-68}$$

式中 X——供料装置结构形式阻力系数，螺旋泵取 $X=1$，仓式泵取 $X=2～3$。

③ 物料加速压力损失

$$\Delta P_{加}=\zeta_{加}\, m\frac{\rho u^2}{2g}\quad(\text{kPa}) \tag{14-69}$$

式中 $\zeta_{加}$——加速压力损失系数，$\zeta_{加}=2(u_{物稳}-u_{物初})/u$；

$u_{物稳}$——物料处于稳定运动状态时的速度；

$u_{物初}$——物料在加速区前的初速度，由垂直向水平过渡的弯管出口处的颗粒速度即加速前的初速度，一般为原来稳定速度的1/5～1/3；而由水平向垂直过渡的弯管则为2/5～1/2。

④ 提升物料的压力损失

$$\Delta P_{升}=m\rho H\ (\text{kPa}) \tag{14-70}$$

式中 H——物料提升高度，m。

⑤ 分离器、除尘器卸料压力损失

$$\Delta P_{卸}=\frac{\varphi\rho u_{卸}^2}{2g}(\text{kPa}) \tag{14-71}$$

式中 $u_{卸}$——卸料器入口处风速，m/s，一般为15～21m/s；

φ——卸料器阻力系数，容积式为1.5～2.0，旋风式为2.5～3.0。

⑥ 系统总压力损失

$$\Delta P=\Delta P_{沿}+\Delta P_{供}+\Delta P_{加}+\Delta P_{升}+\Delta P_{卸}(\text{kPa}) \tag{14-72}$$

第15章 粉体喂料及计量设备

喂料设备是料仓系统中不可缺少的重要组成部分，也是短距离输送物料的机械设备。根据使用目的不同，又称为加料机、给料机或卸料机。它一般装设于料仓的卸料口，依靠物料的重力作用以及喂料设备的工作机构的强制作用，将料仓内的物料卸出并连续均匀地喂入下一设备中去。喂料设备具有的重要性能，就是它能控制料流，起到定量喂料的作用。另外，当喂料机停止工作时，还可起到料仓闭锁作用。因此，它是连续生产工艺过程中不可缺少的设备之一。

在很多工艺过程中，不仅要做到定量喂料，同时还要求准确计量，尤其是需要不同成分、不同种类或不同品位的多种原料进行按比例配合时，更需要进行准确计量。实际上，有的喂料设备也兼有计量的作用，而大部分计量设备实际上也属于喂料设备。

15.1 有挠性牵引构件的喂料设备

这些喂料设备实际上是对应名称的输送机械的变种，相较于同名的传统输送机，其在结构上长度尺寸较小而结构强度较高。同时，喂料机要承受更大的力：一个是物料离开料仓卸料口时的冲击力，另外一个就是卸到喂料机上的压力所产生的附加作用力。这种喂料机主要包括带式喂料机和板式喂料机。

15.1.1 带式喂料机

带式喂料机实际上是一种短小的带式输送机，它可以水平或倾斜安装(图15-1)。与普通带式输送机相比，其特点是：承载段的支承托辊布置紧密，其间距为0.25～0.3m，空载段通常不设托辊；皮带的两边具有静止的栏板；带速小，约为0.05～0.45m/s，这主要是由于物料从料仓卸料口排出直接到胶带上，而胶带上的物料层较厚。

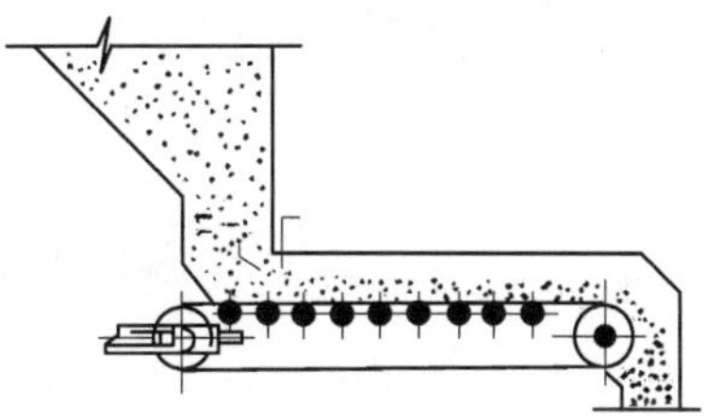

(a) 水平方向安装

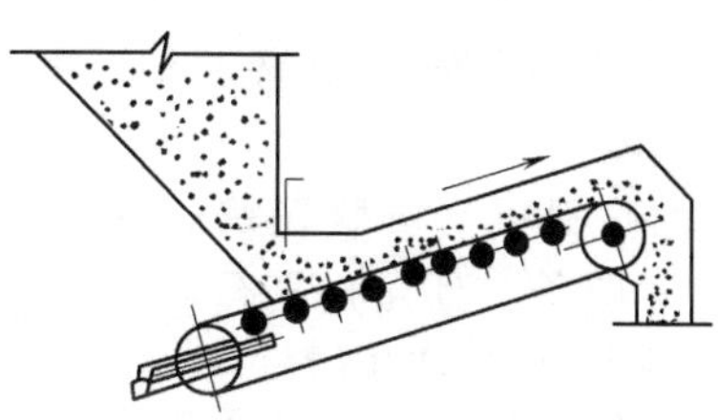

(b) 倾斜方向安装

图15-1 带式喂料机

带式喂料机一般长 0.9～5m，生产能力可达 $300m^3/h$ 或更大，主要用于粒状和小块状的物料，很少用于中等块度的物料。其优点是：结构比较简单，投资少，运行可靠；在稳定运行时所需功率较低；喂料量调整性能良好，可实现自动控制和计量。它的缺点是：需要占据较大的空间；胶带易磨损，因此不适用于磨蚀性强、温度高的物料。

15.1.2 板式喂料机

对于块状物料或温度超过 70℃时，可用板式喂料机(图 15-2)。它和带式喂料机一样，可以水平或倾斜安装，倾角可大于带式喂料机。轻型和中型板式喂料机通常采用滚子链，沿固定的轨道运行；重型板式喂料机采用固定的支承托辊，链板沿托辊运行。

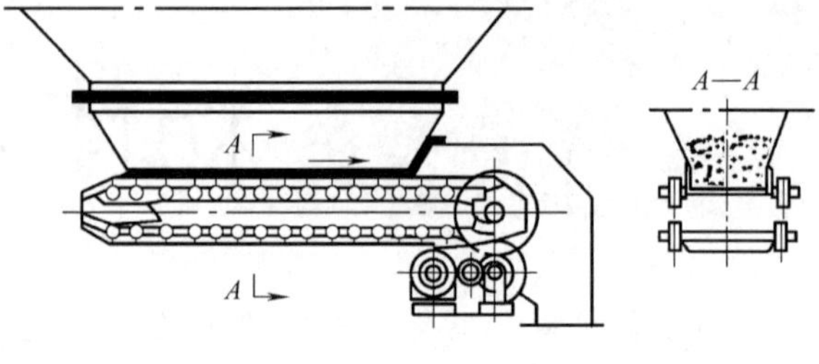

图 15-2 板式喂料机

承载板用厚度为 5～15mm 的钢板制作，有平行和波形两种。其中，波形板表面刚性较大，关节处的连接较好，而且能在较大的倾斜度下运行。承载板两边往往带有固定或活动的栏板，前者栏板安装在机架上，后者固定在钢板上。栏板的高度随生产能力和料块大小的需要而定。整个机械安装在机架上，尾部设有拉紧装置，类似于带式输送机的螺旋拉紧装置，用于调整钢板的松紧。

板式喂料机链板的运行速度一般为 0.2～0.4m/s，生产能力可达 $1000m^3/h$。由于其结构坚固，可以承受很大的压力和冲击力，能处理大块和热的物料，可靠性高并能保证较均匀地喂料。其缺点是：结构复杂、质量大、制造成本高，不适宜输送粉状物料。板式喂料机适用于大块、磨蚀性强、密度较大、温度较高的物料喂料的输送。

15.2 转动式喂料机

转动式喂料机主要用于粉状物料，其特点是工作构件绕着固定轴转动，属于这类喂料机的有螺旋式、辊筒式、叶轮式和盘式。

15.2.1 螺旋喂料机

螺旋喂料机如图 15-3 所示。与一般的螺旋输送机相比，其特点是喂料机的螺距和长度都较小，可不设中间轴承，料槽不像输送机所采取的 U 形结构，而是管状结构；螺旋轴支承在管外的两端轴承内，物料填充系数较大，一般可达 0.8～0.9。

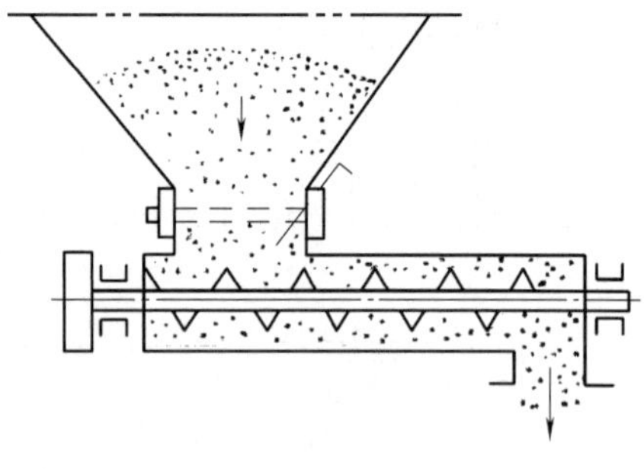
图 15-3 螺旋喂料机

螺旋喂料机包括单管和双管两种。按螺旋结构，则分为以下三种。

(1) 双头的喂料机　安装在螺旋轴上的螺旋叶片外缘轮廓曲线有两条，且互相平行，这种安装形式比单头螺旋能提供更为均匀的喂料。

(2) 变螺距的喂料机　安装在螺旋轴上的螺旋叶片的螺距是逐渐变化的。这个螺距的变化可以是螺距逐渐增大，也可以是逐渐减小。螺距渐增的喂料机可有效地防止在喂料处产生过负荷，尤其当喂料机较长时，这个优点尤为明显；同时，还可防止气化后的物料从料仓中向外涌料。逐渐缩小螺距的喂料机使物料在输送过程中压实和致密化，兼起锁风作用。

(3) 直径渐大的喂料机　该喂料机输送能力沿物料前进方向逐渐增大，使物料可以在螺旋全长上卸出，从而消除料仓内的死角。

上述三种喂料机的生产能力和功率等参数的确定，分别与同名的传统输送机相同，但应考虑各喂料机的相应特点。螺旋喂料机具有密封性，但工作部件磨损大，所以只适用于不怕碎、磨蚀性弱、易流动的粉状物料。它多以水平或不大于 30°的倾斜角安装，一般长度为 1～2m，生产能力为 2.5～3.0m³/h，改变螺旋转速，可以调节喂料量。

15.2.2 辊筒喂料机

辊筒喂料机如图 15-4 所示。当辊筒转动时，在料仓卸料口下面的部分受摩擦力带动随着辊筒下落，由料仓卸料口均匀地卸出。辊筒喂料机适用于各种类型的物料。对流动性好的粒状物料采用光面辊筒，而对大块状物料则采用表面带棱角的辊筒。一般辊筒的圆周速度为 0.025～1m/s，生产能力可达 150m³/h，生产能力可通过改变转速或调节挡板的开度来调节。辊筒喂料机适用于玻璃窑池上配合料和碎玻璃的投料，它具有投料连续均匀的优点。

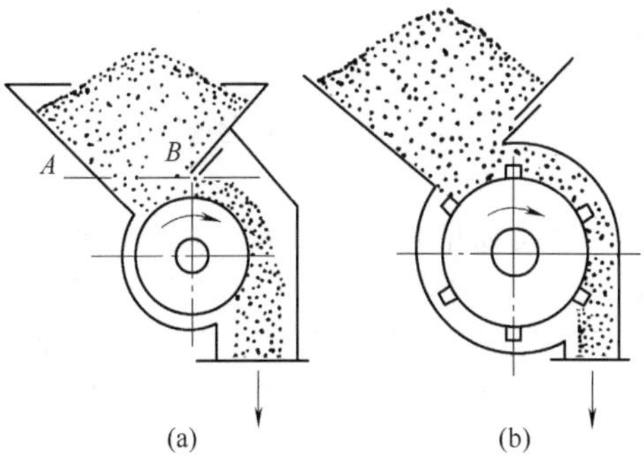

图 15-4　辊筒喂料机

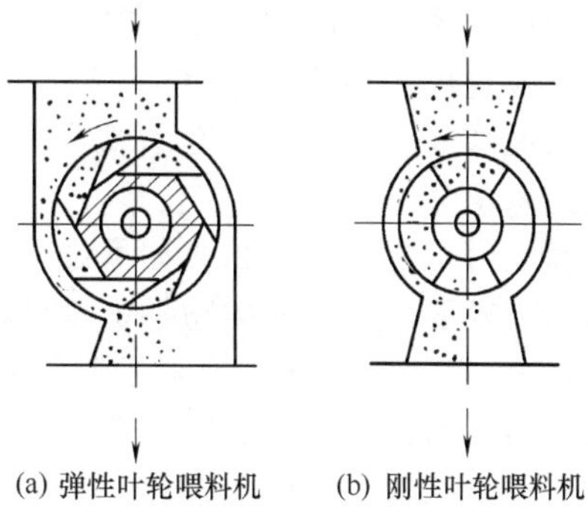

图 15-5　叶轮喂料机

15.2.3 叶轮喂料机

叶轮喂料机如图 15-5 所示，它具有一个能与料仓受料设备衔接的外壳，中间为叶轮转子，转子由单独的电动机通过链轮传动。当转子不动时，物料不能流出。当转子转动时，物料便可随转子的转动卸出。

叶轮喂料机包括弹性叶轮喂料机和刚性叶轮喂料机。弹性叶轮喂料机如图 15-5(a) 所示，它是用弹簧板固定在转子上，因而在回转腔内密封性能较好，对均匀喂料较有保证，在水泥厂一般用于回转窑的煤粉喂料。叶轮的转向只能朝一个方向，不得反转，速度不应高于 20r/min。当要求变速时，可选用直流电动机。当喂料机上部料仓的物料压力较大或物料易扬起影响均匀喂料时，可选用带有搅拌翅的弹性叶轮喂料机。

刚性叶轮喂料机的叶片与转子成一整体［图 15-5(b)］，一般用于密闭及均匀喂料要求不高的地方。

叶轮喂料机生产能力为 4～100m³/h 或更大，可通过改变转速的办法来调节。叶轮喂料机结构简单，造价便宜，容易维修，封闭性好并兼有锁风作用。它只适用于干燥粉状或小颗粒状的物料，适用于气力输送系统的喂料。在旋风收尘器和袋式收尘器等设备应用时，它是其中的组成部分。

15.2.4 圆盘喂料机

圆盘喂料机如图 15-6 所示。它具有旋转的圆盘 1，圆盘上方有套在料仓 2 的卸料口上面的活动套筒 3。活动套筒距圆盘的高度可以通过螺杆 4 调节。物料从料仓落到圆盘上堆积成一截锥形料堆。传动装置经立轴带动水平圆盘回转时，物料被固定的刮板 5 刮下，卸落到卸料管 6 中。圆盘下面装有盘壳 7，盘壳设有一圈高出盘面的盘边，以防物料从盘面上掉落。当有物料颗粒掉入盘壳内时，随盘一起回转的刮灰板 8 就能将这些物料刮入下料口，以防堆积产生阻塞。

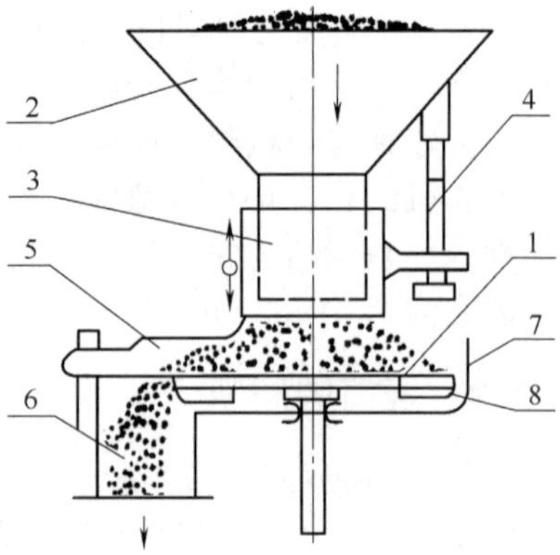

图 15-6 圆盘喂料机

1—圆盘；2—料仓；3—活动套筒；4—螺杆；5—刮板；6—卸料管；7—盘壳；8—刮灰板

圆盘喂料机的形式很多，按支承方式可分为吊式和座式两大类。按机壳的形式，还可分为敞开式和密闭式两种。吊式圆盘喂料机的整个设备通过槽钢柱悬吊在料仓下面。敞开式圆盘喂料机适用于密闭程度要求不高的场合；密闭式圆盘喂料机主要用于要求减少漏风或扬尘的密闭系统。在硅酸盐工业中，风扫式煤磨系统通常采用密闭式圆盘喂料机，而磨机和烘干机的喂料一般都采用敞开式圆盘喂料机。

圆盘喂料机的转速一般为 1.25～10r/min，生产能力为 0.2～130m^3/h，可通过改变下料套筒的高度和改变刮板的开度来调节。当采用调速电动机或直流电动机时，还可通过改变电动机的转速来调节。

圆盘喂料机是一种容积式计量设备。它的优点是：结构简单，使用可靠，调节方便，生产能力的调节幅度大，喂入的物料份量可以比较准确地控制。它的缺点是：由于容积计量，一般有 5%左右的误差。另外，圆盘喂料机对物料几乎没有输送距离，因此有时会因实际布置困难而不宜采用。圆盘喂料机适用于喂送各种非黏性的物料，粒度一般不大于 80mm；对于流动性特别良好的粉状物料，因易窜料，不宜采用。

15.3 振动式喂料机

振动式喂料机根据槽和物料的运动状态，可分为惯性式和振动式两类。在惯性式振动喂料机上，物料在惯性力的作用下，在任何时间都与槽底保持接触，且沿槽底作滑落运动。在振动式喂料机上，物料在惯性力的作用下，由槽底脱离，向上作抛掷运动，而物料在料槽中作“跳跃”式运动。两者的区别如下。

① 惯性式　料槽加速度的垂直分量小于自由落体加速度，物料时刻与槽底保持接触。

② 振动式　料槽加速度的垂直分量大于自由落体加速度，物料在槽底保持“跳跃”式运动。

15.3.1 惯性振动喂料机

15.3.1.1 摆动式喂料机

摆动式喂料机是惯性式振动喂料机的一种。图 15-7 所示是敞开式往复运动喂料机。它由惯性激振器驱动，惯性激振器包括单轴式和双轴式。驱动装置将周期性的往复运动传给料槽，通过料槽与物料间的摩擦力带动物料前进。料槽包括水平［图 15-7(a)］和稍向下倾斜［图 15-7(b)］两种料槽。料槽上装有固定的栏板，料槽通常支承在固定托辊上或悬置在拉杆上。电动机经减速器通过曲柄连杆或偏心机构带动料槽做往复的平移运动。当料槽向喂料口方向运动时，物料在摩擦力的作用下与料槽一起向前运动。与此同时料仓中的物料落入卸料口下方所形成的自由空间而将其充满。当料槽反向运动时，由于槽后壁的阻挡，物料不能随料槽一起返回，一部分物料便由料槽前缘落入喂料口中。这种喂料机只有当料槽作反向运动时，物料才被卸出。料槽每完成一次往复运动，物料就沿着料槽向前运动一个区段，连续运动的结果，就形成了物料沿料槽的整体运动。

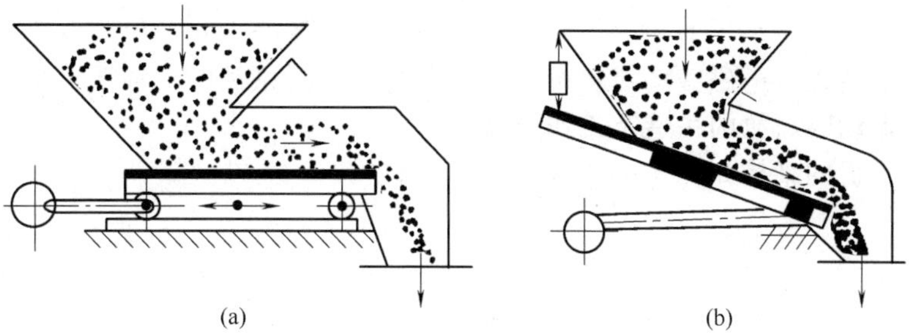

图 15-7 敞开式往复运动喂料机

摆动式喂料机的生产能力可按下式计算

$$Q=60BhSn\rho_B\phi \tag{15-1}$$

式中 B——栏板之间的距离，即料槽的工作宽度，m；

h——闸板开度，即闸板下缘至料槽面的法向距离，m；

S——料槽的行程，m，通常 $S=0.05\sim0.175$m；

n——料槽的往复次数，通常 $n=20\sim60$r/min；

ρ_B——物料的堆积密度，t/m^3；

ϕ——物料填充系数，通常 $\phi=0.65\sim0.70$。

摆动式喂料机的生产能力一般可达 200m^3/h。生产能力的调节可通过以下方法进行：改变偏心机构的偏心距，以改变料槽的行程；调节料仓闸板的开度，来调节料层的厚薄。

摆动式喂料机的优点是：结构简单，成本低。其缺点是：料槽的磨损比较严重；可用于中、小块物料的喂料。在玻璃工业中被广泛应用于池窑的薄层加料过程。

15.3.1.2 扇形摆动式喂料机

扇形摆动式喂料机是惯性振动喂料机的另一种形式(图 15-8)。它由曲柄机构驱动的扇形闸门所组成。扇形摆动式喂料机的工作机构都是周期性运动的，运动准确性一般，所以适用于非连续、轻负荷的工作条件。

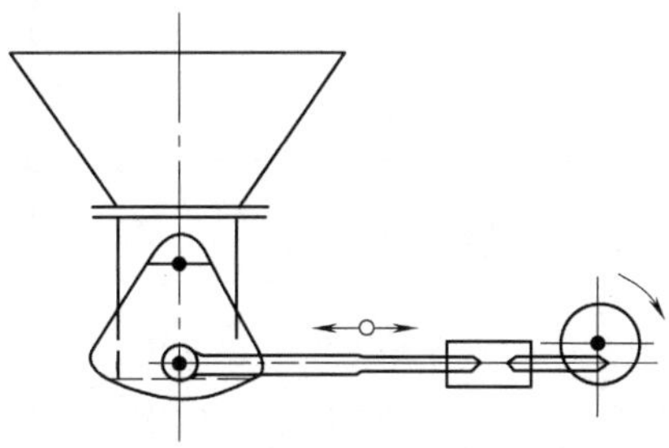

图 15-8 扇形摆动式喂料机

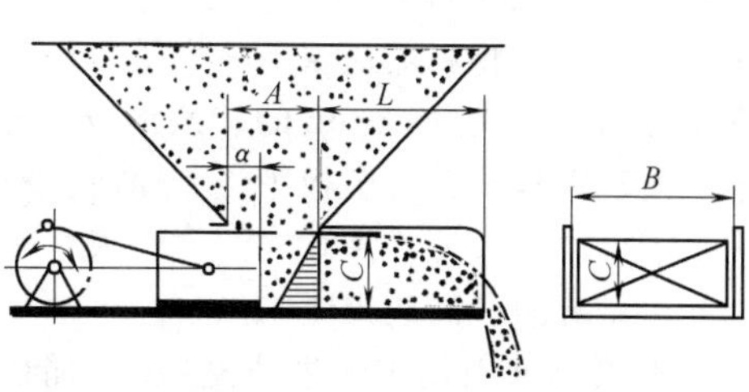

图 15-9 柱塞式喂料机

15.3.1.3 柱塞式喂料机

柱塞式喂料机是封闭式往复运动的惯性振动喂料机(图 15-9)。它由矩形槽和在其中作往复运动的柱塞组成。它可通过改变驱动机的曲柄半径或转数的办法来准确地调节卸出的物料量。一般用于粉粒状物料的喂料。其主要缺点是：功率消耗大，零件易磨损，不宜供送磨蚀性的物料。当生产能力要求不大且要求维持确定的数量时，可采用柱塞式喂料机。玻璃工业常以其作小型池窑的喂料设备。

15.3.2 电磁振动喂料机

电磁振动式喂料机的特点是：振幅小、频率高，物料在槽中可作一定的跳跃运动，所以具有较高的生产能力，且减小了槽的磨损。振动式喂料机的激振方式一般为电磁振动，所以，又被称为电磁振动喂料机。电磁振动喂料机是硅酸盐行业广泛采用的一种喂料机。

15.3.2.1 电磁振动喂料机的构造及工作原理

电磁振动喂料机的结构如图 15-10 所示，它由料槽 1、电磁激振器 3、减振器 2 及电器控制箱四个部分组成。

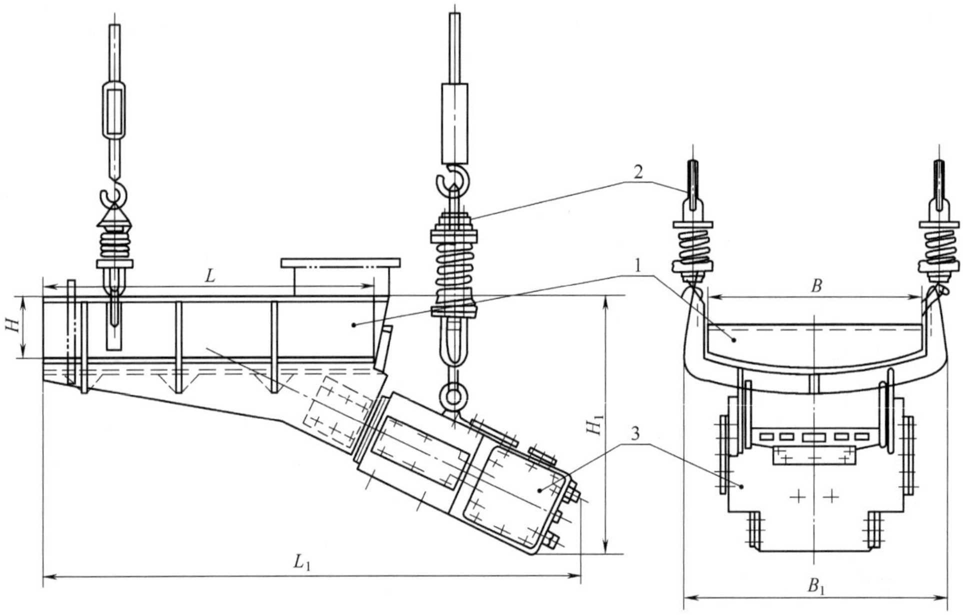

图 15-10 电磁振动喂料机的结构

1—料槽；2—减振器；3—电磁激振器

料槽是承载构件，用来承接来自料仓的物料，通过电磁振动将物料输送给下一个受料设备。料槽根据实际需要可由 2～8mm 的碳素钢板、低合金结构钢、耐热钢板或铝合金板等压制而成。料槽根据使用要求可设计成槽式和管式两种形式，其中槽式结构又可做成敞开的或封闭的。

激振器是使料槽 1 产生往复振动的能源部件，主要由连接叉 2、衔铁 3、弹簧组 4、铁芯 6 和激振器壳体 8 组成，参见图 15-11。连接叉和料槽固定在一起，通过它将激振力传给料槽。衔铁用螺栓固定在连接叉上，和铁芯保持一定间隙而形成气隙 5(一般为 2mm)。弹簧组为储能机构，用

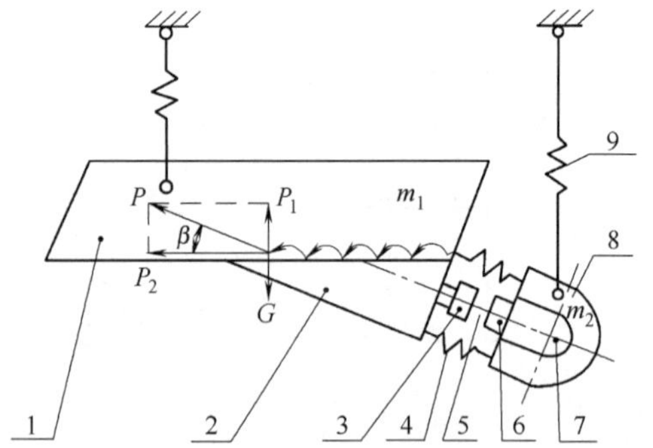

图 15-11 电磁振动喂料机工作原理示意图

1—料槽；2—连接叉；3—衔铁；4—弹簧组；5—气隙；6—铁芯；7—线圈；8—激振器壳体；9—减振器

于连接“前质量”和“后质量”，构成双质点振动系统。铁芯用螺栓固定在振动壳体上，其上固定有线圈，通电后产生磁场。激振器壳体用于固定弹簧组和铁芯，也作为平衡质量，所以其质量应满足设计要求。

减振器的作用是减少传递给基础或框架上的振动力。喂料机通过减振器悬挂在料仓或建筑构件上。减振器由四个螺旋弹簧(或橡胶弹簧）组成，其中两个挂在料槽上，另两个吊在激振器上。

电磁振动喂料机属于双质点定向强迫振动机械。其工作原理如图 15-11 所示，料槽、连接叉、衔铁、一部分工作弹簧以及约占料槽容积 10%～20%的物料等构成工作质量 m_1；激振器壳体、铁芯、线圈及另一部分工作弹簧等构成平衡质量 m_2。质量 m_1 和 m_2 之间通过激振器主弹簧连接起来，形成一个双质点定向强迫振动的弹性系统。激振器电磁线圈的电流一般是经过单相半波整流的。对于电磁振动喂料机的供电，目前广泛使用可控硅调节的半波整流激磁方式。半波整流后，在后半周内有电压加在电磁线圈上，因而电磁线圈就有电流通过，在衔铁和铁芯之间便产生互相吸引的脉冲电磁力，遂使料槽向后运动，激振器的主弹簧发生变形而储存了一定的势能。在负半周内线圈中无电流通过，电磁力消失，借助弹簧储存的势能使衔铁和铁芯朝相反方向离开，料槽就向前运动。这样，电磁振动喂料机就以 3000 次/min 的频率作往复振动。由于激振力作用线与槽底成一定角度，一般为 20°，因此激振力在任一瞬间均可分解为垂直分力 P_1 和水平分力 P_2。前者使物料颗粒以大于重力加速度的加速度向上抛起，而后者使物料颗粒在上抛期间作水平运动，综合效应就使物料间歇地向前作抛物线式的跳跃运动。物料的每次抛起和落下都是在料槽的一个振动周期（约 1/50s）内完成的。由于振动频率高而振幅小，物料抛起的高度也很小，所以，在料槽内的物料看起来如同流水一样，均匀连续地向前流动。

为了使喂料机能以较小的功率消耗获得较高的机械效率，应使其在亚共振状态下工作。也就是说，要将电磁振动喂料机的固有频率 ω_0 调谐到与电磁激振力的频率 ω 相近，使频率比 $Z=\omega/\omega_0=0.8\sim0.95$。因此，电磁振动喂料机具有体积紧凑、工作平稳、消耗功率小的特点。

15.3.2.2 主要工作参数

（1）机械指数与抛掷指数　机械指数是指槽体的最大加速度与重力加速度的比值，用 K 表示，它表征着机械振动的强度。机械指数受到材料强度及槽体刚度等限制，对于电磁振动喂料机，一般取 $K=4\sim6$。

抛掷指数是指槽体最大加速度的垂直分量与重力加速度的比值，用 Γ 表示，它与机械指数的关系是 $\Gamma=K\sin\beta$。其中，β 角是槽底平面与电磁力之间的夹角。振动式喂料机的工作，一般考虑物料被抛起的时间不超过槽体振动的周期，故常取 $\Gamma=1.0\sim3.3$。对于电磁振动喂料机，$\Gamma=2.5\sim2.8$。考虑到供送物料种类及振动式喂料机的特点，常用的 Γ 值参见表 15-1。

表 15-1　振动式喂料机的抛掷指数(Γ)

喂料机构造	供送物料的 Γ 值	
	粉状物料	块状物料
轻、中型($Q<50$t/h)	3.0～3.3	2.8～3.0
重型($Q>50$t/h)	2.0～2.5	1.8～2.3

（2）振动频率、振幅及振动角　在振动方向一定时，电磁振动喂料机的喂料能力取决于振动频率与振幅的乘积。因此，其中一项降低后，另一项应相应提高。电磁振动喂料机一般采用小振幅、高频率，因为增大激振器的气隙可能会带来许多不良后果，如电流增大等。对于惯性振动式喂料机，一般采用中等大小的频率和振幅。因为过大的振幅会增大偏心块质量及增加启动转矩，过高的频率又会增大支承压力的动应力变形。目前，电磁振动喂料机的频率一般选用 3000r/min，电源频率为 50Hz，也有的采用 25Hz。

电磁振动喂料机的喂料能力与振幅成正比，提高振幅可提高喂料能力，但这样会增加物料颗粒破坏的可能性。因此，振幅一般为 0.5～1.5(即双振幅为 1～3)。振动喂料机的振幅和频率可根据激振形式和供运物料的性质参照表 15-2 选取。

表 15-2　振动喂料机的振动频率和振幅值

激振形式		振动频率	振幅	
			粉状物料	块状物料
电磁振动式		3000	1.2～2.0	0.75～1
惯性振动式	单轴离心式	2800～1500	1.2～3.0	0.2～2.5
	双轴离心式	1500～1000	2～4	2～3
	偏心式	800～450	5～15	4～8

振动角 β 为激振力方向与槽体平面的夹角。电磁振动喂料机的振动角通常取 $\beta=20°\sim25°$；惯性振动式喂料机的振动角 $\beta=30°\sim35°$，通常取 $\beta=30°$。输送磨蚀性强、湿度大或有黏性的物料时，β 角宜取较大值；供送易碎、堆积密度大和细粉料时，则应选取较小值。有冷却散热要求或料层较厚时，β 角应取大值；有减小噪声要求时，β 角应取小值。

（3）喂料速度　振动式喂料机工作时，物料在每个运动周期中的位移包括两部分，即抛料阶段的位移和与槽体一起运动阶段的位移。喂料速度主要取决于供运物料的性质和喂料机的倾角，可按下式来估算

$$v=(K_1 \mp K_2 \sin\alpha)\lambda\omega\cos\beta\sqrt{1-\frac{1}{\Gamma^2}} \tag{15-2}$$

式中　K_1, K_2——与物料性质有关的系数，见表 15-3；

α——喂料机的倾角；

λ——喂料机的振幅；

ω——喂料机的振动频率；

其他符号意义同前。

式中符号的选取：当喂料机向上倾斜输送时取负值；向下输送时取正值。对于细小的物料 K_1 取较小值，而 K_2 取大值，因为颗粒较小时，它的喂料速度也较小。对于水平安装的喂料机，$\alpha=0$，喂料速度按下式计算

$$v=K_1\lambda\omega\cos\beta\sqrt{1-\frac{1}{\Gamma^2}} \tag{15-3}$$

表 15-3　经验系数 K_1 和 K_2 的平均值

供运物料	物料尺寸/mm	湿度/%	K_1	K_2
块状物料	5～200	—	0.9～1.1	1.5～2.0
粒状物料	0.5～5	0.5～10	0.8～1.0	1.6～2.5
粉状物料	0.1～0.5	0.5～5	0.4～0.5	1.8～3.0
细粉物料	<0.1	0.5～5	0.2～0.5	2.0～5.0

调节喂料速度的方法有两种：一是改变激振力，主要是改变与其成正比的振幅；另一种方法是改变激振频率。但是，变频线路复杂，很少采用。改变料槽振幅的方法是采用可控硅整流器移相调压，改变激振器的输入电压来调节振幅。

（4）生产能力　电磁振动喂料机的生产能力主要取决于料槽宽度、料槽倾角、物料性质（密度、粒度、水分、黏性）及喂料速度等，可按下式计算

$$Q=3600Av\phi\rho_B C_1 C_2 C_3 \tag{15-4}$$

式中　v——喂料速度；

ϕ——物料的填充系数，对于敞开式，$\phi=0.6\sim0.9$；对于矩形管，$\phi=0.6\sim0.8$；对于圆形管，$\phi=0.5\sim0.6$；对较小颗粒取小值；

A——料槽的横截面积，对于槽形或矩形管，$A=BH$；对于圆形管，$A=0.785D^2$；

B——槽形或矩形管的宽度；

H——槽的深度或矩形管的宽度；

D——圆形管的直径；

ρ_B——物料堆积密度；

C_1——料槽倾斜角系数，见图 15-12；

C_2——物料水分系数，见图 15-12；

C_3——物料粒度系数，见图 15-12。

在确定槽或矩形管的宽度及圆形管的直径时，必须保证以下条件

$$D \geqslant kd_{max} \qquad B \geqslant kd_{max}$$

式中　d_{max}——物料的最大粒度；

k——系数，对于筛分后的物料，$k=3\sim5$；对于粒度不均匀的物料，$k=2\sim3$。

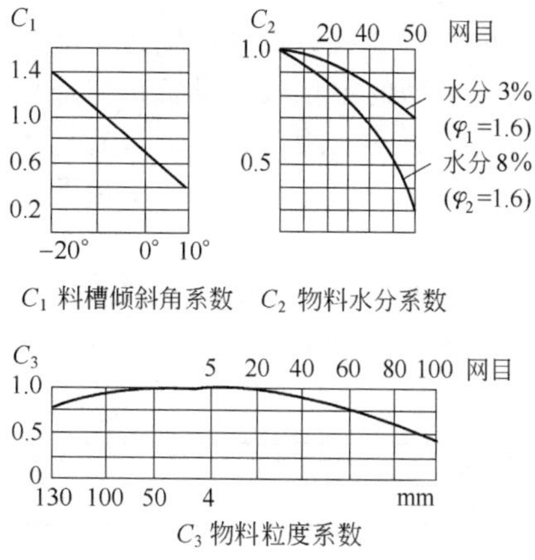

图 15-12　C_1、C_2 及 C_3 系数值

在选定槽的深度或矩形管的高度时，必须考虑到电磁振动喂料机对每一种物料都有一允许的极限料层厚度。当所选定的料层厚度超过极限时，则将达不到计算的生产能力甚至不能正常喂料。这一极限的料层厚度，对于粒状或块状物料较大；对于大块物料则更大；对于细粉物料则很小，在设计料层厚度时必须予以考虑。在没有资料的情况下，最好先做试验测定。

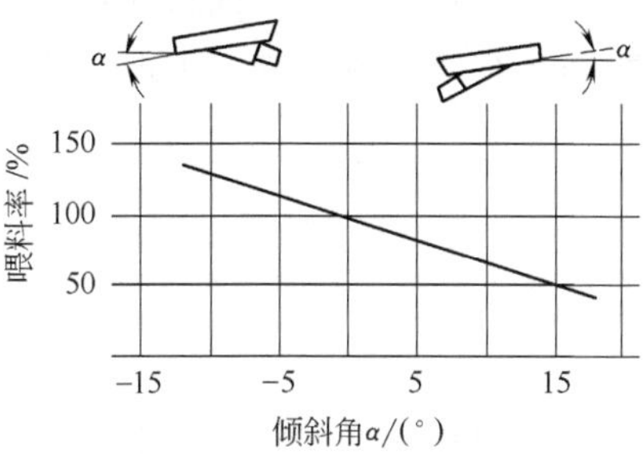

图 15-13　倾斜角与生产能力的关系

电磁振动喂料机的槽体可以水平安装，也可倾斜安装。对于流动性好的物料，推荐向下倾斜 10°，对于流动性不好的物料可向下倾斜 12°，以利供送。生产能力与下倾角度成正比，如图 15-13 所示。倾斜角在−12°和 12°之间，每变化 1°，将使生产能力变化 3%，但倾角过大时会增加槽体的磨损。

(5) 功率　喂料机的功率可按下式计算

$$N=\frac{CQ}{10^3\eta}\left(KL+\frac{H}{0.36}\right) \tag{15-5}$$

式中　C——物料便于输送的系数，对于输送性能好的物料 $C=1$，对于粉状物料 $C=1.5\sim2$；

Q——计算的生产能力；

K——单位能耗系数，见表 15-4；

L——喂料机水平投影长度；

H——喂料机倾斜供料时的提升高度；

η——驱动机构的效率。

表 15-4　能耗系数平均值

振动式喂料机形式	计算生产能力/(t/h)	K 值
离心驱动单质体悬挂	5～50	6～7
	>50	5～5.5
离心驱动单质体支承	5～50	7～10
	>50	5～6

15.3.2.3　性能及应用

电磁振动喂料机具有许多优点：它体积小且易于制造，便于安装，操作、维修方便；无相对运动的零部件，几乎没有机械摩擦，无润滑点，密封性好，功率消耗低，设备运转费用低；物料距电器部分较远，可在湿热环境下工作，适用于供送高温、有磨蚀性的物料；喂料均匀且可无级调节，可以通过电气控制连续、平稳地调节喂料速度，便于实现密闭供送和喂料量的远

程控制和自动调节。其缺点是：安装调试要求较高，调整不好就不能正常工作，产生噪声甚至不振动；电压变化会影响喂料的准确性；不宜供送极细的粉状物料，也不宜供送黏性、潮湿的粉状物料。

电磁振动喂料机既可供送松散的粉状物料，也适用于供送 50～100mm 的块状物料，是一种较为新型的定量喂料设备，在采矿、冶金、煤炭、建材、机械制造、粮食和轻工等领域中获得较为广泛的应用。它用于从料仓卸料；向胶带输送机、斗式提升机等给料；向破碎机和粉磨机喂料；向玻璃池窑投料；定量配料和包装等。此外，还用于自动控制的生产流程中，以实现生产自动化。

电磁振动给料机的形式按照槽体结构分为通用型、上振型、封闭型、轻型、平槽型、宽槽型。其代号见表 15-5。

表 15-5 电磁振动给料机结构形式与代号

形式	通用型	上振型	封闭型	轻型	平槽型	宽槽型
代号	—	S	F	Q	P	K

15.4 计量设备

粉体计量是生产过程中不可缺少的重要环节，是实现过程控制自动化的重要的技术手段。目前应用广泛的是各种悬臂式秤和螺旋计量秤，此外也有配料用斗式计量秤和熟料计量用板式计量秤等，冲击式和溜槽式计量计作为工艺过程中的计量设备也得到普遍应用。下面简单介绍常用的计量设备。

15.4.1 恒速式定量秤

恒速式定量秤是水泥厂常用的计量设备，其形式有多种。

15.4.1.1 DCM-1 型恒速式皮带秤

该秤按皮带宽度不同分为 500 型和 650 型，它由电磁振动给料机、悬臂式皮带电子秤及自动控制装置组成。由调节器构成一个闭环调节的自动定量给料称量设备，如图 15-14 所示。它实际上是一个很短的皮带输送机，主动轮 3 由与电动机相连的链条 2 带动。由于该皮带机的转速是恒定的，所以称为恒速式皮带秤。整个秤体支承在支座 4 上，当空载时，秤体通过调节自重使十字簧片支点达到平衡，秤架下的传感器 7 不受压力作用，没有电信号输出。当电磁振动喂料机 8 供料时，秤架受力失去平衡，传感器受到秤体的压力，输出电信号。经传感信号放大后，一方面通过转换器转换成数字信息，通过显示器显示瞬时流量和累积流量；另一方面，与给定值比较后，由调节器输出调节信号，通过电振控制器反馈控制电磁振动喂料机的喂料量，达到定量喂料的目的。其工作原理如图 15-15 所示。它能显示物料输送的瞬时流量和输送的总质量，同时能够自动调节给料量，实现定值恒量给料。如果选用两台或多台这种设备分别控制两种或多种物料，可以实现恒定给料和自动配比。

该机有以下特点。

① 设备结构简单，维修方便，价格较低。

② 采用连续自动按质量给料，既保证了生产过程的连续性，克服了由于物料粒度、出料状态等因素变化给计量正确性带来的影响，又保证了较高的灵敏度和计量精度。最大计量误差不大于±1%。

③ 系统工作稳定可靠，适应性强，不受夹杂物的干扰，量程可以在较宽范围内调整。

④ 物料量以电信号数字显示，系统可随时采用手动调节和自动调节给料量，且连续显示

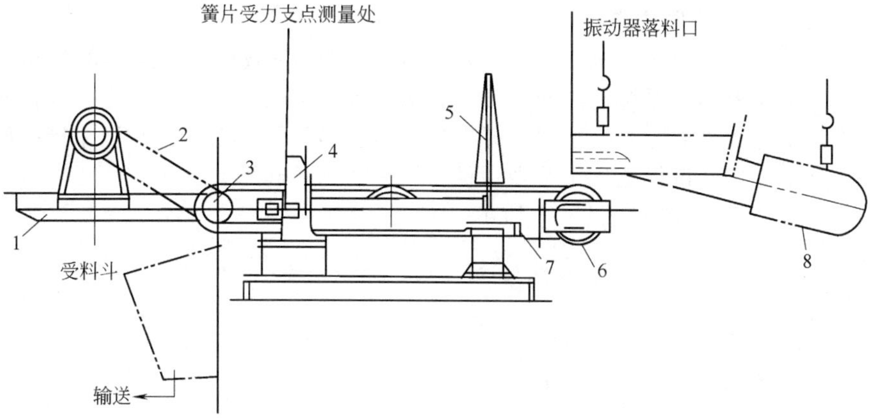

图 15-14 DCM-1 型恒速式皮带秤

1—秤架；2—链条；3—主动轮；4—支座；5—砝码座；6—从动轮；7—传感器；8—电磁振动喂料机

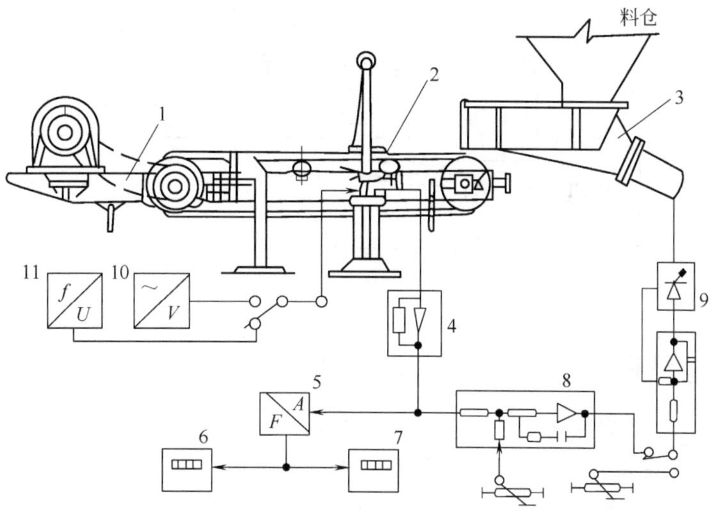

图 15-15 恒速式电子皮带秤工作原理图

1—秤体；2—称量传感器；3—电磁振动喂料机；4—放大元件；5—电流脉冲变换单元；
6—瞬时流量显示器；7—累积流量显示；8—调节单元；9—控制器；10—恒压电源；11—频率电压变换

瞬时产量和累计产量。

⑤ 采用电子式计量方法，不但可实现单机自动定量给料，还可实现几台设备联动，按给定配比自动配料，为机组、车间、全厂生产自动化提供技术条件，满足现代化生产要求。

⑥对于电磁振动给料机难以适应的物料，如黏湿物料，自动定量给料机可以配以其他形式的给料设备。

15.4.1.2 JE-3G 型恒速式皮带秤

这种皮带秤与 DCM-1 型皮带秤的工作原理基本相同，但由于在电路设计和元件选择等方面有所改进，因此其功能有所提升。它除具有自动计量、定量给料以及显示瞬时流量和累计量的功能外，还具备无料报警、停电保持累计数、通过 BCD 码接口实现打印输出、开机清零等功能，并增加了标准电信号输出，便于与微机系统联机使用。该机采用高精度密封型称量传感器和高精度、低漂移的集成电子元件，静态精度可达±0.5%，动态精度可达±1%，适用于水泥厂中块状或颗粒状物料的计量与配料。

15.4.1.3 WXC-1 微机控制皮带秤

本设备由悬臂式皮带秤输送机、GZ 电磁振动给料机以及微机控制器等部件组成，用于实现物料的称量与定量控制。系统通过数字方式显示物料的瞬时流量和累计量；当出现断流、流量超限或皮带跑偏过大等故障时，能够立即发出报警。若在设定时间内故障未能排除，则所有相关配料秤将自动停机。该设备适用于多台计量配料机联动作业。

WXC-1 型皮带秤的结构如图 15-16 所示。

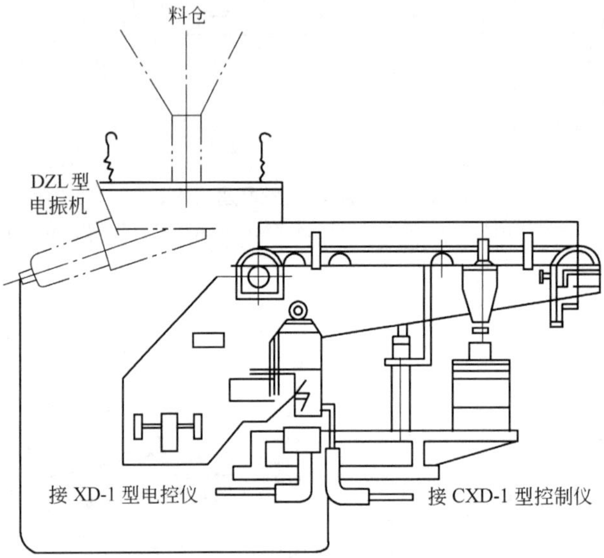

图 15-16 WXC-1 型皮带秤

15.4.2 调速式定量秤

15.4.2.1 组成和工作原理

TDG 系列调速式定量秤（给料机）系统由两部分组成。

(1) 质量检测部分　其作用是完成给料、检测，同时进行瞬时累计给料量的显示。它主要包括机架、荷重传感器、转速传感器、毫伏变送器、频率转换器、调整箱、比例积算器和单针指示报警仪。

(2) 控制部分　其作用是根据给定信号及检测信号对直流传动设备进行控制和调节，以达到自动调节给料量的目的，它主要包括调节器、可控硅直流调速装置和直流传动设备。

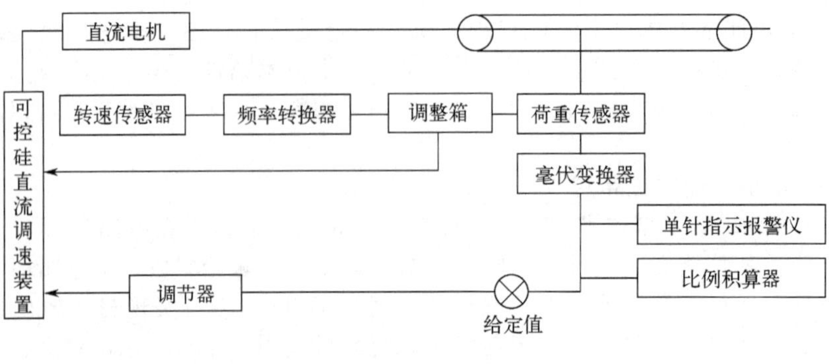

图 15-17 TDG 系列调速式定量秤工作原理

TDG 系列调速式定量秤工作原理见图 15-17。当空载时，机架中的称量架处于平衡状态，荷重传感器不受力，即使对荷重传感器施以桥压也不会输出。当有物料通过有效称量段 l 时，物料的质量经过称量架加在荷重传感器上，则荷重传感器的受力为 P_t

$$P_t = cg_t l \ (\mathrm{N}) \tag{15-6}$$

式中　g_t——有效称量段单位皮带长度上的物料质量，kg/m；

l——有效称量段长度，m；

c——比例系数，其值取决于称量架的杠杆比。

从式(15-6) 可知，荷重传感器的受力 P_t 大小与皮带上的物料质量 g_t 成正比。荷重传感器在压力 P_t 作用下，其应变梁产生一正比于压力 P_t 的应变量 ε。在应变梁上贴有四片电阻应变片，并组成等臂电桥，如图 15-18 所示。

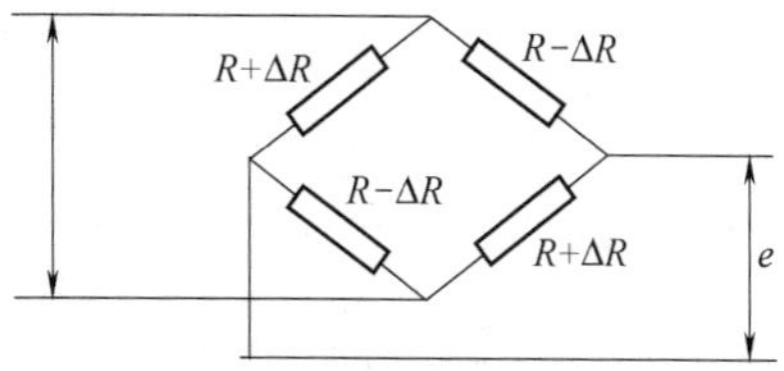

图 15-18　荷重传感器电桥原理

应变量 ε 使四片电阻应变片阻值 R 线性地变化ΔR。当荷重传感器施以工作桥压 u 时，就会产生不平衡电压 e 的输出，其值为

$$e = \Delta R u \ (\mathrm{V}) \tag{15-7}$$

从式(15-7) 可知，荷重传感器输出信号 e 不仅与电阻的变化ΔR 成正比，而且还与电桥的供桥电压 u 成正比。

因为有效称量段单位长度上的物料质量为 g_t，如果皮带速度为 v_t(m/s)，那么瞬时给料量 Q_t 为

$$Q_t = g_t v_t \ (\mathrm{kg/s}) \tag{15-8}$$

比较式 (15-7) 和式 (15-8) 可知，电量ΔRu 的变化是线性地模拟非电量 g_t 变化的，而电量 u 线性地模拟非电量 v_t，所以荷重传感器的输出值 e 可以线性地模拟瞬时给料量 Q_t。

为此，采用转速传感器将电动机转速线性地转换成电脉冲信号，并经过频率转换器、调整箱转换成电压信号，作为荷重传感器的供桥电压。

荷重传感器输出 0～10mV 的电压，经过毫伏变送器转换成 0～10mA 的电流信号，送至单针指示报警仪和比例积算器，分别显示出给料机的瞬时给料量和一段时间内的累计给料量，单针指示报警仪还可以发出越线报警信号。

TDG 系列调速式定量秤的自动调节过程如下。

毫伏变送器输出的电流信号除送至单针指示报警仪和比例积算器外，还送至调节器。该信号在调节器内与生产所需的给定值进行比较，若两者不相等，说明给料机的实际瞬时给料量（即实测值）与给定值存在偏差。例如，当实测值大于给定值时，调节器输出的电流值相应下降，从而使可控硅调整装置的输出电压降低，直流电动机转速下降，给料机的瞬时给料量随之减少；同时，转速传感器输出的频率信号减小，频率转换器输出的电流信号也随之减小，调整箱输出的电压信号下降，即荷重传感器的供桥电压下降，进而导致荷重传感器的输出值（实测值）下降，直至实测值与给定值相等，即实际给料量与生产要求的给料量一致时，系统达到平衡状态，完成一次调节过程。反之，若实测值小于给定值，则上述过程反向变化，从而自动将瞬时给料量维持在设定范围内，实现自动定量给料。

15.4.2.2　TDG 系列调速式定量秤的机械结构

TDG 系列调速式定量秤的机械结构如图 15-19 所示，主要包括机架、主传动轮、从动轮、称量装置、环形胶带等。传动装置包括直流电动机和蜗轮减速器。电动机转速由 SZMB-3 型转速传感器检测，称量段上的物料质量由 BHR-3 型荷重传感器检测，经过转换后由二次仪表指示瞬时给料量和显示一段时间内的累积给料量。

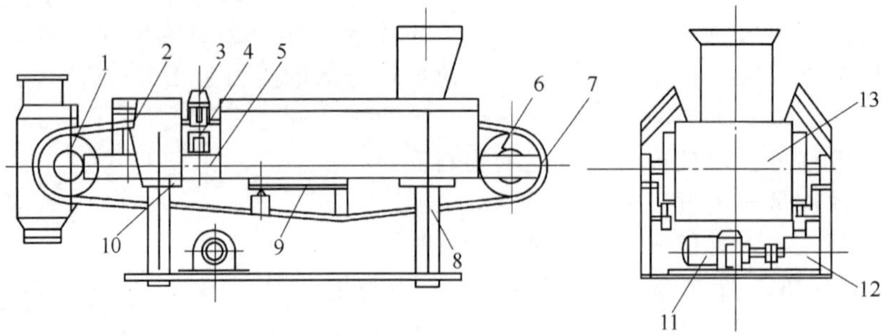

图 15-19 TDG 系列调速式定量秤的机械机构

1—主传动轮；2—托辊；3—称量装置；4—荷重传感器；5—秤体；6—从动轮；7—调节螺栓；8—机架；9—皮带轮；10—拆卸安装块；11—减速器；12—电动机；13—环型胶带

15.4.3 螺旋式计量秤

螺旋式计量秤由悬臂式螺旋输送机、流量显示、控制及检测等部件组成。螺旋输送机用于连续输送物料，荷重传感器对其进行质量监测，集成电路则完成信号放大、自动调节和计数功能，并通过数字方式显示瞬时流量和累计量。该秤广泛应用于回转窑系统的煤粉计量、煤自动配比以及入窑生料稳流等工艺环节，体现了其结构简单、运行可靠、能够满足生产要求的特点。

螺旋式计量秤的原理见图 15-20。

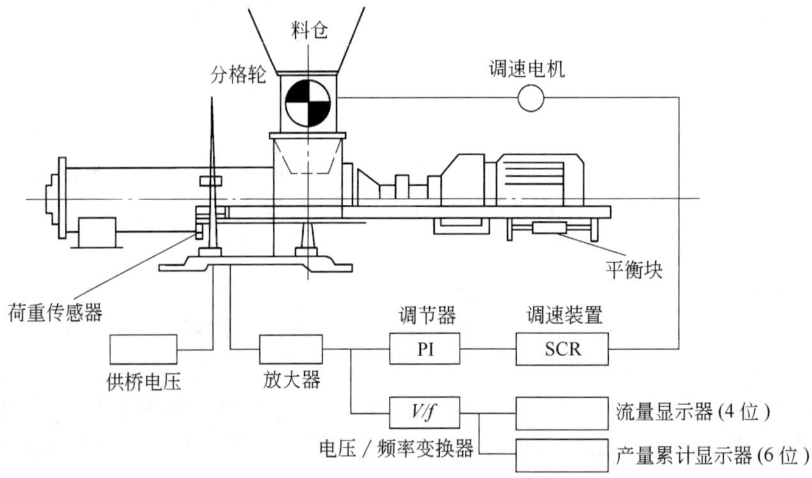

图 15-20 螺旋式计量秤

15.4.4 冲击式流量计

冲击式流量计能够在密闭条件下对粉料或粒状物料的质量流量进行连续测量，并可与各种现有仪表配套使用，实现指示、记录、计算和控制等功能。

冲击式流量计基于动量原理工作，如图 15-21 所示。物料从具有一定高度 h 的给料器自由下落，撞击检测板产生冲击力，反弹后继续下落，并在与检测板接触过程中产生摩擦力。冲击力与摩擦力的合力与被测物料的瞬时质量流量成正比。该合力可分解为水平分力和垂直分力，因此冲击式流量计通常有两种测量方式：测量水平分力；测量垂直分力。一般来说，测量垂直分力存在诸多困难，尤其是对于黏附性强的物料，容易出现零点漂移现象，因此国内外普遍采用测量水平分力的冲击式流量计。冲击式流量计能够在密闭条件下对粉料或粒状物料的质量流量进行连续测量，与各种现有仪表配套指示、记录、计算和控制等。

当物料下降高度为 h，检测板的倾斜角为 θ，物料在检测板上流动的距离为 L，且物料特性不变时，则作用于检测板的总分力将正比于物料的瞬时质量流量 G。通过仪表检测出总水平分力，即可得出物料的瞬时质量流量。

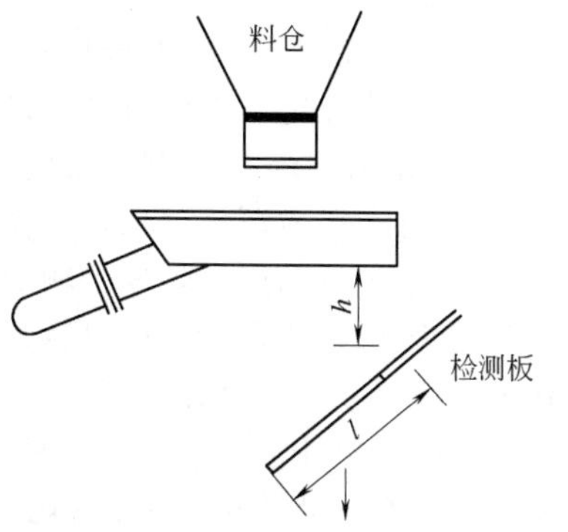

图 15-21 冲量式流量计原理

15.4.5 溜槽式流量秤

当物料流通过弧形测量溜槽时，因其动能会对测量机构施加作用力，使测量机构发生偏转。该力作用于称重传感器，使其输出电信号，经放大和转换处理后，显示固体物料流量的瞬时值与累计值，并可通过调节器或微型计算机实现给料量的自动控制。其结构如图 15-22 所示。

该计量秤的工作原理如下：测量槽 2 中无物料时，称量支撑杠杆 3 与水平杠杆 5 保持水平，称量传感器 7 不受力，因此无信号输出，此时系统处于零点状态。

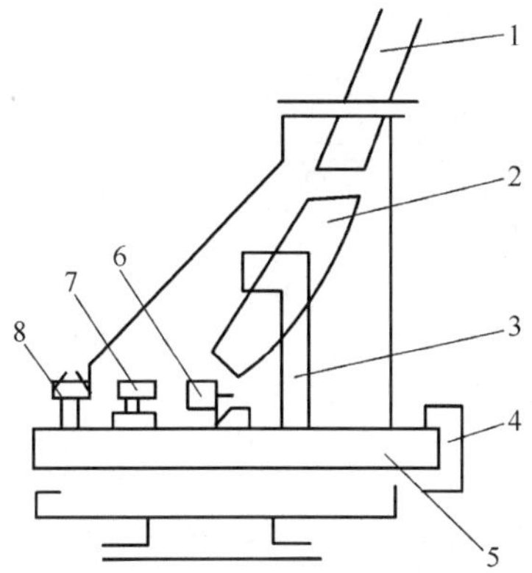

图 15-22 溜槽式流量秤结构

1—给料槽；2—测量槽；3—支撑杠杆；4—校验砝码；5—水平杠杆；6—十字弹簧片；7—称量传感器；8—螺钉

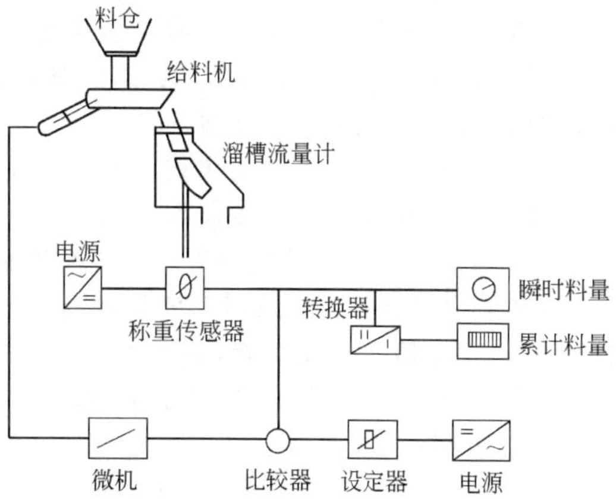

图 15-23 溜槽式流量计电气原理

当物料通过给料机和给料槽 1，经过测量槽 2 时，在物料颗粒的重力和动能作用下，测量槽 2 的杠杆系统 3 和 5 将绕十字弹簧片 6 转动。此时，称量传感器 7 受到力的作用，输出一个与被测物料瞬时质量流量成正比的电信号。该信号经放大后，由指示报警仪显示物料瞬时流量的实际值（t/h)。4 是校验砝码，用于调整秤体静态零点。同时，该信号经过电压频率转换，输出脉冲信号，由积算器显示累计流量。当给料瞬时值超过上、下限值时，报警仪会自动发出声、光信号。为了实现自动定量控制给料量，将实际值与设定值进行比较，通过调节器或微机自动控制给料量，以保持给料量的均匀和稳定。该秤电气测量原理见图 15-23。

15.4.6 核子秤

15.4.6.1 概述

核子秤是一种新型的物料传输计量装置，是核技术与微机技术相结合的产物，广泛应用于矿山、冶金、水泥、化肥、电力、轻工、港口等多个行业。除用于皮带输送机外，还可应用于履带式、链斗式、刮板式、螺旋式输送机及斗式提升机等多种运输设备。

核子秤基于γ射线穿透物料时部分被吸收的原理进行测量，放射源与γ射线探测器均不接触输送机和物料。其主要优点如下：

① 不受物料的物理化学性质影响，也不受输送机振动、厚度、运行状态、磨损等因素影响；

② 性能稳定，工作可靠，动态测量精度高；

③ 结构简单，安装维修方便，不影响输送机正常运行，无需对原有输送装置进行大幅改造；

④ 可在恶劣环境下稳定工作；

⑤ 适用范围广，除皮带输送机外，还可用于其他类型的输送设备；

⑥ 微机功能强大，可显示多种监测参数，具备打印与报警功能，并可输出多种模拟量或开关量信号供用户使用。

如同任何计量设备一样，核子秤也有其局限性和适用范围。由于其测量原理基于物料对射线的吸收，若物料厚度、粒度变化、成分或堆积形态差异较大，将导致射线吸收程度不同，从而可能影响测量精度。但大量实验表明，只要实物定标时的流量接近正常工作流量，即使物料物理特性发生显著变化，在流量于正常值上下较大范围内波动时，核子秤仍能保持较高的测量精度。

数字显示型核子秤整机具有精度高、体积小、操作简便、抗干扰能力强、传输距离远等特点，尤其适应性强，可在各种气候、温度、湿度及其他恶劣环境中可靠工作。

15.4.6.2 工作原理

核子秤是利用物质吸收γ射线的原理研制的，包括源部件（放射源和防护铅罐）、A形支架、γ射线探测器、前置放大器、速度传感器及微机和电源系统等，见图15-24。其中，被测物料从A形支架中间穿过。

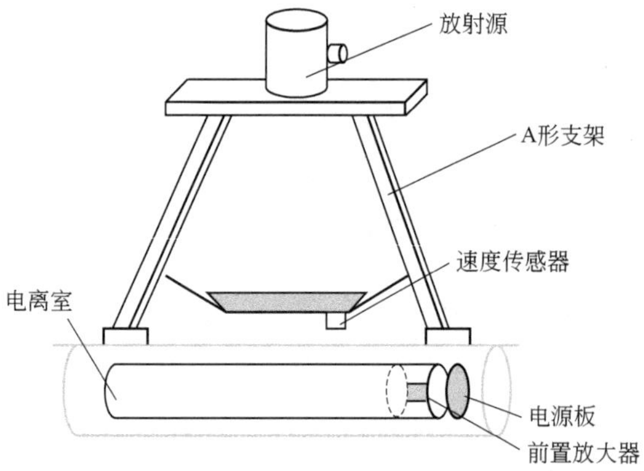

图 15-24 核子秤结构原理

放射源释放出的γ射线照射至被测物料上，其中一部分被吸收，其余则穿透物料并到达γ射线探测器。当物料增多时，被吸收的γ射线也随之增加。由于放射源所发射的γ射线强度为一定值，因此探测器接收到的射线强度随之减少。由此可知，探测器所接收的γ射线强度可用于反映物料的多少。

根据γ射线与物质相互作用原理，γ射线穿透物料后其强度遵循指数衰减规律

$$N=N_0\exp\left(-\mu\frac{F}{S}\right) \tag{15-9}$$

式中 F——每米装载量，kg/m；

N_0——空带时γ射线的强度；

N——带上有物料时γ射线的强度；

μ——吸收系数；

S——输送机宽度。

γ射线的探测器输出的电流与接收到的γ射线强度 N 成正比，而前置放大器输出的电压 U_0 正比于γ射线探测器的输出信号 I，因此由式（15-9）可得到

$$F=-\frac{S}{\mu}\ln\frac{N}{N_0}=-\frac{S}{\mu}\ln\frac{U}{U_0} \tag{15-10}$$

具体到一个计量系统，S/μ 为常数，可令该常数为 $A=S/\mu$，则式（15-10）可写成

$$F=A\ln\frac{U}{U_0} \tag{15-11}$$

只要测出无物料时的 U_0 和有物料的 U 值并通过定标确定出 A 值，就可计算出输送机物

料负荷 F (kg/m)。

核子秤是在线动态计量仪器，测量的主要参数是物料的流量和累计量。物料是以速度 v 通过 γ 射线作用区的，v 可以用测速装置测得。关系如下

$$v=k_1v_c+k_2 \tag{15-12}$$

式中 v_c——速度信号；

k_1，k_2——速度常数，当速度为恒速时 $k_1=1$，$k_2=0$。

则单位时间内流过的物料质量为

$$W=vF \tag{15-13}$$

式中 W——每秒输送量，kg/s；

v——皮带速度，m/s。

通过计算机对输送量进行累加，可获得累计量，并实现显示与定时打印功能。

核子秤用途十分广泛，尤其适用于环境条件恶劣的各类工业现场。其称量物料的最大特点是“非接触性”，因此测量过程不受输送带张紧度、挺度或跑偏的影响，也不受振动、机械冲击、过载等因素的干扰。测量精度为 0.5～1%，具有较高的稳定性与可靠性。主机和探测器均采用特殊的温度补偿电路，以确保零点稳定，通常每年只需要标定一次。

15.4.6.3 核子秤的维护

由于核子秤所采用的放射源是一种对人体有害的物质，因此其日常维护显得尤为重要。但也不必过度“谈秤色变”。只要维护得当，通常不会造成人身伤害事故。日常维护应注意以下几点：

① 核子秤须由熟知原理、接线和操作的专人负责；

② 工作室应注意防尘，通风，保持主机清洁；

③ 在停电时应关机，待电网电压稳定后方可重新开机；

④ 出现故障应由专业人员进行检修；

⑤ 放射源应专人保管、专人操作，防止丢失；

⑥ 电离室套筒上表面不得积垢太厚；

⑦ 维修、校验和重新标定后应及时填写技术档案。

15.4.6.4 放射源安全注意事项

核子秤所使用的放射源装在铅罐中。在现有的防护条件和实际采用的放射源强度下，只要使用单位对放射源实行严格管理，其安全性是可以得到保障的。关于放射源的使用、操作和保管应注意以下事项。

① 在安全使用核子秤前，必须向当地防疫站及公安部门申请放射源使用许可证。装有放射源的铅罐应在本单位的安全保卫部门登记备案，并指定责任心强的专人负责管理。铅罐上的锁应始终保持锁定状态，绝不可随意将铅塞拔出或无故取出放射源。一旦发现放射源丢失，应立即报告上级部门并迅速采取措施找回。

② 非必要时，避免长时间停留在铅罐附近。安置放射源的地方应设有明显的警示标志。如需要检查是否有 γ 射线从准直孔射出，应使用配备相应探测器的专业仪器进行检测。

③ 如果放射源长时间不使用，应将铅罐的准直孔转向上方，妥善存入库房，并由专人负责保管。保卫部门应定期进行检查。

④ 经过一段时间的使用后，由于放射源衰减导致强度不符合工作需要时，严禁随意丢弃或就地深埋。应及时联系当地卫生部门和安全部门，考虑将其移作其他用途或作为放射性废物长期储存。

⑤ 尽可能降低周围环境中的射线剂量水平。安装完成后，可以在铅罐外四周增加附加屏蔽材料。

⑥ 鉴于工业现场灰尘较多，可能会逐渐积聚在铅塞缝隙中，影响其转动。因此，在安装时应采取防尘措施。

第16章 粉尘的危害与防护

16.1 概述

16.1.1 粉尘的来源

工业生产、交通运输和农业活动中会产生大量粉尘。据统计，农业粉尘约占粉尘总量的14%，而其中大量的粉尘主要来源于工业生产和交通运输，尤其是建材、冶金、化学工业等行业，工业与民用锅炉等设备排放的粉尘尤为严重。以下活动和过程会产生大量粉尘：物料的破碎、粉磨；粉状物料的混合、筛分、运输和包装；燃料的燃烧；汽车尾气中由铅及其化合物与有机物组成的颗粒；金属蒸气在冷却过程中发生的凝结与氧化。

此外，风力作用和人类的地面活动还会产生土壤尘，其粒径一般大于1μm，容易沉降，但也常随风再次扬起。

16.1.2 粉尘的分类

根据粉尘的不同特性，可将其按以下方式进行分类：

(1) 按粉尘的形状分类

粉尘：泛指各种固体物质的微小颗粒，粒径通常小于140μm。

烟尘：是由燃烧过程产生的蒸气冷凝形成的细小颗粒，粒径范围通常为0.01～1μm。

烟雾：是指高温条件下金属蒸发后氧化并凝结形成的微粒，属于烟的一种类型，粒径为0.1～1μm。

(2) 按粉尘的理化性质分类

无机粉尘：包括矿物性粉尘（如石英、石棉、滑石粉等）、金属粉尘（如铁、锡、铝、锰、铍及其氧化物等）以及无机材料类粉尘（如金刚砂、水泥、耐火材料等）。

有机粉尘：是指来源于有机物质的微粒，通常分为三类：植物性粉尘（如棉、麻、谷物、烟草等）、动物性粉尘（如毛发、角质、骨质等）以及人工有机材料粉尘（如部分有机染料和可形成粉尘的合成炸药等）。

混合性粉尘：是多种粉尘混合而成的复合物。大气中的粉尘多为此类。

(3) 按粉尘颗粒大小分类

可见粉尘：用肉眼可以分辨的粉尘，粒径通常大于14μm；

显微粉尘：在普通显微镜下可以分辨的粉尘，粒径通常为0.25～14μm；

超显微粉尘：需要借助超高倍显微镜或电子显微镜才能分辨的粉尘，粒径通常小于0.25μm。

此外，按粉尘在大气中滞留时间的长短，可分为飘尘和降尘。粒径小于10μm的粉尘称为飘尘，可在空气中持续悬浮较长时间；粒径大于等于 10μm 的粉尘称为降尘，具有明显的重力沉降趋势。

16.1.3 粉尘的性质及其危害

(1) 粉尘的化学性质　粉尘的化学成分决定了其对人体健康的危害程度。某些金属及类金属粉尘（如铬、锰、镉、铅、汞、砷等）进入人体后，可能引发中毒甚至死亡。吸入铬尘可能引起鼻中隔溃疡和穿孔，并显著增加肺癌的发病风险；吸入锰尘可能引发中毒性肺损伤；吸入镉尘则可能导致肺气肿和骨质软化等病症。

即便粉尘本身无毒，长期吸入一定量的颗粒物仍会对人体造成严重危害。当粉尘在肺内逐渐沉积时，可导致肺部弥漫性纤维化病变，进而引发呼吸系统疾病，医学上定义为肺尘埃沉着病（俗称“尘肺”）。其中，吸入含二氧化硅的粉尘可引发肺组织硬化，导致硅肺（又称矽肺）的发生，其是肺尘埃沉着病中最常见、进展最快、危害最严重的一种类型。

(2) 粉尘的分散度　粉尘的分散度是指粉尘中不同粒径颗粒的分布比例。不同粒径的粉尘颗粒在呼吸系统中的沉积位置不同，对人体健康的危害也存在差异。通常情况下，粒径大于 140μm 的尘粒因重力作用迅速沉降，几乎不会被人吸入，对人体健康基本无害；粒径大于 14μm 的颗粒多被鼻腔阻挡，难以进入下呼吸道；粒径在 5～14μm 之间的颗粒大多在通过鼻腔和气管等上呼吸道时，被纤毛和分泌的黏液捕获，并通过咳嗽、喷嚏等防御机制排出体外；而粒径小于 5μm 的细小颗粒则可能深入肺部并滞留在肺泡中，其中部分粒径小于 0.4μm 的超细颗粒可在呼气时排出体外。

粉尘颗粒越细，在空气中悬浮的时间越长，被人体吸入的可能性也越大。微细粉尘因其较大的比表面积，在进入人体后表现出更强的化学活性，可能引发更严重的肺纤维化病变。此外，微细粉尘具有较强的吸附能力，能够携带多种有害气体和金属元素进入肺部，从而诱发急性和慢性疾病。

1952 年伦敦烟雾事件是人类历史上一次典型的恶性空气污染事件。这次事件的发生首先与伦敦地区特殊的地理环境和气候条件有关。其次，自工业化以来，工业燃煤释放出大量烟雾和废气，也是主要原因之一。此外，家庭长期依赖煤炭取暖，而公众对改进燃烧设备和提高能源利用效率缺乏重视，进一步加剧了污染程度。

总之，粒径小于 5μm 的粉尘对人体健康的危害最大，这类粉尘通常被称为“吸入性粉尘”。另一方面，粒径大于 5μm 的粉尘虽然难以深入肺部，但容易沉积在机械设备内部，造成部件磨损，进而缩短设备的使用寿命。

(3) 粉尘的光学性质与能见度　粉尘的光学性质主要包括其对光的散射、反射、吸收以及透过能力。大气中的粉尘通过散射光线显著降低能见度，这一现象在人口密集、工业集中的城市地区尤为突出。

(4) 粉尘的自燃性与爆炸性　当物料被粉碎成细小颗粒后，其总表面积和系统自由表面能显著增加，从而增强了粉尘颗粒的化学活性，尤其是氧化反应的倾向。在特定条件下，这种氧化过程可能释放足够的热量并引发自燃，这种特性称为粉尘的自燃性。具有自燃性的粉尘存在较大的火灾隐患，必须引起高度警惕。

当可燃性悬浮粉尘在密闭空间内发生快速燃烧时，会产生剧烈的压力升高，引发化学爆炸，这种特性称为粉尘的爆炸性。能够引发粉尘爆炸的最低浓度和最高浓度分别称为爆炸下限浓度和爆炸上限浓度。处于爆炸上下限浓度之间的粉尘混合物具有爆炸危险性。

爆炸危险性较强的粉尘（如砂糖、胶木粉、硫黄和松香等），其爆炸下限浓度通常低于 $16g/m^3$；而一般具有爆炸危险性的粉尘（如铝粉、亚麻纤维、页岩粉、面粉、淀粉等），其爆炸下限浓度则在 $14 \sim 65g/m^3$ 范围内。

对于具有爆炸性和火灾危险性的粉尘，在进行通风除尘系统设计时，必须充分考虑其安全防护要求，并采取相应的防爆和防火措施。

16.2 粉尘对呼吸系统的影响

16.2.1 颗粒在呼吸系统的穿透、沉积

粉尘由不同粒径的颗粒组成，不同粒径的颗粒在呼吸道中的沉积率存在差异。其中，能够深入并沉积于肺部区域的细小颗粒被称为“呼吸性粉尘”。

粉尘浓度是衡量作业环境空气中悬浮颗粒物含量的重要指标，也是评估其对人体健康潜在危害程度的关键参数。

生产性粉尘是指在工业生产过程中产生，并且在空气中较长时间悬浮的固体微粒。

通常根据粒径（以动力学当量直径表示），将总悬浮颗粒物划分为不同类型（图 16-1）。

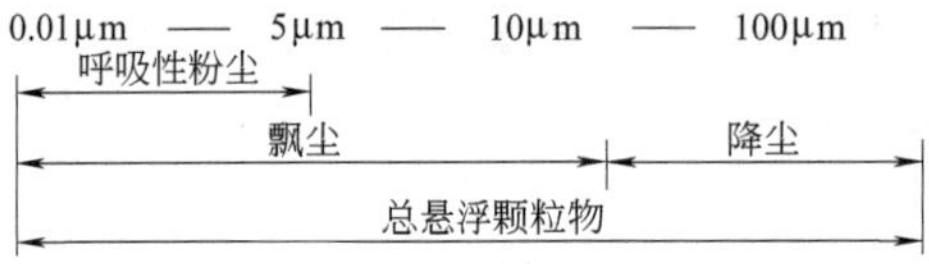

图 16-1 总悬浮颗粒物划分为不同类型

研究表明，粒径大于 14μm 的粉尘颗粒通常会被鼻毛阻挡在鼻腔外；粒径在 2～14μm 之间的颗粒中，约 90%可进入呼吸道并在不同部位沉积。其中大部分可被纤毛运动清除，并经黏膜作用后随痰液排出体外，约 14%的颗粒则可深入至肺部深区并长期滞留；粒径小于 2μm 的颗粒几乎均可被吸入并深入肺部。其中 0.2～2μm 的颗粒基本都会沉积于肺部，难以通过呼气排出；而粒径小于 0.2μm 的颗粒，则有部分可能随呼出气流排出体外。

粉尘对人体的危害程度取决于其在体内的沉积量及其理化性质，不同情况下可能引发不同程度的健康损害。

（1）粉尘对人体的危害　粉尘对人体健康的危害主要体现在以下几个方面。

① 对呼吸道黏膜的局部刺激作用　沉积在呼吸道内的颗粒物可能引发黏膜分泌增加等防御性反应，进而导致各类呼吸道炎症。严重时，还可能造成鼻腔黏膜糜烂甚至溃疡。

② 中毒作用　颗粒物在环境中迁移的过程中可吸附多种有害化学物质，或与其他颗粒物发生表面成分交换。其表面常富集重金属和有毒有机化合物，这些物质进入人体后可被迅速吸收，从而引发中毒反应。

③ 变态反应（过敏反应）　有机粉尘（如棉尘、麻尘）以及附着有机污染物的无机粉尘，可能诱发支气管哮喘、过敏性鼻炎等疾病。

④ 感染风险　部分在空气中长时间悬浮的粉尘可能携带病原微生物，吸入后可能引发呼吸道感染。

⑤ 致纤维化作用　长期吸入硅尘、石棉尘等可引发以肺间质纤维化为主要特征的尘肺病。该病变表现为成纤维细胞活化、胶原沉积等病理改变，具有进行性和弥漫性的特点。尘肺病是粉尘作业场所中最常见且最受关注的职业病之一。通过佩戴防护口罩等措施，可有效减少粉尘暴露，显著降低发病风险。

（2）粉尘的环境健康效应　为了进一步深入了解粉尘对生物系统的潜在危害，研究人员综合运用表面化学、电化学及细胞培养等实验技术，并结合红外光谱（IR）、X 射线荧光光谱法（XRF）、紫外光谱（UV）等谱学方法，以及电子微束分析技术，对多种矿物源粉尘的理化特性、表面官能团及其相关活性位点、电化学性质、溶解行为及其毒性效应开展了系统性研究，旨在对其表面化学活性、生物反应性、生物持久性、毒性和环境安全性等多个维度进行全面评

估。当前的研究不仅关注生产场所的矿物粉尘，还扩展至其在环境中的长距离传输过程，以及在传输过程中其表面理化性质和生物学特性所发生的变化。

① 矿物粉尘的表面官能团　粉尘的表面特征是决定其生物活性的关键因素。研究表明，经过处理的矿物粉尘会发生晶片剥离，从而使表面官能团进一步暴露，导致粉尘表面的—OH和—O—Si—O—等基团含量增加。同时，在环境中的各种化学作用下，粉尘表面会产生更多的缺陷和孔隙，从而增强这些官能团的溶解性、电离能力以及对其他物质的吸附性能。

活化后的粉尘表面能够与体液、血清、血浆、红细胞、细胞成分及组织碎片发生选择性吸附和离子交换作用。在人体内，无机盐对含有－OH或可解离出OH－的粉尘具有较强的溶解作用，并可能生成可溶性的复合盐类。

② 粉尘的生物持久性　粉尘在人体内滞留期间可产生较长时间的生物作用。体外实验研究表明，粉尘在多种有机酸（如乙酸、草酸、柠檬酸、酒石酸等）中的溶解过程包含两个主要反应路径：一是阳离子的酸碱中和反应析出，二是非晶态 SiO_2 再溶解生成含硅有机配合物。粉尘在人体内的溶解速率主要取决于其表面物质的溶解度，并与酸浓度呈近似线性关系。

③ 粉尘的毒性　粉尘对细胞膜的毒性主要体现在对其通透性、流动性及形态的影响。吸入肺部的粉尘嵌入肺泡巨噬细胞膜是其生物活性的重要表现形式。不同种类的粉尘会导致巨噬细胞电泳率的变化。纤维状粉尘与细胞接触时，其表面变得粗糙并被膜绒毛包裹，其毒性与表面官能团—OH和—O—Si—O—密切相关。其对细胞的损伤机制主要表现为细胞膜脂质的过氧化作用。研究还表明，吸烟者体内摄入的尼古丁可能会对粉尘的毒性具有一定的增强效应。

④ 粉尘的吸附行为　粉尘在体内对血清成分具有选择性吸附作用，其中对脂类物质的吸附能力最强。几乎所有纤维状粉尘都表现出对红细胞的吸附能力。

⑤ 粉尘在体内的变化　某些粉尘（如青石棉）在体内具有一定的迁移性、溶解性和物理化学变化能力。通常情况下，粒径大于14μm的粉尘多被阻留在鼻咽部；而粒径小于14μm的粉尘，其穿透能力随粒径减小而增强。粒径小于或接近1μm的颗粒大多进入肺泡，而粒径为2μm的颗粒则几乎完全沉积于肺部。尘粒的沉积率随粒径减小而下降，其中粒径为0.5μm的颗粒沉积率最低。例如，粒径为3μm的粉尘中，约65%～70%沉积于鼻腔，25%～30%沉积于肺部，5%～14%沉积于气管或支气管的纤毛区域。

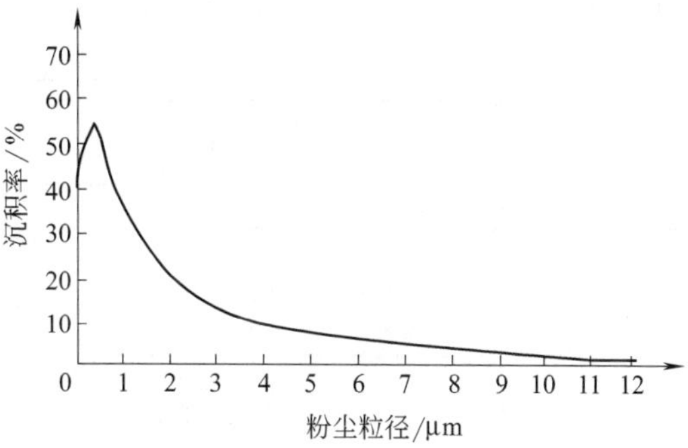

图16-2　不同粒径粉尘在呼吸系统中的沉积率

不同粒径粉尘在呼吸系统中的沉积率如图16-2所示。

粉笔尘浓度范围在1.82～21.7mg/m^{3}之间，超出作业场所14mg/m^{3}的卫生标准。分散度测试显示，粉笔尘中直径小于5μm的颗粒占比高达72.15%，表明其具有较高的分散度。值得注意的是，粉笔尘中的游离二氧化硅（SiO_2）含量较低，平均值约为3.25%。

陶瓷原料除了含有高岭土、瓷石和瓷釉之外，还包括滑石、石膏及特定有机溶剂。长期暴露于这类混合粉尘中的工人，可能会由于鼻腔和咽喉部位的持续刺激，导致毛细血管扩张、黏膜红肿、增厚或干燥等问题。此外，外部因素如烟雾和病原体的作用，会加剧上述症状，最终引发诸如鼻炎、咽炎等上呼吸道疾病。

石棉是一类具有纤维状结构的硅酸盐矿物，包含镁及其他微量元素如铁、镍、铝、钙、钠等。根据矿物学分类，石棉主要分为蛇纹石和角闪石两类。其中，蛇纹石类别中最广泛应用的是温石棉，因其具备高强度、耐久性、优异的耐火性能、隔热和电绝缘特性以及对酸碱的良好抵抗能力，常用于制造防火、隔热、绝缘、制动和衬垫材料。在石棉矿的开采、选矿和石棉制品的生产过程中，工作人员不可避免地会接触到石棉粉尘。长期大量吸入石棉粉尘可导致石棉沉着病（俗称石棉肺）的发生。

石棉沉着病的确切发病机制尚未完全明了。以往观点认为，石棉粉尘因其长而尖锐的纤维形态，在吸入后能够对支气管壁和肺泡壁造成机械性伤害。当前的研究则指出，吸入的石棉纤维大多沉积于小细支气管、肺泡腔及肺间质中，并在此溶解。其中，硅酸会与次级溶酶体膜形成氢键，改变膜的通透性，促使水解酶释放至细胞质中，进而导致巨噬细胞破裂死亡，最终引发肺组织纤维化。未被吞噬的石棉纤维还能穿透肺组织到达胸膜，导致胸膜增厚或炎症，甚至诱发间皮瘤。石棉沉着病的主要病理特征包括弥漫性肺间质纤维化、纤维性胸膜斑块、局灶性纤维化变化以及“石棉小体”的形成。

研究显示，进入人体的稀土粉尘的毒性与其化合物类型和化学性质密切相关，尤其是其溶解性。通常情况下，重稀土元素的毒性大于轻稀土元素，按毒性从低到高排序为氯盐＜硫酸盐＜硝酸盐，而稀土氧化物的毒性低于其对应的氯盐。尽管稀土氧化物或氢氧化物的溶解性很低或者几乎不溶，但是通过呼吸道进入体内的稀土氧化物粉尘可以在肺部停留较长时间，从而可能导致肺部纤维化病变。稀土粉尘的标准定义是指含有不超过10%游离SiO_2的粉尘。对于CeO_2及其相关的铈类混合稀土粉尘、Y_2O_3及其相关的钇类混合稀土粉尘，工作环境中的空气允许浓度上限均为3mg/m^3。

16.2.2 摄入颗粒的临界值

在有粉尘存在的各种作业区，粉尘浓度越大，吸入肺中的粉尘量越多，对人体的危害越大。

粉尘浓度的定义：单位体积空气中所含的粉尘质量称为粉尘浓度，以mg/m^{3}或g/m^{3}表示。

我国现行的《工业企业设计卫生标准》中，生产性粉尘作业区允许浓度是按游离SiO_2的含量来确定的。表16-1中列出了部分粉尘的卫生标准。

表16-1 生产性粉尘的卫生标准

粉尘名称	车间空气中最高允许含尘浓度/(mg/m^3)
含14%以上游离SiO_2的粉尘	2
含80%以上游离SiO_2的粉尘	≤1
含14%以下游离SiO_2的粉尘	4
含14%以上游离SiO_2的水泥粉尘	6
无毒性生产性粉尘	14

对有毒粉尘，则根据粉尘的毒性而异。表16-2中列出了部分有毒粉尘的卫生标准。可见，有毒粉尘的卫生标准较一般性粉尘标准要高得多。

卫生标准对居民区大气中粉尘的最高允许浓度的规定如下。

粉尘：自然沉降量（在当地清洁区基础上允许增加的数值）≤3t/km^2·月。

烟尘：一次性浓度≤0.15mg/m^3，日平均浓度≤0.05mg/m^3。

飘尘：一次性浓度≤0.5mg/m^3，日平均浓度≤0.15mg/m^3。

汞：日平均浓度≤0.0003mg/m^3。

铍：日平均浓度≤0.00001mg/m^3。

表16-2 有毒粉尘的卫生标准

有毒粉尘名称	车间空气中最高允许含尘浓度/(mg/m^3)	有毒粉尘名称	车间空气中最高允许含尘浓度/(mg/m^3)
铅烟	0.03	V_2O_5烟	0.1
铅尘	0.05	V_2O_5粉尘	0.5
金属汞	0.01	铍及其化合物	0.001

除了最高允许含尘浓度外，还用粉尘浓度超标倍数来表示粉尘的危害程度。所谓粉尘浓度超标倍数，即在工作地点，空气中粉尘浓度超过该种生产性粉尘的最高容许浓度的倍数。

我国于1986年颁布的《生产性粉尘作业危害程度分级》(GB 5817—1986)中对生产性粉尘作业危害程度的分级见表16-3。由于该表部分可能已不能完全适配当前的要求，故仅供参考。其中，石棉尘属于人体致癌性粉尘，列入本标准中游离二氧化硅大于70%一类的粉尘危害等级范畴。

表 16-3 生产性粉尘作业危害程度分级表

生产性粉尘中游离二氧化硅含量/%	工人接尘时间肺总通气量/[L/(d·人)]	生产性粉尘超标倍数							
		0	−1	−2	−4	−8	−16	−32	−64
≤14%	−4000								
	−6000								
	>6000	0	Ⅰ		Ⅱ		Ⅲ		Ⅳ
14%~40%	−4000								
	−6000								
	>6000								
40%~70%	−4000								
	−6000								
	>6000								
>70%	−4000								
	−6000								
	>6000								

也可采用超标比的概念。超标比的定义为：

$$B=G/G_0 \tag{16-1}$$

式中 B——呼吸性粉尘浓度超标比；

G——呼吸性粉尘浓度实测值，mg/m^3；

G_0——呼吸性粉尘浓度卫生标准，mg/m^3。

16.2.3 粉尘致病的机理

对于矿物纤维粉尘的生物活性及由此致病和致突变机制的复杂性，不同学者根据流行病学调查、动物试验、体外试验的研究成果提出了不同的致病假说。

建立在生物解剖学和粉尘空气动力学基础上的“纤维形态假说”强调矿物粉尘的纤维形态特征和机械刺入作用是其致病的重要因素。但该假说难以解释不同物质在同一长度和直径下致癌性或生物活性相差甚远的事实。

强调矿物纤维粉尘在生物体内的“持久性假说”则认为，矿物纤维粉尘持久性(耐蚀性)是解释可被吸入矿物纤维粉尘潜在致病作用的最重要指标，但未探讨矿物粉尘的生物持久性与矿物表面基团特性(电性、表面活性等)间的关系。生物体内细胞本身就是带电体，能够与带不同电性的矿物粉尘表面活性基团产生相互作用而受损，这种相互作用所产生的生物效应及机理是当前矿物粉尘致病机理研究中的薄弱环节。

许多研究探讨了矿物纤维粉尘表面ξ电位引起的生物学危害机理。表16-4列出了某些非有色金属矿物粉尘的ξ电位。

表 16-4 几种非金属矿物粉尘的ξ电位

序号	试样名称	产 地	处理情况及基本特征	ξ电位/mV
1	斜发沸石	河南信阳	超声波分散至10~30μm,原粉	−9.98
2	斜发沸石	河南信阳	0.1mol/L HCl,固∶液=1∶50,100℃,处理1h后的残余物	−71.6
3	硅灰石	吉林磐石	超细加工至10~30μm,原粉	−19.7
4	硅灰石	吉林磐石	0.6mol/L HCl,固∶液=1∶50,100℃,处理1h后的残余物	−31.5
5	纤维状坡缕石	重庆市奉节县	超声波加工至10~30μm,原粉单体呈长纤维状	−14.1
6	纤维状坡缕石	重庆市奉节县	4mol/L HCl,固∶液=1∶50,100℃,处理1h后的残余物	−23.9
7	土状海泡石	湖南浏阳	超声波分散至10~30μm,原粉单体呈短纤维状	−18.8

续表

序号	试样名称	产　地	处理情况及基本特征	ξ电位/mV
8	土状海泡石	湖南浏阳	超声波分散至10～30μm，溶血试验残余物	−17.9
9	纤维状海泡石	湖北广济	超声波分散至10～30μm，原粉单体呈较长纤维状	−25.9
10	纤维状海泡石	湖北广济	0.5mol/L HCl，固∶液=1∶50，100℃，处理1h后的残余物	−15.4
11	蛇纹石	陕西大安	超细加工至10～30μm，原粉	0.64
12	温石棉	四川石棉矿	超声波分散至10～30μm，原粉	4.61
13	温石棉	四川石棉矿	0.5mol/L HCl，固∶液=1∶50，100℃，处理1h后的残余物	−31.0
14	阳起石石棉	湖北大冶	超细分散至10～30μm，原粉	−17.4

由表16-4可看出，除蛇纹石及温石棉外，其他矿物原粉尘表面的ξ电位均为负值，这是因为这些矿物粉尘在中性水中释放的是表面的及可交换性的Ca^{2+}、Mg^{2+}、K^{+}、Na^{+}等阳离子，尤其是具有一定阳离子交换能力的沸石、坡缕石、海泡石等的ξ电位负值较高，而经一定浓度HCl处理后的残余物其ξ电位负值更高，说明在酸性介质中，进入溶液的阳离子越多，其表面带有越多的负电荷。

硅灰石原粉尘的ξ电位为−20mV左右，用0.6mol/L HCl处理后，其ξ电位变为−31.5mV。这是因为处于HCl水溶液中的硅灰石（$CaSiO_3$），其Ca^{2+}大量进入溶液，使其残余物（SiO_2水化物）表面带更多的负电荷。

纤维坡缕石的ξ电位原粉尘为−16.1mV，被4mol/L HCl溶蚀后，其表面ξ电位降至−23.9mV，原理同上。

由此可以看出，矿物原粉尘在中性水中的ξ电位大多为负值，少数为正值，而用不同浓度的HCl处理后，ξ电位大多有所降低，甚至原来ξ电位为正值的温石棉也变为负值。

16.2.4 粉尘防护

粉尘对人体健康、工农业生产和气候造成的不良影响是毋庸置疑的。为了根除粉尘疾病，创造清洁的空气环境，必须加强粉尘控制和防治工作。有关粉尘防护和治理的措施主要如下。

① 改革生产工艺和工艺操作方法，从根本上防止和减少粉尘。生产工艺的改革是防治粉尘的根本措施。用湿法生产代替干法生产可大大减少粉尘的产生。用气力输送粉料能有效避免运输过程中粉尘的飞扬。用无毒原料代替有毒原料，可从根本上避免有毒粉尘的产生。

② 改进通风技术，强化通风条件，改善车间环境。根据具体生产过程，采用局部通风或全面通风技术，改善车间空气环境，可使车间空气含尘浓度低于卫生标准的规定。

③ 强化除尘措施，提高除尘技术水平。通过各种高效除尘设备，将悬浮于空气中的粉尘捕集分离，使排出气体中的含尘量达到国家规定的排放标准，防止粉尘扩散。

④ 防护罩具技术。从事各种粉尘作业的人员应佩戴防尘罩，防止粉尘进入人体呼吸器官，防止粉尘对人体的侵害。

⑤ 防尘规划与管理。园林绿化带有滞尘和吸尘作用。对产生粉尘的厂矿企业，尽量用园林绿化带将其包围起来，以便减少粉尘向外扩散。对产生粉尘的过程（如破碎、研磨、粉末化、筛选等），尽量采用密封技术和自动化技术，防止和减少操作人员与粉尘的接触。

（1）爆破粉尘的控制　爆破时产生的粉尘浓度可达600mg/m^3，且浮游粉尘中呼吸性粉尘的含量很高，它们会随爆破气浪的膨胀运动迅速向周围扩散弥漫，污染半径可达几十米甚至上百米，直接危害人体健康。

① 水封爆破　借助于炸药爆破时产生的高温高压水进入岩体裂隙或使之汽化形成细微雾滴，从而抑制粉尘产生或减少粉尘飞扬。在水炮泥内的水中加入1%～3%的化学抑尘剂，降低呼吸性粉尘的效果更佳。

② 喷雾降尘　利用喷雾器将微细水滴喷向爆破空间，雾化水滴与随风飘散的粉尘碰撞，使粉尘颗粒黏着在水滴表面或被水滴包围，润湿、凝聚成较大颗粒，在重力作用下沉降下来。

③ 富水胶冻炮泥沉降爆破尘毒　富水胶冻炮泥的主要成分是水、水玻璃及作为胶凝剂的硝酸铵等低分子化合物，它是一种胶体，具有一定黏性，爆炸时产生的粉尘和有毒气体在高温高压下与富水胶冻炮泥相接触，通过吸附、增重、沉降起到迅速降低烟尘量的作用。其次，部分凝胶在高温高压下还能转化成硅胶，形成具有网状结构的多孔性毛细管，比表面积大，具有很强的吸附能力。另外，富水胶冻炮泥在粉碎成微粒时，凝胶结构被破坏，会析出大量水，在高温高压下呈气态，可使空气中的粉尘湿润、增重、沉降。试验结果表明，富水胶冻炮泥用于爆破时的降尘效率大于93%。

(2) 井下降尘

① 井下气幕阻尘法　采用一种透明的无形屏障——气幕，将未降落的粉尘尤其是呼吸性粉尘隔离在工作区以外，从而降低粉尘对采掘工人的危害。

② 干式凿岩捕尘　目前国内外广泛采用的干式捕尘方法是中心抽尘单机捕尘技术，即采用中心抽尘的捕集系统，将凿岩时产生的粉尘集中送至大型除尘装置中进行处理。

③ 湿式凿岩捕尘　目前湿式凿岩防尘仍侧重于控制炮眼内粉尘的逸出。

(3) 超声雾化捕尘技术

① 超声雾化抑尘器　在局部密闭的扬尘点上安装利用压缩空气驱动的超声雾化器，激发高度密集的亚微米级雾滴迅速捕集凝聚微细粉尘，使粉尘特别是呼吸性粉尘迅速沉降至产尘点上，实现就地抑尘。该方法不必将含尘气流抽出，避免了使用干式除尘器清灰工作带来的二次污染。

② 超声雾化器　采用超声雾化器产生微细水雾来捕截粉尘，用直流旋风器脱去捕尘后的雾。该方法除尘效率高，同时阻力也大幅度下降。

16.3 粉尘爆炸及防护

16.3.1 粉尘爆炸的基本概念

(1) 物质的可燃性　工业生产过程中产生的粉尘，按其是否易于燃烧，大致可分为可燃性粉尘和非可燃性粉尘两类。可燃性粉尘的燃烧可能性一般用相对可燃性表示。在可燃性粉体中加入惰性的非可燃性粉体均匀分散成粉尘云后，用标准点火源点火，使火焰停止传播所需要的惰性粉体的最小加入量(%)即为粉体的相对可燃性。表16-5列出了一些粉体的相对可燃性。

表16-5　粉体的相对可燃性

粉体	相对可燃性/%	粉体	相对可燃性/%
镁	90	合成橡胶成型物	>90
锆	90	木质素树脂	<90
铜	90	碳酸树脂	>90
铁(氢还原)	90	紫胶树脂	>90
铁(羰基化铁)	85	乙酸盐成型物	>90
铝	80	脲醛树脂	80
锑	65	玉米粉	70
锰	40	烟煤粉	65
锌	35	马铃薯粉	57
镉	18	小麦粉	55
乙酸盐树脂	90	烟草粉	20
聚苯乙烯树脂	>90	无烟煤粉	0

由表中数据可以看出，金属粉末的相对可燃性依镁、铁、铝、锑、锰及锌的顺序减弱；天

然有机物的相对可燃性比有机合成物的小，其原因之一是天然有机物与大气的湿度相平衡，因为吸湿而含有水分从而使其可燃性减弱。

值得指出的是，相对可燃性相同时，有机粉体与金属粉末的燃烧机理有所区别。有机粉体受热蒸发分解产生蒸气，一般发生气相反应。金属粉体中，锡、锌、镁、铝等受热时也产生蒸气，而熔点高的铁、钛、锆等金属粉末的着火燃烧必须直接在表面层发生。

粉尘的可燃性，还可用燃烧热来评价。固体燃烧时会释放出热量，粉尘能否燃烧并发生爆炸，既取决于所释放的能量的大小，又决定于能量释放速率。表 16-6 列出了某些物质的燃烧热。

表 16-6 某些物质的燃烧热

物质种类	燃烧后的产品	燃烧热/(kJ/mol)	物质种类	燃烧后的产品	燃烧热/(kJ/mol)
钙	CaO	1270	铜	CuO	300
镁	MgO	1240	蔗糖	CO_2+H_2O	470
铝	Al_2O_3	1140	淀粉	CO_2+H_2O	470
硅	SiO_2	830	聚乙烯	CO_2+H_2O	390
铬	Cr_2O_3	750	碳	CO_2	400
锌	ZnO	700	煤	CO_2+H_2O	400
铁	Fe_2O_3	530	硫黄	SO_2	300

（2）粉尘云及其特性　具有一定密度和粒度的粉尘颗粒在空气中所受的重力与空气的阻力和浮力相平衡时，就会悬浮或浮游在空气中而不沉降。这种粉尘与空气的混合物称为粉尘云。

粉尘云首先是粉尘颗粒通过扩散作用均匀分布于空气中形成的悬浊体；其次，粉尘云中的粉尘颗粒一般都是微细颗粒，这些微细颗粒的表面能较大，表面不饱和电荷较多，易于发生强烈的静电作用。另外，由于粉尘云中的固体粉尘颗粒与空气充分接触，如果燃烧条件满足，一旦发生燃烧，其燃烧速度非常快。

对于可燃性粉尘形成的粉尘云，当其中的粉尘浓度达到一定值后，就有可能发生燃烧并爆炸。可以被氧化的粉尘如煤粉、化学纤维粉、金属粉、面粉、木粉、棉、麻、毛等，在一定条件下均能发生着火或爆炸。因此，粉尘爆炸的危险性广泛存在于冶金、石油化工、煤炭、轻工、能源、粮食、医药、纺织等行业或领域。

（3）粉尘爆炸　如前所述，可燃性粉尘在燃烧时会释放出能量，而能量的释放速度即燃烧的快慢除与其本身的相对可燃性有关外，还决定于其在空气中的暴露面积，即粉尘颗粒的粒度。对于一定成分的尘粒来说，粒度越小，表面积越大，燃烧速度越快。如果微细尘粒的粒度小至一定值且以一定浓度悬浮于空气中，其燃烧过程可在极短时间内完成，致使瞬间释放出大量能量。这些能量在有限的燃烧空间内难以及时逸散至周围环境中，结果导致该空间的气体因受热而发生急剧的近似绝热膨胀；同时，粉体燃烧时还会产生部分气体，它们与空气的共同作用使燃烧空间形成局部高压。气体瞬间产生的高压远超过容器或墙壁的强度，因而会对其造成严重的破坏或摧毁。此即粉尘爆炸。

16. 3. 2 粉尘爆炸的特点

（1）发生频率高，破坏性强　粉尘爆炸过程和机理较气体爆炸复杂得多，表现为粉尘的点火温度、点火能普遍比气体的点火温度和点火能高，这决定了粉尘不如气体容易点燃。在工业生产状况下，一方面，粉尘爆炸的频率低于气体爆炸的频率；另一方面，随着机械化生产程度的提高，粉体产品增多，加工深度增大，特别是粉体生产、干燥、运输、储存等工艺的连续化和生产过程中收尘系统的出现，使得粉尘爆炸事故在世界各国的发生频率日趋增大。

粉尘的燃烧速度虽比气体燃烧速度慢，但因固体的分子量一般比气体的分子量大得多，单位体积中可燃物含量较高，一旦发生爆炸，产生的能量很高，爆炸威力也极大。爆炸时温度普遍高达 2000～3000℃，最大爆炸压力可达近 700kPa。

(2) 粉尘爆炸的感应期长 粉尘着火的机理分析表明，粉尘爆炸首先要使粉尘颗粒受热，然后分解、蒸发出可燃气体，粉尘从点火到被点着的时间间隔称为感应期，其长短由粉尘的可燃性及点火源的能量大小所决定。一般粉尘的感应期约为 14s。

(3) 易造成“二次爆炸” 粉尘爆炸发生时很容易扬起沉积的或堆积的粉尘，其浓度往往比第一次爆炸时的粉尘浓度更高；另外，在粉尘爆炸中心，有可能形成瞬时的负压区，新鲜空气向爆炸中心逆流与新扬起的粉尘重新组成爆炸性粉尘而发生第二次、第三次爆炸。由于粉尘浓度大，所以其爆炸压力比第一次高，破坏性更严重。

(4) 爆炸产物容易是不完全燃烧产物 与一般的气体爆炸相比，粉尘中可燃物相对较多，粉尘爆炸时燃烧的是分解出来的气体产物，灰分来不及燃烧。

(5) 爆炸会产生两种有毒气体 粉尘爆炸时一般会产生两种有毒气体：一种是一氧化碳；另一种是爆炸产物（如塑料）自身分解的有毒气体。

16.3.3 粉尘爆炸机理及发生爆炸的条件

(1) 粉尘爆炸机理 为了更好地了解粉尘爆炸机理，首先应了解粉尘爆炸的历程。同气体爆炸一样，粉尘爆炸是助燃性气体（空气）和可燃物均匀混合后进行反应的结果。可燃性粉尘爆炸一般经历如下过程。

① 悬浮粉尘在热能源作用下被迅速干馏，放出大量可燃气体。

② 可燃气体在空气中迅速燃烧，并引起粉尘表面燃烧。

③ 可燃气体和粉尘燃烧放出的热量，以热传导和火焰辐射的形式向邻近粉尘传播。

以上过程循环进行使反应速度逐渐加快，当达到剧烈燃烧时，则发生爆炸。

根据粉尘爆炸过程，粉尘爆炸机理可通过图 16-3 来描述。

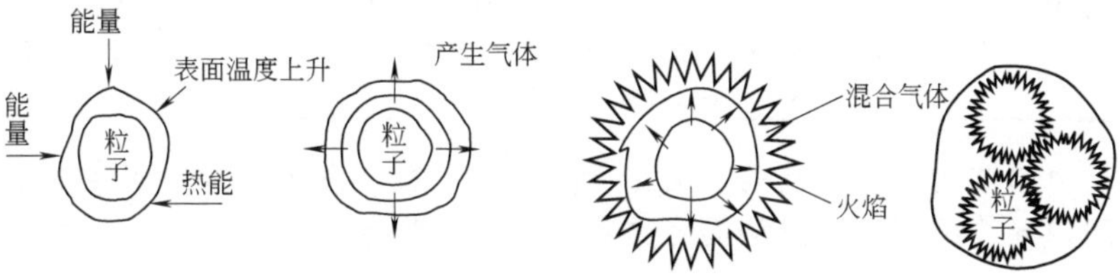

图 16-3 粉尘爆炸机理

① 热能作用于粉尘颗粒表面，使其温度上升。

② 尘粒表面分子由于热分解或干馏作用变为气体分布于颗粒周围。

③ 气体与空气混合生成爆炸性混合气体，进而“发火”产生火焰。

④ 火焰产生热能，加速粉尘分解，循环往复放出气相可燃性物质与空气混合，进一步“发火”传播。

因此，粉尘爆炸时的氧化反应主要是在气相内进行的，实质上是气体爆炸，且氧化放热速率受到质量传递的制约。颗粒表面氧化物气体向外界扩散，外界氧向颗粒表面扩散。该扩散速率比颗粒表面氧化速率小得多，形成控制环节，因而实际氧化反应放热消耗颗粒的最大速率等于传质速率。

根据偶电层理论，当两个粉体颗粒碰撞时，间距$\leqslant 25\times 16^{-10}$m，同时两种粉体颗粒的逸出功不同时，逸出功小的粉体颗粒会失去电子，向逸出功大的粉体颗粒移动；逸出功大的粉体颗粒获得电子，于是在两个粉体颗粒接触面上形成正、负电荷量相等的偶电层。当两个粉体颗粒迅速分离时，因一部分电子不能全部回到原粉体颗粒上去，故粉体颗粒带上了电荷。当颗粒的电荷量足够大时，就会发生放电，引发粉尘爆炸。粉体的饱和电荷体密度 ρ_∞ 为

$$\rho_\infty = 19.5\beta^{0.74} v^{1.13} \tag{16-2}$$

式中 v——粉体流动速度；

β——粉体荷载量。

粉尘爆炸机理还可从静电作用方面进行解释。物体之间相互接触、摩擦和撞击，或者固体断裂、液体破碎都会产生静电。粉尘爆炸主要由粉尘产生静电放电所致。在粉体的粉碎、粉磨、运输、剥离、捕集和储存等过程中，尘粒之间以及粉尘与容器之间因发生频繁接触、摩擦、冲击、分离等，使原来电中性粉体和容器带静电。金属粉粒可因接触而发生电荷的扩散迁移而带电，介质粉粒则在摩擦和冲撞中因热电效应而带电，于是，含有巨大数量粉粒的粉尘体就会积聚起相当大的静电荷。若粉尘的电阻率较大（$>10\Omega \cdot m$），积聚的静电不易泄漏，从而形成很强的静电场，这种带电粉尘就像雷雨天的带电云团一样，又会在周围的物体上感应出相应的异性电荷及静电场。当场强超过粉尘周围的空气或其他介质的绝缘强度时，就会发生放电现象，并伴有发光、发声和放热现象。伴随着强烈的发光和破坏性声响、放出高热能的静电放电是粉尘爆炸的点火源。强烈的电火花可直接引燃可燃性粉粒，而强大的热能可使环境温度骤然上升，导致粉粒表面气化。气化的粒子流迅速扩散，并与空气混合发生强烈氧化，其热能又进一步促使其他粉粒气化、燃烧，这个过程传播得极快，可在极短时间内引起处于封闭或近似封闭环境中的粉尘爆炸。

（2）粉尘爆炸的条件　凡能被氧化的粉尘在一定条件下都会发生爆炸。粉尘受热时，表面粉尘颗粒分子会分解或干馏出可燃气体分布于周围，然后这些可燃气体与空气混合形成可燃性混合气体，进而产生燃烧现象。由于粉尘颗粒的比表面积很大，最初的燃烧热大部分被颗粒本身吸收，这就加速了上述干馏、分解、混合、点燃的进程，继而发生粉尘爆炸现象。粉尘燃烧分类列于表16-7。

表16-7　粉尘燃烧分类

分类	燃烧形式	物质举例
分解燃烧	固体物质燃烧前先受热分解出可燃气体，可燃气体经点火燃烧	煤、纸张、木材等
蒸发燃烧	固体物质受热蒸发，产生的可燃蒸气经点火燃烧	硫黄、磷、萘、樟脑、松香等
表面燃烧	可燃固体受热直接参与燃烧，不形成火焰	箔状和粉状的高熔点金属

粉体爆炸是由粉体的着火引起的，无论何类燃烧，粉体着火后都能产生大量能量，在有限体积和极短时间内释放出大量能量从而导致粉尘爆炸。如果环境内粉尘满足下述条件，粉尘爆炸将不可避免。

① 扩散粉尘的浓度高于最低可燃极限浓度（最低爆炸浓度）。

② 容器内的可燃粉料扩散至足够量的空气（助燃剂氧）中。

③ 引燃源具有足够的使燃烧波引燃的释能密度和总能量，而该燃烧波的传播能引起爆炸。

综上所述，粉尘爆炸的发生需要具备四个必要条件：一定能量的点火源、一定浓度的悬浮粉尘云、足够的空气（氧气量）、相对密闭的空间。

16.3.4　粉尘爆炸的影响因素

在必须使用粉体的环境中及粉体生成的工艺中，影响粉尘爆炸的主要因素为：空气中可燃悬浮粉尘的性质、助燃剂的浓度、点火源、环境温度、可燃气体的协同效应、惰性物质等。

（1）空气中可燃悬浮粉尘的性质　粉尘能否爆炸的本质内因是粉尘本身的可燃性，16.3.1中已进行了介绍，此处不再赘述。爆炸前可燃悬浮粉尘的浓度、粒度、含湿量、分散度等会影响粉尘的可爆性及爆炸的强度。粉尘浓度越高，分散度越高，粒度越小，含湿量越低，粉尘越容易爆炸；反之亦然。

① 粉尘的爆炸浓度下限　判断粉尘爆炸危险性的重要标准是其点火敏感性，点火敏感性通常由最小点火能来描述。最小点火能是在最敏感粉尘浓度下，刚好能点燃粉尘引起爆炸的最小能量。最小点火能的大小受许多因素的影响，其中湍流度、粉尘浓度和粉尘分散状态（粉尘

分散质量）对最小点火能影响很大，而影响最大的则是爆炸浓度。表 16-8 中列出了几种粉尘的爆炸下限浓度。

表 16-8 几种粉尘的爆炸下限浓度

粉尘名称	爆炸下限浓度/(g/m^3)	粉尘名称	爆炸下限浓度/(g/m^3)
硫黄	2.3	沥青	15.0
硫磨碎碎末	10.1	页岩粉	58.0
泥炭粉	10.1	铝粉末	58.0
硫矿粉	13.9	煤粉	114.0

一般而言，粉尘爆炸的下限浓度为 $20\sim60g/m^3$，上限浓度为 $2\sim60kg/m^3$。我国煤尘爆炸下限浓度为：褐煤 $45\sim55g/m^3$、烟煤 $114\sim335g/m^3$；上限浓度一般为 $1500\sim2000g/m^3$。

实际上，粉尘爆炸浓度的上、下限值反映了尘粒间距对其燃烧的影响。如果尘粒间距大，使燃烧火焰难以扩展至相邻颗粒，则燃烧难以延续，爆炸也就不能发生，此时的粉尘浓度低于下限浓度；如果尘粒间距虽然很小，但周围的氧气量不足以支持其充分燃烧，也不会发生爆炸。此时的粉尘浓度高于上限值。

如果已知粉尘的化学式及其燃烧热，做某些简化性假定（如粉尘完全燃烧），则可大致估算粉尘爆炸的下限浓度 C_L。

恒压爆炸时
$$C_L=\frac{1000M}{107n+2.966(Q_n-\sum\Delta I)} \tag{16-3}$$

式中 M——粉尘的摩尔质量；

n——1mol 粉尘完全燃烧时所需要的氧气质量；

Q_n——粉尘的摩尔燃烧热；

$\sum\Delta I$——总燃烧产物的内能的增量。

恒容爆炸时
$$C_L=\frac{1000M}{107n+4.024(Q_n-\sum\Delta v)} \tag{16-4}$$

式中 $\sum\Delta v$——总燃烧产物的热焓的增量。

由上述计算式算出的 C_L 值与实测值的比较见表 16-9。

表 16-9 C_L 计算值与实测值的比较

粉尘名称	理论估算的 C_L 值/(g/m^3)		实测的 C_L 值/(g/m^3)
	恒容	恒压	
铝	37	50	恒压:50
石墨	36	45	正常条件下未观察到石墨/空气体系中火焰传播
镁	44	59	
硫	120	160	
锌	212	284	恒压,恒容:500～600
锆	92	123	
聚乙烯	26	35	恒容:83
聚丙烯	25	35	
聚乙烯醇	42	55	
聚氯乙烯	63	86	
酚醛树脂	36	49	恒压:36～45
玉米淀粉	90	120	恒压:70
糊精	71	99	
软木	44	59	恒压:50
褐煤	49	68	
烟煤	35	48	恒容:70～130

表中数据表明，对于有机粉尘，计算值与实测值较吻合；对于无机粉尘，二者差别较大。

② 粉尘的粒度分布　并非所有粉尘在空气中燃烧时都会发生粉尘爆炸，能否发生粉尘爆炸还与尘粒粒度有直接关系。一般而言，能够发生粉尘爆炸的尘粒粒径为 0.5～15μm。试验证明，粒径大于 75μm 的粉尘形成的粉尘云不会发生剧烈燃烧，而粒度大于 400μm 的颗粒形成的粉尘云的可爆性非常小。然而，只要粉尘云中有少部分尘粒的粒度在可爆范围内，即有发生爆炸的可能性。图 16-4 显示了粉尘云燃烧时的升压速率和最大爆炸压力随可爆粉尘比例的变化。由图中曲线可见，可爆粉尘为 14%左右时，已存在爆炸的可能性。图 16-5、图 16-6 显示了粉尘的中位径和铝粉比表面积对爆炸压力（爆压）和升压速率的影响。

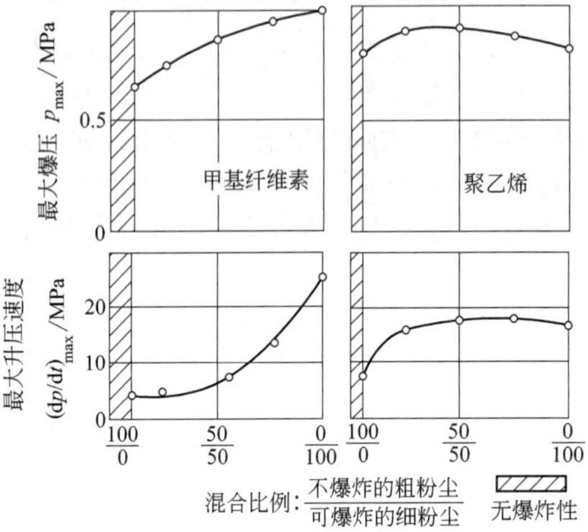

图 16-4　爆炸压力、升压速度与混合比例的关系

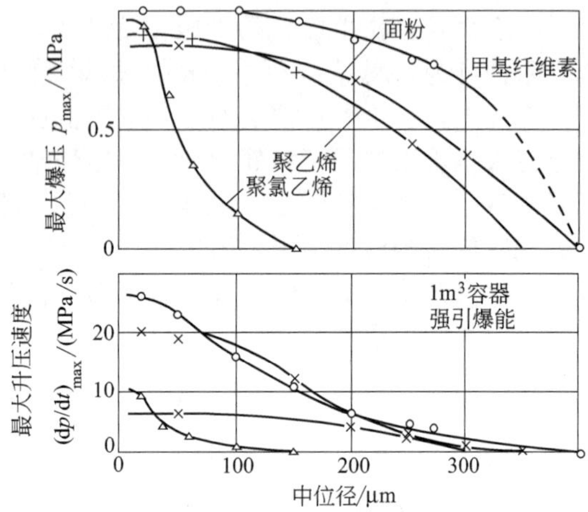

图 16-5　粉尘中位径对爆炸参数的影响

（2）容器或者设备内的助燃剂浓度　可燃粉尘周围的助燃剂浓度是粉尘燃烧的外因条件。试验证明，常温下，密闭空间内氧的质量分数为 3%～5%时，即使有点火源存在，粉尘也不会发生着火。

（3）可燃性粉尘中的点火源　点火源分为可预见点火源和不可预见点火源两类。焊接火焰、烟头、明火及气割等为可预见点火源；机械火花、机械热表面、焖烧块、静电等为不可预见点火源。它们都能在可燃容积内激发起自由传播的燃烧波，若其自身能量大于粉尘在特定状态下的最小点火能量即可点燃粉尘，反之则不能。

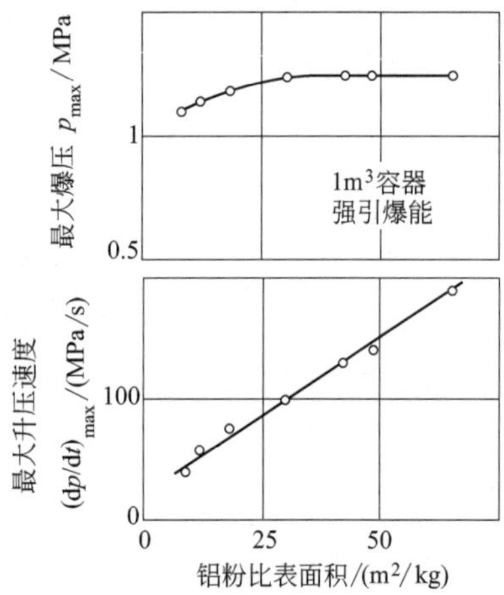

图 16-6　铝粉比表面积对爆炸参数的影响的比较

（4）环境温度　粉尘所处的环境温度高，则最低着火温度低；反之亦然。环境温度升高时，原来不燃不爆的物质可能会具有可燃、可爆性。环境温度对粉尘的安全特征参数如燃烧等级、爆炸下限、最小点火能、氧气的最大允许含量、最大爆炸压力及最大爆炸指数等都有重要影响。

（5）可燃气体的协同效应　协同效应是指可燃气体对粉尘可爆性的影响。加入可燃气体可使低挥发性可燃粉尘容易着火。高挥发性可燃粉尘更容易着火。图 16-7 显示了甲烷气体含量对高挥发性沥青煤粉可爆性的影响。可以看出，甲烷的加入使质量浓度小于 75g/m³ 的高挥发性沥青煤粉具有可爆性。其他类的可燃气体和可燃粉尘之间也存在同样的效应，例如氢气对玉米粉可爆性的非线性影响。

（6）惰性物质　惰性气体对粉尘的可爆性与对可燃气体的可爆性影响是一致的。加入惰性粉尘或惰性气体可以降低粉尘的可爆性，这是因为它们的加入可以吸收热量，同时也降低了可

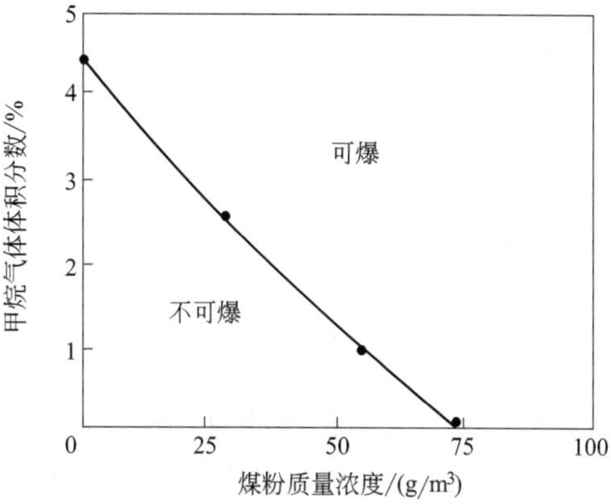

图 16-7　甲烷对高挥发性沥青煤粉点火行为的协同效应

燃粉尘或助燃剂的浓度。

16.3.5　粉尘爆炸的防护

16.3.5.1　粉尘爆炸的预防

① 在设备中形成不燃性介质气氛是防止设备中粉尘爆炸的最有效、最可靠的办法。此情况下，粉尘-空气（气体）混合物中的氧含量会减少到火焰不可能扩散的数值（氧的安全浓度一般由试验确定）。

② 用气流输送能与空气形成易爆粉尘的颗粒状物料时，必须采用不燃性气体或用不燃性气体稀释至安全范围内的空气。

③ 为保证物料安全地进行干燥处理，喷雾干燥必须尽可能利用含氧量低的烟气。必要时，可用不燃性气体或其他气体将烟气稀释至安全的氧浓度。

④ 消除设备中粉尘-空气混合物的燃烧源是保证可燃分散物料安全加工、操作的非常重要的措施。装置、管道和设备的受热表面经常会成为燃烧源。因此，任何情况下，设备等的受热表面温度均应比粉尘的燃烧温度低 50℃。

⑤ 储仓、工艺设备、气流输送管道、集尘器、筛分机和其他涉及受料、加工及掺合颗粒物料（属可燃介质时）有关的设备应采取防静电保护措施，并确保可靠接地。

⑥ 粉尘沉降过程是在密闭设备（或房间）内形成易爆粉尘-空气混合物的过程，因此，使用干式粉尘沉降室（容积大，有出现粉尘大能量爆炸的潜在危险）和干式离心分离机（粉尘在高速运动时会产生较大的静电放电）时，应切实解决防火（含防火花）及导出静电的问题。

⑦ 必须在磨粉机和扇形给料机间的流出槽上安装固定磁铁板，以供捕集金属颗粒、机械零件等。如果它们落入磨粉机后与转动轮棒锤的撞击会发热，可使温度升至高温而成为爆炸源，从而引起粉尘爆炸事故。

⑧ 正常操作条件下的设备和气动输送装置中的空气量不超过 30%（同时极限含氧量为 6%～8%）。粉尘浓度接近燃烧下限或使用可能经常形成爆炸混合物的设备（如旋风分离器、储斗等）时，应采取防火措施。

⑨ 必须安装与灭火系统或供气系统联锁的信号装置。

⑩ 装设可自动切断产生粉尘工艺系统的装置或装设可通过通风系统送入惰性介质以抑制燃烧的灭火装置，从而防止粉尘-空气混合物的燃烧或爆炸。

⑪ 设备中形成易燃浓度的混合物及其可能的燃烧源的情形并非都能完全排除，在此情况下，为保护设备，应计算最大爆炸压力，并安装减压部件（爆破膜、安全阀等），使之在破裂或开启时能降低爆炸对设备产生的压力。爆破膜或安全阀在超过最高工作压力 14%～20%时

应该产生动作。根据爆破时压力的高低，可采用铝合金片、金属箔片、牛皮纸、漆布、浸橡胶的石棉板、聚氯乙烯薄膜、赛璐珞等作为爆破膜（片）材料。

爆破膜（片）可按下式设计

$$\frac{F}{V} \geqslant 0.16 \tag{16-5}$$

式中 F——爆破膜（片）的面积，m^2；

V——设备容积，m^3。

爆破膜（片）材料及厚度可根据具体工况选取，但在任何情况下，装爆破膜（片）的部件的工作性能均应通过试验证明。

⑫ 在转动的磨粉机和搅拌设备上以及类似的结构上安装爆破膜（片）或其他减压部件往往比较困难，有时甚至是不可能的。在这种情况下处理易燃、易爆和有毒的细分散物质（如有毒金属粉末、成孔剂等）时，设备应能承受内部爆炸时的压力。

⑬ 利用抑制剂预防粉尘-空气混合物爆炸，可以在检测到设备内混合物达到爆炸危险浓度时将抑制剂加入设备；或在爆炸发生时，往设备中加入抑制剂，以有效抑制爆炸。

常用的抑制剂有水、各种卤族化合物（如溴氯甲烷）。据报道，用溴化乙烯对扑灭聚苯乙烯树脂粉尘火焰具有较好的抑爆作用。抑制剂可由装在设备上的抑爆装置进行自动控制。

⑭ 确定新的粉状物料的制取和加工工艺时，粉状物料应进行爆炸性试验和抑爆试验，在此基础上确定出防爆、抑爆措施。

⑮ 使车间内空气的相对湿度能自动保持在 70%以上，并选用防爆型电气开关。

⑯ 截止阀、调节阀和通风系统的闸阀等均应用不产生火花的材料制造。

⑰ 尽可能将易产生粉尘的设备安装在单独的厂房内，同时设局部排风罩。

⑱ 塑料、合成树脂、化学纤维、醋酯纤维和聚乙烯粉尘等在设备和工作场所内易引起燃烧、爆炸事故。在这些物料的生产厂房内不得用敞开的方法人工进行干式除尘；否则，会使沉落的粉尘再次扬起，在局部范围的空气中充满粉尘并扩散，遇到火源时就很可能会引起爆炸。

⑲ 如果粉尘不能润湿，应采用机械除尘，并消除一切可能的燃烧源。

⑳ 厂房的墙壁和天花板最好涂刷涂料，锐角处填成圆弧形，窗台及其他凸出部分成 45°角往外倾斜。以使粉尘不易沉积，便于清扫（洗）。

㉑ 设备、电缆和管道等应定期用抽气法清除粉尘。

㉒ 在有爆炸危险的生产厂房内应安装防爆门、防爆窗，同时采用轻型屋顶结构，当粉尘-空气混合物爆炸时能自动泄压。

㉓ 经常检查设备，如发现密封处泄漏，设备、管道因腐蚀穿孔等，应立即修补。

㉔ 每个工作岗位均应制定详细的安全操作规程，严格执行，且有专人定期检查。操作人员要经培训考试合格，凭证上岗。

16.3.5.2 粉尘爆炸的防护

（1）预防爆炸防护措施

① 避免形成粉尘云　避免操作区域粉尘沉积及沉积粉尘的上扬，使其弥散度低于爆炸下限。

② 降低助燃剂的浓度　车间应安装氧气表，对产生粉体的系统进行氧气含量监控；在磨粉机和空气再循环用的风管、筛子、混合器等设备内采用不燃性气体部分或全部代替空气，以保证系统内粉尘处于安全状态。

③ 避免形成点火源　粉尘场所杜绝明火与粉尘的接触，如严禁烟火，焊接前清扫周围的粉尘；有可燃物的场所应避免由钢、铁、钛、铝锈及铁锈的摩擦、研磨、冲击等产生的火花；控制大面积的高温热表面、高温焖烧块以防止无焰燃烧聚热；控制氧含量使机械火花和热表面不具有点燃粉尘的能力（热表面温度至少低于粉尘层引燃温度 50℃；采取消除静电、设备有

效接地等措施避免传播性电刷放电；在粉尘场所控制工作环境内的温度，尽量消除气体对粉尘的协同效应等。

（2）结构爆炸防护措施　在很多环境下爆炸是不能完全避免的，为保证工作人员不致受伤，设备爆炸后能迅速恢复操作，控制爆炸的影响降至最低限度，应采取必要的结构防护措施。所有部件都要按照防爆结构设计，以抵抗爆炸可能产生的高压。

① 抗爆结构　容器和设备的结构设计强度大于最大爆炸压力。

②抑爆　采取适当技术措施抑制爆炸压力的扩大，使爆炸造成的危害和损失降至最小。抑爆系统通常由敏感的爆炸监视器和抑制剂喷洒系统组成，抑制剂（灭火剂）可迅速扑灭火焰，并降低容器内的爆炸压力，一氧化碳、磷酸铵、碳酸氢钠等粉状灭火剂抑制效果最好，也可用水作为抑爆剂。

③ 泄爆　爆炸发生后，应在极短的时间内采取措施，并将封闭容器和设备短暂或永久性地朝向无危险的方向开启。同时，应确认逸出的物质是否有腐蚀性或毒性。

④ 隔爆　隔爆技术主要用于巷道或容器、车间的连接管道，防止爆炸火焰和炽热的爆炸产物向其他容器、车间或单元传播。根据其工作原理可分为自动隔爆系统和被动式隔爆系统。自动隔爆系统由爆炸探测器、监控单元和各种物理或化学隔爆装置组成，其原理是利用爆炸探测器探测爆炸，通过监控单元计算火焰速度并启动隔爆装置，隔绝沿管道或巷道传播的爆炸火焰及炽热爆炸产物。隔爆既可以在一个密闭的空间内配合抑爆将火焰熄灭，也可以通过足够长的管道将火焰传到其他无防护设备中。

参考文献

[1] 陆厚根．粉体工程导论［M］．上海：同济大学出版社，1993.

[2] 张少明，翟旭东，刘亚云．粉体工程［M］．北京：中国建材工业出版社，1994.

[3] 盖国胜，陶珍东．粉体工程［M］．北京：清华大学出版社，2009.

[4] 周仕学，张鸣林．粉体工程导论［M］．北京：科学出版社，2010.

[5] 许珂敬．粉体工程学［M］．东营：中国石油大学出版社，2010.

[6] 韩跃新．粉体工程［M］．长沙：中南大学出版社，2011.

[7] 李玉海，赵旭东，张立雷．粉体工程学［M］．北京：国防工业出版社，2013.

[8] 赵家林，王超会，王玉慧．粉体科学与工程［M］．北京：化学工业出版社，2018.

[9] 姜奉华，陶珍东．粉体制备原理与技术［M］．北京：化学工业出版社，2019.

[10] 秦学政，邱占疆，秦学红，等．锆英粉体制备及级配实验研究［J］．北华航天工业学院学报，2019，29（4）：21-23.

[11] 张国强，赵鸣，张丽娟，等．激光粒度测试结果影响因素分析［J］．中国测试，2017，43（3）：24-29.

[12] 陈俊峰，程智海，于江，等．粒度测试的典型方法及其在火电厂煤粉测量中的应用［J］．应用能源技术，2017（1）：26-29.

[13] 郑忆南．气化细灰的流动特性及细颗粒对其堆积和流动性的影响研究［D］．上海：华东理工大学，2017.

[14] 刘一．粉体体系堆积、流动特性及其与颗粒间作用力关系研究［D］．上海：华东理工大学，2017.

[15] 唐正馨，李婉婷，曹君杰，等．颗粒粒径对中药二元混合粉体密度的影响［J］．中国实验方剂学杂志，2021，27（18）：8.

[16] 牛建刚，边钰，刘威亨，等．高强轻骨料混凝土配合比设计方法及试验研究［J］．硅酸盐通报，2020，39（11）：3480-3487.

[17] 郭宏飞，佟云华，张福强，等．水性聚合物对环境空气悬浮颗粒物的润湿和聚集作用［J］．应用化工，2019，48（11）：2673-2676.

[18] 康健婷．无烟煤改性及其对吸附与润湿性影响的实验研究［D］．太原：太原理工大学，2018.

[19] 王莉静．浅析破拱装置的特点及应用［J］．吉林化工学院学报，2012，29（7）：73-76.

[20] 王长林，温计格，等．晶核新材在水泥行业中的应用实验与思考［J］．中国建材，2018（2）：112-115.

[21] 周健．一种新型粉料破拱装置的研究与应用［J］．机械工程与自动化，2016（3）：97-98.

[22] 尤巍．生物质料仓结拱原因分析及措施［J］．工业锅炉，2020（5）：34-37.

[23] 李桦溶，赵武魁．窑尾烟室、缩口结皮的原因及解决措施［J］．新世纪水泥导报，2020，26（2）：47-49.

[24] 翁星星，盖国胜，吴成宝，等．林木生物质剪切粉碎特性及其机理分析［J］．林产化学与工业，2012，32（1）：19-24.

[25] 巩雨注，王小萍，贾德民．废旧轮胎粉碎技术及其应用进展［J］．橡胶工业，2021，68（1）：66-71.

[26] 刘正和．落窑品粉碎设备特点及优化［J］．涂层与防护，2020，41（9）：31-36.

[27] 高倩，周岭，米强，等．果树残枝粉碎机研究现状分析［J］．新疆农机化，2020（5）：19-23.

[28] 李凯．新型水稻秸秆粉碎机刀具的研究及设计［D］．成都：成都大学，2020.

[29] 田爱华．秸秆机械粉碎还田技术［J］．河北农业，2019（9）：37-38.

[30] 石国平，罗占仁，王明治，等．生料辊压机终粉磨系统技术研究及应用［J］．水泥技术，2020（1）：17-22.

[31] 刘建超，万华，汪伦，等．水泥辊压机终粉磨工艺的实践［J］．水泥，2020（5）：37-39.

[32] 何毛，李洪生，马健，等．水泥辊压机终粉磨系统的工业化应用［J］．水泥技术，2020（2）：17-20.

[33] 孙珂，娄岩文，王艾．水泥开路联合粉磨系统的优化［J］．新世纪水泥导报，2020（5）：60-62.

[34] 李学伟．机械力作用下方解石与重金属离子反应的机理及应用研究［D］．武汉：武汉理工大学，2017.

[35] 张英哲，蔡群．机械力化学制备铜铁氧体超细微粉的研究［J］．非金属矿，2019，42（2）：91-93.

[36] 郭铁明，吉瑞芳，贾建刚，等．Cr粉在机械球磨过程中的机械力化学效应［J］．兰州理工大学学报，2016，42（3）：1-5.

[37] 张超凡，管学茂，张海波，等．机械力化学改性钙基膨润土提高注浆材料的稳定性［J］．材料导报，2019，33（10）：3408-3413.

[38] 李金惠，刘康，刘丽丽．固体废物有价资源机械力化学清洁提取技术的研究进展［J］．环境工程学报，2021（3）：1-15.

[39] 陈闻潇，石崇，单治钢，等．基于PFC-CFD的土体管涌数值模拟研究［J］．三峡大学学报（自然科学版），2021，43（3）：60-64.

[40] 李文康．过滤分离器内气相流场与固相颗粒轨迹的数值模拟研究［D］．西安：西安石油大学，2020.

[41] 麻寿东，吴立群，郭亚杰，等．超声驻波场中固液黏附液滴悬浮分离研究［J］．声学技术，2020，39（5）：581-585.

[42] 罗安平，都丽红，吴芳，等．新形势下过滤与分离技术面临的挑战与机遇［J］．化工机械，2020，47（4）：413-419.

[43] 姬忠礼，栾鑫，苗林丰．高温气体过滤技术及装备发展概况［J］．化工进展，2020，39（6）：2304-2311.
[44] 张爱娟，杨笑涵．旋流分离器液固分离特性及壁面磨蚀数值模拟研究［J］．中国石油和化工标准与质量，2020（18）：174-175.
[45] 卢道铭，范怡平，卢春喜．颗粒空气分级技术研究进展［J］．中国粉体技术，2020（6）：11-24.
[46] 孙继亮．水泥粉磨系统工艺及分级机的选择［J］．中国水泥，2019（7）：88-90.
[47] 邹伟斌．水泥预粉磨装备及技术发展现状的分析［J］．新世纪水泥导报，2020（3）：22-32.
[48] 徐小青，郭祯祥，郭嘉．气流分级技术在食品加工中的应用［J］．食品与机械，2018，34（11）：217-220.
[49] 孙占朋，梁龙龙，刘春雨，等．涡流空气分级机熵产与分级性能分析［J］．化工进展，2020，39（10）：3909-3915.
[50] 孙占朋，孙国刚，晁继阳，等．新型旋风分级器流场特性及颗粒分级性能［J］．化工进展，2019，38（11）：4873-4879.
[51] 洪晓轩，陈文．粉体混合评价技术的研究进展［J］．中国新药杂志，2020，29（14）：1607-1614.
[52] 刘鹏，田建艳，高炜，等．基于主成分分析和变权相似性的粉体混合均匀性判断［J］．金刚石与磨料磨具工程，2019，39（6）：13-19.
[53] 李辉，郗春满，陈小洪．机械式粉体混合机内颗粒破碎数值模拟［J］．石油和化工设备，2019，22（7）：5-8.
[54] 王腾飞，郑彧，庄新江，等．氮化硅陶瓷粉料造粒的研究进展［J］．硅酸盐通报，2017，36（2）：515-518.
[55] 余冬玲，花拥斌，吴南星，等．陶瓷墙地砖干法造粒过程坯料粉体成形与造粒室转速的影响［J］．硅酸盐通报，2017，36（10）：3353-3360.
[56] 廖达海，朱祚祥，吴南星，等．陶瓷干法造粒过程坯料颗粒成形与雾化液含量的影响［J］．人工晶体学报，2017，46（8）：1442-1449.
[57] 陈彩锐，于文花，范如意，等．干法辊压造粒技术在乳片加工中的应用研究［J］．包装与食品机械，2020，38（6）：23-25.
[58] 叶远涛．粉体密相输送系统选型及设计研究［J］．科技经济导刊，2019，27（23）：79.
[59] 李红伟，章勇锋，齐武军，等．化工行业粉粒体输送设备应用及发展［J］．石油化工设备，2020，49（6）：47-54.
[60] 杜文青．粉体机械输送设备与气力输送设备应用比较［J］．世界有色金属，2018（13）：45-46.
[61] 张旭．粉体输送用螺旋输送机结构优化［J］．湖南理工学院学报（自然科学版），2019，32（2）：58-61.
[62] 丁依龙．浅谈粉体计量电子秤在化工粉体工程中的最新应用［J］．化工管理，2019（11）：2-3.
[63] 周丹，王利强，卢立新，等．超细粉的充填计量技术综述［J］．包装工程，2019，40（17）：159-167.
[64] 高燚．粉尘爆炸原理及防范处置措施［J］．生命与灾害，2020（6）：22-23.
[65] 陈海燕．抛光打磨作业场所铝粉的爆炸危险评价及受限空间燃爆特性研究［D］．青岛：山东科技大学，2020.
[66] 李玉龙．可燃性粉尘爆炸危害特征及救援处置要点［J］．今日消防，2020（11）：53-55.
[67] 徐文广．石油焦煅烧生产过程粉尘防爆研究［J］．劳动保护，2020（12）：96-98.

附录

附录1 单位换算表

(1) 长度 [L]

m(SI)	ft	in
1	3.28084	39.370
0.30480	1	12
0.02540	0.083333	1

注:1μm=10^{-3}mm=10^{-4}cm=10^{-6}m;1Å=10^{-4}μm=10^{-8}cm=10^{-10}m;1yd=0.9144m,1mile=1.6093km。

(2) 面积 [L^2]

m^2(SI)	ft^2	in^2
1	10.7639	1.5501×10^3
0.092903	1	144
6.4516×10^{-4}	6.9444×10^{-3}	1

注:1in^2=645.16mm^2=6.4516cm^2;1are(公亩)=100m^2,1acre[英亩]=4046.9m^2;1坪=3.305785m^2。

(3) 体积 [L^3]

m^3(SI)	ft^3	gal(美)
1	35.3147	264.18
0.028317	1	7.4805
3.7854×10^{-3}	0.13368	1

注:1cm^3=$10^{-6}m^3$,1in^3=16.386cm^3;1ft^3=1728in^3,1gal(美)=0.83254gal(英);1合(日)=180.39cm^3,1石(日)=0.18039m^3。

(4) 质量 [M]

kg(SI)	metrict	lb
1	1×10^3	2.20462
1×10^3	1	2.20462×10^3
0.45359	4.5359×10^4	1

注:1short ton(美)=0.90718metric ton;1long ton[t](英)=1.0160metric ton;1pound[1b]=16ounce=0.45359kg;1oz[盎斯]=28.35g;1贯(日)=3.750kg;1斤(日)=600g。

(5) 密度 [ML^{-3}]

kg/m^3(SI)	$g/cm^3=t/m^3$	lb/in^3	lb/ft^3
1	1×10^{-3}	3.6127×10^{-5}	6.2428×10^{-2}
1×10^3	1	3.6127×10^{-2}	62.428
2.768×10^4	27.680	1	1.728×10^3
16.0185	1.60185×10^{-2}	5.787×10^{-4}	1

(6) 黏性系数 $[ML^{-1}T^{-1}]$，$[FTL^{-2}]$

Pa·s(SI)	P=poise=g/(cm·s)	kgf·s/m²	lb/(ft·s)
1	10	0.101972	0.6720
0.1	1	1.0197×10^{-2}	6.720×10^{-2}
9.80665	98.0665	1	6.58976
1.48816	14.8816	0.151751	1

注：1P=100cP，1cP=1mPa·s。

(7) 压力 $[ML^{-1}T^{2}]$，$[FL^{2}]$

Pa(SI)	kgf/cm²	lbf/in²=psi	atm	mmH_2O
1	1.01972×10^{5}	1.45038×10^{-4}	9.86923×10^{-6}	0.101972
9.80665×10^{4}	1	14.2234	0.96784	1×10^{4}
6.89476×10^{3}	7.031×10^{-2}	1	6.805×10^{-2}	703.07
1.01325×10^{5}	1.0332	14.696	1	1.03323×10^{4}
9.80665	1×10^{-4}	1.4223×10^{2}	9.6784×10^{-5}	1

注：1Pa(SI)=1N/m²；1kgf/m²=10^4kgf/cm²=0.1gf/cm²≈1mmH_2O；1psi=144lbf/ft²=703.1kgf/m²；1bar=10^6dyn/cm²=10^5Pa；1lbf/ft²=4.88kgf/m²；1Torr=1mmHg=10^{-3}mHg。

(8) 表面张力 $[ML^{2}]$，$[FL^{-1}]$

N/m(SI)	gf/cm	kgf/m
1	1.01972	0.10972
0.980665	1	0.1
9.80665	10	1

注：1N/m(SI)=100dyn/cm，1dyn/cm=1.01972×10^{-4}=kgf/m=6.85218×10^{-5}lbf/ft。

附录2 重要数值和换算式

(1) 重力加速度 $g=9.80665\text{m/s}^2(\text{SI})=980.665\text{cm/s}^2=32.2\text{ft/s}^2$（标准）

重力换算系数 $g_c=9.807\text{kg}\cdot\text{m/(kgf}\cdot\text{s}^2)=32.2\text{lb}\cdot\text{ft/(lbf}\cdot\text{s}^2)$

(2) 热力学温度 $T/\text{K}=t/℃+273$ $(K=°\text{Kelvin})$

$T°/\text{R}=t/℉+460$ $(°\text{R}=°\text{Rankin})$

摄氏 $t/℃=(t/℉-32)\times5/9$，华氏 $t/℉=t/℃\times9/5+32$

(3) 单位和主要词头

因数	中文	符号	因数	中文	符号
10^{6}	兆	M	10^{-3}	毫	m
10^{3}	千	k	10^{-6}	微	μ
10^{-1}	分	d	10^{-9}	纳[诺]	n
10^{-2}	厘	c	10^{-12}	皮[可]	p

附录3 水和空气的黏度系数

温度/℃	水/(mPa·s)	空气/(μPa·s)	温度/℃	水/(mPa·s)	空气/(μPa·s)
0	1.792	17.1	60	0.469	20.0
10	1.308	17.6	70	0.406	20.4
20	1.005	18.1	80	0.357	20.9
30	0.801	19.0	90	0.317	21.3
40	0.656	19.5	100	0.284	21.8
50	0.549	20.0			

注：干燥空气密度 $\rho=\frac{1.293}{1+(t/273)}\times\frac{p}{760}(\text{kg/m}^3)$， 20℃，101.3kPa时，$\rho=1.205(\text{kg/m}^3)=0.0752(\text{lb/ft}^3)$，式中，$t$ 为温度，℃；p 为压力，mmHg。

附录 4　标准筛比较表

细粒用$\sqrt{2}$系列

日本 JIS Z8001—1996 筛孔尺寸/μm	美国 ASTM E11—70		泰勒筛 No.	英国 BS 410—1976	
	筛孔尺寸/μm	No.		筛孔尺寸/μm	No.
5660	5600	3.5	3.5	5600	3
4760	4750	4	4	4750	3.5
4000	4000	5	5	4000	4
3360	3350	6	6	3350	5
2830	2800	7	7	2800	6
2380	2360	8	8	2360	7
2000	2000	10	9	2000	8
1680	1700	12	10	1700	10
1410	1400	14	12	1400	12
1190	1180	16	14	1180	14
1000	1000	18	16	1000	16
840	850	20	20	850	18
710	710	25	24	710	22
590	600	30	28	600	25
500	500	35	32	500	30
420	425	40	35	425	36
350	355	45	42	355	44
297	300	50	48	300	52
250	250	60	60	250	60
210	212	70	65	212	72
177	180	80	80	180	85
149	150	100	100	150	100
125	125	120	115	125	120
105	106	140	150	106	150
88	90	170	170	90	170
74	75	200	200	75	220
63	63	230	250	63	240
53	53	270	270	53	300
44	45	325	325	45	350
37	38	400	400	38	400